地学系列教材

气象学与气候学

Qixiangxue yu Qihouxue

（第四版）

束　炯　主编

谢　云　廉丽姝　乐　群　编著

中国教育出版传媒集团
高等教育出版社·北京

内容提要

第四版教材在保持第三版内容体系的基础上，加强了基础理论。本书主要阐述大气热学、大气水分、大气运动、天气系统、气候形成、气候带、气候类型、气候变化及人类影响等内容。本次编写优化了概念、定理、结论的描述方式，在很大程度上改善了插图的表达效果。本书还安排了知识框、练习题等导学、助学环节，可以在一定程度上降低学习难度，巩固学习效果。

本书可作为高校地理科学类专业的本科生教材，也可供大气科学、水文、环境科学专业使用和参考。

图书在版编目（CIP）数据

气象学与气候学 / 束炯主编；谢云，廉丽姝，乐群编著. --4 版. -- 北京：高等教育出版社，2024.3（2025.7 重印）

ISBN 978-7-04-061991-1

Ⅰ. ①气… Ⅱ. ①束… ②谢… ③廉… ④乐… Ⅲ. ①气象学-高等学校-教材②气候学-高等学校-教材 Ⅳ. ①P4

中国国家版本馆 CIP 数据核字（2024）第 052045 号

策划编辑	杨俊杰	责任编辑	杨俊杰	封面设计	张雨微	版式设计	杨　树
责任绘图	于　博	责任校对	刘娟娟	责任印制	存　怡		

出版发行	高等教育出版社	网　　址	http://www.hep.edu.cn
社　　址	北京市西城区德外大街 4 号		http://www.hep.com.cn
邮政编码	100120	网上订购	http://www.hepmall.com.cn
印　　刷	三河市潮河印业有限公司		http://www.hepmall.com
开　　本	787mm × 1092mm　1/16		http://www.hepmall.cn
印　　张	26.75	版　　次	1979 年 10 月第 1 版
字　　数	560 千字		2024 年 3 月第 4 版
购书热线	010-58581118	印　　次	2025 年 7 月第 3 次印刷
咨询电话	400-810-0598	定　　价	53.00 元

物 料 号　61991-00

审图号：GS 京（2023）0728 号

气象学与气候学（第四版）

束　炯
主编
谢　云
廉丽姝
乐　群
编著

1 计算机访问http://abooks.hep.com.cn/1220952，或手机扫描二维码、下载并安装Abook应用。
2 注册并登录，进入“我的课程”。
3 输入封底数字课程账号（20位密码，刮开涂层可见），或通过Abook应用扫描封底数字课程账号二维码，完成课程绑定。
4 单击“进入课程”按钮，开始本数字课程的学习。

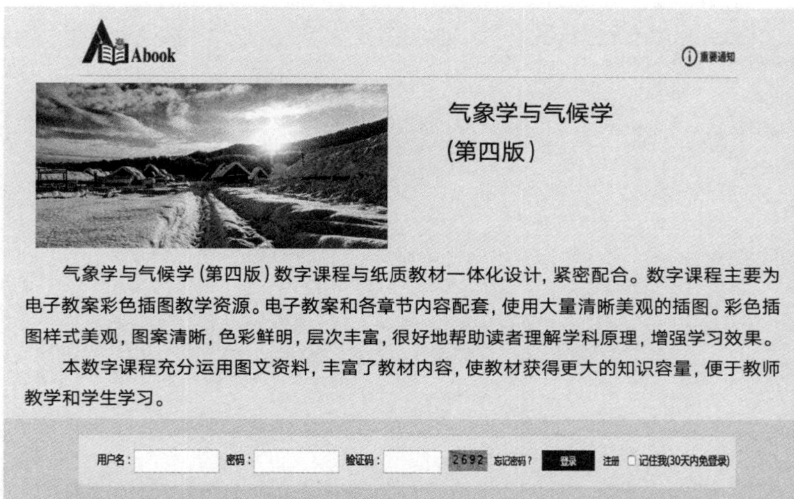

扫描二维码
下载Abook应用

课程绑定后一年为数字课程使用有效期。受硬件限制，部分内容无法在手机端显示，请按提示通过计算机访问学习。

如有使用问题，请发邮件至abook@hep.com.cn。

http://abooks.hep.com.cn/1220952

第四版前言

《气象学与气候学》第一版于1979年出版，1985年和1997年先后出版了第二版和第三版。过去的42年里，教材印刷了30余次，被包括台湾地区在内的全国近百所高校广泛选用。作为地理、气象和环境等专业本科生的基础课教学用书，本教材曾获得1982年度全国优秀科技图书评选纪念奖和1988年国家教委优秀教材二等奖。周淑贞教授、张如一教授和张超教授为前三版教材的编写篝灯呵冻，沾溉后人，付出了艰辛的劳动。

一、第四版编写概述

随着大气科学日新月异的发展，全球气候变化逐渐为人们所重视。为了适应学科发展和教学改革需要，受前三版主编的委托和授权，我们开始了第四版的编写。面对大气科学研究的最新进展，我们觉得有必要在原书基础上加强基础理论的分量，这对知识的掌握是有益的。新编教材的第一章、第四章、第七章和第八章第一节由束炯编写；第二章和第三章由廉丽姝编写；第五章和第六章由谢云编写；第八章（第二、三、四节）、第九章和第十章由乐群编写；最后由束炯进行全书统稿。

我们力求第四版教材能保持前三版逻辑性强和思路清晰的优点，各章内容安排大致与第三版相对应。关于气候系统各圈层的相互作用，我们注意到是对流层直接受地表影响的那部分气层与自由大气的相互作用，形成了大气边界层气候，影响着下垫面自然环境分异的基本格局。基于上述认识，第四版新增了第七章“大气边界层”。因此，我们确立了以气候系统各圈层相互作用为线索的教材编写原则。根据时空尺度的延伸，教材由三个部分组成：① 从大气科学基本概念，由浅入深，过渡到大气云雾和降水等大气物理现象；② 通过分析大气运动基本规律，建立准地转理论，到展示各种天气过程和大气环流的图像；③ 从气候系统各圈层的相互作用到气候分类，直至气候变化等，渐次展开。

二、大气科学研究进展

随着大气探测科学和计算机技术的进步，近几十年来，大气科学至少在以下几个方面取得了长足的进步。

（1）大气科学理论。大气科学通过学习其他领域的最新成就与学科融合，其基础理论得到了发展。大气科学在天气和气候的可预报性、气候变化与气候系统动力学、非线性动力学和混沌理论等领域取得了长足的进展。

（2）气候变化研究。面对日益严峻的自然灾害等重大科学问题，联合国政府间气候变化专门委员会（IPCC）组织众多科学家对全球气候变化进行的5次评估报告，大大加深了人类对全球气候变化的认识。多种证据表明近百年全球气候正在变暖，尤其是20世纪50年代以来，气候变暖主要由温室气体排放增加所造成。如果对此不加以限制，那么气候的持续变暖将对生态系统平衡、粮食稳定生产、水资源供需平衡等造成更大的风险和负面影响。

（3）数值天气预报。数值天气预报的成功使天气预报的准确率得到了极大的提高。目前国际上已经发展了包含复杂物理过程与参数化方案的数值天气预报高分辨率模型，并具有先进的资料初始化方案，由于这些模型采取了多样本或多模式集合预报方法，因此在一定程度上降低了由大气内在的混沌现象所产生的风险。目前人们已经研究和实验了2~5周的延伸天气预报方法，力图建设一个高分辨率的天气和气候一体化的无缝隙气象预报系统。

（4）气候预报模式。随着大气环流、气候和地球系统模拟实验的开展，目前人们运用海－陆－气－冰耦合模式对气候的预测，取得了成功。尤其是在热带和海洋地区，ENSO事件和海洋的年代际变率、陆面过程和大气环流的区域模态成为气候预测的主要信号来源。

（5）中尺度气象学。这方面的研究大多涉及对台风、暴雨、龙卷风和温带气旋等灾害性天气的研究和预报。目前中尺度天气的预报主要是基于中尺度天气观测网和雷达、卫星等先进探测技术而展开，国际上已建立了短时预报系统，开展临近预报。

（6）大气探测技术。新的探测技术和方法是大气科学发展的技术支撑和保障。这包括天气雷达、极轨与地球同步卫星、地基和空基遥感技术等先进的探测手段。在这一领域，我国的风云系列卫星发挥了巨大的作用。

（7）大气环境研究。化石燃料的大量使用，使大气中的气溶胶和污染气体，以及酸雨和温室气体不断增加，加快了污染气体和气溶胶的转化与输送，促进了开展微量气体排放与循环等预报模式的研究。面对严峻的大气污染形势，大气环境治理已是势在必行、刻不容缓。

三、各章编写说明

为了使教学尽量能反映大气科学发展的最新成就，我们摒弃了课堂讲授与书本内容基本一致的编写思路，对各章内容都进行了更新与补充，有些知识点可供饶有兴趣和学有余力的同学学习，以拓宽学术视野，提升治学境界。教师在教学中可根据教学大纲对授课内容加以取舍。建议教师们遇到数学公式的教学时，侧重公式的物理意义讲授而不必过分强调数学推导。为便于课后复习巩固，我们在各章结尾添加了本章小结和习题；书中标注星号的章节，可作为选学内容。每章教学内容中会就 1~2 个知识点做适当引申，以知识窗形式作为课外的兴趣学习。这些设计为教学提供了更多的选择。

以下是第四版教材中更新的主要内容，分三部分说明。

1. 第一部分为一至四章

在第一章"地球大气概述"中，鉴于大气环境和气候变化研究的发展，补充了大气成分的内容，为后续其他内容的学习增加了必要的知识点；在第三节状态方程中，用了"态函数"的概念，为后续大气热力学的讲授和学习，做了必要的铺垫。第二章"辐射平衡"较之第三版相应的内容，增加了普朗克定律，将原第六章第一节"气候形成的辐射因子"调整到这一章，使大气辐射的内容更为完整，便于学习。在第三章"大气热力学基础"，说明了与过程有关的微小量 δQ 和 δW 与态函数 dU 的区别，为了严格起见，热力学第一定律应写成 $\delta Q=dU+\delta W$；增加了虚位温的概念，便于在第七章讨论上升气流；"大气热力学图解"是加星号的选学内容。

第四章"云雾和降水的物理基础"对应于原第三章"大气中的水分"。对 C–C 方程（克劳修斯－克拉珀龙方程）、水汽饱和的基本条件与云的形成等内容，做了补充和更新；鉴于云雾物理学取得的重要进展，增加了云和降水的微观特征；在增加的第三节"云雾和降水的微物理过程"中，"云的核化过程"是加星号的选学内容。

2. 第二部分为五至七章

增加了第五章"大气运动的基本规律"的基础知识。例如，补充了分析科里奥利力和地球重力合成的内容；添加了连续方程，完成了能量守恒、动量守恒和质量守恒知识点的介绍；给出了完整的大气动力－热力学方程组及其运动方程的简化；进而归纳出大尺度的大气运动具有准定常、准静力、准水平和准地转的性质；增加了地转偏差引起动量辐合辐散对垂直运动贡献的知识点。第六章"天气系统"补充了大气长波的内容；鉴于近年来灾害性天气对我国的影响备受关注，本章更新了影响我国天气的典型天气图；介绍了副热带高压影响下的华南前汛期雨季、江淮梅雨，以及华北与东北雨季。

在增加的第七章"大气边界层"中，笔者刻意从湍流概念引申出"卡门涡街"云，便于读者加深对这一自然现象的认识，激发学习兴趣。第七章通过介绍地－气系统能量平衡方程各分量的物理过程，分析了大气边界层在大气圈和各圈层耦合中的作用，引导读者认识大气边界层之于地球自然环境分异规律形成的重要意义。

3. 第三部分为八至十章

第八章“气候系统圈层的相互作用”引入了“现代气候学”的概念，强调气候系统的时空尺度，以及各圈层之间的相互作用，突出了气候学的动态特征，为学习海洋与大气、陆地与大气、生物与大气之间的相互作用、冰雪圈对气候的影响提供了铺垫。第九章“气候类型与分布”体现了全球气候空间分布特征，也是气候学与地理学联系最为紧密的部分，更新了部分图表。第十章“气候变化”是当前全球变化背景下的热点，增加了对气候状态、气候变化、气候变率、气候突变等基本概念的介绍；长期气候变化的史实告诉我们，气候系统复杂且敏感，当人类干预自然达到一定程度后，最近100多年的气候变化趋势，可能是自然强迫和人类活动共同所为。

这本教材是我们在听取了高等学校广大师生对第三版教材提出的意见和建议后，编著而成的。根据这一版的教学内容，我们建议总课时宜安排在72学时左右。本教材在编写过程中得到北京师范大学张如一教授，华东师范大学张超教授、李朝颐教授，北京大学赵昕奕副教授和高等教育出版社徐丽萍编审的指教；上海市气候中心沈愈和上海环境监测中心段玉森两位高级工程师对全书编写提出了许多意见和建议。上海市气象局鲁小琴研究员和郭巍高级工程师处理提供了卫星云图；华东师范大学黄余明教授、唐曦教授和刘延安高级工程师设计并修改了若干插图、处理反演了微波辐射计数据；顾高玥同学协助处理气象数据和天气图；曲阜师范大学孙博雯博士和华东师范大学刘旗洋同学提出了修改意见。教材凝聚了众多学者的智慧，笔者在付梓之际谨致由衷的谢意。限于作者水平，传写剥蚀之讹，鲁鱼亥豕之误，必不能免，敬请读者批评指正。

作者谨识
2021年10月

第三版前言

本书第一版于1979年问世,1985年出第二版,曾经10余次印刷,在全国数十所高校已使用了18年。在此期间曾分别在上海、广州、长春、兰州、昆明和重庆等地进行过多次教材评介和分析会议,并结合教材内容进行了不同地区的气候调查。广大师生在教学实践过程中,对本书做了肯定。该教材先后获得国家教委的奖励①,近又由我国台湾明文书局将第二版改印繁体字本发行,供台湾有关大学和科研单位应用。

近年来我国教学改革和国内外对气象学与气候学的研究均取得显著的进展,为了适应当前教改形势的需要,反映本门学科的最新成就,有必要在总结过去教学经验的基础上,对原书内容进行精简、修改和更新。

根据1994年11月5日至7日在上海召开的教材会议上的决定:第三版教材的第一章和第六、七、八等章由周淑贞教授编写,第二、三两章由张超教授编写,第四、五两章由张如一教授编写,全书仍由周淑贞教授主编。

在修订过程中,我们力求保持原教材的优点,并针对课程设置的目的要求和在教学计划中本门课程教学时数减少的现实,进一步精选和更新内容,缩短篇幅,加强基础,突出重点。整个教材仍安排了气象、天气、气候及实习四个方面的内容,重点放在气候上。前五章有关气象和天气部分,分别是气候学的物理基础和天气基础,第六至第八章则在前面的基础上,系统地阐明气候的形成、气候带和气候型的划分和分布规律,以及气候变化和人类活动对气候的影响,并以大气环流作为承上启下的纽带,从它的形成原理、主要系统、运动规律和它对热量、水分的输送等,把整个课程内容贯穿起来。为配合上述内容的教学,有顺序地安排实习内容,本书还另配有实习教材②,以利于培养学生实际动手和分析问题、解决问题的能力。

为了加强基础理论,联系当前气候方面的实际问题,反映最新科学成就和便于教学,各章均做了不同程度的修改、精简和更新。例如本书第一章引论,就是将原书绪论和"大气概述"一章修改合并而成。在内容上删去原书绪论中次要部分,只保留"气象学与气候学的

① 1983年本书第一版获中国出版工作者协会颁发的1982年度全国优秀科技图书评选纪念奖。1988年本书第二版获国家教委颁发的优秀教材二等奖。

② 气象学与气候学实习教材亦由周淑贞主编,本书编者合编,由高等教育出版社1979年出版第一版,1989年出版第二版。

对象、任务和简史”一节。将“大气概述”一章更新为“气候系统概述”和“有关大气的物理性状”两节，先简明扼要地论述气候系统的组成、结构和能源，后阐明主要气象要素和空气状态方程。这样使学生在课程开始就有气候系统的基本知识和有关大气物理性状的概念，既便于以后各章的教学，也便于及早进行气象、气候的观测实习，同时又缩短了不少教材篇幅。

第二至第五章气象和天气部分在内容上做了适当的精简，删除了若干次要内容，压缩篇幅，节约课时。同时为了使体系更为完整，也更新和增补了少量内容，并更换了一些插图。例如在第二章太阳辐射部分删除了一些较烦琐的描述性内容，在大气稳定度方面增加了大气中经常发生的“位势不稳定”这个项目。又例如第五章原书标题为“天气系统和天气过程”，现改为“天气系统”。因教学时数减少，这一章内容做了必要的精简，原书本章分六节，现压缩为四节，许多内容如“季风低压”“中层气旋”“中小尺度天气系统的主要天气特征”等非重点部分，以及寒潮过程和台风过程中某些较陈旧或过于琐细的内容均予以删除。而对东风波、赤道辐合带、台风形成、经圈环流等方面都分别引进一些新理论。

在第六至第八章气候部分，做了较多的精简、修改和更新。首先为了紧缩教材篇幅，在第六章中将原书的七节，精简归并为五节，将原书的第二节和第四节合并为“气候形成的环流因子”一节。环流因子包括大气环流和洋流，这二者间有密切的相互关系。本节首先阐明海－气相互作用与环流，再依次论述环流与热量交换和水分循环中的作用，最后用厄尔尼诺/南方涛动事例说明环流的异常导致气候的异常。这样安排不仅删除了原教材中大量的较次要内容，既能够突出重点，又反映了当前在世界气候中频繁出现的异常现象和新的科研成果。另外又将原教材中的第五节和第七节合并为“地形和地面特征与气候”一节，同样在突出重点的基础上，削去了原教材中大量次要内容，其中更新了不少内容，举出西藏高原对东亚环流和降水分布的影响即其一例。

在第七章中对柯本和斯查勒气候分类法做了适当的补充，并根据编者对世界气候分类的原则，将世界各气候带和气候型都用简明表解和各类型的典型站气候图来予以说明。通过这些图表，使各气候类型的形成、位置和特征更为清晰，一目了然，同时又节约了大量的教材篇幅。

在第八章中，考虑到教学时数减少，删去原书中的第一节“研究气候变化的方法”。因为这一节内容甚多，教学时数少，很难讲清，只能割爱删除，只留下原书中的后三节。对这三节均做了一定程度的修改，尤其是对第二、第三节更新较多，如大气化学组成的变化对气候变化的影响，极地 O_3 空洞、CO_2、CH_4、N_2O 及 CFC_{11} 和 CFC_{12} 等温室气体的增加所产生的气候效应，以及城市气候等都引进了最新气候资料和最新科研成果。

为了密切联系中国实际，培养学生的爱国主义精神，我们有意识地在举例中突出我国学者在气象气候方面所做出的贡献和成就。例如青藏高原对气候的影响，我国历史时期气候变化和城市气候研究的成果等都在有关章节中加以引用。书末附有主要参考文献，便于读者查阅有关内容的来源和进一步研究这些方面的问题。

这一版教材是在征集十几年来我国高师院校广大师生在教学实践中所提出的宝贵意见的基础上,加以修改的。在修改过程中又得到上海气象局束家鑫教授,蒋德隆高级工程师的指教。华东师大地理系李朝颐副教授对气象和天气部分,郑景春副教授对气候带和气候型的图表设计和说明等均做了具体的帮助,在此表示衷心地感谢。如果说这一版比第二版有所改进的话,那么确实是倾注了集体的智慧,但由于编者水平有限,鲁鱼亥豕仍在所难免,希望读者继续加以指正。

周淑贞

1996 年 9 月于华东师大

目 录

第一章　地球大气概述

在太空俯瞰地球，那一道绚丽圆弧划出的遥远的地平线，是我们的家园。覆盖于其上的深蓝色光晕是地球的大气圈，把这个富有生机的星球装扮得静谧而迷人。今天的大气层是从 46 亿年前的地球原始大气演化而来的，大气层中 75% 的质量和 99% 的水蒸气集中于海平面至十几千米高空的对流层，向上则密度随高度呈指数规律减少，逐渐稀释在茫茫的星际空间。如果以极光出现的高度作为大气层的尽头，那么大气层的上界约为 1 200 km；如果以人造卫星探测的资料推算，那么这个上界可达 2 000～3 000 km。人类从远古走来，活动的痕迹早已遍及山川和平原、森林与海洋，这些影响尤为体现在我们赖以生存的大气圈。在与自然界的长期共存中，人类探索大气奥秘的步伐从来没有停止。历经风雨沧桑，今天的大气科学已经发展成为以数学、物理、化学为基础，研究地球大气各种物理现象和演变规律，并应用这些规律预测未来天气的学科，这种趋势也是气象学和气候学等各分支学科深入发展的必然结果（中国气象百科全书，2016）。

今天，我们已经意识到，气候系统中大气圈、水圈、冰冻圈、生物圈和岩石圈五大圈层的相互作用对于气候变化至关重要，这个理念的建立标志着气候学研究进入了新的发展阶段。同时，不同性质的下垫面对于大气边界层的影响，及其与自由大气的垂直交换，亦十分关键。它们所形成的不同的边界层气候直接影响着地表自然环境分异的基本格局。由此，我们试图以气候系统各圈层的相互作用为基本线索，贯穿全书。顺着时间尺度的延伸，本书的内容从大气物理学基础到大气云雾和降水等天气现象，逐渐由浅入深；通过分析大气运动基本规律的准地转理论，刻画遵循这一理论的各种短期天气过程和大气环流；最后，面向气候系统各圈层的相互作用，气候分类，以及气候变化等内容，渐次展开。

第一节　气 候 系 统

全书各章
电子教案

传统的气候学立足于地球上一定地点或地区长期气象要素的观测统计分析，是这一期间各种天气过程的综合体现；大气研究人员以往对其领域的拓展也仅限于对海洋各种物理过程和海 - 气关系的研究，而未考虑地球自然系统的其他分量与气候之间的相互关系。随着理论和实践研究的持续深入，1974 年气候系统（climate system）概念的提出，使气候学研究进入了崭新的发展阶段。

一、气候系统的概念

我们所研究的大气是一个热力 - 动力系统，大气圈与邻近的水圈、冰冻圈、生物圈和岩石圈等各个圈层的成分、结构和物理过程各不相同，然而，这些圈层相互影响、相互作用，通过各圈层交界面上发生的能量、质量和动量等物理过程的交换而融为一个整体——气候系统。图 1.1 是根据联合国政府间气候变化专门委员会（the Intergovernmental Panel on Climate Change，IPCC）第四次评估报告给出的气候系统示意图（IPCC，2007）。显然，对各个圈层彼此独立的研究，无法揭示系统各圈层间非线性相互作用的本质，难以在不同的时空尺度上研究气候的形成机制、演变过程和预测精度。这里要指出的是，在气候系统提出之后，现代自然地理学中各圈层的相互作用也逐渐为人们所接受（王建等，2001；潘树荣等，1985）。显然，大气科学和自然地理学通过长期的研究和相互借鉴，在逻辑上取得了相似的结论。从认识论的角度看，两者的出发点和思路是基本契合的。气候学是研究气候特征、形成、分布和演变规律，分析气候与其他自然因子和人类活动关系的学科。气候学既是大气科学的学科分支，

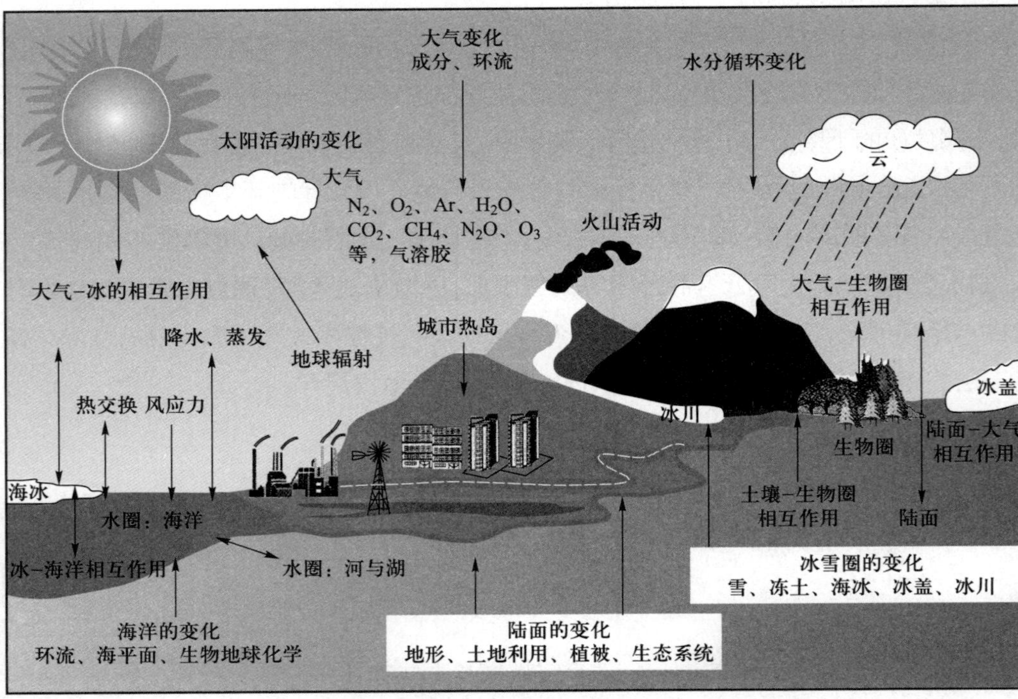

图 1.1　气候系统示意图（IPCC，2007）

也是自然地理学的学科分支。传统的气候概念在时间尺度上，与天气有着显著的区别。气候比较古老的定义是：一定地区和一个时段大气的平均状况和极端天气现象的综合。20世纪80年代以后，随着科学的发展，人们对于气候的理解逐渐深化为，在一段较长的时期内，利用统计学上的有关变量的平均值和变率指标来表示气候。因此，基于这一新的认识，就有了现代的气候学定义：气候系统的状态及其变化，包括气候平均状态、气候变化与气候变率（climatic change and climatic variability）。这个定义不但把对气候学的认识从局限于大气圈拓展到气候系统和各圈层的相互作用，而且把关注对象由气候平均状态随时间的变化，延伸到了自然气候变率和年代际气候变率（丁一汇等，2003）。对于这两种变率的差异，前一个最基本的解释表明气候变率是一种短期的波动，而后一个反映了气候状态的长期变化。

首先，根据现代气候学的观点，气候是在全球气候系统影响下形成的，这并不意味着两者可以完全等同。因为气候系统有连续的外界能量输入，且其各个圈层（分量）之间通过物质和能量交换相互联系和相互影响，所以气候系统是一个非线性的开放系统。气候系统的各个分量也都是开放系统，因为大气圈、水圈、陆地表面、冰冻圈和生物圈内部及其之间普遍存在能量、动量和物质的输送与交换过程。正是由于这些子系统之间复杂的物理、化学和生物作用，才形成了气候系统行为的多样性和复杂性。因此，现代气候学不仅关注长期气候（大约几十年以上）的改变，而且关注与灾害性天气发生频率密切相关的气候变率。其次，现代气候学将气候从一个局地的、低层大气特征的概念，转变为全球气候系统的概念，强调五个圈层是一个相互作用的整体，是气候变化最重要的驱动因子。

二、气候系统的构成

由以上讨论可知，气候系统是一个包括大气圈、水圈、冰冻圈、岩石圈和生物圈在内的，能够决定气候形成、气候分布和气候变化的统一的物理系统。太阳辐射是这个系统的能源。在太阳辐射的作用下，气候系统内部产生一系列的复杂过程，这些过程在不同时间和不同空间尺度上有着密切的相互作用，各个组成部分之间，通过物质交换和能量交换，紧密地结合成一个复杂的、有机联系的气候系统。

（一）大气圈

1. 地球大气与人类生存

清洁的空气，是人类赖以生存的物质。围绕着地球的大气层是和人类活动联系最紧密的圈层，也是气候系统中最活跃、变化最快的部分，系统中其他圈层变化所产生的影响和结果，都会反映在大气圈（atmosphere）中。在气候系统各圈层相互作用中，大气圈占有重要地位，它与其他圈层的相互作用决定着气候系统的整体行为，因此大气圈是气候系统的主体。

1.1.1 知识窗

地球系统

人类正以前所未有的速度改变着地球的环境。这些全球性的问题无不与我们生存的家园密切关联。20 世纪 70 年代，气候学家突破了静态的、平均的、孤立的大气运动物理过程的框架，明确提出了“气候系统”的概念。20 世纪 80 年代，在国际地圈 – 生物圈计划（the International Geosphere-Biosphere Programme，IGBP）的框架下，研究各方进一步认识到，为了更好地研究人类与环境耦合的关系，必须将对地球各组分（大气、陆地和海洋）的研究与各组分交界面过程的研究结合起来，打破传统学科的壁垒，整合跨越所有这些研究，以提高对地球系统的诊断和预测能力。显然，随着地球系统的提出，人们对各圈层及其界面间主要过程的认识变得更为清晰（IGBP，2006）。

自 20 世纪末到 21 世纪，地球科学发展到了“地球系统科学”的新阶段，进一步提出的地球系统概念，将原来的岩石圈范围扩展到包括地壳、地幔到地核的固体地球。对气候系统的研究也随之扩展到整个地球系统。从这个意义上理解，气候系统可以被认为是地球系统的表层系统（高晓清等，2004；刘红年等，2019）。

地球系统科学建立在这样的理念之上：地球是一个动态系统，除了在空间中从陨石、小行星和彗星吸收物质外，本质上封闭，但相对于以下两个系统能量是开放的：① 由太阳辐射能量所驱动和维持着地表的风化、剥蚀和沉积过程，驱动着物理气候系统和生态系统；② 由地球内部物质衰变和释放的重力势能，以及矿物结晶等释放的热量，驱动和维持着岩石圈的运动。

这样，由大气圈、水圈、冰冻圈、岩石圈（地壳、地幔、地核）和生物圈（包括人类）各开放的子系统就组成了一个有机的整体：地球系统。其中大气圈中长波辐射和对流的相互作用调节着地球表面的温度，控制着冰雪覆盖的范围和生物圈中各种生物种群的空间分布。地球系统在岩石圈到地球大气上界的空间范围里，在数秒到数亿年演化的时间尺度上，由上述各子系统之间的相互联系和相互作用，维系着各圈层与自身的演化与平衡。

虽然地球系统近似封闭，但是各个子系统属于开放系统，彼此之间既有物质的交换，又有能量和动量的输送。驱动各子系统间循环与输送的能量，来自太阳辐射和地球内部。地球系统内的主要物质循环类型可以分为生物地球化学循环、水文循环、冰雪循环、岩石循环和构造循环（图 1.2）。通过这些循环过程和相互作用，地球系统的物理气候、固体地球、全球生态等各子系统之间彼此有机地联系为一个整体。

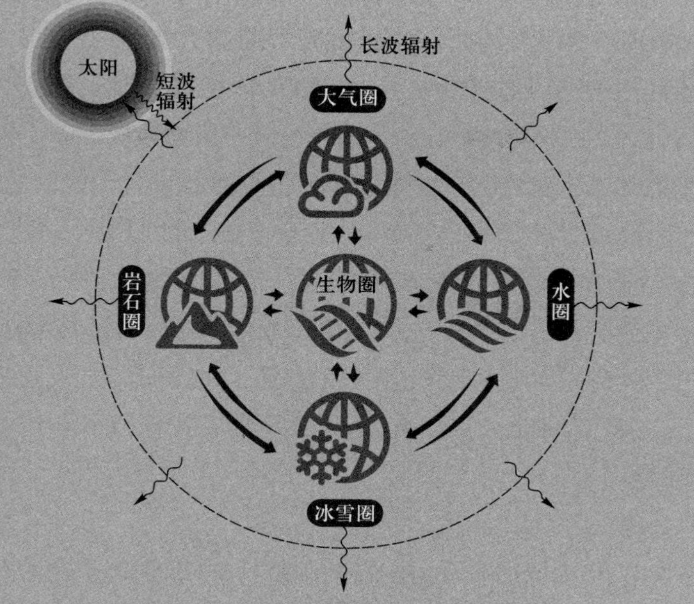

图 1.2　地球是一个由五个开放系统组成的准封闭系统（唐曦绘制，参考 Skinner 等，2012）

从太空俯视地球，可以看到大气由绵延不断的涡旋气流所组成，这种气流能够在对流层、平流层等高度上，实现高—低纬度甚至南—北半球的热量、动量和水分传输。这种被称为大气环流的现象，对于气候系统的能量输送十分关键，是严冬、酷暑、干旱、洪涝等异常气候发生的重要原因。在一般情况下，大气热源出现在低纬度低层，气块受热增温，内能（internal energy）增加，体积膨胀，气柱伸长，位能（potential energy）增加；而大气热汇则出现在高纬度高层。在气象学中，全位能是空气的内能与位能之和。简单地说，全位能中能够转化为动能的最大可能值被称为有效位能。因此，高纬度地区和低纬度地区之间就形成了有效位能之差，进入大气的热能（或称内能）就可转换成大气运动所需的动能。然而，大气环流却大致被视作一台效率很低的热机，全球陆地与海洋表面的太阳辐射净平均收入约为 240 $W \cdot m^{-2}$，而有效位能的制造率仅不到 2.4 $W \cdot m^{-2}$（华莱士等，2008）。大气的动能与系统的总能量相比，几乎微不足道。

大气绝不仅仅是被动地接受其他成员的影响，大气圈和其他圈层之间的热量、水分和物质交换，是气候系统中各圈层之间相互作用的最基本过程。人类活动的影响包含了土地利用与土地覆被变化导致的地－气系统能量输送的改变、海－气系统的热量、动量和水汽交换。在自然原因中，太阳周期性活动导致辐射能量输出的变化，是造成气候变化的一种辐射强迫（radiative forcing）。引起太阳辐射变化的另一个原因是地球轨道参数（偏心率、地轴倾斜度、岁差）的周期性变化，改变了地球与太阳的关系，导致地球大气圈顶部太阳辐射随纬度和季节配置的周期性变化，进而驱动气候波动，影响了地球冰期和间冰期的交替变化，即米兰科维奇理论。

大气污染是当前世界最主要的环境问题之一。大气污染物的种类繁多，主要包括气溶胶、SO_x、NO_x、O_3、VOCs、CO 等。它们对人类健康、工农业生产、器物材料、动植物生长、社会财产和全球环境等造成了很大的伤害。其中包括：大气温室气体的排放引起了温室效应和全球气候变暖；全球性的平流层臭氧遭到破坏，臭氧总量的减少形成了极地上空臭氧浓度的低值区，有些地方形成了臭氧层空洞，而对流层臭氧浓度超标形成的光化学烟雾，威胁着人体健康；酸雨是另一类严重的环境问题，在北美、西欧、北欧和我国南方地区，雨水 pH 低达 4.0 甚至更低的酸雨现象时有发现，酸雨酸化了土壤和湖泊，腐蚀着建筑物和金属结构，对动、植物和人类健康带来了极大的威胁；随着工业化和交通运输的发展，排放到城市空气中的污染物种类日益增多，浓度呈现快速增长的趋势，许多城市已经从过去单一的典型煤烟型污染或光化学污染类型，发展到近年来两种类型同时存在且相互作用的复合型大气污染，使情况变得更为复杂。

2. 地球大气分层

在地球重力作用下，大气层表现出明显的层结特征，即垂直差异远大于水平差异。观测资料表明，大气层在垂直方向上呈现层状的差异，致使不同高度上可产生特征各异的物理现象。通常把大气中温度、湿度等要素随高度的分布状况，称为大气层结。一般可按热力状况、电离状况和大气组分等特征，对大气进行分层。常用的分层法有以下几种：① 按热力状况，把大气分为对流层、平流层、中间层和热层。② 按大气化学成分，把大气分为均匀层和非均匀层。③ 按大气电磁性质，把大气分为电离层和磁层。④ 按大气的压强结构，把 500 km 以下的大气层称为气压层，把 500 km 以上到 2 000～3 000 km 的大气层称为外大气层或散逸层。地球大气由散逸层逐渐过渡到星际空间。地球大气压强和密度等物理属性随高度的分布如图 1.3 所示。以下主要介绍按热力状况的分层法。

1）对流层

对流层（troposphere）是地球大气中直接与地面相接的层次，上界高度随纬度和季节而异。对流层是大气密度最大的一层，含有整个大气层约 75% 的质量和 99% 的水汽与气溶胶。云、雾、雨、雪等主要大气现象都出现在此层。对流层是对人类生产和生活影响最大的一个层次，也是大气科学研究的重点层次。

对流层有以下三个主要特征：

（1）**气温随高度增加而递减**。对流层的热能除一小部分吸收自太阳辐射，绝大部分来自地面长波辐射，气温随高度增加而降低。因此，一般低空云滴多为液态水滴，而高空中云滴多由冰晶组成。在对流层中，气温随高度增加而降低的量值，因所在地区、所在高度和季节等因素而异。平均而言，高度每增加 1 000 m，气温约下降 6.5 ℃，这被称为气温直减率，也叫作气温垂直梯度，负号表示气温随高度降低。气温直减率通常以 γ 表示：

$$\gamma = -\frac{\partial T}{\partial z} \approx 6.5\ ℃/\text{km} \tag{1.1}$$

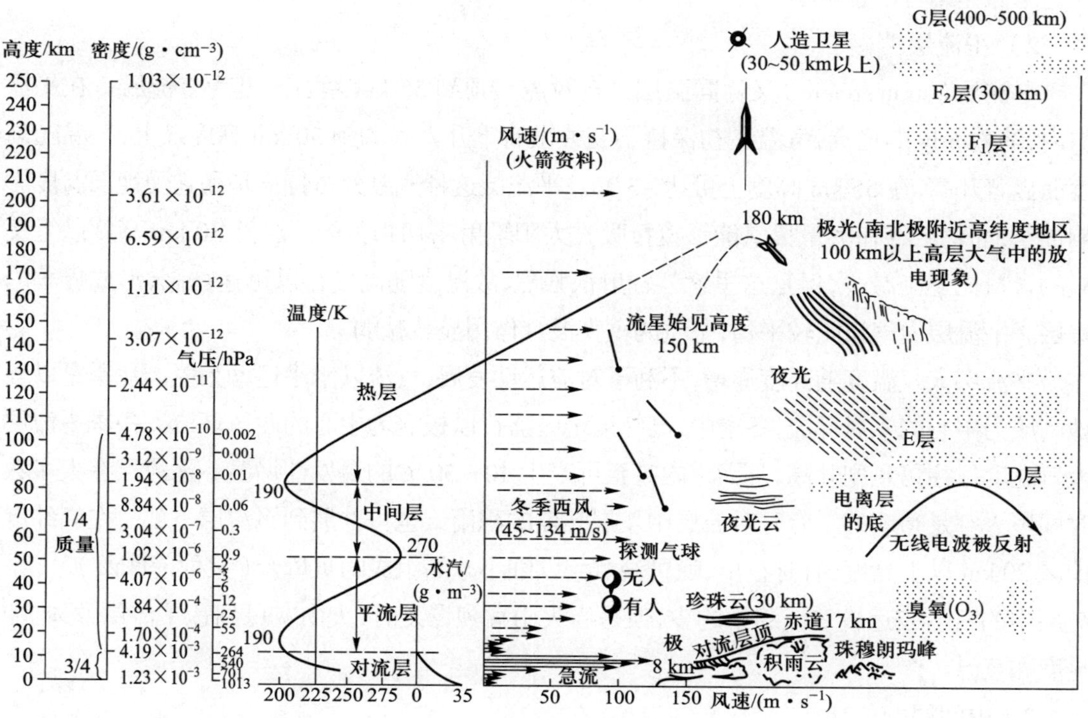

图 1.3　大气的垂直结构

式中：T 表示气温，z 表示高度。然而，有时在某些地区会出现气温不随高度变化，甚至随高度升高的现象，被称为逆温。

（2）**垂直对流运动**。由于地面是对流层大气的主要热源，且地面的加热速度不一致，因此对流层大气可产生强烈的垂直对流运动，对流层由此得名。对流运动的强度主要随纬度和季节的变化而不同。一般情况是：低纬度地区较强，高纬度地区较弱；夏季较强，冬季较弱。因此对流层的厚度从赤道向两极减小。对流层厚度在低纬度地区为 17～18 km，在中纬度地区为 10～12 km，在高纬度地区为 8～9 km。在同一纬度，尤其是中纬度，对流层厚度在夏季较大，在冬季较小。同大气的总厚度比较起来，对流层是非常薄的，它的厚度不及整个大气层厚度的 1%。空气通过对流和湍流运动，使高、低层的空气发生了交换，使近地面的热量、水汽、杂质等易于向上输送，这对成云致雨具有重要的意义。

（3）**气象要素水平分布不均匀**。由于对流层受地面的影响最大，而地面有海陆分异、地形起伏等差异，因此在对流层中，温度、湿度等的水平分布是不均匀的，对多种尺度的天气系统和天气过程具有最重要的意义。

对流层的最下层称为大气（行星）边界层，其高度一般是自地面到 1～1.5 km。边界层的高度夏季高于冬季，白昼高于夜晚，大风和扰动强烈的天气高于平稳天气。在这一层里，大气受地面摩擦和热力的影响最大，湍流交换作用强，水汽和微尘含量较多，各种气象要素都有明显的日变化特征。大气边界层以上的大气层称为自由大气。在自由大气中，地球表面的摩擦作用可以忽略不计。

2）平流层

平流层（stratosphere）又称同温层。自对流层顶到 55 km 左右高度为平流层。在平流层内，随着高度的增高，气温最初保持不变或微有上升。大约到 30 km 高度以上，气温随高度而显著升高，在 55 km 高度上可达 −3 ℃。平流层这种气温分布特征是和它受地面温度影响很小，而该层存在大量臭氧能够直接吸收太阳辐射密切相关的。虽然 30 km 高度以上臭氧的含量已逐渐减少，但是这里紫外辐射很强烈，故温度随高度得以迅速增高，形成显著的暖层。平流层内气流比较平稳，空气的垂直混合作用显著减弱。

平流层大气温度随高度递增，不利于对流运动发展，气流以水平运动为主。夏季是以极地高压为中心的东风环流，冬季中、高纬度地区盛行以极涡为中心的西风环流。冬季平流层大气温度往往可急剧升高，几天之内甚至可产生 40 ~ 50 ℃的爆发性增温。平流层在大多数时间里天空是晴朗的。有时对流层中发展旺盛的积雨云也可伸展到平流层下部。在高纬度地区 20 km 以上高度，有时在早、晚可观测到以细小冰晶组成的贝母云（又称珍珠云）[①]。平流层中的气溶胶远较对流层中的少，但是当火山猛烈爆发时，火山灰可到达平流层，影响能见度和气温。

3）中间层

自平流层顶到 85 km 左右高度为中间层（mesosphere）。这一层的成分以 N_2 和 O_2 为主，而几乎没有 O_3。N_2 和 O_2 所能直接吸收的波长极短的紫外辐射（波长 $<0.18\ \mu m$）大部分被上层大气吸收，此层大气吸收的辐射能很少，所以该层的特点是气温随高度增加而迅速下降，有利于对流运动和湍流的发展。在这一层顶部，气温降到 −113 ~ −83 ℃，那里是大气圈中最冷的部分。

中间层内水汽含量极少，几乎没有云层出现，仅在高纬度地区的 75 ~ 90 km 高度，有时能看到一种薄而带银白色的夜光云，但其出现机会很少。这种夜光云，有人认为由极细微的尘埃所组成。在中间层的 60 ~ 90 km 高度上，有一个只有白天才出现的电离层，叫作 D 层。

4）热层

热层（thermosphere）又称暖层。它位于 85 ~ 500 km 高度的位置。该层气温随高度的增加而迅速升高，这是由于波长小于 0.175 μm 的太阳紫外辐射光化学分解和电离反应造成了该层的高温。热层温度趋于常数的高度是热层顶，其高度与太阳活动有关。热层层次深厚，空气密度小，其质量只占整个大气层质量的 0.5%。在 120 km 以上高度的空间，空气密度小到声波难以传播的程度，到 270 km 以上高度，空气密度小到地面空气的百亿分之一，到 300 km 以上高度，空气密度小到地面空气的千亿分之一。

在热层中，空气处于高度电离状态，其电离的程度是不均匀的。其中最强的有两区，即

① 贝母云：在高纬度地区 20~30 km 高空中出现的一种色彩绚丽、薄而纤细的罕见云彩。其色彩排列如虹，由云中微小粒子衍射所形成。

E 层（位于 100～200 km 高度）和 F 层（位于 200～400 km 高度）。F 层在白天还分为 F_1 和 F_2 两层。研究结果表明，高层大气（在 60 km 以上高度）由于受到强太阳辐射，迫使气体原子电离，产生带电离子和自由电子，使高层大气中能够产生电流和磁场，并可反射无线电波。因此，热层又可称为电离层[①]。正是由于高层大气电离层的存在，人们才可以收听到很远地方的无线电台的广播。

在高纬度地区的晴夜，在热层中可以出现彩色的极光。这可能是太阳发出的高速带电粒子使高层稀薄的空气分子或原子激发后发出的光。这些高速带电粒子在地球磁场的作用下，向南北两极移动，所以极光常出现在高纬度地区上空。

当太阳活动加强时，热层温度随高度增加快速升高，这时 500 km 高度处的气温可增至 2 000 K；当太阳活动在宁静期时，温度随高度的增加缓慢升高，500 km 高度处的温度约为 500 K。

热层的上部是大气的最高层。由于温度高，空气粒子运动速度很大，又因距地心较远，地心引力较小，因此这一层的主要特点是大气粒子经常散逸至星际空间。热层通常又叫作散逸层。

（二）水圈

水圈（hydrosphere）由所有的液态地表水和地下水组成，包括了江河、湖泊，以及岩层中的淡水和海洋的咸水。地球表面各种形式的水体不断地循环和相互转化，具有相变和复杂的物理过程，涉及多圈层的相互作用。把水文循环视为一个动力连续系统，其物理过程包括以下四个：① 蒸散：太阳辐射使水从海洋和陆面蒸发，从植物表面蒸腾为水汽，进入大气。② 水汽输送：水汽随着气流在地区间输送，或由低空输送到高空。③ 降水：进入大气的水汽在适当条件下凝结，并在重力作用下以雨、雪和雹等形态降落。④ 径流：降水在下落过程中一部分蒸发，返回大气，另一部分经植物截留、下渗、填洼及地面滞留，由不同途径形成地面径流、壤中流和地下径流，汇入江河湖海。通常把海洋同大陆间的水分交换称为大循环；而海洋上（或大陆上）蒸发的水汽上升到高空，凝结致雨，又降落到海洋（或大陆上），这种局部的水分循环称为小循环（图 1.4）。全球水量变化有两条明显的规律。首先，在长时间的水文循环过程中，地表蒸发量与降水量处于相对平衡的状态。在海洋，蒸发量大于降水量的部分，由陆地径流得到补偿；而陆地降水量多于蒸发量的部分，最终由径流汇入大海。其次，全球降水量和蒸发量呈现时空不均匀分布。低纬度湿润地区高温、高湿，蒸发强烈，水文循环强烈；高纬度地区冰雪覆盖，低温，水文循环微弱；而干旱地区实际蒸发量可大于降水量，水文循环微弱。这种情势造成了全球洪涝和干旱现象不均匀的地理分布（胡方荣等，2016）。

---

① 电离层：根据火箭和人造卫星的观测资料，电离层的下界从距地面 60 km 左右高度开始（包括中间层的 D 层）。在电离层中，大气中自由电子的数密度是随着高度的增加而波动性地增大，一直到 300 km 左右高度达到最大值。上述 E、F_1、F_2 层是其相对峰值区。电离层中自由电子数密度在日落后下降，它反映太阳辐射电离作用的中断。自由电子数密度的下降幅度随高度变化而变化，夜间 D 层和 E 层的大多数电子与正离子复合。电离层各区高度、厚度和自由电子数密度有明显的日变化和季节变化，并受太阳活动的影响。

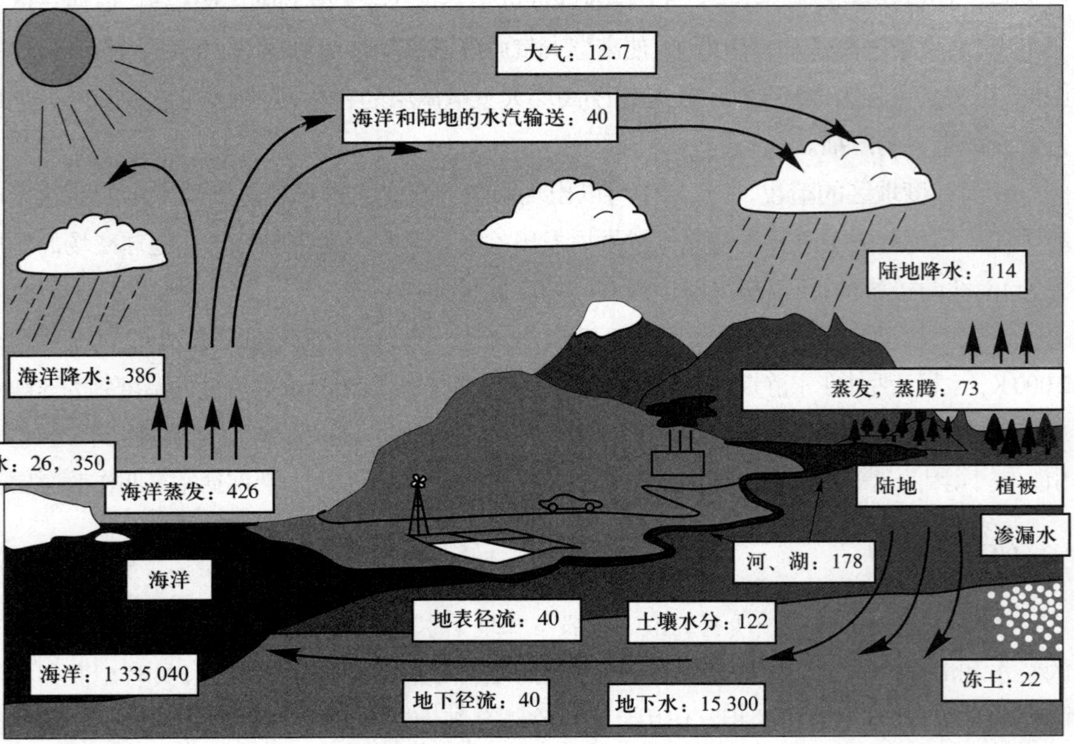

图 1.4　全球水文循环示意图

水分储量单位：1 000 km^3，水汽通量单位：1 000 km^3/a。（Demory 等，2014，本图略作简化。）

海洋面积约占地球表面积的 70.8%，海－气通量变化过程和风浪搅拌作用使海洋近表层产生厚度一定、水温均一的水层，被称为海洋混合层。位于海面以下 100～200 m 深度的、温度和密度有巨大变化的薄薄一层被称为温跃层。如果只考虑 100 m 深的表层海水，那么它们所具有的热量即占整个气候系统总热量的 95.6%。因此，可以认为海洋是气候系统的热量储存库。穿过大气到达地球表面的太阳辐射，约有 80% 被海洋吸收，之后，这些热量通过长波辐射、潜热释放及感热输送的形式传输给大气。

海洋本身就是一个巨大的碳库。海洋对 CO_2 的溶解及促使 CO_2 向深海的输送，在全球碳循环中非常重要。据估计，工业革命之前，海洋碳储量为大气碳储量的 50 多倍。1750—2011 年期间，CO_2 的排放量为 555 ± 85 PgC（1 PgC=10^{15} gC，即 10 亿吨碳），其中，240 ± 10 PgC 留在大气中，160 ± 90 PgC 被陆地所吸收，另外的 155 ± 30 PgC（约 27.9% 为人为排放的 CO_2）被海洋所吸收（IPCC，2013），因此海洋在全球气候变化的过程中扮演着至关重要的角色。因此，海洋对气候变化与气候异常的形成具有重要意义。

（三）冰冻圈（cryosphere）

冰冻圈是指地球表层水以固态形式存在的圈层，包括冰川（山地冰川、冰帽、极地冰盖、冰架等)、冻土(季节冻土和多年冻土)、积雪、固态降水、海冰、河冰、湖冰等。目前全球陆地约有 10.6% 的面积被冰覆盖。海冰的面积比陆冰要大,但由于世界海洋广阔,海冰面积约占海洋面积的 6.7%。无论海冰还是陆冰,它们对地表热平衡均有很大的影响。冰冻圈对气候系统的重要作用在于它对太阳辐射具有较高的反照率、较低的热传导率和大的热惯性,以及在驱动深海环流中的关键作用。

冰冻圈在受气候变化影响的诸环境系统中,是全球变化过程中指示性最强的圈层,也是对气候系统影响最直接的圈层,和受气候系统影响最敏感的圈层,被认为是气候系统多圈层相互作用的核心纽带和关键性因素之一(IPCC, 2007)。冰冻圈作为全球水循环过程的一个重要环节,对气候变化的敏感性在全球变化研究中备受关注。IPCC AR_5(即第 5 次评估报告, the fifth assessment report)的评估结果显示,全世界冰川和南极冰盖的冰量损失、北半球平均积雪面积的缩小,应当引起人类的警醒。在影响海平面上升的诸因素中,冰冻圈的贡献达到 0.76 ~ 1.88 mm/a,已超过了海水热膨胀的贡献(0.8 ~ 1.4 mm/a)而上升到第一位,且不确定性降低(IPCC, 2013)。

在研究几十年到几百年的气候变化时,人们经常把冰川进退当成一个重要的指标。但由于惯性作用,冰川的变化常落后于气候变化,落后幅度为几年到几十年,因冰川大小及具体环境而异。对于北半球大气和气候变化,雪盖也被考虑为一个可能的强迫因子。积雪的异常可以引起下垫面能量和水分的异常,改变地表与大气之间的热量和水汽交换,从而对气候变化产生重要的影响(Cohen, 1991; 段安民等, 2014)。雪盖异常的局地效应则是通过大气对它的响应及大气环流的调整,对更大范围乃至对全球气候产生影响。

(四)生物圈(biosphere)

一个具有动物、植物、真菌和微生物的群落,与其周围支撑它们的自然环境一起,被称作生态系统。在生态系统中,物种共存且与特定的其他物种及周围环境相互作用。地球上所有的生态系统组成了生物圈。气候对生物圈的作用会记录在化石、树木年轮、孢子、花粉中,使之成为过去气候变化的生物指标或气候代用指标。

生物圈对大气运动和大气成分具有重要影响。以痕量气体为例,植被改变了地表粗糙度、地表反射率、蒸发、径流和土壤特征,陆地植被影响蒸发到大气中的水分,影响太阳辐射的吸收或反射,在 CO_2 和 CH_4 循环过程和其他气体的循环过程中扮演了重要的角色。植被根部和叶面的状况与活动对 CO_2 与水分的储存具有重要作用,与全球和区域气候变化具有密切的关系,大范围的植被变化甚至可能影响全球的热量平衡及水分平衡;生物过程通过海洋大量吸收 CO_2,通过植物-浮游生物的光合作用减少海洋表层的 CO_2 含量,对调节大气 CO_2 浓度具有重要的作用,使更多的大气 CO_2 溶解到海洋中。生物圈在碳循环中的中心作用,使其成为人们在研究气候系统时不可忽视的因素。

（五）岩石圈（lithosphere）

岩石圈包括了地球表面多种复杂的下垫面，如平原、山脉、森林等，面积占全球陆地面积的 29%。现在的陆面（即陆地表面）各类地貌类型的分布，一般的解释是大陆漂移—海底扩张—板块运动的结果。由大地构造运动形成的区域构造地貌，对地质时期的气候变化影响极大，对今天全球气候基本格局的形成具有重要的意义。但当代人大多关心从一个月到几十年，最多几百年的气候变化。在这个时间尺度内，除火山爆发作为自然外强迫因子而影响气候外，岩石圈对气候的影响主要发生在陆地表面，所以在讨论气候问题时，研究者非常关注陆面过程。

由于大气圈和岩石圈的相互作用，发生在地球表面的风化、侵蚀、搬运和堆积作用，不仅导致出露于地球表面的岩石表面受到破坏，也对地球表面高程差异进行取高补低的夷平作用。在长期风化和侵蚀堆积作用下形成的陆地表面上，往往还有水体作用存在。通过大气和水体的水热交换、下渗、径流和生物过程，实现长时间的土壤发育和植被生长，形成新的自然地理单元。

岩石圈陆面过程对大气的影响主要表现在气流流经不同陆面的动力学过程和辐射收支与能量平衡的差异。海陆分布与大地形对气候的动力作用和热力作用，亦随时间发生着改变。尽管一般认为陆面对大气的热力影响不及海洋，但是近年来观测事实及数值模拟结果均表明，在不同的地理背景下，下垫面的温度及干湿程度对大尺度环流和局地气候均有相当大的影响。

第二节　地球大气的成分

气象学和气候学是具有广泛应用性的学科，在大气科学、地理科学、海洋科学、环境科学和农业科学等学科中占有重要的位置。学习气象学、气候学，首先需要了解大气的起源，理解大气成分、光学特性和垂直结构等在大气运动中的作用，以及在科学研究中的意义。

一、地球大气的起源

地球大气的起源是与生命起源和天体（包括地球）演化联系在一起的。尽管人们对地球大气的起源还有许多争议，但是现在相对一致的看法是，地球大气的起源先后经历了原始大气、次生大气和现代大气三个阶段。

（1）**原始大气**。根据宇宙大爆炸理论的假说，地球大约诞生于45亿年之前。当康德－拉普拉斯假说的星云开始凝聚时，在万有引力作用下，气体向中心收缩，地表渐渐冷凝为固体，原始大气同时包围着地球。人们对原始大气的组分有不同的看法。有一种看法认为，这时的原始大气主要成分是H_2和He。由于地球形成早期的大气逃逸、大气吹散和太阳风驱赶的联合作用，加之地球刚形成时的引力较小，因此当H_2（随后是He）热逃逸后，剩下能维持较长时间的是最大总压强为44 583 Pa的以H_2O、CH_4、NH_3为主的还原态大气。初级原始大气是富含氢及其化合物的还原态大气，这一点在生命起源研究上具有重要的意义（陈哲明，1978，刘秀明等，2002）。

（2）**次生大气**。地球形成以后，由于温度的下降，地球表面发生冷凝现象，而地球内部的高温又促使火山频繁活动，因此造山运动和火山爆发时所形成的挥发气体，就逐渐代替了原始大气，而形成了地球的次生大气圈。次生大气的主要成分是CO_2、CH_4、H_2S和NH_3等一些相对分子质量比较大的气体。地壳调整刚开始时，O_2很容易和金属铁化合而不能在大气中留存，因此次生大气属于缺氧性还原态大气。次生大气形成时，水汽大量排入大气，由于地表温度较高，因此大气不稳定，对流发展强盛，普降暴雨到地表形成地表最初的水体。这对于地球出现生命和形成现代大气圈极为重要。

（3）**现代大气**。次生大气转变为现代大气，与生命的形成密切相关。随着波长比较短的太阳紫外线到达低空，强烈的光合作用使地球上次生大气中的水汽分解成了O_2和H_2，一部分H_2逸出大气，O_2的数量不断地增加。一旦有了O_2，就为地球上生命的出现提供了极为有利的“温床”。经过几十亿万年的分解、同化和演变，生命终于在地球中诞生了。现代大气虽是由多种气体组成的混合物，但主要成分是N_2，其次是O_2；另外还有一些其他数量极微少的气体。这主要是因为：① N_2的化学性质很不活跃，不太容易同其他物质化合，多呈游离状态存在；② N_2在水中的溶解度很小，所以它大多以游离状态存在于大气中，相对来说，N_2和O_2的比例就增多了。此外，N_2本身也进行循环，物质在腐烂分解后，又释放出游离的N_2，N_2大部分呈游离状态的数量在增多，以致成为大气的主要成分。现代大气成分是怎样长期演化来的，目前主要有两种看法：① 现代大气就是从地球原始大气演化而来的；② 原始大气已经不存在了，现代大气是由地球内部火山活动所喷发的物质演化而来的。

大气中自从有了游离状态的O_2，高空就可能形成O_3层，进而吸收紫外辐射。一旦有了O_2，原始大气中的CO，就经过氧化成为CO_2，CH_4经过氧化成为H_2O和CO_2，NH_3经过氧化成为H_2O和N_2。因而，CO_2才在大气圈中占优势。初始大气中CO_2占的分量很大，但是由于光合作用的发展，大量的碳被用来构成生物机体，另外一部分碳溶解于海洋。当大气中的CO_2较多时，溶解到海水中的CO_2就相对增多。

现代大气成分经历了大气圈、水圈、冰冻圈、生物圈、岩石圈不断的物质循环，是地球大气长期演化的结果；虽然大气中的成分还在不断地进行循环和调整，但是这个过程基本平衡、稳定。

二、干洁大气

气象学里通常称不含水汽和各种杂质的所有混合气体为干洁大气，详见表 1.1。按照各种成分在大气中的浓度，大气成分主要分为三类：① 主要成分，体积分数在 0.01% 以上，如 N_2、O_2、Ar 和 CO_2 等；② 微量成分，体积分数在 $(1 \sim 20) \times 10^{-6}$，如 CH_4 和 He、Ne、Kr 等惰性气体；③ 痕量成分，体积分数在 1×10^{-6} 以下，如 H_2、O_3、Xe、N_2O、NH_3、NO_x、SO_2 和人为污染的氯氟烃化合物。要注意的是，一些书籍用 ppm 代表 10^{-6}，ppm 是 parts per million 的缩写。

表 1.1　对流层大气主要成分、微量成分和痕量成分（盛裴轩等，2013）

主要成分

气体成分		相对分子质量	体积分数 /%	质量分数 /%	浓度 /($\mu g \cdot m^{-3}$)	平均停留时间
准定常成分	N_2	28.013 4	78.084	75.52	9.76×10^8	约 10^6 a
	O_2	31.998 8	20.948	23.15	2.98×10^8	约 5×10^3 a
	Ar	39.948 0	0.934	1.28	1.66×10^7	约 10^7 a
可变成分	CO_2	44.009 9	0.033	0.05	$(4 \sim 8) \times 10^5$	5～6 a

微量成分与痕量成分

气体成分		相对分子质量	体积分数	浓度 /($\mu g \cdot m^{-3}$)	平均停留时间
准定常成分	Ne	20.183	18.18×10^{-6}	1.6×10^4	约 10^7 a
	He	4.003	5.24×10^{-6}	920	约 10^7 a
	Kr	83.800	1.14×10^{-6}	4 100	约 10^7 a
	Xe	131.300	0.087×10^{-6}	500	约 10^7 a
可变成分	H_2	2.016	$(0.4 \sim 1.0) \times 10^{-6}$	36～90	6～8 a
	CH_4	16.040	$(1.2 \sim 1.5) \times 10^{-6}$	850～1 100	约 10 a
	N_2O	44.010	$(0.25 \sim 0.6) \times 10^{-6}$	500～1 200	
	CO	28.010	$(0.01 \sim 0.2) \times 10^{-6}$	10～200	0.2～0.5 a
	O_3	47.998	$(1.0 \sim 100.0) \times 10^{-9}$	0～100	
	水汽	18.015			约 10 d

续表

气体成分		相对分子质量	体积分数	浓度/($\mu m \cdot m^{-3}$)	平均停留时间
可变成分	NH_4	17.030	$(2.0\sim20.0)\times10^{-9}$	2~20	约 5 d
	SO_2	64.06	$(0.0\sim20.0)\times10^{-9}$	0~50	约 2 d
	H_2S	34.07	$(2\sim20)\times10^{-3}$	3~30	约 0.5 d
	NO_2	46.00	$(1\sim4.5)\times10^{-3}$	2~8	

大气是各种气体组成的混合气体，各种气体所占体积分数和质量分数见表 1.1。在主要成分中，仅三种准定常成分气体 N_2、O_2、Ar 就占了大气体积的 99.966%，加上可变成分 CO_2，可达 99.999%。而包括水汽在内的微量气体含量虽然很少，但是与人类关系密切。尤其是近几十年人类活动导致的环境演变，使进入大气的污染气体有逐渐增加的趋势。

（1）氮气（N_2）。N_2 占干洁大气体积的 78.084%，是大气中含量最高的气体。一方面，N_2 是合成 NH_3 的基本原料，大量 N_2 通过植物根瘤菌的作用，将大气中的 N_2 固定到土壤中。在雷暴天气时，大气闪电以其巨大的能量，把 O_2 和 N_2 结合成 NO，溶于雨水，与矿物质作用形成 HNO_3 渗入土壤中，成为优质肥料。当然每年这样所得的含氮化合物，顶多只占 N_2 总量的 10%。另一方面，植物通过光合作用放出 O_2 吸入 CO_2，维持生态系统的平衡。在大气中，N_2 可以冲淡 O_2，使植物光合作用和水解作用产生的 O_2 不致过浓，缓解氧化作用。

（2）二氧化碳（CO_2）。CO_2 在大气中的含量很低，仅占干洁大气体积的 0.033%。CO_2 是通过陆地和海洋中有机物的生命活动，土壤中有机体的腐化、分解和化石燃料燃烧等过程而进入大气的，因此主要集中在大气圈底部的对流层大气中。由于 CO_2 对太阳短波的吸收性能较差，对地面长波辐射却能强烈吸收，同时本身也能向外放射长波辐射，因此这种"温室效应"会改变大气的热量平衡，导致大气圈底部和地面的平均温度持续上升。自工业革命前的 1750 年到 21 世纪的 2018 年，随着化石燃料燃烧量的迅速增长，在 268 年时间里，CO_2 的体积分数从 278×10^{-6} 升高到 407.4×10^{-6}，增加了 46.5%。大气组分和地表性质发生的变化，改变了地球－大气系统的能量收支及平衡，造成了全球气候的变化。生物圈对 CO_2 浓度影响最大的是森林和绿地，绿色植物的生长有很强的季节性，因此，CO_2 与大气和地球生物圈间的交换密切关联。据分析，不同纬度带的地面和平流层底的 CO_2 柱浓度呈现明显的季节性变化（Diao 等，2017）。

（3）**甲烷**（CH_4）。CH_4 是结构最简单的碳氢化合物。CH_4 是指湖泊、沼泽等水体里的生物体腐败后被细菌分解而生成的天然气。大气中的 CH_4 约 40% 来自湿地和白蚁等自然源，而反刍动物、水稻、化石燃料开发、垃圾填埋场和生物质燃烧等人为源约占 60%。从分子的层面来说，CH_4 是一种比 CO_2 更加活跃的温室气体，虽然它们在大气中的浓度远远

低于 CO_2，但是其单位浓度的温室效应大约是 CO_2 的 26 倍，由于它在大气中的数量较少，因此人们对 CO_2 给予了更多的关注。2010 年全球 CH_4 的平均体积分数为 1.808×10^{-6}，与 1750 年相比增加了 258%（Barrie 等，2010；Song 等，2013）。据南极冰芯气泡的分析，3 000 多年以前直到公元 1870 年，大气中 CH_4 体积分数还一直保持在 $(0.6 \sim 0.8) \times 10^{-6}$，这些数据说明近 100～200 年来 CH_4 的浓度有了显著的增加。CH_4 不但是一种温室气体，还是一种化学活性气体，在大气中容易被氧化而产生一系列氢氧化物和碳氢氧化合物，因而备受关注。

（4）**臭氧（O_3）**。O_3 主要分布在 10～50 km 高度的平流层大气中，浓度极大值出现在 10～30 km 的高度。虽然 O_3 在大气中的体积分数仅为 $(1.0 \sim 100.0) \times 10^{-9}$，但是由于 O_3 对波长为 0.2～0.29 μm 的太阳紫外辐射具有强烈的吸收作用，因此平流层臭氧能够阻挡太阳紫外辐射到达地面，大大降低皮肤癌和白内障等疾病的发生率；O_3 的存在使农作物和水生生态系统免受危害；O_3 吸收太阳紫外辐射能使平流层大气增温，这对建立大气垂直温度结构和辐射平衡具有重要的作用。大气中 O_3 主要由大气中的氧分子在 0.1～0.24 μm 波长的太阳紫外辐射照射下发生光解作用[式（1.2）]，光解的氧原子又同其他氧分子发生化合作用而形成 O_3[式（1.3）]，O_3 在紫外线（波长为 0.2～0.24 μm 的电磁波）照射下不稳定，它可能同光解的氧原子相互碰撞再解离为氧分子[式（1.4）]。所以 O_3 的形成和解离过程是相互联系并大体处于平衡状态的。

$$O_2 + h\nu \longrightarrow O + O \tag{1.2}$$

$$O + O_2 + M \longrightarrow O_3 + M \tag{1.3}$$

$$O_3 + O \longrightarrow O_2 + O_2 \tag{1.4}$$

在臭氧层以上，短波辐射随高度明显增强，O_2 光解强度也随之增大，到 55～60 km 高度，O_2 几乎完全被光解，难以形成 O_3；而在臭氧层以下的大气中，又因大部分紫外辐射已被上层氧分子吸收，紫外线辐射强度明显减弱，可能生成的 O_3 数量也明显减少。因而，只有在 20～30 km 高度处，氧分子和光解的氧原子大致相当，才能形成浓度最高的臭氧层。

人们通常认为，在自然因素中，每年初春，极夜结束，太阳辐射加热空气，产生的上升运动将对流层含有低浓度 O_3 的空气输入平流层，稀释的结果使平流层 O_3 含量降低，容易出现 O_3 空洞。在人为因素中，工业上冷冻剂大量使用 CFCs（chloro fluoro carbons，氯氟碳化物，也称氯氟烃，为氟氯代甲烷和氟氯代乙烷的总称）气体。当它被大气环流带到平流层（16～30 km 高度）时，由于受太阳紫外线照射，容易形成游离的氯离子。氯离子与 O_3 发生化学反应，使 O_3 含量减少，使到达地面的太阳紫外辐射强度增大。

地球南极、北极和青藏高原气候寒冷，O_3 层微薄。O_3 含量如果减少到正常值的 50% 以上，人们就形象地说这是个臭氧层空洞。2000 年 9 月 3 日南极上空的臭氧层空洞面积达到 $2\,830 \times 10^4\ km^2$，这是人们迄今观测到的最大的臭氧层空洞。

对流层内的 O_3 虽仅占大气 O_3 总量的 10%，但近年来 O_3 浓度上升的趋势明显。O_3 的强氧化性能会促进 SO_2 的氧化和 NO_x 的转化，导致酸雨和光化学烟雾的形成；由于 O_3 在辐射光谱波长 9.6 μm 附近有一条强吸收带，因此 O_3 又是使低层大气增温的温室气体。

三、水汽

（一）水汽的分布

水汽是气候的基本要素之一，大气中的水汽来自江、河、湖、海及潮湿下垫面的水分蒸发和植物的蒸腾，并由于空气的垂直交换向上输送。在大气温度变化的范围内，水汽可以凝结或凝华为水滴或冰晶，成云致雨，下雪降雹，成为地球淡水的主要来源之一。空气中的水汽含量具有明显的时空变化特征，一般情况是夏季多于冬季。低纬度暖水洋面和森林地区的低空水汽含量最大，若按体积分数计算，其含量在 0～4% 之间，而在高纬度寒冷干燥的陆面上，其含量则极少，可低于 0.01%。从垂直方向而言，空气中的水汽含量随高度的增加而减少。观测资料表明，在 1.5～2 km 高度上，空气中水汽含量已减少为地面的一半；在 5 km 高度，水汽含量减少为地面的 1/10；再向上，水汽含量就更少了。虽其量少得可怜，但由于它是大气中唯一能发生相变的气体，所以它能够充当天气变化的主要角色。水汽的相变和水文循环不仅把大气圈、海洋、陆地和生物圈紧密地联系在一起，而且对大气运动的能量转换和变化，以及对地面和大气温度都有重要的影响。

对流层内水汽含量随高度上升而递减，但有时也可观测到湿度逆增现象。湿度逆增现象往往伴随着逆温层的出现而存在，因为逆温层的稳定结构阻止了水汽继续向上输送。水汽含量随高度的分布，往往比较复杂，受到温度垂直分布、对流运动、湍流交换、云层的凝结和蒸发，以及降水等多种要素的影响。观测资料表明，全球水汽年平均比湿随高度的分布几乎按指数规律迅速递减。据统计，约 50% 以上的水汽分布在 850 hPa 等压面以下，约 90% 以上的水汽分布在 500 hPa 等压面以下。水汽含量的变率在副热带地区 700 hPa 等压面以下最大，而在赤道和 60° N 纬线以北（或 60° S 纬线以南）地区变率最小。

（二）水汽的变化

从宏观视角看，大气层中水汽变化主要是通过蒸发—凝结—降水—蒸发这样周而复始的水文循环过程实现的。这是指海洋和陆地上空的水汽输送、水汽辐合与辐散、水汽收支与水分平衡。水汽在大气中所占的比例很小，仅为 0.1%～0.3%（质量分数），但它是大气中最活跃的成分。与其他微量气体相比，水在地球大气条件下的三相变化对于地球生命具有十分重要的价值。

海洋表面、湖泊河流、土壤表面和植被中的水分，通过蒸发和蒸腾作用进入大气。陆面的水分平衡取决于蒸发、降水和径流，洋面也是类似的平衡，二者的差异在于陆地每年要支出 40×10^{15} kg 的径流进入海洋。海洋的蒸发量大于降水量，这部分差额由径流补充，使全球尺度海陆的水物质达到平衡。表 1.2 是全球水分分配估计状况。由表 1.2 可见，绝大部分的水分贮存在海洋冰川和地下水中。在陆地水中，冰帽、冰川和永久积雪占的比例最大，地下水次之，河流湖泊较少。而大气中的水汽仅占十万分之一的比例不到。

表 1.2　全球水分分配估计状况（黄锡荃，2023）

水的类型	分布面积 /（10^4 km^2）	水量 /（10^4 km^3）	水深 /m	占全球总储量的比例 /%	占全球淡水储量的比例 /%
一、海洋水	36 130	133 800	3 703.3	96.54	—
二、地下水（重力水和毛管水）	13 480	2 340	173.6	1.69	—
其中地下水淡水	13 480	1 053	78.1	0.76	30.06
三、土壤水	8 200	1.65	0.2	0.001	0.05
四、冰川与永久积雪	1 622.75	2 406.41	1 482.9	1.74	68.70
1. 南极洲	1 398	2 160	1 545.1	1.56	61.66
2. 格陵兰	180.24	234	1 298.3	0.17	6.68
3. 北极岛屿	22.61	8.35	369.3	0.006	0.24
4. 山脉	21.9	4.06	185.4	0.003	0.12
五、永冻土底冰	2 100	30.0	14.3	0.022	0.86
六、湖泊水	206.87	17.64	85.3	0.013	—
1. 淡水	123.64	9.10	73.6	0.007	0.26
2. 咸水	83.23	8.54	102.6	0.006	—
七、沼泽水	268.26	1.147	4.3	0.000 8	0.03
八、河床水	14.88	0.212	14.2	0.000 2	0.006
九、生物水	51 000	0.112	0.002	0.000 1	0.003
十、大气水	51 000	1.29	0.025	0.000 9	0.04
水体总储量	51 000	138 596.81	2 717.6	100	—
其中淡水储量	14 870	3 502.92	235.6	2.53	100

水汽是气候系统中最重要的天然温室气体，其作用远高于甲烷，更高于二氧化碳，它随着气候变暖不断增加，从而加剧了人类活动造成的温室效应。水汽温室效应最明显的例子就是有云的夜晚比无云的夜晚更温暖。读者在第四章将看到，可以通过 Clausius-Clapeyron 方程（克劳修斯 – 克拉珀龙方程），讨论含液态水的饱和湿空气热力学过程。可以确定的是，随着气候变暖，在相对湿度不变的前提下，按照 Clausius-Clapeyron 方程的物理意义，可以更好地理解制约大气持水能力的规律：即气温每上升 1 K，大气持水能力增加约 7%（Trenberth 等，2003，2005）。进一步的研究结果表明，大气中水汽的反馈效应是影响气候敏感性最大的正反馈因子之一（Soden 和 Held，2006），它能够放大其他温室气体引起的增暖效应。

四、大气气溶胶

（一）气溶胶粒子的粒径分布与来源

气溶胶来源多样，形状一般不呈球形，十分复杂。本书仅以通常的空气动力学等效直径来表示它们的大小。即若被观测的粒子与一个单位密度球形粒子的空气动力学效应相同，则该粒子的直径被定义为空气动力学等效直径。习惯上，将气溶胶粒子按尺度大小分为以下三类：Aitken（爱根核）（半径 $<0.1\ \mu m$）、大粒子（$0.1<$ 半径 $<1.0\ \mu m$）和巨粒子（半径 $>1\ \mu m$）。当气溶胶的浓度达到足够高时，将对人类健康造成威胁。空气中的气溶胶还能传播真菌和病毒。气溶胶粒子多集中于对流层大气的底层，它们的浓度随高度呈指数规律减小，在对流层顶达到最小，而到了平流层，浓度又有所增加，在 20 km 高度左右出现一个气溶胶层，被称为荣格层。

大气中的气溶胶粒子主要分为一次气溶胶和二次气溶胶。其中一次气溶胶的自然源包括大气中水和冰组成的云雾滴、冰晶和雪晶等天然粒子，裸土和岩石风化产生的扬尘，火山喷发的尘埃，以及花粉和海水飞沫等；人为源包括工业生产的烟尘与无组织排放的粉尘、化石燃料燃烧、机动车、飞机和船舶的排放等。当排放到大气中的气态或颗粒态污染物发生化学反应生成新的气溶胶粒子时，新的气溶胶粒子就被称为二次气溶胶。例如大气中 SO_2 气体通过非均相化学反应逐渐转化成硫酸盐粒子，此外还有硝酸盐、铵盐等，这些城市环境空气中的细粒子都是通过气 – 粒转换过程实现的。

平均而言，气溶胶粒子移入大气的速率与移出大气的速率近似相等。例如，气溶胶粒子的直接沉降会使自身移出大气；在降水形成前，气溶胶粒子是云滴的核心，雨水在降落过程中会俘获兼并大量的粒子，将它们移出大气。此外，气溶胶粒子也会与地面障碍物相碰，被吸附而移出大气 。在全球范围内，降水过程可移出 80% ~ 90% 的粒子，直接沉降可以移出 10% ~ 20% 的粒子。气溶胶粒径分布、源和汇，以及生命周期可见图 1.5。

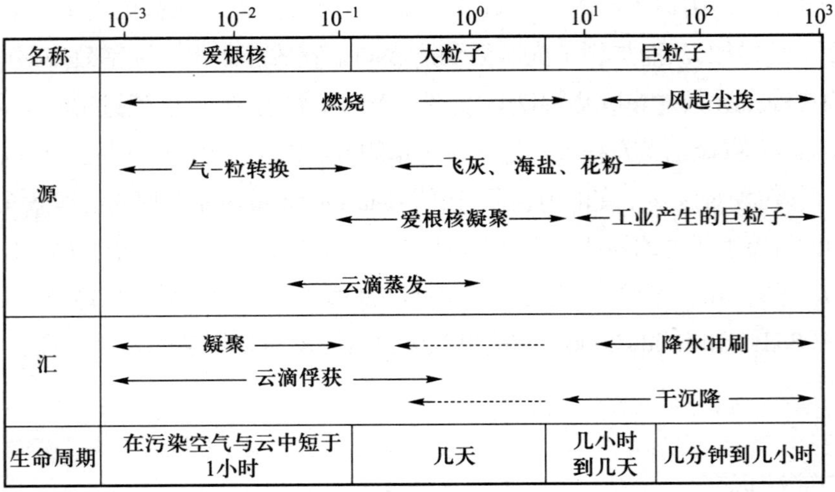

图 1.5　对流层大气气溶胶的源、汇与生命周期（华莱士等，2008）

（二）气溶胶的气象意义与影响

由于气溶胶的粒径大小不同，因此其物理化学性质对大气现象的影响是不一样的。气溶胶主要在大气辐射、大气光学现象、大气电学和大气降水等物理过程中起着非常重要的作用。

（1）**大气辐射**。气溶胶粒子尤其是炭黑粒子（即黑碳气溶胶），能够吸收和散射太阳辐射。一方面，气溶胶降低能见度而改变大气透过太阳辐射的能力，削减到达地面的能量，降低低层大气的温度。它的增多可减少太阳直接辐射，增大散射辐射，也增加了大气长波逆辐射，改变地球辐射平衡。另一方面，气溶胶粒子吸收了太阳能量，本身得到增温，并通过大气运动传输热量，提高高层大气的温度。例如，火山喷发对气候影响的分析结果表明火山喷发将导致全国性的降温，这种大面积的降温发生在火山喷发后大约 1 年以后，并持续约半年；弱一些的降温信号在喷发年和第三年均可出现；中国地面温度场对北半球低纬度火山的喷发可以出现快速反应，其特点是发生快（喷发后 1 个月），持续时间短（仅 1 个月）且温度有降（青藏高原地区）有升（东南沿海和东北地区）（贾朋群等，2001）。

（2）**雨、雾和降水**。气溶胶粒子促进云的凝结核、雨滴、冰晶形成，进而对降水的形成起着重要作用。气溶胶甚至可以改变云的存在时间，能够在云的表面产生化学反应，决定降水量的多少，影响大气成分。

（3）**大气化学过程与光学现象**。气溶胶粒子对大气光学特性的影响，表现在对太阳光的散射和吸收上，从而使水平能见度降低到 10 km 以下，缩短了视力正常者从背景（天空或地面）中识别出具有一定大小目标物的最大距离。在这种大气中悬浮的大量微小尘粒、烟粒或盐粒的集合体中，有些是以微粒形式直接从发生源进入大气的一次粒子，有些则是二次粒子，这种因能见度降低而被称为霾的天气现象在一天中的任何时候都可以出现。霾主要是矿物颗粒物、炭黑、海盐、硫酸盐、硝酸盐、铵盐、有机气溶胶粒子的集合体。其中有害人类健康的，直径小于 10 μm 的气溶胶粒子为粗颗粒物；直径小于 2.5 μm 甚至小于 1 μm 的气溶胶粒子为可吸入颗粒物，它们能直接进入人体并黏附在上下呼吸道和肺叶中，严重危害人体健康。当有霾生成时，天空一般呈乳白色，使物体的颜色亮度降低，远处光亮物体微带黄红色，而黑暗物体微带蓝色。

（4）**大气电学特性**。因为大气中含有净的正电荷，地面带着负电，所以大气中时刻存在电场。由于宇宙射线等的作用，大气低层存在离子，在贴地层中，地球内部及大气中的放射性物质可造成电离现象。小离子被爱根核吸附成为大离子。晴天大气电场方向向下，地面相对地带着负电荷。正、负离子在电场作用下，形成垂直方向的传导电流。由于小离子迁移速率大，因此传导电流主要取决于小离子的浓度和迁移速率。当大气中大离子浓度或其他气溶胶粒子浓度很大时，小离子就会被俘获而减少，空气电导率大部分是小离子的贡献。就全球平均而言，晴天电场强度在陆地上为 120 V/m，在海洋上为 130 V/m。由于大气局地状况变化导致大气电导率和大气电荷等的变化，大气电导率在 7—10 时和 19—21 时出现极大值。因为空气污染控制着小离子含量，所以大气传导电流的大小主要取决于小离子的浓度和迁移速率。但严重污染使大离子数或其他气溶胶粒子浓度很大时，小离子被捕获而浓度减少，传导电流较小，大气电场达到极大值（盛裴轩等，2013）。

在工业区由于空气中存在高浓度的气溶胶，电场强度会增至数百伏每米。通常晴天大气电场强度与气溶胶浓度呈正相关分布，且气溶胶粒子浓度随高度增加呈指数规律递减，所以通常大气电场强度随高度增加呈指数规律递减。但在城市、工业区、海边等区域，低层湍流作用可能会使气溶胶浓度在一定高度范围随高度递增，从而出现大气电场强度随高度递增的情况，在达到一定高度后，随着气溶胶浓度不断减少，电场强度才开始逐渐降低（杨超等，2015）。然而，在有些沿海城市，由于受热对流和湍流垂直输送等的影响，气溶胶很容易被输送到几十到几百米高空，此时低层气溶胶浓度将降低。大气电场强度在近地层呈现随高度递增的特征（杨超等，2016）。

第三节　大气的物理性状

在气象学上，大气的物理性状主要包括空气状态方程与气象要素。为了对地球大气进行科学研究，需要一些能够表示大气物理现象和物理过程的物理量，并综合研究其基本特征和变化规律，这些物理量就称为气象要素，如气温、气压、湿度、风、云况（云状和云量）、降水量和能见度等。这些要素随时间和空间而变化，其观测记录是天气预报、气候分析，以及相关大气科学研究的基础数据。

一、空气状态方程

经典热力学主要以宏观平衡态为基础。平衡态指在一定环境之中的热力学系统,在没有外界影响的条件下,系统各部分的宏观性质将不随时间变化。处于平衡态的系统,其状态具有确定性,表示系统物理状态的物理量称为状态参量。各部分物理性质完全相同的系统称为均匀系统或单相系统。描述一定质量的均匀系统时,其压强 p、体积 V 和温度 T 三个状态参量并非孤立的,彼此之间存在一定的函数关系,即

$$f(p,V,T)=0 \tag{1.5}$$

上式称为系统的状态方程,适用于理想气体的研究。这三个状态参量只需选定其中两个,系统的状态就被完全确定。一切物理量只要是状态参量的单值函数,就称为"状态函数",简称"态函数"。状态方程在热力学中具有重要的意义,因为只有给定了状态方程后,一切热力学计算才能进行。

在常温和常压条件下,干空气和未饱和空气都可视为理想气体。当一小团空气从地面上升时,随着高度增大,所受的压强减小,其体积随之增大,即膨胀做功;这就消耗了内能,气温开始降低。这说明该过程中一个量变化了,其余的量也要随之变化,即空气状态发生了变化。

(一)干空气状态方程

在标准状态下($p_0=1\ 013.25\ \text{hPa}$,$T_0=273.15\ \text{K}$),1 mol 的气体,体积约等于 22.4 L,即 $V_0=22.414\ \text{L/mol}$。则理想气体状态方程为:

$$pV=nR^*T \tag{1.6}$$

$$R^*=\frac{1.013\ 25\times10^5\ \text{Pa}\times2.241\ 4\times10^{-2}\ \text{m}^3/\text{mol}}{273.15\ \text{K}}$$
$$=8.314\ 47\ \text{Pa}\cdot\text{m}^3/(\text{mol}\cdot\text{K})\approx8.31\ \text{J}/(\text{mol}\cdot\text{K})$$

式中:n 为物质的量。

R^* 对 1 mol 任何气体都适用,所以称为普适气体常量。

对于质量为 m,摩尔质量是 μ 的理想气体,在标准状态下,其体积 V 等于 1 mol 的气体体积的 $\frac{m}{\mu}$ 倍,即

$$V=\frac{m}{\mu}\frac{R^*T}{p}\quad 或\quad pV=\frac{m}{\mu}R^*T \tag{1.7}$$

这就是通用的质量为 m 的理想气体状态方程。它表明理想气体在任何状态下,压强、体积、温度和质量 4 个物理量之间的关系。

在气象学中，常用单位体积的气块作为研究对象，因此常将式（1.7）中的4个物理量之间的关系变为压强、温度和密度3个物理量之间的关系，即

$$p = \frac{m}{V}\frac{R^*}{\mu}T$$

式中$\frac{m}{V}$就是密度ρ，若用R表示$\frac{R^*}{\mu}$，则有

$$p = \rho RT \tag{1.8}$$

式中：R为比气体常数，是对单位质量的气体而言的。它的取值与气体性质有关。

式（1.8）表明：当温度一定时，气体的压强与其密度成正比；当密度一定时，气体的压强与其热力学温度成正比。从分子运动论的观点来看，这是容易理解的。气体压强的大小取决于器壁单位面积上单位时间内受到的分子碰撞次数及每次碰撞的平均动能，如在高温高密度条件下，如果分子平均动能大且单位时间里碰撞次数多，压强就大。

可利用表1.1中各种主要气体的体积分数和质量分数，计算出90 km高度以下干空气的平均摩尔质量$\mu_d = 28.964\,4 \times 10^{-3}$ kg/mol。这样干空气的比气体常数R_d为

$$R_d = \frac{R^*}{\mu_d} = 287.06\ \text{J/(kg}\cdot\text{K)}$$

若令干空气的密度为ρ_d，则干空气的状态方程可以写成：

$$p = \rho_d R_d T \tag{1.9}$$

（二）湿空气状态方程

在实际大气中，尤其是在近地面气层中存在由水汽与干空气组成的湿空气。在常温常压条件下，这种混合的湿空气仍可被视作理想气体。湿空气状态参量之间的关系，可用下式表示

$$p = \rho' R' T \tag{1.10}$$

式中：$R' = \frac{R^*}{\mu'}$，μ'是湿空气的摩尔质量，ρ'是湿空气的密度。因为湿空气中水汽含量是变化的，所以μ'和ρ'都是变量。

如果以p表示湿空气的总压强，e表示其中水汽部分的压强（称为水汽压），那么$p-e$就是干空气的压强p_d。如果用ρ_d表示干空气密度，用ρ_w表示水汽密度，根据道尔顿分压定律，$p=p_d+e$，那么湿空气密度ρ可写成

$$\rho = \rho_d + \rho_w,$$

且 $\rho_d = \frac{p-e}{R_d T}$

$$\rho_w = \frac{e}{R_w T}$$

式中：R_w 为水汽的比气体常数，$R_w=\frac{R^*}{\mu_w}=\frac{R^*}{18.016}=461.5\ \text{J}\cdot\text{kg}^{-1}\cdot\text{K}^{-1}$，$\mu_w$ 为水汽的平均摩尔质量，为 18.016 g/mol。

于是有
$$R_w=\frac{R^*}{\mu_w}=\frac{\mu_d}{\mu_w}\cdot\frac{R^*}{\mu_d}=1.608R_d$$

因为湿空气是干空气和水汽的混合物，所以空气的密度

$$\begin{aligned}\rho&=\rho_d+\rho_w\\&=\frac{p-e}{R_dT}+\frac{e}{R_wT}\\&=\frac{1.608(p-e)+e}{1.608R_dT}\\&=\frac{p}{R_dT}\left(1-0.378\frac{e}{p}\right)\end{aligned}$$

将上式右边分子分母同时乘以$\left(1+0.378\frac{e}{p}\right)$，并考虑 $e\ll p$，因而$\left(0.378\frac{e}{p}\right)^2$很小，可略去不计，则上式可写成

$$\rho=\frac{p}{R_dT\left(1+0.378\frac{e}{p}\right)}$$

或
$$p=\rho R_dT\left(1+0.378\frac{e}{p}\right)\tag{1.11}$$

式（1.11）为湿空气状态方程的常见形式。如果定义一个虚设的物理量——虚温（T_v），那么可以令

$$T_v=\left(1+0.378\frac{e}{p}\right)T\tag{1.12}$$

由于$\left(1+0.378\frac{e}{p}\right)T\gg 1$，因此虚温总是比湿空气的实际温度高。引入虚温后，湿空气状态方程可写成

$$p=\rho RT_v\tag{1.13}$$

式中：R 是干空气的比气体常数。为书写方便，这里将 R_d 的下标 d 省去了。湿空气和干空气的状态方程，在形式上相似，区别仅在于把方程右边的实际气温换成了虚温。虚温并非实际温度，虚温和实际温度之差称为虚温订正量：

$$\Delta T_v=T_v-T=0.378\frac{e}{p}T$$

显然，空气温度越高，水汽越多，虚温订正量越大。因此，用干空气的状态方程描述湿空气时，大气低层虚温订正量不可忽略。到了高空，水汽压很快减小，当虚温订正量和温度的观测误差达到同一量级时，就可不做虚温订正了。

二、主要气象要素

（一）气温

表示空气冷热程度的物理量称为空气温度。大气科学里把离地 1.5 m 高的百叶箱里的干球温度称为气温。由热力学理论可知，在一定的容积内，一定质量的空气，其温度的高低只与气体分子不规则运动的平均动能有关。即分子平均动能与气体温度 T（热力学温度）成正比，也是分子运动快慢的一个表征量。空气分子不规则运动的平均动能越大，分子不规则运动的速度也越大，气温越高；反之亦然。

表示温度高低的物理量称为温标。常用的温标有以下 3 种。

（1）我国采用的摄氏温标，单位是 ℃，由其表示的温度称为摄氏温度，常用符号 t 表示。摄氏温标以 1 013.25 hPa 气压下纯水的冰点为零点（0 ℃），沸点为 100 ℃，其间分为 100 等份，每 1 等份即为 1 ℃。

（2）国际通用的热力学温标，单位是 K（开尔文），它所表示的温度称为热力学温度，以符号 T 表示。这是理论研究常用的温标，该温标的零度（称为热力学零度）规定为 −273.15 ℃。因此，热力学温标与摄氏温标间的转换关系为 $T = 273.15 + t \approx 273 + t$。热力学温标曾称绝对温标。

（3）美国、伯利兹等个别国家常用的华氏温标，单位是℉。这种温标将水的沸点定为 212℉，水的冰点定为 32℉，并将这两点之间分成 180 等份，每 1 等份表示 1℉。华氏温标与摄氏温标之间的关系为 $F = \frac{9}{5}t + 32$。

（二）气压

气象上的气压指大气的压强，静止大气中某地的气压是该地单位面积上大气柱的重量。当空气有垂直加速运动时，气压值与单位面积上空气柱的重量之间有一定的差异，但一般空气的垂直加速度很小，可将其看作静止大气。常用的气压单位有两种：一种是国际单位制单位 Pa（帕斯卡），1 Pa 等于 1 m² 面积上受到 1 N（牛顿）的压力，即

$$1\ \text{Pa} = 1\ \text{N} \cdot \text{m}^{-2} \tag{1.14}$$

为方便起见，气象上常采用百帕（hPa）来表示气压，1 hPa=100 Pa。

另一种单位是毫米水银柱高度（mmHg），它来源于测定大气压强的水银柱气压表。人们规定 1 个标准大气压（atm）为纬度为 45° 32′33″ 的海平面处的气压，即在标准重力加速度 $g_0 = 9.806\ 65\ \text{m/s}^2$ 下，水银密度（0 ℃）$\rho_{\text{Hg}}=1.359\ 51 \times 10^4\ \text{kg/m}^3$ 时，760 mm 水银柱所具有的压强：即 1 个标准大气压为 1 013.25 hPa。

若不考虑气柱的垂直加速度，则地面气压 p_s 为单位面积上从地面到大气层顶的空气柱重量，因此：

$$p_s = \int_0^\infty \rho g \mathrm{d}z \tag{1.15}$$

如果忽略 g 随高度的变化，那么可取平均值 $g_0 = 9.807\ \mathrm{m \cdot s^{-2}}$，则有：

$$p_s = m g_0 \tag{1.16}$$

式中：$m = \int_0^\infty \rho \mathrm{d}z$ 是单位面积上空气柱的总质量。

（三）空气湿度

水汽和干空气的混合气体为湿空气。表示空气中水汽量的物理量称为空气湿度。空气湿度与云、雾、降水等要素的形成密切相关，通常用多个湿度参量表示。直接测量一定体积湿空气中的水汽质量和干空气质量，是测量水汽含量的最基本方法，由此可得最基本的湿度参量：混合比与比湿。其他湿度参量皆由这两者导出。

1. 混合比与比湿

（1）**混合比（r）**。混合比指湿空气块中所含的水汽质量 m_w 与该气块中干空气质量 m_d 之比，其单位为 $\mathrm{g \cdot g^{-1}}$ 或 $\mathrm{g \cdot kg^{-1}}$。根据定义，有

$$r = \frac{m_w}{m_d} \tag{1.17}$$

把水汽和干空气状态方程代入上式，并利用 $R_w = 1.608R_d$ 的关系式，有

$$r = 0.622\ \frac{e}{p-e} \approx 0.622\ \frac{e}{p} \tag{1.18}$$

（2）**比湿（q）**。湿空气中所含的水汽质量 m_w 与湿空气总质量（水汽质量 m_w 加上干空气质量 m_d）之比称为比湿，其单位与混合比相同，即表示每一克（千克）湿空气中含有多少克（千克）的水汽。按照定义，有

$$q = \frac{m_w}{m_d + m_w} \tag{1.19}$$

把水汽和干空气状态方程代入上式，利用 $R_w=1.608R_d$ 的关系式，亦可得

$$\frac{m_w}{m_d + m_w} = \frac{0.622e}{p-0.378e} \approx 0.622\ \frac{e}{p} \tag{1.20}$$

由混合比和比湿的定义，可得 r 和 q 的关系式

$$q = \frac{m_w}{m_d + m_w} = \frac{m_w}{m_d} \Big/ \left(1 + \frac{m_w}{m_d}\right) = \frac{r}{1+r} \tag{1.20$'$}$$

因为 $r \ll 1$，若取近似，则有 $q \approx r$。它们的单位都是 $\mathrm{g \cdot g^{-1}}$。

2. 水汽压与饱和水汽压

（1）**水汽压（e）**。水汽压是空气中所含水汽的分压强。水汽压的大小与水汽含量的多

少有关。大气是混合气体,在常温、常压条件下可近似看作理想气体。大气压强是大气中各种气体压强的总和,即道尔顿分压定律。e 的单位与气压 p 一样,也用 hPa 表示。

(2) **饱和水汽压**(e_s)。假定在一个封闭容器中,下部盛放了纯液态水而上部为空气,其气压为 p,纯水与空气的界面是平的。假设纯水和空气具有相同温度且保持不变。若测定开始时空气中不含水汽,则液态水将开始蒸发,有水汽进入水面上方的空气中,这时空气压强就会因水汽的分压强(e)的增加而升高。当水汽压 e 增加到某一限度值 e_s 时,纯水质量不再减少,水的蒸发停止,物理学上称达到了水的汽液相变平衡,气象学上认为空气对纯水面而言达到了饱和状态,此时饱和空气的水汽压为 e_s。由此,当一个空气微团(气块)在不同的阶段时,水汽的饱和程度不同:① 所含水汽压 $e<e_s$,为不饱和状态;② 所含水汽压 $e=e_s$,空气对同温度纯液态水互为相变平衡;③ 所含水汽压 $e>e_s$ 为过饱和状态。需要指出的是,所谓的饱和水汽压 e_s 并不是一定温度下空气中水汽达到最大时的水汽压,否则就没有过饱和的概念了。准确地讲,e_s 被称为平衡水汽压更为合适,但由于历史上的习惯,它一直被称为饱和水汽压。纯水汽的饱和水汽压是指一定温度下纯水汽与水(冰)处于相态平衡时的水汽压,实验表明它仅与温度有关。

由此可见,空气具有容纳水汽的能力,这种能力可以用饱和水汽压 e_s 来表示。e_s 仅仅取决于容积所含空气的温度 T,而与气压 p 和水汽压 e 都无关。因此,气块的温度 T 决定了该气块容纳水汽的能力。

(3) **绝对湿度**(a)。指单位体积湿空气中所含的水汽质量。计算绝对湿度的公式可由水汽状态方程直接得到

$$a=\frac{e}{R_w T}=217\,\frac{e}{T}\ (\mathrm{g/m^3}) \tag{1.21}$$

式中:e 的单位是 hPa,T 的单位是 K。

(4) **相对湿度**(f)。指空气实际水汽压与同一温度下饱和水汽压的比值,常用百分比表示,即

$$f=\frac{e}{e_s}\times 100\% \tag{1.22}$$

相对湿度愈大,空气愈接近饱和;相对湿度愈小,空气愈不接近饱和。$f<1$ 为未饱和,$f=1$ 为饱和,$f>1$ 为过饱和。

(5) **露点温度**(T_d)。对水面而言,湿空气在水汽含量不变的条件下,等压降温达到饱和时的温度,称为露点温度,简称露点。但如果对冰面饱和,那么称之为霜点。它们的单位为 K 或 ℃。

根据温度露点差($T-T_d$),可以判断空气的饱和程度大小。($T-T_d$)愈小,空气愈接近饱和;($T-T_d$)愈大,空气愈不饱和;饱和湿空气的($T-T_d$)等于零。

因为在湿空气状态方程中,温度 T、气压 p、水汽压 e 是三个相互独立的变量。而按照露点的定义,气块的露点温度 T_d 与实际水汽压 e 一一对应。露点 T_d 和水汽压 e 都是湿度参

量，虽然 e 对应的 T_d 与 e_s 对应的 T 单位一样（℃），但是 T 是热力学参量，所以 T_d 和 T 不应混为一谈。

（四）降水（precipitation）

大气中的水汽在上升运动中膨胀冷却达到并超过饱和状态，这部分水汽会凝结形成由直径约为 10 μm 的细微云滴或冰晶组成的云体。这些小的水凝物（云粒子）通过各种云物理过程长大成为毛毛雨、雨、雨夹雪、雪、霰和冰雹等降水形态，大气降水就是从云中降到地面上的液态或固态水。因此大气降水只是大气水凝物或云水的一部分，其比例称为云降水效率。

降水量指降水落到地面后（固态降水则需经融化后），未经蒸发、渗流、流失而在水平面上积聚的深度。降水量以毫米（mm）为单位。高纬度地区冬季降雪比较多，除了需要观测降水量，还需要观测雪深和雪压。雪深是从积雪表面到地面的垂直深度，以厘米（cm）为单位。当雪深超过 5 cm 时，则需观测雪压。雪压是单位面积上的积雪重量，以 g/cm^2 为单位。

（五）风

风是空气相对于地面的水平运动，实际上，空气相对于地面的运动是三维的，即水平和垂直运动。风是一个矢量，既有大小——风速，又有方向——风向。所谓风速是指单位时间内空气移动的水平距离。风速单位多用 m/s 或 km/h，也有用 n mile/h 的，n mile 的名称为海里。这三种单位的换算关系是：1 m/s = 3.6 km/h，1 n mile/h = 1.852 km/h。风速大小也可用风力等级来表示。目前把风分成十三级，有的国家在十三级基础上又增至十七级。风的十三级分法是英国海军将领蒲福（Francis Beaufort）于 1805 年提出的。

风向是指风的来向。如空气自东向西运行称为东风，空气自北向南运行称为北风。地面风向通常用十六方位表示（图 1.6）。方位角是指从正北方向按顺时针方向转到风的来向时与正北方向的夹角。北风的方位角为 0°，东风为 90°，南风为 180°，西风为 270°。风向不能简单地求平均，而一般是根据观测时段内各风向出现的次数与总的观测次数之比来计算风向频率，分析该时段内风向的总体特征。

风向和风速的变化是受人们关注的天气现象。通常把风矢量（风向、风速）在空中水平和（或）垂直距离上的变化称为风切变。按照风向分类，风切变可分为以下三类：

（1）水平风的水平切变是风向和（或）风速在水平距离上的变化。

（2）水平风的垂直切变是风向和（或）风速在垂直距离上的变化。

（3）垂直风的切变是垂直风（升降气流）在水平方向上的变化。下冲气流是垂直风的切变的一种形式，呈现为一股强烈的下降气流。范围小而强度很大的下冲气流称为微下冲气流。

风切变现象在高空和低空都可出现。一般把出现在 600 m 高度以下的风切变现象称作低空风切变。

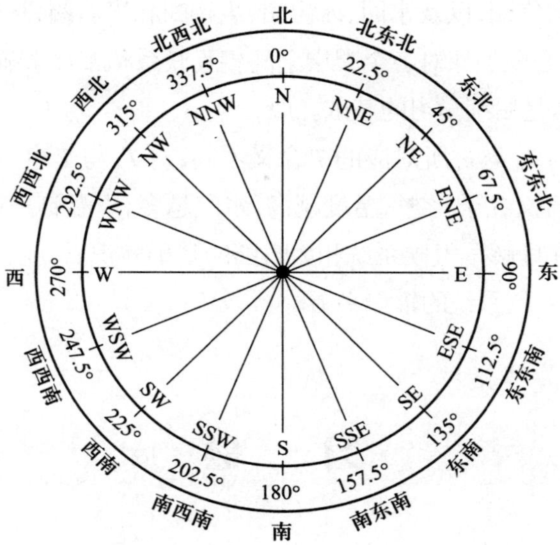

图 1.6　风向方位图

产生风切变的原因主要有两大类：一类是大气运动本身的变化；另一类是地理环境因素；有时也是两者的综合。

（六）云量

云是悬浮在大气中的小水滴、冰晶微粒或二者混合物的可见聚合群体，底部不接触地面（若接触地面则为雾），且具有一定的厚度。云量是指云遮蔽天空视野的成数。将地平线以上全部天空划分为 10 等份，为云所遮蔽的等份数即为云量。例如，在碧空如洗，万里无云的情况下，云量为 0；在天空一半为云所覆盖的情况下，云量为 5。

（七）能见度

能见度指视力正常的人在当时的天气条件下，透过大气能够分辨出远处目标物的程度。将这种程度分为 10 个等级，每一个等级都和一定的能见度相对应。单位用米（m）或千米（km）表示。

本章小结

本章首先引入气候系统的概念，以此作为全书的主线展开讨论。包含了五个圈层的气候系统，不但突破了大气圈的局限，把气候的物质基础拓展到系统的各个分量，而且把对气候平均状态随时间变化的关注，延伸到自然气候变率和年代际气候变率；其次，应该认识到以气候系统为主体的大气圈，以及水圈、冰雪圈、生物圈和岩石圈，是气候形成、分布和变化的统一的物理系统，有必要加深对各个圈层之间相互联系和相互影响的理解；最后，大气状态方程和基本气象要素是后续学习的基础。

应注意 e 所对应的 T_d 与 e_s 所对应的 T 含义不同，对 T_d 与 T 也不应混淆。应注意湿空气状态方程中虚温的意义在于：空气温度越高，水汽越多，虚温订正量越大，即大气低层虚温订正量不可忽略。在理解了气候系统和大气圈的基础知识后，就要从最基本的大气物理知识起步，开始学习地 – 气系统的辐射平衡。

习　题

1. 大气有哪些主要成分？为什么说 O_3 和水汽在大气中的含量很少，却具有很大的作用？

2. 何为大气气溶胶？大气气溶胶对气象的影响表现在哪些方面？

3. 已知干空气在 0 ℃时的密度为 1.275 $kg \cdot m^{-3}$，而水汽的密度为 4.770×10^{-3} $kg \cdot m^{-3}$，那么由干空气和水汽组成的混合气体在 0 ℃施加的总压强是多少？

4. 已知气压为 1 013 hPa，试求气温为 10 ℃时的干空气密度和相同温度、压强条件下，水汽压为 20 hPa 时的湿空气密度？

5. 为什么露点与气压、气温都无关？

6. 为什么湿空气比干空气轻？

7. 在 700 hPa 等压面上，−10 ℃ 液态云中空气的虚温是多少？

8. 已知一个体积为 150 m^3 的房间被干空气所充满，它的气压为 1 013.0 hPa，气温为 21.7 ℃，试计算干空气的质量（kg），并用表 1.3 中的数据资料，求出房间里 O_2、N_2、Ar、CO_2 四种气体的质量（kg）。

表 1.3　四种气体的体积分数和质量分数

项目	O_2	N_2	Ar	CO_2
体积分数	20.948%	78.048%	0.934%	0.033%
质量分数	23.15%	75.52%	1.28%	0.05%

9. 已知一块空气的水汽压为 10 hPa，温度为 20 ℃，气压为 953.78 hPa，试问该气块的比湿、密度，以及露点各为多少？

10. 已知水汽压和饱和水汽压之比 $\left(\frac{e}{E}\right)$ 为饱和率，以表示气块接近饱和的程度。现有气压均为 1 000 hPa 的甲、乙两个气块，甲气块的饱和率为 50% 且温度为 30 ℃，乙气块的饱和率为 100% 而温度为 0 ℃，试证明：① 甲气块的绝对湿度大于乙气块的绝对湿度；② 甲气块的相对湿度小于 50%。

主要参考文献

[1] 陈哲明．地球与行星大气的起源[J]．天文学报，1978，19(1)：81-92.

[2] 丁一汇，张锦，徐影，等．气候系统的演变及其预测[M]．北京：气象出版社，2003：2.

[3] 段安民，肖志祥，吴国雄，等．青藏高原冬春积雪影响亚洲夏季风的研究进展[J]．气象与环境科学，2014，37(3)：94-101.

[4] 高晓清，汤懋苍，朱德琴．关于气候系统与地球系统的若干思考[J]．地球物理学报，2004，47(2)：364-368.

[5] 华莱士 J M，霍布斯 P V．大气科学[M]．2 版．何金海，王振会，银燕，等译．北京：科学出版社，2008：186.

[6] 黄锡荃．水文学[M]．2 版．北京：高等教育出版社，2023.

[7] 贾朋群，石广玉．近 50 年火山喷发和太阳活动对我国气候影响的研究[J]．高原气象，2001，20(3)：225-232.

[8] 刘红年，徐玉貌，袁慧玲，等．大气科学概论[M]．南京：南京大学出版社，2019：264.

[9] 刘秀明，王世杰，欧阳自远．大气圈和水圈物质组成的演化及其对表生地质作用的制约[J]．第四纪研究，2002，22(6)：568-577.

[10] 盛裴轩，毛节泰，李建国，等．大气物理学[M]．2 版．北京：北京大学出版社，2013.

[11] 杨超，洪志敏．近地面层不同高度大气电场变化特征[J]．福建气象，2015，1：27-31.

[12] 杨超，曾金全，洪志敏，等．厦门沿海近地层大气电场垂直变化规律[J]．热带海洋学，2016，35(1)：96-101.

[13] 张兰生，方修琦，任国玉．全球变化[M]．2 版．北京：高等教育出版社，2017：31-32，36.

[14]《中国气象百科全书》总编辑委员会．中国气象百科全书(气象科学基础卷)[M]．北京：气象出版社，2016.

[15] 周淑贞，张如一，张超．气象学与气候学[M]．3 版．北京：高等教育出版社，

1997: 11.

[16] BARRIE L A, BRAATHEN G O, BUTLER J H, et al. The state of greenhouse gases in the atmosphere using global observations through 2010[R]//WMO. Greenhouse gas bulletin. WMO, 2011: 2078–2796.

[17] COHEN J, RIND D. The effect of snow cover on the climate[J]. Journal of Climate, 1991, 4: 689–706.

[18] DEMORY M E, VIDALE P L, ROBERTS M J, et al. The role of horizontal resolution in simulating drivers of the global hydrological cycle[J]. Climate Dynamics, 2014, 42: 2201–2225.

[19] DIAO A Y, SHU J, SONG C, et al. Global consistency check of AIRS and IASI total CO_2 column concentrations using WDCGG ground-based measurements[J]. Frontiers of Earth Science, 2017, 11(1): 1–10.

[20] IGBP. Science plane and implementation strategy[R]. IGBP Report NO. 55, 2006, Stockholm: IGBP Secretariat.

[21] IPCC. Working Group I Contribution to the IPCC Fifth Assessment Report(AR5). Climate Change 2013: The physical science basis. Final Draft Underlying Scientific Technical Assessment[R/OL][2013–10–30].

[22] IPCC.Climate Change 2007: The physical science basis(Contribution of working Group I to the fourth assessment report of the intergovernmental panel on climate change). Cambridge, UK: Cambridge University Press, 2007.

[23] SELLEY R C. Earth system science, encyclopedia of geology[M]. London, UK: Imperial College Press, 2005: 430–433.

[24] SODEN B J, HELD I M. An assessment of climate feedbacks in Coupled Ocean-Atmosphere Models[J]. Journal of Climate, 2006, 19(14): 3354–3360.

[25] SONG C, SHU J, ZHOU M D, et al. Sensitivity studies of high-precision methane column concentration inversion using a line-by-line radiative transfer model[J]. Frontiers of Earth Science, 2013, 7(4): 439–446.

[26] TRENBERTH K E, DAI A G, RASMUSSEN R M, et al. The changing character of precipitation[J]. Bulletin of the American Meteorological Society, 2003, 84: 1205 – 1217.

[27] TRENBERTH K E, FASULLO J, SMITH L. Trends and variability in column-integrated atmospheric water vapor[J]. Climate Dynamics, 2005, 24: 741–758.

第二章　辐射平衡

地－气系统的辐射平衡是气象学中最基本的物理过程，是气候系统中居首要地位的平衡机制。从能量学和热力学的角度来看，在几十万年到百万年以内的时间尺度上，决定地球气候环境的是太阳辐射能，以及这一能量通过动力过程在大气圈和水圈的再分配。很难设想，没有太阳辐射及热辐射过程的地球环境会是怎样一种状态（石广玉，2007）。学习太阳、地球和大气之间的辐射能量交换过程，分析辐射能量在大气中的传输和转换的规律，便于我们从能量学和热力学的角度，理解地球气候系统形成和维持、地球上自然带分异的基本规律，以及世界气候的基本格局等科学问题。

第一节　辐射的基础知识

任何物体，只要其温度大于热力学零度，就会时刻不停地以电磁波形式向四周放射能量，同时也接收来自周围的电磁波。人们把以电磁波形式传递的能量称为辐射能（有时也简称为辐射），而将这种能量传递的方式称为辐射。有时，人们还会把放射性物质的粒子放射称为辐射，这属于电离辐射，但这种电离辐射不属于本教材论述的范围，本教材仅仅论述电磁辐射的相关问题。

一、基本概念

（一）电磁辐射

电磁辐射（electromagnetic radiation）是一系列以光速（真空中的光速 c=2.998 × 10^8 m/s）传播的波的集合。电磁波作为电磁辐射的载体，其特性可用波长（λ）、频率（f_a）和波数（ν）来描述。对于传播速度一定的任意电磁波，频率、波长和波数之间的关系为：

$$\nu = \frac{1}{\lambda} = \frac{f_a}{c} \tag{2.1}$$

不同波长或频率的电磁波具有不同的物理特性，因此可用波长和频率来区分电磁辐射，并给予不同的名称。将各种电磁波按波长的大小（或频率的高低）依次排列并制成的图表称为电磁波谱（electromagnetic spectrum）（图 2.1）。人眼可以感应的电磁波的波段称为可见光波段，是整个电磁波谱中很窄的一部分，波长为 0.39～0.76 μm（Frederick K L，2013）。可见光波段还可以分为若干次波段，对应不同的特定波长或频率，具有不同的颜色，其中紫色光波长最短，红色光波长最长。红外波段可分为近红外与远红外波段，近红外波的波长从可见光红光末端延伸到 4 μm，主要源于太阳辐射；远红外波主要源于地面和大气的辐射。无线电波的波长在 0.3 mm～1.0×10^5m 之间。0.1 mm～0.1 m 波段称为微波。微波辐射对地球能量平衡并不重要，但是它由于能够穿透云层而被广泛应用于遥感领域。

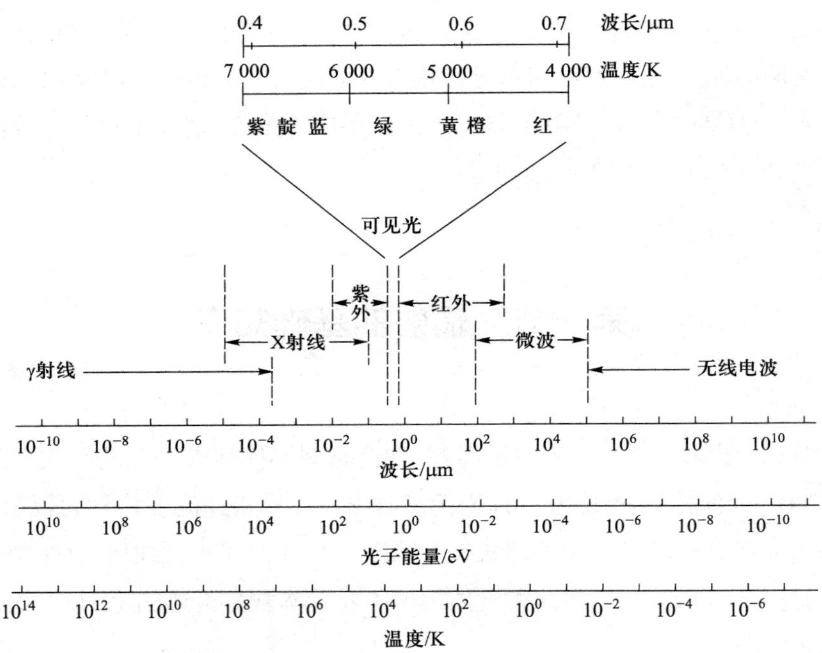

图 2.1　电磁波谱（Frederick K. Lutgens 等，2013）

（二）辐射能基本特征量

表示辐射能的物理量主要有辐射通量、辐射通量密度和辐射强度等。

1. 辐射通量（F_a）

辐射通量（radiant flux）指单位时间内通过某一表面的各种波长辐射的辐射能，又称辐射功率（radiant power），单位为 J/s 或 W，用 F_a 表示。辐射通量可以指单位时间内某个表面发射的辐射能或接收的辐射能，分别称放射辐射通量和入射辐射通量。

例如，太阳表面（光球）的辐射通量为 3.86×10^{26} W，即太阳表面在单位时间内（每秒）

向四周放射 3.86×10^{26} J 的辐射能。

2. 辐射通量密度（E）

辐射通量密度（radiant flux density）是指通过单位面积的辐射通量，即单位时间内通过单位面积的辐射能，又称辐照度（irradiance），单位为 W/m^2，用 E 表示。同辐射通量一样，辐射通量密度也可分为入射辐射通量密度和放射辐射通量密度。

辐射通量密度与辐射通量的关系为：

$$E=F_a/A \tag{2.2}$$

式中：A 代表物体的表面积。

从上文可知太阳表面的辐射通量为 $F_s=3.86\times10^{26}$ W，再结合太阳的平均半径 $R_s=6.96\times10^{8}$ m，可计算太阳表面的辐射通量密度（放射能力）E_s 为 $6.34\times10^{7}\ W/m^2$。

例： 已知地球大气层顶与太阳光线垂直的方向上，来自太阳的辐射通量密度 S 为 1 368 $W\cdot m^{-2}$，计算地球所接收到的来自太阳的辐射通量。

如图 2.2 所示，地球在单位时间内接收到的来自太阳的辐射能 E_{e-s} 为：

$$E_{e-s}=S\times\pi R_e^2=1\ 368\times3.14\times(6.371\times10^6)^2\ W=1.74\times10^{17}\ W$$

进而可得：

$$\frac{E_s}{E_{e-s}}=\frac{3.86\times10^{26}\ W}{1.74\times10^{17}\ W}\approx2.22\times10^{9}$$

即地球所接收的太阳辐射不到太阳总辐射的 22 亿分之一。

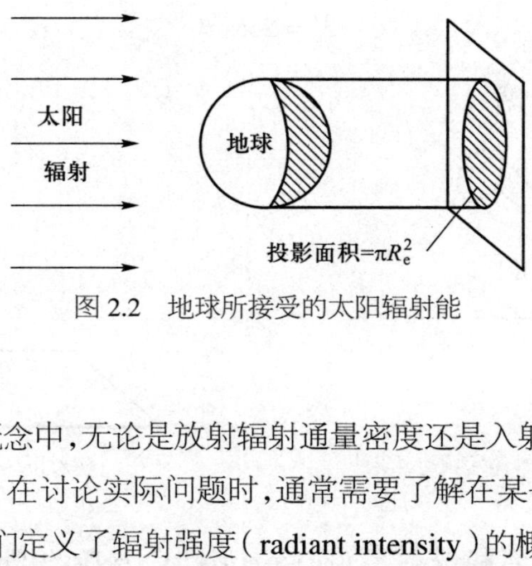

图 2.2　地球所接受的太阳辐射能

3. 辐射强度（I）

在辐射通量密度的概念中，无论是放射辐射通量密度还是入射辐射通量密度，它们均包括了各个方向的辐射能。在讨论实际问题时，通常需要了解在某一方向上所放射或来自某一方向的辐射能，为此人们定义了辐射强度（radiant intensity）的概念。

单色辐射强度是指在某一给定方向或辐射传输方向上，单位时间、单位立体角①内，通过垂直于该方向的单位面积、单位波长间隔的辐射通量，单位为 $W\cdot m^{-2}\cdot sr^{-1}\cdot \mu m^{-1}$，用 I_λ 表

① 立体角定义为锥体所拦截的球面面积与对应半径平方之比，通常用 Ω 表示，单位为球面度（sr，steradian）。一个完整的球面对应的立体角是 4π 球面度。

示。因为这个量与光度学单位制中的亮度单位对应,所以又称辐射亮度(radiance),简称辐亮度,也称辐射率。对单色辐射强度在一定波长范围内($\lambda_1 \sim \lambda_2$)积分得到总辐射强度(或辐亮度),单位为 $W \cdot m^{-2} \cdot sr^{-1}$,用 I 表示:

$$I = \int_{\lambda_1}^{\lambda_2} I_\lambda \mathrm{d}\lambda \tag{2.3}$$

辐射强度表示了辐射场内任一点在任一方向上、任一波长处辐射的强弱程度。如果 I 与观测时间 t 无关,就表明辐射场是定常的;如果 I 与观测位置(x, y, z)无关,就表明辐射场是均匀的;如果 I 与观测方向(θ, φ)无关(图 2.3),就表明辐射场在该点是各向同性的。

以各向同性的辐射源为例,说明辐射强度(辐亮度或辐射率)与辐射通量密度的关系:假设有一个空间平面,通过该平面的辐射通量密度可认为是从各个方向射来的辐射强度(辐亮度)在法线方向分量的累加,即

$$E = \int I \cdot \cos\theta \mathrm{d}\Omega \tag{2.4}$$

式中:θ 为辐射强度方向与平面法线之间的夹角,$\mathrm{d}\Omega$ 为微分的立体角元(图 2.3)。

对于平行辐射,由于辐射能是在同一方向上传播的,射线所张的立体角为零,此时辐射强度(辐亮度)的概念不再适用。若计算平行辐射在某一平面上的辐射通量密度,则只需知道平行辐射的辐照度和传播方向即可。例如 S 为与太阳光入射方向垂直的平面上的太阳辐照度,θ 为太阳天顶角,则该地水平面上接收到的太阳辐照度 S' 为(图 2.4):

$$S' = S\cos\theta \tag{2.5}$$

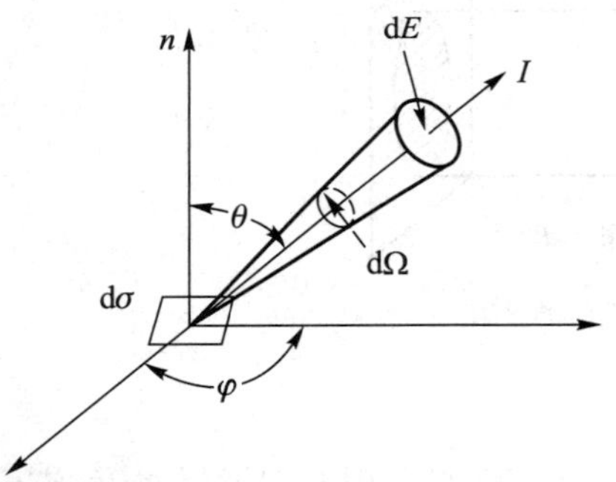

图 2.3　辐射强度及立体角定义示意图

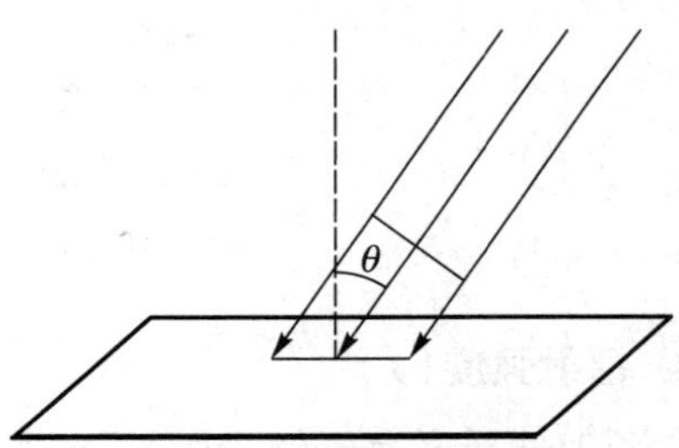

图 2.4　太阳辐照度示意图

(三)吸收率、反射率和透射率(absorptivity, reflectivity and transmissivity)

不论何种物体,它在向外放出辐射的同时,必然也会接收周围物体向它投射过来的辐射。投射到物体上的辐射,其中一部分会被物体反射,一部分会被物体吸收,其余的部分则会透过该物体(图 2.5)。

若投射到物体上的辐射能为 Q_o,反射部分为 Q_r,吸收部分为 Q_a,透射部分为 Q_t,根据能

量守恒原理则有：

$$Q_o = Q_r + Q_a + Q_t$$

定义 $a=\frac{Q_a}{Q_o}$、$r=\frac{Q_r}{Q_o}$ 和 $\tau=\frac{Q_t}{Q_o}$ 分别为物体对辐射的吸收率、反射率和透射率，有如下关系成立：

$$a + r + \tau = 1 \tag{2.6}$$

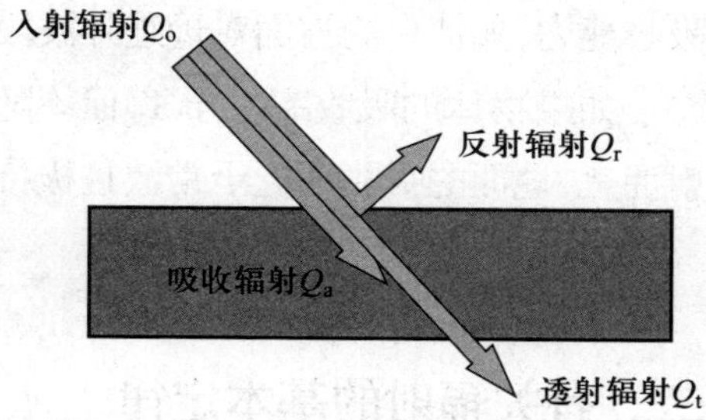

图 2.5　物体对辐射的吸收、反射和透射

当物体不透明时，即 $\tau=0$，则 $a+r=1$，这时反射率和吸收率之和等于 1，意味着反射率大的物体，吸收率一定小。吸收率、反射率和透射率的概念可用于各种波长，对于某一波长 λ 的辐射，称为单色吸收率、单色反射率和单色透射率，可分别记为 a_λ，r_λ 和 τ_λ。需要说明的是，反射率是对某一特定波长而言的。对于一个比较宽的谱段（如可见光和太阳辐射），常将物体表面的反射辐射通量与入射辐射通量之比称为反照率（albedo）。

物体的吸收率、反射率和透射率的大小因入射辐射的波长和物体的性质不同而异。例如，干空气对红外辐射是近似透明的，而水汽却能强烈地吸收它；雪面对太阳辐射具有很强的反射率，但对来自大气的辐射则几乎能全部吸收。物体对不同波长的辐射具有不同的吸收率、反射率和透射率，这种特性称为物体对辐射的吸收、反射和透射的选择性。

（四）黑体（blackbody）

如果某一个物体对投射到其上的任何波长的辐射都能全部吸收，即其吸收率总是等于1（反射率和透射率均为零），那么该物体称为绝对黑体，简称为黑体。如果某一个物体仅对某一波长的辐射全部吸收，就称该物体为对某一波长的黑体。

绝对黑体在自然界中是不存在的，吸收率最大的物体，如烟炱黑[①]对可见光各波段的吸收率均超过 0.95，接近 1，但在远红外波段其吸收率比 1 小得多，因此不能说它是绝对黑体。在实验室中，可以人工制造出尽可能接近绝对黑体的表面，如图 2.6 所示。该容器是只开一个小孔的密闭空腔，当辐射进入腔体后，虽然其腔壁材料具有反射性，但是大部分辐射在多次反射过程中被腔壁吸收，因此可以将它近似看作黑体。如果腔体的入口越狭窄，内部结构越复杂，更多的入射辐射将被吸收，从外界看其黑体性质就越明显。

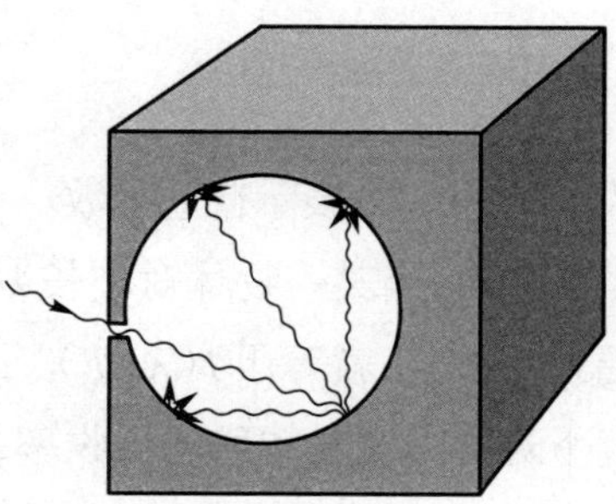
图 2.6　完全吸收的黑体辐射腔示意图（廖国男，2004）

应当注意，这里所讨论的黑体与一般所谓的黑色物体是有区别的，黑色物体只表明它对可见光的反射性质。我们不能仅根据物体的颜色来判断它对各波段的

① 烟炱：拼音为 yān tái，英语为 soot；是指从烟囱分离下来的或被烟道气冲刷出来而后落到烟囱周围地区的煤烟。烟炱的粒径一般小于 0.5 μm，甚至小于 0.1 μm。其成分的 50% 是炭黑。

吸收能力，如洁白的雪面对远红外波段的辐射而言，远比一般物体更接近黑体。

如果物体的吸收率小于 1，但不随波长变化，那么该物体被称为灰体。例如，对长波辐射而言，地面的吸收率近于常数且极接近 1，故可认为地面为灰体。

二、有关辐射的基本定律

自然界的任何物体都通过辐射过程交换能量，如果没有其他方式的能量交换，物体的热量得失及热状态的变化就取决于其放射和吸收辐射能的差值。如果某个物体放射的辐射能恰好等于同一时段内吸收的辐射能时，该物体处于辐射平衡，这时该物体处于热平衡状态，就可以用温度来描述其热状态。

通常来说，物体的辐射能收支并不相等，也就是说物体通常并不是处于辐射平衡状态的。但如果辐射交换的过程相当缓慢，这时物体的温度虽然在变化，但是在每一个给定瞬间，物体的热状态可以看作是平衡的，就仍可以用一定的温度来描述它。一般认为地面至高空 60 km 高度以下的大气处于局地辐射平衡状态，因此可用平衡辐射的规律来解决平流层以下的大气辐射问题。

物体处于辐射平衡状态下发射辐射和吸收辐射的物理规律包括：基尔霍夫定律、普朗克定律、斯特藩 - 玻尔兹曼定律和维恩位移定律。

（一）基尔霍夫定律（Kirchhoff’s law）

1859 年基尔霍夫（G. Kirchhoff）由热力学定律论证了物体的吸收能力和辐射能力之间的定量关系，指出：在热平衡条件下（温度稳定为 T 时），任何物体对于某一波长 λ 的辐射率 $I_{\lambda,T}$ 与其在同一温度下对同一波长辐射的吸收率 $a_{\lambda,T}$ 的比值是一个普适函数，该普适函数只是温度和波长的函数，而与物体的性质无关。基尔霍夫定律可用公式表示为：

$$\frac{I_{\lambda,T}}{a_{\lambda,T}}=f(\lambda,T) \tag{2.7}$$

式中：$f(\lambda,T)$ 表示普适函数。

显然，当某一物体对波长 λ 的辐射为黑体（其吸收率 $a_{\lambda,T,\mathrm{b}}=1$，下标 b 表示黑体）时，其辐射率 $I_{\lambda,T,\mathrm{b}}$ 就等于 $f(\lambda,T)$。因此，基尔霍夫定律表明：任何物体的辐射率与其在同一温度下对同一波长辐射的吸收率之比是个常数，等于在同一温度下黑体对同一波长辐射的辐射率，即：

$$\frac{I_{\lambda,T}}{a_{\lambda,T}}=I_{\lambda,T,\mathrm{b}} \tag{2.8}$$

若定义任一物体的辐射率 $I_{\lambda,T}$ 与在同一温度下黑体对同波长辐射的辐射率 $I_{\lambda,T,\mathrm{b}}$ 之比为比辐射率，用 $\varepsilon_{\lambda,T}$ 表示，则基尔霍夫定律也可以表示为：

$$\varepsilon_{\lambda,T}=a_{\lambda,T} \tag{2.9}$$

即物体的比辐射率总是等于其吸收率。

基尔霍夫定律的理论证明：假设有几个不同性质的物体，放在温度为 T（恒温）的封闭真空容器中，这时物体与容器、物体与物体之间只能通过辐射交换能量。经过相当长的时间后，物体和容器达到热平衡状态，都具有相同的温度 T。在热平衡条件下，每个物体仍在不断地放射和吸收辐射，且不同性质的物体具有不同的辐射能力与吸收能力，但各个物体在单位时间内发射的辐射能量一定等于其吸收的辐射能量。由此可见，在热平衡状态下，辐射能力较强的物体，其吸收能力也较强；反之，辐射能力较弱的物体，其吸收能力也较弱。

由基尔霍夫定律可得到以下推论：① 在热平衡条件下，对于某一物体而言，如果在温度 T 时能放射某一波长的辐射，那么在同一温度下也必定能吸收同一波长的辐射。② 对于不同性质的物体而言，放射能力较强的物体，其吸收能力也较强；放射能力弱的物体，其吸收能力也较弱。黑体的吸收能力最好，因而它也是最好的放射体。③ 在同一系统内的几个不同性质的物体，各物体的放射能力与吸收率的比值是相等的，都等于黑体在同一温度下对同一波长辐射的放射能力，而与物体的性质无关。④ 物体在一定温度下对某一波长辐射的比辐射率等于该物体在同一温度下对同一波长辐射的吸收率。

基尔霍夫定律适用于处于热平衡状态的任何物体，它将各种物体的吸收能力、放射能力与黑体联系了起来，这是非常有意义的。因为黑体的辐射规律从理论上和实验上都已研究得十分清楚，只要知道物体的比辐射率（表 2.1），各种物体的辐射特性也就能完全确定了。由表 2.1 可知，虽然各种自然表面的辐射率都小于黑体，但是大多都在黑体的 90% 以上。因此，计算各种自然表面的辐射能力时，通常可把它们当作黑体来处理。如果要提高精度，那么只需把计算得到的黑体辐射率乘上自然表面的比辐射率即可。

表 2.1　自然表面在常温下的比辐射率

自然表面	比辐射率 /1	自然表面	比辐射率 /1
干沙	0.95	青草	0.98
湿沙	0.96	水	0.95
黏土	0.93	新雪	0.99
黑土	0.95	脏雪	0.97

（二）普朗克定律（Planck's law）

1900 年普朗克（Planck）开创性地引进了量子概念，成功地从理论上得出了与实验结果精确符合的黑体辐射强度与波长和温度的函数关系，即普朗克定律，并于 1901 年发表。其表达式如下：

$$I_b(\lambda, T) = \frac{2hc^2}{\lambda^5}\left(e^{\frac{ch}{k\lambda T}} - 1\right)^{-1} = \frac{c_1}{\pi\lambda^5}\left(e^{\frac{c_2}{\lambda T}} - 1\right)^{-1} \tag{2.10}$$

或

$$I'_b(\lambda, T) = \frac{2\pi hc^2}{\lambda^5}\left(e^{\frac{ch}{k\lambda T}} - 1\right)^{-1} = \frac{c_1}{\lambda^5}\left(e^{\frac{c_2}{\lambda T}} - 1\right)^{-1} \tag{2.11}$$

式中：$I_b(\lambda, T)$为普朗克函数，是黑体的分光辐射强度（辐亮度），单位为 $W \cdot m^{-2} \cdot \mu m^{-1} \cdot sr^{-1}$；$I'_b(\lambda, T)$是绝对黑体的分光辐出度（单位面积上在面源法线方向上的放射辐射通量），单位为 $W \cdot m^{-2} \cdot \mu m^{-1}$；$c=2.998 \times 10^8\ m \cdot s^{-1}$，为光速；$h=6.63 \times 10^{-34}\ J \cdot s$，为普朗克常量；$k=1.380\ 7 \times 10^{-23}\ J \cdot K^{-1}$，为玻尔兹曼常量；$c_1=3.742\ 7 \times 10^8\ W \cdot \mu m^4 \cdot m^{-2}$，为第一辐射常量；$c_2=14\ 388\ \mu m \cdot K$，为第二辐射常量。

由普朗克定律可以得到各种温度下黑体的辐射光谱曲线（图 2.7）。由图 2.7 可见：① 理论上，任何温度的黑体都放射 0～∞ μm 波长的辐射，但温度不同，辐射能集中的波段不同，黑体的温度越高，辐射能集中的波段越短。② 黑体的温度越高，放射的能量越强。③ 在每一个温度下，都有辐射最强的波段 λ_{max}，且随着黑体温度的升高，λ_{max} 向短波一侧移动。④ 辐射分布在辐射最强的极值两侧是非对称的，在波谱的短波部分降低得很快，而在长波部分降低得比较缓慢。

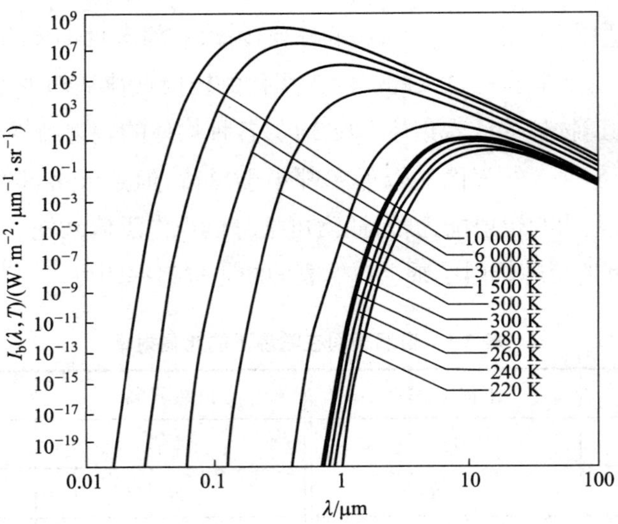

图 2.7　不同温度下的黑体辐射光谱曲线

$I_b(\lambda, T)$表示黑体辐射强度；λ 表示波长（盛裴轩等，2013）

黑体的辐射光谱对于研究一切物体的辐射规律具有根本意义。此前人们已认识到黑体辐射率是温度 T 和波长 λ 的函数，但未给出具体的函数形式，而普朗克定律解决了这个问题。

（三）斯特藩－玻尔兹曼定律（Stefan-Boltzmann law）

在普朗克定律提出之前，人们曾根据实验和热力学理论提出两个关于黑体辐射的定律，即斯特藩－玻尔兹曼定律和维恩位移定律。

1879 年，斯特藩由实验发现，黑体的总放射辐射通量密度与其热力学温度 T 的 4 次方成正比，即：

$$E_{\mathrm{T}}=\sigma T^{4} \tag{2.12}$$

式中：σ 为斯特藩－玻尔兹曼常量，$\sigma=5.67\times10^{-8}\ \mathrm{W\cdot m^{-2}\cdot K^{-4}}$。

如果已知任意黑体或非黑体的总辐射通量密度，就可以利用斯特藩－波尔兹曼定律计算该物体的温度，称为等效黑体温度或有效辐射温度，简称有效温度。这个温度不一定是物体的真实温度，只有当物体是黑体时，该温度才是其真实温度。

已知到达地球的太阳总辐射通量密度为 $S=1\ 368\ \mathrm{W\cdot m^{-2}}$，平均日地距离 $d=1.50\times10^{11}\ \mathrm{m}$，太阳光球平均半径 $R_{\mathrm{s}}=6.96\times10^{8}\ \mathrm{m}$，计算太阳光球的等效黑体温度。

首先，计算太阳的放射能力 E_{s}。以太阳中心为球心，太阳光球平均半径 R_{s} 和日地距离 d 为半径做两个同心球面。在空间传输路径上，辐射强度为常量，则有：

$$E_{\mathrm{s}}\times4\pi R_{\mathrm{s}}^{2}=S\times4\pi d^{2}$$

$$E_{\mathrm{s}}=S\times\frac{d^{2}}{R_{\mathrm{s}}^{2}}=1\ 368\ \mathrm{W\cdot m^{-2}}\times\left(\frac{1.50\times10^{11}}{6.96\times10^{8}}\right)^{2}=6.35\times10^{7}\ \mathrm{W\cdot m^{-2}}$$

然后，利用式（2.12）计算太阳的有效温度 T_{s}：

$$T_{\mathrm{s}}=\sqrt[4]{\frac{E_{\mathrm{s}}}{\sigma}}=\sqrt[4]{\frac{6.35\times10^{7}}{5.67\times10^{-8}}}\approx5\ 785\ \mathrm{K}$$

利用斯特藩－玻尔兹曼定律，还可以比较地面放射能力和太阳放射能力的大小。太阳表面的温度和地面温度差别很大，二者的放射能力存在很大的差别。设地面温度为 288 K，太阳表面温度为 6 000 K，用斯特藩－玻尔兹曼定律计算出在同一温度下黑体的放射能力之比：

$$\frac{E_{\mathrm{s}}}{E_{\mathrm{e}}}=\left(\frac{T_{\mathrm{s}}}{T_{\mathrm{e}}}\right)^{4}$$

再根据基尔霍夫定律，假设地球的行星反射率为 0.3，进一步计算出太阳与地球的放射能力之比：

$$\frac{E_{\mathrm{s}}}{E_{\mathrm{e}}'}=\frac{E_{\mathrm{s}}}{E_{\mathrm{e}}\times0.70}=\left(\frac{T_{\mathrm{s}}}{T_{\mathrm{e}}}\right)^{4}\Big/0.70=\left(\frac{6\ 000}{288}\right)^{4}\Big/0.70=2.69\times10^{5}$$

（四）维恩位移定律（Wien's displacement law）

1893 年，维恩提出黑体辐射定律，即黑体辐射光谱极大值 $\lambda_{\max}$ 和其热力学温度 T 的乘积为一个常量。由此可知，若黑体的温度越高，则 $\lambda_{\max}$ 越小，故称之为维恩位移定律。其表达式为：

$$\lambda_{\max}T=2\ 897.8\ \mu\mathrm{m\cdot K} \tag{2.13}$$

利用维恩位移定律，可由黑体温度求出黑体辐射能量最强的波长；反之，也可由黑体辐射能量最强的波长求出该黑体的温度，由此计算出的温度称为黑体的颜色温度或简称为色温。

将太阳看成表面温度为6 000 K的黑体，根据维恩位移定律，可得太阳辐射光谱的λ_{max}=0.483 μm。

总之，一旦有了上述有关辐射的定律，黑体的辐射规律就全部确定了，这些定律把黑体的温度与辐射光谱联系了起来。对于非黑体，只要知道了它的温度与吸收率，通过基尔霍夫定律进行计算，其辐射光谱也就确定了。在研究大气辐射过程时，首先要确定地球和大气的吸收率。

第二节　太阳辐射传输

在恒星世界中，太阳是一颗普通的恒星，是主序星中一颗黄色G2型星，它的光球半径是6.96×10^5 km，距地球的平均距离为1.496×10^8 km。太阳放射的电磁辐射源自其核心的热核反应。太阳通过热核反应释放的辐射能首先经过太阳辐射层，然后穿过其对流层抵达光球层和色球层，向外通过太阳大气向宇宙空间传输。经过太阳内部的传输和太阳大气的吸收等过程，热核反应释放的高能辐射能量已大大降低，传输到地球的太阳辐射成为以可见光为主的辐射。如果把整个太阳用一层12 m厚的冰层包裹起来，那么只要一分钟冰层就会被全部融化。太阳以辐射的方式不断把巨大的能量输送到地球，地球上绝大部分能量来自太阳辐射，与之相比，地球从其他天体、宇宙空间和地球内部等获得的能量几乎可以忽略不计。据估计，一年内整个地球获得的太阳热量不到太阳放射辐射能的22亿分之一，但这些能量对地球表面和大气而言，却起到了难以估量的作用。无论是大气运动，还是大气中的风云变幻，或者是地球表层的长河奔流，它们都依靠这些能量使地球变得生机勃勃。

一、太阳辐射

太阳放射出来的一切能量总称为太阳辐射。它是地球的主要能源，是大气运动和天气变化的根本动力，是影响气候的重要因素。

（一）太阳辐射光谱（solar spectrum）

太阳辐射能随波长的分布称为太阳辐射光谱（图2.8）。图2.8中细实线是大气上界的太阳辐射光谱，粗实线是理想黑体在温度 5 800 K 下的普朗克光谱曲线，二者非常相似，由此推断太阳输出相当于温度为 5 500 ~ 6 000 K 的黑体辐射，精确拟合得到的结果约为 5 776 K 的黑体辐射，故可用黑体的辐射定律研究太阳辐射。

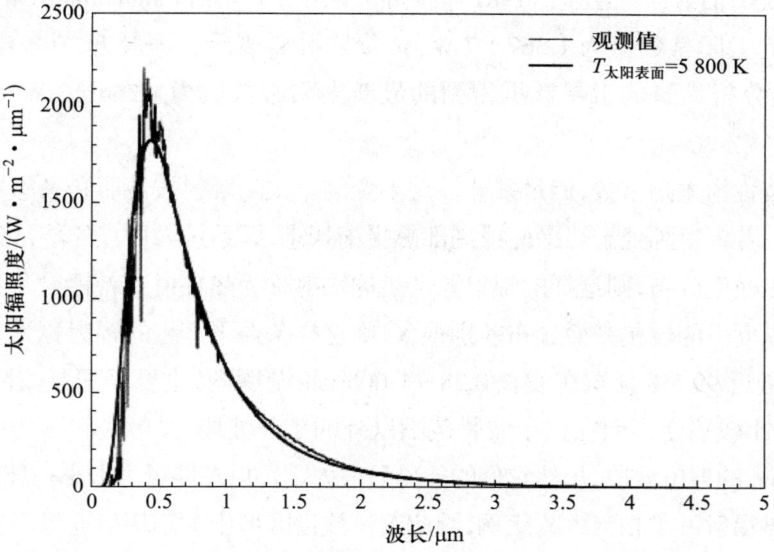

图 2.8　太阳辐射光谱（廖国男，2004）

太阳辐射的波长范围很广，但在各个光谱段的分配却极不平衡。绝大部分太阳辐射能量集中在 0.15 ~ 4 μm 的波段范围内。它们占太阳总辐射能量的 99%，属于短波辐射。其中，可见光波段（0.4 ~ 0.76 μm）约占 44%、红外线波段约占 49%、紫外线波段约占 7%（表 2.2）。最大辐射能量的波长为 0.475 μm（即可见光波段中的青、蓝光区内）。

表 2.2　太阳辐射能量中各波段所占比例（张安定等，2020）

波段范围 /μm	波段名称	能量占比 /%
<0.01	X 射线、γ 射线	0.02
0.01 ~ 0.20	远紫外线	
0.20 ~ 0.31	中紫外线	1.95
0.31 ~ 0.40	近紫外线	5.32
0.40 ~ 0.76	可见光	43.50
0.76 ~ 1.50	近红外线	36.80
1.50 ~ 5.60	中红外线	12.00
5.60 ~ 1 000	远红外线	0.41
>1 000	微波	

（二）太阳常数（solar constant）

太阳常数是指当日地距离等于日地平均距离时，地球大气上界垂直于太阳光线的平面上所接受的太阳辐射通量密度。1981 年世界气象组织（World Meteorological Organization，WMO）推荐的太阳常数值为 1 367 ± 7 W·m^{-2}，常用 S_0 表示。据最近 20 多年的卫星观测结果，并通过分析大量的卫星数据得到的最新太阳常数值为 1 366 ± 3 W·m^{-2}（李万彪，2010）。

S_0 虽然被称为太阳常数，但是并非恒定不变的。太阳辐射按性质和来源可分为热辐射和非热辐射。若辐射源处于热平衡或局部热平衡状态，即系统内质点的能量分布遵守一定温度下的玻尔兹曼分布，则这样的辐射源产生的辐射称为热辐射。若辐射源中质点的能量分布与一定温度下的玻尔兹曼分布差别很大，则这样条件下产生的辐射称为非热辐射。太阳辐射的能量近 99.5% 分布在波长 0.28 ~ 1 000 μm 范围内，主要来源是太阳光球的热辐射，辐射通量比较稳定。而在这个波长范围以外的紫外波段、X 射线和 γ 射线波段，以及波长大于 1 mm 的射电波段，虽然它们的能量只占太阳辐射总能量的很小一部分（0.575%），但是其中非热辐射占了相当大的比例，因此这一波谱区域中太阳辐射通量不稳定。在太阳耀斑爆发时，这些波段范围内的太阳辐射通量可成十倍或几十倍的增加。由卫星监测的大气上界太阳辐照度随时间变化的结果来看，太阳辐照度与太阳活动有很好的对应关系，由此导致的太阳常数的变化大约在 0.1% 的数量级水平。这个微小的变化对人类居住的对流层内气候的影响微乎其微，也无法被探测到，但是太阳辐射中紫外波段能量的变化，会影响平流层及其上层的大气组成、温度和环流等，并对对流层大气状况和地球气候产生缓慢的影响。

太阳常数是通过观测获得的基础数据，具有重要意义。通过太阳常数可以得到有关太阳辐射的导出数据，如太阳的放射能力、太阳表面温度、地球的放射能力、地球有效温度等。

二、大气上界的太阳辐射

地球大气上界太阳辐射的时间变化和纬度差异，影响着大气和地面的能量收支和温度，是地球上大气运动的根本原因和气候形成的基本因素。

（一）影响因素

影响地球大气上界太阳辐射的因素主要有日地距离、太阳高度角和白昼长短。

1. 日地距离

地球围绕太阳公转的轨道是以太阳为其两个焦点之一的椭圆，因而日地距离是在不断变化的。目前，地球在 1 月初经过近日点（1.471×10^8 km），在 7 月初经过远日点（1.521×10^8 km），日地距离以一年为周期周而复始地变化着。这种日地距离的变化，导致了到达大气上界的太阳辐射能的变化。

若设 S_0 为地球处于日地平均距离（a）时，地球大气上界垂直于太阳光线的平面上所接受的太阳辐射通量密度；S 为当日地距离为 b 时，地球大气上界垂直于太阳光线的平面上所接受的太阳辐射通量密度，则它们之间的关系满足：

$$S=\frac{a^2}{b^2}S_0 \tag{2.14}$$

若用天文单位[①]来表示日地距离，则上式可写为：

$$S=\frac{1}{b'^2}S_0$$

式中：b' 为相对日地距离。

由此可见，一年当中到达大气上界的太阳辐射与日地距离的平方成反比，其物理意义是太阳光均匀地向四周放射，以太阳中心为球心的不同半径的球面上的辐射相等。因为日地距离的变化较小，所以由此而引起的地球大气上界太阳辐射的年内变化较小，相对变化范围不超过 ±3.5%，即约 7% 的变化（表 2.3）。

表 2.3　大气上界太阳辐射强度的变化率（周淑贞等，1997）

月份	1	2	3	4	5	6	7	8	9	10	11	12
变化率/%	3.4	2.8	1.8	0.2	−1.5	−2.8	−3.5	−3.1	−1.7	−0.3	1.6	2.8

日地距离变化带来的大气上界太阳辐射的变化并不是造成四季变化的原因，那么是什么因素造成了地球上的四季变化和南、北半球季节相反的现象呢？我们知道，地球在绕太阳公转的同时也在自转，地球赤道面与地球公转轨道面（即黄道面）之间保持着 23° 27′（≈ 23.5°）的夹角，即黄赤交角。正是黄赤交角的存在，造成了太阳直射点在南北回归线之间的移动，带来了太阳高度角和昼夜长短的纬度和季节变化，产生了四季周期变化（图 2.9）。

2. 太阳高度角

太阳高度角是影响大气上界太阳辐射的重要因素。图 2.10 是处于不同太阳高度角时，水平面上获得太阳辐射差异的示意图。

如果用 S' 表示大气上界水平面上的太阳辐射通量密度、η 表示太阳高度角，那么可得 S' 与 S 的关系：

$$S'=S\sin\eta \tag{2.15}$$

① 天文单位是天文学中一种计量天体之间距离的单位。以 AU 表示，其数值取地球和太阳之间的平均距离，约为 1.496×10^8 km。

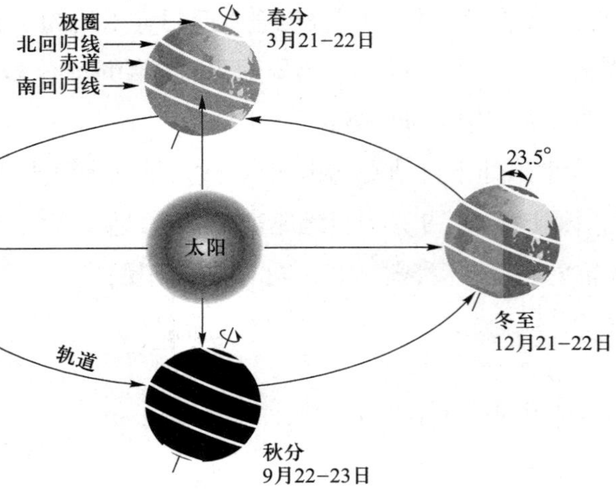

图 2.9　地球的公转和自转（Frederick K. Lutgens 等，2013）

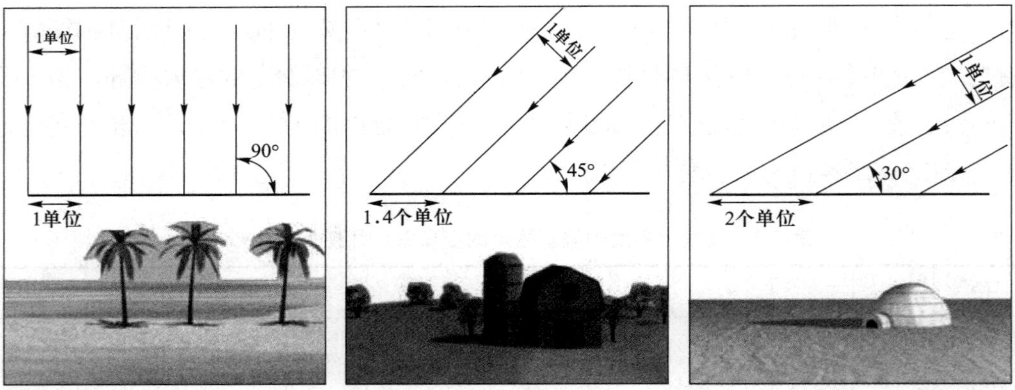

图 2.10　太阳高度角对太阳辐射的影响（Frederick K. Lutgens 等，2013）

可见，在日地距离一定的条件下，太阳高度角愈小，大气上界水平面上所接受到的太阳辐射就愈少；太阳高度角愈大，大气上界水平面上所接受到的太阳辐射就愈大。其影响往往超过日地距离的影响。

根据天文学知识可知，任一时刻太阳高度角的计算公式为：

$$\sin \eta = \sin \varphi \sin \delta + \cos \varphi \cos \delta \cos \omega \tag{2.16}$$

式中：φ 代表地理纬度；δ 代表太阳赤纬[①]［与日期有关，二分（春分、秋分）日时为零，太阳在赤道以北为正，以南为负］；ω 代表太阳时角[②]［与一天当中的时间有关，正午时为零，正午前为负，正午后为正］。

3. 白昼长短

白昼长短会影响到达大气上界的太阳辐射日总量。在其他条件不变的情况下，白昼愈长，到达大气上界的太阳辐射日总量就愈多；反之，则愈少。

① 指天球坐标系的坐标，表示天体与天赤道的方向和角距离。

② 指天球坐标系的坐标，表示天体相对于午圈的方向和角距离。

若用 Q 表示到达大气上界的太阳辐射日总量，则：

$$Q = \int_{t_1}^{t_2} S' \mathrm{d}t = \int_{t_1}^{t_2} S(\sin\varphi\sin\delta + \cos\varphi\cos\delta\cos\omega)\,\mathrm{d}t$$

$$= \int_{t_1}^{t_2} \frac{S_0}{b^2}(\sin\varphi\sin\delta + \cos\varphi\cos\delta\cos\omega)\,\mathrm{d}t$$

$$= \int_{-\omega_0}^{\omega_0} \frac{S_0}{b^2}(\sin\varphi\sin\delta + \cos\varphi\cos\delta\cos\omega)\frac{T}{2\pi}\mathrm{d}\omega$$

$$Q = \frac{TS_0}{\pi b^2}(\omega_0\sin\varphi\sin\delta + \cos\varphi\cos\delta\sin\omega_0) \tag{2.17}$$

式中：S_0、S、S'、b、φ、δ、ω 等符号的含义如上所述；t 代表真太阳时，子夜为零，t_1 和 t_2 为日出和日落的时间；$-\omega_0$ 和 ω_0 为日出和日落时太阳的时角；T 为一昼夜的时间，$\mathrm{d}t=T\cdot(2\pi)^{-1}\cdot\mathrm{d}\omega$。一日中 b 和 δ 均为常数。

受白昼长短变化（表 2.4）的影响，在极圈内出现极昼现象时，该地区大气上界所接受到的太阳辐射会超过赤道地区。

表 2.4　白昼长短的纬度和季节变化（Frederick K. Lutgens 等，2013）

纬度	0°	10°	20°	30°	40°	50°	60°	70°	80°	90°
夏至日	12 h	12 h35 min	13 h12 min	13 h56 min	14 h52 min	16 h18 min	18 h27 min	2 month	4 month	6 month
冬至日	12 h	11 h25 min	10 h48 min	10 h04 min	9 h08 min	7 h42 min	5 h33 min	0 h00 min	0 h00 min	0 h00 min
二分日	12 h	12 h	12 h	12 h	12 h	12 h	12 h	12 h	12 h	12 h

（二）时空分布

太阳辐射在大气上界的时空分布是由太阳与地球间的天文位置决定的，故又称天文辐射。表 2.5 是大气上界水平面上天文辐射的分布，图 2.11 和图 2.12 是天文辐射随纬度和季节的变化状况。

表 2.5　大气上界水平面上天文辐射的分布（周淑贞等，1997）　　单位：$\mathrm{MJ/m^2}$

纬度	0°	10°	20°	23.5°	30°	40°	50°	60°	66.5°	70°	80°	90°
夏半年	6 585	6 970	7 161	7 182	7 157	6 963	6 601	6 118	5 801	5 704	5 519	5 476
冬半年	6 585	6 019	5 288	4 998	4 418	3 443	2 406	1 376	779	556	120	0
全年	13 170	12 989	12 499	12 179	11 575	10 406	9 007	7 494	6 580	6 260	5 639	5 476

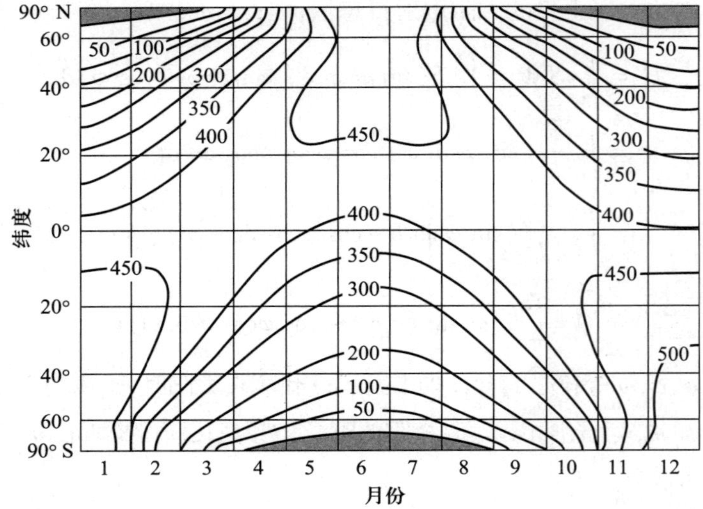

图 2.11　天文辐射日总量随纬度和季节的变化（单位：86 400 J·m^{-2}）（李万彪，2010）

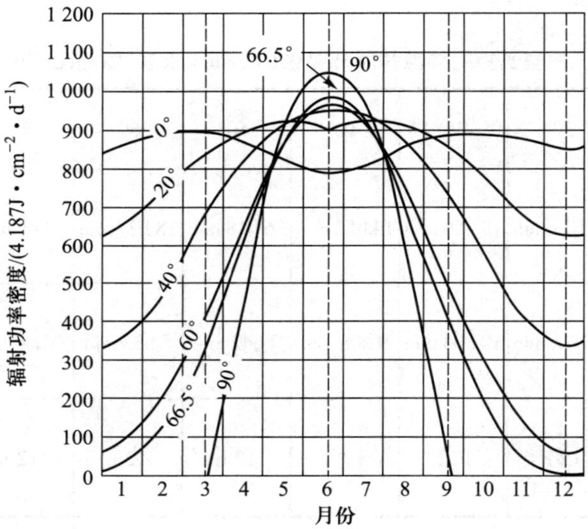

图 2.12　不同纬度天文辐射的年变化

辐射功率密度为天文辐射与时间之比

由天文辐射影响因素的时空变化规律和上列图表可以看到，在同一时间里，天文辐射因纬度而异；在同一纬度上，天文辐射随季节变化。具体特征如下：

（1）从天文辐射的年总量来看，赤道地区所接受的天文辐射最多，天文辐射向两极逐渐减少，极地太阳辐射年平均值只有赤道地区的 40%。这是由于在影响天文辐射的各因素中，只有太阳高度角的全年平均值表现出由赤道向极地减小的纬度差异，而白昼长度的全年平均值在各纬度上都是等长的。这种能量的不均匀分布，必然导致各纬度带的气温产生差异。地球上之所以存在热带、温带、寒带等气候带的分异，与天文辐射的纬度差异有关。

（2）夏半年天文辐射最大值出现在回归线附近，由此向两极逐渐减少，最小值在极地。这是因为：一方面，夏半年回归线附近太阳位于或近似位于天顶的时间较长，并且在该纬度范围内夏半年白昼时间比赤道长。如在 6° S～6° N 间，春分和秋分附近时，太阳位于或近似位于天顶的时间各约 30 天。在 17.5°～23.5°纬度之间，夏至附近时，太阳位于或近似位于天顶的时间约为 86 天。另一方面，在赤道上终年昼夜等长，而在回归线附近的夏季白昼时间比赤道地区长。夏半年白昼长度随纬度的增高而增长，减缓了夏半年天文辐射随纬度增高而递减的程度。这表现为高低纬度地区间的气温差异和气压梯度在夏半年较小。

（3）冬半年，天文辐射最大值出现在赤道地区。随着纬度的增加，正午太阳高度角和白昼长度都迅速递减，所以冬半年天文辐射随纬度的增加迅速减小，到极地由于存在极夜现象，天文辐射为零。这表现为高低纬度间地区的气温差异和气压梯度在冬半年较大。

（4）天文辐射的纬度差异不仅在冬半年、夏半年不同，而且在同一时间内随纬度亦有不同。在两极和赤道附近，天文辐射随纬度的变化较小，而在 45°～55°的中纬度地区天文辐射的纬度差异最大。这在天气学上表现为相应的温度水平梯度很大的锋和急流现象。

（5）冬半年与夏半年天文辐射的差值随纬度的增高而加大，即天文辐射年变化的振幅随纬度增高而加大。受其影响，气温年较差随纬度的增加而增加。如图 2.12 所示，在赤道附近，一年中天文辐射有两个最高点，时间分别在春分日和秋分日附近。在回归线及高纬度地区，天文辐射最大值出现在夏至日。

（6）极圈内存在极昼极夜现象。在极夜期间，天文辐射为零。由于存在极昼现象，因此在一年中一定时期内，极地地区的天文辐射大于赤道。如，在 5 月 10 日到 8 月 3 日期间内，北极大气上界的天文辐射大于赤道。在夏至日，北极天文辐射是赤道的 1.368 倍，而南极夏至日天文辐射比北极还大，说明南北半球天文辐射的日总量是不对称的。由于日地距离的影响，南半球夏季各纬度的天文辐射日总量大于北半球夏季相应各纬度的日总量，相反，南半球冬季各纬度的天文辐射日总量小于北半球夏季相应各纬度的日总量。

三、太阳辐射在大气中的减弱

太阳辐射通过大气层，然后到达地表。由于大气对太阳辐射有一定的吸收、散射和反射作用，因此投射到大气上界的太阳辐射不能完全到达地表。

（一）大气对太阳辐射的吸收

大气吸收太阳辐射的主要气体成分有水汽（H_2O）、臭氧（O_3）、氧气（O_2）和二氧化碳（CO_2）。由于大气对太阳辐射的吸收具有选择性（图 2.13），因此大气的吸收作用，不仅减弱了到达地面的太阳辐射的强度，也改变了其光谱分布状况。

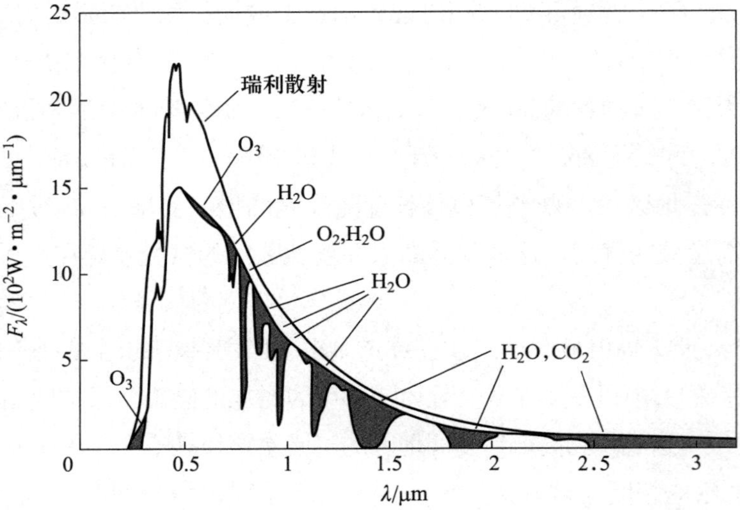

图 2.13 大气上界和无气溶胶清洁大气时海平面的太阳光谱

阴影部分表示各气体的吸收区，上下两条光谱曲线间的空白区代表被气体分子后向散射的衰减作用（李万彪，2010）

大气中的水汽是吸收太阳辐射重要的介质，它吸收波长范围广、吸收能力强。其主要吸收区位于近红外波段，不但吸收了太阳能量，而且使太阳光谱发生了改变。H_2O 吸收作用最强的区域是在波长 6.3 μm 附近和大于 12 μm 的波段。如果大气足够潮湿，那么这个波段几乎 100% 的太阳辐射会被大气中的水汽所吸收。在通常情况下，若大气中的水汽含量较多，则当太阳高度角较低时，水汽的吸收约占太阳辐射总量的近 20%。实验证明，液态水具有比水汽强得多的吸收带，而且这个吸收带的位置与相应的水汽吸收带相比，稍向长波方向移动。大气中的水汽主要集中在对流层大气中，特别是在对流层的下层。因而，水汽及大气中的液态水对太阳辐射的吸收作用主要发生在对流层大气中，特别是在对流层的下层。

臭氧在大气中的分布是不均匀的，是随纬度、时间而变化的。这给研究臭氧的吸收作用带来了很大的困难。远在 19 世纪末期，人们曾假设在太阳辐射光谱中波长小于 0.3 μm 的区域观测到的“中断”，是由臭氧对太阳辐射的吸收而引起的。这一假设在 20 世纪被一系列观测事实所证实。迄今完成的研究结果表明：臭氧在太阳辐射光谱曲线的范围内，从紫外线的边缘到红外线的极远区都有吸收带。臭氧的主要吸收带有两个：一是波长为 0.2 ~ 0.3 μm 的蓝光区末端，这是最强的一个吸收带（称为哈特莱带，Hartley band）；另一个吸收带则在波长为 0.44 ~ 1.18 μm 的可见光和近红外区（称为查普斯带，Chappuis band），在这个吸收带，吸收的比例虽然不是很高，但是由于该区属于太阳辐射能量最强的区域，因此该波段的吸收仍是比较重要的。仅臭氧本身吸收的太阳辐射就占太阳辐射总量的 2.1% 左右。大气中的臭氧吸收太阳辐射后主要用来增加自身的温度，在高层大气的探测中发现在臭氧分布的区域有一个明显的逆温层，这就是臭氧吸收太阳辐射的结果。

氧气对太阳辐射的吸收主要表现为高层大气中的氧气吸收波长小于 0.26 μm 的紫外辐射，尤以对波长小于 0.15 μm 的太阳辐射的吸收最强。由于高层大气中的氧气能吸收太阳辐射，因此波长小于 0.2 μm 的太阳辐射不能达到一般观测仪器所及的高度。

二氧化碳的分布比其他的吸收气体要均匀一些，但是在很高的高度上二氧化碳的吸收作用被氧气和臭氧所超越，在对流层中又被水汽所超越。二氧化碳在红外区有一系列吸收带，比较强的是波段中心位于 2.7 μm、4.3 μm 和 15 μm 的吸收带。因为它们主要位于太阳辐射光谱中太阳辐射较弱的边缘区，所以作用不大。即对太阳辐射而言，二氧化碳的吸收作用常常不予考虑。

此外，悬浮于大气中的尘埃对太阳辐射也有一定的吸收作用，但通常吸收量较小。当有沙尘暴、烟幕浮尘和火山爆发等现象发生，大气中的尘埃急剧增多时，它的吸收作用会比较显著。

图 2.14 是在不同情况下，太阳辐射在近红外线、可见光和紫外线谱区的通量及其所占比例的变化。比较图 2.14（a）的 TOA 和 SUR_1 可以看出，大气对近红外辐射吸收最多，其次是紫外辐射。前者主要由对流层水汽的吸收引起，后者主要由平流层臭氧的吸收引起。但水汽的吸收远远大于臭氧的吸收。这主要是因为大气中对流层水汽的含量远远大于平流层臭氧的含量。在可见光区，这两种气体均有吸收作用。大气的吸收作用使到达地面的太阳辐射总通量减少了 119.51 $W \cdot m^{-2}$。从图 2.14（b）可以看出，与大气层顶相比，大气分子的吸收使到达地面的近红外辐射比例大大下降，相应地可见光辐射和紫外线辐射的比例则有不同程度的上升（张华等，2019）。

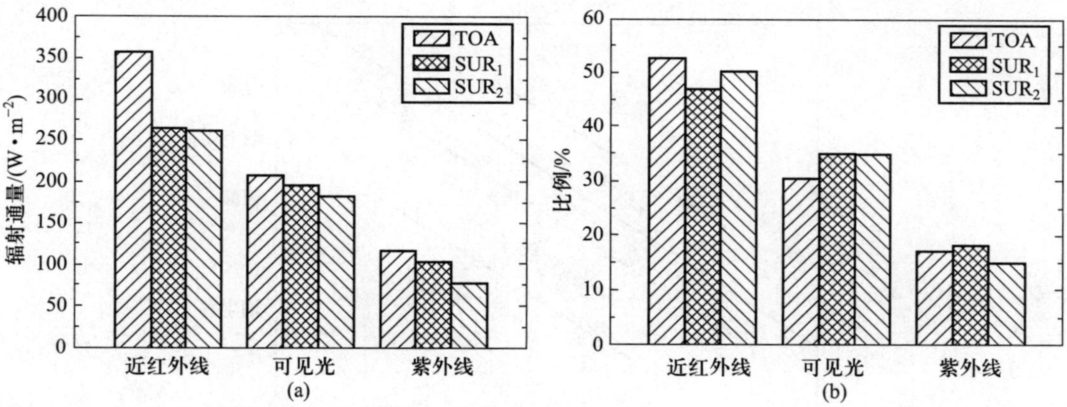

图 2.14　不同情况下太阳辐射通量的谱分布及其比例变化

（a）辐射通量的差异；（b）比例的差异

TOA 表示大气层顶的太阳辐射和比例，SUR_1 和 SUR_2 分别表示仅考虑大气吸收和考虑大气的吸收、散射后的地面太阳辐射和比例（张华等，2019）

（二）大气对太阳辐射的散射

太阳辐射在经过大气到达地面的传播过程中，遇到大气中的气体分子，以及悬浮的尘埃、云滴、雨滴、冰粒和雪花等粒子时，会产生散射现象，使一部分入射波能量改变方向，射向四面八方，而原方向的辐射能被削弱（图 2.15）。散射作用虽然减弱了到达地面的太阳直接辐射，但是同时使整个大气层变得明亮。在没有大气的宇宙空间，太阳本身光彩夺目，四周天空却是漆黑一片。

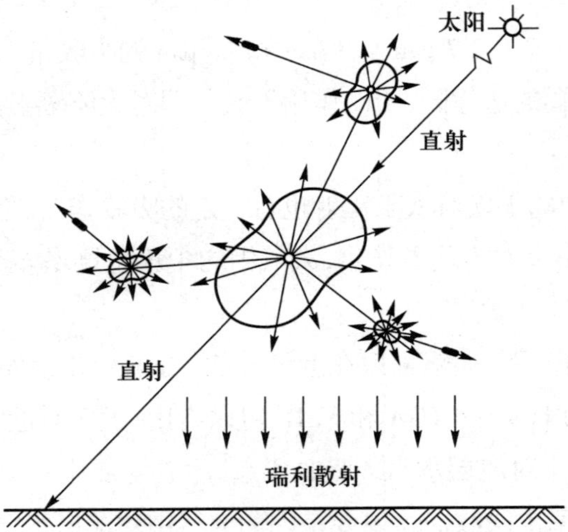

图 2.15　太阳辐射在大气中的散射（Lgbal，1983，转自盛裴轩，2013）

研究结果表明，对于半径为 r 的球形粒子，其对入射波（波长为 λ）的散射吸收作用或者消光系数可表示为量纲一的尺度参数（$\alpha=2\pi r/\lambda$）和粒子的折射指数的函数。图 2.16 展示了各种粒子在不同波段的尺度参数。

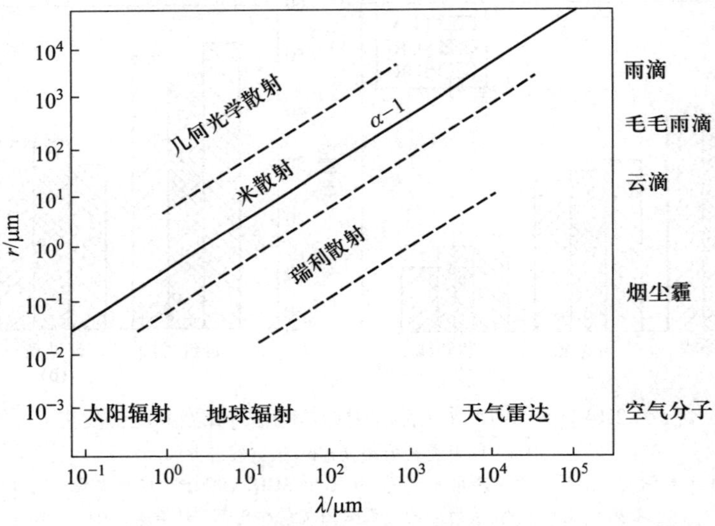

图 2.16　大气中各种粒子散射的尺度分布（John M. Wallace 等，2008）

（1）**瑞利散射（分子散射）**。它是当 $\alpha \ll 1$ 时，即 $r \ll \lambda$ 时的散射。这种散射首先是由瑞利（Rayleigh）进行研究的，因此被称为瑞利散射，又被称为分子散射。气体分子的半径约为 10^{-4} μm，因此气体分子对于可见光区的散射属于瑞利散射。分子散射的特点主要是：① 分子散射的体积散射削弱系数和波长的四次方成反比，波长越短，分子散射的削弱作用越强。

比较可见光波段蓝光（波长为 0.45 μm）和红光（波长为 0.70 μm）的体积散射削弱系数可知，蓝光的散射比红光的散射要强 5 倍左右，这就是晴天（以分子散射为主）天空呈蓝色的原因。而太阳的直接辐射光在通过地球大气时，由于分子散射对蓝光的削弱要远大于对红光的削弱，因此人们看到的日盘的颜色要向红色偏移，特别是当太阳处于地平线附近时，太阳辐射所经过的大气路径远大于正午时刻，所以其颜色是红色的而不是金黄色的。② 分子散射辐射在各个方向的分布特点是同等分布在前后两个半球［图 2.17（a）］。

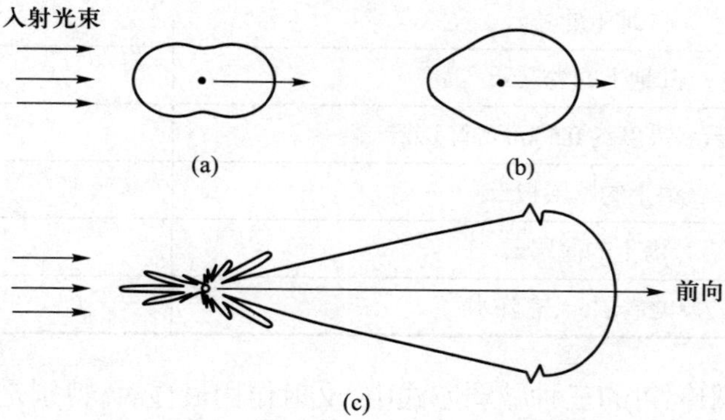

图 2.17 （a）半径为 10^{-4} μm，（b）半径为 0.1 μm 和（c）半径为 1 μm 的球形粒子对 0.5 μm 波长可见光的散射辐射分布（John M. Wallace 等，2008）

（2）**米散射（粗粒散射）**。它是当 $0.1<\alpha<50$ 时，即 $r \approx \lambda$ 时的散射。这种散射首先由古斯塔夫 · 米（Gustav Mie）进行了研究，因此被称为米（Mie）散射，也被称为粗粒散射。大气中的尘埃颗粒半径通常为 0.1 ~ 10 μm，云滴的半径一般也为几微米，它们相对于可见光的散射是米散射；但对于红外辐射和微波辐射，却是瑞利散射。粗粒散射的特点为：① 当粒子的相对尺度很大时，散射效率随波长基本不变。这表明各种波长具有几乎相同强度的散射，而且散射光中各种波长的比例也和入射辐射一致。当天空中有云时，由于云滴的半径常在 3 ~ 6 μm 之间，相对于可见光，α 为 17 ~ 69，散射对波长无选择性，这时天空看起来就是白色的了。② 散射光在各个方向的分布特点是呈不对称分布［图 2.17（b）］。

（3）**几何光学散射**。当 $\alpha>50$ 时，即 $r \gg \lambda$ 时的散射，称为几何光学散射。大雨滴（半径为 1 ~ 4 mm）对可见光的散射就属于此类。虹和晕的产生服从几何光学规律。

（三）大气云层和尘埃对太阳辐射的反射

大气中云层和较大颗粒的尘埃通过反射作用，将一部分太阳辐射反射到宇宙空间去。其中云的反射作用最为显著。反射对各种波长没有选择性，所以反射光呈白色。探空气球、飞机和卫星的一系列观测资料表明，云的反射能力与云的厚度、云状、相态、微结构及含水量等宏微观特性有关，也和太阳高度角有关。一般而言，云的反照率（albedo）随云的厚度、云中含水量的增大而增大。表 2.6 是根据卫星云图的亮度所确定的各种云的反照率，其值在 29% ~ 92% 之间，平均约为 60%（盛裴轩，2013）。

表 2.6　各类云（云盖面超过 80%）的平均反照率

云的种类	反照率 /%
大而厚的积雨云	92
云顶在 6 km 以下的小积雨云	86
陆地上的淡积云	29
陆地上的积云和层积云	69
陆地上的卷云	36
陆地上的卷层云	32
海上云底高度约 0.5 km 的厚层云	64
海上的厚层积云	60
海上的薄层云	42
厚的卷层云，有降水	74

上述大气对太阳辐射的三种减弱方式中，反射作用最显著，特别是云层和尘埃对太阳辐射的反射作用；散射作用次之；吸收作用最小。就全球平均状况而言，在太阳辐射中约有 30% 被反射和散射回宇宙；约 20% 被大气吸收，约 50% 被地面吸收。

四、到达地面的太阳辐射

经过大气削弱作用后，到达地面的太阳辐射分为太阳直接辐射和太阳散射辐射。

（一）直接辐射

在太阳辐射穿过大气的过程中，既没有被大气吸收，也没有发生散射和反射，沿投射方向以平行光形式，直接到达地面的那部分太阳辐射能量，称为达到地面的太阳直接辐射，简称为直接辐射。

1. 影响因素

影响太阳直接辐射强弱的因素很多，其中最主要的两个因素是太阳高度角和大气透明度。

1）太阳高度角

当太阳高度角不同时，地面上单位面积上所获得的太阳辐射不同，原因如下：

如果太阳高度角越小，等量的太阳辐射所散布的面积就越大（图 2.10），单位面积上获得的太阳直接辐射就越弱。如果太阳高度角越小，太阳辐射穿过的大气层越厚，大气对太阳辐射的减弱作用就越强（图 2.18），到达地面的太阳直接辐射就越弱。

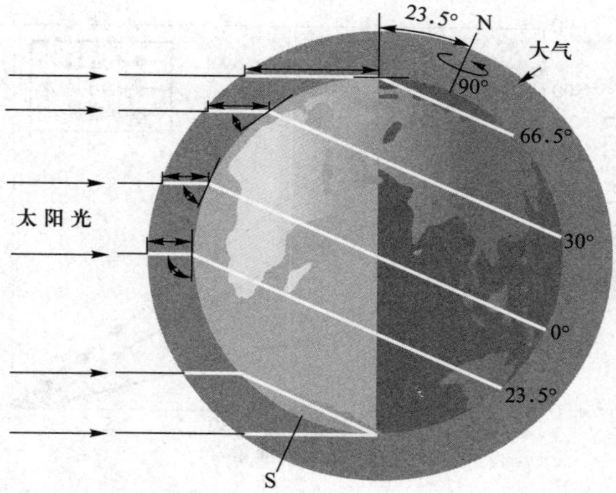

彩图 2.18
太阳高度角变化引起的到达地表太阳辐射变化

图 2.18　太阳高度角变化引起的到达地表太阳辐射变化（Frederick K. Lutgens 等，2013）

在地面气压为 1 013.25 hPa 时，太阳光垂直投射到地面所经路程中，单位截面积空气柱的质量，称为一个大气光学质量（atmospheric optical mass），简称大气质量。在不同太阳高度角下，如果太阳光穿过大气的路程长短不同，大气光学质量就不同（表 2.7），大气光学质量随太阳高度角的减小而增加。

表 2.7　不同太阳高度角下的大气光学质量（引自 Frederick K. Lutgens，2013）

太阳高度角	90°	80°	70°	60°	50°	40°	30°	20°	10°	5°	0°
大气光学质量	1.00	1.02	1.06	1.15	1.31	1.56	2.00	2.92	5.70	10.80	45.00

图 2.19 给出了不同太阳天顶角（太阳高度角的余角）近红外、可见光和紫外波段内的地面太阳辐射通量及其所占比例。从图 2.19（a）可以看出，随着太阳天顶角的增大，各光谱区间的地面太阳辐射通量均逐渐减少。其中，近红外辐射下降得最快，其次是可见光辐射，紫外辐射的下降速率最缓慢。各光谱区间的比例变化则比较复杂。从图 2.19（b）可以看出，在太阳天顶角小于 60°时，各区间的比例基本保持不变；大于 60°时，近红外和紫外辐射的比例逐渐发生变化。当太阳天顶角从 75° 增至 89°时，近红外辐射和紫外辐射所占的比例分别上升 8.74% 和 6.03%；可见光辐射下降 14.78%（张华等，2019）。

2）大气透明度

在相同的大气光学质量下，到达地面的太阳辐射也不完全一样，因为到达地面的太阳辐射还受到大气透明度的影响。大气透明度的特征用大气透明系数表示，是指穿过一个大气光学质量之后的辐射强度与进入该大气光学质量之前辐射强度的比值，用 P_t 表示。若用 I_{00} 表示太阳位于天顶（太阳光垂直投射到地面）时大气上界的太阳辐射强度，I 表示到达地面的太阳辐射强度，则

$$P_t=\frac{I}{I_{00}} \tag{2.18}$$

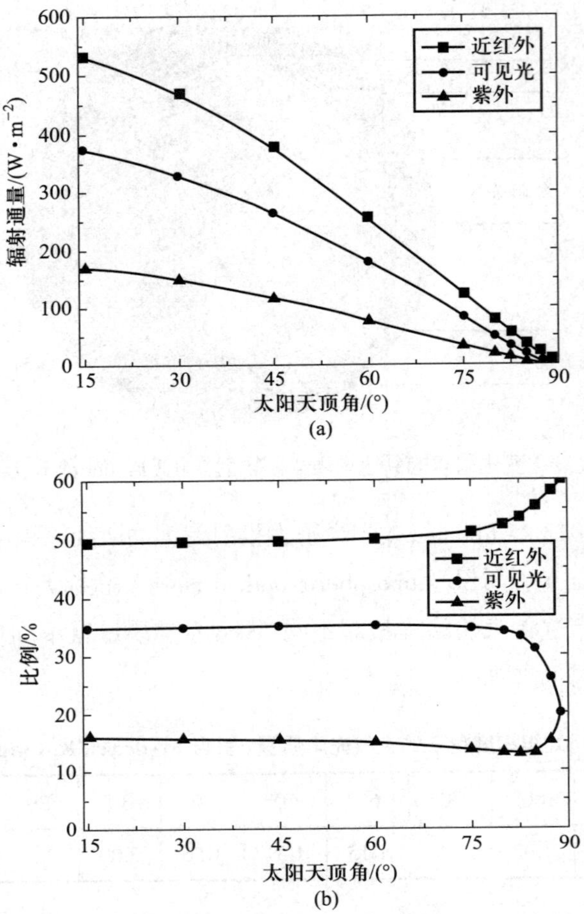

图 2.19　不同太阳天顶角下的地面太阳辐射通量及其比例的变化（张华等，2019）

（a）辐射通量；（b）比例

P_t 表示了大气对太阳辐射的削弱程度。实际上，大气对不同波长太阳辐射的削弱作用是不同的，P_t 仅表示对各种波长太阳辐射的平均削弱程度。大气透明系数还与大气成分，如水汽、尘埃杂质等的含量有关，这些物质愈多，大气透明程度愈差，P_t 愈小。因此，在整个太阳辐射通路中，大气透明度并不是一个常数。

设定 I_0 表示大气上界的太阳辐射强度，太阳辐射沿辐射通路通过第一个大气光学质量后，透过的成数（即透明系数）为 $P_{t,1}$，太阳辐射强度为 I_1。因为大气对太阳辐射的减弱是有选择性的，所以此处的太阳辐射光谱已不同于 I_0。通过第二个大气光学质量后，透过的成数为 $P_{t,2}$。由于太阳辐射光谱和大气成分的变化，$P_{t,2}$ 不同于 $P_{t,1}$，太阳辐射减少为 I_2。依次，通过第 m 个大气光学质量时的透明系数为 $P_{t,m}$，到达地面的太阳辐射强度为 I_m，因此根据透明系数的定义，可得：$I_1=I_0P_{t,1}$，$I_2=I_1P_{t,2}=I_0P_{t,1}P_{t,2}$，…，$I_m=I_{m-1}P_{t,m}=I_0P_{t,1}P_{t,2}\cdots P_{t,m}$，定义：

$$P_t^m = P_{t,1}P_{t,2}\cdots P_{t,m}$$

则：

$$I_m = I_0 P_t^m \tag{2.19}$$

式(2.19)表示了太阳辐射在大气中的减弱规律，称为布格–朗伯特(Bouger-Lambert)定律。由该定律可知：① 到达地面的太阳辐射通量密度与大气光学质量有关，大气光学质量愈大，到达地面的太阳辐射愈弱。而大气光学质量又取决于太阳高度角，所以到达地面的太阳辐射与太阳高度角有关。② 到达地面的太阳辐射与大气透明度有关。透明系数愈大，透过的成数愈多，大气对太阳辐射的削弱作用愈弱。

2. 时空分布

直接辐射有显著的年变化、日变化和随纬度变化的特征。这几种变化特征主要是由太阳高度角决定的。

在晴天里，一天当中，太阳在地平面以下时，直接辐射为零；日出以后，随着太阳高度角的增加，直接辐射增强，正午时太阳高度角最大，此时的直接辐射为一天当中的最大值；正午以后，随着太阳高度角的降低，直接辐射减弱，日没后为零(图 2.20)。同样，一年当中，直接辐射在夏季最强、冬季最弱(图 2.21)。

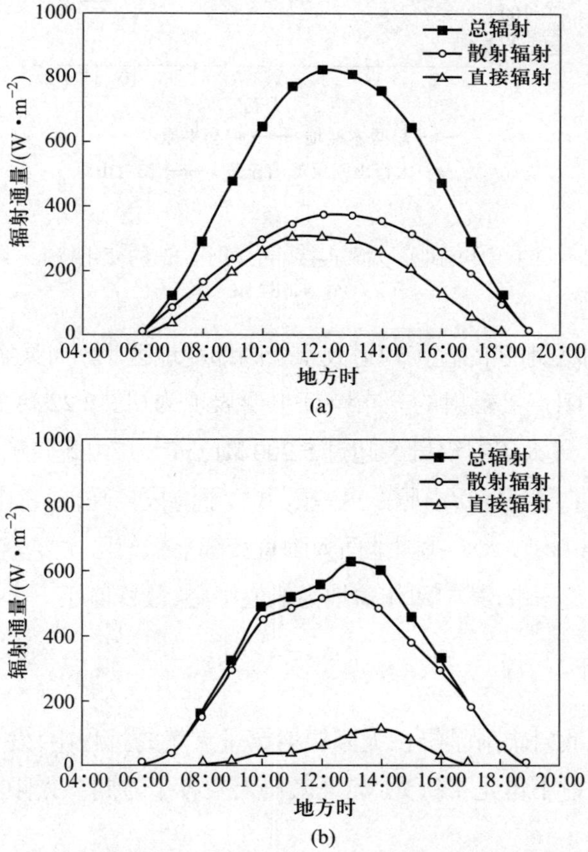

图 2.20　春季塔中(38° 58′N, 83° 39′E)典型天气下的总辐射、散射辐射和直接辐射的日变化特征(金莉莉等, 2014)
(a) 晴天;(b) 浮尘

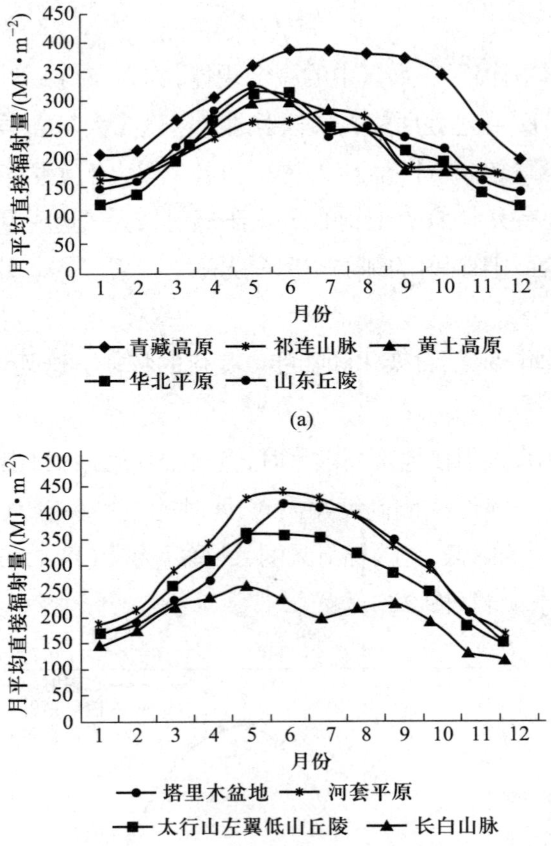

图 2.21　我国不同纬度不同地区太阳直接辐射月平均值的变化特征（周文臻，2018）

（a）35° N；（b）40° N

一般而言，较低纬度地区的直接辐射大于较高纬度地区[①]。当天空中有云时，直接辐射会减小。我国地面太阳直接辐射的分布特征主要表现为（图 2.22）：直接辐射量最大的区域位于青藏高原地区，最大年曝辐量[②]超过 5 200 MJ · m^{-2}，并由此向东北方向扩展到河西走廊、内蒙古，以及向东扩展到横断山脉。这些区域由于海拔较高，或者由于气候干燥，使得全年接收的太阳直接辐射均较大。我国地面太阳直接辐射低值区主要分布在四川盆地及其周围直到整个长江中下游一带，其中四川盆地为低值中心，最低值小于 1 200 MJ · m^{-2}。

（二）散射辐射

到达地面的太阳散射辐射是指在太阳辐射穿过大气的过程中，发生散射后指向地面的那部分。太阳散射辐射不再是平行光，而是来自天空各个方向。太阳散射辐射在本书中简称为散射辐射。

① 依据中国及全球高分辨率太阳辐射数据集，参考文献［9］和［10］。

② 曝辐量：指一段时间（如一天或一年等）辐照度的总量或累计量，单位为 MJ · m^{-2}（兆焦耳每平方米）。

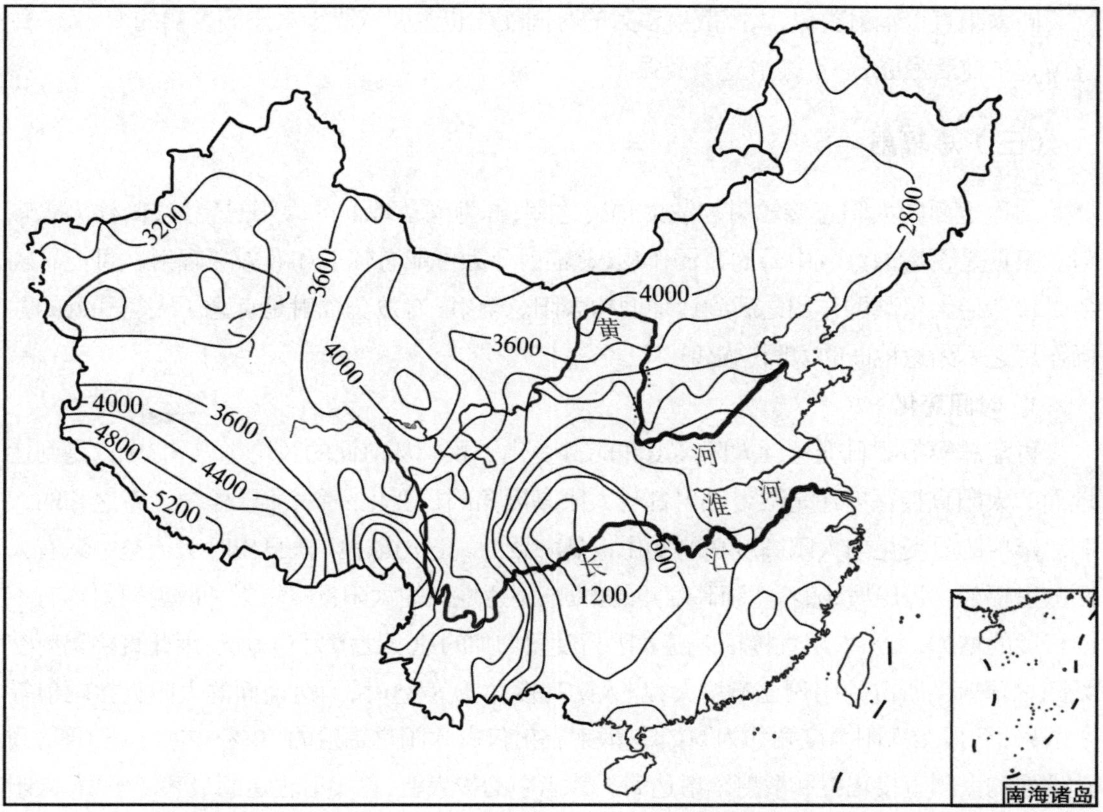

图 2.22　1971—2000 年中国太阳直接辐射年分布（赵东等，2009）

单位为 MJ · m^{-2}

太阳高度和大气透明度也是影响太阳散射辐射的重要因素。当太阳高度角较大时，透过大气的直接辐射较强，散射辐射也相应地增强；相反，当太阳高度角较小时，散射辐射较弱。大气透明度较差时，参与散射的大气质点增多，散射辐射较强；反之，散射辐射较弱。图 2.23 是在我国重庆观测到的晴天和阴天的散射辐射。由图 2.20 和图 2.23 可见，阴天、浮尘天的散射辐射比晴天时大得多。

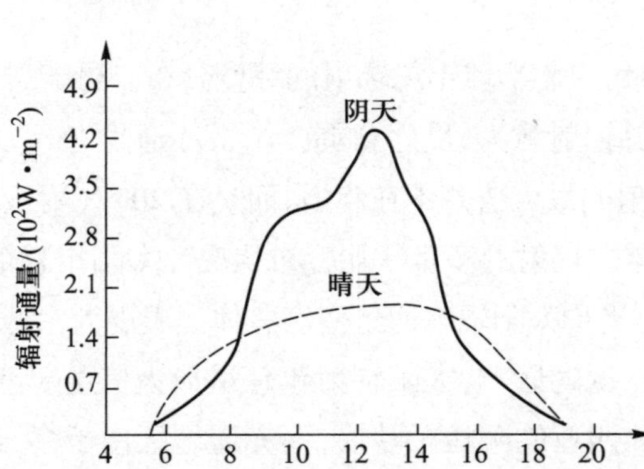

图 2.23　重庆散射辐射的日变化（周淑贞等，1997）

同太阳直接辐射类似，太阳散射辐射的时间变化也主要取决于太阳高度角的变化，一日之中正午前后最强，一年之中夏季最强。

（三）总辐射

到达地面的太阳直接辐射与散射辐射之和，称为到达地面的太阳总辐射，简称为总辐射。根据是否考虑大气中云的减弱作用，总辐射分为可能总辐射和有效总辐射。可能总辐射是仅考虑大气减弱作用之后到达地面的太阳总辐射；有效总辐射是考虑了大气和云的共同作用之后到达地面的太阳总辐射。

1. 时间变化

可能总辐射的日变化同太阳高度角的日变化一致。从前面的讨论中已知，无论是到达地面的太阳直接辐射还是散射辐射都与太阳高度角的日变化一致，所以作为二者之和的太阳总辐射的日变化与太阳高度角的变化也是一致的。日出以前（快日出时），天空中只有太阳散射辐射。日出后，随着太阳高度角的增加，到达地面的太阳直接辐射和散射辐射均有不同程度的增加，由于太阳直接辐射随太阳高度角增加的速度比散射辐射快，因此直接辐射在太阳总辐射中所占的比例逐渐增大：当太阳高度角约为 8°时，到达地面的太阳直接辐射等于散射辐射；当太阳高度角约为 50°时，散射辐射仅占太阳总辐射的 10%～20%；正午时，到达地面的太阳直接辐射和散射辐射达到一天当中的极大值，总辐射也达到最大。午后，太阳总辐射随着太阳高度角的减小，按相反的规律变化。

因为云的影响，有效总辐射的日变化比可能总辐射复杂。有云时，直接辐射受其影响减弱，而散射辐射增大，所以云对总辐射有何影响，要看直接辐射和散射辐射的变化幅度。一般来讲，当天空中的云把太阳遮住时，散射辐射的增加不足以弥补直接辐射的减少，从而使到达地面的太阳有效总辐射减少；而当天空仅有部分云且太阳没有被云层遮住时，此时以散射辐射的增加为主，故太阳有效总辐射增加。一年中不同季节太阳辐射在夏季强、冬季弱（图 2.24）。

2. 空间分布

表 2.8 是根据计算得到的北半球年总辐射的纬度分布。可能总辐射随纬度的变化规律一般是：纬度愈低，可能总辐射愈大，反之愈弱。由于赤道附近云多，太阳辐射被大气层削弱得也多，因此有效总辐射的最大值并不在赤道，而是在 20° N 附近。

图 2.25 为全球太阳年总辐射的多年平均分布状况。太阳年总辐射的分布特征主要为：① 受纬度因素的影响，年平均太阳辐射通量密度总体上表现为由低纬度地区向高纬度地区递减的规律；② 受天空状况的影响，太阳辐射年总量最大值主要分布在热带沙漠地区，如北非的撒哈拉沙漠地区和西亚的阿拉伯沙漠，而赤道地区由于多云雨天气，为次大值分布区；海洋上的年平均辐射通量密度通常比同纬度陆地上的小；③ 高海拔地区的太阳总辐射与同纬度其他地区相比为高值区，如巴西高原、蒙古高原和我国的青藏高原等地区。

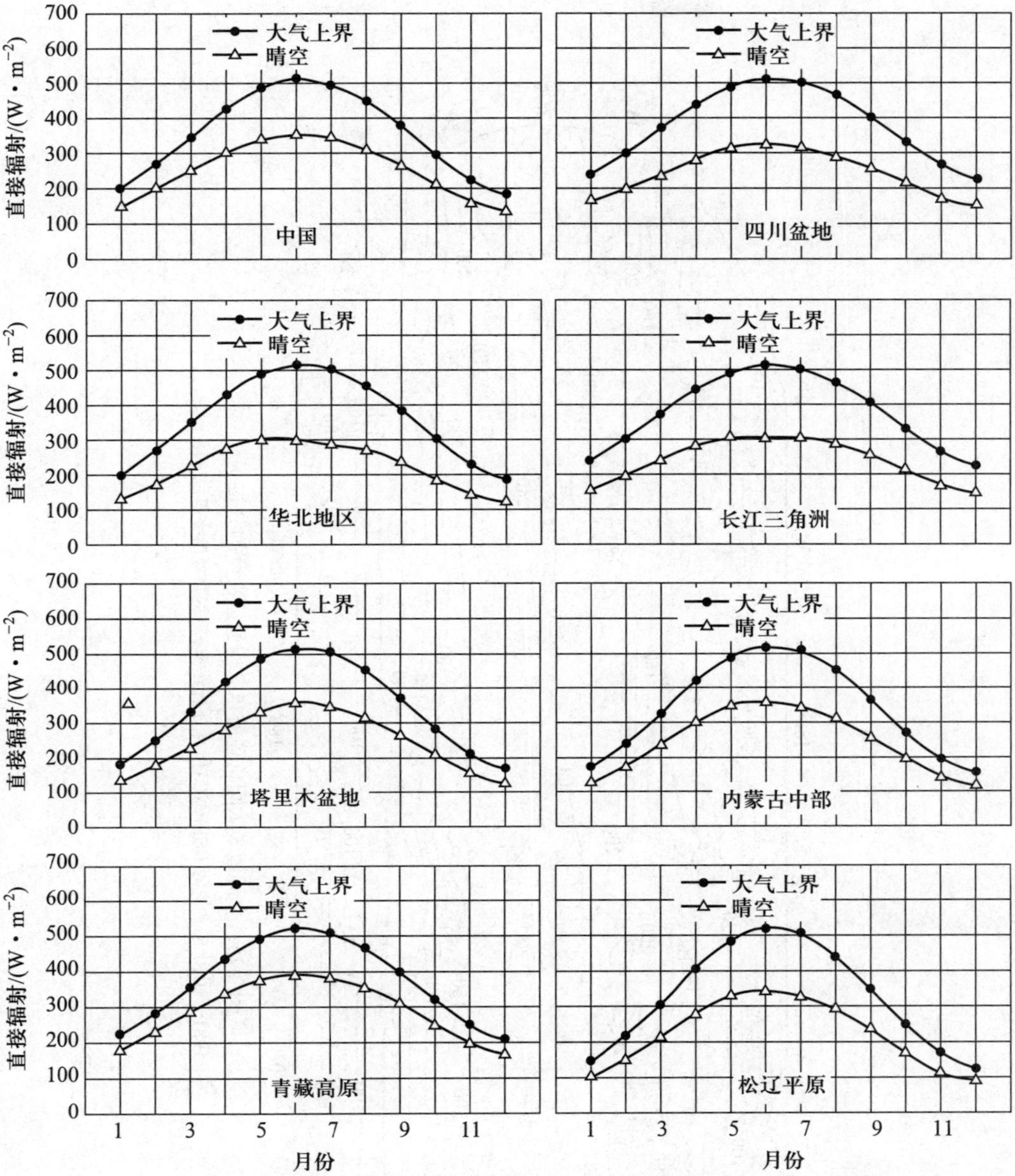

图 2.24　我国不同地区大气上界和晴空地面太阳直接辐射的月变化
（Yu Lan 等，2021）

表 2.8　北半球年总辐射随纬度的分布

纬度 /（°N）	64	50	40	30	20	0
可能总辐射 /（$W \cdot m^{-2}$）	139.3	169.9	196.4	216.3	228.2	248.1
有效总辐射 /（$W \cdot m^{-2}$）	54.4	71.7	98.2	120.8	132.7	108.8

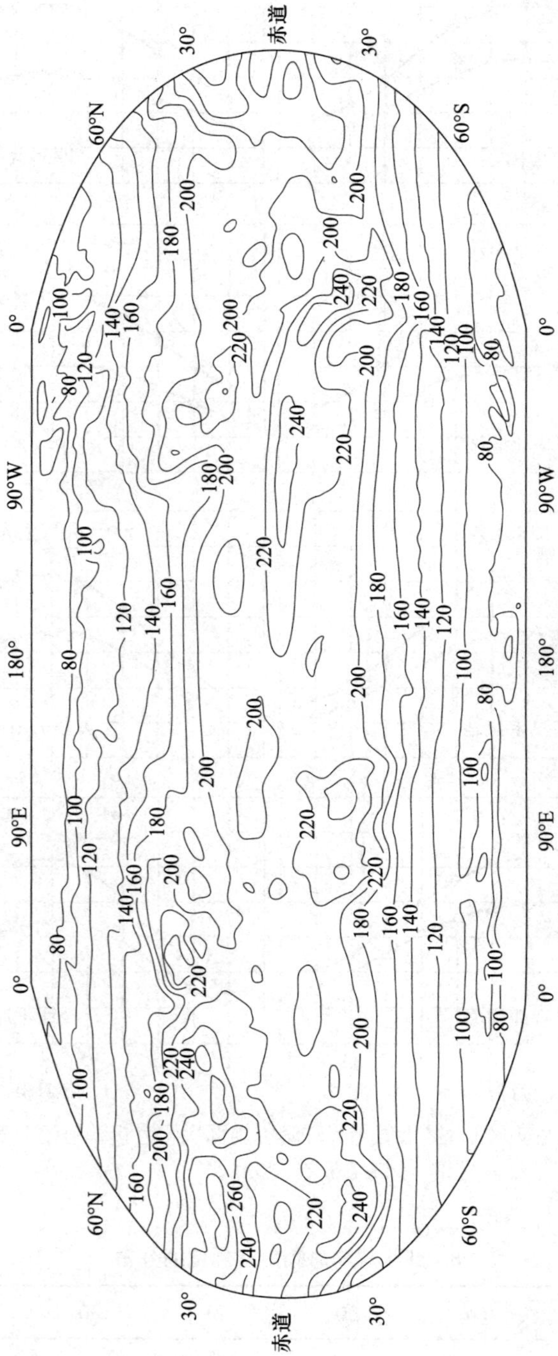

图 2.25　全球地表太阳总辐射年平均通量密度的分布

（1981—2010 年平均的 NCEP/NCAR 再分析数据，转引自缪启龙等，2018）

单位为 W/m^2

我国各地的太阳年总辐射量(图 2.26)在 $3.3\times10^{9}\sim8.3\times10^{9}\ \mathrm{J\cdot m^{2}}$ 之间变动。其分布规律大体上是西部地区大于东部地区。西部以青藏高原地区的年总辐射量最大,为 $7.0\times10^{9}\sim8.3\times10^{9}\ \mathrm{J\cdot m^{2}}$;东部以川黔地区年太阳辐射量为最小,为 $4.0\times10^{9}\sim3.3\times10^{9}\ \mathrm{J\cdot m^{2}}$。不同地区太阳年总辐射中直接辐射和散射辐射所占比例也有明显的差异,青藏高原地区的直接辐射占太阳年总辐射的 70%,新疆和内蒙古地区占 60%~65%,长江流域和东南沿海地区的直接辐射与散射辐射所占比例相当,西南地区因云量多,水汽丰富,直接辐射仅占年总辐射的 40% 左右。

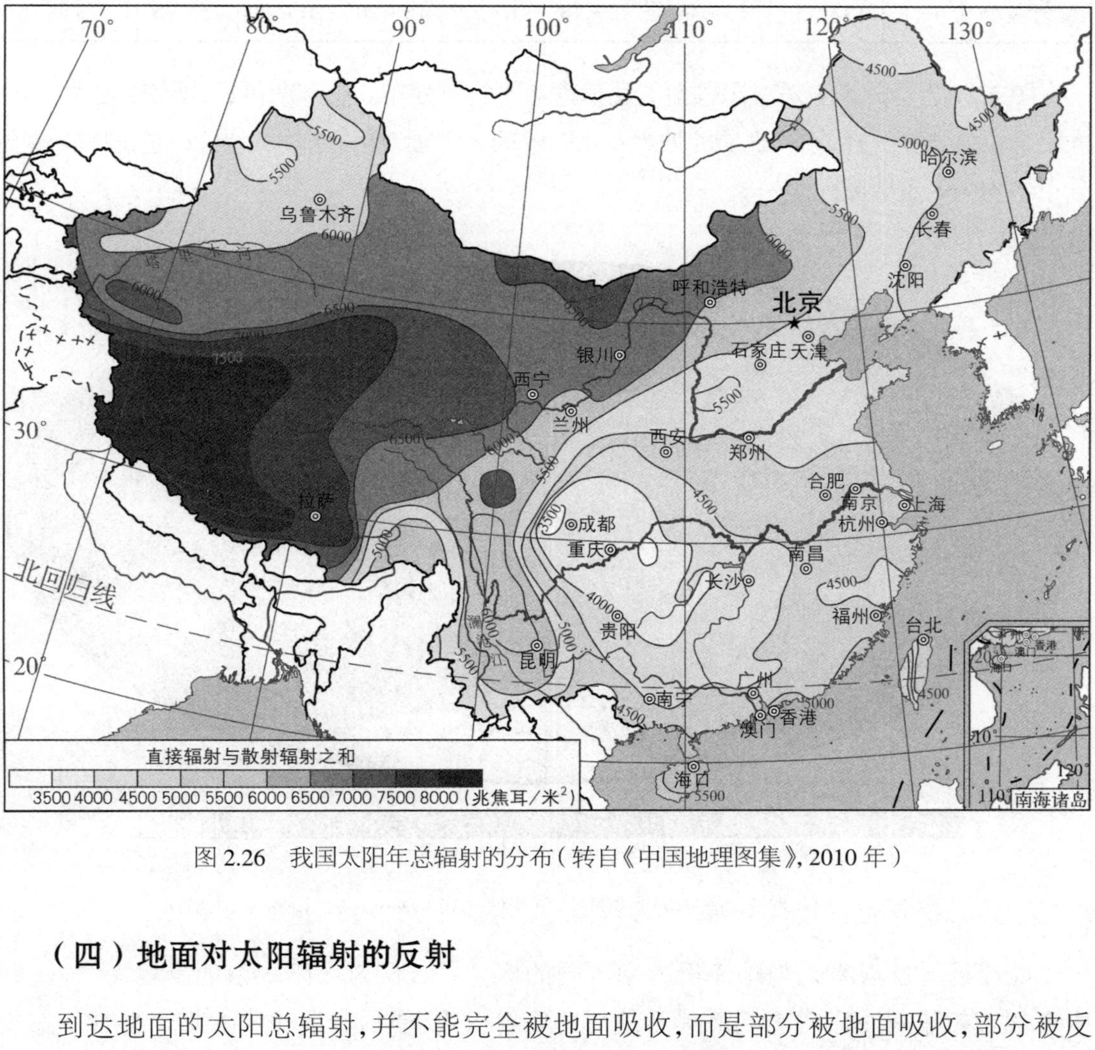

图 2.26　我国太阳年总辐射的分布(转自《中国地理图集》,2010 年)

(四)地面对太阳辐射的反射

到达地面的太阳总辐射,并不能完全被地面吸收,而是部分被地面吸收,部分被反射。由于地面对太阳辐射并不是透明的,因此地面对太阳辐射的反射率和吸收率的关系为 $a+r=1$。地面获得太阳辐射能的多少,在很大程度上取决于地表反射率。气象学中通常关心的是某一区域的平均反射率,其区域尺度可达几千米甚至上百千米。在这种尺度范围内,地面往往是由多种不同类型的下垫面组成的,各种下垫面都有各自的反射率特性,如何获得一个区域的平均反射率常常是一个相当困难的问题。表 2.9 给出各种不同地面的平均反射率,以供参考。水面的反射特性较复杂,一般来说,水面的反射率比陆面小,但其随太阳辐射入射角度的变化比较大,当太阳高度角大于 30° 时,平静水面的平均反射率小于 10%;当太阳高度角为 5° 左右时,平静水面的平均反射率可达 40% 以上。水面反射率还与波浪起伏程度、水体的浑浊程度等因素有关。

表 2.9　各种地面的平均反射率(盛裴轩等,2013)

地面状况	水面	阔叶林	草地、沼泽	水稻田	灌木	田野	草原	沙漠	冰川、雪被
反射率 /%	6 ~ 8	13 ~ 15	10 ~ 18	12 ~ 18	16 ~ 18	15 ~ 20	20 ~ 25	25 ~ 35	>50

图 2.27 为全球地表对太阳辐射的反射率年平均值分布。由该图可见,即使到达地面的太阳总辐射强度一样,不同性质的地表真正吸收的太阳辐射仍有很大差异,这也是地表温度分布不均匀的重要原因之一。

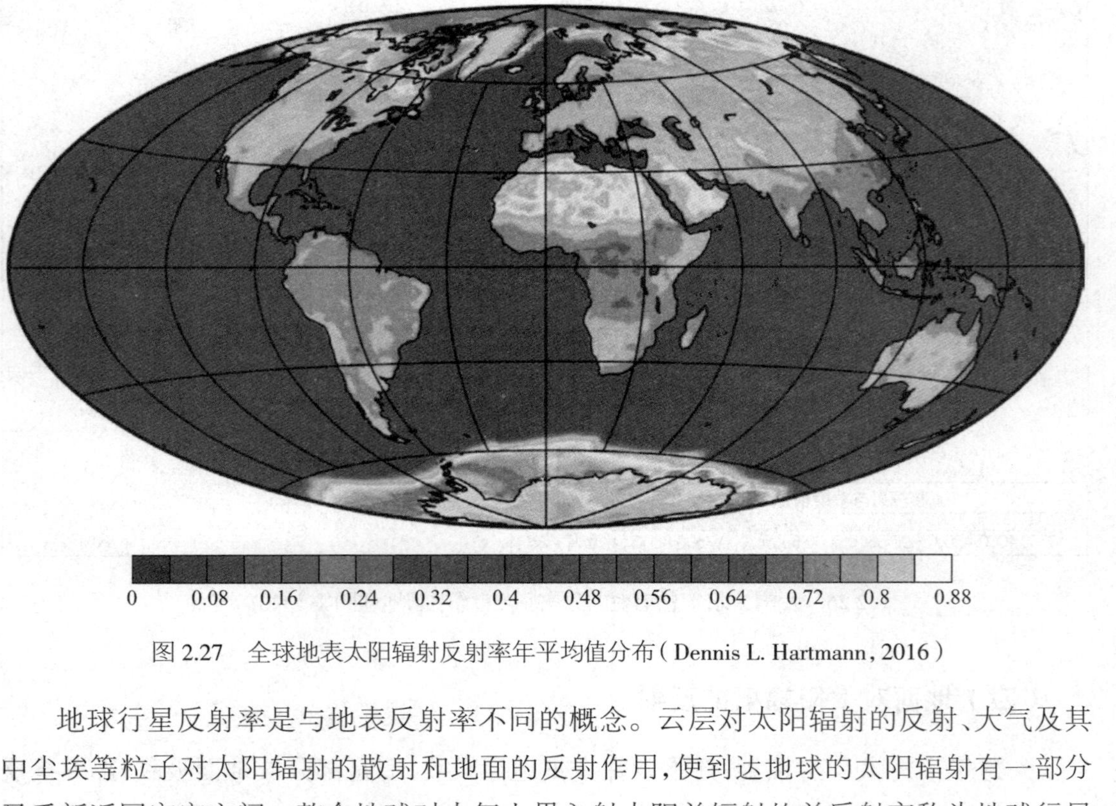

图 2.27　全球地表太阳辐射反射率年平均值分布(Dennis L. Hartmann,2016)

地球行星反射率是与地表反射率不同的概念。云层对太阳辐射的反射、大气及其中尘埃等粒子对太阳辐射的散射和地面的反射作用,使到达地球的太阳辐射有一部分又重新返回宇宙空间。整个地球对大气上界入射太阳总辐射的总反射率称为地球行星反射率。对全球平均状况而言,约有 30% 的太阳辐射被反射或散射回宇宙空间。由图 2.28 可见,地球行星反射率最高的地区是有云和冰雪覆盖的极地地区(行星反射率在 60% ~ 95% 之间),同时,那里还是平均太阳高度角最小的地区。地球行星反射率的次峰值出现在云层较厚的热带地区,以及分布有较多高地表反射率沙漠的副热带地区。在海

图 2.28 地球行星反射率年平均值的分布（廖国男，2004）

单位为 1

洋上，特别是在海冰较少和云量较少的海洋上，地球行星反射率最小，海洋上的平均行星反射率仅为 8% ~ 10%。

2018 年 10 月，美国国家科学院（NAS）专门组建委员会，研究太阳辐射反射等气候变化干预措施的潜在影响、风险及其技术可行性。有学者提出的反射太阳辐射的想法近年来越来越受到关注，该想法是通过改变大气层或云层的特性，在太阳辐射进入地球大气层并进一步使地球变暖之前将其反射回太空，以遏制地球变暖等一系列气候变化。因此 NAS 制定详细的研究议程以解决该领域研究面临的问题，其重点将主要集中在海洋云系增白、平流层气溶胶注入和卷云改造等干预大气的战略上。这一系列干预措施，其原理都在于增强地球行星反射率。

第三节　地 – 气系统的长波辐射

虽然太阳辐射是地球的主要能源，但是因为大气本身对太阳辐射直接吸收得很少，而水、陆、植被等地球表面（又称下垫面）却能大量吸收太阳辐射，并经转化传输给大气。从这个意义上来说，下垫面是大气的直接热源。因此，需要认识地面和大气之间热量交换的方式及地 – 气系统的辐射差额。

一、地面和大气辐射

地面和大气以电磁波形式放射的能量分别称为地面辐射和大气辐射。根据基尔霍夫定律和斯特藩 – 玻尔兹曼定律，可得

$$E_g = \delta\sigma T^4 \tag{2.20}$$

$$E_a = \delta'\sigma T^4 \tag{2.21}$$

式中：E_g 和 E_a 分别表示地面和大气的辐射能力；T 表示地面和大气的温度（热力学温标）；δ 和 δ' 分别为地面和大气的比辐射率（根据基尔霍夫定律，比辐射率等于吸收率）。

若取地面温度为 288 K，δ=0.9，则可计算得

$$E_g = 0.9 \times 5.67 \times 10^{-8} \times 288^4\ \mathrm{W/m^2} = 346.7\ \mathrm{W/m^2}$$

根据维恩位移定律，可得在地面温度为 288 K 时，最强的地面辐射所对应的波长为

$$\lambda_{max} = \frac{C}{T} = \frac{2\,897.8}{288}\ \mu\mathrm{m} \approx 10\ \mu\mathrm{m}$$

地面和大气辐射主要集中在 3 ~ 120 μm 的波段范围内，其最强辐射能的波长在 10 ~

15 μm 的范围内。而太阳辐射主要集中在 0.15～4 μm 的波段范围内，即地面和大气辐射的波长比太阳辐射的波长长得多，所以，把太阳辐射称为短波辐射，而把地面和大气辐射称为长波辐射（图 2.29）。

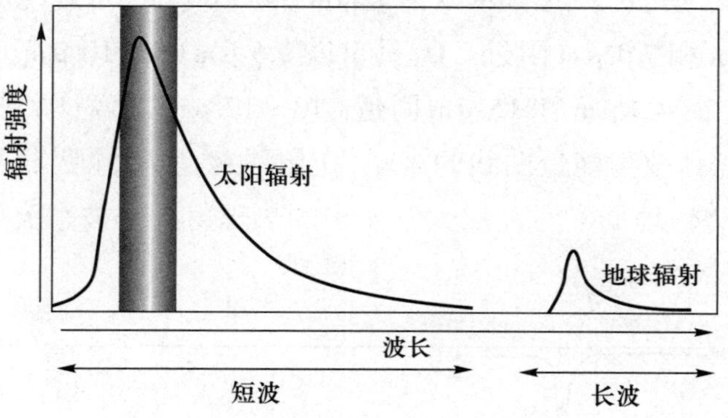

图 2.29　太阳短波辐射和地面长波辐射

长波辐射在大气中的传输过程与太阳辐射的传输过程有很大的不同，主要表现在：① 地面和大气都是放射红外辐射的辐射源，通过大气中任一平面射出的是面向各个方向的漫射辐射，而太阳直接辐射是主要集中在某一个方向的平行辐射。在红外波段，到达地面的太阳直接辐射能量远小于地球与大气发射的红外辐射，常常不予考虑。② 太阳直接辐射在大气中传播时，仅考虑大气对太阳直接辐射的削弱作用，而未考虑大气本身放射辐射的影响。这是因为大气的温度较低，所产生的短波辐射是极其微弱的。但考虑长波辐射在大气中的传播时，不仅要考虑大气对长波辐射的吸收，而且要考虑大气本身的长波辐射。③ 长波辐射在大气中传播时，可以不用考虑散射作用。这是由于大气中的气体分子和尘粒的尺度比长波辐射的波长小得多，散射作用非常微弱。大气对太阳辐射的散射作用则不可忽略。且太阳散射辐射也是短波辐射，性质与长波辐射迥异。

总之，长波辐射在大气中的传输是一种漫射辐射，是在无散射但既有吸收又有放射的介质中的传输。

二、地面－大气之间的辐射交换

（一）大气对地面辐射的吸收

大气对地面辐射有很强的吸收能力，在目前的气候状况下，地面向上长波辐射平均约为 396 $W \cdot m^{-2}$，其中只有约 40 $W \cdot m^{-2}$ 穿过大气离开地－气系统，其余被大气所吸收（中国气象百科全书，2016）。大气对长波辐射的吸收作用不仅与吸收物质及其分布有关，而且与大气的温度、压强等因素有关。吸收地面长波辐射的主要大气成分有水汽、液态水、甲烷、二氧化碳和臭氧等，它们对长波辐射的吸收具有选择性。

水汽对地面长波辐射的吸收作用最显著。液态水对长波辐射的吸收性质与水汽相仿，只是作用更强一些，若云的含水量为 2 g/m^3，则 100 m 厚的云就相当于黑体。CH_4 的吸收带在 3.4 μm 和 7.9 μm 附近。O_3 具有以 9.6 μm（9～10 μm）为中心的吸收带。CO_2 的吸收带主要在 4.3 μm 和 15 μm 附近（13～17 μm），第一个吸收带位于温度为 200～300 K 绝对黑体放射能量曲线的末端，作用不大；第二个吸收带对长波辐射的吸收具有较重要的意义，地面和对流层大气发出的热辐射几乎被平流层的 CO_2 全部吸收（图 2.30）。

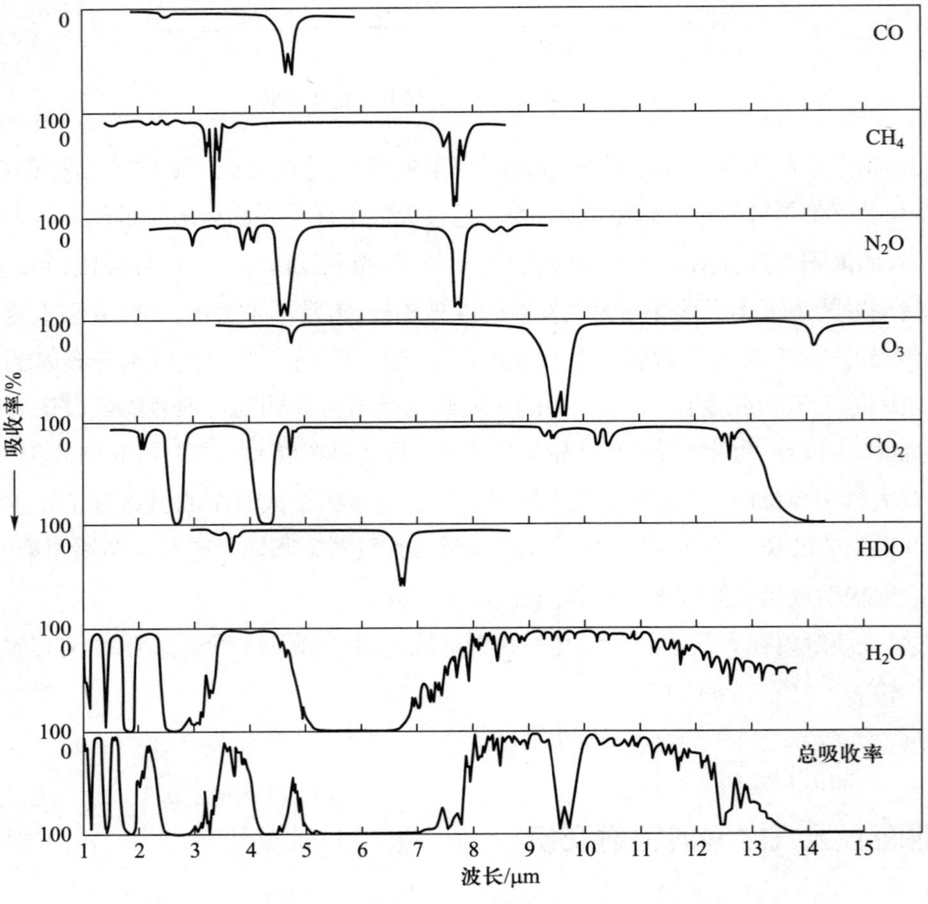

图 2.30　大气对长波辐射的吸收光谱（Dennis L. Hartmann，2016）

通常把电磁波通过大气层时，较少被反射、吸收或散射的，即透射率较高的波段称为大气窗口（atmospheric windows）。遥感传感器的探测波段只能设置在大气窗口以内，才能最大程度地接收地表信息，实现遥感探测（表 2.10）。

表 2.10　大气窗口主要光谱段的分布（张安定等，2020）

波段	大气窗口	透射率 /%
0.3 ~ 1.15 μm	近紫外窗口 可见光窗口 近红外窗口	70 ~ 95
1.4 ~ 1.9 μm	近红外窗口	60 ~ 95
2.0 ~ 2.5 μm	近红外窗口	85
3.5 ~ 5.0 μm	中红外窗口	60 ~ 70
8.0 ~ 14 μm	热红外窗口	80
1.0 ~ 1.8 mm	微波窗口	30 ~ 40
2.0 ~ 5.0 mm	微波窗口	50 ~ 70
8.0 ~ 1 000 mm	微波窗口	100

（二）大气逆辐射及地面有效辐射

1. 大气逆辐射和温室效应

地面辐射方向是向上的，而大气辐射的方向既有向上的，也有向下的，其中指向地面的那部分大气辐射称为大气逆辐射（atmosphere counter radiation）。大气逆辐射由两部分组成：一部分来自大气本身的热辐射，主要是地面以上 1 ~ 2 km 高度内的水汽和 CO_2 的辐射；另一部分来自云的热辐射，它是由云体发出并经过大气窗口而到达地面的长波辐射。晴天大气逆辐射通量密度可以表示为：

$$E_a^{\downarrow} = \varepsilon_0 \sigma T_a^4 \tag{2.22}$$

式中：σ 为斯特藩 - 玻尔兹曼常量；T_a 为百叶箱中观测的近地面气温；ε_0 为晴天的大气比发射率，即晴天大气逆辐射与百叶箱温度下黑体辐射之比。

一般来说，地面对于长波辐射的吸收率接近常数，故可以认为地面为灰体。由表 2.11 可见，地面对长波辐射的吸收率在 0.82 ~ 0.98 之间，沙土、岩石较低，而纯水与雪则接近 1，有时可以将纯水和雪近似看作黑体。相比之下，地面对短波辐射的吸收率一般在 0.5 以下（除冰雪表面），且随波长变化大。

表 2.11　不同地面对长波辐射的吸收率（或比辐射率）（盛裴轩，2013）

地表类型	土壤	沙土	岩石	沥青路	土路	植被	海水	纯水	陈雪	雪
吸收率	0.95 ~ 0.97	0.91 ~ 0.95	0.82 ~ 0.93	0.956	0.966	0.95 ~ 0.98	0.96	0.933	0.97	0.955

大气逆辐射在地面的热量收支中具有极大的意义。在一般情况下，大气逆辐射约占地面辐射收入的 3/4，与夏季中纬度地区地面从太阳直接辐射所获得的热量相当。

大气对太阳短波辐射的吸收比较弱(15%~25%),能让大量的太阳短波辐射穿过大气到达地面,但大气也能强烈地吸收地面长波辐射而增温,并以大气逆辐射的方式返回给地面一部分能量,使地表不会失热过多,就像温室的保温作用,被称为温室效应(greenhouse effect)。这种作用类似于温室的玻璃,它可以让太阳短波辐射进入温室,但也能强烈地吸收地面向外放出的长波辐射,因此温室内的温度可以比温室外高得多。但应指出,温室玻璃还有一个作用就是隔绝了温室内外的空气对流,从而保持了温室内较高的温度,地球大气并没有这种作用,因此用“温室效应”并不十分确切,故有的学者建议称之为“大气保温效应”。据估计,如果没有大气,那么全球地表平均气温约为 -23 ℃,而由于大气温室效应,全球实际地表平均气温为 15 ℃。也就是说,大气的存在使地表平均气温升高了 38 ℃,并减小了昼夜温差(图 2.31)。

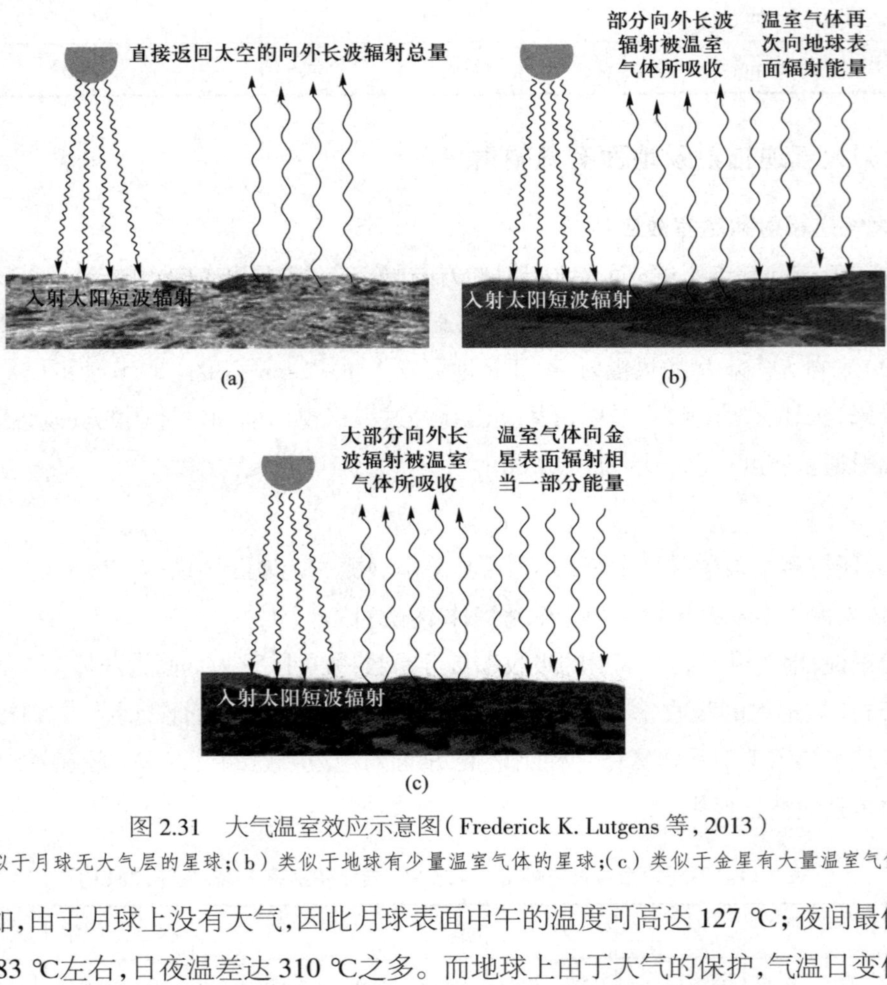

图 2.31 大气温室效应示意图(Frederick K. Lutgens 等,2013)

(a)类似于月球无大气层的星球;(b)类似于地球有少量温室气体的星球;(c)类似于金星有大量温室气体的星球

例如,由于月球上没有大气,因此月球表面中午的温度可高达 127 ℃;夜间最低温度竟低达 -183 ℃左右,日夜温差达 310 ℃之多。而地球上由于大气的保护,气温日变化最大不过 30 ℃左右(如我国的青藏高原),土壤表面最大温度日变化虽可达 70 ℃左右(非洲沙漠地区),但相较于月球温度的日变化幅度而言,仍然是小得多。再比如,太阳系中距离太阳最近的行星——水星,因其表面几乎没有大气,所以在太阳直接照射下,水星表面温度可高达

427 ℃，夜间温度下降到 −173 ℃，日温差达 600 ℃。由表 2.12 可对比不同行星大气的温室效应（表面平均温度与有效温度之差）。

表 2.12　行星反射率、有效温度和表面平均温度（盛裴轩等，2013）

行星	距太阳的距离 /10^6 km	实测的行星反射率 /1	实测行星反射率时的有效温度 /K	表面平均温度 /K	大气主要成分（体积分数）	备注
水星	58	0.06	442	600 ~ 700（昼） 100（夜）		未发现大气
金星	108	0.78	227	750	CO_2　97% N_2　3%	被浓硫酸组成的厚云雾覆盖
地球	150	0.30	255	288	N_2　78% O_2　21%	
火星	228	0.17	216	240	CO_2　95% 其余为 N_2，Ar，CO	大气稀薄
木星	778	0.45	106	134（云顶）	H_2　88.6% He　11.2%	大气厚度约为 1 000 km

大气中具有温室效应的气体统称为温室气体，主要包括水汽、二氧化碳、甲烷、氧化亚氮、臭氧和一些浓度更低但仍强烈吸收红外辐射的气体，如氯氟烃。

2. 地面有效辐射（surface effective radiation）

地面所放射的长波辐射 E_g 与地面所吸收的大气逆辐射 $\delta E_a^{\downarrow}$ 之差，用 F_0 表示，表示了地面以长波辐射形式所损失的能量，表达式为

$$F_0 = E_g - \delta E_a^{\downarrow} \tag{2.23}$$

在通常情况下，地面温度高于大气温度，地面有效辐射为正值，这意味着通过长波辐射交换，地面经常是失去热量的。只有在近地层存在很强的逆温现象及空气湿度很大的情况下，有效辐射才可能为负值，这时地面通过长波辐射的交换而获得热量。

地面有效辐射的大小主要取决于地表温度、气温、大气湿度，以及天空云量等。在其他条件不变的情况下，地面温度愈高，地面辐射愈强，有效辐射也就愈大，地面损失的热量也就愈多；空气温度愈高，大气中水汽含量愈大，天空云量愈多时，大气逆辐射愈强，则地面有效辐射愈小，地面损失的热量就愈少。因此，多云的夜晚，地面有效辐射小，损失热量少，地面降温幅度小，清晨的最低气温也就不会太低；晴朗无云的夜间，正好相反，地面有效辐射大，地面降温明显，容易发生霜冻。农业生产上用人工熏烟的方法造成一层烟幕预防霜冻，道理就在于此。云对地面有效辐射的影响，随云状、云量的不同而变化。一般来说，低云且云量较大时，地面有效辐射最弱，仅为无云时的 1/4。此外，地面有效辐射还与地面的性质有关，

平滑地面的有效辐射比粗糙地面的有效辐射小；有植被覆盖时的有效辐射比裸地的有效辐射小。

地面有效辐射存在明显的日变化和年变化。其日变化具有与气温日变化相似的特征。在白天，由于低层大气中的温度垂直梯度增大，有效辐射值也增大，中午12时至14时达到最大；而在夜间，由于地面辐射冷却，地面有效辐射也逐渐减小，在清晨达到最小。当天空有云时，可以破坏有效辐射的日变化规律。有效辐射的年变化也与气温的年变化相似，夏季最大，冬季最小。但由于水汽和云的影响，有效辐射的最大值不一定出现在盛夏，如我国秦岭、淮河以南地区有效辐射秋季最大，春季最小；华北、东北等地区的有效辐射则春季最大，夏季最小。

第四节　地－气系统辐射平衡

系统或物体收入辐射能与支出辐射能的差值称为辐射差额，也称为净辐射。在没有其他方式的热交换时，辐射差额决定该系统或物体是升温还是降温。若辐射差额为正值，表示系统或物体的辐射能量收支有盈余，则温度上升；若辐射差额为负值，表示系统或物体的辐射能量收支有亏损，则温度下降。若辐射差额为零，即系统或物体辐射收支平衡，则温度不变。

地面、大气及地－气系统的辐射收支状况，是由短波辐射和长波辐射决定的。本节的思路是：① 首先，分别讨论地面和大气的辐射收支。② 把地－气系统作为一个整体，它处于宇宙空间，辐射过程使得它达到某一种平衡状态，这是决定地－气系统热状况的最根本因子。③ 由于地球自转轴的倾斜，地球表面各个纬度得到的太阳辐射量随季节发生变化，因此形成了从赤道到极地不同的气候带。④ 经过长期观测后得到影响辐射过程的各种因子，以及短波和长波辐射在全球的分布及变化规律。

一、地面和大气辐射差额

（一）地面辐射差额

地面由于吸收太阳总辐射和大气逆辐射而获得能量，同时又以其本身的温度不断向外放出辐射而损失能量。某段时间内单位面积地面所吸收的太阳总辐射与地面有效辐射的差值，称为地面辐射差额（surface radiation budget），表达式为：

$$R_g = (Q_s + q_s)(1 - \alpha) - F_0 \tag{2.24}$$

式中：入射到水平地面的太阳短波辐射通量密度是太阳直接辐射（Q_s）和散射辐射（q_s）之和，它有着显著的日变化和季节变化特征，并强烈地受云的影响；射出的短波辐射是地面对入射短波辐射的反射，α 为地面对太阳总辐射的反照率；F_0 为地面有效辐射。当 $R_g>0$ 时，表示地面通过辐射能量交换净获得能量；当 $R_g<0$ 时，地面通过辐射交换净损失能量。

影响地面辐射差额的因子有很多，除考虑影响太阳总辐射和地面有效辐射的因子外，还应考虑地面反照率的影响。在不同地理环境和天气气候条件下，地面辐射差额有显著的差异。

地面辐射差额一般白天为正，地面升温；在夜间，因无太阳辐射，地面辐射差额为负值，地面降温。由负值转到正值的时间一般在日出后 1 小时，由正值转到负值的时间一般在日落前 1～1.5 小时。图 2.32 是观测的无云时辐射平衡各分量的平均日变化曲线，其中图 2.32（a）是我国青海省格尔木市 1979 年 7—8 月的观测结果；图 2.32b 是中国科学院于 1986 年和 1987 年在西太平洋热带海域进行大规模海气相互作用综合实验期间的观测结果。比较两幅图除了得到一些共同的特征以外，还可总结出一些不同之处：① 洋面的反

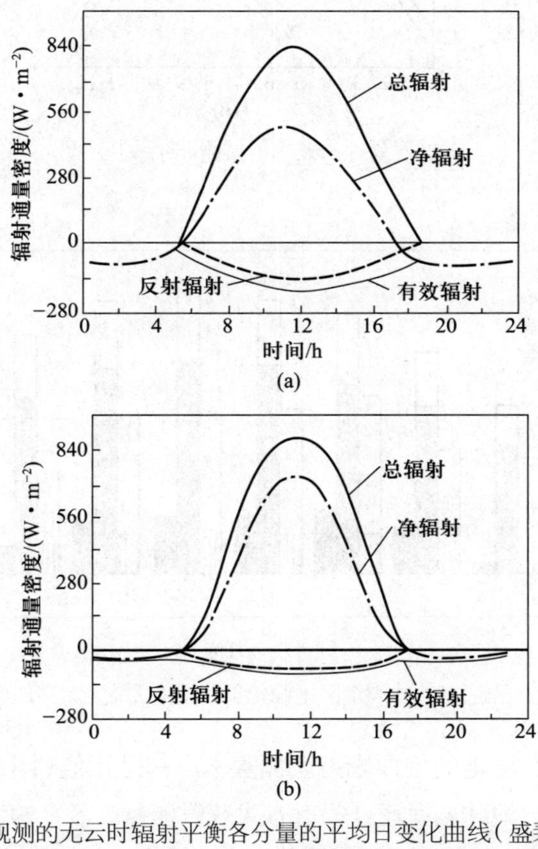

图 2.32　所观测的无云时辐射平衡各分量的平均日变化曲线（盛裴轩等，2013）

（a）青海省格尔木市 1979 年 7—8 月；（b）1986 年和 1987 年西太平洋热带海域

照率极小，而且有效辐射也很小，所以辐射差额值很大。② 内陆地区地面温度的日变化比较大，故地面有效辐射的日变化也比较大。

一年中，地面辐射差额的最大值出现在较暖的月份，最小值出现在较冷的月份，但不同地区月平均地面辐射差额最大和最小值出现的具体月份有所不同（高佳程等，2021；杨阳等，2018；金莉莉等，2014）。由图 2.33 可见，代表我国南部地区的赣州，地面辐射差额的最大月均值出现在 7 月；代表我国北部地区的北京和沙漠地区的敦煌，地面辐射差额的最大月均值都出现在 6 月，最小月均值都出现在 12 月；而沙漠地区的古尔班通古特的地面辐射差额最大和最小月均值分别出现在 5 月和 1 月（图 2.34）。

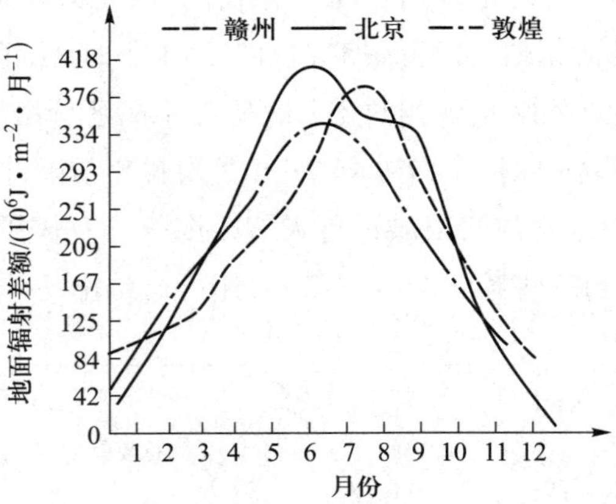

图 2.33　地面辐射差额的年变化

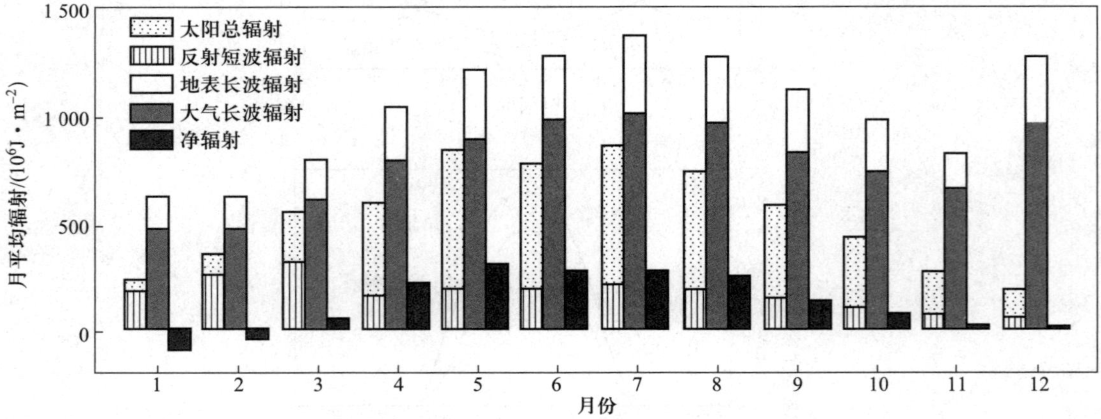

图 2.34　古尔班通古特沙漠地区地面辐射收支的月变化（高佳程等，2021）

从全年平均值来看，各地的地面辐射差额基本上都是正值（图 2.35），即地面的辐射收入量总是大于支出量的，地球表面通过辐射方式获得能量。盈余的地面净辐射一方面用于地面水分蒸发，以潜热形式给予大气能量；另一方面以热对流等感热方式直接给予大气能

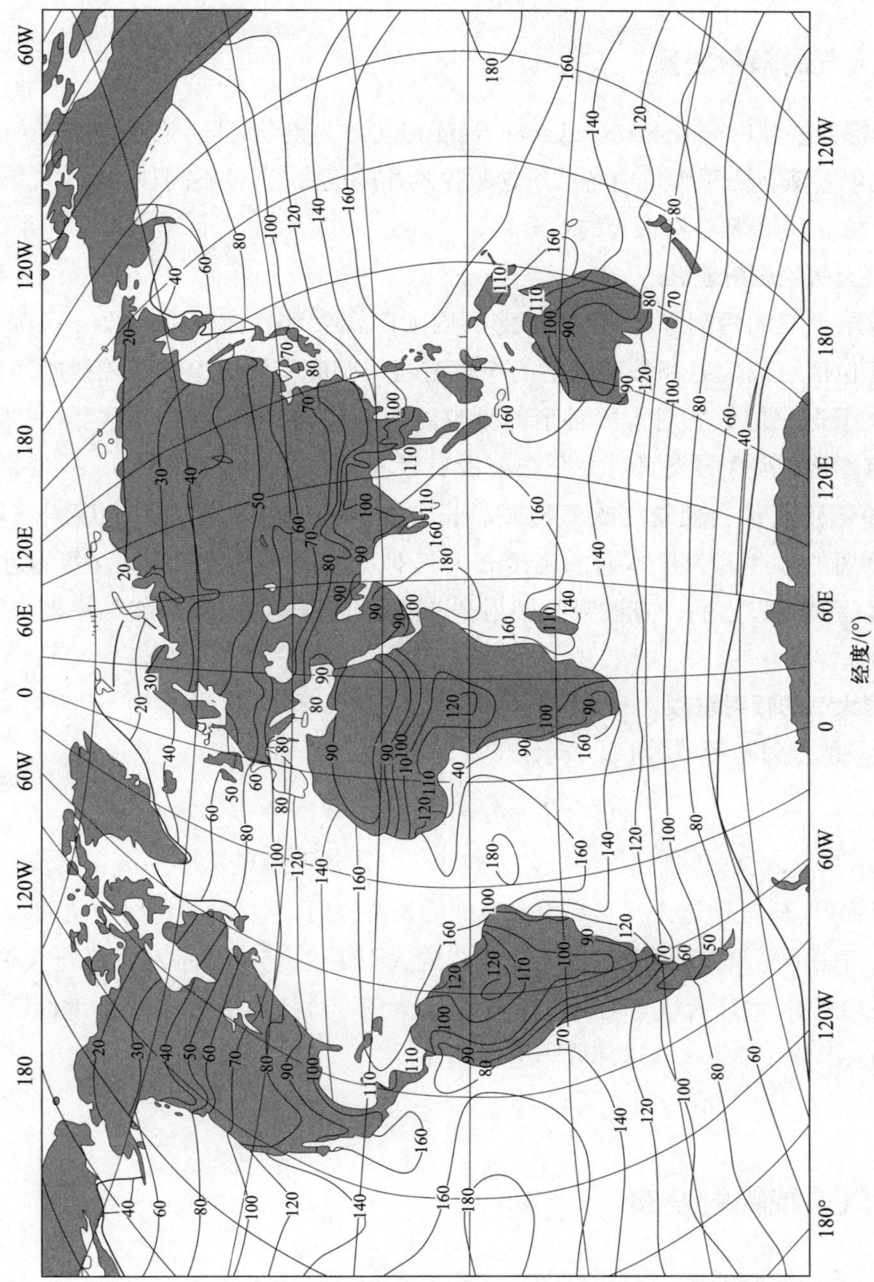

图 2.35　全球地面年平均净辐射通量密度（$W \cdot m^{-2}$）（转引自廖国男，2004）

量。全球地面年平均净辐射通量密度较大的地区是热带洋面（约大于 180 $W \cdot m^{-2}$），这是洋面的反照率低和低纬度洋面温度高的缘故。地面辐射差额的变化主要来自纬度和云量的变化，在高纬度地区，年平均地面辐射差额近似为零。

（二）大气的辐射差额

大气的辐射差额（atmospheric radiation budget）可分为整个大气层的辐射差额和某一气层大气的辐射差额。由于大气中各层所含吸收物质的成分、含量不同，以及其本身温度不同，因此大气的辐射差额存在很大的差异。

1. 某层大气的辐射差额

某一薄层大气的辐射差额，取决于薄层内太阳辐射和长波辐射的收支状况。净辐射通量密度包括短波辐射和长波辐射的净辐射通量密度。气层中短波辐射的净辐射通量密度取决于这一层大气对太阳辐射的吸收能力。若这层大气对太阳辐射有吸收，则这层大气将增温；若这层大气对太阳辐射没有吸收，则它的增温率为零。一般而言，短波辐射净通量密度不会使这层大气冷却。长波辐射的变温率取决于这层大气对长波辐射吸收物质的多少和气层本身的温度。大气对长波辐射吸收的物质主要是水汽、二氧化碳、甲烷和臭氧，它们一方面吸收辐射，一方面又放射辐射，其最终结果取决于许多因素。

2. 整层大气的辐射差额

整层大气的辐射差额可用下式表示：

$$R_a = q_a + F_0 - F_\infty \tag{2.25}$$

式中：R_a 表示整个大气层的辐射差额；q_a 为整个大气层所吸收的太阳短波辐射；F_0 表示地面有效长波辐射；F_∞是透过大气上界射向空间的长波辐射，它包括大气射向空间的长波辐射和透过大气的地面向上辐射。由于大气吸收的太阳辐射比较少，而 F_∞又总是大于 F_0，因此从长期平均来看，地球大气的辐射差额为负值，大气要维持热平衡，还要靠地面以其他的方式，如对流、潜热交换等来输送部分热量给大气。

二、地－气系统辐射差额

把地面直到大气上界作为一个整体，其辐射能净收入就是地－气系统的辐射差额。它是地面和大气的辐射差额之和。由式（2.24）和式（2.25）可得

$$R_s = R_g + R_a = (Q_s + q_s)(1 - \alpha) + q_a - F_\infty \tag{2.26}$$

因此，地－气系统辐射差额（radiation budget of the earth-atmosphere system）就是地面和整个

大气层吸收的太阳短波辐射与通过大气上界向太空射出的长波辐射之差。

地－气系统辐射差额随季节、纬度、云量、云状、下垫面性质及大气成分等因素的变化而变化。就局部地区而言，地－气系统的辐射差额既可以为正，也可以为负。观测资料表明，地－气系统的辐射差额的多年平均值为零，因此，这说明了整个地－气系统的热状况没有明显的变化，其辐射收支是平衡的。

图 2.36 描绘了全球纬向平均的地－气系统辐射收支状况随纬度的变化。由该图可以看出，无论在南半球还是在北半球，地－气系统的辐射差额在纬度 35° 附近都是一个转折点，在两极和高纬度地区的辐射差额为负值，在赤道和热带地区为正值。这种能量收支状况的纬度差异是形成气候地带性分布，并驱动大气运动的基本动力。那么，另一方面，这种差异是否会造成低纬度地区不断增温而高纬度地区不断降温呢？观测资料表明，并非如此。从长期的平均状况来看，高纬度和低纬度地区的温度变化是很微小的。这说明必定存在一些过程将低纬度地区盈余的热量输送至高纬度地区，这种能量的输送主要是由大气和海水的运动来完成的。

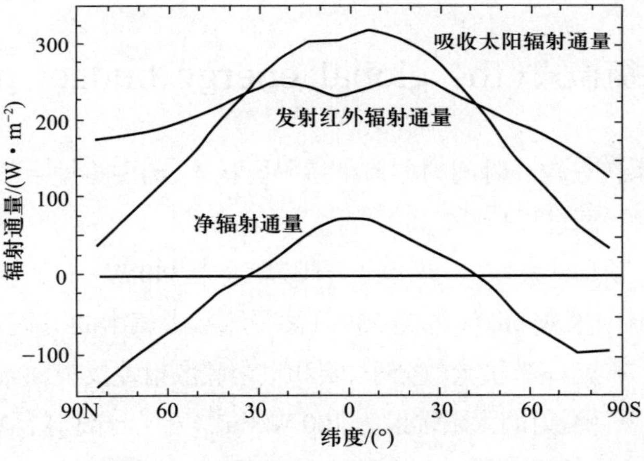

图 2.36　地气系统辐射差额随纬度的变化（廖国男，2004）

在南、北半球，海洋、大气及整个海－气系统对热量的输送方向都是从低纬度指向高纬度的，输送量的大小却随纬度而有所变化（图 2.37）。以海－气系统整体（短虚线）为例，从赤道到纬度 35° 之间，向高纬度地区的热量输送随纬度增加而增大，直到纬度 35° 处达到最大值；之后随着纬度的升高，热量输送逐渐减小但始终保持指向高纬度的方向。这说明海洋和大气对热量的经向输送作用，使纬度低于 35° 的地区发生热量的辐散，而纬度高于 35° 的地区发生热量的辐合。海洋与大气从低纬度向高纬度输送热量的作用，能够在很大程度上弥补全球地－气系统辐射收支的纬度差异，维持地球系统的热量平衡。

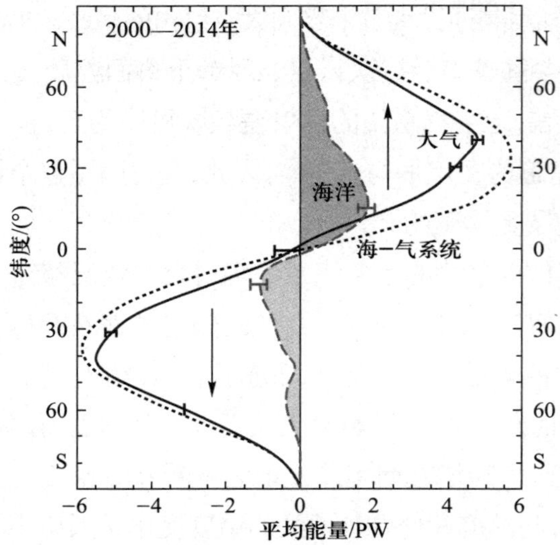

图 2.37　全球向北的年平均能量输送（Trenberth 等，2017）

2000—2014 年间大气（实线）、海洋（长虚线）及海 – 气系统（短虚线）年平均能量输送的纬向平均值（单位为 PW，$P=10^{15}$）。H 状误差条代表 1 倍的标准差。

三、全球能量平衡模式（the global energy budget pattern）

为了解地 – 气系统在较长时间内如何维持平衡状态，需要将地 – 气系统作为一个整体来分析其年平均辐射平衡过程（图 2.38）。

平均入射大气顶（即大气上界）的太阳辐射为 340 $W \cdot m^{-2}$（相当于太阳常数为 1 360 $W \cdot m^{-2}$①），其中：79 $W \cdot m^{-2}$（约为 23%）被平流层大气中的臭氧、对流层中的水汽和气溶胶及云等吸收；76 $W \cdot m^{-2}$ 被大气分子、云和气溶胶散射或反射回太空，24 $W \cdot m^{-2}$ 被地面反射回宇宙空间，总计反射的太阳辐射为 100 $W \cdot m^{-2}$（相当于地球行星反射率为 0.313）；太阳辐射仅有 161 $W \cdot m^{-2}$（约为 47%）被地球表面吸收。

地面以长波辐射形式放射到大气中的能量总计 398（394，400）$W \cdot m^{-2}$，其中大部分被大气吸收，只有少部分通过“大气窗口”发射至宇宙空间。大气向地面放射的长波辐射能量为 342（338，348）$W \cdot m^{-2}$。因此，地面总的能量收支状况为：吸收的太阳短波辐射为 161（154，166）$W \cdot m^{-2}$，大气逆辐射为 342（338，348）$W \cdot m^{-2}$，共计 503 $W \cdot m^{-2}$；支出的能量有地面长波辐射 398（394，400）$W \cdot m^{-2}$ 和地面向大气输送的感热及潜热通量 104 $W \cdot m^{-2}$［其中，20（15，25）$W \cdot m^{-2}$ 的能量以对流、湍流等感热的形式传输至大气；84（70，85）$W \cdot m^{-2}$ 的能量以蒸发潜热的形式传输给大气］，共计 502 $W \cdot m^{-2}$；能量几乎收支平衡。

① 太阳常数与平均入射大气顶的太阳辐射的关系为：340 $W \cdot m^{-2}$（平均入射大气顶的太阳辐射）× 地球表面积 =1 360 $W \cdot m^{-2}$ × 地球横截面积，即平均入射大气顶的太阳辐射为太阳常数的四分之一。

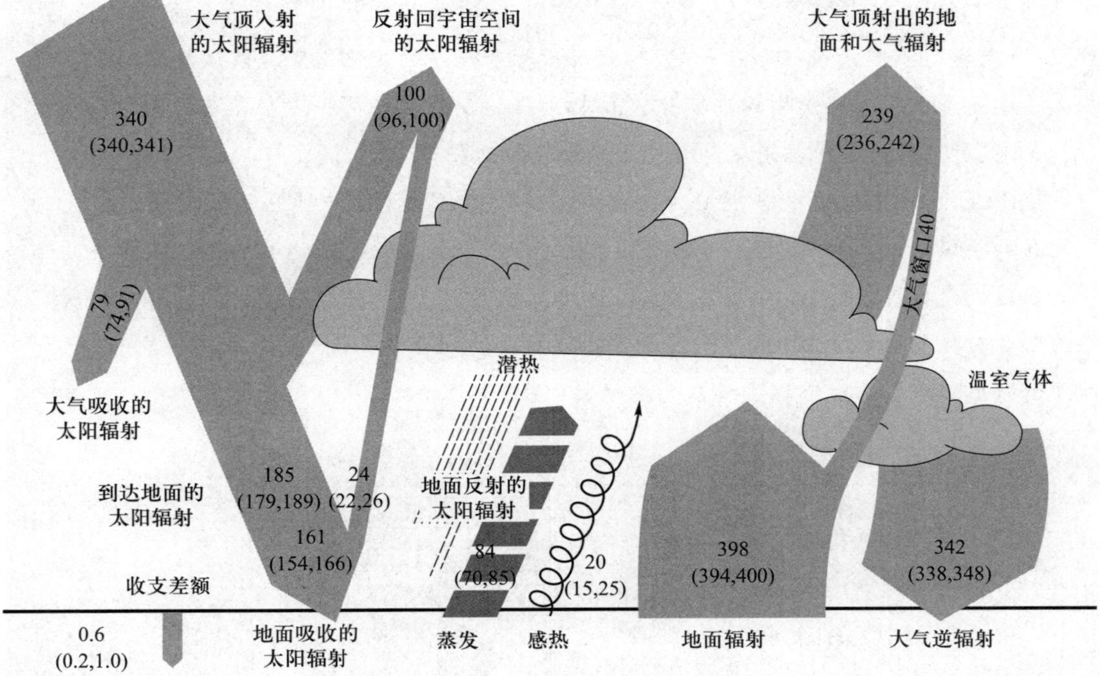

图 2.38　全球能量平衡框图①（IPCC，2013）

单位：W·m^{-2}

对于大气而言，吸收的辐射能包括太阳短波辐射 79 W·m^{-2}、地面长波辐射 358 W·m^{-2} 和地面以感热和潜热形式输送至大气的能量 104 W·m^{-2}；支出的能量包括大气逆辐射 342 W·m^{-2}、云和大气向宇宙空间发射的辐射 199 W·m^{-2}；能量几乎收支平衡。

整个地－气系统的能量收支状况表现在大气上界的能量收支，由图 2.38 所示。进入大气上界的能量有太阳短波辐射 340 W·m^{-2}；大气上界的能量支出项有地球反射回太空的太阳短波辐射 100 W·m^{-2} 及地球发射向太空的长波辐射 239 W·m^{-2}；可见，能量几乎收支平衡。

2.4.1 知识窗

辐射强迫和有效辐射强迫

根据联合国政府间气候变化专门委员会（IPCC）的报告，地－气系统在一切时间尺度上，因为对太阳短波辐射的散射和吸收，以及吸收和发射热红外辐射，会出现辐射收支不平衡的状况，而导致地球气候的变化。如果气候系统处于平衡态，则吸收的太阳辐射能将精确地等于地球和大气向外部空间发射的红外辐射能。任何能够扰动这种辐射平衡并因此可能改变气候的因子称为辐射强迫因子，它们所产生的对地－气系统的强迫称为辐射强迫。辐射强迫在数值上，定义为某种辐射强迫因子在变化时所产生的对流

① 引自文献［22］，图中括号内数值表示变化范围，参照文献［23］补充了“大气窗口”的数值。

层顶平均净辐射通量密度的变化。选择对流层顶而非大气上界作为参考层是因为：① 地表和对流层紧密耦合在一起，对流层顶辐射强迫的变化造成地表温度的变化要远大于大气上界辐射强迫引起的变化；② 辐射强迫变化可使得平流层在短时间内调整到热平衡，对流层顶的净辐射就和大气上界的净辐射相等。

IPCC 第五次评估报告（AR_5）指出了之前四次评估报告中所用的辐射强迫概念的优点和局限性，为了涵盖影响云的快速过程，给出了有效辐射强迫的概念。在传统的辐射强迫概念中，所有的地面和对流层条件都是固定的，而有效辐射强迫的计算允许所有物理量对扰动进行响应（除了与海洋和海冰有关的物理量外）。这些调整使得有效辐射强迫能更好地成为最终温度响应的指示器（图 2.39）。

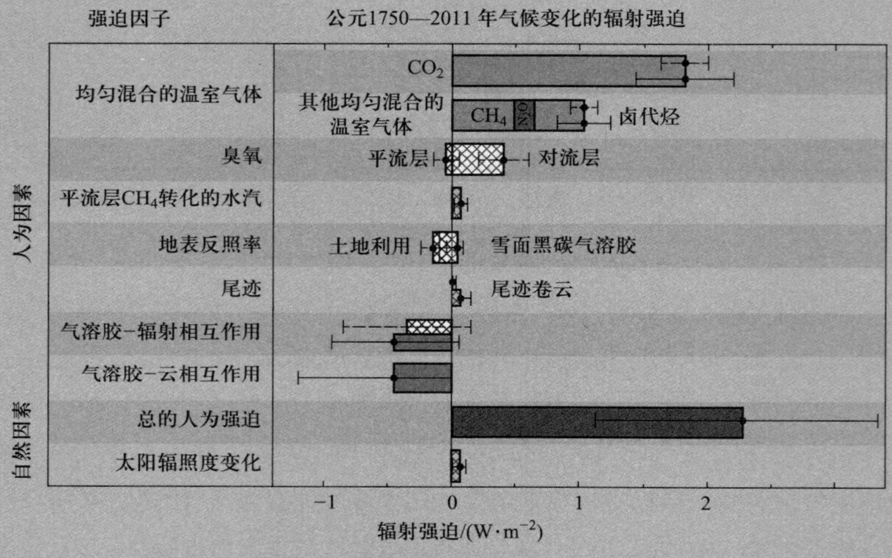

图 2.39　公元 1750—2011 年间辐射强迫（网格线）和有效辐射强迫（实心）条形图

点状线和实线分别表示辐射强迫和有效辐射强迫在［5%，95%］置信区间的不确定性（IPCC，2013）

本章小结

气候系统的主要能量来源是太阳辐射，太阳辐射加热着地球，是大气环流、水文循环、天气和气候变化的驱动力。同时，地面和大气也在源源不断地以红外辐射的形式向外发射能量，用于平衡来自太阳的辐射能量。太阳和地面辐射在大气中的传输，直接决定着地球辐射能量的收支平衡，以及现在和将来的气候。本章首先介绍有关辐射的基本知识；然后按照太阳辐射的传输过程，阐明太阳辐射在大气上界、大气中和地面的时空分布特征及影响因素；通过介绍地面和大气长波辐射特点及其交换，揭示地面、大气及地－气系统的辐射过程。

习　题

1. 对太阳辐射准确数值的测定有什么重要意义？

2. 取太阳常数为 1 367 W/m^2，请计算：

（1）太阳表面的辐射通量；

（2）太阳表面的辐射通量密度；

（3）太阳表面的有效温度；

（4）整个地球得到的太阳辐射通量占太阳发生辐射通量的比例。

3. 根据对太阳辐射光谱的测定原理，有几种方法可以获得太阳温度？所获得的太阳温度为什么不同？

4. 设太阳是表面温度为 5 000 K 的黑体，地球大气上界为表面温度 300 K 黑体，在日地距离为日地平均距离时，求大气上界波长 $\lambda=10\ \mu m$ 的太阳单色辐照度及地球的单色辐射出射度。

5. 如果太阳辐射增加 3%，那么太阳表面有效温度将升高多少 K？地球表面有效温度将升高多少 K（假设地球的行星反射率为 0.3）？

6. 夏至日到达北极点地面处的太阳辐射日总量比在赤道处的数值大，但气温仍比赤道处的低，这是什么原因？

7. 设大气上界太阳直接辐射在近日点时为 S_1，在远日点时为 S_2，求其相对变化值。

8. 日地距离一年内变化 3.3%，证明地球辐射平衡温度的变化为 1.65%，即约为 4.2 K。

9. 为什么大气比较干洁时，天空呈蔚蓝色？为什么大气浑浊时，天空呈灰白色？解释早晚太阳为红日的原理。

10. 若地面是温度为 270 K 的黑体，其最强辐射波长为 10.7 μm，假设大气与地面的温度相同，问大气辐射与地面辐射相同吗？大气的最强辐射波长也是 10.7 μm 吗？

11. 地面气温变化由哪些因素引起？为什么地面气温最高值不出现在太阳辐射最强的正午？而最低值出现在清晨日出之前？

12. 造成高纬度和低纬度地区地－气系统辐射收支不平衡的主要因素是什么？这种差异对大气运动有什么作用？

13. 若将某行星视为黑体，其外有一层等温大气覆盖，设定该层大气对长、短波辐射的吸收率分别为 α_l、α_s，大气上界与太阳光垂直的水平面上太阳辐照度为 F_0，忽略行星－大气

系统的反射效率，则

（1）当行星－大气系统达到辐射平衡时，计算行星表面的温度。

（2）该层大气一定具有保温作用吗？试分析说明。

14. 大气温室效应和农业生产中的温室保温原理有什么不同？

15. 防御霜冻的方法有哪些？其原理是什么？

16. 试用本章知识，分析和解释全球能量平衡框图。

主要参考文献

［1］高佳程，王豫，阿吉古丽·沙依提，等．古尔班通古特沙漠地表辐射收支特征［J］．中国沙漠，2021，41（1）：47–58.

［2］华莱士 J M（John M. Wallace），霍布斯 P V（Peter V. Hobbs）．大气科学［M］．2 版．何金海，译．北京：科学出版社，2008：120–158.

［3］李万彪．大气物理——热力学与辐射基础［M］．北京：北京大学出版社，2010：132–148，163–186，210–223.

［4］廖国男．大气辐射导论［M］．2 版．郭彩丽，周诗健，译．北京：气象出版社，2004：10，56，476.

［5］缪启龙，江志红，陈海山，等．现代气候学［M］．北京：气象出版社，2018：23–64.

［6］金莉莉，何清，买买提艾力·买买提依明，等．塔克拉玛干沙漠腹地辐射收支和反照率变化特征［J］．中国沙漠，2014，34（1）：215–224.

［7］盛裴轩，毛节泰，李建国，等．大气物理学［M］．2 版．北京：北京大学出版社，2013：62–120.

［8］石广玉．大气辐射学［M］．北京：科学出版社，2007：1，250–251.

［9］唐文君．全球高分辨率地表太阳辐射数据集（1983—2017）［R］．国家青藏高原科学数据中心，2019. DOI：10.11888/Meteoro.tpdc.270112.

［10］唐文君．中国高时空分辨率地表太阳辐射数据集（2007—2014）［R］．国家青藏高原科学数据中心，2018. DOI：10.11888/AtmosphericPhysics.tpe.249449.file.

［11］杨阳，杨帆，买买提艾力·买买提依明，等．塔克拉玛干沙漠塔中与巴丹吉林沙漠拐子湖地表辐射特征对比［J］．中国沙漠，2018，38（5）：1068–1077.

［12］银燕，刁一伟，刘超，等．大气物理学［M］．北京：气象出版社，2018：97–109.

［13］张安定．遥感技术基础与应用［M］．北京：科学出版社，2020：12–22.

［14］张华，荆现文，彭杰，等．云辐射与气候［M］．北京：气象出版社，2019：97–112.

[15] 张华,黄建平. 对IPCC第五次评估报告关于人为和自然辐射强迫的解读[J]. 气候变化研究进展,2014,10(1):40–44.

[16] 赵东,罗勇,高歌,等. 我国近50年来太阳直接辐射资源基本特征及其变化[J]. 太阳能学报,2009,30(7):947–952.

[17]《中国气象百科全书》总编辑委员会. 中国气象百科全书(气象科学基础卷)[M]. 北京:气象出版社,2016:44–51.

[18] 周淑贞,张如一,张超. 气象学与气候学[M]. 3版. 北京:高等教育出版社,1997:21–35,154–162.

[19] 周文臻. 基于DEM的中国境内太阳辐射计算与分布规律研究[D]. 福州大学,2018:63–65.

[20] DENNIS L H. Global physical climatology [M]. 2nd ed. Amsterdam: Elsevier, 2016: 25–46, 49–92.

[21] FREDERICK K L, EDWARD J T, DENNIS T. The atmosphere: an introduction to meteorology [M]. 12th ed. New Jersey: Pearson, 2013: 35–59.

[22] IPCC (Stocker T F, Qin Dahe, Plattner G K, et al). Climate change 2013: the physical science basis [M]. Cambridge: Cambridge University Press, 2013: 54, 181.

[23] IPCC (Solomon S, Qin Dahe, Manning M, et al). Climate change 2007: summary for policymakers [M]. Cambridge: Cambridge University Press, 2007.

[24] TRENBERTH K E, FASULLO J T. Atlantic meridional transports computed from balancing Eeath's energy locally [J]. Geophysical Research Letters, 2017, 44: 1919–1927.

[25] YU L, ZHANG M, WANG L C, et al. Effects of aerosols and water vapour on spatial-temporal variations of the clear-sky surface solar radiation in China [J]. Atmosphere Research, 2021 (248).

第三章 大气热力学基础

从大气中云的微物理过程，到空气状态的变化乃至大气环流的运行，它们无一不遵循着热力学的一般规律。因此，本章首先引入热力学的基本原理和关系式，将其应用于大气中几种常见的热力过程。在大气运动的某些过程中，热状态的变化可以近似地认为是绝热的。例如，在实际过程中，短期内空气微团与周围空气的热量交换远比由微团本身膨胀或压缩造成的能量变化小。空气做垂直运动时更是如此，因而热量输入可以忽略不计。而在近地面几十米的气层内，由于湍流热交换量很大，在平流层内由于辐射的影响非常明显，因此不能认为在这两个气层里的热力过程是绝热的。其次，由于大气是一种层结流体，空气的垂直运动能否发展，以及发展的强度如何，直接关系到云、雾、降水及雷暴等强对流天气，因此这就与大气的静力稳定度及整层气层升降时稳定度的变化密切相关。

第一节 基础知识

一、若干基本概念

（一）开放系统和封闭系统

热力学研究的对象是由大量微观粒子（原子、分子或其他粒子）组成的、有限的宏观物质系统，称为热力学系统，简称热力系统或系统。系统一旦确定，所有可能与之发生相互作用的其他物质就被称为“外界”或“环境”。

根据系统与环境间的物质能量交换情况，可将系统分为孤立系统、封闭系统和开放系统。孤立系统是与环境没有任何相互作用的系统；封闭系统是与环境没有物质交换，但有能量交换的系统；开放系统是与环境既有物质交换，又有能量交换的系统。

大气系统是开放系统，但是为了理论上讨论方便，常把其当作封闭系统。原因在于：① 所研究的那部分空气容积足够大，其边缘与外界空气的混合对系统内部特性的影响极小，可以忽略；② 若所研究的那部分空气是被包含在大块空气中的一小部分空气，由于特性相同，则混合作用不影响该系统的特性。这两个条件在多数情况下都是可以满足的，所以将其当作封闭系统是一个很好的近似。

描述封闭系统状态特性的物理量有三类，即强度量、广延量和比特性量。强度量是与系统本身质量无关的量，如大气系统的温度 T、气压 p 和密度 ρ 等，它们能够对应系统的每一个状态；广延量则取决于系统的质量，如大气系统的体积 V 等；比特性量是广延量与系统质量的比值，如比体积 $v=1/\rho$。

（二）内能

热力学系统的内能（internal energy）是指完全由系统状态所确定的内在能量，一般用 U 表示。内能的大小和系统的状态具有一一对应的关系，是系统状态的函数。对于气体而言，内能是状态参量 p（气压）、V（体积）、T（温度）的函数。在热力学中，内能是态函数之一。

从微观上来说，系统的内能是在一定状态下系统内各种能量的总和，包括分子运动的动能、分子之间相互吸引和排斥的能量——分子位能（位能，potential energy，又称势能）、分子内的原子振动和化学键能、原子内的能量、原子核内的能量等。在不涉及化学反应、电磁现象和核反应的问题中，后面三部分能量都近似不变，因此，可以把内能视为系统内所有分子运动的动能和分子之间相互作用的位能之和。

在热力学中，人们关注的往往不是内能的大小，而是系统状态变化时内能的改变量。

（三）准静态过程和准静力条件

一个系统的状态从一个平衡态经过一连串中间状态变化到另一个平衡态的过程称为状态变化过程。当系统的状态变化过程进行得充分缓慢，以致其内部状态得以均匀化，则系统状态时刻接近平衡状态，而且系统在状态变化过程中所经历的两个相邻中间状态之间的差别极小。这一连串的中间状态中的两个相邻状态互为准平衡状态。由一系列准平衡状态所构成的过程称为准静态过程（quasi-static process）。由于系统从非平衡态变化到平衡态所需要的时间极短，因此实际的系统状态变化过程常常可视为准静态过程。处于准静态过程的系统，为了维持与外界的机械平衡，需要系统对外界的作用力时刻与外界对系统的作用力保持平衡，这就是准静力条件（quasi-hydrostatic condition），即系统的内部压强等于外部压强。

（四）气块（空气微团）模型

气块或空气微团是指在宏观上足够小而在微观上含有大量分子的空气团，包含干空气、水（水汽和水凝物）、气溶胶和痕量气体（在气块理论中常忽略后两种成分）。气块（空气微团）模型就是从大气中取一个体积微小的空气块（或空气微团）作为对实际空气块的近似，它是一个理想气块，其尺度可以是任意的，但要远小于环境大气变化的特征尺度。气块满足的其他条件包括：① 此气块内的温度、压强和湿度等物理量都呈均匀分布，各个物理量服从热力学定律和状态方程，气块内的气溶胶和水凝结物的体积和质量通常可以忽略。② 气块在运动时是绝热的，遵从准静力条件，环境大气处于静力平衡状态。这意味着气块在运动时，一方面，过程进行得足够快而来不及与环境空气进行热量交换，即属于绝热过程；另一方面，过程又进行得足够慢，使气块压强能够及时调整到与环境大气压相同，即属于准静态过程（但气块内部的温度、密度、湿度等不一定与外界相同）。③ 气块不与环境大气进行物质交换，其运动不对环境大气造成扰动。

气块（空气微团）模型是实际大气的近似。它要求气块在移动过程中保持完整，不与环境空气混合，而这只有在移动微小的距离时才能够满足。另外，在该模型中没有考虑气块移动对环境空气的影响，这也是不符合实际情况的。不过上述绝热过程和准静力条件的假定是合理的，对了解和分析实际大气中发生的一些物理过程很有帮助。

二、热力学第一定律

（一）热力学第一定律的普遍形式

热力学第一定律（the first law of thermodynamics）的实质是能量转化和守恒定律。它揭示了热力学系统在状态变化过程中，系统内能的变化及其与环境能量交换和对外界做功的关系。

热力学第一定律的普遍形式是：对于一个具有一定质量的封闭系统，若该系统经历了一个无穷小的过程，则系统由初态变化到终态时，存在如下关系：

$$\delta Q=\mathrm{d}U+\delta W \tag{3.1}$$

或

$$\mathrm{d}U=\delta Q-\delta W \tag{3.2}$$

式中：$\mathrm{d}U$ 代表在无限靠近的初态和终态内能的微小改变量，即一个微量差；δQ 和 δW 分别为在该过程中系统从外界（环境）获得的热量和系统对外界所做的功，因为它们不是态函数，而是与过程有关的微小量，所以这里用 δQ 和 δW 表示，以和态函数的微量差相区别。

热力学第一定律表明，对于一定质量的封闭系统，若系统从外界获得热量 δQ（$\delta Q>0$，表示系统从外界获得能量；$\delta Q<0$，表示系统失去热量），则该热量的用途有两点：一是增加该系统的内能 $\mathrm{d}U$（$\mathrm{d}U>0$，内能增加；$\mathrm{d}U<0$，内能减少）；二是系统对外界做功（$\delta W>0$，表示系统对外界做功；$\delta W<0$，表示外界对系统做功）。或者可以理解为系统内能（温度）的变化有两个原因：一是与外界之间的热量交换；二是做功。

（二）热力学第一定律在气象学中的表达式

在大气热力学中，只讨论体积变化功（膨胀功），因为在准静态过程中系统内部压强 p 和环境压强 p_e 大小相等，所以系统在无限小的准静态过程中所做的膨胀功为

$$\delta W=p\mathrm{d}V \tag{3.3}$$

当系统体积增大时，$\mathrm{d}V>0$，系统对外界做功，$\delta W>0$；当系统体积减小时，$\mathrm{d}V<0$，外界对系统做功，$\delta W<0$。

根据热力学理论，对于理想气体，分子间的相互作用可以忽略，即系统的内能只是温度的函数，而与气块的体积无关，可用定容热容 C_V 表示内能与温度的关系，即

$$C_V=\frac{\mathrm{d}U}{\mathrm{d}T}$$

因为常温、常压下的大气可以看成理想气体，所以热力学第一定律可以写成：

$$\delta Q=C_V\mathrm{d}T+p\mathrm{d}V$$

将上式除以气体质量 m，并结合比定容热容 c_V 与定容热容 C_V 的关系（$C_V=c_V\cdot m$），$Q=m\cdot Q_m$，可得

$$\delta Q_m=c_V\mathrm{d}T+p\mathrm{d}\left(\frac{V}{m}\right) \tag{3.4}$$

利用理想气体的状态方程 $pV=mRT$，可得

$$p\mathrm{d}\left(\frac{V}{m}\right)=R\mathrm{d}T-\frac{RT}{p}\mathrm{d}p$$

将上式代入式（3.4），得

$$\delta Q_m=c_V\mathrm{d}T+R\mathrm{d}T-\frac{RT}{p}\mathrm{d}p$$

由于已知气体的比定压热容 c_p 与比定容热容 c_V 满足 $c_p-c_V=R$ 关系，因此热力学第一定律可表达为

$$\delta Q_m=c_p\mathrm{d}T-\frac{RT}{p}\mathrm{d}p \tag{3.5}$$

式（3.5）即热力学第一定律在气象学上的常用形式。Q_m 是单位质量空气的热量。

由热力学第一定律可知，导致空气温度变化的原因有两个，即：① 气块与外界之间的热量交换，由此引起的气温变化称为气温的非绝热变化；② 气块体积变化而导致的做功，由此引起的气温变化称为气温的绝热变化。

空气与外界交换热量的方式有以下几种：

（1）**传导**。指空气依靠分子的热运动将能量从一个分子传递给另一个分子，从而达到热量平衡的传热方式。空气与地面之间、空气微团与空气微团之间，当有温度差异存在时，就会以传导的方式交换热量。但是地面和大气都是热的不良导体，所以通过这种方式交换的热量很少，其作用仅在贴地气层中较为明显。因为在贴地气层中，空气密度大，单位距离内温度的差异也较大。

（2）**辐射**。指物体之间依据各自温度以发射电磁波的形式交换热量的传热方式。大气主要依靠吸收地面的长波辐射而增温，同时，地面也吸收大气放出的长波辐射，这样它们之间就通过长波辐射的方式不停地交换热量。空气之间也可以通过长波辐射交换热量。

（3）**对流**。当暖而轻的空气上升时，周围冷而重的气体便下沉来补充。这种升降运动，称为对流。通过对流，上下层的空气相互混合，热量也就得到交换，使低层的热量传递到较高的层次。这是对流层中热量交换的重要方式。

（4）**湍流**。当气流中包含了许多不同尺度的无规则旋涡（湍涡）时，这种运动被称为湍流，又称作乱流。湍流是空气层相互之间发生摩擦或空气流过粗糙不平的地面时产生的。当存在湍流时，相邻空气团之间发生混合，热量也就得到了交换。湍流是摩擦层中热量交换的重要方式。

（5）**蒸发（升华）和凝结（凝华）**。水在蒸发（或冰在升华）时要吸收热量；相反，水汽在凝结（或凝华）时，又会放出潜热。如果蒸发（升华）的水汽不是在原处凝结（凝华），而是被带到别处凝结（凝华），就会使热量得到传递。例如从地面蒸发的水汽，在空中发生凝结时，就把地面的热量传给了空气。因此，通过蒸发（升华）和凝结（凝华），也能使地面和大气之间、空气团与空气团之间发生潜热交换。由于大气中的水汽主要集中在 5 km 高度以下的气层中，所以这种热量交换主要在对流层下部起作用。

空气与外界热量交换，常常是几种方式共同引起的。哪种方式为主，哪种方式为次，要根据具体情况做具体分析。

3.1.1 知识窗

热力学第二定律

热力学第一定律讨论了热力学过程中的能量关系，但未涉及热力学过程能否发生，以及向哪个方向变化的问题。热力学第二定律讨论的是热力学过程的自然方向和热量平衡的简明判据，它是通过态函数（主要是熵）来完成的。

热力学中的态函数，除了已熟悉的温度、内能以外，还有熵、焓等。态函数熵 S 的定义是

$$S_B-S_A=\int_A^B \frac{\delta Q}{T} \tag{3.1.1}$$

式中：A 和 B 表示系统状态变化过程中的两个平衡态，积分路径沿着由 A 态到 B 态的任意可逆过程进行。式（3.1.1）表明两个平衡态的熵之差与积分路径无关，只由两个平衡态决定。独立的态函数可以有一个任意相加的常数。

热力学第二定律的普遍表述方式是：从平衡态 A 开始终止于另一个平衡态 B 的过程，将朝着使系统与环境的总熵增加的方向进行，即

$$S_B-S_A \geqslant \int_A^B \frac{\delta Q}{T} \tag{3.1.2}$$

上式对不可逆过程，取不等号；对可逆过程，取等号。违反上述表达式的过程是不可能出现的。因此，根据热力学第二定律，当系统状态发生变化时，系统熵将不会减少，当系统熵最大时，系统也就达到了稳定状态。但要注意的是，这里指的最大，是局地最大而不是绝对最大。

根据热力学理论，等熵过程是绝热的，但绝热过程不一定等熵。在绝热过程中，$\delta Q=0$，由式（3.1.2）得，$S_B-S_A \geqslant 0$。因此，系统从一个平衡态经绝热过程到达另一个平衡态时，它的熵永不减少：若过程是可逆的，则熵不变；若过程是不可逆的，则熵增加。这就是判断绝热过程方向的熵增加原理。

对于无穷小的过程，按照式（3.1.2）有

$$\mathrm{d}S \geqslant \frac{\delta Q}{T} \tag{3.1.3}$$

在可逆过程中

$$\mathrm{d}S=\frac{\delta Q}{T} \tag{3.1.4}$$

即可逆过程中熵的全微分 dS 等于系统吸收的热量与热力学温度之比。

结合热力学第一定律和式（3.1.3），可得

$$T\mathrm{d}S \geqslant \delta Q=\mathrm{d}U+p\mathrm{d}V \tag{3.1.5}$$

$$\mathrm{d}U \leqslant T\mathrm{d}S-p\mathrm{d}V \tag{3.1.6}$$

同样，上述两式对可逆过程取等号，对不可逆过程取不等号。

对于可逆过程，

$$\mathrm{d}S=\frac{\delta Q}{T}=\frac{c_V\mathrm{d}T}{T}+\frac{c_p-c_V}{V}\mathrm{d}V=c_V\left[\frac{\mathrm{d}T}{T}+(\alpha-1)\frac{\mathrm{d}V}{V}\right] \tag{3.1.7}$$

式中：$\alpha=c_p/c_V$。对式（3.1.7）进行积分运算，得到熵与温度和体积的关系，其中，S_1，T_1 和 V_1 是系统起始状态时的熵、温度和体积。

$$S=S_1+c_V\ln\left(\frac{TV^{\alpha-1}}{T_1V_1^{\ \alpha-1}}\right) \tag{3.1.8}$$

为了书写简洁，式（3.1.8）可写为

$$S=c_V\ln(TV^{\alpha-1}) \tag{3.1.9}$$

这里忽略了初始态的熵。但这只是一个形式上的表达式，在使用时一定要注意。

除了上述熵的变化与温度和体积外，还可以得到温度和气压的关系，即

$$S-S_1=c_p\ln\left(\frac{T}{T_1}\right)-Nk\ln\left(\frac{p}{p_1}\right)$$

第二节　大气中的干绝热过程

大气中大多数重要的热力过程，特别是空气的垂直运动过程，可以看作绝热过程，这使得问题大大简化。严格地说，空气能通过湍流交换、辐射和分子热传导等与环境交换热量，故不是绝热的。但是对于运动着的空气，特别是做垂直运动的气块，由于气压随高度的变化很快，会使气块的温度在短期内发生很大的变化，而热量交换对空气温度的影响远比由空气膨胀或压缩所产生的影响小，因此可以忽略其他热交换作用而假设气块是绝热的。而且，除去贴近地表面很薄的一层外，分子热传导的作用也完全可以忽略。

一、干绝热方程

在绝热过程中，若讨论的是干空气或者未饱和湿空气（没有水相变化），则这样的过程称为干绝热过程（dry adiabatic process）。干绝热过程是一种可逆过程。

当系统进行绝热变化时，$\delta Q=0$，则根据热力学第一定律，其温度的变化完全由环境气压的改变所决定，即气块温度的变化是做功导致的。在大气中，气压的变化主要由空气块的位移引起。假设环境大气处于静力平衡状态，气块干绝热上升时将因体积膨胀系统对外界（环境）做功而降温，下降时因压缩，外界对系统（气块）做功而增温。

在干绝热过程中，温度与压强的关系可由式（3.5）得到

$$c_p\mathrm{d}T-\frac{RT}{p}\mathrm{d}p=0$$

或

$$c_p\mathrm{d}T=\frac{RT}{p}\mathrm{d}p$$

则

$$dT=\frac{RT}{c_p}\frac{dp}{p} \tag{3.6}$$

式(3.6)将气体的压强变化和温度变化联系起来。令 $\kappa=R/c_p$,对式(3.6)由初态(p_0, T_0)到终态(p, T)积分,得

$$\frac{T}{T_0}=\left(\frac{p}{p_0}\right)^{\kappa} \tag{3.7}$$

式(3.7)描述了理想气体在干绝热过程中温度和压强的关系,称为干绝热方程,又称为泊松方程。对于未饱和湿空气,其 κ 值为

$$\kappa=\frac{R_d}{c_{pd}}\frac{1+0.608q}{1+0.86q}=\kappa_d\frac{1+0.608q}{1+0.86q}$$

式中: κ_d 是干空气时的值; q 是未饱和湿空气的比湿。由于大气中的比湿总是小于 0.04,因此 $\kappa/\kappa_d>0.99$ 而接近 1,可以认为

$$\kappa\approx\kappa_d=\frac{0.287\,J/(g\cdot K)}{1.005\,J/(g\cdot K)}\approx 0.286$$

于是,式(3.7)可以写为

$$\frac{T}{T_0}=\left(\frac{p}{p_0}\right)^{0.286} \tag{3.8}$$

干绝热方程反映了干绝热过程中气块初态(p_0, T_0)和终态(p, T)之间的内在联系,即在绝热变化时温度随气压变化的具体规律。用式(3.8)计算大气的干绝热过程已经足够精确。例如,初态为 p_0=1 000 hPa, T_0=273 K 的气块在经过一个干绝热过程后,当气压变为 900 hPa 时,温度将降低为 265 K。

二、干绝热直减率

在干绝热过程中,气块上升单位距离时气温的降低值,被称为干绝热直减率(dry adiabatic rate),用 γ_d 表示,单位常选用 ℃/km,即

$$\gamma_d=-\left(\frac{dT_i}{dz}\right)_d \tag{3.9}$$

式中: T_i 表示气块温度。根据式(3.6),可得

$$-\left(\frac{dT_i}{dz}\right)_d=-\frac{RT_i}{c_p p_i}\frac{dp_i}{dz}$$

当满足准静力条件时,气块的压强 p_i 始终都与环境大气压强 p 处于平衡状态,即

$\mathrm{d}p_i=\mathrm{d}p$。利用静力学方程 $\mathrm{d}p=-\rho g\mathrm{d}z$，可得

$$-\left(\frac{\mathrm{d}T_i}{\mathrm{d}z}\right)_{\mathrm{d}}=\frac{RT_i}{c_p p_i}\rho g$$

式中：ρ 是环境空气的密度。把大气状态方程

$$\rho=\frac{p}{RT}$$

代入上式，并利用 $p=p_i$，得

$$\gamma_{\mathrm{d}}=-\left(\frac{\mathrm{d}T_i}{\mathrm{d}z}\right)_{\mathrm{d}}=\frac{RT_i}{c_p p_i}\frac{p}{RT}g=\frac{gT_i}{c_p T}$$

在实际大气中，气块内外温差不超过 10 K，以热力学温标表示的 T_i 与 T 的比值接近 1，所以常取

$$\gamma_{\mathrm{d}}\approx\frac{g}{c_p} \tag{3.10}$$

若忽略 g 随高度和纬度的微小变化及 c_p 随温度的微小变化，则对于干空气有以下关系：

$$\gamma_{\mathrm{d}}\approx\frac{g}{c_{p\mathrm{d}}}=\frac{9.8\ \mathrm{m/s^2}}{1.004\ \mathrm{J/(g\cdot K)}}\approx 9.8(\mathrm{K/km})\text{或}(^\circ\mathrm{C/km})$$

在实际工作中取 $\gamma_{\mathrm{d}}=10\ ^\circ\mathrm{C/km}$，这就是说，在干绝热过程中气块每上升 1000 m，温度下降约 10 ℃。

对于未饱和湿空气，干绝热直减率为

$$\gamma_{\mathrm{dv}}\approx\frac{g}{c_{p\mathrm{v}}}=\frac{g}{c_{p\mathrm{d}}(1+0.86q)}=\frac{\gamma_{\mathrm{d}}}{1+0.86q}$$

可见，$\gamma_{\mathrm{d}}>\gamma_{\mathrm{dv}}$，不过由于比湿 q 很小，在处理未饱和湿空气时，常采用 γ_{d} 作为干绝热直减率。

如果气块在初始时的温度为 T_0，干绝热上升 Δz 高度后，那么其温度 T 为

$$T=T_0-\gamma_{\mathrm{d}}\Delta z \tag{3.11}$$

需要强调的是，γ_{d} 指绝热抬升或下降过程中气块本身（内部）温度随高度的变化速率，它近似于常数；而大气中的实际温度直减率 γ 是由无线电探空仪测量得到的大气温度随高度的分布情况，可以有不同的取值。

三、位温

在干绝热过程中，同一气块处于不同高度（气压）时，其温度是不一样的，这就给比较处于不同高度上的两个气块的热状态带来了一定的困难。因此，人们引入了位温（potential temperature）的概念。

所谓位温，即位势温度的简称，指气块从它原有的气压和温度状态按干绝热过程订正到标准压强，即 1 000 hPa 处所具有的温度，用 θ 表示。由干绝热方程式（3.7）可得位温的定义式为

$$\theta=T\left(\frac{1\ 000}{p}\right)^{\kappa}=T\left(\frac{1\ 000}{p}\right)^{R/c_p} \tag{3.12}$$

式中：T 和 p 分别为干绝热过程起始时刻的温度和气压。从式（3.12）可以看出，位温是气块初始温度和气压的函数。若空气是干洁空气，则位温定义式是

$$\theta_{\mathrm{d}}=T\left(\frac{1\ 000}{p}\right)^{\kappa_{\mathrm{d}}}=T\left(\frac{1\ 000}{p}\right)^{R_{\mathrm{d}}/c_{p\mathrm{d}}}=T\left(\frac{1\ 000}{p}\right)^{0.286} \tag{3.13}$$

如前文所述 $\boldsymbol{\kappa}\approx\boldsymbol{\kappa}_{\mathrm{d}}$，故未饱和湿空气的位温 θ 与干洁空气位温 θ_{d} 的差值很小，一般小于 0.1 ℃，与气温常规观测误差相当，因此未饱和湿空气的位温常用干空气位温代替。

同样，可以定义虚位温 θ_{v}

$$\theta_{\mathrm{v}}=T_{\mathrm{v}}\left(\frac{1\ 000}{p}\right)^{\kappa} \tag{3.14}$$

虚位温与位温的关系是

$$\theta_{\mathrm{v}}=T(1+0.608q)\left(\frac{1\ 000}{p}\right)^{\kappa}=\theta(1+0.608q) \tag{3.15}$$

位温和虚位温是大气热力学、大气动力学、边界层气象学和云雾物理学中两个非常有用的参数。

显然，在干绝热过程中气块的位温是恒定不变的，称为在干绝热过程中位温具有保守性，这是位温的重要性质。在大气热力学中位温非常有用，因为大气过程经常是接近于绝热的，位温的保守性使得其好像是一种性质稳定的示踪物，便于人们追溯气块或气流的源地，以及研究它们以后的演变过程。例如，原来是同一热力性质的空气（如原来在海平面上具有相同压强、相同温度的同一气团的不同部分的空气），当其中一部分上升到高空后，由于环境压强降低而绝热膨胀做功，导致温度降低，这时和同一气团未上升部分的空气相比，其温度、压强都发生了变化，从而无法辨认它曾是未上升空气的一部分。但是如果将上升气块仍然按照干绝热过程下降到原来的位置，或者把上升和未上升的空气一并按照干绝热过程移动到 1 000 hPa 等压面，那么会发现这时它们不但气压相同，而且温度也完全相同，说明它们原来的热力性质是相同的。由此可见，在位温定义中将气压规定为 1 000 hPa 只不过是给出了一个共同的压强标准，从而能够比较它们的温度。正因为如此，同一气团或者同一来源空气的位温相同或相近。对于不同的气团来讲，位温高的气团代表较暖气团，位温低的气团代表较冷气团。

对式（3.12）取对数，再对高度求偏导数，有

$$\frac{1}{\theta}\frac{\partial\theta}{\partial z}=\frac{1}{T}\frac{\partial T}{\partial z}-\frac{\kappa}{p}\frac{\partial p}{\partial z}$$

利用静力学方程和式(3.10),得

$$\frac{1}{\theta}\frac{\partial\theta}{\partial z}=-\frac{1}{T}\gamma+\frac{g}{c_p}\frac{1}{T}\approx\frac{1}{T}(\gamma_d-\gamma)$$

$$\frac{\partial\theta}{\partial z}\approx\frac{\theta}{T}(\gamma_d-\gamma) \tag{3.16a}$$

或

$$\frac{\partial\ln\theta}{\partial z}\approx\frac{1}{T}(\gamma_d-\gamma) \tag{3.16b}$$

因此,位温的垂直变化是和($\gamma_d-\gamma$)成正比的。若某一层大气的温度直减率 $\gamma=\gamma_d$,则整层大气的位温一定是不随高度变化的。在对流层中,一般情况下,大气的温度直减率 $\gamma<\gamma_d$,所以有$\partial\theta/\partial z>0$,即位温是随高度增加而增加的。式(3.16)常用来表示大气层结,在讨论大气稳定度时是一个重要的关系式。

第三节　大气中的湿绝热过程

一、可逆的湿绝热过程与假绝热过程

未饱和湿空气干绝热上升达到凝结高度以后,如果继续绝热抬升,就会有水汽凝结的相变发生,并释放凝结潜热,由于释放的潜热能加热气块,所以在此过程中气块温度随高度递减的速率不等于 γ_d。

假设气块在上升过程中是绝热的,凝结的水全部都保留在气块内,当气块下沉时,凝结的水分又会蒸发,仍沿着绝热过程回到原来的状态,这个过程就是可逆的,称为可逆的饱和绝热过程或可逆的湿绝热过程,简称湿绝热过程(图 3.1)。"湿"指其状态变化过程中存在水相变化。

与上述情况相反,如果在饱和气块的上升过程中,凝结物一旦形成就全部从气块中降落,并带走一些热量(不过此热量极少),那么气块再下沉时必然会沿着干绝热过程变化,无法再回到原来的状态。这是一个开放系统的不可逆过程,严格来讲也不是绝热的,所以称之为假绝热过程(图 3.1)。

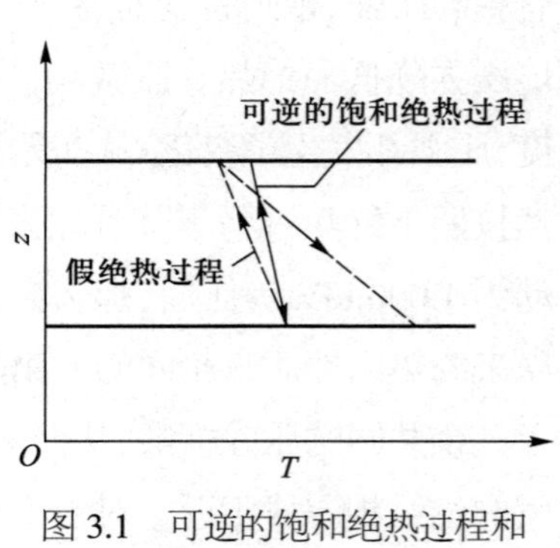

图 3.1　可逆的饱和绝热过程和假绝热过程

二、湿绝热直减率

可逆的湿绝热过程和假绝热过程是假设的两种极端情况，实际过程往往处于两者之间。由于可逆的湿绝热上升过程和假绝热上升过程的差别很小，因此常统称它们为湿绝热上升过程。

气块在湿绝热上升过程中，一方面，气块因体积膨胀对外界做功而损失能量；另一方面，由于气块内发生水汽凝结而释放潜热，使气块因做功而损失的能量得到了部分补偿，因此，湿绝热上升过程中的减温率一定小于干绝热直减率。可以用湿绝热直减率 γ_m（moist adiabatic rate）表示气块在湿绝热上升过程中的减温率。

设单位质量的饱和湿空气含有水汽的质量为 q_s，在其绝热上升过程中，水汽的凝结质量为 dq_s，所释放出的潜热为

$$\delta Q_m = -L\mathrm{d}q_s \tag{3.17}$$

式中：L 表示水汽的凝结潜热；等式右端的负号表示当有水汽凝结时，$\mathrm{d}q_s<0$，气块得到热量，即 $\delta Q_m>0$；当有水分蒸发消耗热量时，$\mathrm{d}q_s>0$，气块失去热量，即 $\delta Q_m<0$。

将式（3.17）代入热力学第一定律式（3. 5），得

$$-L\mathrm{d}q_s = c_p\mathrm{d}T - \frac{RT}{p}\mathrm{d}p \tag{3.18}$$

式（3.18）只包含了湿空气中水汽相变所产生的热量，而没有考虑其他形式的热量，所以称为湿绝热方程。式（3.18）可写为

$$\mathrm{d}T = \frac{RT}{c_p}\frac{\mathrm{d}p}{p} - \frac{L}{c_p}\mathrm{d}q_s$$

上式说明饱和湿空气在上升时，其温度随高度的变化是由两种因素引起的：一种是由气压变化引起的，例如气块在上升时，气压降低（$\mathrm{d}p<0$），温度降低（$\mathrm{d}T<0$）；另一种是由水相变化释放或吸收潜热所引起的，例如有水汽凝结时，$\mathrm{d}q_s<0$，造成温度升高（$\mathrm{d}T>0$）。类似干绝热直减率的推导，可得（这里的 m 代表 moist）

$$\gamma_m = -\left(\frac{\mathrm{d}T_i}{\mathrm{d}z}\right)_m = \frac{g}{c_p}\frac{T_i}{T} + \frac{L}{c_p}\frac{\mathrm{d}q_s}{\mathrm{d}z} \approx \frac{g}{c_p} + \frac{L}{c_p}\frac{\mathrm{d}q_s}{\mathrm{d}z}$$

$$\gamma_m = \gamma_d + \frac{L}{c_p}\frac{\mathrm{d}q_s}{\mathrm{d}z} \tag{3.19}$$

当饱和湿空气上升时，$\mathrm{d}z>0$，有水汽凝结，$\mathrm{d}q_s<0$；当其下降时，$\mathrm{d}z<0$，有水分蒸发，$\mathrm{d}q_s>0$，则 $\frac{\mathrm{d}q_s}{\mathrm{d}z}$ 总是小于零的，所以 γ_m 总是小于 γ_d。此外，由于 $\frac{\mathrm{d}q_s}{\mathrm{d}z}$ 是气压和温度的函数，所以 γ_m 不是常数，而是气压和温度的函数。表 3.1 给出了湿绝热直减率与气压和温度的关系。

表 3.1　不同气压和温度条件下的湿绝热直减率　　单位：10 ℃ /km

p/hPa	T/℃				
	−40	−20	0	20	40
1 000	0.95	0.86	0.64	0.43	0.30
800	0.94	0.83	0.60	0.39	0.28
600	0.93	0.79	0.54	0.35	0.26
400	0.91	0.73	0.46	0.30	0.24
200	0.86	0.60	0.34	0.25	0.20

注：Ahrens，2003，转自李万彪，2010

由表 3.1 可见，随着气压的降低，湿绝热直减率的值是降低的；同时，当温度降低时，湿绝热直减率越来越接近干绝热直减率。由饱和水汽压和温度的关系可知，饱和水汽压是随温度升高而呈指数规律增大的，这意味着，饱和水汽压随温度的改变量在高温时大于低温。因此，如果在湿绝热上升过程中，湿空气的温度越高，水汽的凝结量越多，释放的潜热越多，对因气块上升膨胀做功耗能的补充就越多，那么湿绝热直减率就越小。当湿空气的气压较高时，向外膨胀的能力强，做功耗能多，使潜热的补偿作用变小，则湿绝热直减率较大。

三、假相当位温

如前文所述，为了比较干空气块的热力学性质需要利用位温，位温在干绝热过程中具有保守性。但气块在湿绝热上升过程中，因发生凝结，释放的潜热使它即使再按照干绝热过程下沉到 1 000 hPa 等压面时，它的位温也将比发生凝结之前要大。因此位温在湿绝热过程中不再具有保守性。因此，人们提出了一个既考虑气压又考虑水相变化对气温影响的特征量——假相当位温（pseudo-equivalent potential temperature）。气块经过假绝热过程上升，直到全部水汽凝结降落，然后再按照干绝热过程下沉到 1 000 hPa 等压面时，所对应的温度称为假相当位温（图 3.2）。其定义式为

$$\theta_{se}=\theta_d \exp\left(\frac{q_s L_v}{c_{pd}T}\right) \tag{3.20}$$

式中：θ_d 为湿空气中所含干空气的位温（见式（3.13）），q_s 是饱和湿空气的比湿，L_v 是水的凝结潜热。

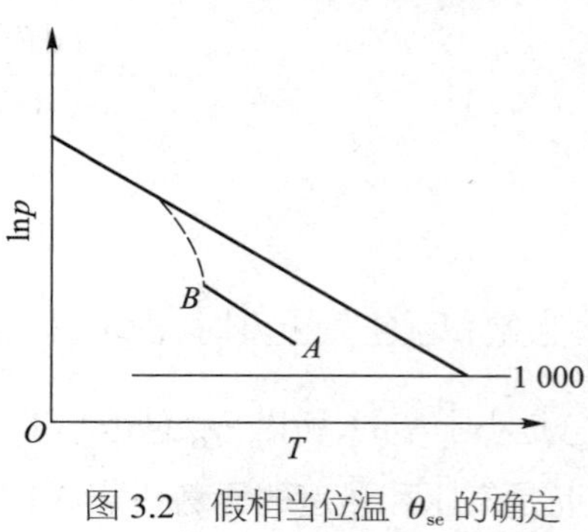

图 3.2　假相当位温 θ_{se} 的确定

对式(3.20)取对数后,再对 z 求导,可得

$$\frac{\partial \ln\theta_{se}}{\partial z}=\frac{\partial \ln\theta_{d}}{\partial z}+\frac{L_{v}}{c_{pd}}\frac{\partial}{\partial z}\left(\frac{q_{s}}{T}\right)$$

令 $\theta_{d}\approx\theta$,得

$$\frac{\partial \ln\theta_{se}}{\partial z}=\frac{\partial \ln\theta}{\partial z}+\frac{L_{v}}{c_{pd}}\frac{1}{T^{2}}\left(T\frac{\partial q_{s}}{\partial z}-q_{s}\frac{\partial T}{\partial z}\right)$$

略去$q_{s}\dfrac{\partial T}{\partial z}$,于是有

$$\frac{\partial \ln\theta_{se}}{\partial z}=\frac{\partial \ln\theta}{\partial z}+\frac{L_{v}}{c_{pd}T}\frac{\partial q_{s}}{\partial z}$$

利用式(3.16b)和式(3.19),取$\dfrac{\mathrm{d}q_{s}}{\mathrm{d}z}=\dfrac{\partial q_{s}}{\partial z}$,则得到

$$\frac{\partial \theta_{se}}{\partial z}\approx\frac{\theta_{se}}{T}(\gamma_{m}-\gamma) \tag{3.21}$$

可见,在饱和气层中若气温直减率 γ 等于湿绝热直减率 γ_{m},则该气层的假相当位温是一个常数。

以上公式的讨论都是针对饱和湿空气块的。对于未饱和湿空气块,仍可用式(3.20)计算假相当位温,但式中的 T 需采用干绝热上升达到凝结高度时的温度 T_{c} 和饱和比湿 q_{s}(与气块的初始比湿相同)。由于在干绝热上升过程中,干空气的位温 θ_{d} 和比湿都是保守量,凝结温度 T_{c} 又是确定的,因此,假相当位温在此过程中保持不变。

综上所述,假相当位温在干、湿绝热过程中均是保守的。由于假相当位温具有保守性,因此气象学上常用它作为气团和锋面的分析指标。

四、大气热力学图解简介 *

大气热力学图解是利用探空资料迅速而直观地研究局地大气垂直结构及其特性的良好工具。

大气热力学中所用的图解要求:① 它的横坐标是能实测到的气象要素,如气温、气压、湿度或其简单函数。其纵坐标最好大致和高度成正比,易于形象地表示大气垂直结构。② 图解上的各组线条是直线或近似直线。③ 坐标的尺度要设计得使以上各线条之间的夹角尽可能地大,便于区分各种热力学过程。④ 为便于计算大气运动的能量,图解上的面积最好和能量成正比,即是能量图解。可见,大气热力学图解与普通物理学中常用的热力学图解是有差别的。

---

* 表示这些内容为选学部分,后同。

常用的大气热力学图解有温度对数压强图解、温熵图解、假绝热图解等。在这些图解上，一般都有五组等值线，即等温线、等压线、饱和等比湿线、干绝热线（等位温线）和假湿绝热线（等假相当位温线）。不同图解由于选择的坐标系不同，因此有不同的构造和特点。下面以温度对数压强图解为例，介绍大气热力学图解的原理和方法。

彩图 3.3
温度对数压强图解

（一）温度对数压强图解的构造

温度对数压强图解又称为埃玛图（emagram，energy-per-unit-mass diagram，意为"单位质量的能量图解"），是目前我国气象台站广泛使用的图解（图 3.3）。

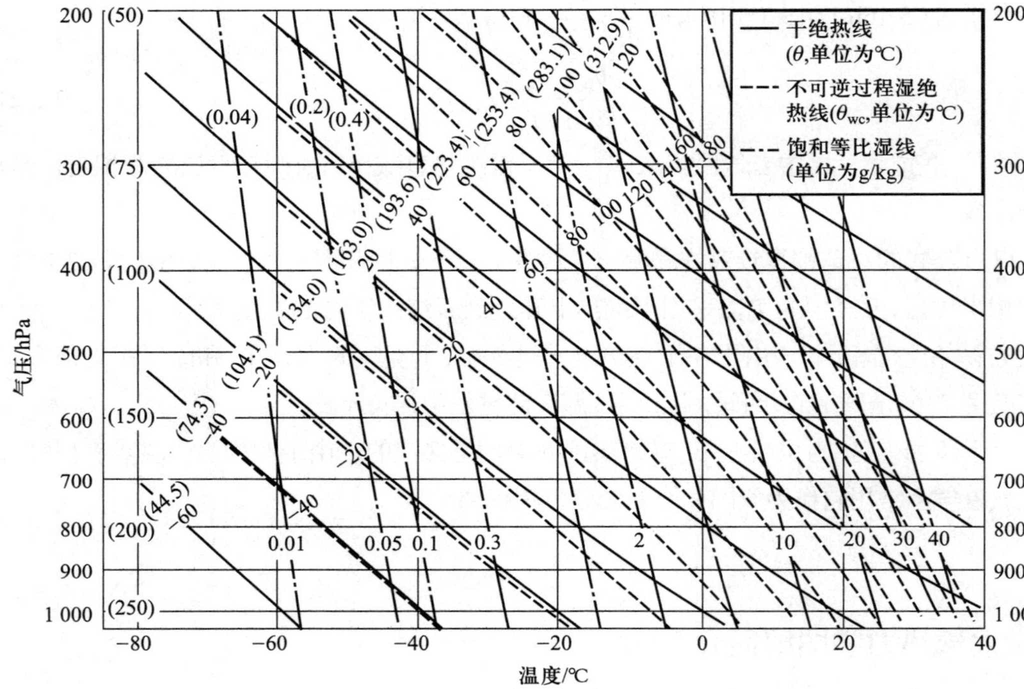

图 3.3　温度对数压强图解

温度对数压强图解以温度为横坐标，气压为纵坐标，即

$$x=T \text{ 或 } T_d$$

$$y=\ln\frac{p_{00}}{p}=\ln\frac{1\ 000}{p}$$

为了使纵坐标大致和高度成比例，气压采用对数坐标。利用 $\ln(c_p)=\ln C+\ln p$ 的性质（C 为常数），可以证明 1 000~200 hPa 等压面之间的距离与 250~50 hPa 等压面之间的距离相等，因此这两段纵坐标可以重叠，以节省篇幅。在气压小于 200 hPa 时，埃玛图中各曲线应采用括号内的气压、位温及饱和比湿的数值。埃玛图中绘制了以下四类线条。

（1）**等温线和等压线**。图 3.3 中等温线是平行于纵坐标的一组等间距直线；等压线是平行于横坐标的一组等间距直线。

（2）**饱和等比湿（q_s）线**。它是一组双曲线，其方程为

$$y=4\ 098\left(\frac{1}{x-36}-\frac{1}{T_0-36}\right)$$

此方程可根据饱和比湿的公式和饱和水汽压的经验公式进行积分后得到。在温度对数压强图解中，饱和等比湿线为自右下方向左上方倾斜的绿色虚线。它反映了气块在上升过程中露点随高度的变化。

（3）**干绝热线（等 θ 线）**。干绝热线由位温的定义式（3.13）取对数后得到

$$y=\frac{1}{\kappa_d}(\ln\theta-\ln x)$$

这是一组自图 3.3 右下方向左上方倾斜的实线，斜率接近于常数的曲线，反映了未饱和空气块在上升过程中温度随高度的变化。

（4）**假湿绝热线（等 θ_{se} 线）**。它是指自图 3.3 右下方向左上方倾斜的虚线。它反映了饱和气块在上升过程中温度随高度的变化特性。

埃玛图是一种能量图，图上的面积表示了循环过程中外界对单位质量气块做功的大小。如前文所述，单位质量气块对外界做的功为

$$\delta W=p\mathrm{d}V=R\mathrm{d}T-V\mathrm{d}p$$

在一个循环中，

$$\begin{aligned}W&=\oint(R\mathrm{d}T-V\mathrm{d}p)=-\oint V\mathrm{d}p\\&=R\oint T\mathrm{d}(-\ln p)=R\oint T\mathrm{d}\ln\left(\frac{p_{00}}{p}\right)=R\sigma\end{aligned}\qquad(3.22)$$

σ 就是埃玛图上循环曲线所包围的面积，取逆时针方向为正。现在经常使用的埃玛图上 1 cm^2 的面积等于 74.5 J/kg。

（二）温度对数压强图解的应用

温度对数压强图解至今仍在被广泛地应用，因为它仍具有其他方法难以替代的作用。这个图解不但可以直观地显示局地大气温度和湿度的垂直分布、计算各规定等压面之间的厚度，而且是研究一些天气过程和判断大气静力稳定度的有力工具。因此，它是我国气象台站分析预报雷雨、冰雹、飑线等强对流天气的一种基本图解。它在人工影响天气的野外作业中也是一个便捷的分析工具。以下先简要介绍温度对数压强图解的基本应用，而判断大气静力稳定度部分见本章第四节相关内容。

1. 绘制大气层结曲线

一个地区上空大气温度和湿度的垂直分布情况称为大气层结。根据气象台站实测的

探空资料，将各高度上的温度、露点和气压数据，逐一点绘在温度对数压强图解上，并用折线连接，便得到该地区大气温度和露点随高度的分布曲线，即大气温度层结曲线和露点层结曲线。层结曲线反映了同一时刻该地区上空的大气热力状况，对于预报热力对流的发展、分析大气污染扩散状况都具有重要的参考意义。

2. 绘制气块状态曲线

气块温度随气压（或高度）的变化曲线称为气块状态曲线。图 3.4 是气块状态曲线的示意图。初始状态为（T_0, p_0, q_0）的未饱和气块在外力作用下干绝热上升，其温度按 γ_d 下降。因比湿 q_0 对应着露点 T_{d0}，在干绝热过程中气块的比湿不变，故其露点温度将沿着等比湿线 q_0 降低，当气块干绝热上升到温度与露点温度相等处的时候，就达到饱和而发生凝结。该点的气压 p_c 和温度 T_c 分别为凝结气压和凝结温度，凝结气压所对应的高度就是抬升凝结高度 LCL（lifting condensation level）。在抬升凝结高度 LCL 以上，气块将以假绝热过程上升（温度按照 γ_m 下降），其比湿等于该空气块温度和压强所对应的饱和比湿。

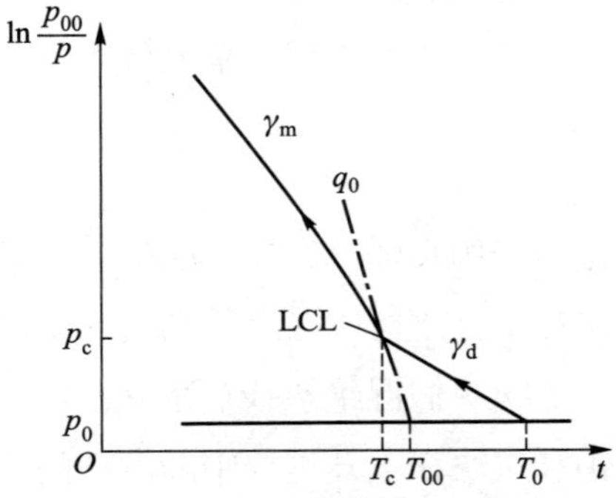

图 3.4　气块状态曲线

3. 求等压面间厚度

因实际大气中虚温与压强不是简单的函数关系，由如下气压与高度积分式直接计算等压面的厚度有困难，故常利用等温大气的公式计算，这样做的关键是要确定等压面间的平均虚温。

$$z_2-z_1=\frac{R_d}{g_0}\int_{p_1}^{p_2}T_v\mathrm{d}\ln p \tag{3.23}$$

在埃玛图上确定平均虚温是很简便的，采用埃玛图中的气压坐标值后，由式（3.23）得到

$$z_2-z_1=\frac{R_d}{g_0}\int_{p_1}^{p_2}T_v\mathrm{d}\ln\frac{p_{00}}{p}=\frac{R_d}{g_0}\overline{T}_v\ln\frac{p_1}{p_2} \tag{3.24}$$

式中：积分 $\int_{p_1}^{p_2}T_v\mathrm{d}\ln\frac{p_{00}}{p}$ 相当于图 3.5 中阴影部分的面积，$\overline{T}_v$ 称为气层的平均虚温。在 p_1、p_2 两个等压面间作等温线 BAD，使 ABC 与 ADE 的面积相等，原阴影面积就和矩形 $DBFG$ 的面积相等，所以 BAD 线对应的横坐标值就是气层 p_1~p_2 的平均虚温 $\overline{T}_v$。应注意，在采用等温大气公式计算实际大气厚度时，必须用这种等面积法求平均温度。而实际上，1 000~850 hPa，850~700 hPa 和 700~500 hPa

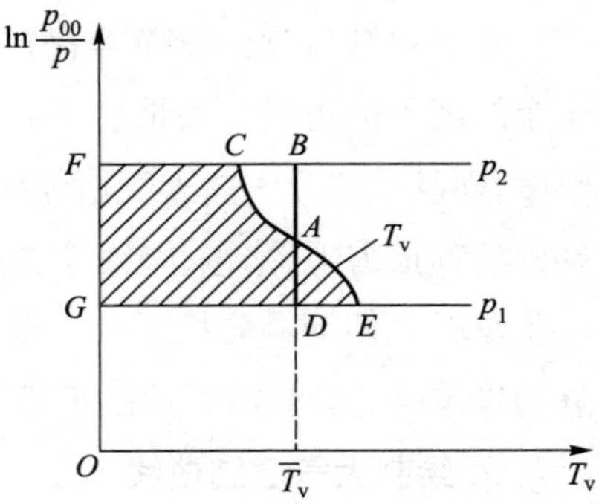

图 3.5　图解法求等压面间厚度

等规定等压面间的气层厚度已标在图上，根据平均虚温很容易查到，但在对流层顶，凝结高度等非规定等压面的高度则需要根据式（3.24）计算。

利用埃玛图还可以根据位温的定义、假相当位温的定义和抬升凝结高度确定位温和假相当位温等温湿参变量。

第四节 大气稳定度

一、大气稳定度的概念

稳定度的概念在不同学科中都有着广泛的应用。从物理学理论可知，任何物体的静力平衡都有三种状态：稳定平衡、不稳定平衡和中性平衡（图 3.6）。如果一个物体或系统移动位置后，它会回复到原来的状态，就称之为稳定平衡状态。常见的例子是：处于凹面底部的一个小球，当它由于某种原因发生位移，移动到新的位置后，在没有其他外力作用的情况下，它会在自身重力作用下，返回其起始位置，处于这种状态下的小球即为稳定平衡状态。如果一个物体或系统移动位置后，它会继续加速沿原移动方向运动，就称之为不稳定平衡状态。常见的例子是：处于凸面顶部的一个小球，当它由于某种原因发生位移，移动到新的位置后，在没有其他外力作用的情况下，它会在自身重力作用下，继续加速沿原移动方向运动，处于这种状态下的小球就称之为不稳定平衡状态。如果一个物体或系统，发生位移后，既不加速远离，也不返回原来的位置，就称之为中性平衡状态。常见的例子是：处于平面上的一个小球，当它由于某种原因发生位移，移动到新的位置后，在没有其他外力作用的情况下，既不加速远离，也不返回原来的位置，处于这种状态下的小球就称之为中性平衡状态。

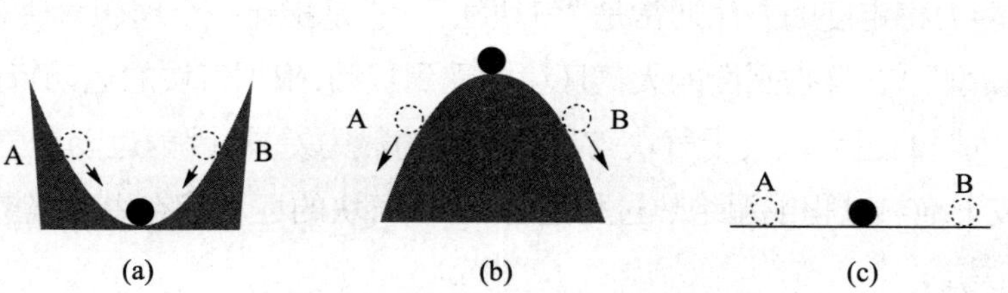

图 3.6 静力平衡三种状态的类比

（a）稳定；（b）不稳定；（c）中性平衡

实心圆圈为小球原来位置，空心圆圈为位移后的位置，箭头表示当产生位移的力移除后小球位移的方向

稳定度的概念也运用于气象学中。在气象学中讨论的大气稳定度实质上为大气层结稳定度或大气静力稳定度。所谓大气层结稳定度是指：处于静力平衡的大气中，气块受到动力因子或热力因子的扰动，产生向上或向下的垂直位移后，返回或远离其平衡位置的趋势和

程度。这种偏离平衡位置的垂直运动能否发展，是由大气层结所决定的。大气层结所具有的这种影响垂直运动的特性称为大气层结稳定度，因其前提是"处于静力平衡的大气中"，故又称为大气静力稳定度。

根据大气层结对垂直运动的促进或抑制作用，可将大气层结稳定度分为以下三种情况：如果气块受到垂直方向的扰动后，大气层结会抑制这种扰动，使气块逐渐减速并具有返回其原来位置的趋势，那么这时的气层对于该气块而言称为稳定层结；如果气块一旦离开原来的平衡位置后，就逐渐加速运动，并有远离起始位置的趋势，那么这时的气层对于该气块而言是不稳定的，称为不稳定层结；如果空气块离开原来的平衡位置后，既不加速远离也不减速返回，那么这时的气层对于该气块而言就是中性层结。

对于上述层结稳定度的概念也可以用加速度来定义：当某气块受扰动，位移 Δz 后，如果层结使其具有与扰动同方向的加速度，即加速度 $a>0$，使扰动可进一步发展，那么称之为不稳定层结；如果层结使其具有与扰动反向的加速度，即加速度 $a<0$，对垂直运动有抑制作用，那么称之为稳定层结；如果层结使其加速度为零，即 $a=0$，则层结既不促进垂直运动，也无抑制作用，那么称之为中性层结。

从大气稳定度的概念可以看到，大气层结稳定度（静力稳定度）是大气层结的重要特性之一。它不仅反映了大气层本身的情况，而且反映了该气层中受扰动气块的运动趋势和程度。值得注意的是，不稳定层结并非指气层中已经存在垂直对流运动，而是指这种层结有利于垂直运动的发展；稳定层结中也不是指其中就一定没有垂直运动，而是指层结对垂直运动有一种抑制作用。

二、大气稳定度的判断

判断大气静力稳定度的方法通常是"气块法"。它是指让一个理想气块（见第三章第一节中的"气块模型"）在静力平衡的大气环境中受到扰动，根据气块的运动特征，来判断大气静力稳定度。气块的运动取决于气块与环境空气的热力差异，因为运动中气块的热力变化是确定的，即按干绝热过程或湿绝热过程进行，所以气块的运动状态由环境空气的热力变化即大气层结所决定。

（一）大气稳定度的判别公式

当气块（p_{0i}，T_{0i}，ρ_{0i}）处于平衡位置时，具有与同一高度环境空气相同的气压（p_0）、温度（T_0）和密度（ρ_0），即 $p_{0i}=p_0$，$T_{0i}=T_0$，$\rho_{0i}=\rho_0$；当它受到扰动后，按绝热过程上升 Δz 距离后，其状态变为 p_i，T_i，ρ_i，此时，同一高度环境空气的状态为 p，T，ρ。根据准静力条件，有 $p_i=p$，而 T_i、ρ_i 一般与 T、ρ 不相等。

在一般情况下，气块在垂直方向上受到垂直气压梯度力和重力的合力（称为层结内力）作用。若用 w 表示气块的垂直运动速度，则单位质量气块的垂直运动方程可写成

$$a=\frac{\mathrm{d}w}{\mathrm{d}t}=-\frac{1}{\rho_i}\frac{\partial p_i}{\partial z}-g$$

由于气块处于静力平衡状态，因此有

$$\frac{\partial p_i}{\partial z}=\frac{\partial p}{\partial z}=-\rho g$$

得

$$a=\frac{\rho-\rho_i}{\rho_i}g \tag{3.25}$$

式中：$\frac{\rho}{\rho_i}g$ 表示单位质量空气所受的浮力，$\frac{\rho-\rho_i}{\rho_i}g$ 即浮力与重力的合力。当气块上升到新位置后，若气块密度比环境空气的密度小，则加速度为正，气块将继续上升；反之，加速度为负；若气块密度等于环境空气的密度，则加速度等于零。

空气密度与温度的高低，以及所含水汽的多少有关，因此常用气块内外的虚温差来讨论大气静力稳定度。根据准静力条件和湿空气状态方程，有下列关系：

$$\frac{\rho}{\rho_i}=\frac{T_{\mathrm{v}i}}{T_{\mathrm{v}}}$$

式中：$T_{\mathrm{v}i}$ 和 T_{v} 分别是气块和同一高度环境空气的虚温，所以有

$$a=g\frac{T_{\mathrm{v}i}-T_{\mathrm{v}}}{T_{\mathrm{v}}}$$

假设 $T_{\mathrm{v}i}-T\approx T_i-T$，且忽略环境空气虚温与实际温度的差别，得

$$a=g\frac{T_i-T}{T} \tag{3.26}$$

式（3.26）即大气稳定度的基本判别式。

（二）大气稳定度的判别方法

用 γ 和 γ_i 分别表示环境空气和气块的温度直减率，且假设 γ 是常数，当气块从平衡位置做一个微小位移 $\mathrm{d}z$ 后，其温度 T_i 变成

$$T_i=T_0-\gamma_i\mathrm{d}z$$

气块所在高度环境大气的温度 T 为

$$T=T_0-\gamma\mathrm{d}z$$

由此得到

$$T_i-T=(\gamma-\gamma_i)\mathrm{d}z$$

代入到式(3.26),得到

$$a=g\frac{\gamma-\gamma_i}{T}\mathrm{d}z \tag{3.27}$$

对式(3.27)可做如下讨论:

若 $\gamma<\gamma_i$,气块的加速度总是与位移 $\mathrm{d}z$ 的符号相反,气块有返回原来平衡位置的趋势,垂直运动受到抑制而被削弱,则这种气层是稳定层结,此时大气具有正静力稳定度。

若 $\gamma=\gamma_i$,气块的加速度为零,垂直运动既不发展也不衰减,则大气层结是中性的,也称为零稳定。

若 $\gamma>\gamma_i$,不论气块向上运动($\mathrm{d}z>0$)还是向下运动($\mathrm{d}z<0$),气块的加速度总是和 $\mathrm{d}z$ 的符号一致,有加速远离原来平衡位置的倾向,则具有这种温度直减率 γ 的大气层结是不稳定层结,此时大气具有负静力稳定度。

由于未饱和空气块(包括干空气与未饱和湿空气)和饱和气块的绝热温度直减率 γ_i 不同,因此需分别讨论:

(1)对于未饱和湿空气块,垂直位移时按干绝热过程变化,即 $\gamma_i=\gamma_d$,通过比较 γ_d 和 γ 的相对大小判断大气稳定度(图3.7)。

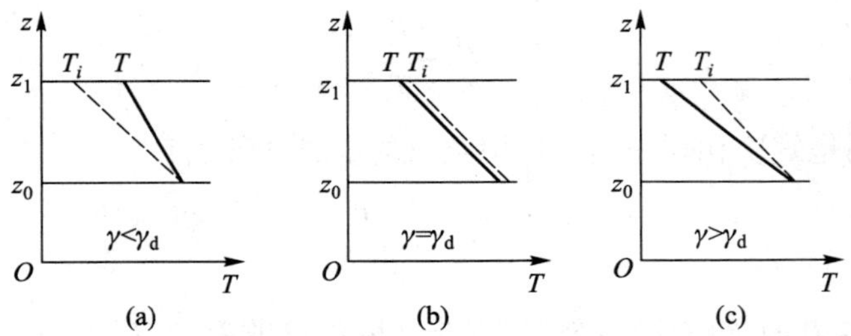

图3.7 大气稳定度的三种类型

(a)稳定层结;(b)中性层结;(c)不稳定层结

(2)对于饱和湿空气块,垂直位移时按假绝热过程变化,即 $\gamma_i=\gamma_m$,通过比较 γ_m 和 γ 的相对大小判断大气稳定度。

以干绝热过程为例,说明大气静力稳定度的判断:设有 A、B、C 三个气块,均未饱和,其初始平衡位置都在离地200 m的高度上,具有和同一高度环境空气相同的温度,即 $T_{0i}=T_0=$ 12 ℃;在其绝热升降过程中温度按照干绝热直减率 γ_d(10 ℃/km)变化,而环境空气温度直减率 γ 分别为8 ℃/km、10 ℃/km和12 ℃/km,则有 A 气块、B 气块、C 气块三种情况(图3.8)。

A 气块受到外力作用后,上升到300 m高度(图3.8左列),其温度下降到11 ℃,低于同一高度环境空气温度(11.2 ℃)。根据大气状态方程可知,在气块内外压强相等的条件下,环境空气的密度 ρ 小于 A 气块的密度 ρ_i。如果没有其他的外力作用,那么 A 气块向上的速度将会减小,具有返回起始位置的趋势。反之,如果其下降到100 m,其本身温度(13 ℃)高于同一高度环境空气温度(12.8 ℃),密度低于环境空气的密度,下降速度

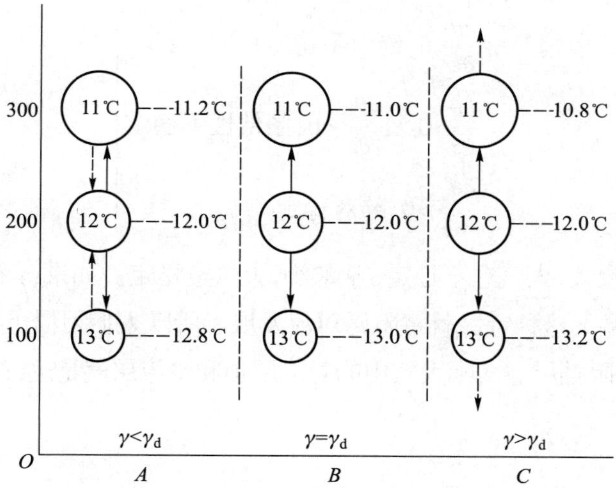

图 3.8　未饱和气块的大气稳定度

减小，那么它也有返回起始位置的趋势。因此，这种层结（$\gamma<\gamma_d$）对未饱和气块的垂直运动有抑制作用，为稳定层结。

B 气块受到外力作用后，无论上升或下降，其本身温度总是与周围空气的温度相等，加速度为零，因此，当 $\gamma=\gamma_d$ 时，为中性层结。

C 气块受到外力作用后，上升到 300 m 高度（图 3.8 右列），其温度高于同一高度环境空气的温度，密度低于环境空气的密度，则气块加速上升；反之，如果它下降到 100 m，其本身温度低于同一高度环境空气的温度，那么它将加速下降。这种层结（$\gamma>\gamma_d$）对气块的垂直运动有促进作用，为不稳定层结。

利用埃玛图能够方便地判断气层的静力稳定度。埃玛图上有干绝热线和假湿绝热线，因此根据不同的气层温度直减率 γ 所处在埃玛图中的不同位置，可以将其分为以下三种情况（图 3.9），即：绝对不稳定（$\gamma>\gamma_d$）、条件性不稳定（$\gamma_d>\gamma>\gamma_m$）和绝对稳定（$\gamma<\gamma_m$）。

这里的“绝对”是指判据对于未饱和气块和饱和气块都适用。实际上，除了近地面的气层有可能达到超绝热（$\gamma>\gamma_d$）外，“绝对不稳定”的情况是很少出现的。“条件性不稳定”是指大气层结对于饱和气块是不稳定的，而对未饱和气块是稳定的，如果存在局地的强对流或动力因子的强烈抬升作用，使空气上升达到凝结高度以上，那么条件性不稳定就可能变成绝对不稳定，往往会造成局地性的雷雨天气。

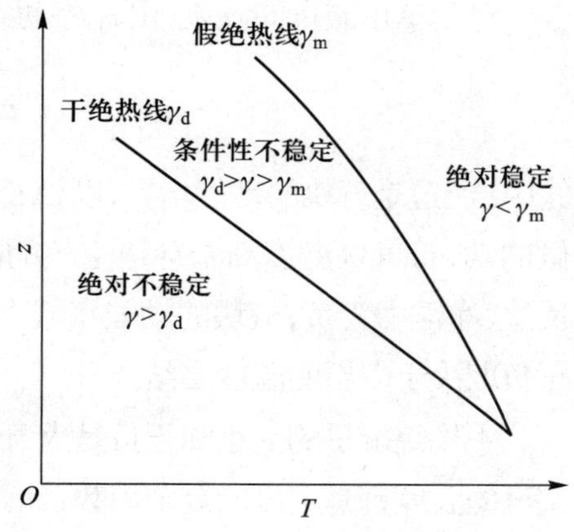

图 3.9　静力稳定度类型

由于干绝热线和假湿绝热线同时是等位温线和等假相当位温线，因此可以利用环境空气位温和假相当位温判断大气稳定度状况。根据上述判据，利用式（3.16a）和式（3.21），可得以下关系：

$$
\left.\begin{aligned}
&\frac{\partial\theta}{\partial z}<0,\text{绝对不稳定}\\
&\frac{\partial\theta}{\partial z}>0\ \text{及}\ \frac{\partial\theta_{se}}{\partial z}<0,\text{条件性不稳定}\\
&\frac{\partial\theta_{se}}{\partial z}>0,\text{绝对稳定}
\end{aligned}\right\} \tag{3.28}
$$

综上所述，γ 愈大，大气愈不稳定；γ 愈小，大气愈稳定。如果 γ 很小，甚至等于零（等温）或小于零（逆温），这种特性就将阻碍对流发展。所以人们习惯上常将逆温、等温，以及 γ 很小的气层称为阻挡层。实际大气中的对流层顶和平流层就是这样的结构。

三、条件性不稳定和位势不稳定

（一）条件性不稳定

条件性不稳定气层对天气过程的形成发展起着重要作用，是天气工作者重点关注的对象。条件性不稳定有两种定义：一种是前述的温度直减率判据，即满足 $\gamma_d>\gamma>\gamma_m$ 为条件性不稳定，它以气块微小位移为前提。另一种是不稳定能量（又称有效能量）判据，在气层平均温度直减率满足 $\gamma_d>\gamma>\gamma_m$ 的条件下，气块做有限位移的绝热运动，气块的稳定度与不稳定能量的分布有关。这里将讨论第二种定义的条件性不稳定。

1. 不稳定能量

在不稳定气层中的气块一旦离开原来的位置而向上运动，气块的温度就将高于周围环境空气的温度，浮力大于重力。向下运动时，情况相反，重力大于浮力。在这两种情况下，气块都会发生向上或向下的加速运动，该气块的动能增加。显然，这是由储藏在大气中的不稳定能量转化而来的，不稳定能量就是气层中可使气块离开初始位置后做加速运动的能量。

对于单位质量的气块，由 z_1 移动到 z_2 处，气块动能增量的表达式为：

$$
\Delta E=\int_{z_1}^{z_2} g\,\frac{T_i-T}{T}\mathrm{d}z \tag{3.29}
$$

式中：左边是气块的动能增量，以 ΔE 表示；右边表示净浮力将单位质量气块从 z_1 移到 z_2 所做的功，若气块温度高于环境空气的温度，则净浮力为正，气块的垂直运动动能不断增加；反之，净浮力为负，气块的动能将减小。由于气块上升时温度变化是确定的，因此净浮力的正负取决于气层的温度层结。

不稳定能量的大小和正负是大气层结是否稳定的标志。由于环境空气的温度和饱和湿空气的温度都是高度的复杂函数，计算 ΔE 的积分式很困难，因此常用热力学图解法。

利用大气静力平衡方程，式（3.29）可写为

$$\Delta E=R_{\mathrm{d}}\int_{p_1}^{p_2}(T_i-T)\,\mathrm{d}(-\ln p)=R_{\mathrm{d}}\int_{p_1}^{p_2}(T_i-T)\,\mathrm{d}\left(\ln\frac{p_{00}}{p}\right) \tag{3.30}$$

式中的$\ln\dfrac{p_{00}}{p}$是埃玛图的纵坐标。根据定积分与面积的关系，式(3.30)积分正好是埃玛图中气块状态曲线、大气层结曲线和等压线p_1、p_2所包围的面积。图3.10给出了p_1~p_2气层的不稳定能量示意图，其中气块的状态曲线(T_i)在层结曲线(T)的右边，即$T_i>T$，气块受到正浮力，故阴影部分代表正不稳定能量，以正面积A_+表示；反之，若状态曲线在左边，则意味着气块受到负浮力，阴影部分代表负不稳定能量，以负面积A_-表示。按照上述方法，可以分析任一气层内的不稳定能量状况。

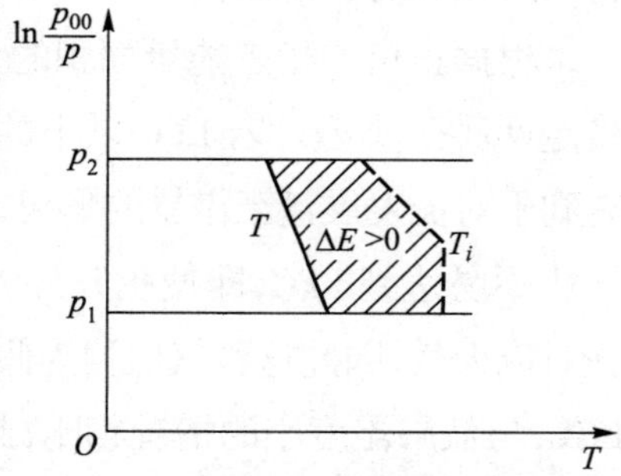

图 3.10　埃玛图上的不稳定能量

2. 条件性不稳定的类型

根据层结曲线和状态曲线的配置，可以把大气层结分为以下三种基本类型(图3.11)：

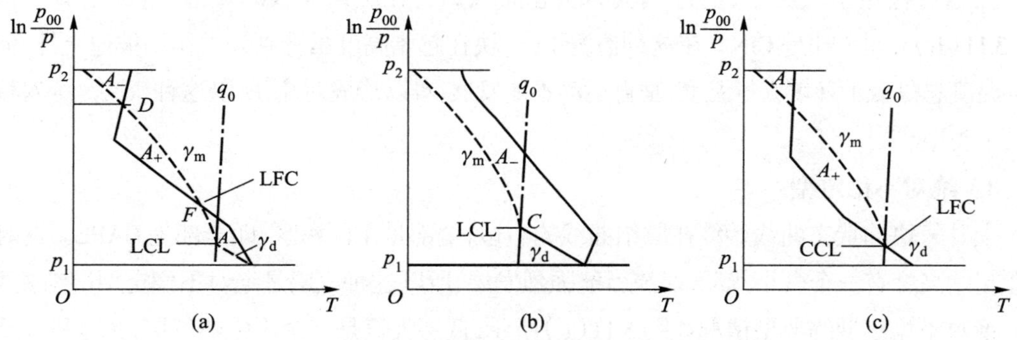

图 3.11　气层不稳定能量的三种情况

(a) 潜在不稳定型；(b) 绝对稳定型；(c) 绝对不稳定型

1) 潜在不稳定型

上升气块的状态曲线(虚线)与层结曲线(实线)有几个交点，既有正面积，又有负面积。如图3.11(a)所示，F点以下是负面积区A_-，F点至D点是正面积区A_+，D点以上又是负面积区。若有外力对气块做功(例如地形或锋面的强迫抬升)，使气块抬升到F点以上，则气块会加速上升，且上升加速度和气块内外温差成正比，F点的高度称为自由对流高度(level of free convection, LFC)，LFC以下的负面积区成为对流抑制能量(convection inhibition, CIN)。第二个交点D常称为平衡高度，此处气块上升加速度为零，上升速度达到最大，常采用对流有效势能(convection available potential energy, CAPE)衡量F点以上、D点之下的正面积区。越过D点后，气块进入负面积区，加速度转变为负，速度减小，到达速度为零的高度称为最大气块高度(maximum parcel level, MPL)，是气块上升运动的上限，代表对流云发展的最大云顶高度。目前，CAPE等已成为强对流天气分析中的一个常用参数。

所谓一个气层是潜在不稳定的，意味着在该气层中，下部的稳定气块具有达到上部时转变为不稳定气块的条件。当有足够的抬升力使气块上升到自由对流高度（LFC）以上时，潜在不稳定就变成了真实不稳定；若气块获得的能量不足以克服对流抑制能量（CIN），则气块将回到原来的平衡位置。

根据正负不稳定能量面积的大小，可将潜在不稳定型再分成真潜在不稳定和假潜在不稳定两种子类型。若 LFC 以上的正面积大于其以下的负面积，即对应于 CAPE>CIN，则将有利于对流发展甚至雷暴的形成，这种气层是真潜在不稳定型；反之，若 CIN>CAPE，则上升气块不易达到 LFC，即使抬升外力很强，气块达到 LFC 后，由于 CAPE 较小，也很难发展成强对流天气，因此这种气层称为假潜在不稳定型。若大气低层的湿度大，则气块能很快达到 LCL，与低层湿度小的情况相比，此时 LFC 以下负面积区相对较小，容易到达 CAPE>CIN 的条件，气块容易被抬升到 LFC 以上，出现真潜在不稳定型。因此，空气湿度的大小对潜在不稳定的类型起着决定性作用。

2）绝对稳定型

在绝对稳定型气层中，上升气块的状态曲线始终在层结曲线的左边，全部是负面积区［图 3.11（b）］，即全部是 CIN。在这种情况下，气块在起始高度虽受到外力作用被迫上升，但由于其温度总是低于环境大气温度，垂直运动不能发展，难以形成对流，所以这种气层是绝对稳定型层结类型。

3）绝对不稳定型

上升气块的状态曲线始终在层结曲线的右边，全部是正面积区，即全部是 CAPE。这时只要在起始高度有一个微小扰动，对流就能强烈发展，所以这种气层是绝对不稳定型层结类型。

绝对不稳定型的典型情况如图 3.11（c）所示，低层大气是一个干绝热气层，此时只要低层有一点扰动，空气就能上升，若水汽含量较大，上升到某一高度就会发生凝结，则这个凝结高度称为对流凝结高度（convective condensation level，CCL）。空气经过对流凝结高度后将沿假绝热过程加速上升，所以此时的 CCL 又是 LFC，这个绝对不稳定气层位于气块湿绝热运动区，也称为湿绝热不稳定气层或湿绝对不稳定气层，这是夏季午后发生局地热雷雨时大气层结的典型形态。

（二）位势不稳定（对流性不稳定）

以上对大气稳定度的讨论，都是针对气层中气块的垂直运动而言的。在实际大气中，常出现大范围的空气上升或下沉运动，例如，低压区的整层抬升，高压区的整层下沉等情况。整层气层的抬升会导致大气层结的变化，从而使气层的稳定度发生变化，导致强烈对流或者使气层更稳定。在整层升降过程中产生的不稳定，称为位势不稳定或对流不稳定。

对整层大气稳定度的判断，不能使用单个气块来进行判别讨论，但可以把整层大气当作由许多气块组成的一个整体。因此，可做如下假设：① 气层在升降过程中是绝热的，与环境大气无质量交换；② 气层内部没有湍流混合作用，气层内各部分的相对位置不变；③ 气

层上下界的气压差 Δp 在抬升过程中始终不变。

1. 升降中气层未饱和

图 3.12 显示了始终处于未饱和状态的气层整层下沉情况。气层下降前与下降后的变量以下标 1 和 2 区分。

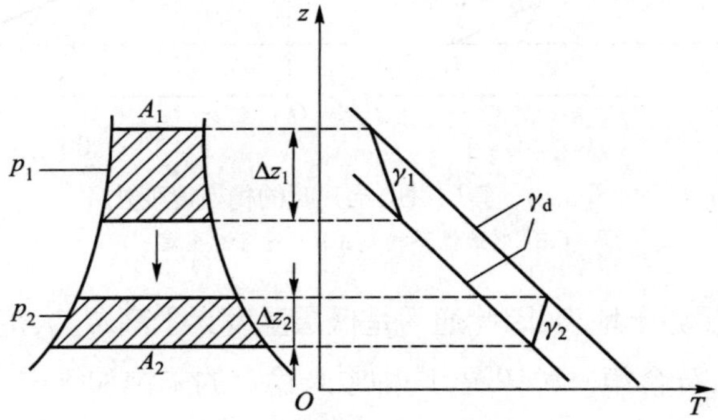

图 3.12　未饱和气层的下降过程

（1）原来气层是稳定层结，即 $\gamma_d-\gamma_1>0$。显然，当整层气层下沉并伴随有横向扩散（水平辐散）时，气层下层的位移 < 上层位移，则有 $\gamma_2<\gamma_1$，下沉后的气层趋向于稳定，甚至内部可能形成逆温结构；若整层气层抬升并伴随有水平辐合时，则有 $\gamma_2>\gamma_1$，抬升后的气层稳定性减弱，甚至当 $\gamma_2>\gamma_m$ 时出现条件性不稳定。在大尺度的空气运动中，有时会出现整层气层的上升和下沉运动。气流旋转向内辐合上升，随着气层的上升，大气稳定度减小，可能形成降雨。

（2）原来气层是中性层结，即 $\gamma_d-\gamma_1=0$。原来气层的温度直减率为干绝热直减率，在升降过程中保持原大气层结不变，则 $\gamma_1=\gamma_d=\gamma_2$。

（3）原来气层是绝对不稳定层结，即 $\gamma_d-\gamma_1<0$。所得结论与（1）相反，但这种状态的气层在实际大气中是极少见的。

2. 升降中气层饱和

稳定的未饱和气层被整层抬升时，由于水汽垂直分布不均匀，气层内不同高度的空气可能先后达到饱和，凝结时释放的相变潜热会改变空气温度垂直递减率（简称直减率），进而改变大气稳定度。这里只考虑上升过程，假设气层上下界的气压差 Δp 在抬升过程中始终不变。

若潮湿气层上升时整体已达到饱和，则气层上界和下界都沿湿绝热过程变化，这时稳定度的变化与升降中气层未饱和时的气层稳定度变化类似。如果开始上升时气层未饱和，那么可以定性讨论以下两种情况：

（1）在图 3.13（a）中，最初整层气层沿干绝热过程曲线上升，因下湿上干，气层下部比上部先达到饱和，饱和后沿假绝热过程曲线继续上升，于是温度层结曲线由原来的 A_1B_1 变成 A_2B_2。显然，整层气层上升并先后凝结后，饱和气层的温度直减率将变得大于 γ_m，成为不稳定层结。

（2）在图 3.13（b）中，气层上湿下干，气层在上升过程中上部先达到饱和，气层的温度直减率将变小甚至小于零（逆温），气层将变得更加稳定。

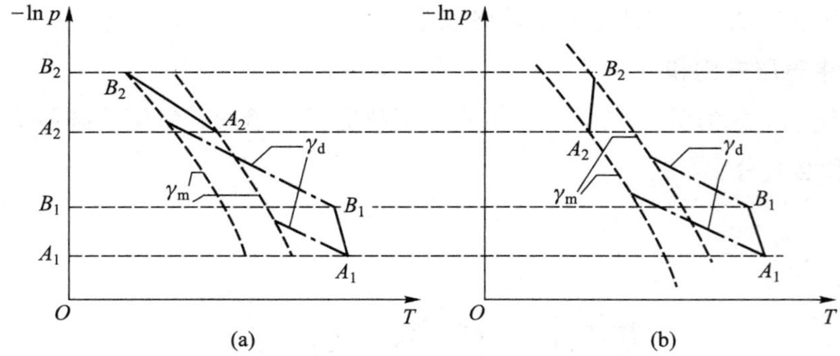

图 3.13　整层气层抬升时的稳定度变化

（a）对流性不稳定；（b）对流性稳定

大气中的水汽主要源于地表，因此通常是低层湿度大于高层，大范围气层被抬升时往往下部先达到水汽饱和，符合第一种情况，这种原来稳定的未饱和气层，由于整层被抬升到一定高度以上而变成为不稳定的气层，称为对流性不稳定或位势不稳定。如果低层干燥而高层湿度大，那么符合第二种情况，即对流性稳定的气层。可见，气层是否为对流性不稳定，不但和温度层结有关，还取决于湿度条件，特别是低层的水汽状况。

根据图 3.13 所示的对流性不稳定和对流性稳定两种情况，对流性不稳定时气层下部假相当位温比上部高，而对流性稳定时则相反，因此该未饱和气层内假相当位温随高度的变化是对流性稳定度的判据，即

$$\frac{\partial \theta_{se}}{\partial z}\begin{cases} >0, \text{对流性稳定} \\ =0, \text{对流性中性} \\ <0, \text{对流性不稳定} \end{cases} \tag{3.31}$$

对流性稳定的气层被整层抬升后可能形成层状云，而对流性不稳定的气层则形成积状云（对流云），发展旺盛时，甚至产生对流性降水（即阵雨）。对流性不稳定也是一种潜在的不稳定，这种不稳定的实现要求有大范围的抬升运动，因此要有天气系统（如锋面）的配合或大地形的作用，造成的对流性天气往往比较强烈，范围也比较大。

3.4.1 知识窗

大气稳定度对空气污染物扩散的影响

在研究大气污染物扩散时，气层的稳定度是很重要的因素。当气层处于不稳定层结时，会促使湍流运动的发展，使大气扩散稀释能力加强；反之，当大气处于稳定层结时，则对湍流起抑制作用，减弱大气的扩散能力（图 3.14）。

人们通过观测发现在不同大气层结下烟流的形状是不同的，说明在不同的稳定度条件下，大气具有不同的扩散稀释能力。

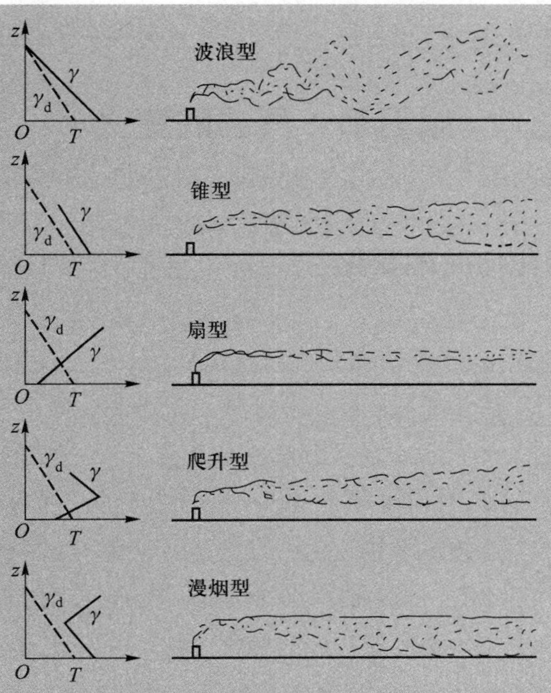

图 3.14　大气层结与烟流形状

（1）波浪型（翻卷型）。此类型发生在不稳定层结条件下，即 $\gamma > \gamma_d$ 时。烟流呈波浪状，各部分的运动速度和方向皆不规则。此时扩散条件较好，烟流沿水平方向和垂直方向摆动剧烈，主体易于分裂而消散迅速。处于地面的污染源所形成的地面污染物浓度往往较低；如果是高架源，污染物落地最大浓度点距烟囱较近，然而随距离的增加，平均浓度就迅速降低。这种层结多出现在晴朗白天的中午前后，在夏季可持续较长时间。

（2）锥型。此类型发生在中性层结条件下，即 $\gamma = \gamma_d$ 时。烟流呈圆锥形，烟体外形清晰，烟流离开排放源一定距离后，主轴基本上保持水平，烟气扩散向前推动良好。

（3）扇型（平展型）。此类型发生在稳定层结条件下，即 $\gamma < \gamma_d$ 时。由于湍流活动弱，烟流的垂直扩散受到抑制，因此烟流垂直方向的起伏不大，垂直方向的扩散远小于水平方向的扩散。当烟囱很高时，近处地面不会造成污染，在远方会造成污染；当烟囱很低时，会造成近地面严重污染。

（4）爬升型（屋脊型）。此类型发生在下部稳定、上部不稳定的大气层结下。所形成的烟流下部浓密清晰，上部稀松或有碎块。这种层结常出现在日落前后，持续时间较短，对近处地面的污染较小。

（5）漫烟型（熏烟型）。此类型与爬升型相反，发生在下部不稳定、上部稳定的大气层结下。常出现在日出后，由于地面增温，低层空气被加热，使逆温从地面向上逐渐消失。污染物向上扩散受到抑制而被下部不稳定气流夹卷向下带到地面，使地面浓度剧增，造成局地严重污染。

第五节　气温的变化

一、气温的个别变化与局地变化

（一）概念

单位时间内个别空气质点的温度变化 dT/dt 称作空气温度的个别变化。它是空气质点在运动过程中随时间的绝热变化和非绝热变化所共同造成的。因为个别空气质点在大气中不断地改变位置,所以空气温度的个别变化不容易直接观测。在实际问题中,人们更关心固定地点大气温度随时间的变化。气象站在不同时间所观测的,或是自记仪器所记录的气温变化都是某一固定地点的空气温度随时间的变化。某一固定地点空气温度随时间的变化 $\partial T/\partial t$ 称作空气温度的局地变化。

对于空气温度的个别变化和局地变化的联系,可用下面的例子说明。例如,当预报北京的温度时,气象预报员发现在蒙古国(后文均简称为蒙古),近地层气温为 -20 ℃,高空为西北气流,当时北京近地层的温度为 0 ℃。做温度预报时,要考虑两个方面的作用:一是根据空气的移动,预计 36 h 后蒙古国的冷空气将移动到北京,根据这种作用,36 h 后北京温度应下降 20 ℃。这种由于空气的移动所造成的某地温度的变化称为温度的平流变化。北京和蒙古国之间的温差愈大,西北风愈强,由平流作用所造成的单位时间内的降温就愈大。另一方面,还要考虑当冷空气由蒙古国移动到北京的过程中,空气块本身的温度变化。这部分变化的实质就是温度的个别变化。例如,当冷空气南下时,沿途的地表面温度较高,下垫面将把热量传递给冷空气,这种作用将使气温升高。据估计,空气温度的这一个别变化将使其温度升高 10 ℃。考虑上述两方面因子的共同影响,就可以预报北京温度在 36 h 后要降温 10 ℃。也就是说北京地区温度的局地变化是平流变化和个别变化的总和。

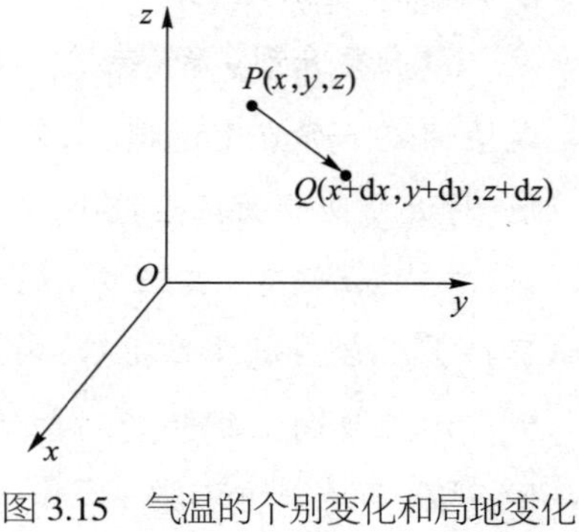

图 3.15　气温的个别变化和局地变化

上面对温度的个别变化和局地变化之间的联系做了定性的说明,下面将对这种联系进行定量分析。如图 3.15 所示,假定某空气质点在 t 时刻位于空间某点 $P(x,y,z)$ 上,其温度为 $T(x,y,z,t)$,速度分量为 u,v,w。经过 dt 时间后,该空气质点移动至 $Q(x+dx,y+dy,z+dz)$,此时质点的温度为 $T(x+dx,y+dy,z+dz,t+dt)$。空气质点的温度变化 $T(x+dx,y+dy,z+dz,t+dt)-T(x,y,z,t)$

为温度的个别变化，即温度的全微分 $\mathrm{d}T$，故有：

$$\mathrm{d}T=\frac{\partial T}{\partial t}\mathrm{d}t+\frac{\partial T}{\partial x}\mathrm{d}x+\frac{\partial T}{\partial y}\mathrm{d}y+\frac{\partial T}{\partial z}\mathrm{d}z \tag{3.32}$$

空气质点是由 P 点经 $\mathrm{d}t$ 时间移动至 Q 点的，显然

$$\mathrm{d}x=u\mathrm{d}t,\ \mathrm{d}y=v\mathrm{d}t,\ \mathrm{d}z=w\mathrm{d}t \tag{3.33}$$

将式（3.33）代入式（3.32），并除以 $\mathrm{d}t$，则得到：

$$\frac{\mathrm{d}T}{\mathrm{d}t}=\frac{\partial T}{\partial t}+u\frac{\partial T}{\partial x}+v\frac{\partial T}{\partial y}+w\frac{\partial T}{\partial z}$$

上式表示了气温的个别变化与局地变化的关系，还可以写为：

$$\frac{\partial T}{\partial t}=-\left(u\frac{\partial T}{\partial x}+v\frac{\partial T}{\partial y}+w\frac{\partial T}{\partial z}\right)+\frac{\mathrm{d}T}{\mathrm{d}t} \tag{3.34}$$

式中：右端第一项表示温度的平流变化，其中$-\left(u\frac{\partial T}{\partial x}+v\frac{\partial T}{\partial y}\right)$为温度的水平平流变化，它是由于空气的水平运动而引起的温度变化，而 $-w\frac{\partial T}{\partial z}$为温度的垂直平流变化，由空气的垂直运动而引起。

利用矢量关系和温度梯度表达式

$$\boldsymbol{V}=u\boldsymbol{i}+v\boldsymbol{j}+w\boldsymbol{k}$$

$$\nabla T=\frac{\partial T}{\partial x}\boldsymbol{i}+\frac{\partial T}{\partial y}\boldsymbol{j}+\frac{\partial T}{\partial z}\boldsymbol{k}$$

得：

$$\boldsymbol{V}\cdot\nabla T=u\frac{\partial T}{\partial x}+v\frac{\partial T}{\partial y}+w\frac{\partial T}{\partial z}$$

由此式（3.34）可改写成：

$$\frac{\partial T}{\partial t}=-\boldsymbol{V}\cdot\nabla T+\frac{\mathrm{d}T}{\mathrm{d}t} \tag{3.35}$$

式中：右端第一项表示温度的平流变化。式（3.35）表明温度的局地变化等于温度的平流变化和个别变化之和。

（二）影响气温局地变化的因素

如果令 $\boldsymbol{V}_{\mathrm{h}}$ 表示水平风速，$\nabla_{\mathrm{h}}T$ 表示水平温度梯度，为垂直于等温线的单位距离内的温度差值，并由低温指向高温（图 3.16），那么式（3.35）可以表示为

$$\frac{\partial T}{\partial t}=-\boldsymbol{V}_{\mathrm{h}}\cdot\nabla_{\mathrm{h}}T-w\frac{\partial T}{\partial z}+\frac{\mathrm{d}T}{\mathrm{d}t} \tag{3.36}$$

这里的 $-\boldsymbol{V}_{\mathrm{h}}\cdot\nabla_{\mathrm{h}}T$ 即为温度的水平平流变化，它能从天气图上加以确认，可简称为平流变化。

在气象学中，常采用 p 坐标系，即水平方向以 x,y 为坐标，垂直方向以 p 为坐标的坐标系。p 指气压。根据式(3.36)、式(3.5)及静力学方程可得在 p 坐标系中，空气的热流量方程：

$$\frac{\partial T}{\partial t}=-\boldsymbol{V}_{\mathrm{h}}\cdot\nabla_{\mathrm{h}}T+\frac{(\gamma_{\mathrm{d}}-\gamma)RT}{pg}\omega+\frac{\varepsilon}{c_p} \tag{3.37}$$

式中：$\omega=\frac{\mathrm{d}p}{\mathrm{d}t}$ 表示空气垂直速度，单位为 hPa/s。气块上升时气压降低，$\omega<0$；气块下沉时气压升高，$\omega>0$。$\varepsilon=\frac{\delta Q}{\mathrm{d}t}$，为单位质量的空气在单位时间内的热流入量。

式(3.37)表明，影响气温局地变化的因素有：① 空气平流运动传热过程引起的局地气温变化，即右端第一项；② 空气垂直运动传热过程引起的局地变化，即右端第二项；③ 热流入量，即右端第三项。

1. 空气平流引起的局地气温变化

温度平流变化可写成

$$-\boldsymbol{V}_{\mathrm{h}}\cdot\nabla_{\mathrm{h}}T=-|\boldsymbol{V}_{\mathrm{h}}|\cdot|\nabla_{\mathrm{h}}T|\cdot\cos\alpha \tag{3.38}$$

式中：α 为风向和水平温度梯度的夹角。由图 3.16 可见：当 $\alpha<90°$ 时，$\cos\alpha>0$，$-\boldsymbol{V}_{\mathrm{h}}\cdot\nabla_{\mathrm{h}}T<0$，表示温度的平流变化使局地空气温度降低，这种冷空气向暖空气方向流动的情形称为冷平流；当 $\alpha>90°$ 时，$\cos\alpha<0$，$-\boldsymbol{V}_{\mathrm{h}}\cdot\nabla_{\mathrm{h}}T>0$，表示温度的平流变化使局地空气温度升高，这种暖空气向冷空气流动的情形称为暖平流。冷暖平流的强弱由水平温度梯度及风速在水平温度梯度的方向上的分量所决定。

温度平流的大小，也可以直接在天气图上计算。如图 3.17 所示，假定风向和水平温度梯度的夹角为 60°，风速大小为 30 km/h，在计算 $-\boldsymbol{V}_{\mathrm{h}}\cdot\nabla_{\mathrm{h}}T$ 时，可以把风速矢量投影到水平温度梯度的方向，则有：

$$-\boldsymbol{V}_{\mathrm{h}}\cdot\nabla_{\mathrm{h}}T=-v_n\frac{\partial T}{\partial n}$$

这里 $v_n=V_{\mathrm{h}}\cos 60°=30\times\frac{1}{2}=15\,(\mathrm{km/h})$，因此

$$-\boldsymbol{V}_{\mathrm{h}}\cdot\nabla_{\mathrm{h}}T=-v_n\frac{\partial T}{\partial n}=-15\times\frac{4}{500}=-0.12\ (℃/\mathrm{h})$$

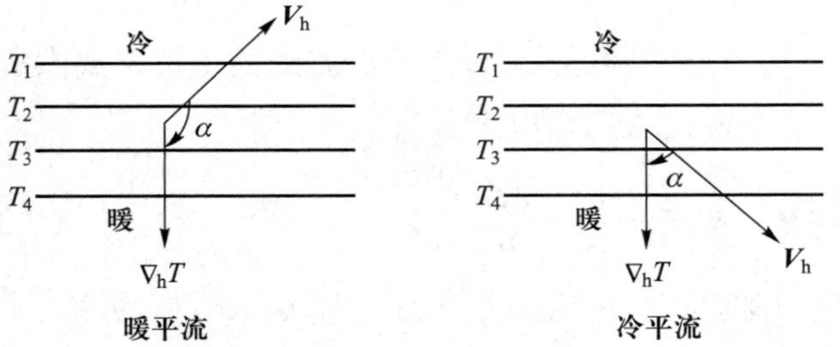

图 3.16　温度的平流变化

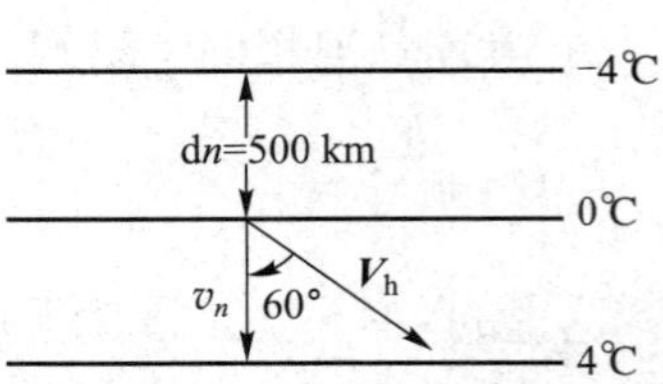

图 3.17　温度平流的计算

2. 空气垂直运动引起的局地气温变化

式(3.37)右端的第二项,即$\frac{(\gamma_d-\gamma)RT}{pg}\omega$,表示因空气垂直运动引起的局地气温变化项。其中,$p$ 和 g 总是大于零,因此空气垂直运动引起的气温变化的方向(升高或降低)由 ω 和($\gamma_d-\gamma$)两者决定。在一般情况下,$\gamma_d>\gamma$,当出现上升运动时,$\omega<0$,气温降低;当出现下沉运动时,$\omega>0$,气温升高。若 $\gamma_d=\gamma$,则表明空气垂直运动对局地气温变化不起作用。

3. 热量交换引起的局地气温变化

式(3.37)右端的第三项代表空气与周围的热交换,即大气的热流入量导致的温度变化。若热量流入则温度升高,若热量流出则温度降低。

在日常分析近地面的气温变化时,垂直运动较小,由此引起的气温变化通常可以忽略不计。地面和大气的热交换是引起局地气温日变化和年变化的主要因子,冷暖气团运动引起的温度平流是气温非周期性变化的主要因子。在分析高层大气温度的局地变化时,除非有凝结现象出现,非绝热因子的作用通常比较小。

二、气温随时间的变化

人们通常利用气温随时间的变化曲线来表示气温随时间的变化特征。气温随时间的变化曲线主要有两种:气温日变化曲线和年变化曲线。气温的日变化曲线可通过观测一天当中不同时刻的气温,以气温为纵坐标,以时间为横坐标,点绘获得;也可以直接利用日记式气温计的记录获得。气温的年变化曲线可利用 12 个月的月平均气温,以气温为纵坐标,以月份为横坐标,点绘获得。

地面从太阳辐射得到大量热量,同时又以长波辐射、感热和潜热的形式将部分热量传输给大气,从而失去热量。从长时间平均来看,地面热量得失相当,所以地面平均温度保持不变。但在某一段时间里,热量收入可能比热量支出多。地面因有热量累积而升温;而当热量支出大于热量收入时,地面将出现降温。地面温度的变化会通过非绝热过程传递给大气,大气温度也会相应变化。由于在热量收支平衡中,太阳辐射处于主导地位,随着昼夜、季节的交替,地面温度、气温也会出现相应的日变化和年变化,称为周期性变化;同时,气温还会因大气运动而表现出非周期性变化。

(一)气温的周期性变化

1. 气温的日变化

由于地球自转,太阳辐射、地面辐射差额都存在周期性的日变化,这种变化表现为气温在一日当中有升有降的循环变化。

近地层气温日变化的特征是：一日内有一个最高值和一个最低值，最高值一般出现在 14 时前后；最低值出现在日出前后（图 3.18）。

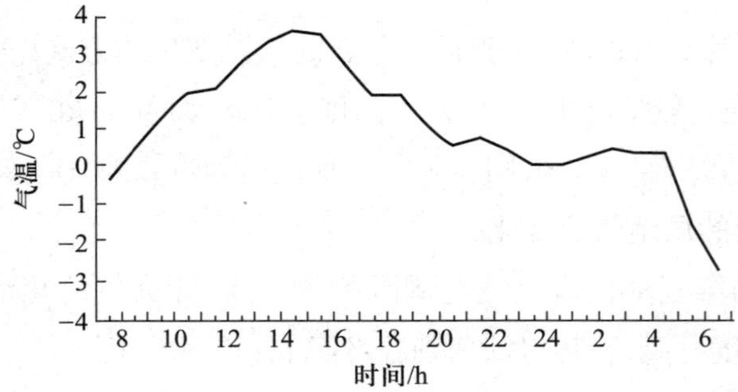

图 3.18　北京 2020 年 11 月 21 日气温日变化曲线[①]

一天之中正午太阳辐射最强，但最高气温却出现在午后 14 时前后，这是因为近地层大气的热量主要来源于地面。地面一方面通过吸收来自太阳的短波辐射而得到热量，另一方面又因向大气输送热量而失去热量。地面温度的高低并不直接取决于当时地面所吸收的太阳辐射的多少，而是取决于地面能量的收支状况。地面若净得热量则温度升高，若净失热量则温度降低。从图 3.19 可以观察到，在早晨日出后，随着太阳高度角的升高，到达地面的太阳辐射逐渐增强，地面净得热量，温度不断上升；在这段时间里，地面辐射的热量也随着地面温度的升高而增强，大气吸收来自地面的热量，温度也不断上升。正午时，太阳辐射达到了一天当中的峰值。午后，虽然到达地面的太阳辐射开始随太阳高度角的降低而减弱，但是得到的热量仍然比失去的热量多，地面热量收支仍处于盈余状况，地温将继续上升；同时，地面放射的热量随地温的升高而继续增加，气温也继续升高。到午后一段时间，地面得到的热量因太阳辐射的进一步减弱而少于失去的热量，地面温度开始下降。地面温度最高值就出现在地面热量由盈余转变为亏损的时刻，这个时刻通常在 13 时前后。由于地面温度影响到气温还需一段时间，因此气温在 14 时前后达到一天当中的最高值。14 时以后气温也随着地面温度下降而不断下降。日落后，到达地面的太阳辐射为零，地面只有通过长波辐射而净损失能量，地面温度、气温继续下降，直到清晨日出前后地面储存的热量减至最少。

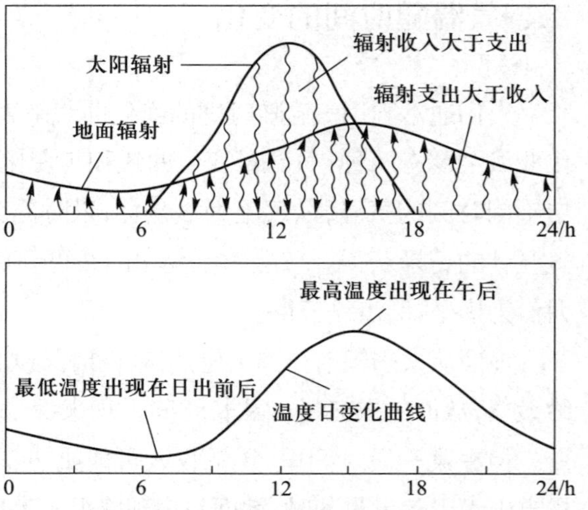

图 3.19　地面热量收支项及地温的日变化
（Frederick K. Lutgens 等，2013）

① 数据来源：国家气象科学数据中的《中国地面气象站逐小时观测资料》。

所以最低气温出现在清晨日出前后，而不在半夜。

一天当中气温最高值与最低值的差值称为气温日较差，其大小反映了气温日变化的程度。影响气温日变化的因素主要有纬度、季节、天空状况及地形等下垫面状况。

（1）**纬度**。正午太阳高度角随纬度增加而减小，因此气温日较差也随纬度的增加而减小。由于赤道地区降水多，实际气温日较差最大的地区在副热带地区，向两极地区减小。例如热带地区气温日较差平均为 12 ℃，温带地区平均为 8~10 ℃；极地地区则平均为 3~4 ℃或更小。

（2）**季节**。气温日较差随季节的变化以中纬度地区最为突出。夏季正午太阳高度角大、白昼时间长，因此气温日较差大于冬季。但气温日较差最大值并不是在夏至日，原因在于夏至日虽然正午太阳高度角最大，但是夏夜较短，夜间降温幅度小，最低气温不够低，所以中纬度地区气温的日变化以春末夏初时最显著。热带地区由于正午太阳高度角终年少变，虽然气温日较差大，但是气温日较差的季节变化并不显著。极地地区由于极昼和极夜现象的存在，太阳高度角日变化随季节的变化不显著，所以那里气温日较差的季节变化也不大。

（3）**下垫面性质**。下垫面最突出的差异是海洋和陆地热力性质的差异。海陆热力性质差异的结果是同纬度海洋升降温的幅度比陆地小，升降温的速度比陆地慢。因此，陆地上的气温日较差通常会大于同纬度海洋上气温的日较差。在陆地上，气温变化也因下垫面性质不同而不同。土壤干燥地区的气温日较差大，而潮湿地区的气温日较差小；沙土表面的气温日较差比黏土表面的大；深色土壤的日较差比浅色土壤的大；植被覆盖能减少气温日变化的幅度。

（4）**地形**。低洼地形（如谷地、盆地、河谷等）的地区气温日较差一般较大。原因是：谷地在白天时，一方面由于空气与地面的接触面积比平地广，因此空气受地面的加热面积大，增温剧烈；另一方面受地形影响，空气流动性差，热量不易流失，所以气温较高。夜间，空气在冷却过程中，坡地上的冷空气会在重力作用下沿坡地下沉到谷底当中，夜间气温较低，所以谷地气温日较差较大。凸起地形（如山地）的地区，一方面这里的空气和地面的接触面积较小，因而无论是白天地面对空气的加热作用还是夜间地面对空气的冷却作用都不如低洼地形处明显；另一方面，这里风速较大，气温受同高度自由大气的调节作用明显，受地面影响较小，因此气温日较差较小。高原地区，由于空气层较薄，昼、夜辐射进出都强，因此气温的日较差较大（表 3.2）。

表 3.2　我国 30° N 附近东部平原到青藏高原的年平均日较差

地点	上海	南京	武汉	成都	昌都	拉萨	那曲
海拔 /m	4.5	8.9	23.3	505.9	3 306.0	3 658.0	4 507.0
气温日较差 /℃	7.6	8.8	8.6	7.6	14.0	14.5	16.0

（5）**天空状况**。若有云层存在，则白天地面得到的太阳辐射少，最高气温比晴天低；而在夜间，云层覆盖又阻挡了地面长波辐射，使得地面的夜间辐射冷却效应减弱，最低气温较晴天时高。所以，阴天的气温日较差比晴天的小（图 3.20）。

由此可见，在任何地点，每天气温的日变化既有一定的规律性，又不是前一天气温日变化的简单重复，而是受上述各因素的综合影响。

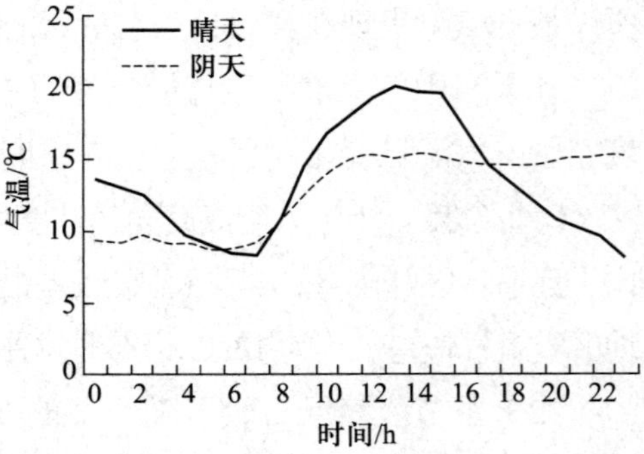

图 3.20　2020 年 11 月山东日照不同天空状况时气温日变化

随着距离地面的高度增大，气温日变化过程中极值出现的时间延后，振幅减小。冬季大约在 500 m 高度处，气温日变化已不明显，夏季气温日变化的零值高度可上升到 1 500~2 000 m 高度处。

2. 气温的年变化

气温的年变化特征与气温的日变化特征相似，对于地球上的绝大部分地区来讲，一年各月平均气温中，有一个最高值和一个最低值。同理，由于受地面热量收支状况的影响，最高月平均气温和最低月平均气温出现的时间，不是太阳辐射最强（夏至日）和最弱（冬至日）这一天所在的月份（北半球分别为 6 月和 12 月；南半球分别为 12 月和 6 月），而是落后 1~2 个月。大体而论，海洋上落后得较多，陆地上落后得较少。就北半球来说，中、高纬度内陆地区月平均气温以 7 月为最高，1 月为最低；海洋上的对应值则分别出现在 8 月和 2 月。

一年之中月平均气温的最高值与最低值之差，称为气温年较差。气温年较差的大小与纬度、海陆分布等因素有关。

（1）**纬度**。气温年较差随纬度的增加而增大（图 3.21[①]）。赤道附近，正午太阳高度角和昼夜长短全年变化小，最热月与最冷月热量收支相差不大，气温年较差很小。随着纬度的增加，正午太阳高度角和昼夜长短季节变化越显著，气温年较差由此增大，高纬度地区气温年较差可达 40~50 ℃。我国从南到北气温年较差的变化就显示了这种特征（图 3.22）。

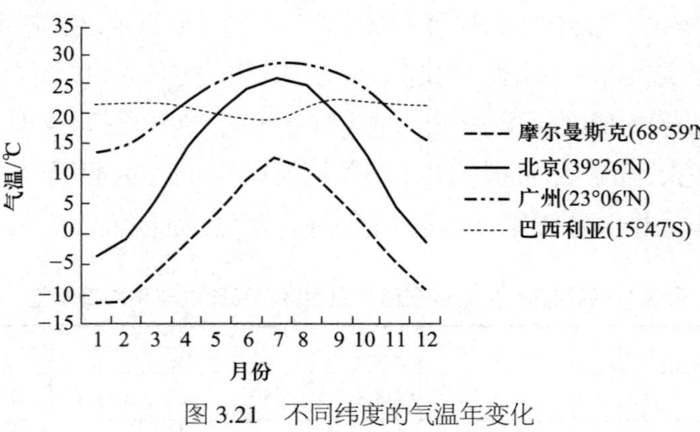

图 3.21　不同纬度的气温年变化

（2）**下垫面性质**。海洋上的气温年较差较同纬度陆地上的小；在一般情况下，距离海洋近的地方气温年较差小，距离海洋远的地方气温年较差大。

（3）**地形**。与地形对气温日变化的影响类似，凹地气温的年较差大；凸地气温的年较

① 数据来源：国家气象科学数据中的《中国地面气象站逐小时观测资料》。

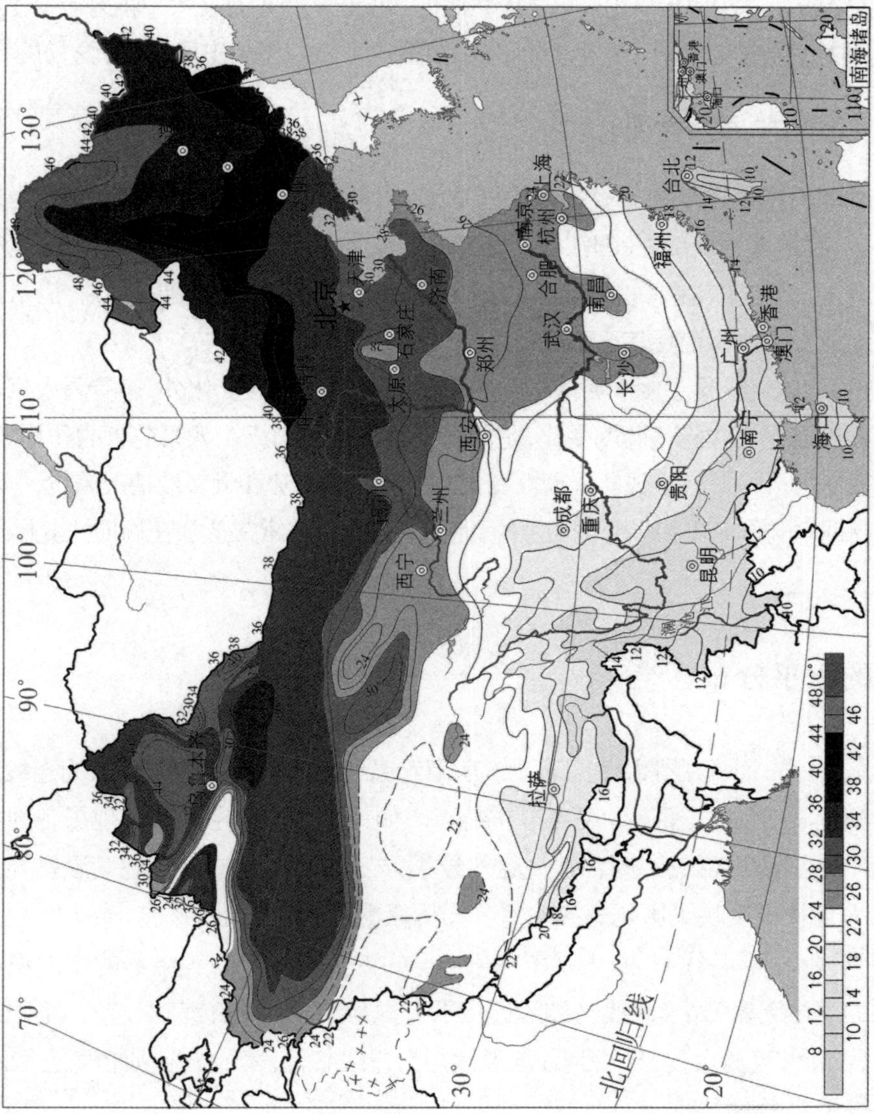

图 3.22 中国气温年较差分布图（王静爱等，2010）

差小。需要特别指出的是,高原的气温年较差一般较大,但低纬度地区高原的气温年较差通常较小。如我国著名的春城——昆明就是位于云贵高原上。古人曾赋诗赞誉它是“万紫千红花不谢,冬暖夏凉四时春”的春城。其原因是:昆明纬度低,冬季不是很冷;海拔高,夏季又不是很热。昆明最冷月在 1 月,平均气温为 7.8 ℃,最热月在 7 月,平均气温为 19.9 ℃,冬夏仅相差 12.1 ℃。而东部同一纬度上的桂林气温年较差却高达 20.0 ℃。

（4）天空状况。多阴雨天气出现可影响气温的年变化。特别是在太阳辐射年变化小的低纬度地区,雨季对气温年变化影响显著。如印度的最高月平均气温就出现在雨季之前的 5 月份。

（二）气温的非周期性变化

气温随时间的变化还受到大气运动的影响,因此实际气温变化并不像上述的周期性变化那样简单。例如, 3 月以后,我国江南地区正是春暖花开的时节,却常常因为冷空气活动而出现突然降温的现象。在一般情况下, 14 时前后是一天中气温最高的时刻,但常常会因为冷空气活动或云层增厚而使气温降低。

由此可见,某地气温除了由于太阳辐射的变化而引起周期性变化外,还有因大气运动而引起的非周期性变化。实际气温的变化,是两者共同作用的结果。如果前者的作用大,气温就呈现周期性变化;否则,就呈现非周期性变化。但从总的趋势和大多数情况来看,气温的时间变化是以周期性的日变化和年变化为主的,而非周期性变化常常叠加在周期性变化之上。

三、气温的水平分布

气温的水平分布通常用等温线图表示。所谓等温线就是气温相等的各点的连线。等温线的不同排列形式,反映了不同的温度分布特点。如等温线的疏密程度体现了各地气温水平差异的大小:若等温线稀疏,则各地气温差异小;若等温线密集,则各地气温差异大。等温线的弯曲平直状况反映了影响气温水平分布因素的多寡:等温线平直,表示影响气温水平分布的因素较少;等温线弯曲,表示影响气温分布的因素较多。等温线的走向说明了影响气温分布的主要因素,如等温线与纬线近似平行排列,表示同纬度气温趋同,不同纬度间气温差异显著,即纬度为主要影响因素;等温线与海岸线平行,表示气温因距海远近而不同,即海陆分布是主要影响因素。

（一）影响气温水平分布的主要因素

影响气温水平分布的主要因素有纬度、季节、海陆分布和高度等。但在绘制等温线图时,常把地面观测站的温度订正到同一高度即海平面上,以消除高度因素的影响,从而更明显地表现出纬度、海陆分布及其他因素的影响。

纬度对气温水平分布的影响主要源于太阳辐射随纬度的不均匀分布。受其影响,气温的水平分布表现出一些与天文辐射时空分布相似的特征。如气温随纬度的增加而降低,冬季气温的南北差异大于夏季,最高温度带位置随季节的变化等。

海陆热力特性的差异,造成同一纬度海陆间的温度差异,即冬季海洋温度高于同一纬度的陆地,为热源,陆地温度低于同一纬度的海洋,为冷源;夏季则相反。

(二)气温水平分布的特征

图 3.23 为基于 ERA-Inter 再分析资料绘制的 1 月和 7 月全球海平面等温线图。由该图可见,气温水平分布具有如下特征。

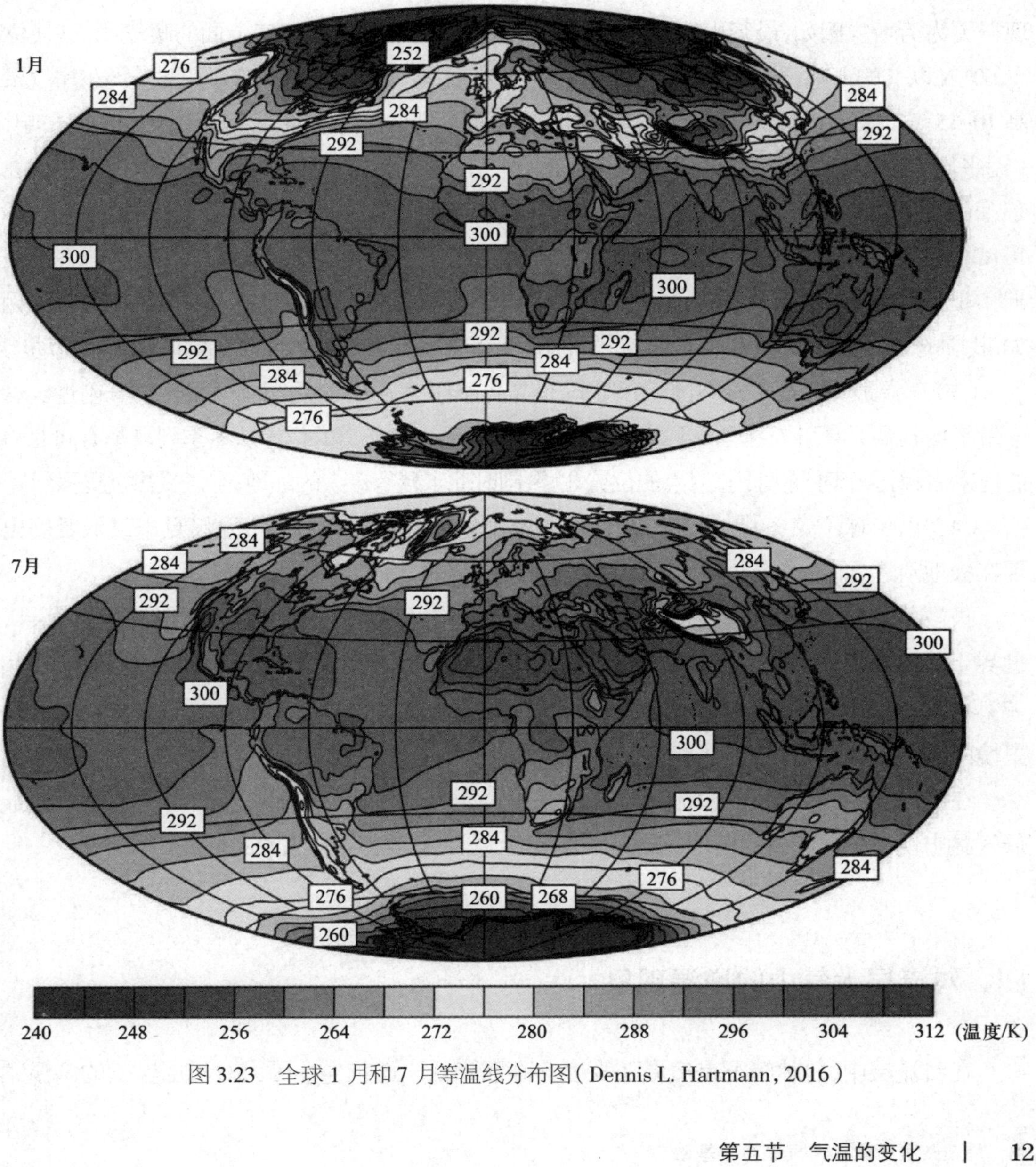

图 3.23　全球 1 月和 7 月等温线分布图(Dennis L. Hartmann, 2016)

（1）在该图上，可以明显地看出，赤道地区气温高，向两极逐渐降低，这是一个基本特征。在北半球，等温线 7 月比 1 月稀疏。这说明 1 月北半球南北温度差大于 7 月。这是因为 1 月太阳直射点位于南半球，北半球高纬度地区不仅正午太阳高度角较低，而且白昼较短，而北半球低纬度地区，不仅正午太阳高度角较高，而且白昼较长，因此 1 月北半球南北温度差较大。7 月太阳直射点位于北半球，高纬度地区有较低的正午太阳高度角和较长的白昼，低纬度地区有较高的正午太阳高度角和较短的白昼，以致 7 月北半球南北温度差较小。

（2）冬季北半球的等温线在大陆上大致凸向赤道，在海洋上大致凸向极地，而夏季则相反。这是因为在同一纬度上，冬季大陆温度比海洋温度低，夏季大陆温度比海洋温度高。南半球因陆地面积较小，海洋面积较大，因此等温线较平直，遇到有陆地的地方，等温线也发生与北半球相类似的弯曲情况。海陆对气温的影响，通过大规模洋流和气团的热量传输会表现得更为清晰。例如，最突出的暖洋流和暖气团是墨西哥湾暖流和其上面的暖气团，这使位于 60° N 以北的挪威、瑞典 1 月平均气温达 0~15 ℃，比同一纬度的亚洲东岸和北美洲东岸气温高 10~15 ℃。盛行西风的 40° N 处，在亚欧大陆靠近大西洋海岸的欧洲西部，由于受海洋影响，1 月平均气温在 15 ℃以上。而亚洲东岸受陆上冷气团的影响，1 月平均气温在 −5 ℃以下。大陆东、西岸 1 月份同一纬度平均气温相差 20 ℃以上。在 40° N 处的北美洲西岸 1 月平均气温接近 10 ℃，在同一纬度处的北美洲东岸仅为 0 ℃，相差亦达 10 ℃。冷洋流对气温分布的影响，在南美洲和非洲西岸表现显著。此外，高大山脉能阻挡冷空气的经向流动，也能影响气温的分布。例如，我国的青藏高原、北美洲的落基山、欧洲的阿尔卑斯山均能导致冷空气不向南而向东流动。

（3）气温最高温度带并不位于赤道上，而是冬季在 5° ~10° N 处，夏季移到 20° N 附近。这一带平均气温 1 月和 7 月均高于 24 ℃，故称为热赤道。热赤道的位置从冬季到夏季有向北移的现象，因为这个时期太阳直射点的位置北移，同时北半球有广大的陆地，空气受热过程强烈。

（4）南半球不论冬夏，气温的最低温度都出现在南极。北半球气温仅夏季最低温度出现在极地附近，而冬季最冷地区出现在西伯利亚东部和格陵兰地区。

极端气温的数值和出现地区，往往不能在平均温度图上反映出来。根据现有纪录，世界上极端最低气温出现在西伯利亚的维尔霍扬斯克和奥伊米亚康，分别为 −69.8 ℃和 −73 ℃，1962 年在南极记录到新的世界最低气温为 −90 ℃。世界绝对最高气温出现在索马里境内，为 63 ℃。

在我国境内，极端最高气温出现在新疆维吾尔自治区的吐鲁番，达到 48.9 ℃。极端最低气温出现在黑龙江省的漠河，该站 1968 年 2 月 13 日测得 −52.3 ℃的低温纪录。

四、对流层大气中的逆温现象

在对流层中，总体情况是气温随高度升高而降低。这首先是因为对流层空气的增温主要依靠吸收地面的长波辐射，因此离地面越近，获得地面长波辐射的热能越多，气温就越高；而距离地面越远，气温越低。其次，越靠近地面，空气密度越大，水汽和固体杂质越多，因而大气吸收地面辐射的效能越强，气温越高；高度越高，空气密度越小，能够吸收地面辐射的物质（水汽、固体杂质等）越少，气温越低。整个对流层的温度直减率平均为 6.5 ℃ /km。实际上，在对流层内气温垂直变化是因时因地而不同的。

对流层下层（由地面至约 2 km 高度处）的气温受地面增温和冷却的影响很大，温度直减率随地面性质、季节、昼夜和天气条件的变化也很大。例如，夏季白昼，在大陆上，当晴空无云时，地面剧烈地增温。底层（自地面至 300~500 m 高度）温度直减率可大于干绝热直减率，可达 12~15 ℃ /km。但在一定条件下，某些气层会出现温度随高度增加而升高的逆温现象。

形成逆温的原因主要有地面辐射冷却、空气湍流混合、空气平流冷却、空气下沉增温等。无论哪种原因造成的逆温，对天气都有一定的影响。例如，它可以阻碍空气垂直运动的发展，使大量烟、尘、水汽凝结物聚集在其下方，导致能见度降低等。全球发生的比较严重的大气污染事件（如美国洛杉矶光化学烟雾）多和逆温层的存在有关。在研究大气的扩散问题时，常需测定逆温层的高度、厚度，以及出现和消失的时间。下面分别讨论各种逆温的形成过程。

（一）辐射逆温

夜晚由于地面放射长波辐射而降温，从而使近地面的气层形成逆温现象，称为辐射逆温。

图 3.24 表示辐射逆温的生消过程。图 3.24（a）为辐射逆温形成前温度的垂直分布状况。在晴朗无云或少云的夜间，地面很快辐射冷却，贴近地面的气层也随之降温。由于空气愈靠近地面，受地表的影响愈大，因此离地面愈近，降温愈多；离地面愈远，降温愈少，因而形成了自地面开始的逆温层［图 3.24（b）］。随着地面辐射冷却的加剧，逆温逐渐向上扩展，在黎明时达到最强［图 3.24（c）］。日出后，太阳辐射逐渐增强，地面很快增温，逆温便逐渐自下而上地消失［图 3.24（d）、图 3.24（e）］。

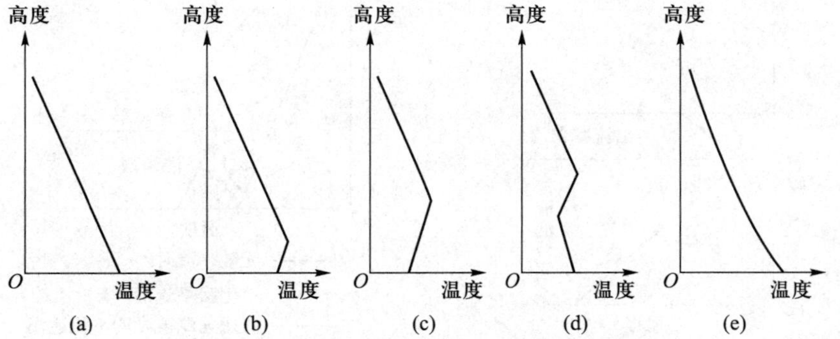

图 3.24　辐射逆温的生消过程（周淑贞等，1997）

辐射逆温的厚度为几米到几百米。辐射逆温在凌晨日出前最强,在日出后逐渐消失。最有利于形成辐射逆温的场合是晴朗无风的夜晚,因为无云有利于地面辐射能向上空传输;无风使上层空气的热量难以通过湍流作用下传,这些条件都使地面气温下降得很快而形成逆温。辐射逆温在大陆上常年可见,以冬季最强。夏季夜短,形成的逆温层较薄,在日出后消失得也较快;冬季夜长,形成的逆温层较厚,在日出后消失得较慢。在山谷和盆地地区,由于贴地层冷却的空气还会沿坡地流入谷底和盆地,常使低谷和盆地的辐射逆温得到加强,往往持续数天而不会消失。

(二)湍流逆温

由于底层空气的湍流混合而形成的逆温,称为湍流逆温。湍流逆温的形成过程可用图3.25说明。图中 *AB* 为气层原来的温度分布,温度直减率 γ 小于干绝热直减率 γ_d,经过湍流混合以后,气层的温度分布发生变化:图中的 *CD* 是经过湍流混合后,湍流混合层中的温度分布;在湍流减弱层(湍流混合层与未发生湍流的上层空气之间的过渡层)出现了逆温层 *DE*。这是因为在湍流运动中,上升空气的温度按干绝热直减率 γ_d 变化,空气上升到湍流混合层上部时,它的温度比周围环境空气温度低,湍流混合的结果是湍流混合层上层空气降温。空气下沉时情况相反,会使下层空气增温,所以经过充分混合后的气层温度直减率变大,而在湍流减弱层形成了逆温现象。

(三)平流逆温

当暖空气平流到冷的地面或水面上时,由于接触冷却作用使得愈接近地面或水面的空气降温愈多,而产生逆温现象,这种因空气平流而形成的逆温称为平流逆温。例如,冬季沿海地区常出现这种逆温现象。它是海洋上较暖的空气平流到大陆上时产生的,这样形成的逆温层通常厚度不大、水平范围较广。

平流逆温的形成常与湍流和辐射作用分不开。因为平流逆温在形成时,就具有一定的风速,这就会产生空气的湍流,较强的湍流混合作用常使平流逆温的近地面部分遭到破坏,

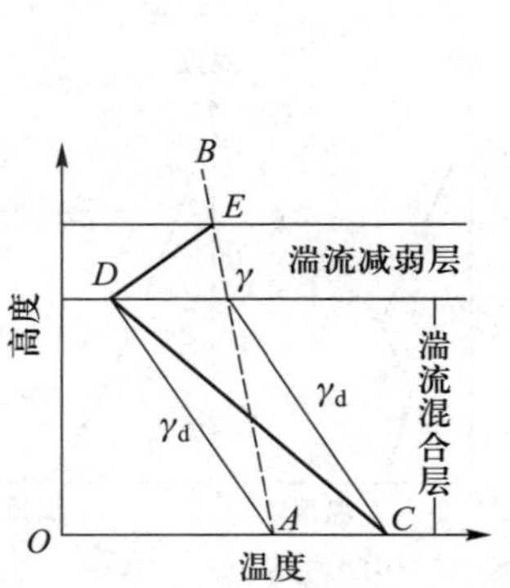

图 3.25　湍流逆温的形成

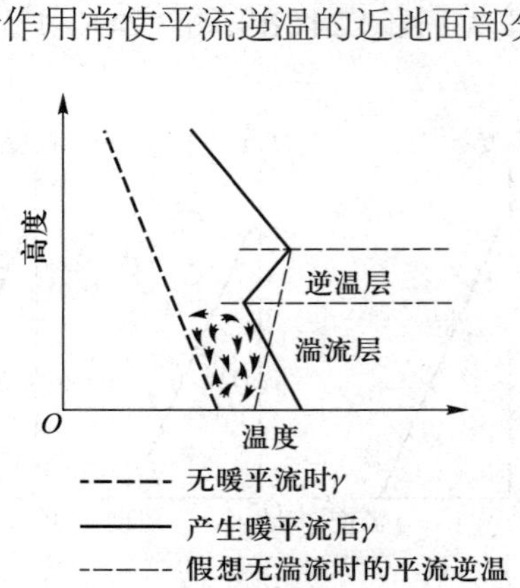

图 3.26　平流逆温的形成

逆温层不能与地面相连；同时，湍流混合运动又会加强湍流层的平流逆温（图 3.26）。另外，夜间地面的辐射冷却作用，可使平流逆温加强，而白天地面辐射增温作用，会使平流逆温减弱，从而使平流逆温的强度具有日变化特点。

（四）下沉逆温

由于空气下沉增温而形成的逆温，一般发生在高气压区。下沉逆温的形成如图 3.27 所示。当某一气层发生下沉运动时，因气压增大，以及气层向水平方向的辐散，其厚度会减小（$h'<h$），如果气层是绝热下沉的，而且气层内各部分空气的相对位置不发生改变，这样下沉气层顶部空气下沉的距离就要比底部空气下沉的距离远，因而其顶部空气绝热增温的幅度大于底部空气。于是当气层下沉到某一高度时，便可能出现气层顶部的温度高于其底部温度的情况，就形成逆温现象。

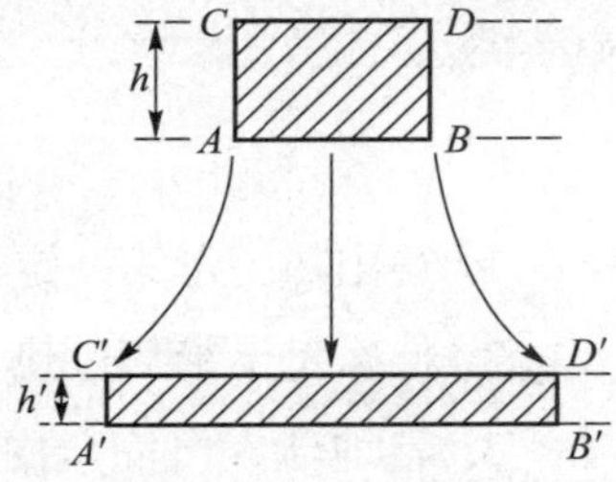

图 3.27　下沉逆温的形成

例如，某气层从空中下沉，起始时气层顶部的高度为 3 500 m、温度为 −12 ℃，底部高度为 3 000 m，温度为 −10 ℃，气层厚度为 500 m；下沉后顶部和底部的高度分别降低到 1 700 m 和 1 500 m，气层厚度为 200 m。假定这种下沉运动是按干绝热过程变化的，则气层顶部和底部的温度分别增高到了 6 ℃和 5 ℃，形成逆温现象。

下沉逆温多出现在高气压区，范围广，厚度也较大，在离地数百米至数千米的高空都可能出现。冬季，下沉逆温常与辐射逆温结合在一起，形成一个从地面开始有着数百米厚的逆温层。由于下层空气来自高空，水汽含量本来就不多，加上下沉增温，相对湿度会显著减小，空气变得干燥，不利于云的形成，原来的云也会趋于消散。因此，在有下沉逆温的时候，天气总是晴好的。

此外，当冷暖空气相遇时，较轻的暖空气爬升到冷空气上方，在其交界处附近也会出现逆温，称为锋面逆温。还有由于局部特殊地形而形成的盆地和谷地逆温，由于存在山脉背风坡而形成的逆温等。实际大气中出现的逆温常常是由几种原因共同作用的结果。因此，在分析逆温的成因时，需要根据当时当地的具体条件，进行具体分析。

本章小结

热力学第一定律说明了能量守恒和转化的规律，是大气科学研究最重要的理论之一。因为大气过程经常接近于绝热状态，所以位温的保守性就便于利用位温追溯气块的演变过程。如果是干空气，就可利用位温作指标。如果空气中含有水汽或液态水，就可用虚位温作指标。同理，由于假相当位温的保守性，天气学上亦可将其用作为气团和锋面的分析指标。在此基础上，得到了大气条件性不稳定和位势不稳定的判据。此外，通过气温个别变化与局地变化的分析，解释了空气的平流运动、垂直运动和热量交换对于温度局地变化的贡献。在第四章，我们将看到，大气作为热力学系统，除了干空气外，还含有水汽。由于水汽含量在大气中变化范围很大，同时伴有相变过程发生，因此还需要引进表示水汽含量的湿度参量。

习　题

1. 写出热力学第一定律在气象学中的表达式，并据此分析空气温度变化的原因。

2. 什么是干绝热过热、湿绝热过程？并比较二者的异同。

3. 若地球大气完全由氧气组成，则干绝热直减率仍是 10 ℃/km 吗？为什么？[提示，氧气的摩尔定容热容是 21.06 J/(mol·K)。]

4. 比较气温直减率(γ)、干绝热直减率(γ_d)和湿绝热直减率(γ_m)的概念和大小。

5. 分析空气块在绝热（干绝热、可逆湿绝热和假绝热）的升降过程中，哪些量是保守的？哪些量变大？哪些量变小？

6. 赤道和北极地区相比较，哪里的湿绝热直减率可能会更大？为什么？

7. 图 3.28 中虚线和实线分别表示的是干绝热和湿绝热过程中温度变化廓线（即随高度的函数曲线），判断何为干绝热线？何为湿绝热线？并说明原理。

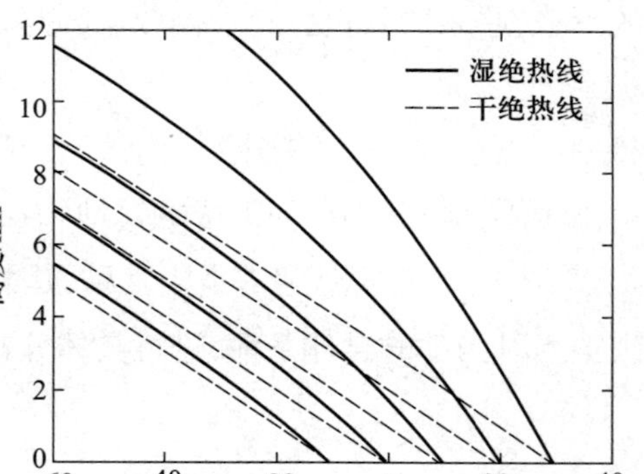

图 3.28　干绝热和湿绝热过程温度变化廓线

8. 设山高为 2 500 m，γ_m=5 ℃/km，一团未饱和湿空气在迎风坡山脚时的温度是 20 ℃，露点为 15 ℃，当它上升到山顶时水汽全部凝结并离开气块。求该团空气上升到山顶时的温度是多少？越过山顶到达背风坡山脚时的温度为多少？并说明气流湿度发生了怎样的变化？

9. 试定性描述夏日陆地上无云的日子，日出后 24 小时内地面附近大气稳定度的变化。

10. 何谓气温的个别变化和局地变化？说明影响气温局地变化的因素。

11. 试述气温的时间变化特征。

12. 试述全球气温水平分布的基本特征。

13. 什么是逆温现象？它是如何形成的？对天气有何影响？

14. 收集气温观测资料，用本章所学原理和方法分析其变化特征。

主要参考文献

[1] Tsonis A A. 大气热力学导论[M]. 魏晓琳，译. 北京：气象出版社，2020：20–28，110–117，122–129.

[2] 郝吉明，马广大，王书肖. 大气污染控制工程[M]. 3版. 北京：高等教育出版社，2010：76–80.

[3] 华莱士 J M（John M. Wallace），霍布斯 P V（Peter V. Hobbs）. 大气科学[M]. 2版. 何金海，译. 北京：科学出版社，2008：75–106.

[4] 姜世中. 气象学与气候学[M]. 北京：科学出版社，2010：40–54.

[5] 蒋维楣，孙鉴泞，曹文俊，等. 空气污染气象学教程[M]. 2版. 北京：气象出版社，2004：8–11.

[6] 李爱贞，刘厚凤. 气象学与气候学基础[M]. 2版. 北京：气象出版社，2004：59–82.

[7] 李万彪. 大气物理——热力学与辐射基础[M]. 北京：北京大学出版社，2010：31–44，68–86，98–128.

[8] 盛裴轩，毛节泰，李建国，等. 大气物理学[M]. 2版. 北京：北京大学出版社，2013：123–168.

[9] 王静爱，左伟. 中国地理图集[M]. 北京：中国地图出版社，2010：27–28.

[10] 银燕，刁一伟，刘超，等. 大气物理学[M]. 北京：气象出版社，2018：26–34，51–94.

[11]《中国气象百科全书》总编辑委员会. 中国气象百科全书（气象科学基础卷）[M]. 北京：气象出版社，2016：105–111.

[12] 周淑贞，张如一，张超. 气象学与气候学[M]. 3版. 北京：高等教育出版社，1997：36–56.

[13] AHRENS C D. Essentials of meteorology：an introduction to the atmosphere[M]. 6th ed.Brooks，Cole：Cengage Learning，2012：58–73.

[14] HARTMANN D L. Global physical climatology[M]. 2nd ed.Amsterdam：Elsevier，2016：8，15–17.

[15] LUTGENS F K，TARBUCK E J，TASA D. The atmosphere：an introduction to meteorology[M]. 12th ed.London：Pearson，2013：65–82.

第四章 云雾和降水的物理基础

大气中的水相变化,常表现为凝结(或凝华)和蒸发(或升华)等过程的相互转化。云雾和降水的形成与消散,正是上述物理过程的产物。本章的核心内容包括:水汽相变的基本规律;云雾和降水形成的宏观条件、微观条件和微物理过程。其中宏观条件、微观条件主要研究云雾和降水发展的热力和动力条件,以及云粒子的相态和尺度特征;而微物理过程主要研究云雾粒子和降水粒子的生成、增长和转化等。这两种条件在研究尺度上存在较大的差异,但是不同尺度的粒子和云系之间却紧密关联、相互制约。自然降水是在多种因子作用下的复杂物理过程,单凭云滴半径的凝结增长难以产生降水。目前公认的结论是云粒子长大成降水粒子,主要归结于两个重要的过程:凝结增长和碰并增长。

第一节 大气中的水汽相变

水的三态(水汽、水、冰)常被称为水的三相。物质从气态转变为液态的必要条件之一是它的温度必须低于它本身的临界温度。水汽具有相当高的临界温度(374.15 ℃),所以大气温度不但永远低于水汽的临界温度,而且也常低于冰的融解温度(0 ℃)。因此,在大气圈里常温常压条件下,水汽是唯一能以气态、液态和固态三种相态转变的大气成分。

一、蒸发与凝结

从分子运动论的观点来看,水的相变是各相之间分子交换的结果。例如,在水和水汽两相共存的系统中,水分子不停地运动着。在水的表面层,运动比较快而具有较大动能的分子,有可能克服周围水分子对它的吸引,跑出水面而变成水汽分子。水汽分子由于受水面分子的吸引及其相互碰撞,运动方向不断改变,其中有些向水面飞去,又重新落回水中。因此,在同一时间内，水面上既有分子跑出，又有分子落回。

用 N 和 n 分别表示在单位时间内跑出水面的分子数和落回水面的分子数。当 $N>n$ 时，有一部分水变成了水汽，这种由水变成水汽的过程称为蒸发；当 $N<n$ 时，有一部分水汽变成了水，这种由水汽变成水的过程，称为凝结；当 $N=n$ 时，水汽量既无增加又无减少，达到动态平衡，称为饱和。在气象工作中因为不测量 N 和 n，所以无法直接应用以上判据。

在任一固定温度的条件下，因为水汽压 $e=\rho_w R_w T$，可见 e 与 ρ_w（水汽密度）之间成正比，而 ρ_w 与 n 之间又是成正比的，所以 e 与 n 之间也是成正比的。这就是说，当水汽压为某一固定值 e 时，则有一个对应的固定值 n。当在同一温度下，达到动态平衡时，因为 $n=N$，所以对应的水汽压为 $e=e_s$，我们把达到动态平衡时的水汽压 e_s 称为饱和水汽压。由 e 和 n 成正比的关系，可知 e_s 和 N 也成正比。由此可得到两相变化和平衡判据的另一种形式：

$$\begin{aligned} & e < e_s \quad \text{蒸发} \quad \text{（未饱和）} \\ & e = e_s \quad \text{动态平衡} \quad \text{（饱和）} \\ & e > e_s \quad \text{凝结} \quad \text{（过饱和）} \end{aligned} \tag{4.1}$$

同理，e_{si} 为某一温度下对应的冰面上的饱和水汽压，也可得到冰和水汽两相变化和平衡判据的形式：

$$\begin{aligned} & e < e_{si} \quad \text{升华} \\ & e = e_{si} \quad \text{动态平衡} \\ & e > e_{si} \quad \text{凝华} \end{aligned} \tag{4.2}$$

在水汽相变过程中，要发生能量转换。当进行蒸发时，具有较大动能的水分子离开液面，使液面温度降低。潜热是潜藏的热能，这里是指水的相态改变过程中所需要的能量。因为具有较大动能的水分子离开了原有的液相系统，所以原有的液相系统的内能会降低，因此蒸发是冷却过程。如果要原有的液相系统保持温度不变，就必须自外界供给它热量，这部分热量由蒸发所消耗，因此称为蒸发潜热。根据一定温度下水和水汽的比定压热容等参数，可以算出凝结潜热（L_v）随温度的变化。由实验数据得出的简单表达式为：

$$\frac{\mathrm{d}L_v}{\mathrm{d}T} = -2\ 323 \tag{4.3}$$

在 0 ℃时，凝结潜热 $L_v=2.501\times10^6$ J/kg，积分后有

$$L_v=2.501\times10^6-2\ 323t \tag{4.4}$$

t 是摄氏温度。在温度变化不大时，L_v 的变化很小，所以一般取 $L_v=2.501\times10^6$ J/kg。当水汽凝结时，这部分潜热又会全部释放，这就是凝结潜热。在同一温度下，凝结潜热与蒸发潜热相等。

同理，冰升华为水汽的过程中也要消耗热量。这个热量包含两部分，由冰融化为水所需消耗的融解潜热，和水变为水汽所需消耗的蒸发潜热。融解潜热为 3.34×10^5 J/kg。所以，

若以 L_s 表示升华潜热，则有

$$L_s=(2.501\times10^6+3.34\times10^5)\text{ J/kg}=2.835\times10^6\text{ J/kg} \tag{4.5}$$

二、水汽相变的基本规律

水的三态（水汽、水、冰）常在地表凝结物、云和降水中同时存在，而且经常转变。水的相变过程不但影响凝结物的微物理结构，而且由于潜热的吸收和释放，会改变相应系统的热力和动力结构。从分子运动论的观点看，随着温度的升高，水汽分子的平均动能增大了，所以饱和水汽压随着温度的升高而增大。纯水平面上的饱和水汽压与温度的关系，可用克劳修斯－克拉珀龙（Clausius-Clapeyron，C-C）方程表示。

本书在论述热力学第一定律时，已经讨论了各个过程中的能量关系，但未涉及过程能否发生，以及向哪个方向变化的问题。通过分析各个过程的自然方向和热力平衡的判据，可知若要达到热力平衡，则需要具备三个条件：

（1）**热量平衡**：涉及平衡各方的各相态的温度必须相等。

（2）**机械平衡**：涉及平衡各方的各相态的压强必须相等。

（3）**化学平衡**：涉及平衡各方的每一种成分的各相态化学势必须相等。

由此考虑一个平面纯液态水与纯水汽组成的热力平衡系统，由热力学定律通过态函数［吉布斯（Gibbs）函数］，可推得 C-C 方程的近似形式：

$$\frac{\mathrm{d}e_s}{\mathrm{d}T}=\frac{L_v e_s}{R_w T^2} \tag{4.6}$$

式中：$e_s(T)$ 为平纯水液面时的饱和水汽压；L_v 为凝结潜热；R_w 为水汽的比气体常数，T 为热力学温度。此方程适用于平液面，而在讨论云和雨滴等的相变过程时必须考虑凸面液面的影响。

C-C 方程用来判定一个系统是否和其他系统（或一个系统的两个部分）处于平衡状态，是一个判定平衡条件的公式。此公式由克拉珀龙（Clapeyron）首先得到，然后由克劳修斯（Clausius）用热力学理论导出，所以得名 Clausius-Clapeyron（C-C）方程。此公式不仅能用在纯水－纯水汽的平衡上，也可以用在纯水－纯冰及纯冰－纯水汽的平衡上。由此而形成的公式，可以画成曲线来分析。图 4.1 给出了水的三相点，以及相变平衡曲

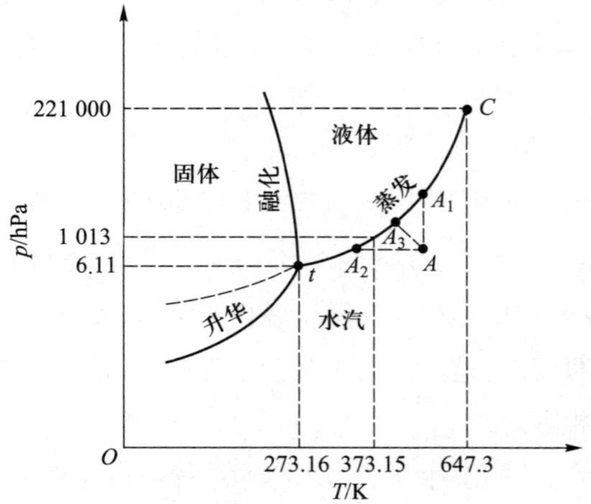

图 4.1　纯水（平水面）的相变平衡（措尼斯，2020）

线。该图是纯水（平水面）的位相平衡图。

请注意，此方程是由“平衡条件”导出的，因此它的解表示的曲线自然代表平衡条件。也就是说，当水汽压与温度正好位于曲线上时，就表示平衡状态。三条曲线的交点 t 为水物质的汽、液、固三相平衡共存点（称为三相点）。三相点的温度为 273.16 K，压强为 6.11 hPa。这三种平衡分别为蒸发（气体⟷液体）、融化［液体⟷固体（冰）］和升华［气体⟷固体（冰）］。沿着蒸发和升华的曲线，水汽分别与水和冰平衡，这些曲线提供了水和冰的平衡水汽压。与凝结相平衡的水汽为饱和水汽，相应的平衡水汽压为饱和水汽压。蒸发曲线延伸到三相点以下的温度对应过冷却水，冰面饱和水汽压小于过冷却水面饱和水汽压，属于一种过冷却水和水汽共存的亚稳态平衡，由于温度和压强的微小变化，过冷却水和水汽组成的系统可能是稳定的，但系统中出现了冰，使该系统不再稳定，导致水发生冻结。在本章第三节第二部分的（二）中将会讨论这个问题：当温度低于 0 ℃（273.15 K）时，环境水汽压介于过冷却水和冰面的饱和水汽压之间，对于过冷却水，环境未饱和，因为其水汽压低于过冷却水的饱和水汽压。因此过冷却水就要蒸发；但对于冰而言，环境水汽压高于冰面的饱和水汽压，因此环境是过饱和的，所以冰的比例必定要增长。如果环境水汽压维持不变，其最终结果是过冷却水蒸发殆尽，冰晶（ice crystal）的比例就大幅增长。这种情况可能会在云中发生，这种效应称为贝吉龙（Bergeron）过程。

图 4.1 中有一个特征，即蒸发曲线在 C 点结束，T_c 点的温度是 374.15 ℃（647.3 K），C 点的压强近似为 2.21×10^5 hPa。一旦超过这个临界点，液相和气相之间就不再有间断。这表明在 C 点之外，无法区分液相和汽相。为了理解临界点 C 的意义，考虑在临界点 C 以下，取一个代表水汽样本的温度和压强的点 A。如果保持温度恒定，压缩体积则压强增加，达到 A_1 的压强，那么水汽开始凝结；如果压强恒定，冷却水汽直到其温度降至点 A_2 的温度，那么水汽开始冷凝。显然，如果采取直线 AA_3 所描述的任何中间过程，水汽都将凝结。

由以上分析可知，气体可以通过以下三种方式越过平衡线，变成液体：① 在恒温下压缩；② 在恒压下冷却；③ 同时压缩和冷却。因此，蒸发曲线有终点这一事实表明：在 T_c 以上，不能通过在恒定温度下压缩气体来液化它。而在 p_c 点以上，不能通过在恒定压强下冷却气体来液化它。因为在大气中，温度和压强远低于 C 点的值，所以水汽可以凝结。例如大气中的 N_2、O_2、Ar 等一些其他气体，临界点温度分别仅为 −147 ℃、−119 ℃、−122 ℃，所以不会凝结（措尼斯，2020）。

为求得平纯水液面时的饱和水汽压 e_s，对式（4.6）进行积分，可得：

$$e_s(T)=e_{s0}\exp\left[\frac{L_v}{R_w}\left(\frac{1}{T_0}-\frac{1}{T}\right)\right] \tag{4.7}$$

类似地，平冰面的饱和水汽压可表达为：

$$e_{si}(T)=e_{s0}\exp\left[\frac{L_v+L_f}{R_w}\left(\frac{1}{T_0}-\frac{1}{T}\right)\right] \tag{4.8}$$

式中：e_{s0} 是 T_0（273.15 K）时的饱和水汽压；L_f 是冻结潜热。式（4.7）和式（4.8）描述了水汽和液态水（或水汽和冰）处于平衡时的热力学状态。当系统气压大于平衡气压，通过水汽的凝结（升华）达到平衡，这种过程减少了系统中的水汽量，降低了水汽压。当系统气压低于平衡气压，则通过水（冰）蒸发（升华）达到平衡。由式（4.7）和式（4.8）中的 e_s 和 e_{si} 对 T 特殊的指数型依赖关系可知，较高温度时的 e_s 大于较低温度时的 e_s，因此，较高的环境温度能够包容更多的水汽。对此本书不再赘述，但是如果有可能，读者应该关注这些公式的推导过程，并重点思考本章的习题 5。

由 C-C 方程得到 e_s（e_{si}）对 T 的依赖关系呈指数规律，对气候系统具有重要的影响。这意味着温暖的空气比寒冷的空气能容纳更多的水汽。所以常用 C-C 方程解释"在气候变暖背景下，大气中的水汽含量为何会增加""为何热带温暖洋面能比温带寒冷洋面输送更多的水汽到大气中"。大部分的水汽作为热带地区有组织对流的产物形成降水，释放出大量的潜热，转化为功，产生动能，有助于克服摩擦耗散作用维持大气环流的运行。

在实际工作中，为了计算平水面和平冰面的饱和水汽压，常采用简单的特腾斯（Tetens）经验公式，这里仅给出以 10 为底的指数形式：

$$e_s = e_{s0}10^{\frac{at}{b+t}} \tag{4.9}$$

式中：t 是摄氏温度；a 和 b 是常数。

对平水面的 e_s：a=7.5，b=237.3；对平冰面的 e_{si}：a=9.5，b=265.5。但在低温环境下（如 t=−30 ℃，误差约为 2%）时，求 0 ℃以下的平水面饱和水汽压时，宜采用以下的公式：

$$e_s = 6.112\exp\left[\frac{17.67t}{t+243.5}\right] \tag{4.10}$$

式中：t 是摄氏温度。

一般在实际工作中，特腾斯公式已能够满足对精度的要求（周淑贞等，1997）。图 4.2 是平水面饱和水汽压（虚线）与平冰面饱和水汽压之差（实线）随温度的变化。这一实验结果表明，平冰面饱和水汽压 e_{si} 小于同一温度下的平水面饱和水汽压 e_s，且差值在 −12 ℃时达到最大。环境水汽压介于过冷却水和冰面的饱和水汽压之间，对于云雾和降水的形成，具有重要的意义。在冰晶和过冷却水滴共存的混合云中，当云中温度低于 0 ℃时，因平冰面饱和水汽压小于平水面饱和水汽压，空气中水汽压介于两者之间时，过冷却云滴将蒸发，而水汽就转移凝华到冰晶上，导致冰晶（ice crystal）大幅度增加。在本章第三节第四部分，还可以看到贝吉龙（Bergeron）过程对层状云和积状云形成降水的作用。

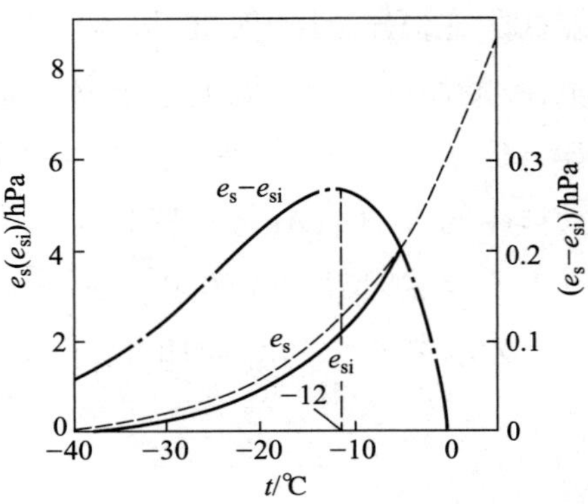

图 4.2　平水面饱和水汽压与平冰面饱和水汽压之差随温度的变化
虚线表示平水面饱和水汽压，实线表示平冰面饱和水汽压

三、水汽饱和的基本条件

当空气达到饱和（严格来说是过饱和）状态时，水汽就在某些气溶胶粒子上凝结而形成云或雾。云和雾的形成条件虽各有特点，但形成机制相似。形成云和雾最基本的条件只有两个：一是要使水汽达到过饱和，二是要有云凝结核（cloud condensation nuclei，CCN）。大气中一般并不缺乏充当凝结核的气溶胶粒子，因此，大气中生成云和雾的关键在于大气中的空气湿度相对冰面或水面能否达到过饱和状态。

水汽由未饱和达到饱和而生成云雾有两条途径：一是降温，二是增加水汽，或者是两者共同作用的结果。为了讨论两者在云雾形成中的作用，将相对湿度$f=e/e_s$取对数，然后微分，得到：

$$\frac{df}{f}=\frac{de}{e}-\frac{de_s}{e_s} \tag{4.11}$$

将上式中的饱和水汽压相对变化率$\frac{de_s}{e_s}$用平纯水液面的 C-C 方程$\frac{de_s}{dT}=\frac{L_v e_s}{R_w T^2}$代入，则：

$$\frac{df}{f}=\frac{de}{e}-\frac{L_v dT}{R_w T^2}=\frac{de}{e}-\frac{L_v}{R_w T}\frac{dT}{T} \tag{4.12}$$

式中：e_s为饱和水汽压；T为热力学温度；L_v为水汽凝结潜热；R_w为水汽的比气体常数。若取T为 273.16 K，则$\frac{L_v}{R_w T}\approx 19.8$，将其代入式（4.12），则

$$\frac{df}{f}\approx\frac{de}{e}-19.8\frac{dT}{T} \tag{4.13}$$

由上式可知，相对湿度的相对变化率取决于实际水汽压的相对变化率和温度的相对变化率。为使空气的相对湿度增大（$df>0$）从而达到饱和状态，可以通过增加水汽（$de>0$）和降低温度（$dT<0$）这两种过程，而通常情况是这两种过程同时起作用。在实际大气中，局地增加水汽含量的作用不能忽略，尤其是维持某地区上空的连续降水，必须有水汽不断输入补充，但是增加水汽的增湿作用 de 的增加量不会很大，而空气降温冷却的幅度可以很大。例如，空气绝热上升冷却的速率往往较大，降温作用可以比增加水汽的增湿作用大 10~20 倍。所以大气中的降温冷却过程有利于云、雾的形成。

四、大气降温过程

降温是使空气达到饱和状态的主要途径，这就涉及重要的热力学过程和大气运动过程，如空气绝热上升运动和各种降温冷却，等等。

（一）大气冷却过程

（1）**绝热上升冷却**。未饱和湿空气在绝热上升过程中，因体积膨胀对外界做功而导致空气本身冷却。此时，气块内的水汽压随着环境气压的减小而减小，与此对应的露点也降低。可以证明，气块上升的干绝热直减率远大于它的露点递减率，所以随着气块上升，相对湿度逐渐增大，气块的温度和露点将逐渐接近，在某一高度上达到饱和而发生水汽凝结，这个湿空气块因绝热抬升而达到饱和状态的高度称为抬升凝结高度（LCL）。

（2）**等压冷却**。在有些大气过程中，气压变化往往比温度变化缓慢，幅度也比较小，可以近似地视为等压过程。等压冷却达到饱和能导致凝结。例如，夜间由于辐射冷却，一些固体表面会发生凝结和凝华而出现露和霜；低层暖湿空气流经冷的下垫面时，将热量传递给冷的地面，造成空气本身温度降低。如果暖空气与冷地面温度相差较大，暖空气降温较多，就可能发生凝结形成平流雾；清晨常见的辐射雾，就是空气等压冷却凝结的产物。

（3）**绝热混合冷却**。当温差较大，且接近饱和状态的两团空气水平混合后，也可能导致凝结。由于饱和水汽压随温度的改变呈指数曲线形式（如图 4.3 中的曲线），因此混合后气团的平均水汽压可能比两个混合气团平均温度下的饱和水汽压大。图 4.3 中 A 和 B 分别代表两个未饱和气团的状态，A 气团的温度为 T_1，水汽压为 e_1，饱和水汽压为 e_{s1}；B 气团的温度为 T_2，水汽压为 e_2，饱和水汽压为 e_{s2}。混合后，空气的温度即为原来两团空气的平均温度（即横坐标上 T_1 与 T_2 之中点），对应的饱和水汽压为 e_s。因为混合是在水平方向进行的，所以混合后的水汽压 e，即 e_1 与 e_2 的平均值（即纵坐标上 e_1 与 e_2 之中点）。

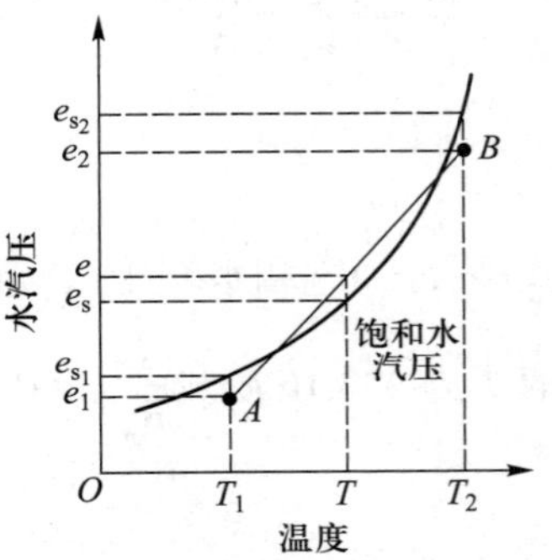

图 4.3　由水平混合而导致的凝结

由图 4.3 可以看出这两团空气混合后，水汽压大于饱和水汽压，即 $e>e_s$，可以导致凝结。例如我国新疆地区就出现过因不同气团相混合而产生的雾。但如果两个气团原来的湿度比较小，则混合后也难以发生凝结。

除水平混合绝热降温之外，不同高度的气块沿垂直方向的绝热混合，也会产生降温，由于移动时的气压、温度和湿度都发生了连续的变化，所以问题会变得更复杂。

（4）**夹卷冷却**。夹卷过程是指在气块上升过程中，由侧向卷入环境空气并与之混合的过程。事实上，上升气流会受到周围环境的影响。而夹卷过程就是考虑了侧向卷入环境空气并与之混合的过程，而湍流混合也会流出一些空气。观测结果表明，云内温度直减率远大于湿绝热直减率，云内含水量小于湿绝热凝结水量，这就说明了夹卷过程的存在。对上升的饱和湿空气，卷入的环境空气一般为冷而干，考虑夹卷过程后，饱和湿空气垂直上升的温度直减率将大于湿绝热直减率。因此，当温度层结不变时，夹卷过程使气层的不稳定度减小，影响对流及积云发展。

（二）大范围上升运动

一般来说，云主要是靠潮湿空气在上升运动过程中绝热膨胀降温达到饱和状态而生成的。因此，上升气流和充足的水汽是云生成的必要条件。控制云生成的上升运动有系统性上升运动、对流运动、地形抬升、波动和湍流运动等，即不同原因导致的上升运动，可形成不同类型的云型。

（1）**系统性上升运动**。这将在第六章详细介绍。锋面云系、低压、冷涡和切变线等天气系统的活动，都可出现辐合抬升运动，只要有充沛的水汽就可产生大范围的层状云系。锋面流场决定了锋面云系，其中暖锋上有广大的上升气流区，形成宽广的层状云系，第一型冷锋亦与此类似；而第二型急行冷锋因其移速快，坡度大，锋前强迫抬升激烈，故可发展出积雨云。

（2）**对流运动**。对流运动多具有大气层结不稳定的背景，在热力和动力触发机制下形成。由锋面等天气系统的移动或地形对气流的抬升而触发的对流运动，都可能发展出对流云。在气团内部，高层有下沉气流，对流受到抑制，常只能产生晴天积云；在有充足水汽的条件下，大范围内纵横排列整齐的上升和下沉运动，还可以生成大片网格状的云，例如，夏季热带和副热带洋面上的大片晴空积云。在第七章，我们将看到，在从地面到大约 1.5 km 的大气边界层里，由于阳光在不均匀下垫面上的加热作用，在导热性能差和热容量小的地面或近地面层温度更易升高，在浮力作用下易形成热空气。热空气的上升运动就属于热力对流。

（3）**波动**。波状云形成于大气波动中，当气流过山后会发生波状运动，如果水汽分布合适，波峰位于凝结高度就会有云形成，波谷处出现蒸发，就对应于云隙。在山的背风面上空出现位置固定、平行于山脉走向的几条云带。若暖湿气流被山地抬升，大气本身处于不稳定状态，则可触发生成对流云，因而山地常常是对流云的源地；若大气层结稳定，则生成层状云；若水汽条件并不很充分，则可在山巅出现小块的旗云；若高空有下沉气流，则可在山顶上空出现荚状云。

（4）**湍流运动**。我们已经知道，在大气边界层气流中，包含了许多不同尺度的无规则旋涡（湍涡），称为湍流运动。在第七章，我们将看到，湍流运动可以使热量、动量和水汽等大气属性重新分布，水汽的分布将趋于均匀，温度层结将趋于中性。若地面的水汽比较充足，则由湍流向上输送的水汽可在低空逆温层以下积累，从而逐渐达到饱和生成层云。这种过程若发生在近地面层，加上辐射降温，则可在地面生成雾。

第二节　云雾和降水的基本特征

云的成因复杂而导致其基本特征具有多样性。云的基本特征可以用形态、水平伸展、垂直伸展、时间尺度、垂直速度、含水量、温度、湍流等多个维度来表述，这些特征是从宏观角度反映云雾降水和非绝热过程的重要物理参量（Cotton 等，2011）。

首先，从上述多个物理参量看，其中云的生命周期和气块从入云到出云的时间是时间尺度的重要表述量。垂直速度决定了云悬浮降水粒子的能力。降水的形成和云冷却速率取决于云中的液态含水量，而液态含水量又决定了云降水的最大潜力，以及短波辐射加热和长波辐射降温的速率。温度是非常重要的物理参量。对于两种厚度相同的云而言，云底更暖的云具有更大的云底饱和混合比，而显示出大得多的降水能力。最后，湍流强度与云中各种物理参量密切相关，在很大程度上决定了云的物理参量性质和降水特征。

一、云和降水的宏观特征

（一）云和降水的分类

1. 云的分类

云是空气中小水滴、过冷却水滴、小冰晶和水凝物等混合而成的漂浮在大气中可见的混合物。由于气压随高度增加不断降低，导致潮湿空气上升后绝热膨胀冷却，因此相对湿度随之升高，促使空气中的水汽达到饱和。进一步的冷却产生了过饱和水汽，凝结或凝华在悬浮的凝结核或凝华核上，形成了许多小水滴和小冰晶或是两者兼有的水汽凝结体，由此形成了云（梅森，1978；束家鑫，1953）。

云有不同的分类方法。表 4.1 是云的国际分类表（中国云图，2004），它按云的高度分类，分成高云、中云、低云和直展云 4 族 10 属。如果从研究角度看，亦有人认为，可根据云的外形特征，或者结合发生发展特性进行分类，将云的形成过程和物理本质反映得更为系统直观，即可分为积状云（cumuliform cloud）[即直展云（cloud with vertical development）或对流云（convective cloud）]、层状云（stratiform cloud）和波状云（wave cloud）（束家鑫，1995）[①]。卷云（cirrus）亦属于层状云，因其辐射效应影响大气热力结构，进而显著影响全球能量平衡和气候（Liou，1986）而备受关注，故亦在此做一点介绍。此外也有研究者根据云内温度和云粒子的相态分类，将云分为暖云和冷云，以及水云、冰云和混合云等。

通常将整体位于 0 ℃等温线以下的云称为暖云；将垂直伸展到 0 ℃等温线以上的云称为冷云；将当温度低于 0 ℃仍可能存在的液水滴，称为过冷却水滴（supercooled water droplet），将完全由过冷却水滴组成的云称为过冷云；而将几乎完全由冰晶组成，温度远低于 0 ℃的云称为冰云；冷云也可包含某些冰的质粒，当冷云既包含冰的质粒，又包含过冷却水滴时，就称之为混合云。

① 亦有研究者将积状云以外的云，全部归入层状云。

表 4.1 云的国际分类表（International Cloud Atlas，2017；盛裴轩等，2013）

云族	出现高度 /km			云属
	极地	温带	热带	
高云	3~4	5~13	6~18	卷云（Ci），卷积云（Cc），卷层云（Cs）
中云	2~4	2~7	2~18	高积云（Ac），高层云（As）
低云		地面 ~2		层积云（Sc），雨层云（Ns），层云（St）
直展云				积云（Cu），积雨云（Cb）

2. 降水的分类

从云中降到地面的液态或固态水，称为降水。由于降水成因的差异，降水具有不同的形态——雨、雪、霰、雹。雨是自云体中降落至地面的液体水滴；雪是从混合云中降落到地面的雪花形态的固态水；霰（graupel）是从云中降落至地面的不透明球状晶体，由过冷却水滴在冰晶周围冻结而成；雹是由透明和不透明的冰层相间组成的固体降水，大多呈球形，常常降自积雨云。

降水按其产生的动力学过程可分为：① 对流性降水，指从对流云中产生的降水；② 系统性降水，是由于锋面、低压和切变线等天气扰动形成的大范围降水；③ 地形性降水，由地形抬升引起的降水。

降水按其强度变化可分成：① 连续性降水，持续时间长，强度变化小，通常产生于层状云；② 间歇性降水，强度时大时小或者时降时停，但变化都比较缓慢，通常产生于层积云；③ 阵性降水，开始和停止都比较突然，强度变化也很大，主要产生于对流云。液态的阵性降水称为阵雨。

降水强度的分级划分标准见表 4.2。

表 4.2 降水强度的分级划分标准（韩志伟等，2016）

名称	24 小时降水量 /mm	12 小时降水量 /mm
微量降雨（零星小雨）	<0.1	<0.1
小雨	0.1~9.9	0.1~4.9
中雨	10.0~24.9	5.0~14.9
大雨	25.0~49.9	15.0~29.9
暴雨	50.0~99.9	30.0~69.9
大暴雨	100.0~249.9	70.0~139.9
特大暴雨	≥250.0	≥140.0
微量降雪（零星小雪）	<0.1	<0.1
小雪	0.1~2.4	0.1~0.9
中雪	2.5~4.9	1.0~2.9

续表

名称	24 小时降水量 /mm	12 小时降水量 /mm
大雪	5.0~9.9	3.0~5.9
暴雪	10.0~19.9	6.0~9.9
大暴雪	20.0~29.9	10.0~14.9
特大暴雪	≥30.0	≥15.0

（二）云的形成和分布

1. 积状云

积状云（对流云）即为直展云族，是大气对流运动的产物。它主要包括淡积云、浓积云和积雨云，是孤立、分散、垂直发展的云体，顶部有轮廓鲜明的花椰菜状隆起。一块对流云往往由若干个尺度在几百米到 2 km 的云塔（对流单体）所组成。每个云塔又由许多尺度更小的，一般尺度为几十到两百米的云泡构成，云塔的生命周期一般为几分钟到 20 min，而云泡仅有 1~5 min 的生命周期。云塔不断生成、发展和演变，构成了整块积云的生命过程。发展旺盛的对流云常伴随雷暴、暴雨、冰雹和龙卷等灾害性天气。一般雷暴单体的发展可分为形成、成熟和消散三个阶段（Byers-Braham 雷暴单体生命周期模型），图 4.4 为雷暴单体的结构剖面图。

形成阶段，是指从淡积云向浓积云发展的阶段。云顶呈现轮廓清晰的花椰菜状隆起，云下有潮湿空气辐合进入云中，云内为有组织的上升气流。随上升气流入云的水汽凝结释放大量潜热，使云内温度可高于环境 0.5~4 ℃，甚至 10 ℃左右，在负温区冰相出现时也放出潜热。这些热量转化的动能促使积云进一步发展，并使云内上升气流进一步增强。这一阶段在中纬度地区历时 10~15 min。

成熟阶段，是指从浓积云向积雨云过渡的阶段。从云体外形看，由于受对流层顶阻挡和高空风的作用，云的顶部向两侧延展而呈砧状。云前部和上部仍以上升气流为主，但由于这个阶段易形成降水，在降水粒子的拖曳下开始出现有组织的下沉气流，下沉气流区温度将低于环境温度，以致在云下出现辐散气流。这一阶段历时 10~30 min。

消散阶段，是指在云的底层，当下沉气流阻碍了上升气流，最终切断了上升气流的来源后，发展动力消失，雷暴单体不断缩小的阶段。该阶段的特征是云中都为有组织的下沉气流，至少在云的低层全为下沉气流，历时仅几分钟。

由此可见，对流云的动力过程、热力过程和微物理过程是相互关联、相互制约的。其主要物理参量的特征主要表现在：

（1）空间尺度因对流发展阶段不同和气团属性不同而异。一般中纬度地区降雨性对流云，在其发展初期厚度即可达 5~6 km，甚至有时积雨云顶部可伸展到平流层内；而水平尺度一般在淡积云阶段为几百米到 1 km 的数量级，浓积云和积雨云的水平尺度为几千米，但有些降雨性积雨云可延展到 10~20 km 的数量级。

（2）流场随不同的发展阶段而不同（图 4.4）。在其形成阶段，云中全为有组织的上升气流，平均速度为每秒几米。但在降雨性积云中，最大上升气流速度可达 20~30 m/s，一般位于云的中部，随着积云的发展，这个位置将向中上部移动。在成熟阶段，垂直气流速度比其发展初期大，更重要的是这时云中还出现与上升气流有着相同数量级的下沉气流，到发展末期，云中几乎都是下沉气流，同时在云的下半部存在大量的辐散气流。

（3）云中温度的正、负距平区分别对应着上升气流区和下沉气流区。发展旺盛的对流云的中上部的温度正距平可超过 4 ℃，而在下沉区中温度负距平在云的最下部也可达到 −4 ℃。由于湍流的影响，云内温度也存在起伏，如果云泡尺度越大，它的温度就比周围空气高得越多。对流云中温度场的另一个重要特点是云内温度直减率要比理论上的湿绝热直减率大，接近云外温度直减率。可见对流云发展时，它与外部干冷空气有质量交换。

（4）云中含水量受云内垂直气流、夹卷混合，以及湍流交换等因素制约，含水量的分布有很大起伏。例如，对一些 1~2 km 厚的较小积云的观测结果表明，含水量起伏强度（它的平方根与平均值之比）达 50%~100%，平均为 80%。发展旺盛、厚达 10 km 的积雨云，起伏强度更大。含水量的起伏对云滴成长为雨滴起着极为重要的作用。

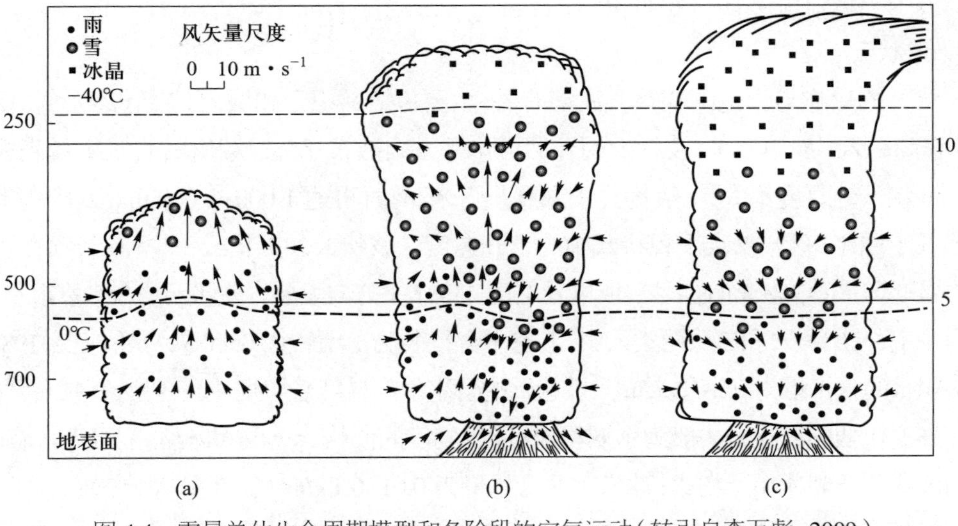

图 4.4　雷暴单体生命周期模型和各阶段的空气运动（转引自李万彪，2009）

（a）形成阶段；（b）成熟阶段；（c）消散阶段

2. 层状云

层状云是水平范围很广阔的云，由大范围空气缓慢滑升形成，只要有合适的水汽条件就可以产生大范围的层状云系。层状云与对流云相比：水平尺度一般要比其垂直尺度大一两个数量级；寿命也比对流云长得多，对于与天气系统相联系的层状云，其生命周期常在 7 天以上。

层状云的形成与大范围的规则上升气流运动有关，可形成锋面气旋云系（见第六章）。卷云（Ci）、卷层云（Cs）、高层云（As）、雨层云（Ns），自上而下由冰晶、冰晶和过冷却水滴、水滴所组成。大范围的层状云产生在大气层结比较稳定的条件下，上升气流速度较小，最大不超过几十厘米每秒。

层状云的上部或顶部有一个逆温阻滞层存在。与积云温度层结常大于湿绝热直减率不同，层状云云内温度直减率接近湿绝热直减率。层状云的内外混合作用不强烈，云的含水量接近绝热含水量，较冷的层状云更是如此，云的含水量比积状云少一至两个数量级。

3. 卷云

卷云是高云的一种，云底高度一般在 4 500~10 000 m 之间。卷云由高空比较稀疏的细小冰晶组成，云体薄而且透光性良好，色泽洁白并具有冰晶的光泽。卷云按外形、结构等特征，分为毛卷云和钩卷云、伪卷云、密卷云。研究结果表明，大气波动使局地冷却导致水汽达到过饱和状态，而核化形成新粒子，这是延长云砧卷云生命周期的主要机制（Pfister, et al, 2001）。全球平均卷云覆盖量在 20%~50% 之间，与季节和地理位置有关。

卷云的宏观特征包括厚度、云中心高度、水平范围等。卷云的水平伸展范围通常要比其垂直尺度大得多，比如急流卷云可以横贯整个大陆而几乎不崩溃，但其最大厚度也不过几千米。综合观测倾向于认为卷云的典型厚度为 1.5 km。受对流层顶高度的限制，典型的卷云中心高度为当地对流层顶高度的 3/4 左右。

4. 波状云

波状云的形成与大范围的空气波动有关，主要包括层积云和层云（属低云）、卷积云（属高云）和高积云（属中云）。波状云的云层沿水平方向散布，呈波状起伏，有时个体表现为团块状。波状云的厚度不大，一般为几十米到几百米，有时可达 1 000~2 000 m。云中的上升速度可达几十厘米每秒，仅次于积状云中的上升速度。波状云和层状云一样，其云顶存在一个稳定的温度场，经常有一个逆温层，所以云层往往向水平方向发展。波状云的含水量很小，根据梅森的测定，在层积云和层云两类云中，液态水含量很低，范围为 0.05~0.5 g/m^3（梅森，1983），而我国层积云的含水量为 0.1~1.4 g/m^3。波状云的含水量与温度密切相关，一般温度愈高，含水量愈大。高度较低的波状云一般为水滴构成；中等高度的波状云上层为冰晶，下层为水滴；较高高度的波状云全为冰晶所构成；冰云中的含水量为 0.01~0.1 g/m^3（束家鑫等，1995）。

大气层存在各种各样的波动，这是大气运动的重要物理特性之一，所以，波动气流的经常产生是理所当然的。根据目前的研究，形成波动的方式主要有：一是由于大气中存在空气密度和气流速度不同的界面，在此界面上引起波动；二是由于气流越山而形成的波动（称背风波），在水分充分的条件下可形成波状云。当空气存在波动时，波峰处空气上升，波谷处空气下沉。空气上升处由于绝热冷却而形成云，空气下沉处则无云形成。如果在波动形成之前，该处已有厚度均匀的层状云存在，那么在波峰处云加厚，在波谷处云变薄以至消失，从而形成厚度不大、保持一定间距的平行云条，呈一列列或一行行的波状云。在上层风速大、密度小，下层风速小、密度大的界面上产生波动时，由于各高度上的风向、风速常随时间变化，因此波动的方向也改变。

（三）全球云和降水的分布

全球云和降水的分布是大气环流演变、海陆地形分布、水汽相变的潜热释放、水分循环和气溶胶排放等物理过程综合作用的结果，所以其时空变化的差异很大。云和降水是在一定的天气形势下产生和发展的，大部分重要的天气现象都与云和降水有关。从另外的角度看，云和降水过程是地球大气的热量、水分和动量平衡的关键因素，它不仅影响局地的和短期的天气过程，也影响大气环流和全球气候的变化。

彩图 4.5 1983—2012年全球年平均云量、年平均高云量、年平均中云量、年平均低云量的地理空间分布

1. 云的分布

大气中云的产生、发展和演变，对全球地－气系统的辐射平衡和天气气候变化具有重要的调节作用。图 4.5 选自 Stubenrauch 等绘制的国际卫星云气候计划（International Satellite Cloud Climatology Project，ISCCP）中的全球云分布图。该图包括 1983—2012 年的全球年平均云量、高云量、中云量和低云量分布（Stubenrauch 等，2012），显示了明显的年均云量的纬度和海陆差异。由图 4.5（a）可知，云量最高值出现于南纬 30°以南和北纬 30°以北的洋面，

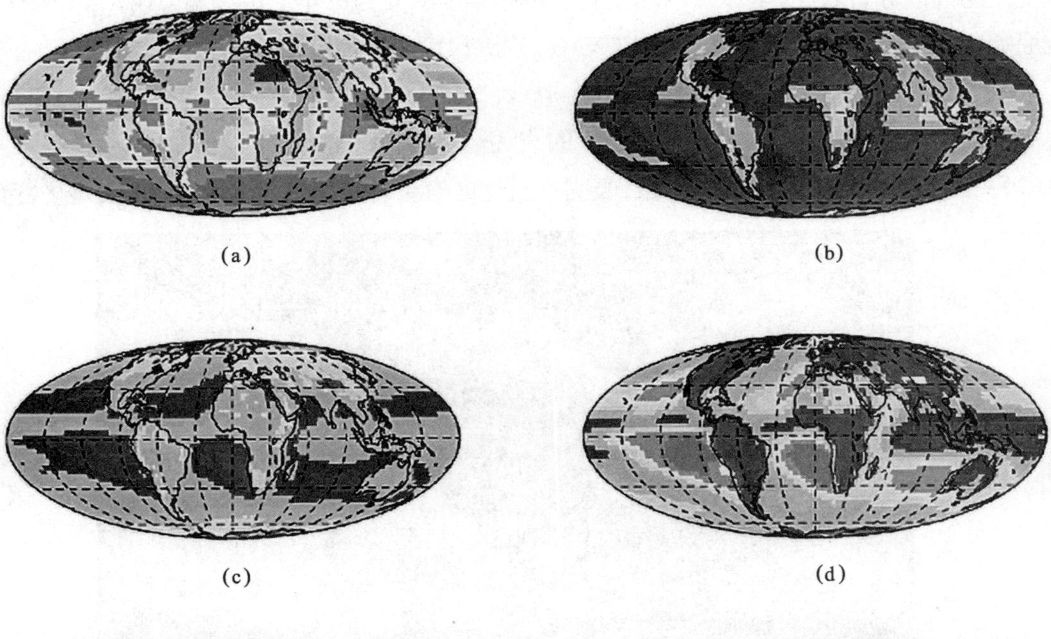

图 4.5　1983—2012 年全球年平均云量、年平均高云量 (CP<440 hPa)、年平均中云量 (440 hPa ≤ CP<680 hPa)、年平均低云量 (680 hPa ≤ CP) 的地理空间分布（ISCCP，国际卫星云气候学项目）

（a）年平均云量；（b）年平均高云量；（c）年平均中云量；（d）年平均低云量。CP：云顶气压

与该地域温带气旋频繁活动的多云雨天气一致；次高值出现于北半球热带辐合带（ITCZ）和东太平洋洋面，南半球陆地以西的洋面、马来半岛和印度尼西亚的赤道附近，可见赤道洋面接收的太阳辐射能量多，水汽充沛，垂直气流发展旺盛；上述两个多云带之间的副热带，位于赤道上升气流的下沉区（哈得来环流下沉支），在副热带高压控制下，水分蒸发抑制云的形成，为云量低值区：如北非的撒哈拉沙漠、北美洲南部、南北半球中纬度洋面、非洲南部和澳大利亚等地。

由图 4.5（b）可见，高云的高值大多出现在陆地、马来半岛和印度尼西亚的赤道附近；低值主要位于南北半球洋面和北非大陆的上空。中云在南、北半球高纬度维持着最高值；次高值的分布与高云的高值区相似，其他次高值区为非洲大陆和南北纬 30°~60° 洋面；最低值多位于中纬度陆地以西的洋面［图 4.5（c）］。低云最高值分布与中云的最低值区域类似；次高值在海上（除马来半岛和印度尼西亚的赤道地区为最低值外），其分布与中云次高值在海上的分布类似；最低值在北半球 30° 以北与中云区最高值区域大致一致；其余最低值区与中云大部分的次高值区域类似，中南部非洲亦为一个最低值［图 4.5（d）］。

2. 降水的分布

除海陆分布和地形外，降水受到大气温度、环流和云层等不同因素的影响。一些研究者对不同区域降水变化的原因进行了探索，发现在某些地区，平均降水量有增加的趋势，这种趋势是对全球变化的响应。全球降水的时空演化对大气环流模态具有较强的依赖性，对降水变化的归因分析表明，全球降水的空间分布和年际演变与厄尔尼诺和南方涛动（ENSO）、拉尼娜（La Nina），以及北大西洋涛动（NAO）等大尺度的环流特征密切相关。

一些学者根据对全球降水气候计划 2.3 版本［the new Version 2.3 of the Global Precipitation Climatology Project（GPCP）］的分析，得到了图 4.6。该图绘制出了 38 年（1979—2016 年）全球降水气候分布，表明赤道地区有全球最大的降水量，中纬度地区洋面

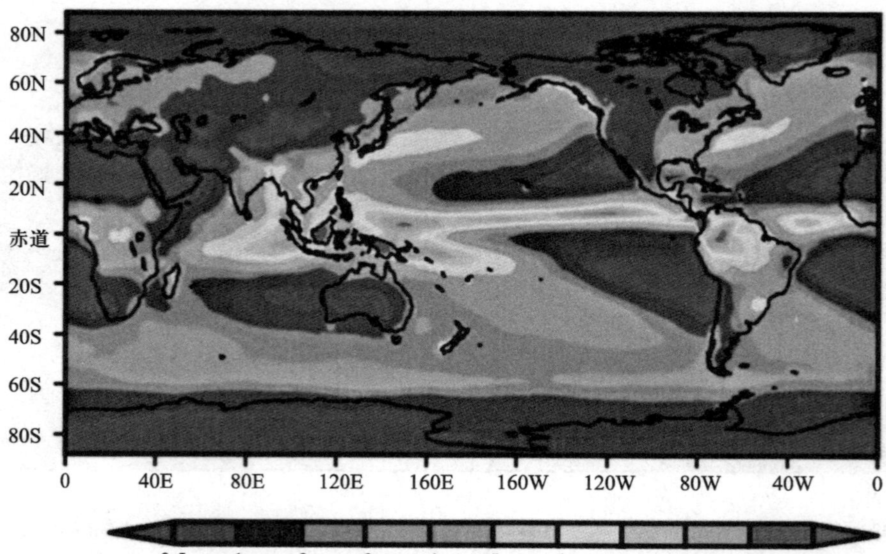

图 4.6　全球 38 年（1979—2016 年）年平均降水气候图（$mm \cdot d^{-1}$）（Adler 等，2018）

为降水次高值区，而高纬度地区陆地为降水低值区；南北美洲太平洋西岸的延伸段、亚欧大陆腹地、北非和西非海岸至大西洋、澳大利亚内陆至印度洋延伸段，降水均值在 1 $mm \cdot d^{-1}$ 以下。据统计，全球平均降水估计结果为 2.69 $mm \cdot d^{-1}$，其中海洋为 2.89 $mm \cdot d^{-1}$，大陆为 2.25 $mm \cdot d^{-1}$（Adler 等，2018）。

众所周知，降水来自于云，不同高度的云在全球分布上有许多相似之处，云在全球水循环过程中起着重要的作用。由于降水的成因非常复杂，而且也不是所有的云都能够产生降水，因此云和降水之间的相关性并不显著。但是全球云量的变化势必影响可降水云的变化，进而可能影响全球降水过程和特征。由于降水过程受到很多因素的控制，因此进一步的结论仍有待研究。

二、雾的形成与特征

雾是水汽凝结（华）物悬浮于大气边界层内，使水平能见度降至 1 km 以下的天气现象。水平能见度超过 1 km 的雾称为轻雾。薄雾的厚度不到 1 m，而厚的可达几百米。雾的构成与云相同，但雾粒子悬浮高度低，部分可达地面，因此雾中的大气成分、气溶胶粒子和气象要素等与高空的云有所不同。

雾对人类生活、生产和军事活动的影响很大，长期为人们所关注。早在 20 世纪 20 年代，就已出现较为完善的雾的发生学分类法。但直到 20 世纪 70 年代，随着大气边界层物理学、大气辐射学和计算机模拟技术等相关学科的快速发展，人们对雾的形成机制才逐渐了解。从导致水汽凝结等诸多因子分析，对雾形成最重要的因素当属辐射、湍流、平流和暖水面蒸发。

为了满足理论和应用研究的需求，人们常从不同角度对雾进行分类。例如，对雾的研究有天气学分类法、发生学分类法、温度分类法、相态分类法、地域分类法等。这些分类法在不同情况下各有所长，但目前仍然以发生学分类法较为流行。

（一）辐射雾

辐射雾由地面和大气辐射冷却而形成。地面和贴地层空气的辐射降温率可达 10 $℃ \cdot h^{-1}$ 左右，如果此时天气晴朗而风力微弱，空气湿度大，就可能有雾形成。辐射雾以陆地上最为多见，大都出现于后半夜，日出后消散，强度大的可持续到午后。雾形成之后，降温中心将逐渐抬升而位于雾的上部，地面因雾层覆盖增强了向下辐射而使有效辐射减小，不再降温，出现大气温度随高度的直减率可超过干绝热直减率的温度层结。

在辐射雾的形成过程中，雾顶部的辐射通量辐散会增大雾顶部及其上部的稳定度，而雾内部和下部的稳定度减小，结果造成冷的雾气和其下部接近饱和的湿空气垂直混合，使雾向下扩展；在雾顶部的辐射冷却也使液态水含量增大，并使雾区的能见度降低，这也常使雾向上扩展。大气湍流促使冷却层和雾层扩大其范围，有利于雾的发展，但是其强度不能过大，否则因冷却层过厚、降温不大而不利于雾的形成。

辐射冷却是形成辐射雾的主要原因，凡是有利于辐射冷却的季节、天气系统和地域，都有利于辐射雾的形成。从季节来说，秋冬二季，昼短夜长，地面和近地层空气净辐射处于负值的时间长，因此有利于辐射雾的形成。从天气系统来说，高压系统内天空晴朗，地面有效辐射强，且因风速不大而可以发展适度的湍流，也是辐射雾形成的有利因素。

（二）平流雾

当暖湿空气移行于冷下垫面时，空气因湍流将热量输送给下垫面而降温，在温度低于露点时就有雾形成，这种由平流冷却而形成的雾称为平流雾。空气平流冷却的速度取决于气流与下垫面之间的温度差及湍流的强度。温度差愈大，湍流愈强则平流冷却效应愈强。但湍流过强反而不利于近地层的冷却，因为这时候参与冷却的气层增厚，气温的降低程度就不显著了，因此在平流雾产生时，风速要大小适中。据我国一些气象台站的统计，在平流雾产生时风速一般为 $2\sim7\ \mathrm{m\cdot s^{-1}}$。

平流雾既发生于海上，也发生于陆上。我国冬季沿海是平流雾的多发区。这一时期，陆地冷而海洋暖，当气流自海洋向陆地运动时，就形成了产生平流雾的良好条件。此外，春夏之交，我国东部海域沿岸海流的温度较低，当活跃的偏南暖湿气流经过这里时，也常产生平流雾。与陆上辐射雾相比，海雾的含水量、雾滴尺度都较大，但浓度较小。此外，海雾厚度也较辐射雾为大。

（三）蒸发雾

蒸发雾又称蒸汽雾，是当冷空气流经暖水面上时形成的。蒸发雾的厚度，薄的不到 1 m，厚的可达 1 500 m，常见的约为 100 m。空气湿度和水 – 气温度差是影响蒸发雾形成的两个主要因素。当湿度一定时，水 – 气温度差达到某一阈值时才有雾生成，其值与空气湿度成负相关，随水温增高而增加，随海水含盐量增加而增加，这是因为含盐量越大，饱和水汽压越小。

秋季陆上小水域上的晨雾是夜间陆地上空气辐射冷却后移到暖水面上形成的湖泊雾。河谷地区夜间坡地上辐射冷却形成的冷空气流至河面生成河谷雾。沿海陆地或岛屿夜间辐射冷却生成的冷空气移至暖海面上形成岸滨雾。湖泊雾、河谷雾、岸滨雾皆为蒸发雾。冬季大陆冷空气流经暖洋面，或者海洋极地空气流经中纬度暖洋面产生的蒸发雾，水平范围可达上千千米。在北半球，蒸发雾可发生于极地以南到热带的广大区域，且西部多于东部。蒸发雾在低纬度地区局限于沿岸海域，在高纬度地区则可远离海岸。

一次雾的形成，往往不是一个而是两个或多个因素共同作用的结果。例如在平流雾形成过程中，辐射和平流是同时起作用的，不过它们的相对重要性是不同的。人们常以起主要作用的因素确定雾的性质。而平流辐射雾可理解为在雾的形成过程中，平流冷却和辐射冷却起了相同的作用（许绍祖，1993），这类雾亦可称为混合雾。

三、地面水汽的凝结与冻结

（一）地面水汽凝结

当地面空气温度在 0 ℃以上，地面附近空气里的水汽由于空气降温而达到饱和状态时，水汽就会在暴露表面产生凝结现象。最常见的地面凝结现象是露（dew）。

在傍晚或夜间，地面或地物由于辐射冷却，使贴近地面的空气层也随之降温，当其温度降到露点以下，即空气中水汽含量过饱和时，在地面或地物的表面就会有水汽的凝结。如果此时的露点温度在 0 ℃以上，那么在地面或地物上就会出现微小的水滴，称为露。形成露的气象条件是晴朗微风的夜晚。夜间晴朗有利于地面或地物迅速辐射冷却。微风可使辐射冷却在较厚的气层中充分进行，而且可使贴地层空气得到更换，保证有足够多的水汽供应凝结。无风时可供凝结的水汽不多，风速过大时由于湍流太强，使贴地层空气与上层较暖的空气发生强烈混合，导致贴地层空气降温缓慢，均不利于露的生成。

露的降水量很少。在温带地区夜间露的降水量相当于 0.1~0.3 mm 的降水层，但露的降水量在许多热带地区很可观，多露之夜可相当于 3 mm 的降水量，常年平均约相当于 1 mm。露的降水量虽然有限，但是对植物很有利，尤其在干燥地区和干热天气，夜间的露常有维持植物生命的作用。例如，在埃及和阿拉伯沙漠中，虽然数月无雨，但是植物可以依赖露水生长发育。

（二）地面水汽冻结

地面冻结现象一般发生在地面空气温度在 0 ℃以下的环境。最常见的大气地面冻结现象是霜、雾凇和雨凇。不同的冻结现象其产生原因不同。

在傍晚或夜间，地面或地物由于辐射冷却，使贴地层空气也随之降温，如果露点温度在 0 ℃以下，那么水汽直接在地面或地物上凝华成白色的冰晶，称为霜。有时已生成的露，由于温度降至 0 ℃以下，冻结成冰珠，称为冻露，也归入霜的一类。

1. 霜和霜冻（frost and frost injury）

形成霜的气象条件是晴朗微风的夜晚，与形成露的条件相近，只是温度低于 0 ℃。除辐射冷却形成外，在冷平流以后或洼地上聚集冷空气时，都有利于霜的形成。这种霜称为平流霜或洼地霜，它们又常因辐射冷却而加强。因此在洼地与山谷中，产生霜的频率较大。在水边平地和森林地带，产生霜的频率较小。

这里需要指出的是，霜和霜冻不同：霜是指白色的凝结物，霜冻是指在农作物生长季节里，地面和植物表面温度下降到足以引起农作物受到伤害或者死亡的低温。有霜时农作物不一定遭受霜冻之害。有霜冻时可以有霜出现（白霜），也可以没有霜出现（黑霜）。因此，我们要预防的是霜冻而不是霜。霜冻尤其是早霜冻（或初霜冻）和晚霜冻（或终霜冻）对农作物的危害较大，应引起重视，可采取烟熏、浇水、覆盖等预防措施。

2. 雾凇（rime）

雾凇是形成于树枝上、电线上或其他地物迎风面上的白色疏松的微小冰晶或冰粒。根据形成条件和结构，可将其分为两类。

（1）**晶状雾凇**。晶状雾凇主要由过冷却雾滴蒸发后，再由水汽凝华而形成。它往往在有雾、微风或静稳，以及温度低于 –15 ℃时出现。由于冰面饱和水汽压比水面小，因此过冷却雾滴就不断蒸发变为水汽，凝华在物体表面的冰晶上，使冰晶不断增长。这种由物体表面冰晶吸附过冷却雾滴蒸发出来的水汽而形成的雾凇叫作晶状雾凇。它的晶体与霜类似，结构松散，稍有震动就会脱落。在严寒天气中，有时在没有雾的情况下，过饱和水汽也可直接在物体表面凝华成晶状雾凇，但生长速度较慢。

（2）**粒状雾凇**。粒状雾凇往往在风速较大，气温在 –7~2 ℃时出现。它是由过冷却的雾滴被风吹过，碰到冷的物体表面迅速冻结而成的。由于冻结速度很快，因此雾滴仍保持着原来的形状，因此呈粒状。

3. 雨凇（glaze）

雨凇是形成在地面或地物迎风面上的透明的或呈毛玻璃状的紧密冰层。它主要是过冷却雨滴降落到温度低于 0 ℃的地面或地物上冻结而成的。雨凇的破坏性很大。它能压断电线、折损树木，对交通运输、电信、输电，以及农业生产都有很大影响（韩志伟等，2016）。

四、云雾和降水的微观特征

云雾和降水是由大量悬浮的大气气溶胶所组成，包括了云滴、雾滴、雨滴、冰晶、雪花、霰、冰雹，等等。威尔孙云室[①]的实验表明，在水汽凝结过程中，气溶胶粒子具有重要的作用。在纯净的非电离湿空气中，只有当相对湿度达到 800% 时，才会发生凝结；而在含有气溶胶粒子的湿空气中，湿度只要稍高于 100% 就能形成云雾。因此大气气溶胶的原理和规律可作为讨论云雾微物理特征的基础。云粒子有液态云滴和固态冰晶两种相态，其相态、尺

① 威尔孙云室：在 1904 年由英国物理学家威尔孙发明，是观察微观粒子运动轨迹的仪器。它利用纯净的蒸气绝热膨胀，温度降低达到过饱和状态，这时带电粒子射入，在经过的路径产生离子，过饱和气以离子为核心凝结成小液滴，可通过照相机拍摄出粒子的径迹。云室中的气体大多是空气或氩气，蒸气大多是乙醇或甲醇。根据径迹上小液滴的密度或径迹的长度，可测定粒子的速度；将云室和磁场联用，根据径迹的曲率和弯曲方向可测量粒子的动量和电性，从而可确定粒子的性质。

度、浓度和含水量是描述云体微结构的主要因素。

（一）云滴和雾滴

云粒子浓度是指单位体积的云所含的云粒子个数（个 /cm^3）；评定云粒子的大小通常用谱宽和平均半径两个参量：谱宽表示最大粒子和最小粒子的尺度宽度，平均半径有算术平均半径、均方半径等。滴谱表示云粒子浓度随云粒子尺度大小的分布。

通常把云中粒子半径小于 100 μm 的小水滴称为云滴（cloud droplet）；把半径为 100 μm 的云滴称为大云滴；把半径大于 100 μm 的水滴称为雨滴。图 4.7 给出了云和降水粒子尺度、密度和下落速度的概量。云滴和大云滴若下缘到达地面，则称为雾滴。

在不同的天气背景下，云、雾和霾的微物理特征可有很大的差异。一般来说，典型霾滴（haze droplet）的半径可小于 1 μm，多低于雾和层云的粒子半径（0.5~30 μm）；亦低于大陆性积云的粒子半径（2~30 μm）、浓积云的粒子半径（2~40 μm）和积雨云的粒子半径（2~100 μm）；雾的数浓度（cm^{-3}）通常在 1~100 之间，层云和积云的数浓度（cm^{-3}）在 10~1 000 之间；雾的含水量多在 10~500 mg · cm^{-3} 之间，和层云的含水量（100~500 mg · cm^{-3}）处于同一个数量级，而浓积云的含水量约为 1 000 mg · cm^{-3}。

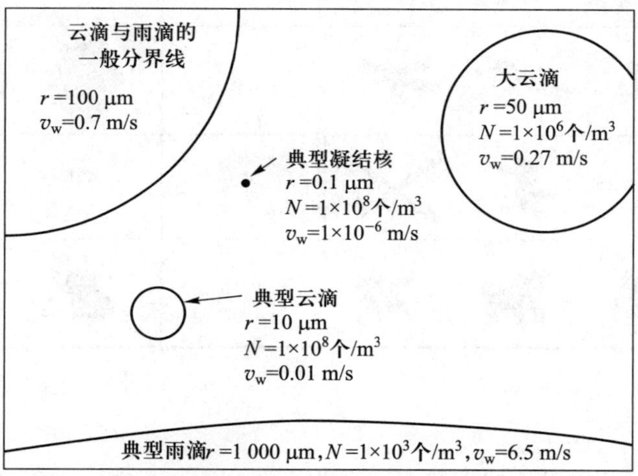

图 4.7　云滴和雨滴的尺度、数密度和下落速度的概量示意图（McDoanld,1958，转引自盛裴轩等，2013）

（二）冰晶和雪晶

云体温度在低于 0 ℃时可以形成冰晶，在本章第三节第二部分“凝结和凝华增长”中将看到，当冰晶与过冷却水滴共存时，由于冰面水汽压低于同一温度下的水面饱和水汽压，因此过冷却水滴蒸发后的水汽就会向冰晶扩散凝华，促使冰晶生长，由此机制生长的冰粒子称为雪晶，习惯上以线性尺度 300 μm 作为两者的判别指标，直径小于 300 μm 的为冰晶，大于等于 300 μm 的为雪晶。而雪晶或雪晶与冰晶的聚集物常称为雪花。冰粒子也可以通过与其他冰晶碰并而长大，即所谓的丛集（clumping）过程。观测结果表明，雪片常常是由许多个冰晶粘连在一起的聚合物。在雪晶表面，也常常观测到许多冻结的小水滴。冰晶的增长过程除了有水汽凝华作用以外，还有冰晶与过冷水滴碰撞并冻结的增长过程，称作凇附（riming）增长。在某些云中还可以观测到很高的冰晶数密度，这无法用冰晶沉降和积累原理解释，因此其中必然还存在某些冰晶繁生过程，例如云中冰晶或冻滴等冰相粒子比较松脆，在和其他冰晶或降水物相碰时，会因破碎等因素产生新的冰晶，导致冰晶浓度急剧增加。

表 4.3 中列出了国际冰雪委员会（the International Commission on Snow and Ice，ICSI）在 1951 年提出的固态降水物国际分类方案，包括片状、星状、柱状、针状、空间辐枝状、帽柱状、不规则冰晶，以及霰、冰粒和雹块。

表 4.3　冰晶、雪晶、霰、冰粒和雹块的主要形状（转引自 Mason，1978）

名称	典型形状	名称	典型形状
片状		帽柱状	
星状		不规则状	
柱状		霰	
针状		冰粒	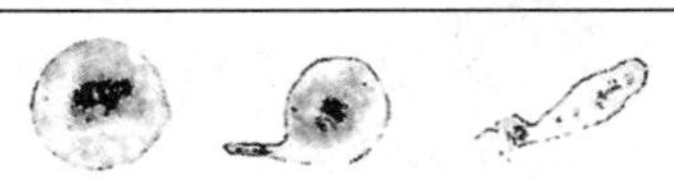
空间辐枝状		雹块	

（三）雨滴

自然界中的雨滴大小分布随云的种类和降水机制等而改变。人们通常用体积相同的球体所具有的直径 D（体积等效直径）来描述雨滴的大小，其尺度分布函数以 $n(D)$ 表示。观测结果表明，随着雨滴尺度的增加，雨滴数密度迅速减小。在特别稳定的降水过程中，雨滴的大小分布（雨滴谱）非常接近负指数函数的形式，可用马歇尔－帕尔默（Marshall-Palmer，M-P）近似公式表示：

$$n(D)=\frac{\mathrm{d}N}{\mathrm{d}D}=n_0\mathrm{e}^{-\lambda D} \tag{4.14}$$

式中：$n_0=8\times10^3$ 个 $\cdot\mathrm{m}^{-3}\cdot\mathrm{mm}^{-1}$；斜率因子 $\lambda=4.1I^{-0.21}$，其中，I 是雨强，指通过某一个水平面的降水通量密度，用水的体积通量确定，单位通常用 mm/h 表示。

第三节 云雾和降水的微物理过程

大气中水汽和气溶胶粒子通过相变过程,形成不同尺度的液相和固相的水成物粒子(例如由水汽、过冷却水滴等演变成初始的云滴和冰晶)。这些水成物粒子通过多种相互联系的微物理过程,增长到足以使其下落速度超过环境空气上升速度,且在离开云底后的降落过程中,没有完全蒸发或升华,最终以雨、雪、霰、雹等形式到达地面,这就是水成物粒子在微观和宏观相互作用下的最终归宿。大气中形成云雾粒子的相变过程,称为核化过程。核化又分为同质核化(homogenous nucleation)和异质核化(heterogeneous nucleation)(Mason,1978;许绍组等,1993;杨军等,2011)。

一、云的核化过程*

研究发现,初始的云滴和冰晶并不是由原来的相态(水汽、过冷却水滴)连续演变而来的,而是首先在母相中生成新相的胚胎,这些胚胎在适宜的条件下再长大成新相的粒子,这种产生新胚胎的过程称为核化。

(一)同质核化

1. 云滴同质核化

大气中存在各种气溶胶粒子,只有那些能较长时间悬浮在空中,半径小于 10 μm 的粒子,才能起到核的作用。这种核按其起作用的方式可分为三类:凝结核、凝华核和冻结核。凝结核是指能使空气中的水汽依附于其上而成为液态水滴的微粒;凝华核是使水汽直接依附于其上成为冰晶的微粒;冻结核是能使空气中过冷却水滴发生冻结的微粒。在没有杂质和离子的纯净空气中,核化过程在没有上述核存在时也能发生,这时其凝结和凝华过程是靠水汽分子自身聚合实现的,这就是同质核化过程。云滴的同质核化过程发生在过饱和水汽中,而冰粒子的同质核化过程发生在 0 ℃以下的过饱和水汽中或过冷却水滴中。

这里先介绍一下纯水滴表面相态平衡的原理。凝结相态刚形成时,都以小粒子的形态存在,因此在研究云中的小水珠和小冰晶时,必须考虑表面的曲率作用。从热力学第一、第二定律出发,讨论一个曲面的热力平衡系统,应用在纯水面与湿空气之间的平衡上,可以求得一个半径为 r 的水滴在湿空气中的饱和水汽压。这样的系统共有液态和气态两个相态及水和空气两种成分。假定平衡状态可通过等温和等压过程得到,则可导出开尔文(Kelvin)

方程：

$$e_r = e_s(T)\exp\left(\frac{2\sigma}{\rho_w R_v T}\frac{1}{r}\right) \tag{4.15}$$

式中：e_r 是半径为 r 的水滴表面的饱和水汽压；$e_s(T)$ 是平水面上的饱和水汽压；σ 是纯水的表面张力系数；ρ_w 是水的密度；R_w 为水汽的比气体常数；T 是热力学温度。需要说明的是，饱和水汽压以前也称为平衡水汽压。式中平水面上的饱和水汽压 $e_s(T)$ 的表达式即本章的式(4.7)，由 Clausius-Clapeyron 方程得到。式(4.15)右边括号内的值都为正，因此其指数的值大于 1，即

$$\exp\left(\frac{2\sigma}{\rho_w R_w T}\frac{1}{r}\right) > 1 \tag{4.16}$$

故

$$e_r > e_s \tag{4.17}$$

Kelvin 方程说明，任何凸面上的饱和水汽压都大于平面上的饱和水汽压，即在同一温度下，一个水滴表面如果要达到饱和，其水汽含量就必须大于平水面上的水汽含量。但是式(4.15)表明的是纯水滴平衡而非水溶液滴平衡。在相对湿度为 100% 时，尽管这种条件能使一个平面的水汽达到饱和，但是不能使一个水滴达到饱和，因此，水滴仍会蒸发。按此公式，在云中相对湿度小于 100% 的很大区域内，此时云中的水滴也应完全蒸发。这个问题表明，云中水滴不是纯水滴，而大多数是水溶液滴。须知水溶液滴的平衡不是由 Kelvin 方程决定，而是由科勒(Köhler)方程所决定的。

由 Kelvin 方程可以看出，水滴表面的饱和水汽压高于同一温度下平水面上的饱和水汽压，若 r 越小，则要求过饱和度越大。式(4.15)还可以简化成

$$e_r = e_s(T)\left(1 + \frac{C_r}{r}\right) \tag{4.18}$$

式中：$C_r = \dfrac{2\sigma}{\rho_w R_w T}$，只与水的特性有关。$C_r/r$ 项可以看作因水滴曲率而对饱和水汽压的修正，若水滴尺度越小，曲率越大，则要求的饱和水汽压越高。

这里引入饱和比的概念，饱和比(s)的计算公式为：$s=e_r/e_s$

表 4.4 给出了饱和比(s)与水滴半径(r)的计算结果。

表 4.4　饱和比与水滴半径的关系

r/μm	0.001	0.01	0.1	1	10
s	3.23	1.125	1.012	1.0012	1.0001

2. 核化率

在单位时间单位体积中，能够稳定存在并增长的水滴胚胎(活化核)数目称作核化率。

如果核化率很低，就不会形成宏观上的云和雾。根据对水滴核化率 J 的计算结果，核化率对饱和比极为敏感。表 4.5 是水滴核化率的计算结果，当饱和比从 5 增大到 6 时，核化率可增大 5 个数量级。对应于核化率 $J=1\ cm^{-3}\cdot s^{-1}$ 的饱和比常被称为临界饱和比或阈湿，r^* 为临界胚胎的水滴半径。人们认为一旦达到这个临界饱和比，水滴就会以不连续的方式大量出现。由表 4.5 可以看到，在 −12 ℃条件下，需要临界饱和比达到 5~6，而实际大气中的饱和比很少超过 1.10，甚至小于 1.01，所以实际大气中的云滴胚胎不是靠均值核化过程形成的，而必须通过其他的气 – 粒转化方式。

表 4.5　水滴核化率的计算结果（−12 ℃）

s	2	3	4	5	6
$J/(cm^{-3}\cdot s^{-1})$	1.9×10^{-112}	7.0×10^{-21}	1.1×10^{-10}	7.1×10^{-2}	6.0×10^{3}
r^*/cm	1.9×10^{-7}	1.2×10^{-7}	9.3×10^{-8}	8.0×10^{-8}	7.2×10^{-8}

3. 冰相同质核化

通过比较在不同饱和比条件下水滴和冰晶的核化率，可以发现，在大气通常所具有的水汽过饱和状态和对流层通常的温度下，只有克服大得多的自由能障碍，才能通过同质核化过程生成冰晶；而将 −40 ℃作为同质冻结核化的阈温值，理论计算与实验结果都发现，大气中不易通过同质冻结核化过程生成冰晶。

尽管对同质凝华核化问题目前尚有争论，但是在大气中通过同质凝华核化过程生成冰晶是十分困难的。在自然界中由水汽形成水滴、冰晶，或由过冷却水形成冰晶，主要还是依靠凝结核、凝华核及冻结核。因此异质核化比同质核化更为重要。

（二）云滴异质核化

在实际大气中，悬浮在大气中的气溶胶粒子提供了一个气 – 粒转化的基底；大气电离过程产生的大量离子，提供了一个有利于水汽凝聚的中心。这样，水汽在气溶胶粒子和离子上的气 – 粒转化就被称为异质凝结核化。通常将气溶胶粒子分为可溶性和不可溶性粒子两类，而分析表明，大多数不可溶性粒子不太可能成为自然云的凝结核，因此这里主要介绍可溶性粒子的成核作用。

大气中的可溶性粒子是气溶胶的重要组成部分，这些粒子通常是一些盐类[氯化钠（NaCl）、硫酸铵（$(NH_4)_2SO_4$）]，都是吸湿性的。其质量随相对湿度的增加而增加，但维持着固体粒子状态。一旦环境相对湿度达到某一临界值，它们就会自发吸收水汽而形成饱和溶液滴。这个临界值称为潮解相对湿度。一定环境相对湿度下的溶液滴能否长大，取决于溶液滴饱和水汽压，这由拉乌尔（Raoult）定律决定。

不少物质都可溶解于水，所以天然水通常是含有溶质的溶液。溶液中溶质的存在使溶液内分子间的作用力大于纯水内分子间的作用力，使水分子脱离溶液面比脱离纯水面困难。因此，在同一温度下，溶液面的饱和水汽压比纯水面要小，且溶液浓度愈高，饱和水汽压愈小。

这种作用对在可溶性凝结核上形成云或雾的最初胚胎相当重要，而且以溶液滴刚形成时较为显著，随着溶液滴的增大，浓度逐渐减小，溶液的影响就不明显了。对于半径为 r 的溶液滴，e_n 和 e_r 分别为溶液滴和纯水滴的饱和水汽压，则在稀溶液中，决定水汽压减少率的拉乌尔定律可以简化成

$$\frac{e_n}{e_r} \approx 1-\frac{C_n}{r^3} \tag{4.19}$$

式中：$C_n=\dfrac{3im_1M_\mathrm{w}}{4\pi\rho_\mathrm{w}M_1}$描述了可溶性粒子的特性；$N$ 和 n 分别为溶液中水和可溶性盐的物质的量；i 为稀溶液一个溶质分子离解时产生的离子数；设溶液滴所含溶质和水的质量分别为 m_1 和 m_2，设 $m_2 \gg m_1$，溶质和水的摩尔质量分别为 M_1 和 M_w，则$n=\dfrac{m_1}{M_1}$，$N=\dfrac{m_2}{M_\mathrm{w}}$，$m_2=\dfrac{4}{3}\pi\rho_\mathrm{w}r^3$。

考虑到式（4.19）中的 e_r 是半径为 r 的纯水滴上的平衡水气压，应满足式（4.15）的开尔文方程$e_r=e_\mathrm{s}(T)\exp\left(\dfrac{C_r}{r}\right)$，于是式（4.19）可改写成

$$e_n \approx e_\mathrm{s}(T)\left(1+\frac{C_r}{r}-\frac{C_n}{r^3}\right) \tag{4.20}$$

若使用过饱和度（Δs）这个物理量，$\Delta s=e_n/(e_\mathrm{s}(T))-1$，则式（4.20）又可写成

$$\Delta s \approx \frac{C_r}{r}-\frac{C_n}{r^3} \tag{4.21}$$

式（4.20）和式（4.21）为著名的科勒（Köhler）方程。用式（4.20）可以计算半径为 r 的溶液滴附近的饱和水汽压。由于云中的水滴绝大多数为水溶液滴，因此在一定的环境中，在一定的相对湿度下溶液面是否继续长大，取决于溶液滴饱和水汽压。科勒方程是云物理学中最常用的基本方程。从式（4.21）可以看出，方程右边第一项为曲率项，主要体现开尔文效应，第二项为浓度项，主要体现拉乌尔（Raoult）效应。曲率的影响是要求增加饱和度，而浓度的影响是降低对饱和度的要求。

图 4.8 是把溶液滴附近的相对湿度（或过饱和度）与它的半径 r 的关系点绘在图上，得到的科勒曲线变化图。由图 4.8 可见，对于小于一定半径的液滴来说，溶液滴附近的相对湿度小于同一温度下平水面纯水的相对湿度（即 100%）。当液滴变大时，溶液变得愈来愈淡，开尔文效应就变为主要的影响因素，最终溶液滴附近的空气相对湿度就变得与同样大小纯水滴附近的相对湿度相等了。

为了进一步解释科勒曲线，图 4.8 中还给出了包含 10^{-19} kg NaCl（曲线 2）和包含 10^{-19} kg $(NH_4)_2SO_4$（曲线 5）的科勒曲线。假设一个质量为 10^{-19} kg 的 NaCl 质粒被放置在过饱和度为 0.4% 的空气中（图 4.8 中的虚线），在此质粒上将会发生凝结，形成溶液滴，且该溶液滴将沿着图 4.8 中的曲线 2 增长。在此过程中，临近该溶液滴表面的过饱和度起始时增加，但

即使是在其科勒曲线的顶峰,液滴表面附近的过饱和度也低于环境的过饱和度。因此,液滴将沿着科勒曲线长大并越过其顶峰,然后下降到该曲线的右侧,形成雾滴或云滴。一个液滴能够越过科勒曲线顶峰并能继续增长,称为被活化。

进一步考虑一个置身于过饱和度为0.4%,质量为10^{-19} kg环境中的[$(NH_4)_2SO_4$]质粒。此时在质粒上将发生凝结,液滴将沿科勒曲线增长(图4.8中的曲线5),直到+点处,这时,临近液滴的过饱和度等于环境过饱和度。如果液滴在点+处稍有增长,其附近的过饱和度将增大到超过环境过饱和度,液滴会蒸发回到+点;如果液滴在+点略有蒸发,其附近的过饱和度将降低到低于环境过饱和度,液滴会凝结增长回到图4.8中的+点。因此,这种情况下的液滴在+点与环境过饱和度处于稳定平衡状态。如果环境过饱和度有少许变化,那么图4.8中+点的位置将改变,液滴的平衡尺度也要相应改变,这种状态下的液滴被称为未被活化或霾滴。大气中的霾滴大幅度增加时,霾滴会通过对光的散射而明显降低大气能见度(Wallace et al, 2008)。

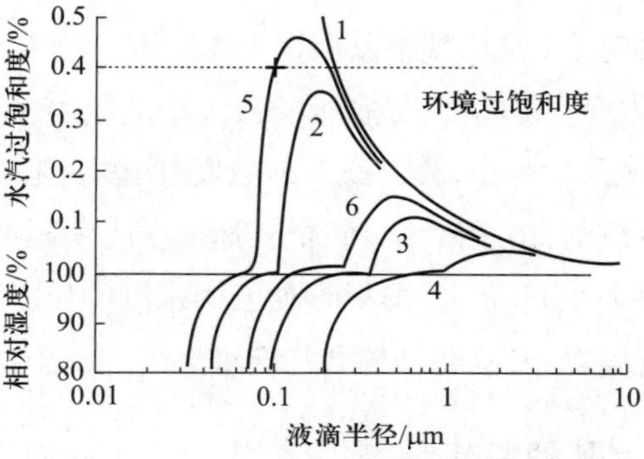

图4.8　纯水和包含各种质量盐分的溶液附近,相对湿度和过饱和度随液滴半径变化的曲线

1. 纯水;2. 10^{-19} kg NaCl;3. 10^{-18} kg NaCl;4. 10^{-17} kg NaCl;5. 10^{-19} kg$(NH_4)_2SO_4$;6. 10^{-18} kg $(NH_4)_2SO_4$。图中的虚线为假设的环境过饱和度。(转引自Wallace等,2008,本图略做修改)

冰相异质核化与云滴异质核化在理论上是相似的。实际大气中经常发生的只是异质凝华核化过程。通常水汽在无核时,温度降低到0 ℃以下,往往不是直接变为冰晶,而是先变为过冷却水滴。如果存在冰核,当温度降到某一临界温度以下,那么虽然当时还是冰面过饱和而未达到水面过饱和,但是仍可以有凝华核化过程发生。

二、凝结和凝华增长

由以上讨论可知,自然云中的小水滴和冰晶不易由纯水汽的同质核化过程形成,而是在大气气溶胶质粒上通过异质核化过程形成的。通过异质核化过程形成的云滴,还需通过水汽的凝结增长和碰并过程等才能形成降水粒子。在凝结过程中,首先是最贴近水滴的气层

中的水汽分子通过扩散和输送，有一部分凝聚到水滴表面，使此层中的水汽分子浓度降低，周围高浓度区的水汽分子便向该层补充而继续凝结。同时，凝结潜热使水滴温度升高，会使逃逸分子增多而阻碍凝结过程；而热量通过分子热传导向周围介质输送，又会影响凝结过程。

（一）云滴的凝结增长

一般在暖云中，云滴可以在过饱和环境中凝结增长，也可以与其他云滴碰并长大。暖云中只含有小云滴，大量的小水滴在上升气块内凝结增长，这是云的动力学和微物理学相互作用的过程。气块的上升将导致膨胀和绝热冷却，并最终达到水面饱和状态；继续上升就会产生过饱和。过饱和度最初的增大速率正比于上升气流的速度。

云凝结核的浓度与水汽过饱和度存在密切的关系，若水汽过饱和度越大，则云凝结核的浓度也越大。这是因为过饱和度增大以后，在原来不能起凝结作用的某些微粒上，水汽也能凝结，即云凝结核的活化。最先被活化的是最有效的那些核。当空气绝热冷却所提供的多余水汽超过饱和的速率等于凝结在 CCN 和云滴上的速率时，云中的过饱和度达到最大值。此时云滴的数浓度就被确定了（常出现于云底以上 100 m 之内），而且正等于所能得到的最大过饱和度活化的 CCN 浓度。再向上，增长中的云滴所消耗的水汽比气块绝热冷却所提供的多余水汽多，故过饱和度开始减小，霾滴就渐渐蒸发，而被活化的 CCN 形成的云滴却继续因凝结而增长。理论计算表明，由于云滴凝结增长速率反比于其半径，较小的云滴比较大的云滴增长得快。这种云滴争“食”水分的结果，使云中水滴的尺度逐渐趋于均匀化。但是如果仅依靠水汽凝结过程就太慢，云滴要增长到几毫米半径的雨滴，还要依靠碰并过程。

（二）冰水共存时冰晶的凝华增长

在冷云中经常可以发现既包含冰质粒又包含过冷却水滴的混合云。由本章第一节第二点“水汽相变的基本规律”得知，由于在同一温度下冰面饱和水汽压低于水面饱和水汽压，因此可促使过冷云滴蒸发、冰晶大幅增长。为进一步考察混合云中冰晶、水滴、水汽三者的状况，这里利用其中的平水面饱和水汽压 e_s［式（4.7）］和平冰面的饱和水汽压 e_{si}［式（4.8）］，求其二者之差 Δe_s，并进行一系列运算，求得 Δe_s 的极大值对应的温度为 −11.5 ℃，即平水面和平冰面的饱和水汽压 Δe_s 在 −11.5 ℃时为最大，达 0.266 hPa。在 −11.5 ℃时，e_{si}=2.283 hPa。因此，如果正好水汽处于水面饱和状态时，那么相对于冰面的过饱和度为：

$$\Delta s=\frac{e_s-e_{si}}{e_{si}}=\frac{\Delta e_s}{e_{si}}=\frac{0.266}{2.283}=12\% \tag{4.22}$$

一般在混合云中，过饱和度通常不超过 0.1%，云滴仅仅依靠这么小的饱和度，增长速度是很慢的。正是在过冷却水与冰晶共存的条件下，例如在 −11.5 ℃时，水汽处于水面饱和状态，过饱和度相对于冰面而言，大约要大两个数量级。因此，在冰晶、水滴和水汽三者共存的混合云中，如果实际水汽压处于冰晶和水滴两者的饱和水汽压之间，过冷却水滴就会蒸发，水汽就会向冰晶扩散凝华，促使过冷却水滴蒸发，冰晶增长。当冷暖云滴共存或大小水滴共存时，也会发生同样的现象，使过冷却水滴不断增长。

三、碰并增长

云滴半径的凝结增长率随云滴增大而减小，因此单由凝结过程是难以产生降水的，可见云中必然存在其他的云滴增长机制。研究结果表明，这就是云滴的碰并增长。一个云滴在重力作用下通过大气时，有一定的下降速度（云滴下降末速度），这一下降速度随云滴增大而增大。因此云中一般比云滴大的水滴，将有一个大于下降平均末速的速率，在下降时与较小的云滴相碰。虽然有多种碰并过程如布朗（Brown）运动碰并、湍流碰并和重力碰并等过程，但是对云滴增长成为降水过程中最重要且研究得比较详细的过程首推重力碰并过程。这种重力碰并过程是因云滴下落末速度不同而导致的碰并现象，是成云致雨的重要过程。

假定有一个半径为 R 的大云滴（称为收集滴）和一个半径为 r 的小云滴（图 4.9），在垂直方向上的距离足够大时，小云滴沿直线路径以二者末速度之差的速度接近大云滴。在两个云滴接近时，由于绕流作用，小云滴偏离原路径，但因惯性，小云滴也不会完全沿顺着流线运动。也就是说，并不是大云滴扫掠体积内的所有小云滴都会与大云滴相碰，只有那些中心位于以 y_c 为半径的柱体内的小云滴才会和大云滴相碰。图 4.9 中的曲线表示了和大云滴刚好相碰的小云滴中心的轨迹（暂不考虑湍流的影响），与速度方向垂直的初始临界距离 y 在一般情况下小于 R。精确地确定云滴之间的碰撞效率是一个困难的物理问题。据计算：当收集滴的尺度增大时，碰撞效率明显增大，若收集滴半径小于 20 μm，则碰撞效率十分小；当收集滴远大于云滴时，碰撞效率很小，因为这时云滴更易于随着流线绕过收集滴；当大小接近的两个云滴半径均大于 40 μm 时，因尾流捕获（wake capture）效应能使碰撞效率大于 1。

理论计算表明，云滴重力碰并时半径的增长速度是与半径本身的平方、一次方或平方根成正比的，因而是加速增长的。与此相比较，凝结增长时的半径增长是一个减速过程。图 4.10 表示了云滴增长的这个特征。值得注意的是，在半径处于 15~20 μm 之间时，云滴的增长处于“增长低谷”。且暖云自然降水常常很慢，由一般云滴形成降水至少要花一两个小时。降水粒子碰并增长时，与收集滴在云中能够停留的时间长短密切相关。上升气流速度越快，收集滴在云内达到的高度越高，返回云底时的尺度也越大，而所需时间反而减少。因此在深厚的云体中，强大的上升气流可促使降水提前出现。有些较大的云滴可能在下降时破裂，造成的碎滴可能被带到云中的上升气流中，碰并生长，降落出云，也可能再破裂。因此，只要云中有少量大云滴，经过多次循环，就会产生一大批雨滴，最终落出云底成为降雨。这样的连锁反应往往加强了降水过程，被认为是形成暖云降水的一种重要机制（Irving Langmuir，1948）。

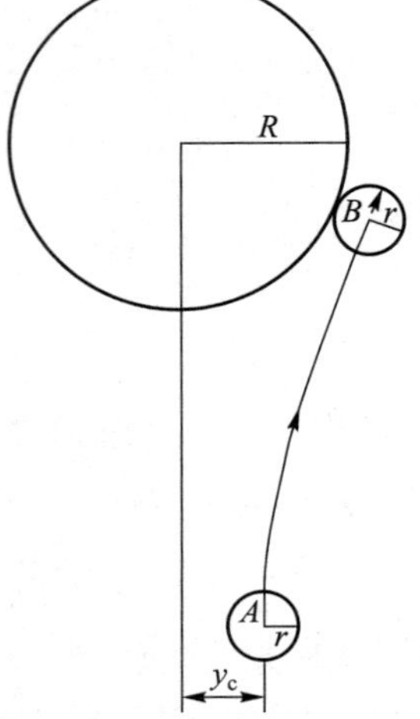

图 4.9 小云滴相对于大云滴运动的轨迹示意图（Mason, 1983）

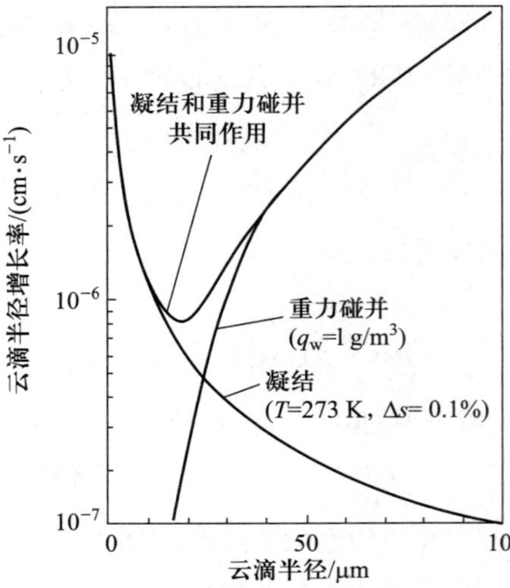

图 4.10 云滴半径增长率与半径的关系（盛裴轩等，2013）

四、降水的形成

（一）层状云

层状云是中纬度地区降水的主要云系，多出现在锋面和气旋低压附近，高层云、层积云和雨层云都能产生稳定和持续性的降水，其中以雨层云强度最大、时间最长。层状云降水可分为暖性层状云降水（水云）和混合层状云（水冰混合云）降水两种。

（1）**暖性层状云降水**。其降水主要由上升气流携带水汽入云，以凝结核为核心，通过凝结过程形成云滴，并通过云滴的重力碰并过程而长大成雨滴，下降至地面形成降水。其特点是云不厚，上升气流弱，含水量小。根据梅森（Mason）的分析，在暖云中若只有凝结过程则不能形成粒径为 30 μm 的水滴，而由水滴组成半径大的暖云主要通过云滴的重力碰并过程而长大成降水粒子（Mason，1978）。

（2）**混合层状云降水**。对于云上层形成冰晶在云内下落的过程，顾震潮先生提出了一种概念模型。在云顶温度低于 −20~−5 ℃，云底温度在 0 ℃以上时，冰晶下降会经历三个阶段（层次）：① 第一层是冰晶层。冰晶可以在过饱和环境下凝华增长和碰并增长，由于过饱和度很小，冰晶碰并增长不多。② 第二层是过冷却水滴层。起作用的仍然是凝华增长和碰并增长过程，但冰晶的凝华增长过程显得更重要，过冷却水滴不断蒸发，冰晶不断凝华长大，随着冰晶的长大，增长速率将逐渐减小。在过冷却水滴层，既可以有冰晶碰并形成雪花，也可以有冰晶与过冷却水滴碰并增长成软雹。③ 第三层是暖水层。冰晶落入该层后，由于该层温度高，因此它们很快融化成水滴。此后，融化水滴穿行于水云中，主要依靠与小云滴的碰并而增长（顾震潮，1980）。由此可见，贝吉龙（Bergeron）过程是层状云降水过程里主要的物理机制（Mason，1978），但实际过程要复杂得多。

（二）积状云

积状云内有强上升气流和较大的含水量，云层较厚。如果积状云发展到积雨云，云的上部就会产生冰晶；如果它发展为浓积云，那么云内将全部由水滴组成。积雨云和浓积云都会产生阵性降水，亦会形成雨、雪、冰粒子及冰雹等。与层状云相比，积状云降水粒子的形成也包含贝吉龙过程和重力碰并过程，但若积状云里的上升气流较大，过冷却区中液态水含量较高，则冰粒的碰并增长更易引起降水。在积状云中，云滴的碰并增长过程完全可以形成降雨，而且是热带地区云中产生阵雨的主要机制。积云中重力碰并增长的连锁反应与雨滴的破碎有关，对加速降水形成过程起了很大的作用。

第四节　人工影响云和降水

尽管我们对于云雾中的一般物理过程知之甚少，但已经初步知晓，云的微结构与云滴在过饱和环境中凝结增长等物理过程密切相关，CCN（云凝结核）和冰水共存起着十分重要的作用。前者的意义是在暖云中水汽以凝结核为核心，由凝结成较大水滴和碰并机制而增大。后者的意义是在混合云中过冷却水滴蒸发导致冰晶凝华增长。正是遵循着云微物理学的研究思路，人们尝试通过某些技术手段干预这两种物理过程：① 向暖云中撒入大的吸湿性粒子或水滴，以促使雨滴的碰并增长；② 向冷云中撒入人工冰核以弥补冰质粒的不足，通过冰晶机制促进降水。

一、人工影响暖云

人工影响暖云降水的科学原理是依据自然暖云降水形成理论，即凝结和碰并理论。在水汽饱和条件下，云凝结核凝结水汽形成云滴，云滴通过湍流碰并等过程形成较大云滴，然后经过重力碰并过程形成雨滴和降雨。暖云人工增雨是人工增加云凝结核，促进暖云降水形成过程。暖云有层状云，也有积状云。我国南方夏季的浓积云和层积云多属于暖云。其中暖性层状云的云顶高度比冷云低，达不到 0 ℃层高度，或者尚未出现冰晶。理论计算表明，这种云只能形成很小的雨，而且要求云能维持 3~4 h 以上。从原理上讲，它是要把半径约为 30 μm 的小水滴或吸湿性质粒（如食盐）引入云底。若这些质粒被上升气流带入上部再次降落,则可完成凝结增长和碰并增长。

暖积云垂直厚度较大,上升气流较强,具有较高的含水量。国内外向暖云中撒播水滴和凝结核的实验,在热带地区已进行过多次,虽然还缺乏能增加降水或使降水重新分布的科学证据,但是有许多实验得出了令人鼓舞的结果(郝望,1982)。与传统的吸湿性核(如盐类)不同,吸湿性催化焰剂的作用主要是促使云滴浓度减小,云滴谱加宽,使之从大陆性云向海洋性云转化,促进重力碰并过程,此外在混合云中诱发凝结 – 冻结机制,并由潜热(凝结、冻结)释放产生动力效应,甚至促进冰晶繁生。在美国南达科他州进行的随机吸湿性催化实验结果表明,在云底引入适当尺度的凝结核有时可以启动使降水增长的链式反应(Dennis 等,1972)。

美国气象学会评价人工催化暖云过程的效果时曾指出:研究者通过模式模拟和外场实验,开始重新关注使用吸湿剂催化暖性和冷性对流云,即通过加强暖雨过程(凝结 / 碰并 – 碰并 / 破碎机制)来增加降水。目前,虽然对暖云催化的研究及人工影响作业还比较少,但是随着云物理学的发展和人们对云内微物理结构变化了解的日益深入,新的暖云过程模型和理论不断改进和完善,人工影响暖云技术将变得越来越成熟(卢炯,2008)。

二、人工影响冷云

中纬度地区经常看到大范围的过冷却层状云,这里在夏季也经常出现云顶高于 0 ℃层高度的积状云,但产生降水的并不多。贝吉龙(Bergeron)过程的理论是人工影响冷云降水的物理学基础。

冷云降水的基本原理是设法破坏云的物态结构,在云内制造适量的冰晶,使其产生冰晶效应,使水滴蒸发,冰晶增长。当冰晶长大到一定度后,发生沉降,沿途由于凝华和碰并增长而变成大的降水质点下降,这就是所谓冷云的"静力催化"。20 世纪 60 年代人们又提出了"动力催化"实验,其依据是:在云体的过冷却(–10 ℃)部分,大量而迅速地引入人工冰核。当冰核转化成冰晶时,要释放大量的潜热,使云内温度升高,形成或增大上升气流,促使云体在垂直和水平方向迅速发展,相应地延长云的生命周期,加速云内的降水形成过程,从而增大降水量。静力催化与动力催化都是从影响云的微物理结构着手,所不同的是静力催化着眼于云内水的相态不稳定性,动力催化立足于影响或加强云内的热力不稳定性。

伍德利(Woodley,1976,1977)进一步提出了积云动力催化一系列过程的假设:① 在积云中大约 –10 ℃等温层加入碘化银,这个区域被认为存在大量的过冷却液态水;② 这种催化导致水滴到冰晶的转变,随着冻结潜热的释放,云体浮力增加;③ 浮力引起上升气流加强,并贯穿整个云体直到云底;④ 上升气流的加强,使得进入云底的潮湿空气入流增加;

⑤ 潮湿空气入流的增加，最终会导致更多的降水；⑥ 适当的催化，有可能引起相邻云的合并；⑦ 合并的云系尺度增大，引起总降水量的增加。由此可见，积云动力催化不仅联系了云滴相变和积云流场，也耦合了云的微物理过程和云的宏观动力过程，这就为人工影响云的发展提供了一个新的理论设想。20 世纪 80 年代，辛普森（Simpson，1980）提出动力播撒链的概念。他认为云体通过水平扩展而增加降水范围。罗森菲尔德等（Rosenfeld 等，1993）对此进行了修正，强调了冰粒子（如霰）在云内较高部位滞留对下沉气流延迟出现的重要性，有助于解释播云效应向云内其他部位的传播。

4.4.1 知识窗

云雾形成的主要宏、微观条件

<table>
<tr><th>尺度</th><th>本质</th><th>原因</th><th colspan="2">途径</th><th>举例</th></tr>
<tr><td rowspan="14">宏观过程</td><td rowspan="8">降温</td><td rowspan="6">上升膨胀冷却</td><td rowspan="2">对流</td><td>孤立对流</td><td>Cu、Cb、Ac 等</td></tr>
<tr><td>镶嵌对流，即细胞对流</td><td>Ac、Cc 等</td></tr>
<tr><td rowspan="2">斜升</td><td>锋面斜升</td><td>暖锋、缓行冷锋、静止锋上的 Ci、Cs、As、Ac、Ns 等</td></tr>
<tr><td>地形斜升</td><td>上坡雾、Sc 等</td></tr>
<tr><td rowspan="2">波动</td><td>风切变</td><td rowspan="2">荚状、波状、涡条状 Ci、As、Sc</td></tr>
<tr><td>气流过山</td></tr>
<tr><td>平流冷却</td><td colspan="2">暖湿空气流经冷地面</td><td>暖区雾、海上及陆上平流雾</td></tr>
<tr><td>辐射冷却</td><td colspan="2">夜间辐射冷却</td><td>地面、逆温层顶、尘埃或云层顶部形成的辐射雾及层状云</td></tr>
<tr><td rowspan="3">增湿</td><td rowspan="2">平流增湿</td><td colspan="2">冷空气流经暖水面</td><td>蒸汽雾</td></tr>
<tr><td colspan="2">湿空气流经冷地面</td><td>雾、有时地面附有凇附物</td></tr>
<tr><td>水汽运载辐合</td><td colspan="2">继之以上升膨胀</td><td>为形成云创造重要条件</td></tr>
<tr><td rowspan="3">湍流混合（温湿均变）</td><td>湿空气垂直混合</td><td colspan="2">湍流层顶降温增湿而致</td><td>St、Sc 等</td></tr>
<tr><td rowspan="2">湿空气水平混合</td><td colspan="2">冷湿空气被混合后增温增湿（以增湿为主）</td><td rowspan="2">锋际云雾</td></tr>
<tr><td colspan="2">暖湿空气被混合后降温降湿（以降温为主）</td></tr>
</table>

续表

<table>
<tr><th>尺度</th><th>本质</th><th>原因</th><th colspan="2">途径</th><th>举例</th></tr>
<tr><td rowspan="14">微观过程</td><td rowspan="12">降低水汽饱和标准</td><td rowspan="3">冰相出现</td><td colspan="2">云顶或高云的冰晶自然播撒</td><td rowspan="3">雪幡</td></tr>
<tr><td rowspan="2">冻结核</td><td>新冻结核增入</td></tr>
<tr><td>降温达冻结核活化温度</td></tr>
<tr><td rowspan="4">大滴出现</td><td colspan="2">雪花下降融为大滴</td><td rowspan="4">产生雷达回波</td></tr>
<tr><td colspan="2">吸湿性巨核核化形成大滴</td></tr>
<tr><td colspan="2">混合核表面吸湿成大滴</td></tr>
<tr><td colspan="2">碰并成大滴</td></tr>
<tr><td>溶液出现</td><td colspan="2">盐粒或 SO_2、CO_2、NH_3 等溶入水滴</td><td>工业污染形成的雾</td></tr>
<tr><td rowspan="3">降温</td><td colspan="2">高温水滴被气流带入低温区</td><td rowspan="2">产生雷达回波</td></tr>
<tr><td colspan="2">高温区有低温气流进入</td></tr>
<tr><td colspan="2">局地膨胀降温</td><td>飞机飞行尾迹</td></tr>
<tr><td>水滴带电荷</td><td colspan="2">离子附于水滴</td><td>不重要</td></tr>
<tr><td>增湿</td><td>水汽垂直扩散</td><td colspan="2">饱和空气接受外界扩散来的水汽</td><td>碎雨云、秋晨水面雾、夏季雨后雾、极烟等</td></tr>
<tr><td>降温增湿</td><td>蒸发</td><td colspan="2">（本身只能使空气饱和）增湿造成水汽密度效应，可促进扩散增湿</td><td>为形成云雾创造条件</td></tr>
</table>

注：王鹏飞，1980，转引自杨军等，2011

本章小结

本章通过分析克劳修斯 – 克拉珀龙（Clausius-Clapeyron）方程，就水的相变平衡曲线，解释了气候变暖对大气持水量的制约作用；分析了大气降温冷却和凝结核之于云雾形成的物理意义，阐述了云雾和降水形成的宏观特征和冰雪晶，以及雨滴谱的微观特征。本章基于著名的贝吉龙（Bergeron）过程理论，分析了在冰晶、水滴和水汽三者共存的云中，如果实际水汽压介于冰晶和水滴的饱和水汽压之间，大气中就必须有水汽从过冷却水滴向冰晶方向转移扩散，促使水滴蒸发、冰晶增长，甚至达到雪晶尺度，促使降水形成。本章为了研究云滴活化的微物理过程，引入了科勒（Köhler）方程，分析了自然云中异质核化过程对小水滴和冰晶形成的重要性；解释了云滴凝结增长和碰并增长过程对形成降水粒子的作用。

习 题

1. 为什么说大气中的降温冷却过程有利于云、雾的形成？

2. 说明积云发展各阶段的结构特征。

3. 试分析辐射雾、平流雾和蒸发雾形成的异同点。

4. 简述冰水共存时冰晶凝华增长的物理过程。

5. 由本章的式(4.7) $e_s(T)=e_{s0}\exp\left[\frac{L_v}{R_w}\left(\frac{1}{T_0}-\frac{1}{T}\right)\right]$ 和式(4.8) $e_{si}(T)=e_{s0}\exp\left[\frac{L_v+L_f}{R_w}\left(\frac{1}{T_0}-\frac{1}{T}\right)\right]$，是否可以直接解释温暖的空气比寒冷的空气能容纳更多的水汽？请讲出理由。从推导 C-C 方程的过程，能得到怎样的结论？

6. 说明同质核化、异质核化、凝结核、云凝结核、冰核、冻结核和凝华核的意义。

7. 饱和水汽压与水面曲率、溶质的关系如何？什么是科勒(Köhler)曲线？

8. 试依据贝吉龙(Bergeron)过程理论，讨论层状云和积状云的形成原因。

9. 未饱和湿空气块的热力学温度为 T_0、水汽压为 e_0，绝热上升到凝结高度的热力学温度为 T_c，饱和水汽压为 e_s，试证明下式成立

$$\frac{T_c}{T_0}=\left(\frac{e_s}{e_0}\right)^{\frac{R_d}{c_{pd}}}$$

10. 两个质量相等的气块，起始温度和相对湿度分别为 t_1=30 ℃，f_1=90% 和 t_2=2 ℃，f_2=80%。它们在等压(1 000 hPa)条件下充分混合。求混合后每 1 kg 空气所凝结的水量。

主要参考文献

[1] 措尼斯 A A. 大气热力学导论[M]. 2 版 . 魏晓琳，译 . 北京：气象出版社，2020：63，70.

[2] 丁一汇 . 高等天气学[M]. 2 版 . 北京：气象出版社，2008：45.

[3] 顾震潮 . 云雾降水物理基础[M]. 北京：科学出版社，1980：6–7，173–176.

[4] 韩志伟，郭学良 . 中国气象百科全书(气象科学基础卷)[M]. 北京：气象出版社，2016：42–44.

[5] 郝望 . 人工影响暖云专家会议[J]. 气象科技，1982，2：46–49.

[6] 李万彪 . 大气概论[M]. 北京: 北京大学出版社, 2009: 132.

[7] 卢炯, 袁冬梅 . 人工影响暖云过程吸湿性催化研究[J]. 气象与环境科学, 2008, 31(1): 80–84.

[8] 梅森 B J. 云物理学[M]. 中国科学院大气物理研究所, 译 . 北京: 科学出版社, 1978: 1, 236–237, 300, 586.

[9] 梅森 B J. 云物理学简编[M]. 王鹏飞, 译 . 北京: 科学出版社, 1983: 49, 53–54.

[10] 佩索托 J P, 奥特 A H. 物理气候学[M]. 吴国雄, 刘辉, 译 . 北京: 气象出版社, 1995: 214.

[11] 盛裴轩, 毛节泰, 李建国, 等 . 大气物理学[M]. 2 版 . 北京: 北京大学出版社, 2003: 296–358.

[12] 束家鑫 . 云[M]. 上海: 中国科学图书仪器公司, 1953.

[13] 束家鑫, 鲍宝堂 . 中国云天[M]. 上海: 上海科学普及出版社, 1995: 48–82.

[14] 许绍组 . 大气物理学基础[M]. 北京: 气象出版社, 1993: 444–453.

[15] 杨军, 陈宝君, 银燕, 等 . 云降水物理学[M]. 北京: 气象出版社, 2011: 129–133, 157–160, 211.

[16] 中国气象局 . 中国云图[M]. 北京: 气象出版社, 2004.

[17] 周淑贞, 张如一, 张超 . 气象学与气候学[M]. 3 版 . 北京: 高等教育出版社, 1997.

[18] ADLER R F, MATHEW R P S, HUFFMAN G J, et al. The global precipitation climatology project (GPCP) monthly analysis (New Version 2.3) and a review of 2017 global precipitation[J]. Atmosphere, 2018, 9(138): 1–14.

[19] COTTON W R, BRYAN G H, HEEVER S C. Storm and cloud dynamics: the dynamics of clouds and precipitating mesoscale systems (International geophysics series 99)[M]. 2nd ed. Burlington: Academic Press, 2011: 809.

[20] DENNIS A S, KOSCIELSKI A. Height and temperature of first echoes in unseeded and seeded convective clouds in South Dakota[J]. Journal of Applied Meteorology, 1972, 11: 994–1000.

[21] GLEICK P H. Water resources, encyclopedia of climate and weather[M]. London: Oxford University Press, 1996: 817–823.

[22] International Cloud Atlas[Z]. 2017.

[23] LKHAMJAV J, LEE H, JEON Y L, et al. Examination of an improved quasi-stochastic model for the collisional growth of drops[J]. Journal of Geophysical Research, 2017, 122: 3, 1713–1724.

[24] LIOU K N. Influence of cirrus clouds on weather and climate processes: a global perspective[J]. Monthly Weather Review, 1986, 114: 1167–1199.

[25] PFISTER L, SELKIR H B, JENSE E J, et al. Aircraft observations of thin cirrus

clouds near the tropical tropopause[J]. Journal of Geophysical Research, 2001, 106(9): 9765-9786.

[26] ROSENFELD D, WOODLEY W L. Effects of cloud seeding in West Texas: additional results and new insights[J]. Journal of Applied Meteorology, 1993, 32: 1848-1866.

[27] SIMPSON J. Downdrafts as linkages in dynamic cumulus seeding effects[J]. Journal of Applied Meteorology, 1980, 19: 477-487.

[28] STUBENRAUCH C, ROSSOW W, KINNE S. Assessment of global cloud data sets from satellites[R]. WCRP Report: No.23/2012.

[29] The World Meteorological Organization (WMO). International Cloud Atlas, 2017 edition[Z].

[30] TRENBERTH K E, ASRAR G R. Challenges and opportunities in water cycle research, WCRP contributions[M]// Bengtsson L, Bonnet R M, Calisto M, et al. The earth's hydrological cycle. Netherlands: Springer, 2007.

[31] WALLACE J M, HOBBS P V. Atmospheric science[M]. 2nd ed. Amsterdam: Elsevier, 2006: 222-243.

[32] WOODLEY W L, SAX R I. The Florida area cumulus experiment: rationale, design, procedures, results, and future course[R]. NOAA Tech. Rep ERL, 1976: 204.

[33] WOODLEY W L, SIMPSON J, BIONDINI R, et al. Rainfall results, 1970-1975: Florida area cumulus experiment science[J]. Science, 1977, 195(4280): 735-742.

第五章 大气运动的基本规律

旋转地球上的大气,在重力场的作用下,受大气运动方程的支配,其运动具有以下几个基本特点:① 水平方向的气压差异是大气水平运动的直接动力,在垂直方向上满足垂直气压梯度力与地球重力的准静力平衡;② 旋转坐标系中大气运动的动力学关系,比在惯性坐标系中多了科里奥利力和离心力;③ 大尺度的大气运动处于准定常、准水平和准地转平衡的状态;④ 大气在各种因素的影响下,会造成气压场的变化,打破原来水平运动的准平衡状态,形成新的平衡状态。

第一节 气压随高度和时间的变化

大气时刻不停地运动着,其形式和规模复杂多样。大气在不同时空尺度上的水平和垂直运动,使不同地区、不同高度间的热量和水分得以输送和交换,直接影响天气和气候的形成与演变。

大气的运动取决于大气压强的时空分布和变化。长期的观测结果表明,随着海拔高度的增加,气压不仅会降低,而且气压的降低会随之变慢。即使在相同海拔高度的不同地点,受地表性质对大气加热或冷却差异的影响,水平方向的气压也不尽相同。气压在垂直和水平方向的分布构成了大气圈的三维气压场。

一、气压随高度的变化

(一)大气静力平衡方程

处于平衡状态的系统为了维持与外界的机械平衡,系统对外界的作用力需要与外界对系统的作用力保持平衡。在准静态过程中,需要时刻保持这种平衡,因此人们称这种平衡条件为准静力条件。这里选定一个空气气块作为热力学系统，其准静力条件就是空气气块的内压强等于周围空气的外压强。准静态过程和准静力条件虽有关联，但也有区别，前者是对系统而言，后者则是指系统与周围空气的力学平衡关系。

在一般情况下，一个地点的气压大小与上方气柱长度和气柱内的空气状态有关。假设两个地点空气状态相同，海拔较高地点的气柱长度小于海拔较低地点，因此前者的气压会低于后者。根据大气状态方程可知，气压大小同时由空气密度和温度决定。随着海拔升高，大气密度和温度均降低，由此导致气压随海拔下降。一般将不同海拔气象台站直接测量的气压称为本站气压。但由于气柱长度不同而不可比较，因此，各地须将同一时刻观测到的本站气压订正到海平面高度。订正后的气压称为海平面气压（图 5.1）。这样它们就具有了可比性。

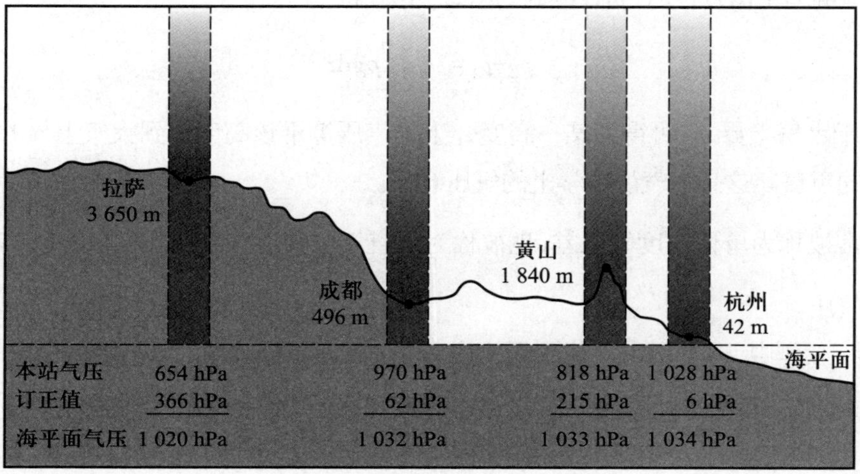

图 5.1　本站气压与海平面气压

黑点代表本站气压的取样点

假设大气处于流体静力平衡状态，则某一点的气压等于该点面积上所承受垂直气柱的重量。如图 5.2 所示，在大气柱中截取面积为 1 cm²，厚度为 Δz 的薄气柱。设高度 z_1 处的气压为 p_1，高度 z_2 处的气压为 p_2，空气密度为 ρ，重力加速度为 g。在实际大气中，当空气垂直速度很小时，大气近似被认为处于静力平衡状态。此时，z_1 面上的气压 p_1 和 z_2 面上的气压 p_2 间的气压差应等于这两个高度面间的薄气柱重量，即

$$p_2-p_1=-\Delta p=-\rho g(z_2-z_1)=-\rho g\Delta z$$

式中的负号表示随高度增高，气压降低。若 Δz 趋于无穷小，可认为 $p=p(z)$，则上式可写成

$$-\mathrm{d}p=\rho g\mathrm{d}z \tag{5.1}$$

上式是气象学上应用的大气静力平衡方程（equation of static

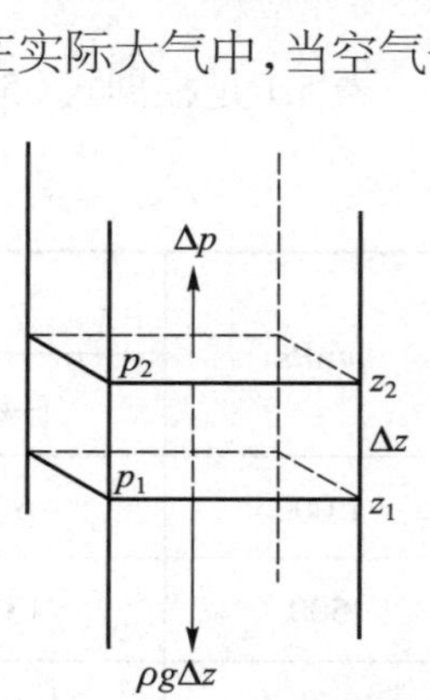

图 5.2　空气静力学平衡图

equilibrium)。该方程说明，气压随高度递减的快慢程度取决于空气密度(ρ)和重力加速度(g)。重力加速度(g)随高度的变化量一般很小，因而气压随高度递减的快慢程度主要取决于空气的密度。在密度大的气层里，气压随高度递减得很快，反之则很慢。实践证明，大气静力平衡方程是静止大气的理论方程，但除在有强烈对流的局部地区外，其误差仅有1%，因而能得到广泛的应用。将式(5.1)做如下的变换：

$$-\frac{\mathrm{d}p}{\mathrm{d}z}=\rho g$$

将式(5.1)的密度用大气状态方程代入，令 $R=R_\mathrm{d}$，得

$$\frac{\mathrm{d}p}{\mathrm{d}z}=-\frac{g}{R_\mathrm{d}}\frac{p}{T} \tag{5.2}$$

把大气静力平衡方程从(p_1, z_1)到(p_2, z_2)积分得

$$p_2-p_1=-\int_{z_1}^{z_2}\rho g\mathrm{d}z$$

若令 z_2 趋于大气上界，则可得到某一高度 z_1 上的气压等于该高度直到大气上界的单位截面积空气柱的重量。这是大气静力学上的气压意义。

$-\frac{\mathrm{d}p}{\mathrm{d}z}$ 常被称为单位高度气压差，也被称为垂直气压梯度。它表示高度每升高1个单位所降低的气压。

在实际工作中，还常引入单位气压高度差(G_h)，表示气柱中气压每改变1个单位所对应的高度变化值，即将式(5.2)改写成 $-\frac{\mathrm{d}z}{\mathrm{d}p}=\frac{R_\mathrm{d}T}{pg}$，则有

$$G_h=-\frac{\mathrm{d}z}{\mathrm{d}p}=\frac{R_\mathrm{d}T}{pg}$$

将式中干空气比气体常数 R_d=287.06 J/(kg·K)，g 的标准值，以及 T=273.15+t 代入上式，则有

$$G_h\approx\frac{8\ 000}{p}\left(1+\frac{t}{273.15}\right)\ (\mathrm{m/hPa}) \tag{5.3}$$

表5.1是根据式(5.3)计算出的不同气温和气压下的 G_h 值。

表5.1　不同气温和气压下的 G_h 值

p/hPa	t/℃				
	−40	−20	0	20	40
1 000	6.7	7.4	8.0	8.6	9.3
500	13.4	14.7	16.0	17.3	18.6
100	67.2	73.6	80.0	86.4	92.8

由式（5.3）和表 5.1 可知：① 地面温度愈高，单位气压高度差愈大；反之则愈小。② 在同一温度下，气压愈高的地方，单位气压高度差愈小，而在气压愈低的地方，单位气压高度差压愈大。在高空 100 hPa（约 16 km 高）处，G_h 约是地面的 10 倍。

（二）气压－高度方程

大气静力平衡方程只能反映薄层大气的气压垂直变化。为了表示整个大气层气压的垂直变化，需要将大气静力平衡方程薄层下的密度为常量的条件扩展为密度随高度变化的情形。对式（5.2）从大气层底部到顶部积分，得到气压随高度变化的通用方程，简称为压高方程：

$$\int_{p_1}^{p_2}\frac{\mathrm{d}p}{p}=-\int_{z_1}^{z_2}\frac{g}{R_\mathrm{d}\cdot T}\cdot\mathrm{d}z$$

$$\ln\frac{p_2}{p_1}=-\int_{z_1}^{z_2}\frac{g}{R_\mathrm{d}\cdot T}\cdot\mathrm{d}z$$

$$p_2=p_1\exp\left(-\int_{z_1}^{z_2}\frac{g}{R_\mathrm{d}\cdot T}\mathrm{d}z\right)$$

式中：p_1 和 p_2 分别表示高度 z_1 和 z_2 处的气压。显然，该式表示了气压随高度增加呈指数递减的规律。由于气温 T、重力 g、大气组成等都随高度增加发生变化，为应用方便，因此可以根据实际大气情况进行简化假设：一是忽略重力和水汽含量变化的影响，二是假设 z_1 和 z_2 范围气柱的气温 T 不变，得到等温大气压高方程：

$$p_2=p_1\exp\left[-\frac{g\cdot(z_2-z_1)}{R_\mathrm{d}\cdot T}\right] \tag{5.4}$$

等温大气压高方程常用来推求不同高度气压之间的气柱高度差，进行大气高度和气压值之间的转换。若将 T=273.15+t 和 g、R_d 代入，则上式改写为：

$$z_2-z_1=18\ 400\left(1+\frac{t}{273.15}\right)\cdot\log\frac{p_1}{p_2} \tag{5.5}$$

由于一定厚度的大气或整层大气并非等温的，在实际应用时，常将大气划分为许多薄层大气，将每个薄层大气温度视为不变，用式（5.5）计算各薄层大气的厚度，每个薄层大气厚度之和即整层大气厚度。利用式（5.5）计算了标准大气气压与高度的对应值（表 5.2）。该结果一是忽略了重力加速度 g 随高度和纬度的变化，二是假设大气为干洁空气。在 100 km 以上高度时，等温大气压高方程需要考虑 g 随高度的变化。当大气水汽含量较多时，需要用虚温代替实际温度。

表 5.2　标准大气在不同高度上所对应的气压

气压 /hPa	1 013.3	845.4	700.8	504.7	410.4	307.1	193.1	102.8	46.7
高度 /m	0	1 500	3 000	5 500	7 000	9 000	12 000	16 000	21 000

除等温大气压高方程外，还有假设气柱内温度直减率 γ 是常数的多元大气压高方程。若取海平面气压为 p_0，任意高度 z 上的气压为 p_z，气温为 T_0，任意高度 z 处的气温 $T=T_0-\gamma\cdot z$。将它们代入式（5.2），得到多元大气压高方程为：

$$p_z=p_0(1-\gamma z/T_0)^{g/(R_d\gamma)} \tag{5.6}$$

假设 γ=6.0 ℃/km，T_0=273.15 K，p_0=1 000 hPa，分别根据等温大气和多元大气的压高方程绘制出气压随高度变化的曲线（图 5.3）。多元大气气压随高度增高的降低速率较等温大气略快，与实际大气的情况更为接近。

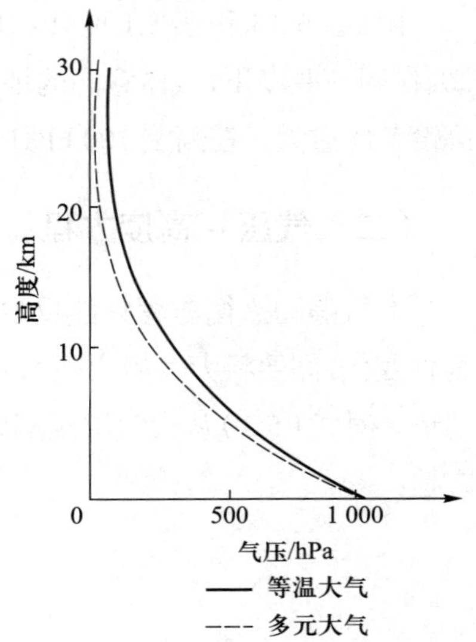

图 5.3　不同条件下气压随高度的变化

二、气压随时间的变化

（一）变化原因

某地气压的变化，本质上是此高度以上空气柱重量的增加或减少。而气柱重量是其质量和重力加速度的乘积，重力加速度通常可以看作定值，于是一地的气压变化取决于其上空气柱质量的增多或减少。气柱中质量多了，气压就升高，反之则降低。空气柱质量变化的因素主要由热力和动力因子引起。热力因子是指温度的升高或降低引起的体积膨胀和收缩、密度的增大和减小，以及与之伴随的气流辐合或辐散所造成的质量增多或减少。动力因子是指大气运动所引起的气柱质量的变化。气压随时间的变化情况，根据空气运动状况可归纳成以下几点：

1. 气流的辐合与辐散

不同高度、不同区域的空气运动的方向和速度常常不一致。有时运动的方向相同而速度不同，有时速度相同而方向各异，也有时运动的方向、速度都不相同。这样可能引起空气质量在某些区域堆聚，而在另一些地区流散。气流在一个水平面上的净流入或流出称为空气的辐合（convergence）或辐散（divergence）。图 5.4（a、c）表示了各点的空气都背着同一条线或同一个点散开，而且前面空气运动速度快，后面的运动速度慢，显然这个区域里的空气质点会逐渐向周围流散，引起气压降低，这种现象称为水平气流辐散。相反，图 5.4（b、d）表示各点空气向着同一条线或同一个点聚集，而且前面的空气质点运动速度慢，后面的空气质点运动速度快，结果这个区域里空气质点会逐渐聚集起来，引起气压升高，这种现象称为水平气流辐合。实际大气中的空气质点水平辐合、辐散的情况比较复杂，有时下层辐合、上层辐散，有时下层辐散、上层辐合，在大多数情况下，上下层的辐散、辐合交互重叠的方式非常复杂。因而某一地点气压的变化要依据整根气柱中是辐合占优势，还是辐散占优势而定。

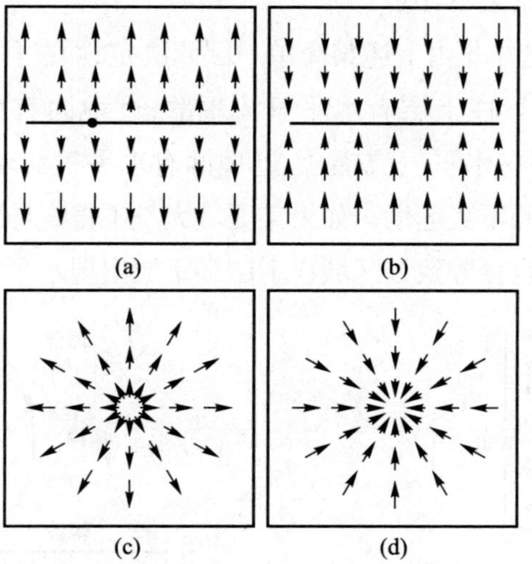

图 5.4　水平气流的辐散（a、c）和辐合（b、d）

箭头方向表示空气质点的水平运动方向；箭头长度表示空气质点水平运动的快慢

2. 温度的影响

气温不同导致大气密度变化。气温高时，大气密度小；气温低时，大气密度大。因此如果移动到某地的气团冷，比原来气团的密度大，那么该地上方的空气柱质量就会增大，气压随之升高。反之该地气压就要降低。例如，冬季大范围强冷空气南下，流经之地空气密度随之增大，地面气压会明显上升。夏季暖湿气流北上，流经之地空气密度减小，地面气压下降。

在一定高度上，受热和冷却气柱之间还会出现水平方向的气压差异。

同样，空气柱中的水汽含量也会影响气压，虽然与气温相比这种影响很小。因为水汽分子（H_2O）的重量小于大气中主要的氮气（N_2）和氧气（O_2）分子的重量，当空气中的水分子增多时，较轻的水分子置换了较重的氮气和氧气分子，所以湿润的空气较干燥的空气更轻，密度更小。但这种差异相对比较小，如在同一温度下，即使是非常湿润的空气，密度也仅比干燥空气的密度小 2% 左右。在实际情况下，寒冷的空气大多来自大陆内部，比较干燥，而温暖的空气大多来自海洋，比较湿润。因此寒冷干燥空气的气压明显大于温暖湿润空气的气压。

3. 空气的垂直运动

当空气有垂直运动而气柱内质量没有外流时，气柱中的总质量不变，地面气压不会变化。但气柱中质量的上下传输，会造成气柱中不同层次空气质量的改变，引起各高度的气压变化。图 5.5 中位于 A、B、C 三地上空某一高度上 a、b、c 三点的气压，在空气没有垂直运动时是相等的。当 B 地有空气上升运动时，空气质量由下层向上层输送，b 点因上空气柱中质量增多而气压升高。当 C 地有空气下沉运动时，空气质量由上层向下层输送，c 点因上空气柱中质量减少而气压降低。由于近地层空气的垂直运动通常比较微弱，垂直运动对近地层的气压变化影响较小，可略去不计。

实际大气的气压变化并非由上述某个单一因素决定，而往往是各种因素相互作用的结果。如图 5.6 所示，右侧气柱上层有水平气流辐散，近地面有水平气流辐合，气流上升。左侧气柱与之相反，上层有水平气流辐合，近地面有水平气流辐散，高层气流补偿近地面水平辐散气流，出现空气的下沉运动。如果某区域大气不稳定导致空气垂直运动，或气流遇地形阻挡垂直上升，那么也会导致该区域在上层和下层出现水平气流的辐散和辐合。

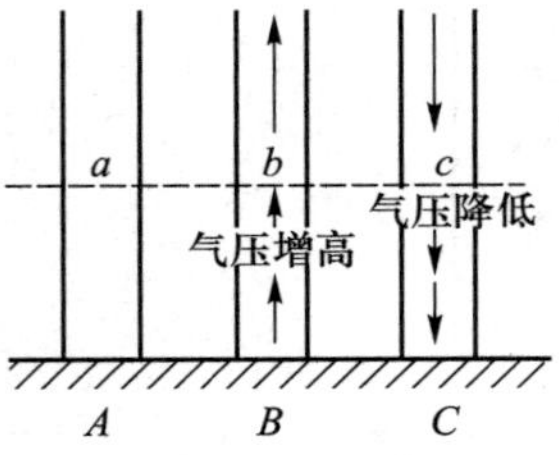

图 5.5　空气垂直运动导致不同高度的气压变化

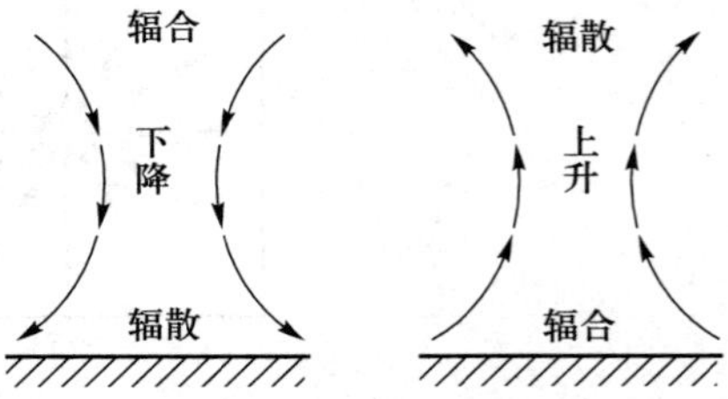

图 5.6　水平气流辐合、辐散与垂直运动的相互关系

（二）气压的周期性变化

气压的周期性变化（periodic variation）是指气压随时间变化的曲线呈现有规律的周期性波动（periodic wave），明显的是以日为周期和以年为周期的波动（wave motion）。

地面气压的日变化主要有单峰型和双峰型。其中以双峰型最为普遍，其特点是一天中有一个最高值、一个次高值和一个最低值、一个次低值（图 5.7）。一般是清晨气压上升，9~10 时出现最高值，以后气压下降，到 15~16 时出现最低值，此后又逐渐升高，到 21~22 时

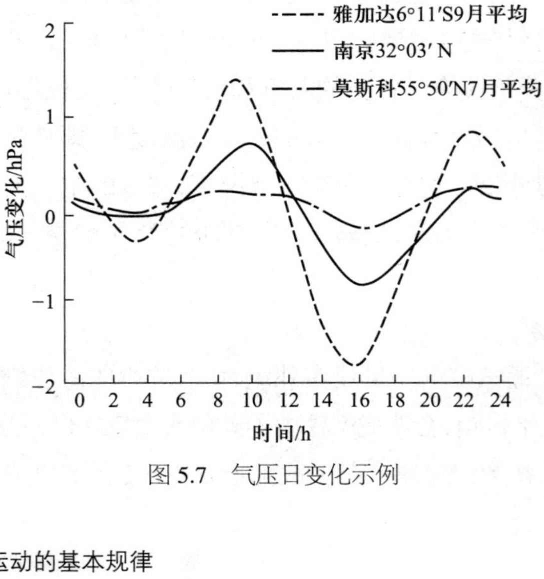

图 5.7　气压日变化示例

出现次高值，以后再度下降，到次日 3~4 时出现次低值。最高、最低值出现的时间和变化幅度随纬度变化而有区别，热带地区气压日变化最为明显，日较差可达 3~5 hPa。随着纬度的增高，气压日较差逐渐减小，到纬度 50° 的地区，气压日较差已减至不到 1 hPa；而在我国中纬度地区，气压日较差为 1~2.5 hPa。

气压日变化的原因比较复杂，现在还没有公认的解释。一般认为它同气温日变化和大气潮汐现象密切相关。比如气压一日波（单峰型）同气温的日变化关系很大。当白天气温最高时，低层空气受热膨胀上升，升到高空向四周流散，引起地面减压；当清晨气温最低时，空气冷却收缩，气压相应升到最高值。只是由于气温对气压的影响作用需要经历一段过程，因此气压极值出现的相时落后于气温。同时，气压日变化的振幅同气温一样随海陆、季节和地形的不同而有区别，表现出陆地大于海洋、夏季大于冬季、山谷大于平原。气压的半日波（双峰型）可能同一日间增温和降温的交替所产生的整个大气半日振动周期等因素相关。

气压年变化是以一年为周期的波动，受气温的年变化影响很大，因而也同纬度、海陆性质、海拔高度等地理因素有关。在大陆上，一年中气压最高值出现在冬季，最低值出现在夏季，气压年变化值很大，并由低纬度地区向高纬度地区逐渐增大。在海洋上，一年中气压最高值出现在夏季，最低值出现在冬季，年较差小于同纬度的陆地（图 5.8）。高山区一年中气压最高值出现在夏季，是空气受热，气柱膨胀，空气上升，质量增加所致，而最低值出现在冬季，是空气受冷，气柱收缩，空气下沉，质量减少所致。

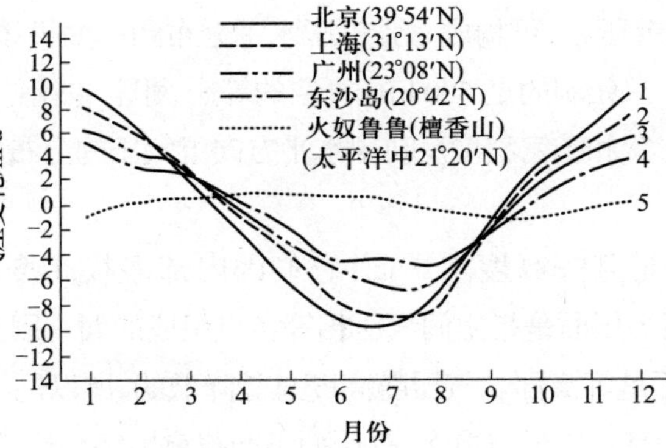

图 5.8　气压年变化示例

（三）气压的非周期性变化

气压的非周期性变化是指气压变化不存在固定周期的波动。它是气压系统移动和演变的结果。通常在中高纬度地区气压系统活动频繁，气团属性差异大，气压非周期性变化远比低纬度地区明显。如以 24 h 气压的变化量来比较，高纬度地区气压的非周期性变化量可达 10 hPa，低纬度地区因气团属性比较接近，气压的非周期性变化量很小，一般只有 1 hPa。

一个地方的地面气压变化总是既包含周期性变化，又包含非周期性变化。在中高纬度地区，气压的非周期性变化比周期性变化明显得多，因而这些地区的气压变化多带有非周期性特征。在低纬度地区，气压的非周期性变化比周期性变化弱小得多，因而气压变化的周期性比较显著。当然，在特殊情况下也会出现相反的情况。

第二节 气 压 场

气压的空间分布称为气压场（pressure field）。在一定空间范围里的气压分布为空间气压场，某一水平面的气压分布称为水平气压场。由于各地气柱的质量不同，气压的空间分布也不均匀，有的地方气压高，有的地方气压低。因此，气压场呈现各种不同的气压形势，这些不同的气压形势统称为气压系统。

一、气压场的表示方法

气压是气象学中最为重要的气象要素之一，气压的水平分布形势通常用等压线或等压面表示。等压线是同一水平面上气压相等点的连线。在该水平面上按一定气压间隔（如2.5 hPa或5 hPa）绘制等压线，可构成一张气压水平分布图。如果该平面为海平面，它就是海平面气压分布图。如果绘制的是500 hPa高空的等压线图，它就是500 hPa高空的气压水平分布图。等压线的形状和疏密程度反映了水平方向上气压的分布形势。

1. 等高面图

无论是海平面还是某一高度水平面，它们因内部海拔高度相同被统称为等高面（isohypsic surface）。而等压面是指空间气压相等各点组成的面。因为同一高度上各点的气压不等，显然，等压面不是等高面。气压随高度总是降低的，所以同一高度上气压比四周低的地方，等压面呈凹形，且气压低得愈多，等压面下凹得愈厉害。反之，同一高度上气压比四周高的地方，等压面呈凸形，且气压高得愈多，等压面上凸得愈厉害。因为等压面凹凸不平，所以如果等高面和等压面在空间相交，就会有许多交线，这些交线就是等高面上的等压线。

2. 等压面图

等压面（isobaric surface）是空间气压相等点组成的面，该面上的各点的气压相等，但由于各点海平面气压差异，以及气压随高度降低的速率不同，因此各点的海拔高度不可能相同，使等压面在空间形态上呈现高低起伏的曲面。如700 hPa等压面上各点的气压均为700 hPa，但各点海拔高度在大约3 000 m高度上下变化。由于气压随高度降低，高空等压面的气压永远小于低空等压面的气压。

由于等压面是曲面，根据等压面和等高线之间的关系，可以用类似绘制地形图等高线的方法，将等压面上相对于海平面的各位势高度点投影到海平面图上，就得到一张位势高度线（等高线）图。此图能表示该等压面的形势，因此称为等压面图。由图 5.9（a）可见，p 为等压面，有高度间隔相等的若干等高面，分别与等压面 p 相截，每条截线都在等压面 p 上，所以截线上各点的气压均相等。将这些截线投影到水平面上，中心为高值、逐渐向外递减的一组闭合等高线与等压面凸起部位相对应；中心为低值、逐渐向外递增的一组闭合等高线与等压面下凹部位相对应。图 5.9（b）是绘有等压面 p 和其邻近的等高面 z 的垂直剖面。由图 5.9（b）可知，等压面 p 上的 D 点比 C 和 E 点的高度低，而 B 点比 A 和 C 点的高度高。这样，在等高面 z 上 D' 点的气压则低于 p，B' 点的气压则高于 p，等压面上高度高（低）的区域恰好与等高面上气压高（低）的区域相对应。由于等压面的起伏一般都不大，因此等压面上的等高线基本就与临近等高面上的等压线的形势对应，即等压面上的等高线的分布形势能够代表等压面的起伏程度。

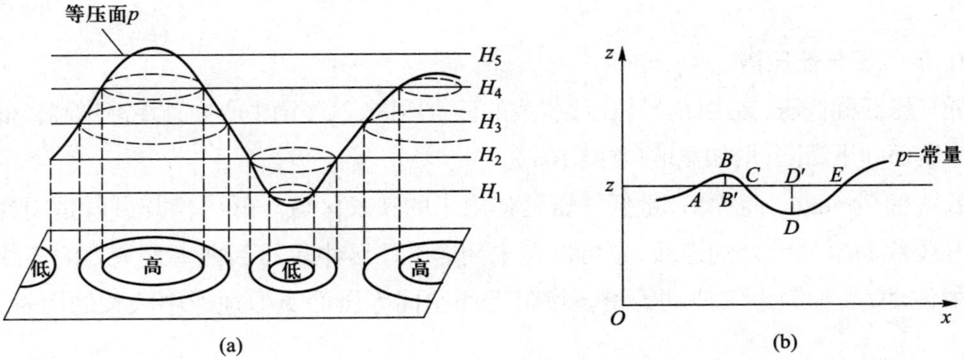

图 5.9　等压面和等高线的关系

（a）三维模型；（b）等压面与临近等高面的垂直剖面图。H 指高度

3. 位势高度

在气象学上，为了理论计算和应用的方便，在等压面图上绘制的等高线高度不是以米为单位的几何高度，而是以位势米为单位的（重力）位势高度（geopotential height）。它是指单位质量的物体从海平面（位势取为零）抬升到高度 z 时，克服重力所做的功，又称重力位势。在国际单位制中，1 位势米定义为 1 kg 空气上升 1 m 时，克服重力做了 9.8 J 的功，也就是获得 9.8 J/kg 的位势能，即

$$1\ \text{位势米} = 9.8\ \text{J/kg}$$

位势高度与几何高度的换算关系为：

$$H = \frac{g_\varphi z}{9.8} \tag{5.7}$$

式中：H 为位势高度（位势米），z 为几何高度（m），g_φ 为纬度 φ 处的重力加速度（m/s^2）。当 g_φ 取 9.8 m/s^2 时，位势高度 H 和几何高度 z 在数值上相同，但两者的物理意义完全不同，位势米

是表示能量的单位,几何米是表示几何高度的单位。由于大气在地球重力场中运动,时刻受到重力的作用,因此用位势米表示不同高度气块所具有的位能,显然比用几何高度要方便。

日常气象预报所分析的等压面图主要有三类:① 850 hPa 和 700 hPa,大约对应海拔 1 500 m 和 3 000 m 高度,代表对流层低层;② 500 hPa 大约对应海拔 5 500 m 高度,代表对流层中层;③ 300 hPa、200 hPa 和 100 hPa,大约对应 9 000 m、12 000 m 和 16 000 m 高度,代表对流层顶层。海平面气压场一般用等高面图(零高度面)来分析,必要时也用 1 000 hPa 等压面图替代。

二、气压场的基本形式

无论是在海平面天气图还是在高空天气图上,人们经常看到的气压系统主要有以下几种类型:

1. 低气压与低压槽

低气压简称低压,是由闭合等压线构成的低气压区,气压由中心向外逐渐增高。低压的空间等压面向下凹陷,形如盆地(图 5.10a)。

低压槽(trough)简称槽,是低气压延伸出来的狭长区域。低压槽既可以是闭合低压区中等压线曲率最大处的连线,也可以是未闭合低压区中等压线曲率最大处的连线。后者形如波动,又称为大气波动的槽。槽附近的空间等压面类似地形中狭长的山谷,呈下凹形。

2. 高气压与高压脊

高气压简称高压,由闭合等压线构成,中心气压高,向四周逐渐降低,空间等压面类似山丘,呈上凸形(图 5.10b)。高压是从质量场而言的,由于闭合高压区中空气的运动呈涡旋状围绕中心旋转,北半球沿顺时针方向旋转,南半球沿逆时针方向旋转,因此又称为反气旋。高压脊(ridge)简称脊,是由高压延伸出来的狭长区域,在脊中各等压线曲率最大处的连线

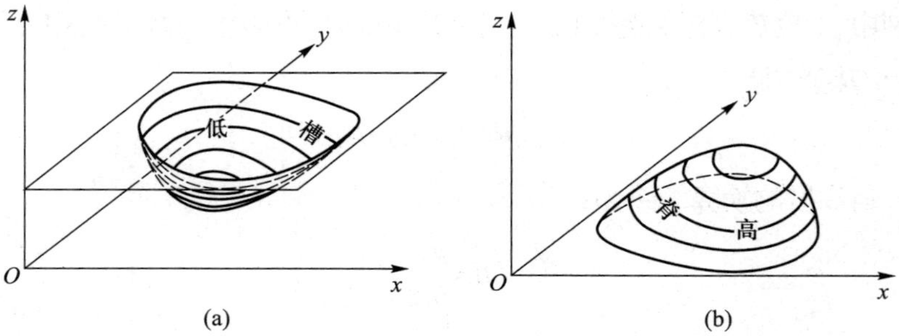

图 5.10　闭合低压和闭合高压的空间等压面示意图

(a)闭合低压;(b)闭合高压

叫作脊线,其气压值沿脊线向两边递减,脊附近空间等压面类似地形中的狭长山脊,呈上凸状。高压脊既可以是闭合高压区中等压线曲率最大处的连线,也可以是未闭合高压区中等压线曲率最大处的连线。后者形如波动,又称为大气波动的脊。

无论是闭合高压还是大气波动形成的高压脊,它们都会在大气环流背景场的影响下沿某一方向运动,因此人们经常将高压脊与其运动方向联系起来,将脊运动方向的前方称为脊前,将脊运动方向的后方称为脊后。由于高压、低压或大气波动的槽脊是相间分布的,因此槽前或脊后是指相同的区域,槽后或脊前也是指相同的区域。

3. 鞍形气压场

鞍形气压场(col pressure field)简称鞍,是两个高压和两个低压交错分布的中间区域。鞍形区空间的等压面形似马鞍(图 5.11)。

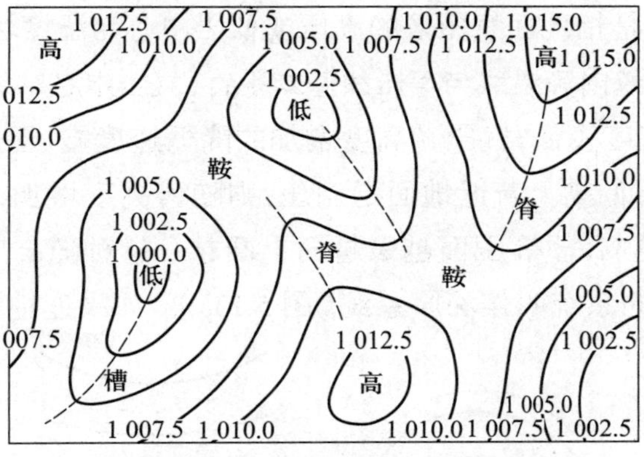

图 5.11　常见海平面天气图上气压场的形势

以上几种气压水平分布形势统称为气压系统,存在于三维空间。由于愈向高空,气压受地面的影响愈小,因此高空气压系统要比低空系统相对简单,大多呈现纬向的平直或波状等高线,有时也出现型如图 5.12 中被称为切断低压和阻塞高压的闭合系统。

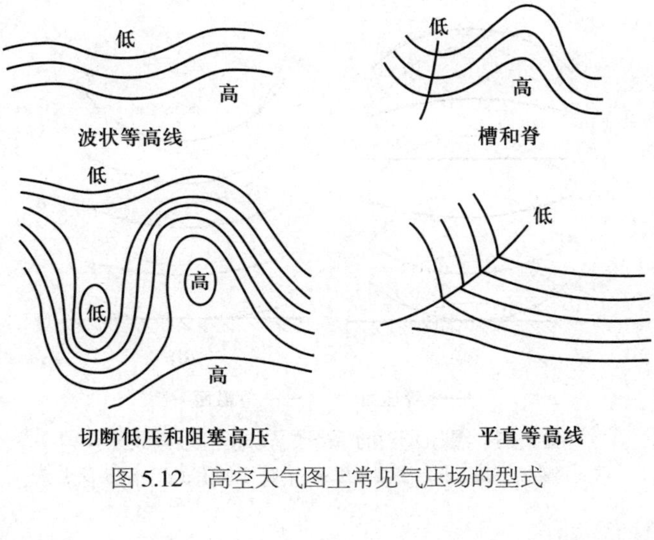

图 5.12　高空天气图上常见气压场的型式

三、气压系统的空间结构

大气的三维分布决定了气压系统的三维特征。气压在各处均随高度增加而降低，但由于地表及空气状态如气温和密度等的差异，气压随高度增加的降低速度不同，使海平面气压场水平分布与高空气压场水平分布有很大不同。这种高低空的变化主要受大气温度的影响，即气压场的分布与气温场的分布密切相关，它们之间有一定的配置规律，称为温压场的配置。这里主要有两种形式：温压场对称系统（symmetric systems）和温压场非对称系统。

（一）温压场对称系统

温压场对称系统是指地面气压场的高压或低压中心与温度场的高温或低温中心配置重合的系统。该系统内等温线与等压线基本平行，气压中心轴线基本垂直于地面。温度场的暖中心空气密度较低，气压随高度增加的降低速度慢，于是到一定高度，暖性中心上空的气压比周围偏高。若近地面是高压，则随着高度增加，暖性中心上空气压较相同高度气压越来越高，即等压面越来越向上凸起。这种随高度增加，气压类型没有改变，气压不断加强的系统叫作深厚系统（图 5.13a）。如果近地面温度场是冷性中心，

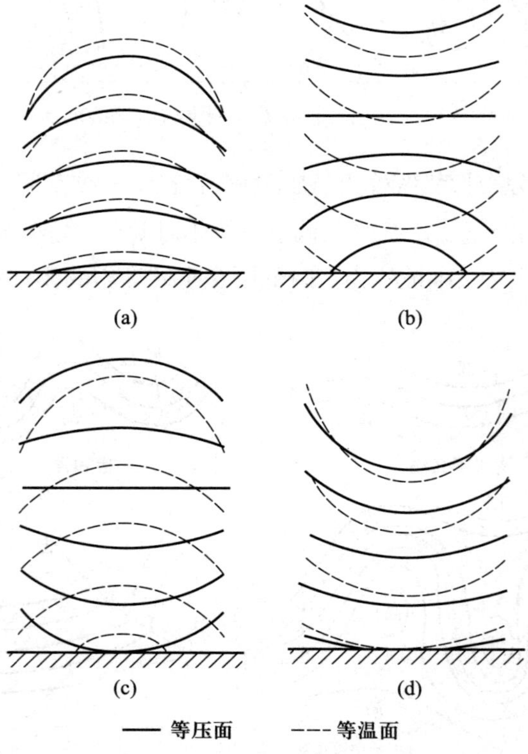

图 5.13　温压场对称系统配置的垂直剖面图示

（a）暖性高压；（b）冷性高压；（c）暖性低压；（d）冷性低压

恰好与低压中心配置，那么随着高度增高，冷性中心上空因空气密度大，气压下降速度快，越到高空气压越低，因而它也是一种深厚系统[图 5.13(d)]。如果暖性中心与低压中心配合，或冷性中心与高压中心配合，随着高度增加，暖性中心上空因气压下降速度慢，而使低压不断减弱，甚至到一定高度会变为高压；冷性中心上空因气压下降速度快，而使高压不断减弱，到一定高度甚至变为低压。这种随高度增加，气压不断减弱，甚至气压类型发生改变的系统叫作浅薄系统[图 5.13(b、c)]。概括地说，暖性高压和冷性低压是深厚系统，冷性高压和暖性低压是浅薄系统。极地和赤道地区因太阳辐射收入的差异分别为冷暖中心，近地面对应高压和低压，到一定高度后，分别对应高空的低压和高压，是一种典型的浅薄系统。

（二）温压场不对称系统

温压场不对称系统是指地面气压场的高压或低压中心与温度场的高温或低温中心配置不相重合的系统。该系统内等温线与等压线相交，由于暖中心上空随高度增加气压降低得慢，冷中心上空随高度增加气压降低得快，因此随高度增加气压中心轴线不是铅直的，而发生偏斜：低压中心轴线随高度向冷区倾斜，高压中心轴线随高度向暖区倾斜[图 5.14(a、b)]。如北半球中高纬度地区的冷空气多从西北方向移来，因而低压中心轴线常常向西北方向倾斜，而高压的西南侧比较温暖，高压中心轴线多向西南方向倾斜。

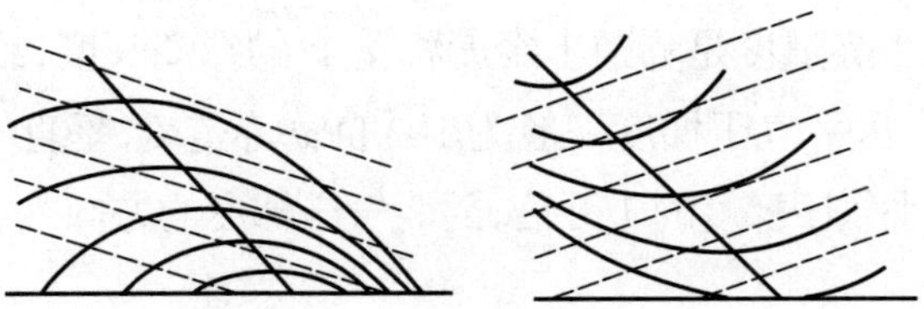

(a)　　(b)

图 5.14　温压场不对称系统配置的垂直剖面图示

(a) 高压;(b) 低压

第三节　大气动力过程

天气与气候的变化是大气运动造成的，为了研究大气运动，首先要对旋转地球上空气微团的受力因子和演变过程进行分析，得到大气运动方程（equation of atmospheric motion），进而讨论一些典型的大气运动形式，如地转风、热成风、梯度风，等等。

一、作用于大气的力

大气运动所受的力可以分为两类：一类是观测者在地球之外某一固定点（如恒星）观测大气运动，用位于地球的固定坐标系表示的力，是真实作用于大气的力，称为真实力，如气压梯度力、地心引力和摩擦力。另一类是观测者在旋转地球上观测大气相对于地面的运动，随地球旋转的坐标系是非惯性坐标系，此时引入的力称为视示力或虚拟力，如科里奥利力和惯性离心力。

（一）气压梯度力

由于大气压强空间分布不均匀，因此在大气中处处都存在气压梯度。气压梯度（$\boldsymbol{G}_N$）是指沿垂直于等压面或等压线方向单位距离的气压变化，数值为两个等压面间的气压差（Δp），除以其间的垂直距离（ΔN），因指向低压，气压差为负，前面加一个负号表示为：

$$\boldsymbol{G}_N=-\frac{\Delta p}{\Delta N} \tag{5.8}$$

$\boldsymbol{G}_N$ 为可以分解为水平气压梯度 G_n 和垂直气压梯度 G_z，于是有：

$$\boldsymbol{G}_N=G_n\boldsymbol{i}+G_z\boldsymbol{k} \tag{5.9}$$

观测结果表明，大气的水平气压梯度很小，而垂直气压梯度较大，因此水平气压梯度单位通常用 hPa/ 赤道度表示，1 赤道度是赤道上经度相差 1°的纬圈长度，约为 111 km。垂直气压梯度常用 hPa/m 表示。水平气压梯度一般为 1~3 hPa/ 赤道度，垂直气压梯度在大气低层可达 10 hPa/m 左右，是水平气压梯度的 1 万倍，因而气压梯度的方向几乎与垂直气压梯度方向一致，等压面近似水平。

由于气压梯度的存在，它在单位体积空气上产生了净压力，即气压梯度力（pressure gradient force）。为了导出单位质量气块在 x,y,z 三个方向上所受的气压梯度力的表达式，假设在气柱 p 和 $p+\delta p$ 间取一小块立方体流体（图 5.15），体积 $\delta V=\delta x\delta y\delta z$，$y$ 轴平行于经线方向，沿该方向的气压梯度为 $\frac{\partial p}{\partial y}$。$x$ 轴平行于纬线方向，沿该方向的气压梯度为 $\frac{\partial p}{\partial x}$。$z$ 轴垂直向上且与重力作用方向平行，沿该方向的气压梯度为 $\frac{\partial p}{\partial z}$。

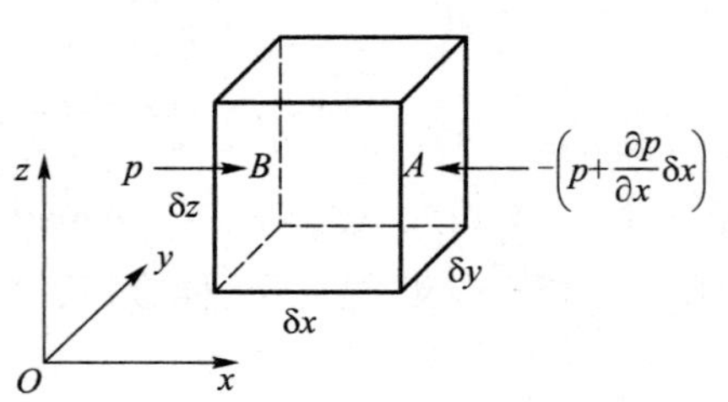

图 5.15　气压分布与作用在单位体积空气上的力

立方体周围空气对气块 B 面施加的压力为：

$$F_B = p \cdot \delta y \cdot \delta z$$

立方体周围空气对气块 A 面施加的压力为：

$$F_A = -\left(p + \frac{\partial p}{\partial x}\delta x\right) \cdot \delta y \cdot \delta z$$

上式取负号是因为压力方向与 x 方向相反。于是在 x 方向周围空气作用于立方体的净压力为 A、B 面压力之和：

$$F_x = p \cdot \delta y \cdot \delta z - \left(p + \frac{\partial p}{\partial x}\delta x\right) \cdot \delta y \cdot \delta z = -\frac{\partial p}{\partial x} \cdot \delta x \cdot \delta y \cdot \delta z$$

同理，如果沿 y 方向和 z 方向的气压都存在变化，即存在气压梯度，那么这两个方向立方体的净压力分别为：

$$F_y = -\frac{\partial p}{\partial y} \cdot \delta x \cdot \delta y \cdot \delta z$$

$$F_z = -\frac{\partial p}{\partial z} \cdot \delta x \cdot \delta y \cdot \delta z$$

于是该立方体上三个方向的总净压力为三者的向量和：

$$-\left(\frac{\partial p}{\partial x}\boldsymbol{i} + \frac{\partial p}{\partial y}\boldsymbol{j} + \frac{\partial p}{\partial z}\boldsymbol{k}\right) \cdot \delta x \cdot \delta y \cdot \delta z = -\nabla \boldsymbol{p} \cdot \delta x \cdot \delta y \cdot \delta z$$

该式表明，气压梯度只要存在，就会对任意体积的空气产生净压力的作用。将上式的体积用质量和密度之比代替，则单位质量（即 $m=1$）空气块上的静压力 $\boldsymbol{G}$ 为：

$$\boldsymbol{G} = -\frac{1}{\rho}\nabla \boldsymbol{p} \tag{5.10}$$

式中的向量微分算子 $\nabla = \frac{\partial}{\partial x}\boldsymbol{i} + \frac{\partial}{\partial y}\boldsymbol{j} + \frac{\partial}{\partial z}\boldsymbol{k}$。

式（5.10）中，水平气压梯度力和垂直气压梯度力的标量形式，还可分别写成：

$$G_n = -\frac{1}{\rho}\frac{\partial p}{\partial n}$$

$$G_z = -\frac{1}{\rho}\frac{\partial p}{\partial z}$$

由式（5.10）可知，水平气压梯度力 $\boldsymbol{G}$ 主要由空气密度和水平气压梯度 ∇p 决定。在大气中，气压梯度力垂直分量远大于水平分量，但是重力始终与垂直分量处于平衡状态，因而在垂直方向上一般不会造成很大的垂直加速度。而水平气压梯度力没有其他实质力与之平衡，在一定条件下可造成较大的空气水平运动。在同一水平面上的空气密度差异不显著，于是水平气压梯度力的大小主要由水平气压梯度决定。只有当两个高度相差甚大的水平气压梯度力相比较时，ρ 的差异才需要考虑。如实际大气中经常出现的数据是空气密度为

1.3×10^{-3} g/cm^3，水平气压梯度为 1 hPa/ 赤道度，于是水平气压梯度力为 7×10^{-4} N/kg。假设该气压梯度力持续作用 3 h，若不考虑其他力的作用，则可使风速由零增大到 7.6 m/s。因此，水平气压梯度力是空气水平运动的直接原因和动力。

各个高度水平气压场一般表现为两种形势：等压线（或等高线）平直或弯曲的气压场。在平直等压（高）线的气压场中［图 5.16（a）］，水平气压梯度力大小和方向变化较小，而在弯曲等压（高）线的气压场中，即气压槽或气压脊所在区域，或闭合气压系统中，水平气压梯度大小有可能变化不大，但方向始终在变化［图 5.16（b）］。

若上述三个方向均无气压梯度，则各方向的压力及总净压力为零。实际大气始终存在垂直方向气压梯度，但在大部分情况下是地球重力与之平衡，即准静力平衡。

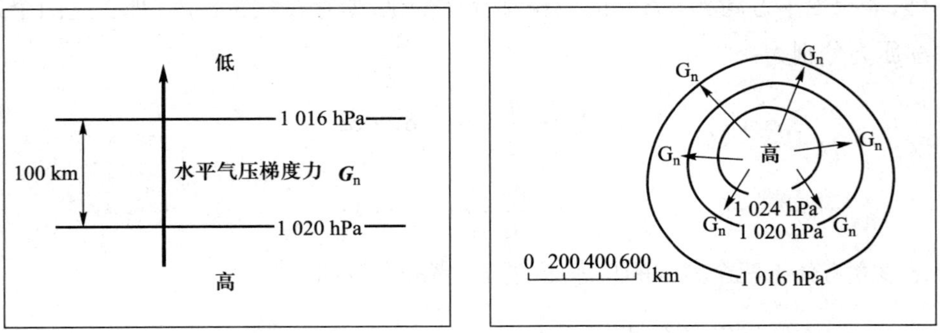

(a) (b)

图 5.16　平直气压场和弯曲气压场的水平气压梯度力（Ahrens，2011）

（a）平直气压场；（b）弯曲气压场

（二）摩擦力

摩擦力（frictional force）是两个相互接触的物体做相对运动时，接触面之间所产生的一种阻碍物体运动的力。大气运动中所受到的摩擦力分为内摩擦力和外摩擦力。内摩擦力是在速度不同或方向不同的相互接触的两个空气层之间产生的一种相互牵制的力，它主要通过湍流交换作用使气流速度发生改变，也称为湍流摩擦力。它的数值很小，往往不予考虑。外摩擦力是空气贴近地表运动时，地表对空气运动施加的阻力。它的方向与空气运动方向相反，大小与空气运动的速度和摩擦系数成正比：

$$\boldsymbol{F}_r = -k\boldsymbol{V} \tag{5.11}$$

式中：$\boldsymbol{F}_r$ 为摩擦力；k 为摩擦系数；$\boldsymbol{V}$ 为空气运动速度。

摩擦力主要与地表有关，随高度增加逐渐减小。摩擦力以地面至 30~50 m 高的近地面层影响最为显著，到 1~2 km 以上高度，摩擦力的影响可以忽略不计。所以，把此高度以下的气层称为摩擦层或大气边界层（详见第七章），此层以上称为自由大气层。所以，在大气动力学方程中，对自由大气可忽略摩擦力的作用。

（三）科里奥利力

1. 科里奥利力的产生

科里奥利力（Coriolis force）又称为地转偏向力（deflecting force of the earth rotation），简称科氏力，是法国科学家贾思帕·古斯塔·科里奥利首先发现的。如图 5.17 所示，各纬度不同速度的西风在转动的地球上运动，不同纬度的西风经过几小时后，除赤道外，风向都发生了偏转，纬度越高，偏转角度越大；在相同纬度上，风速越大，偏转角度越大。这说明当运动的空气质点依其惯性沿着水平气压梯度力方向运动时，对于站在地球表面的观察者看来，空气质点受着一个使其偏离气压梯度力方向的力的作用。这种因地球绕自身轴转动而产生的非惯性力称为水平科氏力。在大尺度的空气运动中，科氏力是一个非常重要的力。

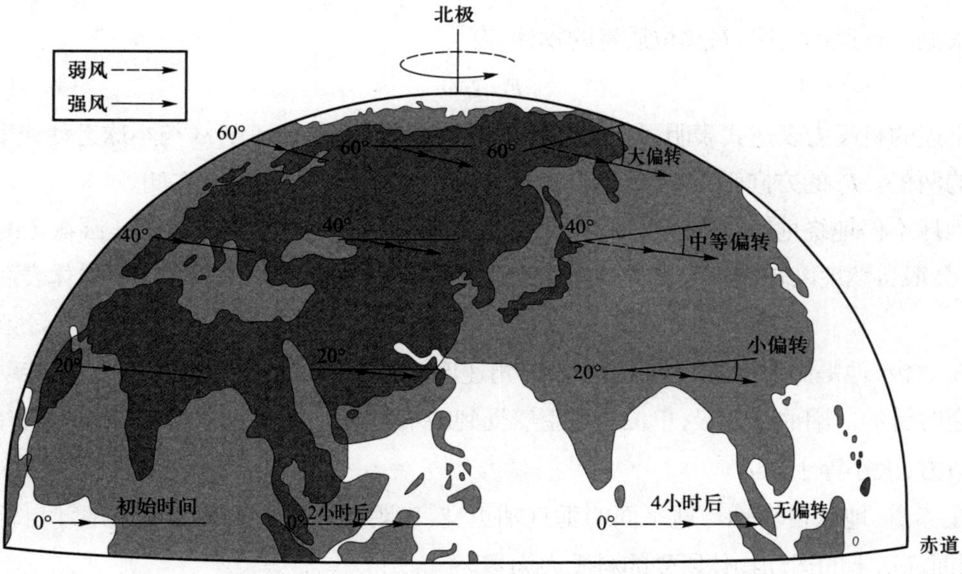

图 5.17　各纬度不同速度西风受到的科氏力作用示意图（陈星等，2016）

为了进一步阐明地球自转产生科氏力的原因，可通过一个实验加以解释。取一个圆盘并让它做逆时针旋转（图 5.18），同时取一个小球让它从圆盘中心点向 OB 方向滚去。在水平方向上若没有外力作用于小球，则小球保持着惯性沿 OB 直线匀速地滚动着，圆盘的转动对小球运动的方向和速度都没有影响。但在小球自 O 点沿 OB 方向滚动到圆盘边缘的时间里，站在圆盘上 A 点的人也随圆盘一起转动，并由 A 移到 A' 位置上。假如观察者以其立足的圆盘作为衡量物体运动的参照标准，在他看来，球不是做直线运动向他滚来，而是做曲线运动向右（沿小球运动方向看）偏移到 A 的位置上了，如图 5.18 中的虚线所示。按照牛顿运动定律，这种看

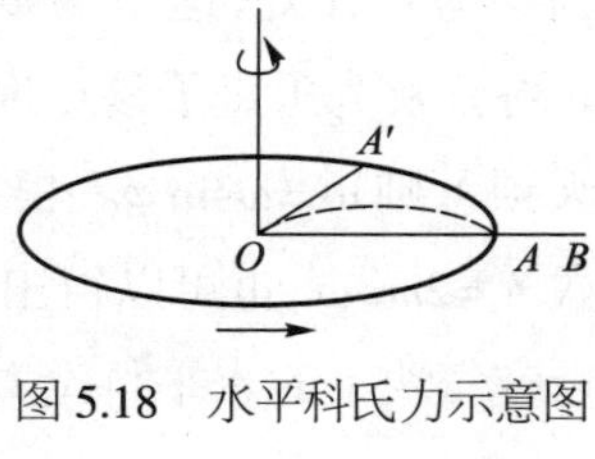

图 5.18　水平科氏力示意图

来向右偏转，好像是小球在做直线运动时，时刻受到的一个与它运动方向相垂直并指向其右方的作用力，就是由圆盘转动所产生的偏向力，也就是随圆盘一起转动的观察者所观察到的力。事实上，并无任何物体作用于小球来产生这个力，这只是为了要在一个非惯性系里以牛顿定律来解释所观察到的现象而引进的一个假想的力——科氏力。

为了计算由科氏力所引起的相对加速度 a，假设小球水平运动的速度是 v，从 O 点出发经过时间 t 到达 A 点，它的位移为 $OA=vt$。与此同时，圆盘逆时针转动了角度 $\angle AOA'$，圆盘转动的角速度为 ω，在时间 t 内转过的角度 $\angle AOA'=\omega t$。以 S 表示小球偏离的距离，并近似等于 $\widehat{AA'}$，如果略去其差别，那么 $S=\widehat{AA'}=OA\times\angle AOA'$，把 $OA=vt$，$\angle AOA'=\omega t$ 代入上式，那么 $S=v\omega t^2$，

根据加速度公式，
$$S=\frac{1}{2}at^2$$

因而
$$\frac{1}{2}at^2=v\omega t^2,\ a=2v\omega$$

根据牛顿运动定律，对单位质量的物体，有

$$F_c=2v\omega \tag{5.12}$$

上述的科氏力表达式表明，科氏力 F_c 的大小等于圆盘的角速度 ω 与小球运动速度 v 的乘积的两倍。F_c 的方向垂直于转动轴，也垂直于相对速度 v，指向 v 的右侧。

地球不停地绕地轴以角速度 ω 从西向东自转，生活在地球上的人和上述圆盘上的人很相似，会很自然地以转动的地表作为衡量物体运动的标准，所不同的是转动的球体表面更为复杂。

在北极，地平面绕其垂直轴（地轴）的角速度恰好等于地球自转的角速度 ω，转动方向也是逆时针的。因而在北极，单位质量空气受到的水平科氏力与空气运动方向垂直，并指向它的右方，大小等于 $2v\omega$。

在赤道，地球自转轴与地平面的垂直轴正交，表明赤道上的地平面不随地球自转而旋转，因而赤道上的运动物体所受的科氏力为零。

在北半球的其他纬度上，地球自转轴与地平面垂直轴的交角小于90°，因而任何一地的地平面都有绕地轴转动的角速度。图 5.19 是研究大气运动常用的局地坐标系，这里选取北半球，分析任意纬度上的科氏力的情况。将绕地轴转动角速度 ω 平移到参考点 A 处，这里的 ω 并不垂直于 A 点地平面，ω 可分解为垂直于该点地平面的分量 ω_1（轴必指向天顶），则 $\omega_1=\omega\sin\varphi$。根据圆盘转动速度所得的公式 $F_c=2mv\omega$，也可以得出任意纬度上作用于单位质量空气块上的水平科氏力为

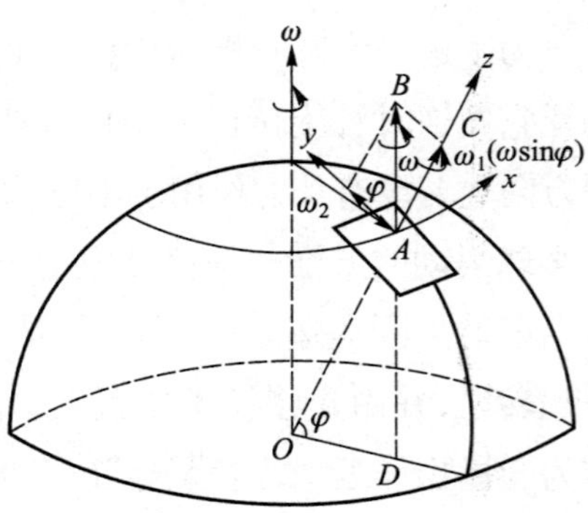

图 5.19　在局地坐标系中纬度 φ 处地平面绕其轴的转动角速度及其分量

$$F_c=2v\omega\sin\varphi \tag{5.13}$$

而平行于地平面的分量为 ω_2（轴必沿经线指向北），则有 $\omega_2=\omega\cos\varphi$。

2. 科氏力的向量形式*

在物理学中，科氏加速度（即单位质量的物体所受的科氏力）的向量表达式为

$$\boldsymbol{F}_c=2\boldsymbol{v}\times\boldsymbol{\omega} \tag{5.14}$$

在上述的局地坐标系中，ω 的三个分量如图 5.19 所示，为（0，$\omega\cos\varphi$，$\omega\sin\varphi$）。于是，科氏加速度可表示为

$$\begin{aligned}\boldsymbol{F}_c&=2\boldsymbol{v}\times\omega=2\begin{pmatrix}\boldsymbol{i} & \boldsymbol{j} & \boldsymbol{k}\\ u & v & w\\ 0 & \omega\cos\varphi & \omega\sin\varphi\end{pmatrix}\\ &=(2v\omega\sin\varphi-2w\omega\cos\varphi)\boldsymbol{i}-2u\omega\sin\varphi\boldsymbol{j}+2u\omega\cos\varphi\boldsymbol{k}\end{aligned} \tag{5.15}$$

在北半球，$\omega>0$，科氏力指向运动方向的右侧，而在南半球，$\omega<0$，科氏力指向运动方向的左侧。

在一般情况下，空气运动的垂直分量 w 相对于水平速度分量 u、v 来说，是一个非常小的量。在本章第三部分将看到，在研究水平运动时，常将 $2w\omega\cos\varphi$项略去，而考虑 $2v\omega\sin\varphi$ 和 $2u\omega\sin\varphi$，并令 $f=2\omega\sin\varphi$，称之为科氏参数或地转参数，因此科氏力的水平分量常写作

$$\begin{cases}F_{cx}=fv\\ F_{cy}=-fu\end{cases} \tag{5.16}$$

科氏力只是在空气相对于地面存在运动时才产生，当空气处于静止状态时不会受到科氏力的作用。科氏力垂直于速度向量，因此它只是改变气块运动的方向而不能改变其运动速度。在风速相同的情况下，它随纬度减小而减小，在赤道处，科氏力的水平分量 $F_{cx}=F_{cy}=0$。

（四）地球引力与惯性离心力

地球上的气块除受地球引力（gravity）外，还要受惯性离心力（centrifugal force）的作用。气块所受惯性离心力的大小，跟旋转半径和地球自转角速度的平方成正比，方向自旋转中心指向外缘。因此，单位质量空气块所受的重力 $\boldsymbol{g}$ 是该气块所受的地球引力与它随地球一起旋转所受的惯性离心力 $\boldsymbol{\omega}^2\boldsymbol{R}$ 的矢量和（图 5.20），即

$$\boldsymbol{g}=-f_1\frac{M}{r^3}\boldsymbol{r}+\omega^2\boldsymbol{R} \tag{5.17}$$

式（5.17）中右侧第一项为地球引力（质量为 1），$\boldsymbol{g}_1=-f_1\dfrac{M}{r^3}\boldsymbol{r}$；$f_1$ 为万有引力常量为$6.674\times10^{-11}\ \mathrm{N}\dfrac{\mathrm{m}^2}{\mathrm{kg}^2}$；$M$ 为地球质量；r 为气块与地球质心之间的距离；$\boldsymbol{r}$ 为气块相对于地球质心的位置向量；$\boldsymbol{g}$ 为单位质量物体

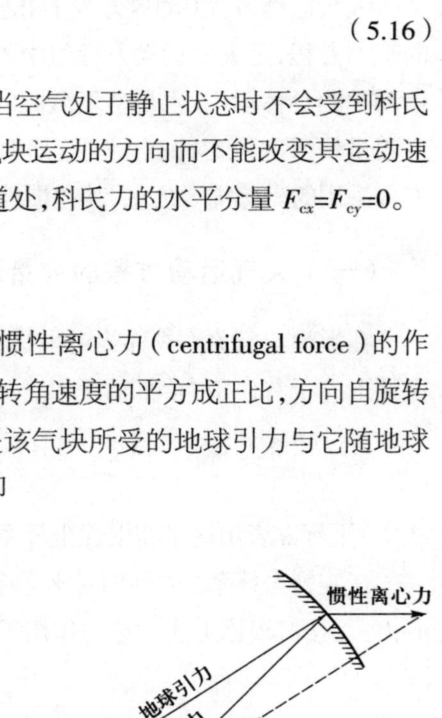

图 5.20　地球重力的合成

所受的重力。

式（5.17）中右侧第二项为惯性离心力，$\boldsymbol{g}_2=\omega^2\boldsymbol{R}$。$\boldsymbol{R}$ 为气块相对于地球自转轴的位置向量。

由地球引力公式可见，因地球半径大于极地半径，相同质量的物体，在赤道所受的地球引力小于两极；高度愈小，物体受到的地球引力也愈小。

由于旋转半径（即 $\boldsymbol{R}$）的大小在不同纬度不一样，因此惯性离心力随纬度而改变。另外，惯性离心力随高度而增大。惯性离心力和科里奥利力一样只改变物体运动的方向，不改变运动的速度。空气运动路径的曲率半径通常很大，因而空气运动时所受到的惯性离心力往往小于科里奥利力。但是在低纬度地区或空气运动速度很大而曲率半径很小时，惯性离心力也有可能超过科里奥利力。

需要注意的是，重力并不指向地心（即地球质心），但与海平面垂直，所以在球坐标系和局地坐标系（见下文）中，重力加速度的三个分量为 0，0，$-g$。

二、大气运动方程和连续方程

大气运动方程（动量方程）和连续方程（equation of continuity）都是描述大气运动规律的基本方程，是大气运动方程组中不可缺少的部分。大气运动方程是牛顿运动定律在大气运动中的具体运用，也是空气微团的运动与作用于空气微团的力之间的数学关系式。连续方程是质量守恒定律在大气运动中的运用，反映了在大气运动中密度和速度之间的关系。方程采用的坐标需要注意，其在惯性坐标系中的形式与非惯性系有着明显的区别。

（一）大气运动方程的向量形式

在惯性坐标系（或称绝对坐标系）中，空气微团的质量 m 与其加速度 $\boldsymbol{a}$ 的乘积等于该微团上的所有作用力的向量和，把 $\boldsymbol{a}$ 用速度对时间的导数表示，则有绝对运动方程

$$m\frac{\mathrm{d}\boldsymbol{V}_{\mathrm{a}}}{\mathrm{d}t}=\sum_{i=1}^{n}\boldsymbol{F}_i \tag{5.18}$$

式中：下标 a 表示这是在惯性坐标系下的绝对运动方程，$\boldsymbol{F}_i$ 为作用在空气微团上的力。

在旋转坐标系（或称相对坐标系）中应用牛顿第二定律，还应考虑科里奥利力和惯性离心力。这样，根据上述讨论的作用于大气的力，可将上式写成向量形式的相对运动方程

$$m\frac{\mathrm{d}\boldsymbol{V}_{\mathrm{r}}}{\mathrm{d}t}=-\frac{m}{\rho}\nabla p+2m\boldsymbol{V}\times\boldsymbol{\omega}+m\boldsymbol{g}+\boldsymbol{F}_{\mathrm{r}} \tag{5.19}$$

式中：$2m\boldsymbol{V}\times\boldsymbol{\omega}$ 为科里奥利力；$m\boldsymbol{g}$ 为重力，合并了地球引力 mg_1 和惯性离心力 $m\boldsymbol{\omega}^2\boldsymbol{R}$。下标 r 表示相对运动方程，为简便起见，之后的方程不再标 r。

为了给出上述各种作用力的表达式和空气微团运动所遵循的方程，有必要选择适当的坐标系。

（二）球坐标系和局地坐标系 *

运用方程进行理论分析和实际计算时，常需要把式（5.19）展开成标量的形式。此时，地球可以近似地作为一个球体，为便于直接应用实际观测资料，在展开式（5.19）时宜采用球坐标系。

如图 5.21 所示的球坐标系，坐标原点在地心，坐标 λ，φ 和 r 分别是 P 点的经度、纬度和地心至 P 点的距离。在图 5.21 中，$\boldsymbol{i}$，$\boldsymbol{j}$，$\boldsymbol{k}$ 分别表示与纬圈相切指向东、与经圈相切指向北，以及指向天顶的单位向量。显然这些单位向量的指向在不同的地理位置上是不一样的。如果用 u，v，w 分别表示在 $\boldsymbol{i}$，$\boldsymbol{j}$，$\boldsymbol{k}$ 三个方向的速度分量，那么可以得到

$$u=r\cos\varphi\frac{\mathrm{d}\lambda}{\mathrm{d}t},\quad v=r\frac{\mathrm{d}\varphi}{\mathrm{d}t},\quad w=\frac{\mathrm{d}r}{\mathrm{d}t}$$

且 $\boldsymbol{V}=u\boldsymbol{i}+v\boldsymbol{j}+w\boldsymbol{k}$，则可得到其加速度向量

$$\frac{\mathrm{d}\boldsymbol{V}}{\mathrm{d}t}=\frac{\mathrm{d}u}{\mathrm{d}t}\boldsymbol{i}+\frac{\mathrm{d}v}{\mathrm{d}t}\boldsymbol{j}+\frac{\mathrm{d}w}{\mathrm{d}t}\boldsymbol{k}+u\frac{\mathrm{d}\boldsymbol{i}}{\mathrm{d}t}+v\frac{\mathrm{d}\boldsymbol{j}}{\mathrm{d}t}+w\frac{\mathrm{d}\boldsymbol{k}}{\mathrm{d}t}\tag{5.20}$$

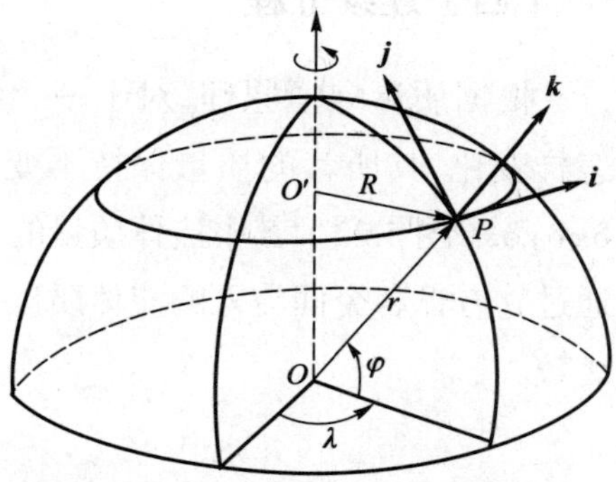

图 5.21　研究大气运动采用的球坐标系

由于 $\boldsymbol{i}$，$\boldsymbol{j}$，$\boldsymbol{k}$ 的方向随地球面上的位置不同而变化，因此 $\frac{\mathrm{d}\boldsymbol{i}}{\mathrm{d}t}$，$\frac{\mathrm{d}\boldsymbol{j}}{\mathrm{d}t}$，$\frac{\mathrm{d}\boldsymbol{k}}{\mathrm{d}t}$ 均不为零。这样，方程中就有了因考虑地球球面而产生的曲率项，在一般情况下，曲率项比其他项要小得多。如果所研究的水平范围不太大，而且不在极地附近，那么一般可以略去曲率项，并进行形式上的变换。这就相当于采用了一个新的坐标系。这个坐标系的原点取在所研究地点的海平面上，x 轴由原点指向东，y 轴由原点指向北，z 轴由原点指向天顶。这被称为局地直角坐标系，或简称为局地坐标系。在局地坐标系中，加速度向量为

$$\frac{\mathrm{d}\boldsymbol{V}}{\mathrm{d}t}=\frac{\mathrm{d}u}{\mathrm{d}t}\boldsymbol{i}+\frac{\mathrm{d}v}{\mathrm{d}t}\boldsymbol{j}+\frac{\mathrm{d}w}{\mathrm{d}t}\boldsymbol{k}\tag{5.21}$$

式（5.21）在形式上与直角坐标系的加速度表达式相同，但实际上有着本质的区别。因为在地球上由一点移动到另一点，局地坐标系中的坐标轴会随之发生变化，而直角坐标系中的坐标轴是固定不变的。

（三）大气运动方程

在上述旋转坐标系下的大气运动方程（这里令 $m=1$）可表示为

$$\frac{\mathrm{d}\boldsymbol{V}}{\mathrm{d}t}=-\frac{1}{\rho}\nabla p+2\boldsymbol{V}\times\boldsymbol{\omega}+\boldsymbol{g}+\boldsymbol{F}_{r_m}$$

在局地坐标系中，其分量形式为

$$\begin{cases}\dfrac{\mathrm{d}u}{\mathrm{d}t}=-\dfrac{1}{\rho}\dfrac{\partial p}{\partial x}+fv-2\omega w\cos\varphi+F_x\\ \dfrac{\mathrm{d}v}{\mathrm{d}t}=-\dfrac{1}{\rho}\dfrac{\partial p}{\partial y}-fu+F_y\\ \dfrac{\mathrm{d}w}{\mathrm{d}t}=-\dfrac{1}{\rho}\dfrac{\partial p}{\partial z}-g+2\omega u\cos\varphi+F_z\end{cases} \tag{5.22}$$

式中：F_x, F_y, F_z 为 x, y, z 三个方向的分量。

（四）连续方程

根据质量守恒原理，对于一个给定的空气微团，它在运动过程中，无论体积和形状怎样变化，其所含的质量保持不变。为了研究这个问题，现取一个小立方体，其体积为 $\delta x\delta y\delta z$（图 5.22），其中流体质量的变化取决于流体从四周流入量与流出量之差。先考虑通过立方体各个面流入的流体质量是多少，分析立方体体内的质量变化，最后对二者进行比较。

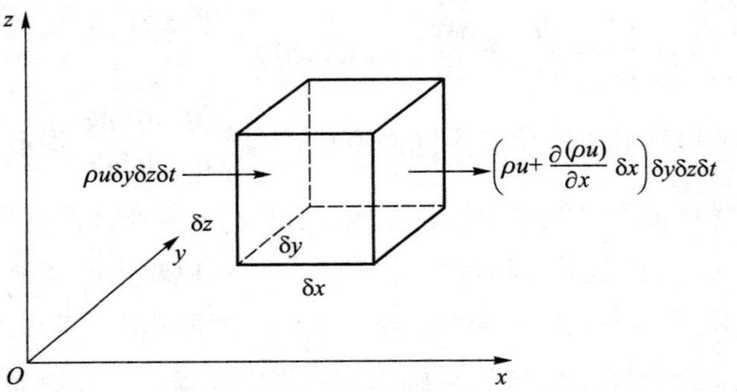

图 5.22　小立方体内的流体净流入量

令 δt 时间内，通过立方体左边的 $\delta y\delta z$ 面，流入的流体质量为 $\rho u\delta y\delta z\delta t$，向右边 $\delta y\delta z$ 面流出的流体质量为 $\left(\rho u+\dfrac{\partial(\rho u)}{\partial x}\delta x\right)\delta y\delta z\delta t$，则在 x 方向的净流入量为二者之差：

$$\rho u\delta y\delta z\delta t-\left(\rho u+\frac{\partial(\rho u)}{\partial x}\delta x\right)\delta y\delta z\delta t=-\frac{\partial(\rho u)}{\partial x}\delta x\delta y\delta z\delta t$$

因为总净流入量应等于在 δt 时间内立方体中流体质量的变化，即 x, y, z 方向的净流入量之和。而立方体中总的流体质量为 $\rho\delta x\delta y\delta z$，在 δt 时间内的流体质量变化为

$$\frac{\partial\rho}{\partial t}\delta x\delta y\delta z\delta t$$

因此，有

$$\frac{\partial\rho}{\partial t}\delta x\delta y\delta z\delta t=-\left(\frac{\partial(\rho u)}{\partial x}+\frac{\partial(\rho v)}{\partial y}+\frac{\partial(\rho w)}{\partial z}\right)\delta x\delta y\delta z\delta t$$

即

$$\frac{\partial\rho}{\partial t}+\frac{\partial(\rho u)}{\partial x}+\frac{\partial(\rho v)}{\partial y}+\frac{\partial(\rho w)}{\partial z}=0 \tag{5.23}$$

这就是散度方程，在大气科学中被称为连续方程。或将它写成向量形式

$$\frac{\partial\rho}{\partial t}+\nabla\cdot(\rho\boldsymbol{V})=0$$

式（5.23）也可以写成

$$\frac{\partial\rho}{\partial t}+u\frac{\partial\rho}{\partial x}+v\frac{\partial\rho}{\partial y}+w\frac{\partial\rho}{\partial z}+\rho\left(\frac{\partial u}{\partial x}+\frac{\partial v}{\partial y}+\frac{\partial w}{\partial z}\right)=0$$

或者写为

$$\frac{\mathrm{d}\rho}{\mathrm{d}t}+\rho\left(\frac{\partial u}{\partial x}+\frac{\partial v}{\partial y}+\frac{\partial w}{\partial z}\right)=0 \tag{5.24}$$

连续方程就是质量守恒原理的数学表达式。它的物理意义很明确，即如果流场是辐散的，那么流团的体积膨胀，密度就减小；反之，如果流场是辐合的，那么流团的体积被压缩，密度就增大。如果流体是不可压缩的，那么流团的密度不随时间变化，即 $\frac{\mathrm{d}\rho}{\mathrm{d}t}=0$，因而有

$$\frac{\partial u}{\partial x}+\frac{\partial v}{\partial y}+\frac{\partial w}{\partial z}=0 \tag{5.25}$$

或

$$\nabla\cdot\boldsymbol{V}=0$$

这就是不可压缩流体的连续方程。

三、大尺度运动的控制方程

1. 大气运动方程的简化

描述大气运动的方程非常复杂，常常需要根据所研究的运动形式的特征方程进行简化，也就是说要找出影响研究对象，即天气系统（synoptic system）的主要因素和次要因素，在方程中将次要因素略去。

人们通常所指的天气是一定区域短时间内的大气状态及其变化的总称。导致这种变化的天气系统一般是水平分布的高压、低压、高压脊和低压槽等典型的大气运动系统。各种

天气系统都有一定的空间和时间尺度，空间尺度以水平伸展范围衡量，时间尺度以生命周期长短衡量，二者具有对应性：水平尺度越大，时间尺度就越长，反之则越短。各类天气系统的水平尺度从上万千米，几百千米到几千米，对应的时间尺度长的为 1~2 周，短的仅为数分钟。这里按照水平尺度的差异对大气运动系统进行分类，可分为四种尺度（表 5.3）。大气运动系统的水平范围 L（m）分为四类尺度；垂直尺度按系统垂直伸展的绝对高度 D（m）来划分。对大、中尺度系统而言，D 一般可达整个对流层，即 $D\approx10^4$ m。对小尺度和微尺度系统而言，深厚系统可达整个对流层，浅薄系统的伸展高度仅为几百到千余米，$D\approx10^3$ m。

在大气运动中，水平速度尺度数量级为 $U\approx10\ \mathrm{m\cdot s^{-1}}$。垂直速度尺度数量级为 $W<UD/L$，由运动系统的水平和垂直尺度决定。

表 5.3　大气运动系统的基本尺度参数

系统类型		尺度参数					相应的天气系统
		L/m	D/m	U/（$\mathrm{m\cdot s^{-1}}$）	W/（$\mathrm{m\cdot s^{-1}}$）	τ/s	
大尺度系统		10^6	10^4	10^1	$<10^{-1}$	10^5	大气长波、大型气旋和反气旋等
中尺度系统		10^5	10^4	10^1	$<10^0$	10^5	台风、温带气旋等
小尺度系统	深厚系统	10^4	10^4	10^1	10^1	10^4	雷暴等
	浅薄系统	10^4	10^3	10^0	10^{-1}	10^4	海陆风、热岛环流等
微尺度系统		10^2~10^3	10^3	10^0~10^1	10^{-1}~10^1	10^2~10^4	龙卷、雷暴单体等

（1）大尺度系统：$D\approx10^4$ m，$L\approx10^6$ m，故 $W<10^{-1}\ \mathrm{m\cdot s^{-1}}$。

（2）中尺度系统：$D\approx10^4$ m，$L\approx10^5$ m，故 $W<10^0\ \mathrm{m\cdot s^{-1}}$。

（3）小尺度系统 $\begin{cases}\text{深厚系统：}D\approx10^4\ \mathrm{m},\ L\approx10^4\ \mathrm{m},\text{故 }W\approx10\ \mathrm{m\cdot s^{-1}}。\\ \text{浅薄系统：}D\approx10^3\ \mathrm{m},\ L\approx10^4\ \mathrm{m},\text{故 }W\approx10^{-1}\ \mathrm{m\cdot s^{-1}}。\end{cases}$

在表 5.3 中，L、D、U、W 和 τ 分别代表水平范围、垂直尺度、水平速度、垂直速度和平均时间尺度。尺度愈大，垂直速度愈小，生命周期愈长；反之，尺度愈小，垂直速度愈大，生命周期愈短。

若用大尺度运动的特征值估算大气运动方程中各项的大小，则式（5.22）中的 $2\omega w\cos\varphi$ 比其他项小得多，式（5.22）第三分式中的 $\dfrac{\mathrm{d}w}{\mathrm{d}t}$，$2\omega u\cos\varphi$ 和 F_z 比垂直气压梯度力和重力小四个数量级以上，所以通常可以略去。另外，在自由大气中，F_x，F_y 也可以略去，则式（5.22）可以简化为：

$$\begin{cases}\dfrac{\mathrm{d}u}{\mathrm{d}t}=-\dfrac{1}{\rho}\dfrac{\partial p}{\partial x}+fv\\ \dfrac{\mathrm{d}v}{\mathrm{d}t}=-\dfrac{1}{\rho}\dfrac{\partial p}{\partial y}-fu\\ 0=-\dfrac{1}{\rho}\dfrac{\partial p}{\partial z}-g\end{cases}\tag{5.26}$$

这是在研究自由大气运动时被广泛应用的运动方程。在没有垂直运动的情况下，大气近似于静力平衡，即 $\mathrm{d}w/\mathrm{d}t=0$。式（5.26）中的第三分式即大气静力平衡方程，因此大气静力平衡方程是大气运动方程在垂直方向上的一种特例。类似的分析表明，在自由大气的大尺度运动中，空气质点在运动方向上没有加速度，大气运动呈现一种平衡运动。

2. 大气动力 – 热力学方程组

至此，本章得到了三个大气运动方程［式（5.22）］和连续方程［式（5.24）］，加上从第一章得到的状态方程和第三章得到的大气热力学方程［热力学第一定律，式（3.5）］，就一共有六个方程。它们可写成如下形式：

$$\begin{cases}\dfrac{\mathrm{d}u}{\mathrm{d}t}=-\dfrac{1}{\rho}\dfrac{\partial p}{\partial x}+fv\\ \dfrac{\mathrm{d}v}{\mathrm{d}t}=-\dfrac{1}{\rho}\dfrac{\partial p}{\partial y}-fu\\ 0=-\dfrac{1}{\rho}\dfrac{\partial p}{\partial z}-g\\ \dfrac{\mathrm{d}\rho}{\mathrm{d}t}+\rho\left(\dfrac{\partial u}{\partial x}+\dfrac{\partial v}{\partial y}+\dfrac{\partial w}{\partial z}\right)=0\\ p=\rho RT\\ c_p\mathrm{d}T-\dfrac{RT}{p}\mathrm{d}p=\delta Q\end{cases}\tag{5.27}$$

这六个方程比较全面地概括了影响大气运动的各种物理因子，是支配大气中各种运动的基本方程。其中状态方程是一个与时间无关的代数方程，可以与其他方程中的密度、气压和温度等任一变量构成置换关系。其他几个方程都包含有对时间的微分，是预报方程。方程组中的 u,v,w,p,ρ,T,Q 是七个未知函数。但式（5.27）只有六个方程，不能构成闭合方程组，因此无法求解。若要构成闭合方程组，则还必须进一步研究大气中的热流量过程，找出作为 (x,y,z,t) 函数的 δQ 的具体表达式。大气中的热流量过程，主要取决于辐射、热量输送和水相变化，同时随着方程的补充，还会增加新的未知函数。现在的办法是根据研究的具体过程的特点，采用一种简化的方案。例如，对于许多短期天气过程问题，可以假设大气是绝热的，即 $\delta Q=0$，这样，式（5.27）就只含有六个未知函数，因而构成了闭合方程组。

四、自由大气中的空气水平运动

观测结果表明，自由大气（free atmosphere）中大尺度空气水平运动近似于稳定、水平运动。这表明自由大气中的空气水平运动是在气压梯度力、科里奥利力和惯性力相平衡时，形成的水平匀速直线（或曲线）运动。

（一）地转风

地转风（geostrophic wind）是在等高（压）线平直的气压场中，气压梯度力和科里奥利力相平衡时，空气做等速、直线的水平运动。其公式为：

$$\boldsymbol{G}=\boldsymbol{F}_{\mathrm{c}} \tag{5.28}$$

把 $\boldsymbol{G}$、$\boldsymbol{F}_{\mathrm{c}}$ 的表达式代入上式，则有：

$$-\frac{1}{\rho}\frac{\Delta p}{\Delta n}\boldsymbol{n}=2\boldsymbol{V}_{\mathrm{g}}\omega\sin\varphi$$

于是：

$$\boldsymbol{V}_{\mathrm{g}}=-\frac{1}{2\rho\omega\sin\varphi}\frac{\Delta p}{\Delta n}\boldsymbol{n} \tag{5.29}$$

式中：$\boldsymbol{V}_{\mathrm{g}}$ 是地转风；$-\frac{\Delta p}{\Delta n}$ 是等高面上的水平气压梯度。

按照地转风的定义，式（5.26）的前两式可写成

$$\begin{cases}-\dfrac{1}{\rho}\dfrac{\partial p}{\partial x}+fv=0\\ -\dfrac{1}{\rho}\dfrac{\partial p}{\partial y}-fu=0\end{cases}$$

即有

$$\begin{cases}u_{\mathrm{g}}=-\dfrac{1}{f\rho}\dfrac{\partial p}{\partial y}\\ v_{\mathrm{g}}=\dfrac{1}{f\rho}\dfrac{\partial p}{\partial x}\end{cases} \tag{5.29′}$$

式（5.29′）中的 u_{g} 和 v_{g} 分别是地转风的分量形式。式（5.29′）与式（5.29）是等价的。

地转风方向与水平气压梯度力垂直，即平行于等压线。因此，若背风而立，在北半球，高压在其右方，低压在其左方；在南半球，若背风而立，高压在其左方，低压在其右方。这个风向与气压分布的关系由荷兰气象学家白贝罗（Buys Ballot）于 1857 年发现，因此被称为白贝罗定律（又称风压律）。

式（5.29）是等高面上的地转风公式，由于空气密度 $\boldsymbol{\rho}$ 随高度的不同有很大的变化，比较某地不同高度上的地转风时，不仅要比较上、下层气压梯度力的大小，同时要知道 $\boldsymbol{\rho}$ 值随高度的变化规律，这给实际工作带来了极大的不便。于是人们用等压面图代替等高面图，使得地转风速只与位势高度梯度有关。在等压面图上，气压梯度力表示为：

$$\boldsymbol{G}=-\frac{1}{\rho}\frac{\Delta \boldsymbol{p}}{\Delta n}\boldsymbol{n}=-\frac{g\Delta z}{\Delta n}\boldsymbol{n}$$

又

$$H=\frac{g}{9.8}z$$

所以 $$G=-9.8\frac{\partial H}{\partial n}\boldsymbol{n}$$

于是有 $$\boldsymbol{V}_g=-\frac{9.8}{2\omega\sin\varphi}\frac{\partial H}{\partial n}\boldsymbol{n} \tag{5.30}$$

式(5.30)中的ρ已经不再出现,地转风只与等压面上的位势梯度成正比,与纬度成反比。因此在相同的纬度条件下,只要比较各层等压面图上等高线的疏密程度,就可以确定各层地转风风速的大小。

图5.23解释了北半球自由大气平直气压场中的地转风形成过程。受水平气压梯度力的作用,空气微团沿气压梯度方向由高压向低压运动,产生速度$\boldsymbol{V}_1$;同时,科里奥利力产生并逐渐增大,它使空气微团偏向右方运动;随着速度变为$\boldsymbol{V}_2$,科里奥利力继续增大,它作用于$\boldsymbol{V}_2$,并使空气微团继续向右偏转;空气微团的速度渐渐变为$\boldsymbol{V}_3$,并逐渐增大;作用于其上的科里奥利力垂直于$\boldsymbol{V}_3$,进一步使其运动向右偏转,直至空气微团的运动方向与等压线平行。这时,科里奥利力与气压梯度力大小相等,方向相反,空气微团的运动处于平衡状态,这就是地转风平衡。

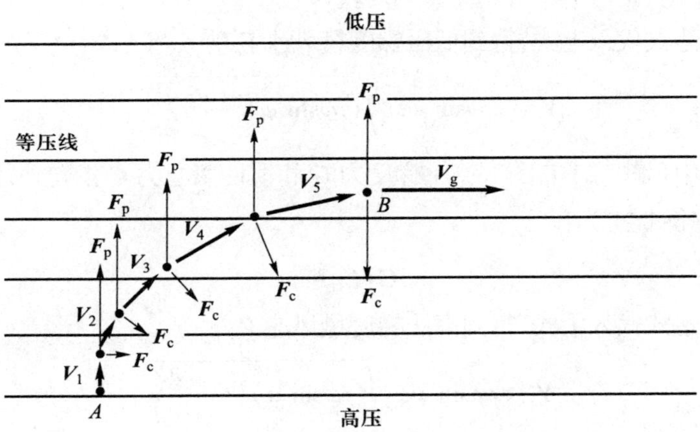

图5.23 北半球自由大气平直气压场中的地转风形成过程

$\boldsymbol{V}_g$是地转风矢量,$\boldsymbol{F}_c$是科氏力,$\boldsymbol{F}_p$是气压梯度力。

由地转风公式可知,地转风的大小与水平气压梯度成正比,与空气密度和科氏参数成反比。因此,在水平气压梯度力大的地方,地转风较强,反之则弱。在空气密度大的地方,地转风相对较小。在气压梯度力和空气密度相同时,由于地转风速与纬度的正弦成反比,因此低纬度地区地转风速比高纬度地区的大。值得注意的是,赤道附近f趋于0,地转平衡关系不成立。

在中高纬度自由大气中,在等压线曲率不太大的情况下,实测风与地转风非常接近,所以常用地转风代替实测风。

通过上述尺度分析,可以得知:① 大气的大尺度运动在垂直方向上,满足准静力学方程,只有在运动的水平尺度非常小和运动非常强烈的情况下,这种关系才不成立。② 各种尺度的运动,一般来说,时间偏导数项都比方程中的主要项小一个以上数量级,速度场演变得比较缓慢,反映了大气运动一般处于准定常状态。但略去时间偏导数项的方程无法预报,故预报方程必须保留时间偏导数项。③ 简化的运动方程不出现含有 w 的项，表明大气在一般情况下，被视作准水平运动。但对于中小尺度系统里对流较为强烈的运动，含 w 的对流项与方程主要项的数量级相当，或大尺度运动中的垂直运动对天气有重要作用时，需要保留对流项。④ 大尺度运动表现为一种空气质点在水平方向上没有加速度的平衡运动，即具有准地转平衡关系，我们将这种运动称为地转风。

（二）梯度风

在等高（压）线弯曲的气压场中，空气除受气压梯度力和科里奥利力作用外，还受惯性离心力的作用。这三个力达到平衡时的风，被称为梯度风（gradient wind）。在高压和低压系统中，由于气压梯度力的方向不同，三个力的最终平衡状况有明显差异，所形成的梯度风各不相同。

在低压系统中（图 5.24 左半部），气压梯度力 $\boldsymbol{G}$ 指向中心，科里奥利力 $\boldsymbol{F}_c$ 和惯性离心力 $\boldsymbol{C}$ 指向外，各力的平衡状态为：

$$\boldsymbol{G}=\boldsymbol{F}_c+\boldsymbol{C}$$

将 $\boldsymbol{G}$、$\boldsymbol{F}_c$、$\boldsymbol{C}$ 的表达式代入上式，得到低压梯度风风速 V_c 为

$$V_c=-r\omega\sin\varphi\pm\sqrt{(r\omega\sin\varphi)^2-\frac{r}{\rho}\frac{\partial P}{\partial n}} \tag{5.31}$$

在高压系统中（图 5.24 右图），气压梯度力 $\boldsymbol{G}$ 和惯性离心力 $\boldsymbol{C}$ 指向外，而科里奥利力 $\boldsymbol{F}_c$ 指向内，各力的平衡状态为：

$$\boldsymbol{G}+\boldsymbol{C}=\boldsymbol{F}_c$$

将 $\boldsymbol{G}$、$\boldsymbol{F}_c$、$\boldsymbol{C}$ 的表达式代入上式，得到高压梯度风风速 V_{ac}，

$$V_{ac}=r\omega\sin\varphi\pm\sqrt{(r\omega\sin\varphi)^2+\frac{r}{\rho}\frac{\partial P}{\partial n}} \tag{5.32}$$

式（5.31）和式（5.32）根号前都有正负两个符号，可得两个根。但实际上，当 $-\frac{\partial P}{\partial n}$、$r$（曲率半径）、$\rho$、$\varphi$ 确定后，梯度风应当是一定的，即根号前正负号只能取一个，而且当 $-\frac{1}{\rho}\frac{\partial P}{\partial n}=0$ 时，梯度风风速值也为零。这样，低压梯度风风速式根号前的符号应取正号，即

$$V_c=-r\omega\sin\varphi+\sqrt{(r\omega\sin\varphi)^2-\frac{r}{\rho}\frac{\partial P}{\partial n}} \tag{5.33}$$

高压梯度风风速式根号前的符号应取负号，即

$$V_{ac}=r\omega\sin\varphi-\sqrt{(r\omega\sin\varphi)^2+\frac{r}{\rho}\frac{\partial P}{\partial n}} \tag{5.34}$$

在北半球，根据白贝罗定律，低压中的梯度风必然平行于等压线，绕低压中心作逆时针旋转，高压中的梯度风平行于等压线绕高压中心作顺时针旋转（图 5.24）。在南半球则相反。由于低压和高压气流环绕中心旋转，因此从空气流动角度，按旋转方向的不同，闭合的

低压和高压又分别被称为气旋和反气旋。在非闭合的低压槽或高压脊附近的气流流动则分别被称为气旋性切变（cyclonic shear）或反气旋性切变（anticyclonic shear）。称其为切变是因为在槽或脊的两侧，气流方向发生了明显的变化。

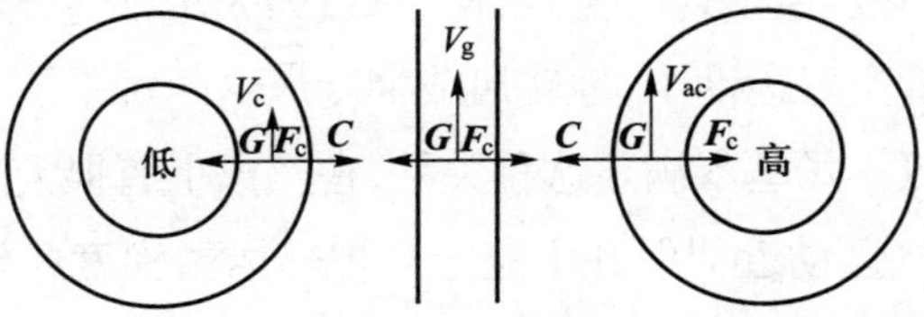

图 5.24　北半球梯度风和地转风的比较

由于科里奥利力大小与纬度有关，因此在一定的纬度带，当水平气压梯度力相等时，低压梯度风风速 V_c 小于地转风速 V_g，高压梯度风风速 V_{ac} 大于地转风速 V_g，即 $V_{ac}>V_g>V_c$（表 5.4 和表 5.5）。

表 5.4　在标准空气密度、纬度 50° 条件下的梯度风风速

水平气压梯度 $-\frac{\partial p}{\partial n}$/（hPa·赤道度$^{-1}$）	弯曲低压场梯度风 V_c/（m·s^{-1}）曲率半径 r/km					平直气压场地转风 V_g	弯曲高压场梯度风 V_{ac}/（m·s^{-1}）曲率半径 r/km			
	100	200	500	1 000	2 000		−2 000	−1 000	−500	−250
1	4.5	5.1	5.7	5.9	6.1	6.2	6.4	6.6	7.2	9.4
2	7.5	8.9	10.5	11.3	11.8	12.5	13.3	14.3	18.7	不存在
3	9.9	12.1	14.8	16.3	17.3	18.7	20.7	23.8	不存在	

表 5.5　梯度风风速和地转风风速随纬度（φ）的变化

纬度 /°	30	60	90
低压梯度风 /（m·s^{-1}）	8.1	5.2	4.6
地转风 /（m·s^{-1}）	9.6	5.5	4.8
高压梯度风 /（m·s^{-1}）	14.3	6.0	5.1

梯度风与地转风既有共同点，又有相异之处。两者都是作用于空气质点的力达到平衡时的风。梯度风考虑了空气运动路径的曲率影响，它比地转风更接近实际风。

（三）旋衡风

在低纬度地区，科里奥利力很小，或者在小尺度低压中，气压梯度力和惯性离心力都很大。当科里奥利力很小时，可能会出现旋衡风（cyclostrophic wind），即当水平气压梯度力 $\boldsymbol{G}$ 与惯性离心力 $\boldsymbol{C}$ 平衡时的空气运动。其运动方程（令 m=1）为：

$$\frac{V^2}{r}+\frac{1}{\rho}\frac{\partial p}{\partial n}=0 \tag{5.35}$$

式中：$\frac{V^2}{r}$为离心力；V为风速；r为圆周运动的曲率半径；$\frac{1}{\rho}\frac{\partial p}{\partial n}$为气压梯度力。

由于科里奥利力是可以忽略的小量，因此其风向既可按顺时针方向吹，又可按逆时针方向吹。龙卷风就是一种旋衡风。由于其尺度小，水平梯度力大，因此它的风速很大而极具破坏性。

在自由大气的大尺度空气运动中，地转风或梯度风这两种平衡关系基本适用，尤其中高纬度自由大气的风场和气压场基本满足这种关系，在气象上有很大的实用价值。

实际自由大气的空气运动近似但并不完全与地转风或梯度风相吻合，各种作用力的平衡关系也只是相对的、暂时的，平衡关系经常遭到破坏。例如空气运动的路径不会是直线的，也不会是圆形或曲线的，于是气压梯度力便随时间和空间发生变化。

（四）地转风随高度的变化——热成风

1. 正压大气与斜压大气

如果大气密度的空间分布仅是气压的函数，那么这种大气被称为正压大气（barotropic atmosphere）。如果大气密度不完全由气压决定，还与其他要素（如温度）有关，那么它被称为斜压大气。

正压大气中的大气密度分布只取决于大气的气压，即$\rho=\rho(p)$。正压大气是一种等密度面与等压面重合或平行的理想大气。由于密度只与气压有关，根据状态方程$p=\rho RT$，大气的等压面和等密度面重合，在等压面上画不出等温线，地转风随高度不会发生变化，也就没有热成风（thermal wind）。

在斜压大气（baroclinic atmosphere）中，$\rho=\rho(p, T)$。密度分布取决于气压和温度的大气，等密度面（或等温面）与等压面相交，在等压面上可以画出等温线，而且等温线越密集，温度梯度越大，表示斜压性越强。反之，等压面上的等温线越稀疏，表示大气的斜压性越弱。由于等压面上存在温度梯度，因此地转风随高度发生变化，因而就有了热成风。斜压大气的运动状态在不同高度上不一致，因此不能用一个层次的状态代表整层大气，需要分为多个不同的层次来描述。大气的斜压性对于天气系统的发生、发展具有重要的意义。

实际大气都是斜压大气。尤其是中高纬度地 - 气系统的辐射平衡使这一区域在纬向上的温度梯度很大，因此中高纬地区大气的斜压性相当强。

2. 地转风的垂直变化

上一节讨论了地转风与该高度上的气压梯度成正比，由于气压梯度随高度变化，其分布随高度也可能发生变化，即不同高度上的气压梯度可以不同，不同高度上的地转风也可以有差异。我们把不同高度上的地转风的向量差称为热成风$\boldsymbol{V}_{\mathrm{T}}$。如果令$\boldsymbol{V}_2$和$\boldsymbol{V}_1$分别为上层和下层的地转风，那么有

$$\boldsymbol{V}_{\mathrm{T}}=\boldsymbol{V}_2-\boldsymbol{V}_1 \tag{5.36}$$

如果低层等压面是水平的，那么 $\boldsymbol{V}_1=0$，$\boldsymbol{V}_2=\boldsymbol{V}_T$。

由大气静力平衡方程 $\left(-\frac{\mathrm{d}p}{\mathrm{d}z}=\frac{g}{R_\mathrm{d}}\frac{p}{T}\right)$ 可知，气压随高度的变化与温度有关，那么水平气压梯度随高度的变化也应该与水平温度梯度有关。所以热成风的讨论本质上是研究地转风的垂直切变与水平温度梯度的关系。

在自由大气中，暖气柱气压随高度降低得慢，即单位气压高度差大，而冷气柱气压随高度降低得快，即单位气压高度差小。如果底层某一高度等压面水平，即水平气压梯度为零，但水平方向不同气柱的平均温度有差别，即该等压面上存在水平温度梯度。到高层以后，两个气柱的气压降低速率不同，使等压面出现倾斜：暖区一侧等压面抬起，冷区一侧等压面降低。于是在高层同一海拔高度的水平面上，气压不相等，出现了由暖区指向冷区的水平气压梯度力，从而产生了平行于等温线的风。气层水平温度梯度愈大，其高层的风也愈大，这种水平温度梯度存在所产生的地转风在垂直方向的速度矢量差，称为热成风。热成风反映的是地转风随高度的变化，而非实际风。

热成风大小与气层内平均温度梯度及气层的厚度成正比，与科氏参数（f）成反比，可表示为：

$$\boldsymbol{V}_\mathrm{T}=\frac{\boldsymbol{g}(z_2-z_1)}{fT_\mathrm{m}}\frac{\partial T_\mathrm{m}}{\partial n} \tag{5.37}$$

式中：T_m 为气层平均温度；$\frac{\partial T_\mathrm{m}}{\partial n}$ 为气层的水平温度梯度；f 为科里奥利参数，简称科氏参数；$\boldsymbol{g}$ 为重力加速度；z_1、z_2 为下、上层的高度（图 5.25）。

热成风的方向与平均等温线平行，在北半球背热成风而立，高温在右，低温在左，在南半球则相反（图 5.26）。

在平衡条件下，自由大气中风随高度的变化主要与气层中的温度场有关。根据气层中水平温度场与气压场间的不同配置情况，风随高度的变化会有下列两种基本形式。

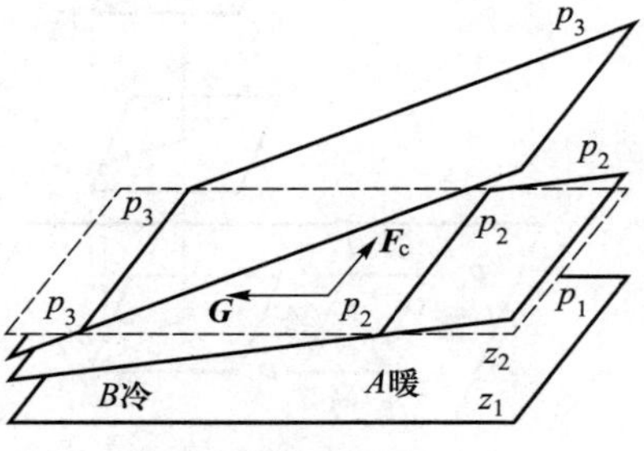

图 5.25　热成风的成因

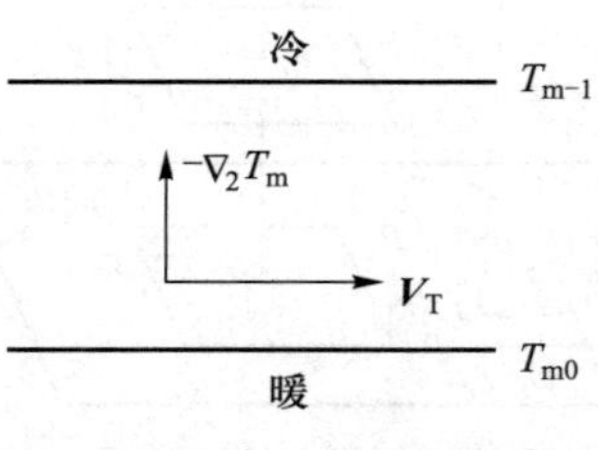

图 5.26　北半球热成风的方向

（1）**等温线与等压线平行**。这种情形出现于温压场对称系统。根据风随高度变化状况，可将其分为两类：一类是高压区与高温区相对应的系统，其低层风向与热成风指向一致，因而其风速随高度逐渐增大，风向不改变（图 5.27）。另一类是高压区与低温区相重合的系统。由于高压区对应着冷区，低层风向与热成风方向相反，因此低层风速随高度逐渐减小，风向不变，到某一高度风速减小到零。再向高空，风速随高度增大，而风向则与低层相反，即发生 180°转变，同热成风指向一致（图 5.28）。

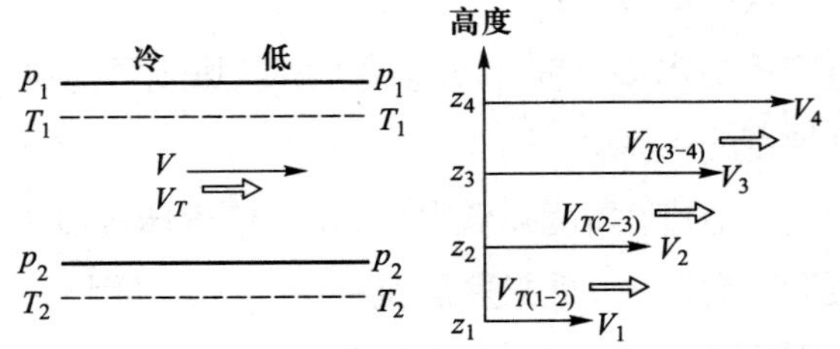

图 5.27　气层暖区与下层高压区、冷区与下层低压区重合时，风随高度的变化

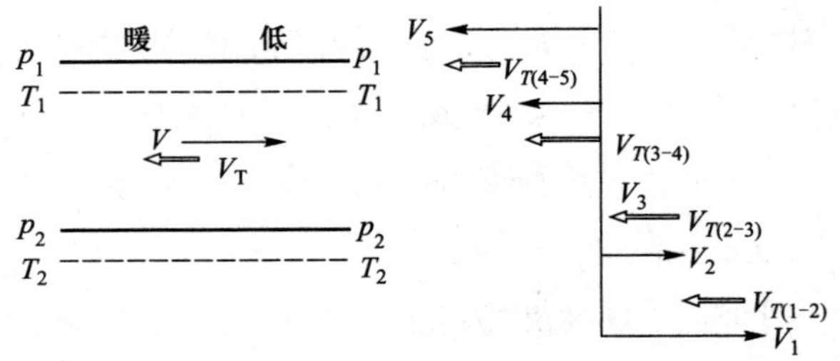

图 5.28　气层暖区与下层低压区、冷区与下层高压区重合时，风随高度的变化

（2）**等压线与等温线相交**。这种情形出现于温压场不对称系统。在这种系统中，风随高度的变化状况也分为两类：一类是等压线与等温线相交而有冷平流（图 5.29），低层风从冷区吹向暖区。由于 $\boldsymbol{V}_1+\boldsymbol{V}_T=\boldsymbol{V}_2$，所以，在北半球风向随高度逐渐向左转，而且愈到高层，风向与热成风风向愈接近。另一类是等压线与等温线相交而有暖平流（图 5.30），低层风从暖区流向冷区，由于 $\boldsymbol{V}_1+\boldsymbol{V}_T=\boldsymbol{V}_2$，因此风向随高度逐渐向右转，愈到高层风向与热成风愈接近。

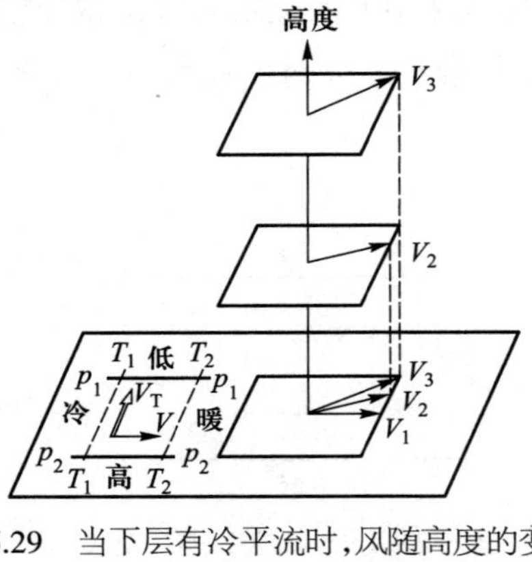

图 5.29　当下层有冷平流时，风随高度的变化

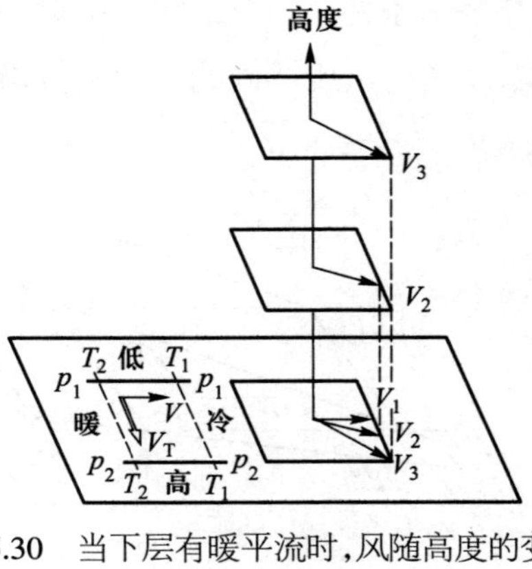

图 5.30　当下层有暖平流时，风随高度的变化

在自由大气中，随着高度的增高，不论风向如何变化，高层风总是愈来愈趋向于热成风，这个推论已经被观测结果所证实。比如在北半球的对流层中，温度分布大致是南暖北冷，并且在纬度 30°附近温度梯度最大，因而在对流层上层总是以西风为主（热成风方向指向西），并在纬度 30°附近上空出现最大的西风风速区，称为西风急流。

五、地转偏差与垂直运动

自由大气中大尺度运动的大气基本上是在科里奥利力与水平气压梯度力平衡下运动的，实际风与地转风十分接近。但是，大气运动又不是严格的地转运动，实际风与地转风的偏差总是存在的，但它们又不会无限地增强，否则大尺度运动就不会基本上具有地转运动的特点。我们把这样特性的运动，称为准地转运动。观测结果表明，大尺度的大气运动总是处于近似的地转平衡状态。

实际大气的风场和同地转风之间的偏差为 10% 左右，且随纬度、季节和高度而异。为了衡量这种实际风与地转风的偏差程度，我们把这两者的向量差定义为偏差风或者地转偏差（geostrophic departure）。人们已经证明：一旦有了偏差风（deviation of the wind），大气运动就不是平衡的了，空气可以穿越等压线，引起质量的重新分布，造成气压场的改变，风场也会发生相应的变化。同时，当风穿越等压线时，气压梯度力对空气做功，使空气动能改变，促使风速变化。研究结果表明，地转偏差主要是由局地加速度、平流加速度和对流加速度三个原因造成的。

根据式（5.23）的连续方程

$$\frac{\partial \rho}{\partial t}+\frac{\partial(\rho u)}{\partial x}+\frac{\partial(\rho v)}{\partial y}+\frac{\partial(\rho w)}{\partial z}=0$$

若不考虑空气密度的局地变化，对上式从高度 z_1 到高度 z_2 积分，设 z_1 和 z_2 高度处的密度和垂直速度分别为 ρ_1 和 ρ_2，w_1 和 w_2，则得

$$\rho_2 w_2-\rho_1 w_1=-\int_{z_1}^{z_2}\left[\frac{\partial(\rho u)}{\partial x}+\frac{\partial(\rho v)}{\partial y}\right]\mathrm{d}z \tag{5.38}$$

若取 $z_1=0$，$z_2=z$，考虑在海平面上，$z_1=0$，$w_1=0$；$z_2=z$，$w_2=w$，则

$$\rho w=-\int_{0}^{z}\left[\frac{\partial(\rho u)}{\partial x}+\frac{\partial(\rho v)}{\partial y}\right]\mathrm{d}z$$

这说明若从地面到 z 高度空气的动量是辐合的，则 $w>0$，即有上升气流；反之，当动量是辐散的，则 $w<0$，即有下沉气流。应该指出：整根空气柱都是动量辐合是不可能的，因为这将引起空气柱中质量的巨大堆积，而在实际观测中并没有发现这种情况。故下层的动量辐合将一般伴随有上层的动量辐散，下层的动量辐散则一般伴随有上层的动量辐合。

将水平风分解成地转风（u_g，v_g）与地转偏差（u'，v'），令 w_1、w_2 和 ρ_1、ρ_2 分别为 z_1 和 z_2 高度上的垂直速度和空气密度，即

$$\begin{cases}u=u_g+u'\\ v=v_g+v'\end{cases} \tag{5.39}$$

将式（5.39）代入 $\frac{\partial(\rho u)}{\partial x}+\frac{\partial(\rho v)}{\partial y}$，则

$$\frac{\partial(\rho u)}{\partial x}+\frac{\partial(\rho v)}{\partial y}=\frac{\partial(\rho u_g)}{\partial x}+\frac{\partial(\rho v_g)}{\partial y}+\frac{\partial(\rho u')}{\partial x}+\frac{\partial(\rho v')}{\partial y}$$

而式(5.29′)表明 $u_g=-\frac{1}{f\rho}\frac{\partial p}{\partial y}$，$v_g=\frac{1}{f\rho}\frac{\partial p}{\partial x}$

故 $$\frac{\partial(\rho u_g)}{\partial x}+\frac{\partial(\rho v_g)}{\partial y}=-\frac{\partial}{\partial x}\left(\frac{1}{f}\frac{\partial p}{\partial y}\right)+\frac{\partial}{\partial y}\left(\frac{1}{f}\frac{\partial p}{\partial x}\right)$$

若不计f和ρ随x和y的变化，则显然有以下关系

$$\frac{\partial(\rho u_g)}{\partial x}+\frac{\partial(\rho v_g)}{\partial y}=0$$

因而，大尺度运动的地转风散度可以忽略不计，即

$$\frac{\partial(\rho u)}{\partial x}+\frac{\partial(\rho v)}{\partial y}=\frac{\partial(\rho u')}{\partial x}+\frac{\partial(\rho v')}{\partial y}$$

将此式代入式(5.38)，则

$$\rho_2 w_2-\rho_1 w_1=-\int_{z_1}^{z_2}\left[\frac{\partial(\rho u')}{\partial x}+\frac{\partial(\rho v')}{\partial y}\right]\mathrm{d}z \tag{5.40}$$

将式(5.38)与式(5.40)比较，可得到以下结论：

(1) 大气垂直运动主要是水平气流引起的动量的辐合辐散所致，但是在本质上应归结于地转偏差引起的动量的辐合、辐散。当地转偏差为零时，大气中就没有垂直运动，也就没有与垂直运动密切关联的云和降水等现象的出现，由此可见地转偏差对天气演变具有重要作用。

(2) 地转运动近似为水平无辐散运动。由于地面摩擦的作用，空气动能不断损耗，如果得不到补偿，运动就将逐渐停止，而偏差风起到了动能补偿的作用。同时，因为大尺度运动的基本状态是准地转的，地转偏差虽然经常存在，但是不会无限地增长。所以风场与气压场的地转平衡关系总是不断遭到破坏，引起风场和气压场的不断变化，即随时互相调整以维持科里奥利力与气压梯度力的平衡，即维持地转关系。

因此，大气中经常进行地转关系的建立、破坏和再建立的过程，如此循环不已。这是大气中一种极为重要的动力学过程。

5.3.1 知识窗

涡度的基本概念

大气层里各点都有涡旋(vortex)，如何表示涡旋特性呢？现在首先考察水平速度场的几个特殊情形。如图5.31(a)，在xOy平面上，空气微团沿x轴方向运动，流场中各点速度一致，微团仅做平移。若流速如图5.31(b)，u沿y轴方向增加，$\frac{\partial u}{\partial y}>0$，则微团做顺时针旋转；当$\frac{\partial u}{\partial y}<0$时，微团做逆时针旋转。$\frac{\partial u}{\partial y}$值越大，旋转角度越大，旋转速度越快。如微团

沿 y 轴方向运动[图 5.31(c)],v 随 x 增加,$\frac{\partial v}{\partial x}>0$,微团做逆时针旋转;当 $\frac{\partial v}{\partial x}<0$时,微团做顺时针旋转。$\frac{\partial v}{\partial x}$值越大,旋转速度越快。可见,如果水平速度分布不均匀,就可能有水平涡旋存在,即微团有绕 z 轴旋转的运动,其速度可以用水平速度切变来描述。

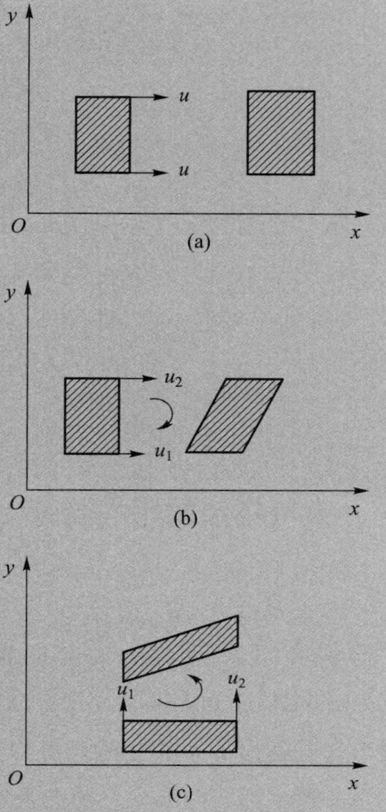

图 5.31　涡度的基本概念

在一般情况下,由于沿 x 轴和 y 轴的速度切变同时存在,因此可用$\left(\frac{\partial v}{\partial x}-\frac{\partial u}{\partial y}\right)$表示该点涡旋的旋转特性。$\left(\frac{\partial v}{\partial x}-\frac{\partial u}{\partial y}\right)$称为水平速度场的涡度,或称为垂直涡度$\zeta$。

$$\zeta=\frac{\partial v}{\partial x}-\frac{\partial u}{\partial y} \tag{5.3.1}$$

如果$\zeta>0$,就表示微团做逆时针旋转;如果$\zeta<0$,就表示微团做顺时针旋转。因此垂直涡度ζ为描述水平速度场旋转特性的物理量。

式(5.3.1)中的$\frac{\partial u}{\partial y}$前面之所以加负号,是因为当$\frac{\partial v}{\partial x}$和$\frac{\partial u}{\partial y}$均为正值时,空气微团旋转方向相反。

同理可得三维空间里的涡度:在 yOz 平面上,$\xi=\left(\frac{\partial w}{\partial y}-\frac{\partial v}{\partial z}\right)$称为水平涡度;而在 xOz 平面上,$\eta=\left(\frac{\partial u}{\partial z}-\frac{\partial w}{\partial x}\right)$也称为水平涡度。因此,在非均匀流体中,微团绕 x、y、z 轴旋转。由于大气的大尺度运动是准水平的,因此垂直涡度ζ的分布和变化规律,具有特别重要的意义。

我们已经知道,一地的气压主要取决于该地上空整根大气柱的重量。所以要求出某地地面的气压变化,就必须对其上整根大气柱的水平质量散度进行积分。例如求某一高度上的气压变化,除了要考虑水平方向的质量散度外,还必须考虑大气柱地面空气的垂直输送。但是这样做在观测等许多方面有很大的难度。事实上,在大尺度天气系统的演变过程中,大气基本上是做准地转的涡旋运动的,因此一旦知道了涡度变化就大致知道了气压的变化。因此,可以利用涡度变化来做大尺度天气形势预报。

由于准地转运动,实际风与地转风非常接近,由地转风计算的涡度称为地转风涡度(ζ_g)。在大气的大尺度运动中,地转风涡度的数量级要比散度的数量级高一个,故准地转涡旋是大尺度运动的基本特征。

第四节　大 气 环 流

本节介绍的大气环流(general circulation)是指全球大气环流,即全球范围的大尺度大气运行的基本情况。这种大尺度大气运动的水平尺度在数千千米以上,垂直尺度在 10 km 以上,时间尺度在 1~2 日以上。它反映了全球大气运动的基本状态,孕育和制约着较小规模的空气运动,是各种不同尺度天气系统发生、发展和消亡的背景条件。

一、大气环流的平均特征

为了从不断变化的复杂环流状态中找出大气环流的主要规律,一般将风场分解为沿纬线的东、西方向纬向环流(zonal circulation),以及沿经线的南、北方向经向环流(meridional circulation),并规定向东(西风)和向北(南风)为正,反之为负。其中沿地球经线方向的速度分量表示的环流称为经圈环流。对时间和空间求平均,可以得到大气环流中稳定的特征和各纬圈上环流的基本状态。

(一)平均纬向环流

大气环流最基本的特征是以极地为中心沿纬线方向环绕地球的纬向运动,也就是东、西风带。图 5.32 是平均纬向风速的经向剖面图(profiles)。总体来看,其基本特点是,纬向气流的特征随不同的纬度和高度存在明显的差异。近地面在赤道和极地附近为东风,在中高纬度地区为西风。对流层的中、上层除赤道地区为东风外,其余均为西风,且西风风速最大处位于中纬度地区的对流层顶。此外,上述东、西风带的分布范围和风速随季节的转换具有明显的变化规律。按纬度将对流层的纬向气流分为三个风带,南、北半球基本呈对称分布。

在低纬度地区,地面到高空均为深厚的东风层,称为热带东风或信风带(trade-wind zone),平均风速一般为 4~8 m/s。该风带范围较广,所占据的纬距范围,夏季比冬季宽,高空横跨南、北纬 25°,近地面横跨南、北纬 30°;在中纬度地区,整个对流层都是西风,称为盛行西风带(prevailing westerlies)。其南北宽度随高度扩大,风速随高度增加,存在西风急流。北半球冬季的急流中心位于纬度 27°附近的 200 hPa 等压面处,风速为 40 m/s;夏季位于纬度 42°的 200~300 hPa 等压面之间,风速为 15 m/s;在高纬度地区,冬夏季都为浅薄的弱东风层,称为极地东风带(polar easterlies),其厚度和强度都是冬季大于夏季。

北半球夏季(6~8 月),赤道以北的南亚和非洲,以及南半球夏季(12~2 月),赤道以南的大洋洲和非洲会出现西风，称为赤道西风带（equatorial westerlies），其垂直伸展高度为2~3 km（非洲）或5~6 km（印度洋）。这个西风带在冬季半球被东风带控制，在夏季半球被西风带控制，因此又称为季风（monsoon）。

此外，在赤道地区的东西方向上，还存在几个纬向直接热力环流圈，称为沃克（Walker）环流圈（图 5.33）。1969 年挪威气象学家皮叶克尼斯（Bjerknes）指出，在太平洋赤道区域，存在一个由沿纬线水平运动和垂直运动组成的纬向环流圈。它是一个直接热力环流：就多年平均来说，西太平洋和印度尼西亚地区海水的水温较东太平洋秘鲁沿岸水温高 8 ℃以上。这样，通过海洋对大气的加热作用，位于太平洋西岸的印度尼西亚是空气上升区，太平洋东岸则是空气下沉区，对流层下层为自东向西流动，对流层上层则为自西向东流动。随后在各大洋赤道区域都发现了沃克环流，证实了皮叶克尼斯的推论。其中太平洋沃克环流全年存在，大西洋沃克环流只在北半球冬季出现，印度洋沃克环流只在北半球秋季出现。

由于沃克环流是赤道地区大洋东、西两岸温度梯度所致，因此一旦温度梯度改变，就会导致沃克环流的强度和位置发生变化。赤道太平洋东岸出现海面温度（sea surface temperature，SST）异常，会使沃克环流的强度和位置发生明显变化，不仅影响赤道和低纬度

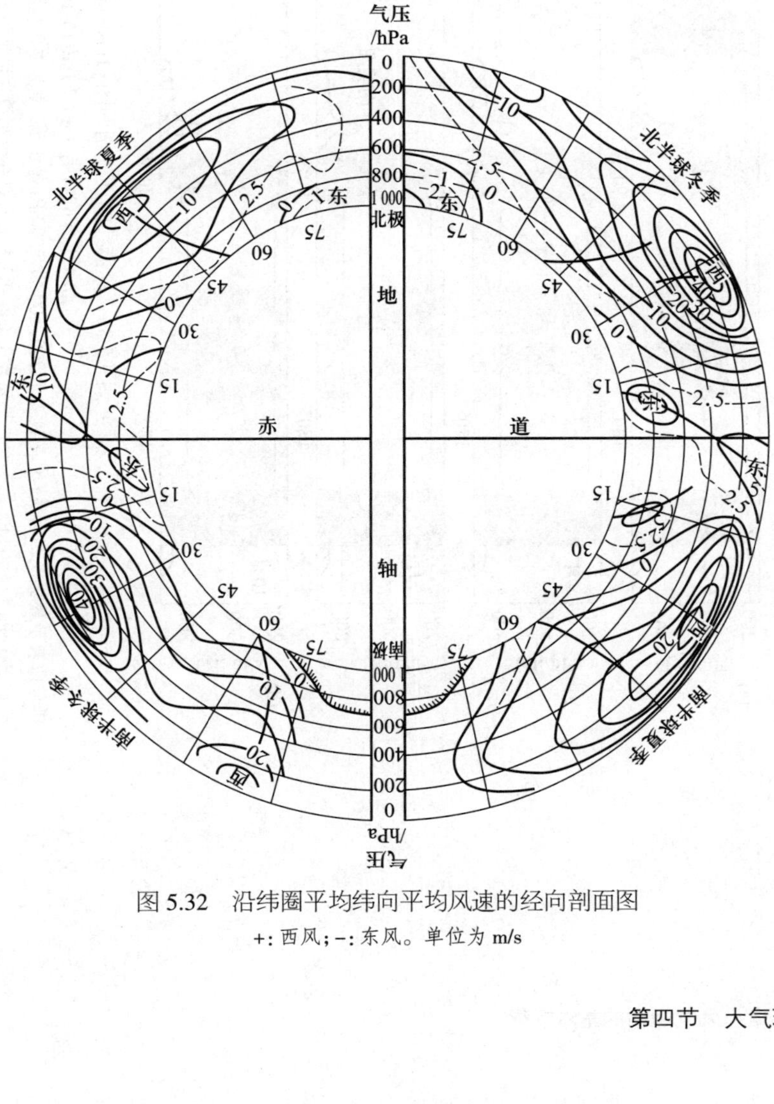

图 5.32　沿纬圈平均纬向平均风速的经向剖面图

+：西风；−：东风。单位为 m/s

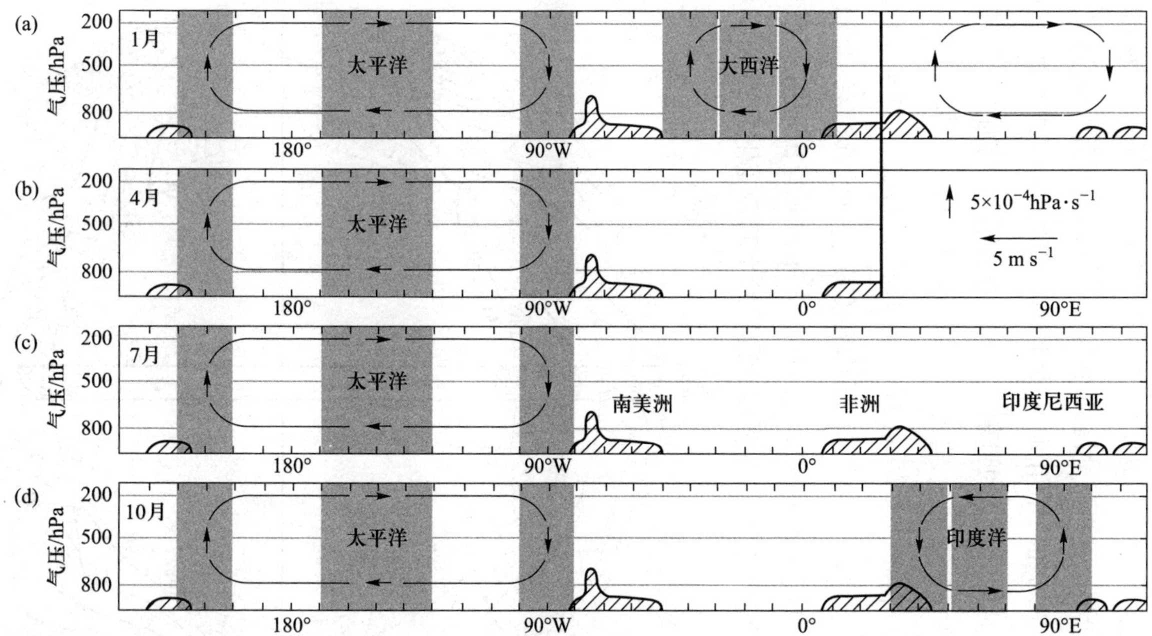

图 5.33　赤道纬向环流剖面图（Hastenrath, 2007）

（a）1 月；（b）4 月；（c）7 月；（d）10 月

阴影区表示数据观测区域；水平线表示 200、500、和 850 hPa 等压面；垂直方向的箭头表示 500 hPa 等压面垂直运动；水平箭头分别表示 200 hPa 和 850 hPa 等压面水平辐散气流。（b）图插入的右侧小图表示箭头长度代表 5×10^{-4} hPa·s^{-1} 和 5 m s^{-1}。

环流，而且与中纬度、高纬度环流存在明显的联系，称为遥相关。由此会引起全球低纬度和中高纬度的天气和气候异常，这部分内容将在后面详细介绍。

（二）平均经向环流

把水平气流沿经线方向分解的南、北分量，以及气流沿垂直方向运动构成的环流圈沿整个纬圈取平均，可以得到平均经向环流。总体来说，这类气流的南北分量和垂直分量都很小，因此与平均纬向环流相比，平均经向环流要弱得多。

根据前文所述地球自转对大气运动的影响，对流层大气沿经圈方向从赤道到极地由三个经向环流圈（三圈环流）构成，且它们在南、北半球基本呈对称分布，分别是低纬度环流圈、中纬度环流圈和高纬度环流圈（图 5.33，图 5.34）。

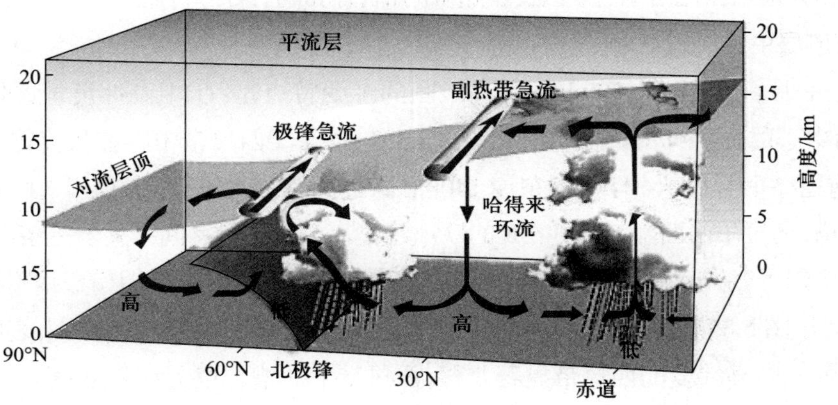

图 5.34　北半球冬季平均经圈环流和极锋急流与副热带急流的平均位置（Ahrens，2009）
极锋急流和副热带急流都是自西向东运动

低纬度环流圈又称哈得来环流圈（Hadley cell），是一个直接热力环流圈（正环流圈），因哈得来（G. Hadley）最先提出而得名。它由赤道地区受热上升气流、高空西风带的南（南半球）北（北半球）分量、大约在 30° N 和 30° S 附近的副热带地区下沉气流，以及近地面信风带的南（南半球）北（北半球）分量构成。由于它是赤道地区大气受热上升，并在地球自转的作用下形成的，因此它是直接热力环流圈。

中纬度环流圈又称费雷尔环流圈（Ferrel cell），是一个间接热力环流圈（逆环流圈），因费雷尔（W. Ferrel）最先提出而得名。它由副热带地区下沉气流、高空西风带的南（南半球）北（北半球）分量、60° N 和 60° S 附近的副极地地区上升气流，以及近地面西风带的南（南半球）北（北半球）分量构成。由于中纬度环流圈处在温度高的副热带地区，因此高空的空气质量辐合造成下沉；在温度低的副极地地区，冷暖空气相遇使来自低纬度的偏暖气流抬升，因此中纬度环流圈是动力环流圈，或称为间接热力环流圈。需要注意的是，该环流圈无论在地面还是在高空，南、北气流都是指实际风速在南、北方向的分量。由于中纬度地区从地面到高空，水平气流的主体是沿纬线方向的西风带，其南、北分量主要表现为近地面闭合气压场或高空水平气流的南北波动，因此南、北分量相对于沿纬线方向的东、西分量要小得多。但正是这种南、北分量，实现了高、低纬度地区之间的热量和角动量输送，维持了高、低纬之间的温度梯度和大气环流的稳定。

高纬度环流圈（high latitude cell）又称极地环流圈，也是一个直接热力环流圈。它由费雷尔环流的上升支、高空西风带的南（北半球）北（南半球）分量、极地下沉气流，以及近地面极地东风带的南（南半球）北（北半球）分量构成。由于它是副极地气流上升，极地气流冷却下沉形成的，因此它为直接热力环流。

（三）平均水平环流

水平环流（horizontal circulation）是指纬向环流受到扰动（主要由地球表面海陆分布及地面摩擦和大地形作用所引起）后发展起来的槽、脊和高、低压环流。

1. 对流层中层

冬季（1 月份）北半球 500 hPa 等高线图的主要特点是：①中高纬度地区以极地低压（极涡）为中心的环绕纬圈的西风环流［图 5.35（a）］；②西风带中存在尺度很大的平均槽脊，其中有三条明显的大槽：亚洲东岸 140° E 附近的东亚大槽，北美东岸 70°~80° W 附近的北美大槽，乌拉尔山西部 50°~60° E 的欧洲浅槽。在三条槽之间并列着三条高压脊，但脊的强度比槽弱得多。赤道和副热带地区都是环绕地球的高压带。7 月份极地附近的低压范围明显减小［图 5.35（b）］，环绕极地低压中心的等高线变稀，气压梯度减小，表明西风风速较冬季变弱。中高纬度的西风带显著北移，西风带上的槽脊位置和强度也发生很大变化：东亚大槽减弱并东移入海至 160° E 附近，北美大槽减弱但位置基本未变。

在原欧洲浅槽的位置上，槽变为脊，其西部 10° E 附近的欧洲西岸和东部 80° E 附近的贝加尔湖地区各出现一条浅槽，由冬季的三槽变为夏季的四槽。副热带地区还出现了闭合的高压系统。

2. 对流层底层

与冬季 500 hPa 等高线图［图 5.35（a）］相对应的北半球 1 月份平均海平面气压图上［图 5.36（a）］，在高空北美大槽东面的冰岛附近海上，有一个强大且范围广的冰岛低压，中心强度为 997 hPa；在东亚大槽东面，阿留申群岛上空也有一个强大且范围广的阿留申低压，中心强度为 1 000 hPa 左右。这两个低压在冬季总是存在，被称为半永久性大气活动中心。陆地上有两个冷高压，分别是位于亚欧大陆东部的蒙古高压和北美大陆上的北美（加拿大）高压，中心强度分别达到 1 036 hPa 和 1 021 hPa。平均气压图上高空低槽与地面低压所在地区，是日常天气图上高空低槽和地面低压最常加强的地方。平均槽东部的西南气流为主要气旋的路径，气旋沿槽前西南气流向东北移动，不断并入地面的半永久性大气活动中心，使其可持久地维持。

副热带海洋分别有两个强度较弱、范围较小的高压，一个是位于太平洋夏威夷群岛附近的太平洋副热带高压（pacific subtropical high，亦称夏威夷高压），另一个是位于大西洋亚速

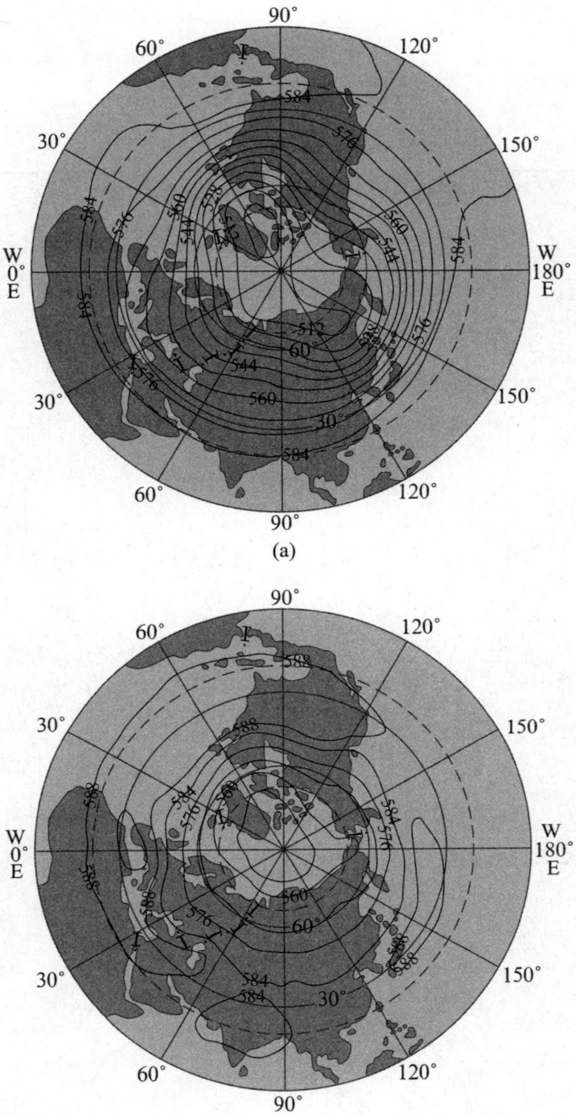

(a)

(b)

图 5.35　1971—2000 年 1 月和 7 月 500 hPa 平均等高线图

（a）1 月;（b）7 月

实线为等高线，气压单位为位势米

尔群岛附近的大西洋副热带高压（亦称亚速尔高压）。

在 7 月份[图 5.36（b）]，北半球中高纬度海洋上原来强大和范围广的阿留申低压和冰岛低压虽然存在，但是已明显减弱。大陆上的高压则变为亚洲南部的南亚低压，与气压系统相伴随的风系也发生了变化，这种大规模的风系随季节转换而转换的风系称为季风。印度、中南半岛和我国是世界上著名的季风气候区。北美的气压系统从冬季到夏季也发生了变化，但不如亚洲明显。海上的冰岛低压强度明显减弱，位置没有变化；阿留申低压亦减弱了很多，仅为亚洲大陆低压或低槽。副热带高压显著增强，北太平洋副热带高压脊线位于东太平洋洋面 40° N 处。

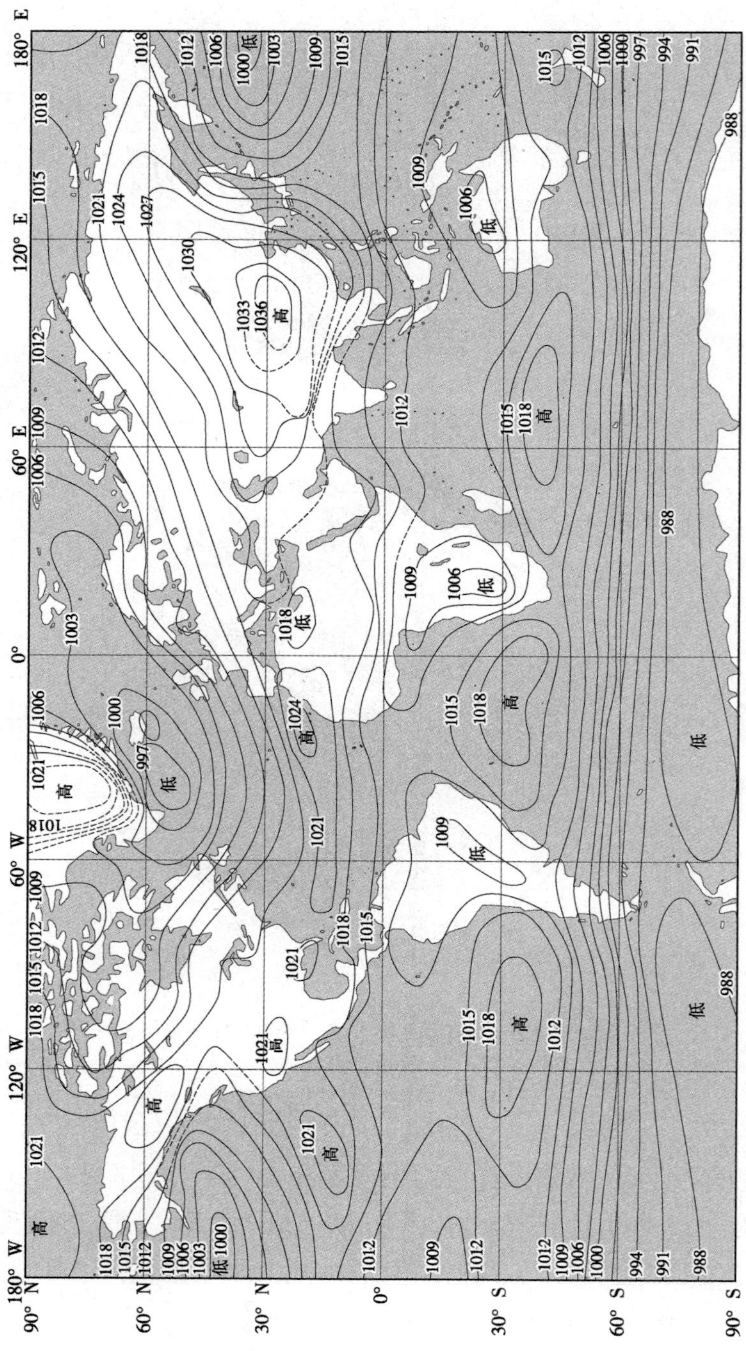

(a)

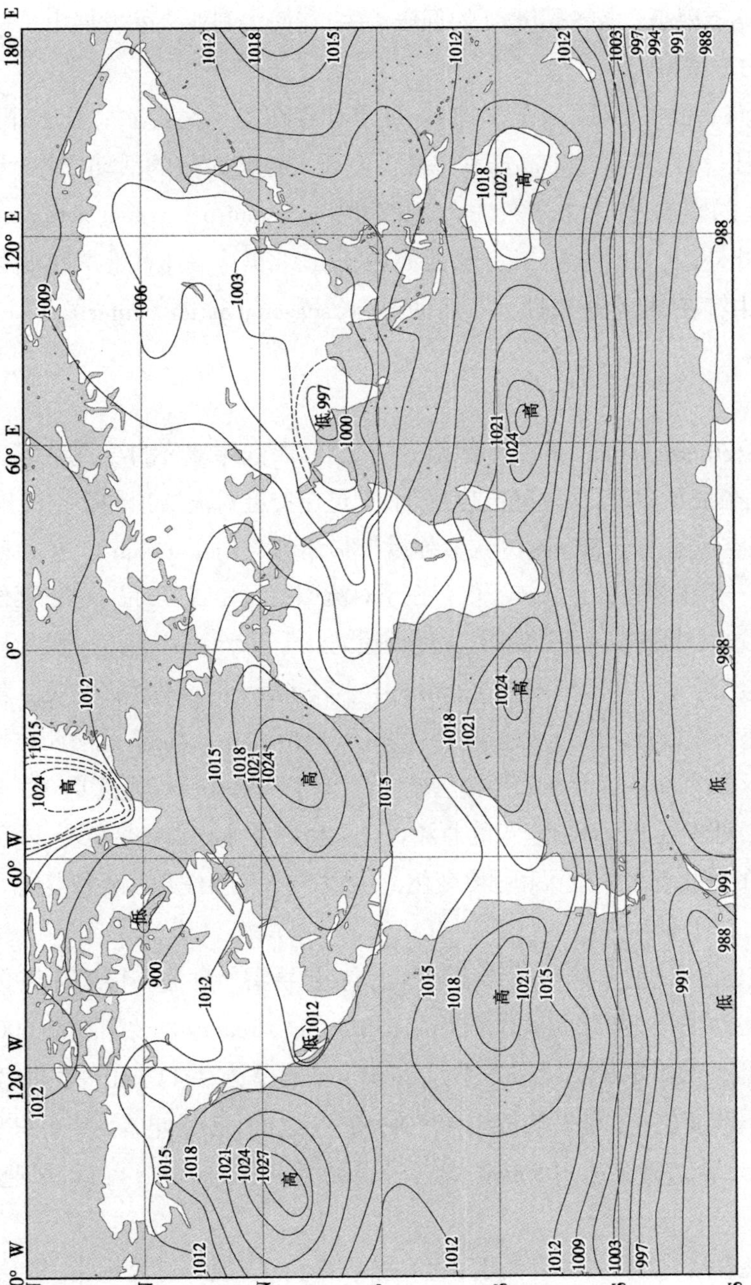

(b)

图 5.36　世界 1 月和 7 月平均海平面气压图

（a）1 月;（b）7 月

副热带海洋上原来较弱的位于北太平洋和北大西洋的夏威夷高压和亚速尔高压强度明显增强，范围扩大，位置北移，中心气压增至 1 027 hPa 左右。南半球中、高纬度地区气压场形势无明显变化，但等压线加密，表示气压梯度加强。副热带地区位于三个大洋上的副热带高压依然存在，强度略有降低。原来陆地上的低压消失，在澳大利亚大陆发展出了一个较强的高压，中心气压为 1 020 hPa。

比较冬、夏季的海平面气压图，在北半球冬、夏季都存在的系统有冰岛低压、阿留申低压、太平洋副热带高压、大西洋副热带高压和格陵兰高压。这些系统的活动，对广大地区的天气和气候具有重要的影响，称为半永久性大气活动中心（semi-permanent action center，简称大气活动中心）。此外，北半球的蒙古高压、亚洲热低压、北美冷高压和北美热低压 4 个系统，都在一定的季节中存在，称为季节性大气活动中心（seasonal action center）。

（四）急流

三圈环流（three-cell circulation）的交汇区由分别来自高、低纬地区的冷、暖气流构成，水平温度梯度大。根据热成风原理，风速随高度增加，于是在接近对流层顶的高空出现风速很大的局部区域。将高空风速大于 30 m/s 的狭窄强风带称为急流（jet stream）。它的存在是对流层高空大气环流的一个重要特征。急流不仅存在于对流层上层和层顶，而且一直延伸到平流层。急流环绕地球大致沿纬圈方向迂回曲折，长度一般为几千千米，水平宽度一般为几百到上千千米，垂直厚度约为几千米。将沿纬圈方向分布的中心风速最大区域称为急流轴。急流轴近似水平，它附近的风速切变很强。垂直风速切变约为每千米 5~10 m/s，其南、北两侧水平风速垂直切变约为每千米 5×10^{-2} m/s。因此准确预报急流位置，对于飞机飞行极为重要。根据急流的形成区域和结构不同，对流层上层环绕全球的急流可分为极锋急流和副热带急流，以及热带东风急流。急流随季节的变化而发生位置和强度变化，直接影响天气系统的发生和发展。

1. 极锋急流

它又称温带急流，位于南北半球中高纬度地区上空，是费雷尔环流和极地环流交汇处与极锋相联系的极锋急流（图 5.34）。极锋急流（polar-front jet stream）主要出现在 600 hPa 等压面以上至对流层顶附近，其平均高度在冬季为 8~10 km，夏季为 9~11 km，平均厚度为 1~3 km。位置和强度随季节变化：冬季平均位于 40° N~60° N 之间，甚至伸展到更低纬度，中心最大风速一般为 45~55 m/s，甚至达 105 m/s。夏季平均位置北移到 70° N 附近，风速减弱。

2. 副热带急流

它又称南支西风急流，位于热带对流层顶和副热带对流层顶的过渡地带，是哈得来环流和费雷尔环流交汇处与副热带锋区相联系的西风急流（图 5.34）。副热带急流（subtropical jet stream）在 200 hPa 等压面以上至对流层顶表现明显，在 200 hPa 等压面以下较弱，到 500 hPa 等压面上基本消失。相比极锋急流而言，副热带急流的季节变化更为明显：冬季强而稳定，夏季弱，甚至失去环绕半球的特征。冬季急流轴位于 25° N ~32° N 之间的 11~13 km

的高空，中心最大风速为 50~60 m/s，强中心风速可增至 100~150 m/s，甚至达到 200 m/s；夏季向高纬地区推移 10~15 个纬距。

3. 热带东风急流

夏季随着西风带北移，赤道地区的东风带也北移。在北半球夏季亚洲和非洲热带对流层顶 100~150 hPa 等压面之间的一支东风急流，称为热带东风急流（tropical easterlies jet）。它是亚洲夏季风系统最重要的成员之一。亚洲地区的东风急流在海陆对比和青藏高原热源的共同作用下，是全球最强、最稳定的。它从南海上空西伸，经印度到达非洲北部上空。它的平均位置在 10° N~20° N 之间，急流轴线位于 100~150 hPa 等压面之间，最大风速平均为 30~40 m/s，强中心在阿拉伯海上空。

由此可见，大气环流基本上是纬向环流中包含着经圈环流，纬向环流中又叠加着涡旋运动。这些不同形式的运动相互联系、相互制约，形成了一个整体的环流体系。

二、大气环流的形成

大气环流形成的根本原因是地表净辐射从赤道向两极由净收入转为净支出，形成了由低纬指向高纬的水平温度梯度。在水平气压梯度力的作用下，大气出现水平运动。在科里奥利力的作用下，形成以沿纬线方向为主的空气水平运动。不均匀的地表性质改变了纬向气流的时空特征。

（一）太阳辐射

对流层大气对太阳短波辐射几乎透明，主要吸收地表放射的长波辐射，以及其他形式的能量如潜热和感热，其本身也放射长波辐射，构成地表和地 – 气系统的净辐射或辐射差额。据本书第二章第四节所述，图 2.35 的全球地面年平均净辐射通量密度和图 2.36 的地 – 气系统辐射差额都从赤道向两极减少。全球年平均净辐射通量密度较大的地区是热带洋面（大于 180 $W \cdot m^{-2}$），这是由于洋面具有低反照率，和低纬度洋面具有高温的特点，为大气提供了充足的能量。而地 – 气系统辐射差额正值区位于 35° S~35° N 之间，且愈接近赤道和热带洋面，其值愈高。整个对流层大气无论在冬季还是在夏季，都是赤道温度最高，越接近两极温度越低。

赤道附近净获得能量，大气受热膨胀上升，极地附近净失去能量，大气冷却收缩下沉。由于温度高时空气密度小，气压随高度降低得慢，温度低时空气密度大，气压随高度降低得快，在对流层中、上层出现了由赤道指向极地的水平气压梯度力，在对流层低层形成了由极地指向赤道的水平气压梯度力。因此，形成了单一的直接热力环流圈（图 5.37），维持了高、低纬地区之间的能量平衡。而实际上，地球在不停地自转，大气受科里奥利力的作用，水平运动方向改变，无法维持单一的环流圈。

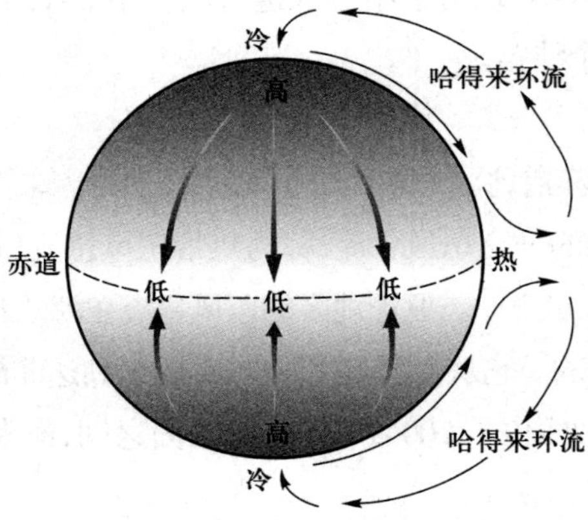

图 5.37　不自转地球上的大气环流(Ahrens,2011)

(二)地球自转

地球自转使位于地球上的运动物体受到科里奥利力的作用,科里奥利力随纬度增加和物体运动速度增加而增大。赤道上升气流离开赤道后开始受到科里奥利力的作用,逐渐转为向东的运动(偏西风)。在 30° N、30° S 附近,科里奥利力与气压梯度力达到平衡,气流变为自西向东的纬向气流。从赤道源源不断流向极地的气流在 30° N、30° S 附近辐合,发生质量堆积,使地面气压升高。此外,空气自赤道向高纬运动因冷却也会出现下沉运动,于是在 30° N、30° S 附近的对流层低层形成高压带,该高压带因地处副热带地区,称为副热带高压带(subtropical high pressure belt)。到达地表的气流分别流向赤道和高纬,在科里奥利力和地表摩擦力的共同作用下转为东北风(北半球)或东南风(南半球),沿纬线方向环绕热带,称为信风带。它与赤道上升气流、高空西风带和副热带下沉气流共同构成了低纬度沿经线方向的哈得来环流圈(图 5.34,图 5.38)。北半球低纬度东北信风和南半球低纬度东南信风在赤道汇合,形成热带辐合带(intertropical convergence belt,ITCZ,亦称赤道辐合带)。

极地因能量亏损,空气冷却下沉至地面向低纬地区流动,在科里奥利力和地表摩擦力的共同作用下,转变为东北风(北半球)或东南风(南半球),沿纬线方向流向极地,称为极地东风带。它与哈得来环流圈下沉支流向高纬的气流在大约 60° N、60° S 的副极地地区汇合,形成锋区,称为极锋。由于暖空气密度小,沿锋面滑升,到达对流层顶后分别向低纬和极地方向流动。流向极地的气流在科里奥利力作用下转为偏西气流,与极地下沉气流、近地面极地东风带和极锋区上升气流,共同构成了沿经线方向的极地环流圈(图 5.34,图 5.38)。

极锋区气流沿锋面上升,在近地面形成副极地低压带(subpolar low-pressure belt),到达高空后分别流向高纬和低纬。流向低纬的气流与哈得来环流的高空西风气流汇合,形成副热带锋区。该区域气流的水平辐合和下沉运动较为强烈,形成了从地面直至高空都十分明显的副热带高压,锋区特征在对流层中、下层不显著,在上层比较明显。对流层低层向北气流在科里奥利力和地表摩擦力的作用下,形成西南风(北半球)或西北风(南半球),称为中

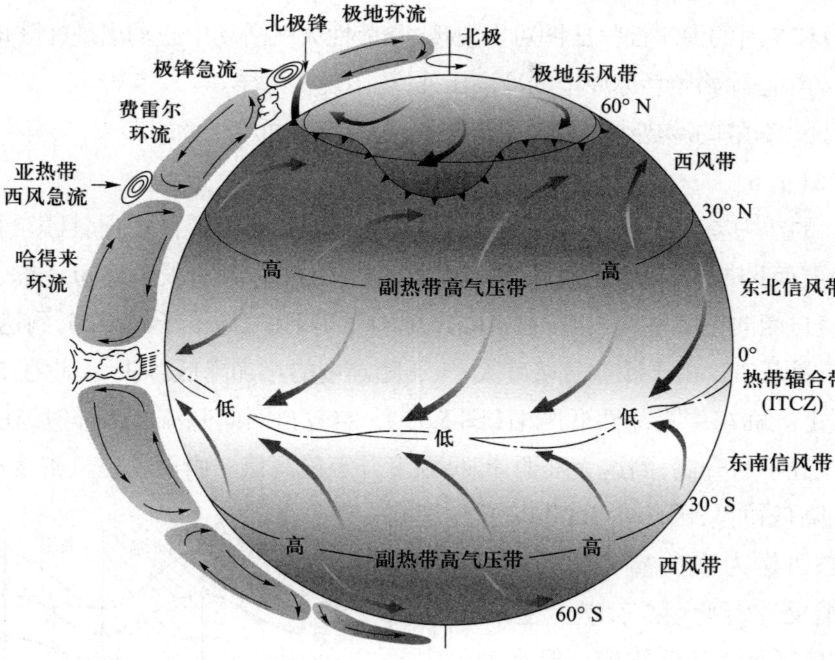

图 5.38　自转地球且地表性质均匀情况下的大气环流（Ahrens，2011）

纬度西风带。它与副热带下沉气流、中纬度高空向南流动的气流，以及极锋上升气流构成了沿纬线方向的费雷尔环流圈（图 5.34，图 5.38）。

（三）地表性质

1. 海、陆冷热源

海洋与陆地的热力性质具有明显差异，海洋的热容量远大于陆地。二者对上空大气的加热或冷却速率存在明显差异。夏季太阳直射点在北半球，在相同纬度的条件下，陆地增温比海洋迅速，陆地成为热源，海洋成为冷源；冬季太阳直射点在南半球，在相同纬度的条件下，陆地降温比海洋迅速，陆地成为冷源，海洋成为热源。越接近地面，海、陆间的热力差异越显著。这种冷热源的差异，使对流层低层的纬向气压带分裂成单个闭合的高压或低压系统。随高度增加，海、陆间的热力差异影响减弱，对流层中、上层气压场呈波状起伏，对应高压脊或低压槽。此外，冬季的极区进入极夜，除陆地冷却速度大于海洋外，由于积雪对太阳辐射的反射作用强烈，而且雪面射出的长波辐射接近黑体，进一步加剧了赤道与极地之间的温度梯度。由于北半球极区为北冰洋覆盖，南半球极区为南极大陆覆盖，因此南北半球冬季的极冷中心不同：北半球的极冷中心位于亚欧大陆内部的西伯利亚地区，南半球的极冷中心则位于极区。

海陆分布带来的同纬度热力差异，使全球海平面气压场分布具有以下特点：① 北半球因陆地面积大，海陆对比强烈，海平面气压场的等压线比南半球的更为弯曲，气压场出现闭合。南半球中高纬度分别为海洋环绕，等压线比较平直。② 在同一半球，冬季赤道到极地间的气压梯度大于夏季，在海平面气压图上表现为冬季等压线密集而夏季等压线稀疏。③ 对比 1 月和 7 月的海平面气压图可以发现，季节性大气活动中心均出现在陆地；而半永久性大气活动中心除格陵兰冰原上的冷高压外，均出现在海洋。

由此可见，海、陆的冷热源作用对于全球冬、夏季海平面气压场的形成，具有十分重要的意义[图 5.36（a，b）]。

海、陆间的热力差异不仅对近地面气压系统的形成具有重要作用，而且影响中纬度地区对流层中层西风带的平均槽、脊系统。北半球陆地辽阔，海陆东西相间分布（图 5.39）。冬季，当空气自西向东经过大陆时，在大陆冷源的作用下，气流不断被冷却，到达大陆东岸时，温度降至最低值。由于冷空气密度大，气压随高度的增加降低得快，因此在 500 hPa 平均等高线图上大陆东岸为冷性低压槽（图 5.35）。空气自西向东流经海洋时，在海洋热源的作用下，气温不断升高，到达大陆西岸时，温度升至最高值。由于暖空气密度小，气压随高度的增加降低得慢，因此在 500 hPa 平均等高线图上大陆西岸为暖性高压脊（图 5.35）。夏季与冬季相反，按理大陆东岸上空应为高压脊，而西岸上空为一条低压槽。但观测事实并非如此。这说明高空西风带槽、脊的形成除受海陆热力差异影响外，还存在其他因素的作用。

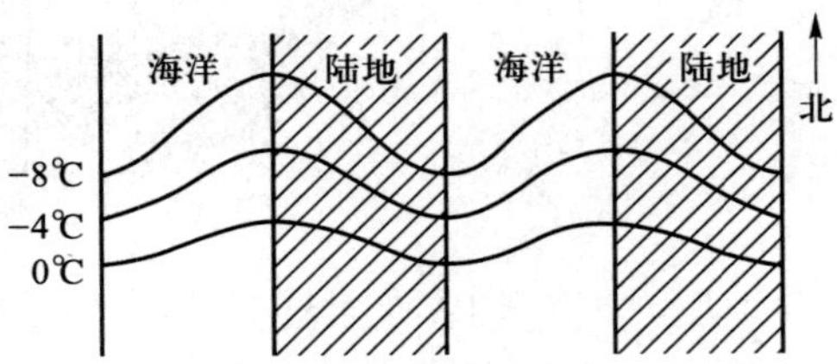

图 5.39　北半球中纬度冬季因海陆分布形成的温度场

2. 地形的动力和热力

地形起伏，尤其是高大山脉和大范围高原对大气环流的影响非常显著，包括动力作用和热力作用。前者表现为气流在高大山脉迎风侧受阻，造成空气质量辐合，形成高压脊，而在其背风侧有利于空气质量辐散，形成低压槽。后者表现为大范围高原面地表对大气的加热或冷却作用，导致上空气压场的改变，尤以冬、夏季节性冷却和加热造成的气压场季节变化最为明显。

如果是面积小、海拔高，并有一定延伸范围的山脉，那么它们以动力作用为主，如亚洲东岸和北美东岸常年存在的高空东亚大槽和北美大槽，除与海陆热力差异影响外，还与盛行西风气流绕过青藏高原或翻过落基山脉后的气流辐散减压有关。而海拔高、面积大的高原对大气的动力作用和热力作用均十分显著。例如，青藏高原地处 26.11° N~40.03° N，73.45° E~104.55° E，面积为 $261.94 \times 10^4 km^2$，东西横跨 31 个经度，长约 2 530 km，南北纵贯 14 个纬度，宽达 1 580 km，平均海拔在 4 300 m 左右。它的动力作用表现为：冬季西风带经过青藏高原（下文简称高原），高大突起的高原使 500 hPa 等压面以下的盛行西风气流在高原西侧迎风坡出现分支，分别向北和向南绕流。相对于高原北侧而言向北绕流的空气较暖，气压随高度降低速率减慢形成了北脊。而在高原南侧，向南绕流的空气较冷，气压随高度降低速率增快形成了南槽。于是北侧和南侧分别称为西北冷干气流和西南暖湿气流的输送通道，两种气流汇合于高原东侧的背风坡，是昆明准静止锋（Kunming quasi-stationary front）形成的必要条件（索渺清等，2016）。

青藏高原的热力作用随季节的不同具有不同的表现。冬季高原陆地表面降温较四周大气强烈，成为冷源，在近地面形成高压[图 5.40（a）]，加强了高原南侧的温度梯度和气压梯度，使得南支盛行西风气流强烈而稳定，成为冬半年向中国东部地区输送水汽的主要通道。夏季高原陆地表面增温较四周大气强烈，成为热源，在近地面形成低压[图 5.40（b）]，一方面加强了高原北侧的温度梯度、气压梯度，增强了北侧的西风气流，另一方面也改变了高原南侧的温度梯度方向，使原来由南（赤道）指向北（高原）的温度梯度变为由北指向南。这种温度梯度方向的变化，彻底改变了高原所在低纬度地区的哈得来经向环流的方向：由于高原面积大，夏季强大的热源作用在高原近地面形成热低压，这种热低压多伸展至 600 hPa 等压面高度，使对流层中层 500 hPa 等压面的副热带高压在此断裂。

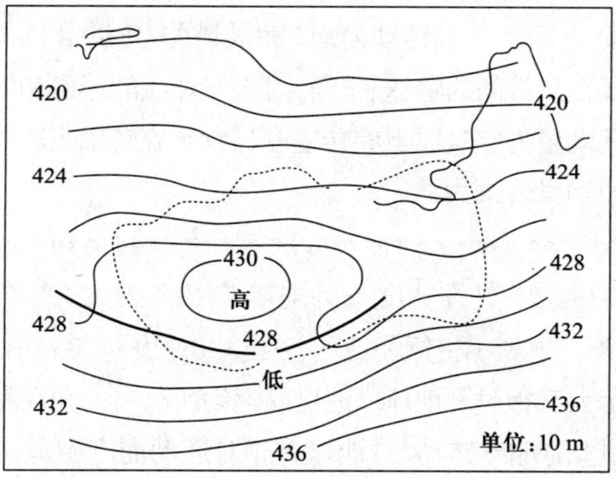

(a)

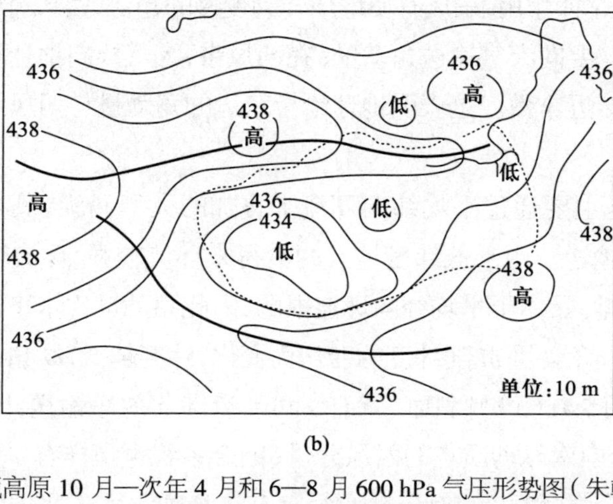

(b)

图 5.40 青藏高原 10 月—次年 4 月和 6—8 月 600 hPa 气压形势图（朱乾根等，2007）

图中虚线表示青藏高原的范围

（a）10 月—次年 4 月；（b）6—8 月。

热低压的辐合上升，还将地面感热和暖湿空气释放的潜热带到对流层上层，形成暖性高压，称为青藏高压。青藏高压在 150 hPa 等压面所在的对流层顶最强。高原上的气流上升到对流层顶后向四周辐散，主要向南流去，最南可达南半球副热带，然后下沉。然后在对流层低层随南半球东南信风流向北半球。跨赤道气流在科里奥利力的作用下，转变为西南气流北上，进入南亚，沿喜马拉雅山脉南麓爬升，构成了青藏高原到南半球副热带的经向环流圈。这种经向风破坏了该区域的哈得来环流圈，只出现在北半球夏季，故称为高原季风（plateau monsoon，又称南亚季风）。低空跨赤道后的西南气流就是南亚、阿拉伯半岛和非洲东部的夏季风。冬季，该区域西部是一个冷高压，高原近地面的冬季风与东北信风一致，经向风与哈得来环流圈同向。

（四）地球表面摩擦与角动量输送

大气在旋转地球上运动，与地球表面产生相对运动。相对运动产生的摩擦作用和山脉作用使空气与转动地球之间产生了转动力矩（角动量）。角动量（angular momentum）在风带中的产生、损耗，以及在风带间的输送、平衡，对大气环流的形成和维持具有重要的作用。

单位质量空气的角动量为空气质点旋转速度与它到旋转轴距离的向量积。单位质量空气相对于地轴运动的角动量公式为：

$$M=r\cdot\cos\varphi\cdot(\omega\cdot r\cdot\cos\varphi+u)=\omega\cdot r^2\cdot\cos^2\varphi+u\cdot r\cdot\cos\varphi \tag{5.41}$$

式中：M 为角动量；ω 为地球自转角速度；r 为地球半径；u 为大气纬向风速；φ 为纬度。

式（5.41）中右侧第一项表示空气和地球一起以角速度 ω 旋转所具有的角动量，又称为 ω 角动量。第二项表示大气相对于地球以速度 u 运动所具有的角动量，又称 u 角动量。

大气附着在地球上，随地球转动，对地球有相对运动而产生风。当大气比地球表面转动得慢时，即产生了偏东风；而当大气比地球转动得快时，即产生了偏西风。大气对地球表面的相对运动产生了摩擦作用，东风有使地球转动变慢的趋势，西风有使地球转动变快的趋势。即在东风带，地球要向大气输送角动量；在西风带，大气要向地球输送角动量。但事实上，地球自转角速度接近常数。这表明地球给予东风的角动量与西风给予地球的角动量正好平衡。

角动量水平输送主要通过平均纬向环流上叠加的大型涡旋（槽或脊）和平均经向风速，完成 u 角动量的输送。由于低纬度地区的哈得来环流较强，环流输送量和涡旋通量几乎相当；在中高纬度地区，由于平均经向环流很弱，因此角动量的水平输送主要靠涡旋运动（vortex motion）完成。角动量 M 随纬度的变化而变化，纬度越低，ω 角动量越大。

当高空槽脊按图 5.41（a）倾斜时，就有 u 角动量向北的净输送，因为向北移动的空气质点的西风分量大于向南移动质点的西风分量；闭合系统也同样有 u 角动量向北的净输送［图 5.41（b）］。在实际的大气纬向环流中，经常有这种轴线呈东北—西南走向的倾斜槽脊系统存在。

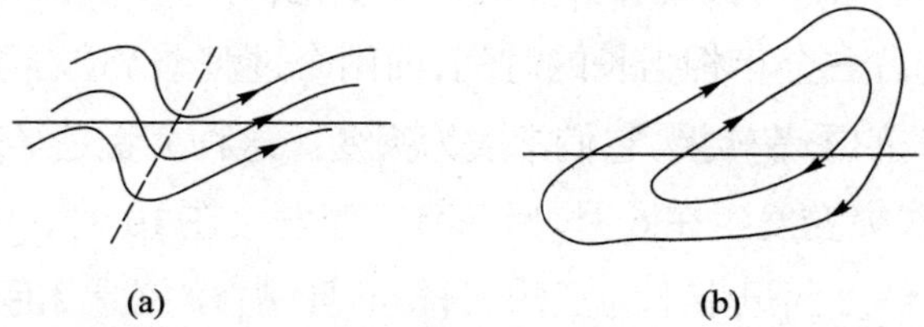

图 5.41　倾斜的槽脊系统和闭合系统与 u 角动量的水平输送

（a）槽脊系统；（b）闭合系统

角动量的垂直输送主要靠平均经向环流来进行。哈得来环流圈在赤道至纬度 15°的纬度带是上升运动，向上输送角动量；在 15°到 30°的纬度带是下降运动，向下输送角动量。由于 ω 角动量与 $\cos^2\varphi$ 有关，因此向上输送的角动量大于向下输送的角动量，最终有净余的 ω 角动量向上输送。赤道附近上空获得的 ω 角动量在向北运动中，由于绝对角动量守恒，将转化为 u 角动量，补充了高层大气向北输送 u 角动量的需要。

同理，高纬度正环流圈也有角动量的垂直输送，但输送量很小。中纬度间接环流圈同样有角动量垂直输送的作用。因为其靠极地一侧是上升气流，向上输送较小的 ω 角动量；靠赤道一侧是下沉气流，向下输送较大的 ω 角动量，这样就有净余的 ω 角动量向下输送，然后在低空向北的运动中转化为 u 角动量，弥补地面西风带 u 角动量的消耗。这样通过角动量输送保持角动量收支平衡，使东、西风带能够长期维持。

需要说明的是，在西风气流中常常出现扰动，使带状气流呈波状前进，西南气流与西北气流交替出现。有时东北气流也与东南气流相伴出现。南北之间不同温度的空气通过这种流场进行热量交换和角动量交换，使东、西风带得以长期维持（朱乾根等，2007）。

三、大气环流的季节转换

理论计算和实践结果证明，由于季节的转换，大气环流会调整并发生显著的变化，这里面既有形态的变化，也有强度、位置的变化。大气环流的变化首先表现为随季节交替的年变化和季节调整时的中短期变化。

（一）年变化

大气环流年变化是由太阳直射点移动，使地球表面净辐射分布发生变化所致。当太阳直射点位于北回归线附近时，北半球进入夏季，南半球进入冬季。南、北半球对流层下层气压带和风带强度与位置，陆地上的半永久性活动中心气压性质，以及对流层中上层的气压梯度和纬向气流的强度等都随之发生变化。

以北半球 500 hPa 等压面平均高度的各月演变特征来看（图 5.42），它表示了中高纬度地区 500 hPa 等压面平均槽、脊位置和强度的季节变化特征，冬季和夏季的槽脊位置基本是稳定或是渐变的，它们占去全年相当长的时间，而两个过渡季节（春季、秋季）是短促的，在短促的时间中完成环流的季节转换，它们常成为突变。这种突变是半球乃至全球性现象，尤以亚洲最为明显。一次突变发生在 6 月，另一次突变发生在 10 月。由图 5.42 可知，对流层中部平均 1—4 月中高纬度西风带上为三槽三脊，而且槽脊的位置和强度基本稳定，6—8 月西风带上原有的三条槽已变为四条比较浅的槽，东亚大槽略微东移，北美大槽尺度小，两条浅槽分别出现在冬季欧洲浅槽的西部和东部，槽脊强度都减弱。冬、夏两种环流形势都比较稳定，占据了全年相当长的时间，成为中高纬度高层大气环流的基本形态，在一年中交替出现。环流从冬季形态转变为夏季形态，只有短暂的 5 月一个月时间，同样从夏季环流形态转变为冬季环流形态，也只经过 9—10 月的两个月时间，分别为春季环流过渡阶段和秋季环流过渡阶段。

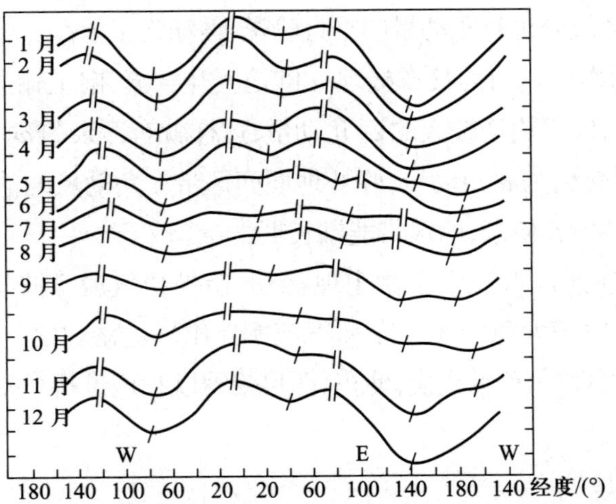

图 5.42　50° N 附近的 500 hPa 等压面平均高度的各月演变特征

纵坐标每格代表 100 位势米

（二）中短期变化

大气环流的短期变化是对不同尺度天气系统的发生、发展和消亡的响应，具体表现在西风带纬向环流和经向环流的相互转换上。通常将大气环流划分为低指数环流和高指数环流，分别对应以西风带比较平直的纬向为主的环流形势，和以西风带波动较强的经向为主的环流形势，又称纬向环流型和经向环流型。纬向环流型在 500 hPa 等压面图上表现为环流比较平直，在平直的西风带上多小槽、小脊，很少有大槽、大脊。经向环流型在 500 hPa 等压面图上表现为西风带上发展出深槽大脊，能引起强烈冷、暖空气活动。纬向型和经向型环流经常交替出现，其交替周期为 2~6 周。

我国天气主要受东亚大气环流控制，因此，我国学者常用东亚海平面气压，结合中纬度西风带环流类型划分环流型。应用比较广的环流型是：冬季着重考虑东亚大槽和西风带的波动，夏季着重考虑西风带的波动，并结合副热带高压的特征。一般用环流指数反映环流形式，分为纬向环流指数（I_Z）和经向环流指数（I_M）两种。

纬向环流指数又称西风指数，表示平均地转风速中的西风分量，可以定量地表示纬向环流的强弱。在实际应用时，纬向环流指数多选用两个纬度带上各点位势高度的差值表示。纬向环流指数越大，即两个纬度带的平均位势高度差越大，表示西风越强，以纬向环流为主。反之，纬向环流指数越小，即两个纬度带的平均位势高度差越小，表示西风越弱，以经向环流为主。计算纬向环流指数一般选用的纬度带为 35° N、S~55° N、S 或 45° N、S~65° N、S。经度范围根据需要而定：可取自然天气区，也可取东半球或西半球，但范围不宜过大。一般在 500 hPa 等压面图上计算西风指数。我国学者经常使用亚洲地区西风指数这个指标，所选范围是 45° N~65° N 和 60° E~150° E，它的计算公式为：

$$I_Z=\frac{1}{\Delta\varphi\cdot n}\sum_{i=1}^{n}\left(\Phi_{45}-\Phi_{65}\right) \tag{5.42}$$

式中：Φ_{45}、Φ_{65} 分别表示 500 hPa 等压面在 45° N 和 65° N 带的位势高度；$\Delta\varphi$ 为 45° N 带和 65° N 带选取的纬度范围；n 为纬度带范围 $\Delta\varphi$ 内选取的点数目。

计算西风指数的时间单位可以是季节，也可以是月、候。西风环流指数有时并不能完全反映出纬向、经向环流特征，比如，当经向环流明显、锋区很强时，西风指数可能很大；相反，当经向环流很弱、锋区也弱时，西风指数可能很小。因而需引进经向环流指数作为补充。

经向环流指数是指在某一经度范围内，沿经圈的地转风的平均南北分量，可以定量地表示经向环流的大小。在实际计算经向环流指数时，选用一定经度范围各点位势高度梯度的南北分量表示。经向环流指数越大，即南北位势高度梯度越大，表示气流的南北分量越强，以经向环流为主。反之，经向环流指数越小，即南北位势高度梯度越小，表示气流的南北分量越弱，以纬向环流为主。其计算公式为：

$$I_M=\frac{1}{\Delta\lambda\cdot n}\sum_{i=1}^{n}\frac{\Delta\Phi}{R\cos\varphi} \tag{5.43}$$

式中：$\Delta\lambda$ 为选取的经度范围；n 表示选取范围内的点数；$\Delta\Phi$ 表示各点位势高度梯度；R 为地球半径；φ 为纬度。

四、季风环流

传统观点认为季风环流是区域尺度的环流。受季节性海、陆热力差异和大气环流季节变化的影响，在亚洲东部和南部、非洲东北和澳大利亚北部等地形成了风向具有明显季节性变化特征的环流，称为季风环流。随着对季风环流的深入研究，研究者们在 21 世纪初提出了全球季风的概念，将全球尺度上覆盖热带地区的大气翻转环流称为全球季风（Trenberth，2000；林祥和钱维宏，2012；丁一汇等，2018）。

（一）特征与分布

季风（monsoon）一词起源于阿拉伯语“mausim”，意思是“季节（season）”。季风用来表示印度洋尤其是阿拉伯海沿岸地区地面风向随季节的反转现象，即一年中有半年吹西南风，而另外半年吹东北风。随着人们对季风认识的不断深入，传统的季风概念已大为扩展，不仅指风向变化，更包括降雨变化（竺可桢，1934）和环流系统的变化（Yeh Tucheng，1957；陈隆勋等，2006；丁一汇等，2018）。Ramage（1971）较早提出了定量判断季风的具体指标：1 月和 7 月盛行风向的变化至少超过 120°；1 月和 7 月盛行风向的平均频率超过 40%；1 月和 7 月至少有一个月的平均合成风速超过 3 m/s；在 5° 经纬度矩形范围内，1 月和 7 月的每个月气旋与反气旋交替出现的频率至少每两年一次。Webster（1987）对季风给出了一个更为普遍的定义：冬、夏风向的季节性反转和干湿期的季节性交替出现。随后有很多研究采用气压场（郭其蕴，1983）、风场（Webster et al，1992）、降水（Tao et al，1985）、温度（Sun et al，2001）、射出长波辐射（Outgoing Long-Wave Radiation，OLR）（Murakami et al，1994），以及上述某两个指标的综合（黄刚等，1999；祝从文等，2000）等，分别定义了描述东亚或南亚季风强弱的指数。

综合而言，当前的学术界对季风的认识形成了以下三种基本看法：① 季风是大范围地区的盛行风向随季节改变的现象；② 冬季风寒冷、干燥、少雨，夏季风温暖、潮湿、多雨；③ 随着盛行风向的改变，冬季和夏季的天气气候存在显著的不同。目前，研究者们一般认为形成季风的主要原因有四个：海陆热力差异、行星风带（planetary wind belt）的季节变化、大地形的作用和南北半球气流的相互作用。

亚洲地区是世界上最著名的季风区，过去，亚洲季风（asian monsoon）可以分为南亚（印度）季风和东亚季风两个子系统。之后的研究结果表明，亚洲季风可以向东延伸到西太平洋，称为亚洲 – 太平洋季风区。由于亚洲 – 太平洋季风区通过两个半球间跨赤道气流的相互作用和澳大利亚季风区形成了密切的关系，因此，亚洲 – 太平洋季风区和澳大利亚季风区可统称为亚澳季风区。

东亚季风指影响中国中东部、朝鲜半岛、日本和东南亚的季风，分为东亚夏季风和东亚冬季风。夏季风指偏南风向东亚输送来自海洋的潮湿的空气，大量的水汽形成丰沛的降水，形成暖湿气候。冬季风源自西伯利亚冷高压的前缘，近地层偏北气流向低纬度地区流动，来自高纬度地区的干冷空气控制东亚地区，形成干冷气候。

南亚季风指影响亚洲南部（印度半岛、中南半岛及中国西南地区）的季风，以印度半岛最为典型。夏季气压带、风带北移，赤道低压移至北半球，本来位于南半球的东南信风移至印度半岛，受科里奥利力影响成为西南风，即南亚的夏季风。冬季系统南移，赤道低压移至南半球，亚洲冷高压强大，气流自蒙古、西伯利亚吹向印度半岛，受科里奥利力影响成为东北风，即南亚的冬季风，但弱于夏季风。

上述两个子系统的差异在于印度季风属于热带季风，而东亚季风为热带和副热带季风的组合。从 850 hPa 等压面多年平均风场［图 5.43（a 和 b）］看，夏季，南半球冷而北半球热，气流在索马里地区越过赤道由南半球流向北半球，在科里奥利力作用下，来自南半球

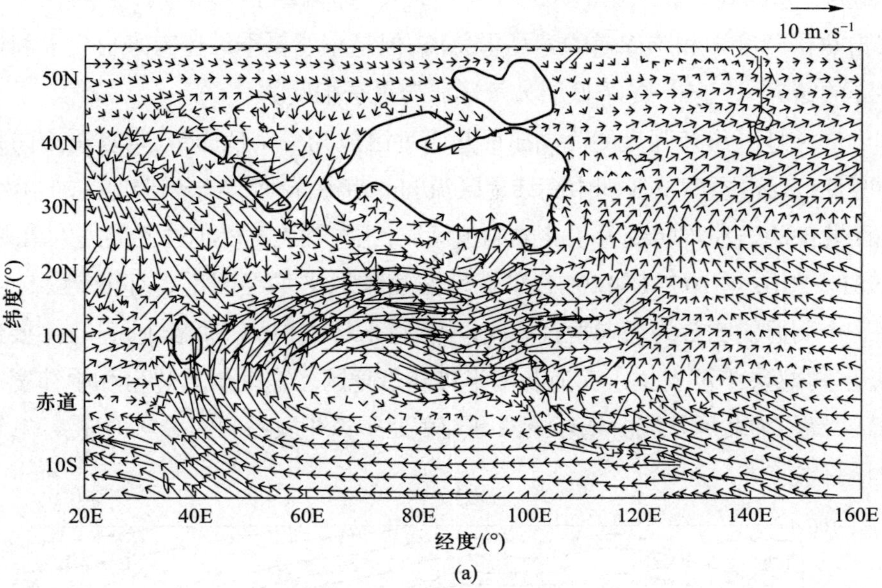

(a)

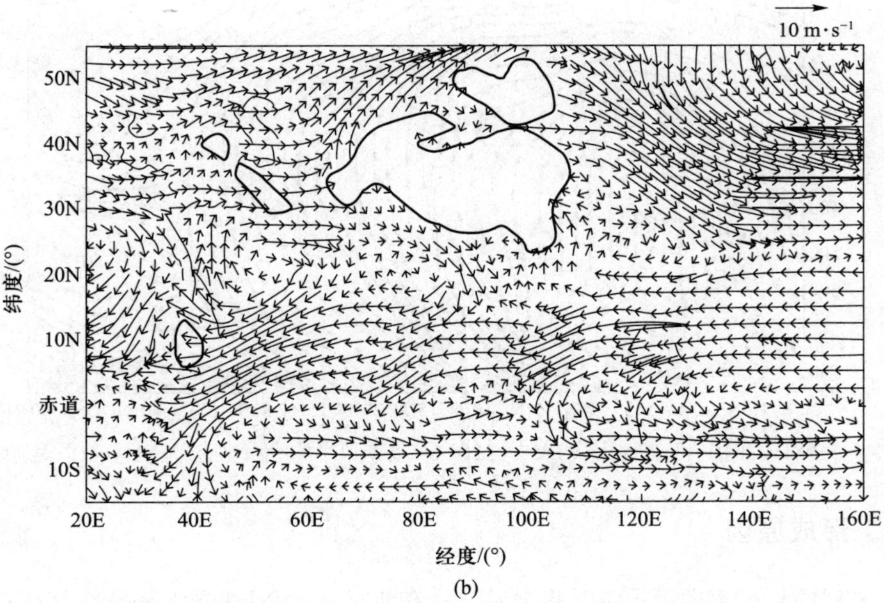

(b)

图 5.43　1981—2010 年 850 hPa 等压面平均风场分布（丁一汇等，2018）

（a）6—8 月；（b）11 月—次年 2 月

单位为 $m \cdot s^{-1}$；空白区表示海拔高度超过 1 500 m

的东南气流转变为西南和偏西气流。此外，在 105° E 和 120° E 附近还有两支来自澳大利亚地区的明显的越赤道气流。来自赤道和热带的偏西和西南气流在南海上空转向北，约在 25° N 附近与来自西太平洋西侧的东南和偏南气流（又称东南季风）汇合，形成来自热带的强西南季风，共同影响东亚大部分地区。而南亚和中南半岛附近的西南气流，因青藏高原的阻挡作用而形成季风槽，西南季风气流难以深入青藏高原腹地。东亚季风和南亚季风是两个相互独立但又相互关联的季风系统。由图 5.43（b）可见，低层的南亚季风纬向特征非常明显（即偏重于东西向），而东亚季风的经向度更大（即偏重于南北向）。虽然两个季风的气流主要来自热带印度洋和跨赤道的索马里急流，但是东亚夏季风还有来自澳大利亚经南海至西太平洋的跨赤道气流。冬季低层大气环流与夏季相反。

亚洲中高纬地区维持强大的冷高压而热带地区成为一个低压带，与夏季方向相反的气压梯度力驱使低层冷空气从亚洲中高纬地区流向热带海洋，北半球热带地区的中南半岛、南亚和非洲西北部的气流均转变为东北或偏东气流，这些气流可以越过赤道进入南半球。

从 1981—2010 年 105° E~120° E 东亚地区夏季风平均经圈垂直环流（图 5.44）来看，夏季存在一个明显的闭合的经向垂直环流，与哈得来环流相反，环流的上升支主要位于赤道以北的东亚季风区，下沉支位于赤道及南半球热带地区。在北半球热带和中纬度地区低层是南风气流，高层为北风气流。该环流圈是与东亚季风相联系的间接热力环流圈，称为东亚夏季风经圈环流。

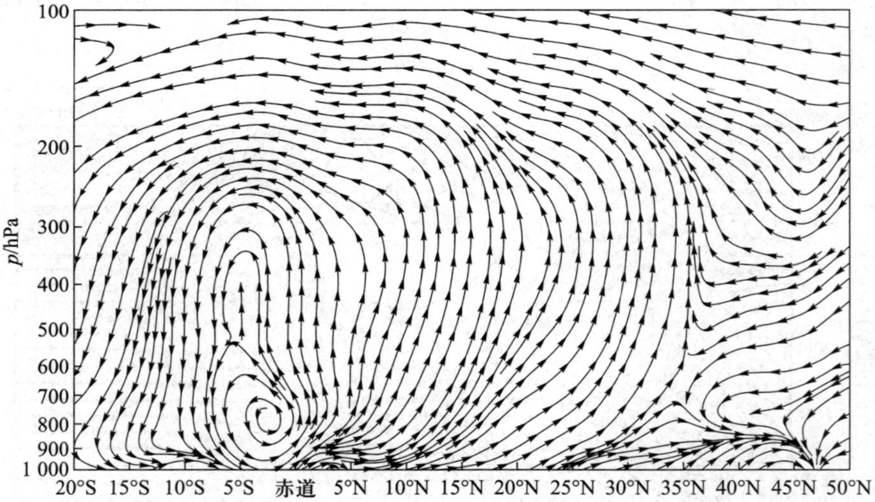

图 5.44　1981—2010 年东亚地区（105°—120° E）夏季风平均经圈垂直环流（丁一汇等，2018）

（二）形成原因

东亚季风的形成主要源于海陆热力差异。在北半球冬季，亚洲大陆是冷源，周边海洋是热源，而到了夏季，情况则相反。而南亚季风的形成主要是行星风带的季节性位移，也有海陆差异的影响。同时，青藏高原大地形的热力和动力作用同时加强了东亚季风与南亚季风，尤其是加强了南亚季风。陶诗言等（1983）提出季风爆发起源于东亚南半球的越赤道气流，已经为分析所证实。总之，季风既源于南、北半球太阳辐射的季节性差异，又受到海、陆之间热力差异的影响，横亘于亚洲中部的青藏高原则进一步使亚洲季风环流得到加强。何金海（2004）和 Chao（2001）等研究总结了南亚季风和东亚季风形成因素的差异，他们的主要结论为：南亚季风主要由行星风系季节性移动引起。热带辐合带季节性移动或突跃标志着南亚季风爆发，体现了南、北半球之间的相互作用；东亚季风则主要由纬向和经向海陆热力差异形成。它包含热带与副热带季风，不仅与南半球越赤道气流有关，还受副热带高压和中纬度西风带的扰动系统影响。因此，其爆发过程远比南亚季风复杂。需要指出的是，亚洲季风区由冬到夏的季节变化以大气环流形势和天气类型的突变为主要特征：5 月中旬亚洲夏季风首先在南海爆发，然后向西和向北推进，到 6 月中旬南亚夏季风才爆发。因此，南海夏季风爆发过程和机制的研究对于深入认识亚洲夏季风的爆发过程具有重要意义，目前还在研究。

5.4.1 知识窗

大气环流的能量循环

从能量的观点看，大气环流不存在不断的加速或减速运动，这表明就长期平均状况而言，大气从太阳辐射获得的辐射能与大气消耗的辐射能和动能，基本保持着平衡。大气中的能量分为动能、位能、内能和潜热能四种基本形式。在静力平衡系统中，内能和位能可以统称为总位能或位能。若考虑的是干燥大气，则可不包括潜热能，只剩下位能和动能，能量循环主要是这两项之间的转换和输送。一般来讲，主要是位能释放转化为动能。动能一部分则用来维持或改变大气运动的状况。能够释放或转化为动能的那一部分位能又称为有效位能。它又可以分为纬向有效位能 P_M 和涡动有效位能 P_E；类似的，动能 K 也可以分为纬向有效动能 K_M 和涡动有效动能 K_E。

地球的自转与公转，使地球接受到的太阳辐射能随纬度的不同而有差异，而且随地球公转而发生变化。平均而言，两极地区的能量净亏损为能汇，而赤道和低纬度地区则有能量净盈余成为能源，形成了指向两极的水平温度梯度，产生了纬向有效位能，大气获取的辐射能远大于摩擦引起的动能消耗转变为热能的量级，形成了三圈环流和东、西风带。地形起伏和海陆热力差异形成了平均槽、脊。经圈环流形成的直接热力环流，将纬向有效位能转换为纬向有效动能，使东、西风带得以维持。平均槽、脊及其伴随发生的非定常大型扰动对感热的输送，使纬向有效位能转换为扰动有效位能。而同一纬圈上大型扰动导致的暖空气上升和冷空气下沉，使扰动有效位能转换为扰动动能，使大型扰动得到维持。大型扰动脊和槽轴的水平走向多为东北—西南走向，通过对角动量的输送，把扰动动能转换为纬向动能，也使东、西风带得以维持。中纬度地区的费雷尔环流导致的冷空气上升和暖空气下沉，抬高了大气质量重心，将纬向动能转换为纬向有效位能（朱乾根等，2014）。

图 5.45 展示了全球 10 年平均能量循环结构。热带地区净太阳辐射加热和潜热释放，以及高纬度地区净红外辐射冷却都制造纬向有效位能。P_E 的一部分被消耗掉，由地面的热交换、暖区比冷区有更多的长波辐射冷却实现。

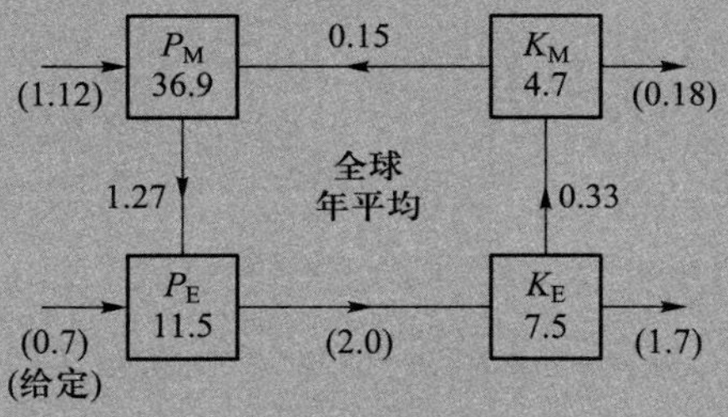

图 5.45　全球 10 年平均能量循环结构

单位：$10^5 J \cdot m^{-2}$；制造、转换消耗单位 $W \cdot m^{-2}$；P_E 为给定的，括号内值为余项值。

但凝结潜热释放可制造一小部分 P_E（$0.7\ W \cdot m^{-2}$）。P_E 以后转换成 K_E（$2.0\ W \cdot m^{-2}$）。这是通过扰动过程中冷空气下沉，暖空气上升过程完成的。一部分 K_E 通过正压过程逆尺度转换为大尺度能量 K_M（$0.33\ W \cdot m^{-2}$）。还有相当一部分 K_E 消耗掉。另外，摩擦和湍流也消耗掉一部分 P_M（$0.15\ W \cdot m^{-2}$）。直接和间接平均经圈环流的作用转换为 K_M（$0.15\ W \cdot m^{-2}$）（丁一汇等，2008）。

本章小结

旋转地球上的大气运动，其动力学关系在非惯性坐标系中多出了科里奥利力和离心力。科里奥利力不仅与地球旋转有关，还需要空气有相对于地面的运动，其作用方向与运动速度的方向垂直。科里奥利力的存在使大气运动具备了许多独特的性质。本章介绍的大气运动方程、连续方程和热力学方程加上状态方程后，成为表示大气运动的基本方程组。在研究大气运动时，广泛应用的标准坐标系，是忽略了地球曲率的影响后所做的近似，此时的运动方程只是在形式上与直角坐标系的方程相同。通过对大气运动的基本方程组的简化，从讨论自由大气中的地转风关系入手，引入了梯度风和旋衡风运动的概念。因此，大尺度的大气运动具有准定常、准静力、准水平和准地转的性质。此外，本章从正压大气和斜压大气的视角，研究了地转风随高度变化的规律——热成风，解释了地转偏差引起动量的辐合辐散对垂直运动的贡献。最后，归纳出以三圈环流和三风四带为特征的大气环流模式与控制因素，认识到不同纬度带的空气热量交换和角动量交换，是东、西风带能够长期维持的根本原因。

比较纬向型和经向型环流交替出现这一中短期变化特征，为后续不同尺度天气系统发生发展的学习奠定了基础。

习　题

1. 影响空气柱的气压变化的因素有哪些？气压为什么永远随高度降低？为什么冷空气柱气压随高度递减的速度更快？

2. 海平面标准大气的气压是多少？如果海平面气压为 1 040 hPa，那么这是高压还是低压？

3. 海平面气压与本站气压有何不同？二者是否有可能一致？为什么拉萨观测的地面气压总是比北京观测的地面气压低？

4. 等高线与等压线的区别是什么？在高空天气图上，冷空气对应低压还是高压？暖空气对应低压还是高压？请解释原因。

5. 大气静力平衡方程与泊松方程都表示气压的变化，请说明二者的含义与区别。

6. 表示大气层气压随高度变化的指标有哪些？它与绝热上升气块的气压变化有何不同？分别绘出气压场深厚系统（任选一种）和浅薄系统（任选一种）从地面到高空的温度场和气压场变化，并说明原因。

7. 分析地转风与梯度风的受力情况和形成过程，指出二者的区别是什么。分析地面风与高空风形成的受力情况与过程，指出二者的区别又是什么。

8. 解释低压或高压中气流的旋转方向。为什么同为低压或高压，南北半球的气流旋转方向不同？为什么高压系统往往对应晴天，低压系统往往对应阴雨天？

9. 北京—西安相距 1 200 km，若北京海平面气压为 1 017 hPa，西安海平面气压为 1 010 hPa，假设只有气压梯度力的作用，则持续 3 小时后空气的运动速度是多少？（设空气密度为 $0.75\ kg \cdot m^{-3}$。）

10. 简述大气环流成因，并说明经圈环流、纬圈环流的关系。请绘出全球主要季节性大气活动中心和半永久性大气活动中心，并说明其位置和强弱的季节变化。

11. 对下列现象进行解释：

（1）所谓的“三风四带”中的带状分布只出现在南半球副极地低压带；

（2）冬季副热带高压的带状特征更为明显；

（3）亚欧大陆季节性大气活动中心更强。

12. 简述季风环流的成因。为什么东亚和南亚的季风如此突出？对比南亚季风与东亚季风的异同点。

主要参考文献

[1] 丁一汇．高等天气学[M]. 北京：气象出版社，1993：62–63.

[2] 丁一汇，司东，柳艳菊，等．论东亚夏季风的特征、驱动力与年代际变化[J]. 大气科学，2018，42(3)：533–558.

[3] 陈隆勋，张博，张瑛．东亚季风研究的进展[J]. 应用气象学报，2006，17(6)：711–723.

[4] 郭其蕴．东亚夏季风强度指数及其变化的分析[J]. 地理学报，1983，38(3)：207–217.

[5] 何金海，宇婧婧，沈新勇，等．有关东亚季风的形成及其变率的研究[J]. 热带气象学报，2004，20(5)：449–459.

[6] 黄刚，严中伟．东亚夏季风环流异常指数及其年际变化[J]. 科学通报，1999，44(4)：421–424.

[7] 林祥，钱维宏．全球季风和季风边缘研究[J]. 地球科学进展，2012，27(1)：26–34.

[8] 索渺清，丁一汇．昆明准静止锋的发现和研究[J]. 气象科技进展，2016，6(3)：6–16.

[9] 陶诗言，何诗秀，杨显芳．1979 年季风实验期间东亚地区夏季风爆发时期的观测研究[J]. 大气科学，1983，7：347–355.

[10] 许绍祖，蒋龙海，沈春康，等．大气物理基础[M]. 北京：气象出版社，1993.

[11] 中国大百科全书总编辑委员会本卷编辑委员会．中国大百科全书（大气科学·海洋科学·水文科学）[M]. 北京：中国大百科全书出版社，1987.

[12] 中国气象局国家气候中心．国家气候中心气候系统监测、诊断、预测、评估[EB/OL]. 北京：国家气候中心气候系统诊断预测室．

[13] 朱乾根，林锦瑞，寿绍文，等．天气学原理和方法[M]. 4 版．北京：气象出版社，2007：166.

[14] 竺可桢．东南季风与中国之雨量[J]. 地理学报（创刊号），1934，1(1)：1–27.

[15] 祝从文，何金海，吴国雄．东亚季风指数及其与大尺度热力环流年际变化关系[J]. 气象学报，2000，58(4)：391–402.

[16] AHRENS C D. Essentials of meteorology: an invitation to the atmosphere[M]. 6th ed. Belmont, CA, USA: Brooks/Cole, Cengage Learning, 2011.

[17] AHRENS C D. Meteorology today: an introduction to weather, climate, and the environment[M]. 9th ed. Belmont, CA, USA: Brooks/Cole, Cengage Learning, 2009.

[18] CHAO W C. The origin of monsoon[J]. Journal of Atmosphere Science, 2001, 58: 3497-3507.

[19] FERREL W. The motions of fluids and solids relative to the earth's surface[J]. Mathematical Monthly, 1859, 1: 140-147, 210-216, 300-307, 366-372, 397-406.

[20] HARTMANN D L. Global physical climatology [M]. 2nd ed. San Diego, USA: Harcourt Science and Technology Company, 2016.

[21] HASTENRATH S. Equatorial zonal circulations: historical perspectives[J]. Dynamics of Atmospheres and Oceans, 2007, 43: 16-24.

[22] LUTGENS F K, TARBUCK E J. 气象学与生活[M]. 陈星,黄樱,译. 北京:电子工业出版社, 2016.

[23] MURAKAMI T, MATSUMOTO J. Summer monson over the Asian continent and Western North Pacific[J]. Journal of the Meteorological Society of Japan, 1994, 72: 745-791.

[24] RAMAGE C S. Monsoon meteorology[M]. New York: Academic Press, 1971.

[25] SUN X, CHEN L, HE J. Interannal variation of index of East Asian land-sea thermal difference and its relation to monsoon circulation and rainfall over China[J]. Acta Meteorological Sinica, 2001, 15(1): 71-85.

[26] TAO S Y, CHEN L X. The East Asian sumer monsoon[C]// Proceedings of international conference on monsoon in the Far East. Tokyo, 1985.

[27] TRENBERTH K E, STEPANIAK D P, CARON J M. The global monsoon as seen through the divergent atmospheric circulation[J]. Journal of Climate, 2000, 13(22): 3969-3993.

[28] WEBSTER P J. The elementary monsoon, Monsoons [M]. New York: John Wiley & Sons Inc. 1987: 3-32.

[29] YEH T. On the general circulation over the Eastern Asia(I)[J]. Tellus, 1957, 9: 432-446.

第六章　天气系统

不同纬度的大气扰动和水汽与热量的交换，受能量守恒、动量守恒和质量守恒等基本物理定律的支配，形成了千变万化的天气系统，驱动着风云变幻的地球大气。

天气系统是大气中具有一定温度、气压或风等气象要素与空间结构特征的不同尺度系统的集合。对天气系统的分类可依据气压场或风场的分布特点，或者按照温度分布规律或天气特征进行归纳。构成天气系统的不同气象要素都具有一定的配置关系。通常，天气系统可被视为一种在大气环流背景场上的扰动，这种扰动构成了瞬时大气物理现象和短期天气过程。这些天气过程深受地理环境的影响，其长期行为反过来决定了所在区域的气候特征。

第一节　气团和锋

天气现象和天气变化是由大气的物理属性和大气的运动过程决定的。大气物理属性既受大气运动的制约，又受所在地理环境的影响，因此，在地球表层运动着的大气会具有多种多样的物理属性。从全球尺度来看，在一定范围内存在水平方向上物理属性相对均匀的大块空气，以及冷暖气团间的狭窄倾斜过渡带，分别称为气团和锋。

一、气团

气团（air mass）是指气象要素（主要指温度、湿度和大气静力稳定度）在水平分布上比较均匀的大范围空气块。它占据着三维空间，水平范围可以从几百千米到几千千米，垂直范围可达几千米到十几千米，常可从地面伸展到对流层顶。同一气团内的水平温度梯度一般小于（1~2）× 10^{-2} ℃ /km，垂直稳定度及天气现象也相对一致。

（一）气团的形成与变性

从前几章已经得知，大气对地球表面（简称地面或地表）所发出的长波辐射的吸收，要多于对太阳短波的直接辐射吸收，因此大气的热量主要来自地球表面，大气对水汽的吸收也主要来自地表的水分蒸发。因此地球表面的温、湿度状况对气团的形成至关重要。由此将气团形成的地区称为气团的源地，其形成需要两个条件。一是范围广阔、性质比较均匀的地表。空气中的热量、水分主要来自地表的非绝热加热和水汽蒸发，因而地表性质决定了气团的属性。在冰雪覆盖的地区往往形成冷而干的气团。在水汽充沛的热带海洋上，常常形成暖而湿的气团。在沙漠或干燥大陆上形成热而干的气团。所以，大范围性质比较均匀的地表可以成为气团形成的源地。二是有一个能使空气物理属性在水平方向均匀化的环流场。如缓行的高压（反气旋）系统（高纬度地区的准静止冷高压和副热带高压等），在其控制下，空气有充足的时间与地表进行热量和水分交换，从而获得地表属性。此外，高压的低空辐散气流有利于空气温度和湿度水平梯度减小，使气团属性趋于均匀化，成为有利于气团形成的环流条件。

气团的形成是一种在具备了上述两个条件后，主要通过大气中各种尺度的湍流、大范围系统性垂直运动，以及蒸发、凝结和辐射等动力、热力过程而与地表间进行水汽和热量交换，并经过足够长的时间来获得下垫面的属性影响的过程。此外，空气中的平流作用也伴随着热量和水分的输送，影响着气团中某一部分热量和水分的增减和分布，并可能引起气团静力稳定度的变化。

全球满足上述两个条件的地区主要有：极地高压控制的极地地区，冬季陆地冷高压控制的亚欧大陆和北美大陆，副热带高压控制的沙漠或海洋，赤道低压控制的海洋。这些地区成为冰洋气团、极地气团、热带气团和赤道气团的源地。

气团在形成后，随着环流条件的变化，由源地移行到另一个地区时，由于地表性质及物理过程的改变，气团的属性也随之发生相应的变化。气团原有物理属性的改变称为气团变性。气团的变性与气团的形成一样，也是通过湍流、大范围垂直运动、蒸发、凝结和辐射等物理过程实现的。变性的快慢和变性程度的大小，取决于气团流经地区地表性质与气团源地地表性质的差异大小、离开源地的时间长短，以及空气运动状态的变化特点等因素。

气团总是随大气的运动而不停地移动，停滞或缓行的状态只是暂时的、相对的，因而气团的变性是经常的、绝对的。当气团在新的源地上缓慢移行时，新的气团开始形成，老的气团变性的过程就是新的气团形成的过程。

（二）气团的分类

由于不同的气团属性差异很大，其分布和移动规律也不相同，因此将气团分为不同类别，主要依据两种方法：地理分类法和热力分类法。

1. 地理分类法

地理分类法是根据气团所在源地的地理位置和地表性质对气团进行分类。首先按源地的纬度位置把北（南）半球的气团分为四个基本类型，即冰洋（北极和南极）气团、极地（中纬度）气团、热带气团和赤道气团。再根据源地的海陆位置，把前三种基本类型分为海洋型和大陆型。赤道气团源地主要是海洋，就不再区分海洋型和大陆型。所以，依据地理分类法分类的气团按所在纬度和所属陆地或海洋命名，在南、北半球划分出 7 种气团（见表 6.1 和图 6.1）。地理分类法的优点是根据气团源地能够直接了解气团的主要特征，但缺点是不易区分相邻两个气团的属性，也无法表示气团离开源地后的属性变化特点。

表 6.1　气团的地理分类

名称	符号	主要天气特征	主要分布地区
冰洋大陆气团（北极、南极）	Ac	气温低、水汽少、气层非常稳定。冬季入侵大陆时会带来暴风雪天气	南极大陆、65° N 以北冰雪覆盖的极地地区
冰洋海洋气团（北极、南极）	Am	性质与 Ac 相近，夏季从海洋获得热量和水汽	北极圈内海洋上、南极大陆周围海洋上
极地大陆气团（中纬度或温带）	Pc	低温、干燥，天气晴朗，气团低层有逆温层，气层稳定，冬季多霜、雾	北半球中高纬度大陆上的西伯利亚、蒙古、加拿大、阿拉斯加一带
极地海洋气团（中纬度或温带）	Pm	夏季同 Pc 相近，冬季比 Pc 气温高，湿度大，可能出现云和降水	主要在南半球中高纬度海洋上，以及北太平洋、北大西洋中纬度海洋上
热带大陆气团	Tc	高温、干燥、晴朗少云，低层不稳定	北非、西南亚、澳大利亚和南美一部分的副热带沙漠区
热带海洋气团	Tm	低层温暖、潮湿，且不稳定，中层常有逆温层	副热带高压控制的海洋上
赤道气团	E	闷热、潮湿、多雷暴	南北纬 10°之间的海洋上

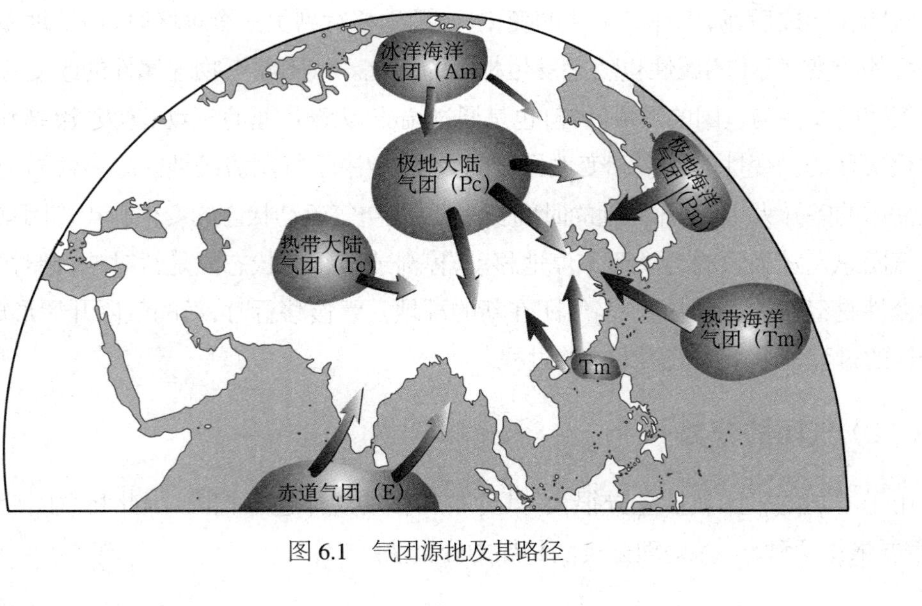

图 6.1　气团源地及其路径

2. 热力分类法

热力分类法是依据气团与流经地区地表的热力对比特性对气团进行分类。当气团温度高于流经地区的地表温度时,称之为暖气团。反之,当气团温度低于流经地区的地表温度时,称之为冷气团。因此,冷、暖气团是相比较而言的,没有绝对的温度数量界限将其区分。此外,在日常天气分析中还常依据相邻气团之间的温度对比特性划分冷、暖气团,将温度相对较高的气团称为暖气团,将温度相对较低的气团称为冷气团。

来自海洋或湿润地区的暖气团由于饱和水汽压高,一般含有丰富的水汽,容易形成云雨天气。当其移向冷区(高纬度地区)时,通过非绝热方式,在引起流经地区地面增温的同时,气团本身低层也因为不断失去热量而逐渐变冷,气团内部的温度直减率减小,气团趋于稳定,甚至可能发展成逆温层,以至暖气团中热力对流不易发展,呈现稳定性天气。

来自高纬度地区的冷气团由于饱和水汽压低,水汽含量少,受其控制的地区一般形成干冷天气。当冷空气从源地移向暖区(低纬度地区)时,通过绝热方式,在引起流经地区地面降温的同时,气团本身低层因为获得热量增温,气团内部的温度直减率增大,气团趋于不稳定,对流运动容易发展,甚至发展成不稳定天气。如果冷气团来自海洋,水汽含量相对较多,那么可能出现积状云,产生阵性降水天气。

冷、暖气团的天气特征在不同季节、不同地表条件下可能有所差别。例如夏季的暖气团,水汽含量丰富,如遇地形或外力抬升,可以出现不稳定天气。冬季的冷气团不仅水汽含量少而且气层非常稳定,多呈现稳定性天气。

(三)我国境内活动的气团

我国的大部分地区属于中纬度,冷、暖气流交绥频繁,缺少气团形成的环流条件。同时,我国地表性质复杂,缺少大范围均匀的地表作为气团形成的源地。因而,活动在我国境内的气团,大多是从其他地区移来的变性气团(transformed air mass)。

在冬季,我国主要受极地大陆气团的影响,它的源地是在冷高压控制下的西伯利亚和蒙古。西伯利亚气团干冷,为很强的冷性反气旋,在中低空有下沉逆温。它向东南方向移至我国后,造成大范围降温。冬季在我国华南地区,当这种极地大陆气团与热带海洋气团相遇,会形成阴雨天气。夏季,在西太平洋副热带高压控制下的热带海洋气团,从我国东南沿海登陆,向西北方向移动,与西伯利亚变性气团相遇,形成锋面云雨天气。我国西部地区常受到热带大陆气团影响,出现干旱和酷暑。春季,变性的西伯利亚气团和热带海洋气团势力相当,互有进退。秋季,变性的西伯利亚气团占主要地位,热带海洋气团退居东南部的海上,在这种单一气团的控制下,我国东北地区多为秋高气爽的天气。

二、锋

锋(front)是冷、暖气团交绥的地带。该地带冷、暖空气异常活跃,常常形成广阔的云系和降水天气,有时还会伴随大风(high wind)、降温和对流性天气出现。因此,锋是温带地区最重要的天气系统。

(一)锋的定义

锋是由两种性质不同的气团接触而形成的。由于气团占有三维空间,因此锋是三维空间里的天气系统。一般将热力场和风场上具有显著变化的狭窄倾斜带定义为锋面(frontal surface),也可将其定义为冷、暖两种不同性质气团之间的过渡带,这种过渡带有时称为锋区。锋面与地面的交线称为锋线。人们习惯上把锋面和锋线统称为锋。锋的水平长度可延伸数百千米到数千千米,宽度在近地面层达几十千米,在高层可达 200~400 km,甚至更宽(图 6.2)。

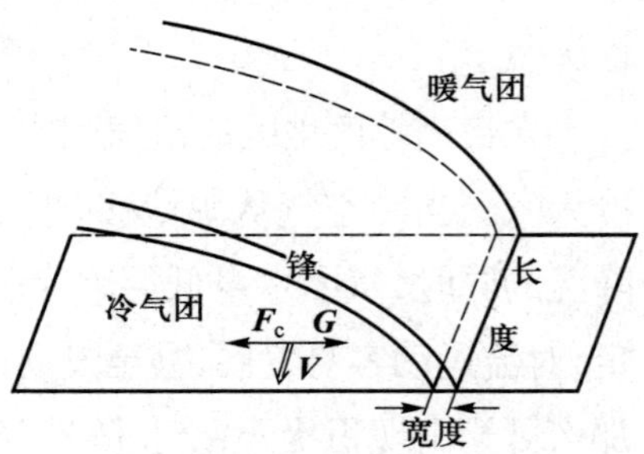

图 6.2　锋面的三维结构

(二)锋的特征

锋面附近的突出特征是气象要素空间分布呈现明显的不连续性,主要表现为温度场、气压场和风场的变化。

锋呈倾斜状态是锋的一个重要特征。锋面倾斜的程度,称为锋面坡度(slope of a front)。锋面坡度的形成和维持是科里奥利力作用的结果。由图 6.2 可知,锋两侧的冷暖气团相遇后,冷暖气团密度不同,在水平方向上形成了由冷气团指向暖气团的气压梯度力,迫使冷气团呈楔形伸向暖气团下方,并力图将暖气团抬升到它的上方。然而,水平气压梯度力起作用时,科里奥利力随之作用,不断改变冷空气的运动方向,使其逐渐与锋线平行。当科里奥利力与锋面气压梯度力达到平衡时,气流平行于锋面做地转运动。这时,冷暖气团界面不再向水平方向过渡而呈倾斜状态。从地面到高空,冷空气插入暖空气下方,使锋面在垂直方向上呈倾斜状向冷空气方向的高空伸展。

锋面倾斜向高空伸展的高度与气团高度有关。当锋面保持稳定时,锋面与地平面的交角称为锋面坡度 α。存在简化的马尔古莱斯(Margules)锋面坡度公式:

$$\tan \alpha = \frac{f}{g} T_m \frac{\Delta V_g}{\Delta T} \tag{6.1}$$

式中:f 为科里奥利参数;g 为重力加速度;$\Delta T=T_2-T_1$,T_2 和 T_1 分别为锋面两侧暖、冷气团的气温；T_m 是锋面两侧暖、冷气团气温的平均值；$\Delta V_g=V_{g1}-V_{g2}$，V_{g1} 和 V_{g2} 分别为冷、暖气团内平行于锋线的地转风风速分量。

该式表明，锋面坡度主要受四个方面因素的影响：

（1）冷、暖气团温度差越大，锋面坡度越小。在赤道地区、$\Delta T=0$、$\Delta V_g=0$ 这三个条件下，$\alpha=0°$ 和 $\alpha=90°$，不会有锋出现；

（2）在其他条件不变的情况下，纬度越高，锋面坡度越大；

（3）在冷、暖气团的平均温度较高的情况下，锋面坡度越大；

（4）冷、暖气团的风速差越大，锋面坡度越大。

由于锋面坡度与冷、暖气团的风速差成正比，与二者的温度差成反比，而风速差与温度差往往一致，即温度差越大，对应的风速差也越大，因此二者共同作用的结果不会导致锋面坡度变得很大。该式略去了摩擦力和加速度项，将锋面两侧气流看成处于地转平衡状态，锋面是定常的。但实际上，锋面往往是不定常的，因此式（6.1）是一个简化公式，具有很好的实用价值。

（三）锋面特征

锋面附近的突出特征是气象要素空间分布呈现明显的不连续性，主要表现为温度场、气压场和风场的变化。

1. 温度场

锋区内的温度梯度比其两侧单一气团内的温度梯度要大得多。锋附近区域内两个相距 100 km 左右的测站，气温的差值可达几摄氏度，有时达 10 ℃左右，是气团内水平温度梯度的 5~10 倍。这是锋的又一个重要特征，说明了锋面是大气斜压性集中带，是大气位能的积蓄区。锋区温度场在天气图上表现为等温线非常密集，而且同锋面近乎平行。由于锋面在空间上呈倾斜状态，使得各等压面的等温线密集区位置随高度的升高不断向冷区一侧偏移。因此，高空锋区位于地面锋线的冷空气侧，锋伸展的高度愈高，锋区偏离地面锋线的距离愈远，如图 6.3 所示。在锋区附近，因为锋的下部是冷气团，上部是暖气团，所以自下而上通过锋区时，出现气温随高度增高而增加的现象，这种现象被称为锋面逆温（frontal inversion）。如果锋面两侧冷暖气团的温度差较小，锋区的温度垂直分布就会表现出等温或微弱递减的状况。如图 6.4（a、b、c）显示的气球探空曲线，在锋面逆温层上界到下界数百米厚的高度上，出现了三种不同的锋面逆温，即：锋面逆温；锋面等温；温度直减率较小的锋面降温。图 6.4（d）是锋区剖面图附近的等温线图。其中 T_0 和 T_1 为锋区部分存在逆温的等温线；T_2 和 T_3 是锋区部分温度层结为等温的等温线；T_4 和 T_5 是锋区部分为温度直减率较小的锋面降温等温线。

2. 气压场

锋面两侧是密度不同的冷、暖气团，因而锋面两侧的气压是不连续的，当等压线横穿锋面时便产生折角，折角尖端指向高压一方，锋落在低压槽中。图 6.5 中平面上的实线是无锋时暖气团内的气压分布状况。其水平气压梯度为 $\boldsymbol{G}_n$，锋面形成后，由于锋面是倾斜的，锋下冷气团

中的气压沿 AA' 线逐渐升高，a 点的气压由 1 000.0 hPa 升至 1 002.5 hPa；b 点由 1 000.0 hPa 升至 1 005.0 hPa；c 点未改变。结果造成等压线不能维持原来的走向，而变成虚线所示的形状，在锋面处产生折角，等压线穿过锋面时就出现气旋式弯曲，折角指向高压，即锋处于低压槽内。

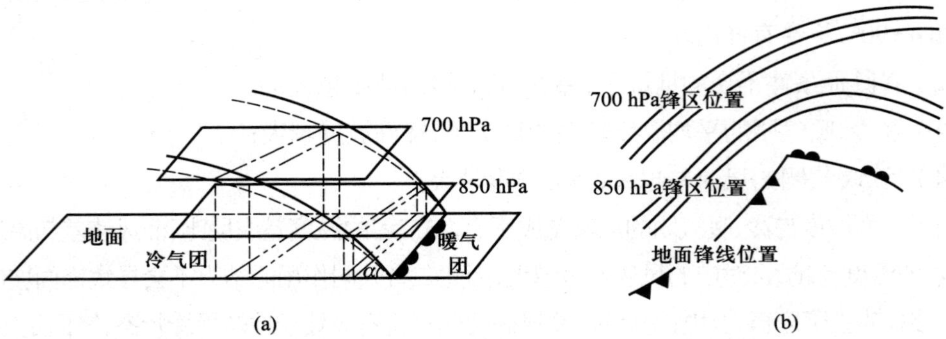

图 6.3　空间等压面上的锋区和地面锋线的相对位置

（a）空间等压面上的锋区；（b）地面锋线的相对位置

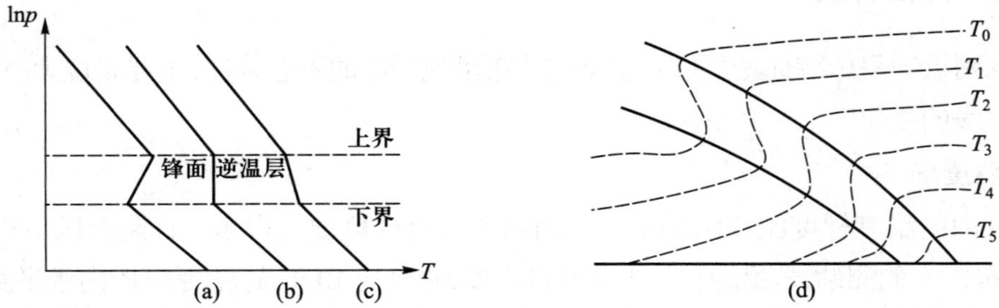

图 6.4　锋面的逆温形式

（a）锋面逆温；（b）锋面等温；（c）锋面降温（温度直减率较小）；（d）剖面图上锋区附近的等温线（虚线）

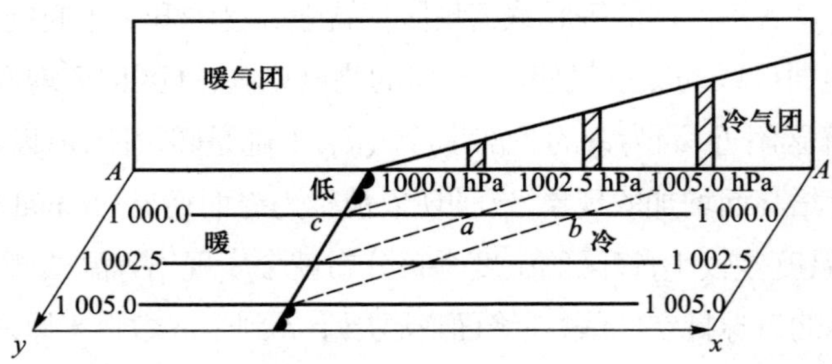

图 6.5　锋面附近气压场的特征

3. 风场

根据风压定律可知，风场（wind field）与气压场相适应。地面锋线既然处于低压槽内，依据梯度风原理，锋线附近的风场应具有气旋式切变特征。尤其是在低层的大气，由于摩擦作用，风向偏离等压线向低值区吹。通常锋面附近的气流是辐合的，地面锋线亦为气流的辐合线。锋附近的风随高度变化状况需视锋的性质而有所不同。一般而言，锋区是水平温度梯度很大的区域，通过锋面的热成风应该很大，即风的垂直切变很大。当冷锋呈东北—西南走向时，锋前多为西南风，锋后多为西北风[图 6.6(a)]。当冷锋呈西北—东南走向时，锋前为东南风，锋后多为西南风[图 6.6(b)]。当冷锋呈东北—西南走向，但低压槽为倒槽(inverted trough)时，锋前为偏南风，锋后多为偏北风[图 6.6(c)]。当锋面呈东—西向分布时，低压槽与等压线的方向一致，称为隐槽(masked trough)，锋面两侧分别为偏东风和偏西风，在这种情况下往往冷暖气团势均力敌，锋面呈准静止状态[图 6.6(d)]。

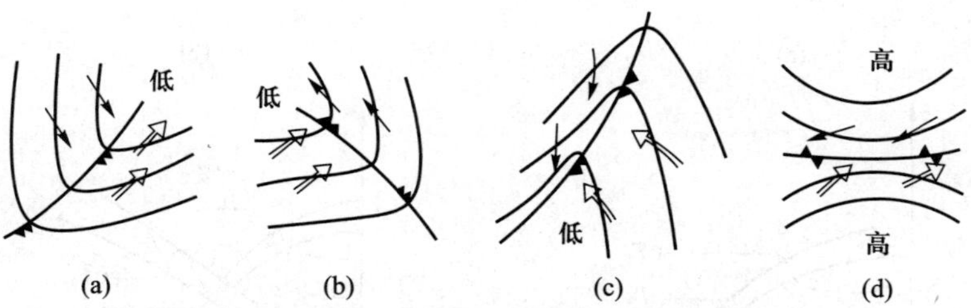

图 6.6　锋附近常见的几种气压场与风场的型式(朱乾根等，2007)
(a) 冷锋呈东北—西南走向；(b) 冷锋呈西北—东南走向；
(c) 冷锋呈东北—西南走向，槽为倒槽；(d) 锋呈东—西走向

(四) 锋面类型

锋面分类有三种方法。根据锋在移动过程中冷、暖气团所占的主次地位，可以将锋分为冷锋(cold front)、暖锋(warm front)、准静止锋(quasi-stationary front)和锢囚锋(occluded front)四种类型；根据锋伸展的高度不同，也可将锋分为对流层锋、地面锋和高空锋三种；根据气团所处的地理位置不同，又可将锋分为冰洋锋、极锋和副热带锋三种。

以下主要依据天气分析与预报中常采用的第一种方法，讨论各类型锋及其天气特征。

(1) **冷锋**。在锋面移动过程中，如果冷气团起主导作用，推动锋面向暖气团一侧移动，这种锋面就称为冷锋[图 6.7(a)]。我国一年四季均有冷锋，但冬季多见。冷锋过境后，冷气团占据了原先暖气团所在的位置。

(2) **暖锋**。在锋面移动过程中，如果暖气团起主导作用，推动锋面向冷气团一侧移动，这种锋面就称为暖锋[图 6.7(b)]。暖锋过境后，暖气团占据了原先冷气团的位置。

(3) **准静止锋**。当冷、暖气团的势力相当时，锋面的移动十分缓慢或相对静止，这种锋面称为准静止锋。在这期间，有时冷气团占主导地位，有时暖气团占主导地位，使锋面来回摆动[图 6.7(c)]。在实际工作中，常将 6 小时间隔内，位置变化小于一个纬距的锋面定义为准静止锋。

(4) **锢囚锋**。暖气团、较冷气团和更冷气团三种性质不同的气团，构成两个锋面，由冷锋赶上暖锋或者两条冷锋迎面相遇形成锢囚，冷锋后部冷气团与暖锋前面冷气团的交界面称为锢闪锋。两条锋面在空间的交接点，称为锢囚点。若冷锋前的冷空气团比冷锋后的冷空气团更冷，则称之为暖式锢囚锋[图 6.7(d)]，反之若冷锋后的冷空气团比冷锋前的冷空气

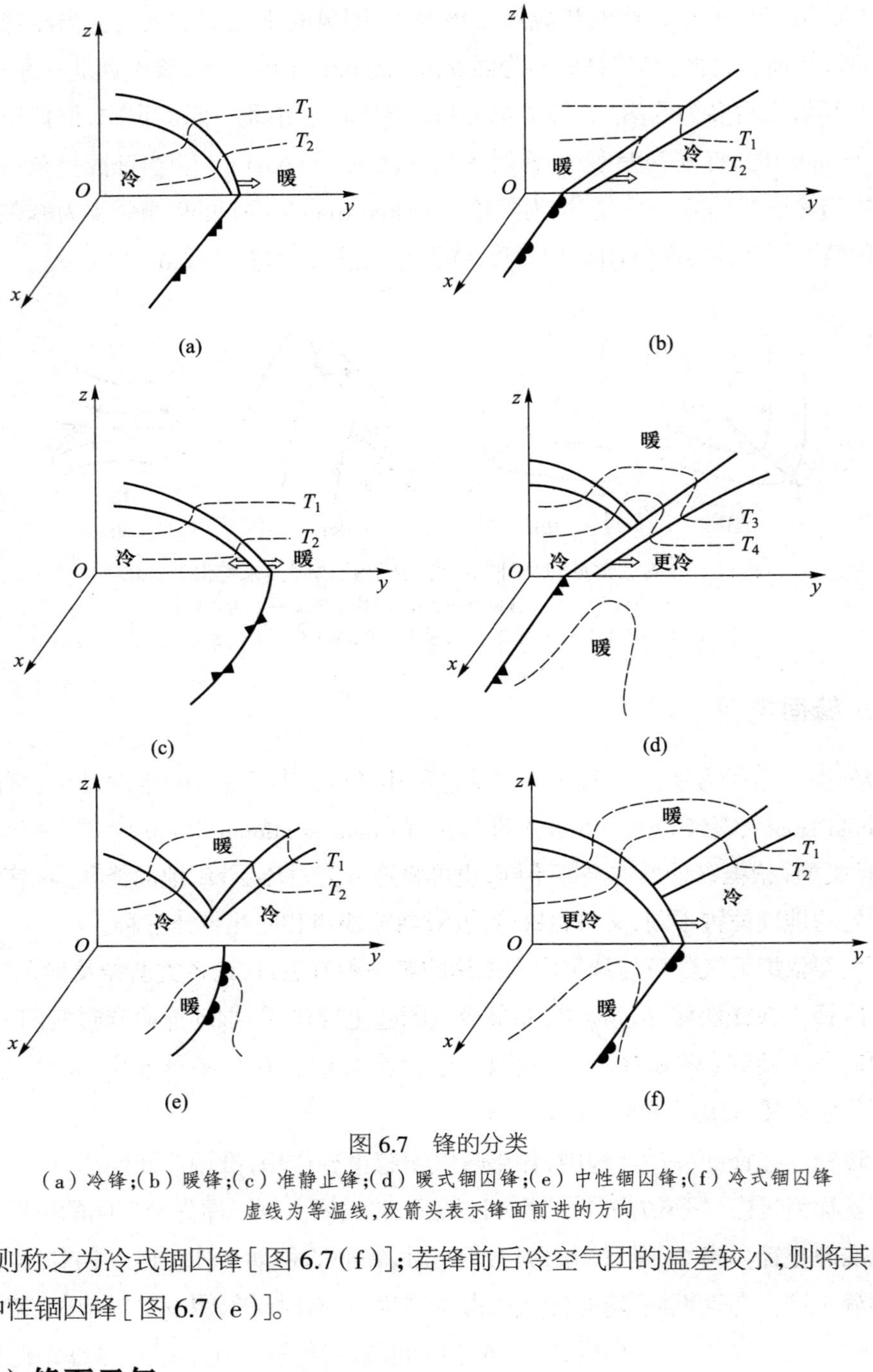

图 6.7　锋的分类

（a）冷锋;（b）暖锋;（c）准静止锋;（d）暖式锢囚锋;（e）中性锢囚锋;（f）冷式锢囚锋

虚线为等温线,双箭头表示锋面前进的方向

团更冷,则称之为冷式锢囚锋［图 6.7（f）］;若锋前后冷空气团的温差较小,则将其间的锢囚锋称为中性锢囚锋［图 6.7（e）］。

（五）锋面天气

锋面天气主要指锋附近的云系、降水、风、能见度等气象要素的分布和演变状况。而这些气象要素的分布和演变主要取决于锋面坡度大小、锋附近的空气垂直运动状况、气团含水量和大气稳定度等因素。这些因素的不同组合状况构成了多种多样的锋面天气,以下介绍的各种锋面天气,都是它们的典型模式（朱乾根等,2007）。

1. 暖锋天气

这种天气的锋面坡度较小，为 1/150 左右。探空资料和飞机探测结果表明，暖气团在移动过程中，缓慢沿锋面向上滑行，绝热冷却上升到凝结高度后，在锋上产生云系。若地面锋线稳定，则典型的云序从最前缘依次为：卷云（Ci）、卷层云（Cs）、高层云（As），地面锋线附近为雨层云（Ns）。该云系可沿锋面绵延数百乃至数千米，在暖空气滑行高度足够高，水汽又比较充足时，锋前高空常常出现广阔的、系统的层状云系，而且距地面锋线愈近，云层愈厚［图 6.8（a）］。暖锋降水主要发生在锋线附近的雨层云内，多是连续性降水。降水宽度一般为 300~400 km，一般位于锋前。暖锋云系有时因空气湿度和垂直速度分布不均匀而造成不连续，可能出现几千米甚至几百千米的无云空隙。夏季（即暖季）暖空气不稳定时，暖锋附近可能出现积雨云、雷雨等阵性降水的对流性天气［图 6.8（b）］。春季当暖气团中水汽含量较少时，可能仅仅出现一些高云，很少形成降水。

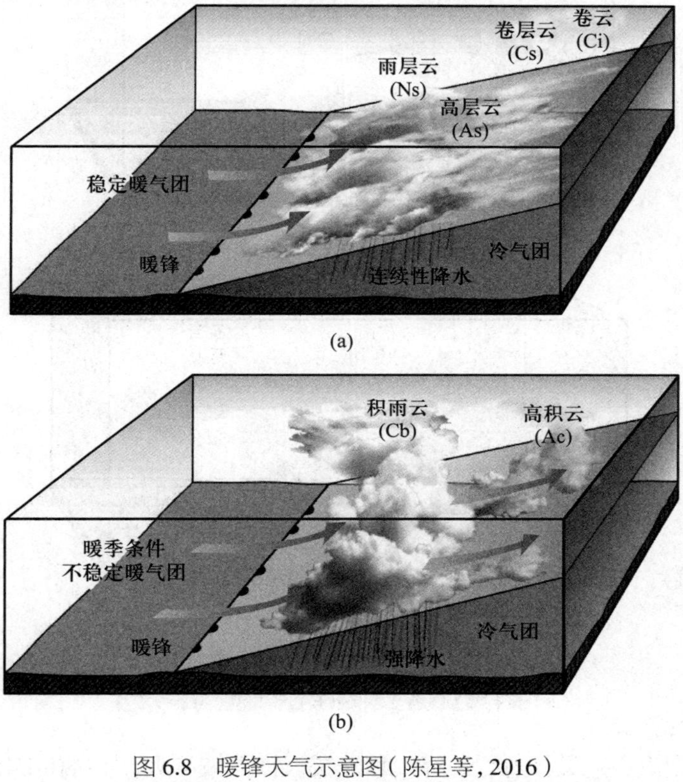

图 6.8　暖锋天气示意图（陈星等，2016）

（a）理想的暖锋天气；（b）暖季条件不稳定暖气团被抬升后的天气

在暖锋下面的冷气团中，空气比较潮湿，在气流辐合和湍流作用下常产生层云、碎层云和碎积云。当饱和凝结现象出现在锋线附近的地面层时，将形成锋面雾。暖锋在我国较为少见，它们大多出现在气旋系统中。暖锋在春、秋季一般出现在江淮流域和东北地区，夏季多出现在黄河流域。

2. 冷锋天气

根据锋的移动速度快慢，冷锋又分为第一型冷锋和第二型冷锋。

（1）**第一型冷锋**。它又称缓行冷锋。移动速度缓慢。锋面坡度较小，在 1/100 左右[图 6.9（a）]。在冷空气推动暖空气运动的过程中，暖气团沿锋面滑升。当暖气团比较稳定、水汽比较充沛时，在锋区后方随着距锋区的距离逐渐增大，云系逐渐由低层云变为高层云，且厚度不断减小。它的典型云序为：地面锋线附近为雨层云（Ns），向锋后依次为高层云（As）、卷层云（Cs）和卷云（Ci）。云区和雨区主要位于地面锋后，雨区较暖云窄，多稳定性降水。当锋前暖气团不稳定时，在地面锋线附近常出现积雨云和雷阵雨天气。这类冷锋是影响中国天气的重要天气系统之一，一般由西北向东南移动。这类冷锋在冬季较强，影响范围较大，有时可达南海。这类冷锋在夏季较弱，影响范围小，一般只到黄河流域。

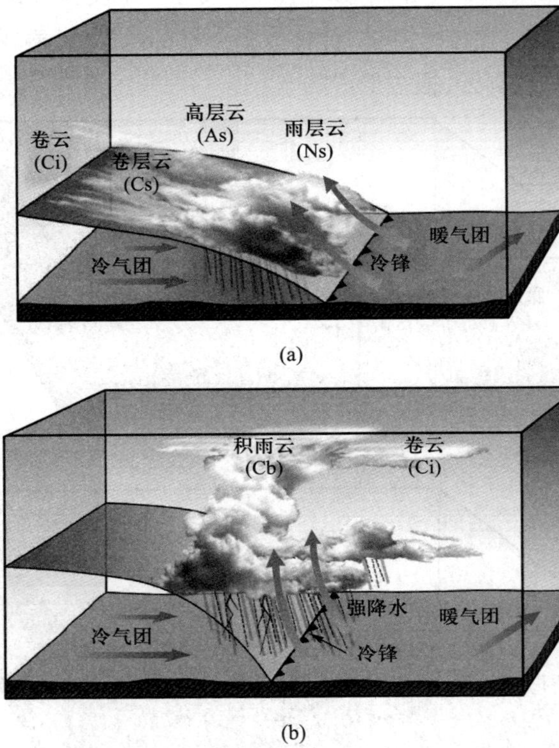

图 6.9　冷锋天气示意图（陈星等，2016）
（a）第一型（缓行）冷锋；（b）第二型（急行）冷锋

（2）**第二型冷锋**。它又称急行冷锋。移动快。锋面坡度大，为 1/80~1/40[图 6.9（b）]。冷锋后的冷气团势力强，移速快，甚至向前突出一个冷空气"鼻"，冲击暖空气使其急速上升。形成范围较窄、沿锋线排列很长的积状云带，产生对流性降水天气。夏季时，空气受热不均，对流旺盛，冷锋移来时常常狂风骤起、暴雨倾盆、气象要素发生剧变。这种天气历时短暂，锋线过后气温急剧下降，天气很快变得晴朗。在冬季，由于暖气团湿度较小、气温较低，不可能发展成强烈不稳定天气，只在锋后方出现卷云、卷层云、高层云、雨层云等云系。当水汽充足时，地面锋线附近可能有很厚、很低的云层和宽度不大的连续性降水。锋线一过，云消雨散，出现大风、降温天气。这种冷锋在我国出现得较少，在春季见于长江流域，在秋季见于黄河流域。

3. 准静止锋天气

准静止锋天气一般分为两类。一类是无降水或仅有层积云和雨量极小的零星降水。准静止锋多处于高压控制下，锋上的暖空气中没有显著的云，在锋面稳定层下有冷湿空气沿地形抬升而形成层积云，锋上的暖空气较干，沿锋面没有明显的云系出现。这类准静止锋主要出现在我国华南、西南和天山北侧，以冬半年为多，对这些地区的天气影响很大。另一类是有显著降水，锋上的暖空气有较强的上升运动，因为准静止锋往往坡度较小，暖空气要滑升到距地面锋线一段距离后才能有明显降水，降水区不一定从地面锋线开始；但是当锋面坡度稍大，地面辐合又比较强时，降水区可以从地面锋线开始，雨区北界位置往往与 700 hPa 切变线位置一致。当准静止锋滞留在某一地区时，就会在该地区产生连阴雨天气，甚至持续一个月以上。江淮准静止锋和诗句“清明时节雨纷纷”就是江南地区这种天气的写照。

4. 锢囚锋天气

因为锢囚锋是由两条移动的锋面合并而成的，所以它的云系是原来两个锋面云系的合并，兼有冷锋和暖锋天气特征。如果锢囚锋是由两条具有层状云系的冷、暖锋合并而成的，那么锢囚锋的云系也呈层状，并近似对称地分布在锢囚点的两侧。这种锢囚锋为暖式锢囚锋[图 6.10(a)]。如果两条锋锢囚时，一条锋上是层状云，另一条上是积状云，那么锋锢囚后积状云和层状云相连，这种锢囚锋称为冷式锢囚锋[图 6.10(b)]。锢囚锋降水不仅保留着原来锋段降水的特点，而且由于锢囚作用暖空气被抬升到锢囚点以上，上升作用有利于云层变厚、降水增强、降雨区扩大。

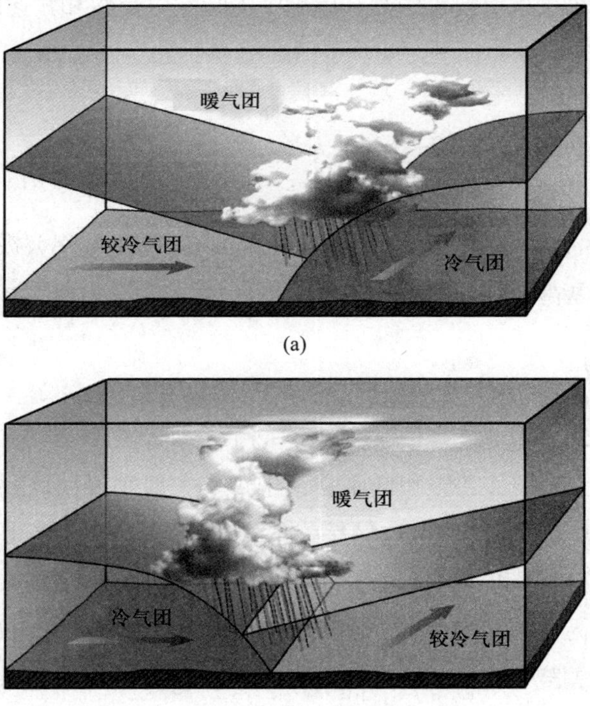

图 6.10　锢囚锋天气示意图(陈星等，2016)

(a)暖式锢囚锋及其天气；(b)冷式锢囚锋及其天气

在中国，锢囚锋主要出现在锋面频繁活动的东北、华北地区，以春季较多。东北地区的锢囚锋大多由蒙古、俄罗斯移来，多属冷式锢囚锋。华北锢囚锋多在本地生成，属暖式锢囚锋。冬半年在西北、华北、华东地区，还可以出现地形锢囚锋。

第二节　中高纬度环流与天气系统

气象学的"中高纬度地区"是指北半球副热带高压脊线以北至北极和南半球副热带高压脊线以南至南极的广大地区，大致位于30° N以北和30° S以南的地区，为了简便，常略去该词中的地区二字。中高纬度环流主要包括极地附近的极地高压带和极地东风带，副极地低压带和中纬度西风带，以及对流层上层极锋上空的极锋急流中心。由于南、北半球中高纬度海陆对比和地形特征不同，因此两个半球中高纬度环流特征具有明显差异。

中高纬度大气的斜压性很强。太阳辐射的南北差异，使水平温度分布不均匀，西风带温度梯度增大，锋区增强，有效位能增大。由于受扰动而导致了有效位能的释放，进而发展为大型扰动（大槽大脊），甚至出现闭合系统。这时纬向环流转换为经向环流；这种转换使南北气流交换增强，从而导致南北向温度梯度减小，大型经向扰动逐渐减弱乃至消失，大气环流又恢复为纬向。这种过程反映了中高纬度地区冷暖空气交绥和角逐的环流特点。

一、中高纬度主要环流系统

中高纬度主要环流系统包括大气长波（atmospheric long wave）、极地涡旋、阻塞高压和切断低压等。其中阻塞高压和切断低压可以看成西风带大型波动的一种极端情况。

（一）大气长波

1. 地面与高空天气图

在通常的地面天气图上，高压和低压交替出现。一般来说，高压和低压形成后以一天10个经度的移动速度向东移动。但这只是一条经验规则，它们并不是每天都东移10个经度，有时也向东北东方向移动，而且，东移的气压系统时有加强或减弱。图6.11是一幅东亚地区春季某天的地面天气图和500 hPa等高线图合成的示意图。在500 hPa天气图上，大槽从俄罗斯滨海地区经朝鲜半岛南伸，另一条槽在170° E至180° E之间，在30° N线上，两条槽相距大约50个经度，约4 000 km。结合两幅图可见，通过朝鲜半岛上空的高空槽，在槽前地面图上，在日本南部有一个完整的地面低压相对应，在日本东部海上存在一个高压。在

170° E 至 180° E 之间的高空槽，在地面图上对应着低压区。从天气图上可以大致地看出，地面低压区（或低压）对应着高空槽。这是从大尺度现象所看到的情况。相反，小尺度现象在地面天气图上每天都会出现。但是它不可能都很清楚地对应着高空槽。

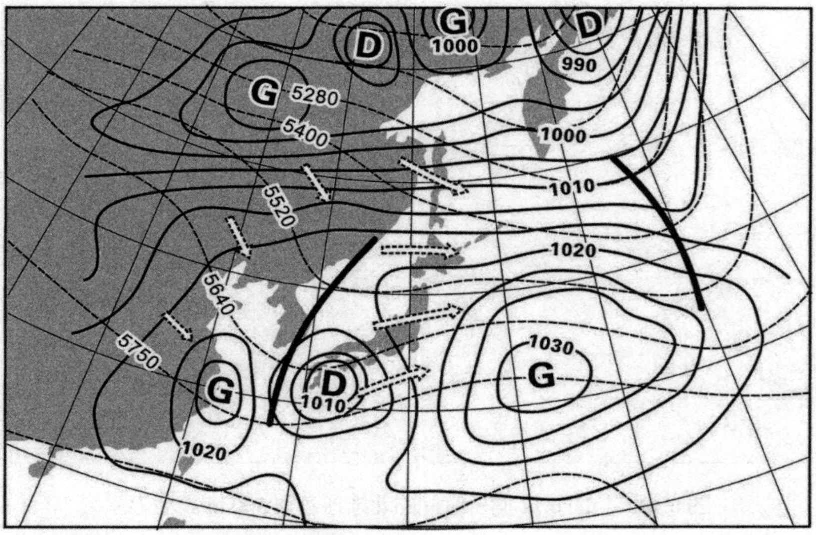

图 6.11　东亚地区春季某天的地面天气图和 500 hPa 等高线图合成的示意图

箭头为 500 hPa 气流方向；实线表示地面天气图；虚线表示 500 hPa 等高线图；G 指高压；D 指低压

2. 大尺度扰动

一般把发生在高空的大型槽、脊等扰动现象，称作大尺度波。这种扰动称作行星波（planetary wave）。由于美国著名气象学家罗斯贝（Carl Gustaf Rossby）首先从理论上证明了长波特性，建立了长波理论，因此这种波也被称为罗斯贝波或者简称为长波。若把这样的扰动视作长波，像图 6.11 上的天气形势，500 hPa 等高线图上槽线之间的距离约为 4 000 km，一般把槽线或脊线之间的东西距离定义为这种扰动的波长，则图 6.11 的长波波长为 4 000 km。

为了对比分析，可以考察与图 6.11 同一时间的北半球高空气流（图 6.12）。500 hPa 等高线图上贯穿整个北半球的蛇行气流，以北极为中心环绕运行。对这个案例，可以用傅里叶级数选择春季某一时刻沿纬度 30° N 展开，进行波数分析。其波数为 2~7 的振幅占优势[图 6.13（a）]；若选择秋季某一时刻，沿纬度 40° N 展开，则波数为 1~2 和波数为 5~7 的振幅为极大值[图 6.13（b）]；若选择冬季某一时刻，沿纬度 40° N 展开，则波数为 1~3 为极大值，波数 5~7[图 6.13（c）]与图 6.13（b）大体相当。

由此可以类推，大气高层扰动，大致可以分成波数为 1~3 和波数为 4~7 的波。其中 1~3 个波数的波，波长在 10 000 km 以上，为超长波；而 4~7 个波数的波，波长在 3 000 km 以上，为长波，受大气的基本气流所支配。从（a）春季、（b）秋季、（c）冬季的三个典型个例可见，波数为 1~7 的波，振幅很大，而到了 n=8 和 n=9 时，振幅明显减小。因此，在中高纬度地区，大气的扰动多半是波长在 3 000 km 以上的波的集合体。

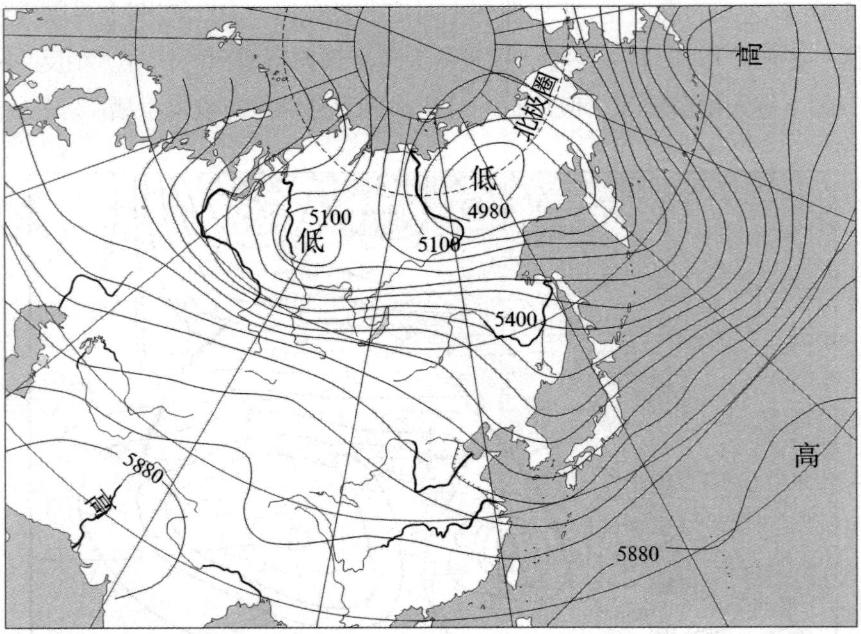

图 6.12　与图 6.11 同一时间的北半球春季 500 hPa 天气图

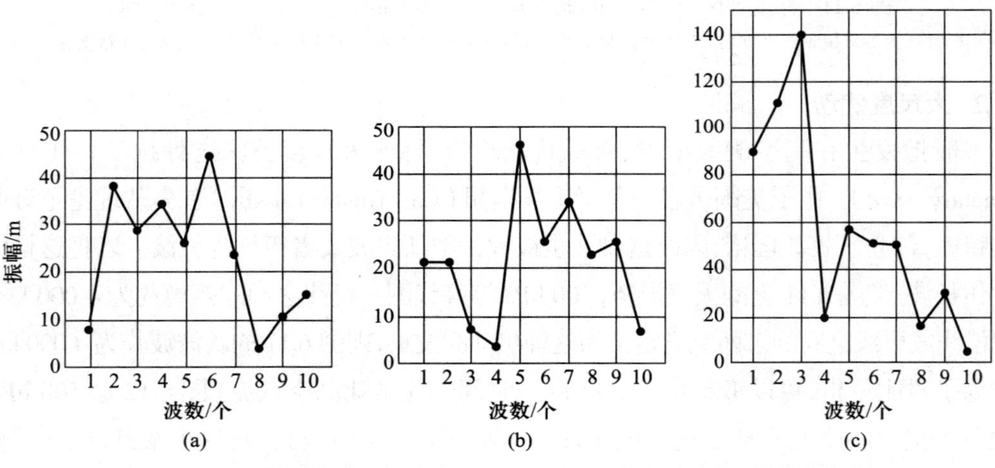

图 6.13　在不同季节，沿 30° N、40° N 、40° N 的高度 z 的典型波数和振幅

（a）典型春季；（b）典型秋季；（c）典型冬季

3. 西风带长波

对流层中上层环绕中高纬度的西风气流有不同尺度的波动叠加。西风带波动按波长不同分为三种类型：超长波、长波和短波。

东亚大槽和北美大槽属于超长波，在 200 hPa 等压面以上的对流层顶和平流层表现明显。在对流层中层 500 hPa 等压面图上，由于各种不同波长的大气波动相互叠加，因此只有通过波谱分析或在 5 天或月平均图上，才能看出它的存在。超长波是由地形和海陆分布的强迫引起的，呈准静止状态，生命周期在 10 天以上。它是半球环流形势的重要背景之一，中期和长期天气演变过程与其有着密切的联系。

长波是指对流层中上层波长为 3 000~8 000 km、生命周期为一周左右的大气波动。长波的强度随高度而增加，在对流层最强。冬季北半球西风带环绕地球一般有 4~5 个长波。它是在西风气流发生南北扰动时，由科里奥利力随纬度变化的效应而产生的。罗斯贝的长波理论为后来数值天气预报的发展奠定了基础，因为长波的产生、发展、移动和变化，对低层天气系统如锋面、气旋等的形成、发展、移动和强弱变化等具有重要作用。

长波槽和脊的活动不仅是一种维持大气环流的重要机制，而且是中高纬度较小尺度天气系统产生和发展的背景条件。因而长波的稳定和调整往往引起与其相联系的天气系统的变化，甚至造成环流形势的转换。短波尺度多为 $10\sim10^2$ km 数量级，多与小尺度天气过程有关。

6.2.1 知识窗

大 气 长 波

由观测资料可知，在对流层中上层，气压场或流场经常呈波状，北半球有 3~5 个波，移动速度接近风速，这种波动称为大气长波或行星波。

大气长波与中短期天气过程的关系最为密切。杰出的气象学家罗斯贝首先从理论上证明它是当气流有南北扰动时，在罗斯贝参数 $\beta=\frac{\partial f}{\partial y}$（$f=2\omega\sin\varphi$）的作用下形成的，所以大气长波又称为罗斯贝波。

由尺度分析可知，大尺度大气运动具有准地转、准静力和准水平无辐散的性质。这些条件本身就排除了声波、重力波和惯性波，在此条件下，有两个重要的假设：① $\beta=\frac{\partial f}{\partial y}$ 为常数，并通过常数 β 与经向坐标 y 的乘积反映科里奥利参数随纬度的变化；② 将流场分解为基本态和叠加于其上的小扰动。这样，可从线性化的大气运动方程组出发，抓住问题的物理本质，推得罗斯贝长波公式

$$c=\overline{u}-\frac{\beta}{k^2} \tag{6.2.1}$$

式中：c 是波速；$\overline{u}$ 是基本西风气流；k 是波数。可见 β 是大气长波的决定性因子，同时 c 与 k 也有关。

长波公式的意义在于：在一定的纬度和波长下，长波只向一个方向传播。对于中高纬度的大气长波而言，其波速为 $c=(\overline{u}-0.4)$ m/s，长波的移动速度大致等于基本西风气流速度，所以它属于慢波。由于大气长波是在水平方向无辐散、但有垂直方向的涡度分量（ζ）的条件下得到的，因此它又可称为涡旋慢波。

若以 $k=\frac{2\pi}{L}$ 代入式（6.2.1），则得到

$$c=\bar{u}-\frac{\beta L^2}{4\pi^2} \tag{6.2.2}$$

则波长 L 越长，移速 c 越小；波长 L 越短，移速 c 越大。若令 $c=0$，则可求得罗斯贝长波的临界波长 L_s，即

$$L_s=2\pi\sqrt{\bar{u}/\beta} \tag{6.2.3}$$

一般在中高纬地区，$\bar{u}\approx 10$ m/s，在 60° N 附近，$\beta\approx 1.14\times 10^{-13}$，则 $L_s\approx 6\,000$ km。

长波公式还可以写成

$$c=\bar{u}\left(1-\frac{L^2}{L_s^2}\right) \tag{6.2.4}$$

则当 $\begin{cases} L<L_s & c>0, & \text{波向东移;} \\ L=L_s\text{时}, & c=0 & \text{波静止，呈倒退或准静止，为超长波;} \\ L>L_s & c<0 & \text{波向西移，为超长波。} \end{cases}$

因此，波长大于或等于临界波长的波将是倒退（向西移）或准静止的波。这种长波常称为超长波，存在于对流层上层和平流层的大气波动就是这种形式的长波。

西风气流中产生大气长波的物理机制，是由于科里奥利力随纬度的变化。大气长波与大尺度运动的流型类似，产生的天气效应极为接近大尺度运动，是天气预报重要的理论依据。

（二）极地涡旋

极地涡旋简称极涡（polar vortex），是位于对流层中上层环绕北极或南极的大型气旋性涡旋，又称绕极涡旋或绕极环流。极地是地球的冷极，也是大气的冷源，因而在极地低空形成冷性高压，在极地上空形成冷性低压。它们共同构成了极区大气环流。其位置、强度及移动不仅对极区，而且对高纬地区的天气都存在明显影响。

无论在冬季还是在夏季，南、北半球的极涡都存在，但两个半球的极涡特征和变化具有明显差异。北半球极区为海洋，周围被大陆包围，但陆地分布不均匀。冬季由于大陆辐射冷却作用强烈，700 hPa 等压面图上极涡分裂为两个中心，分别位于格陵兰岛西侧和加拿大之间，另一个在西伯利亚东部［图 6.14（a）］，极地是一个槽区。夏季极涡被削弱，700 hPa 等压面图上极涡中心只有一个，位于极点附近［图 6.14（b）］。南半球极区是大陆，被海洋所包围，极涡几乎无偏心现象，且中心位置比较稳定。

极地环流的异常情况很多，可导致北半球出现大范围持续严寒天气。若极地持久地为暖性反气旋或暖脊控制，则极地冷性涡旋会分裂并偏离极地向南移动，导致锋区位置比平均情况偏南，寒潮活动多而强烈。据统计，在 10 个冬半年影响我国的 171 次寒潮中，有 102 次都在亚洲上空出现了持久的极涡，尤其是其中 6 次寒潮过程，极涡就盘踞在亚洲上空，位置明显偏南（朱乾根，2007）。

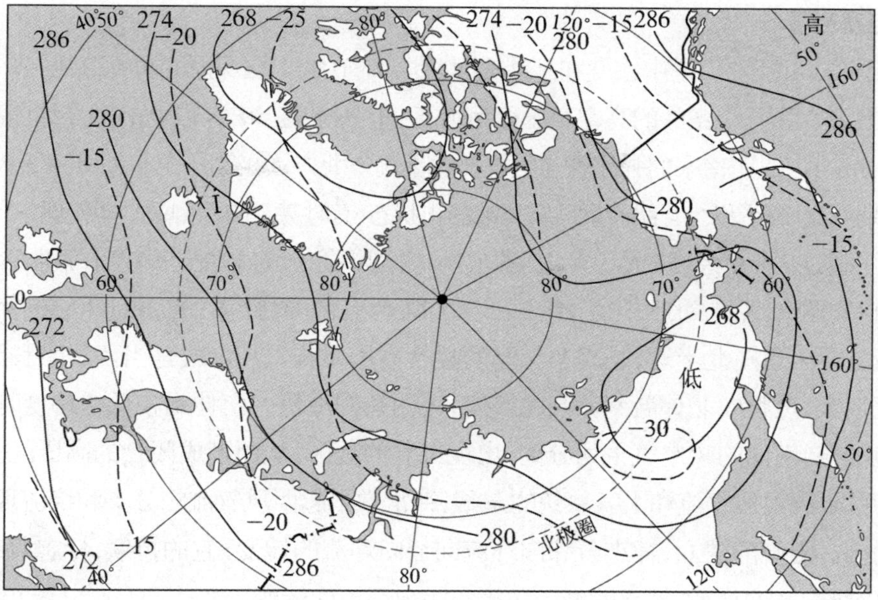

(a)

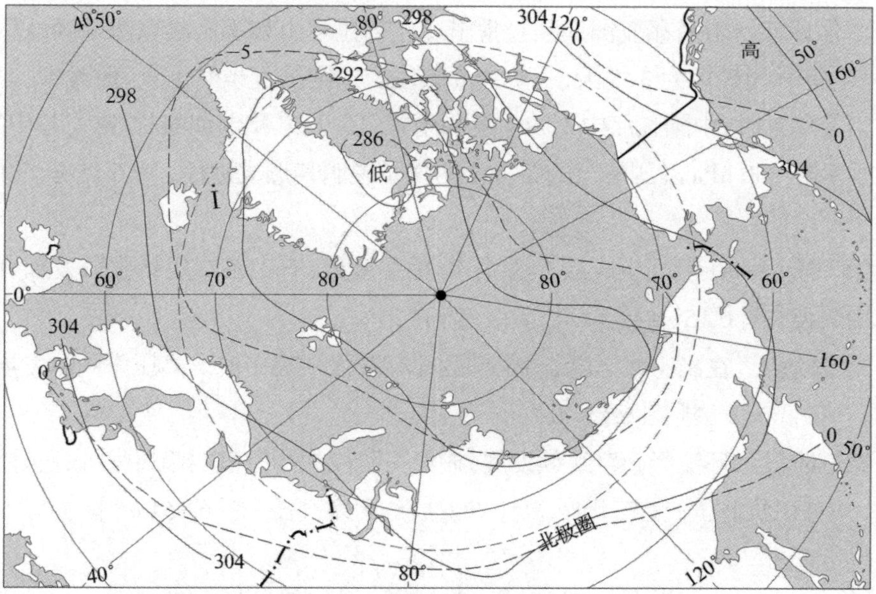

(b)

图 6.14　北极地区 700 hPa 等压面的位势高度（朱乾根等，2007）

（a）1 月；（b）7 月

（三）阻塞高压和切断低压

阻塞高压（blocking high）和切断低压（cut off low）是大气长波在发展过程中脊和槽加强，脊不断北伸，槽不断南伸，最终分别演变成闭合的高压和低压系统。它们是中高纬度高空的重要天气系统。

1. 阻塞高压

阻塞高压简称阻高，是中纬度和高纬度对流层大气中、上层深厚的暖性高压，属于大气长波系统。具备以下几个条件的高空高压称为阻高：① 一般在 50° N 以北的中高纬度高空有闭合的暖高压存在，表明南来的强盛暖空气被孤立于高空北方；② 高压至少要维持 3 天，平均为 5~7 天，有时可达 20 天以上。维持期间常呈准静止状态，有时甚至向西倒退。即使偶尔向东移动，其速度也不超过 7~8 个经度 / 天。③ 在阻高区域内，西风急流的主流显著减弱，而且急流在高压西侧分为南北两支，绕过高压后再汇合。分支点与汇合点之间的距离一般超过 40~50 个经度。

阻高主要出现在北半球，是高空深厚的暖性高压系统。其形成是当西风带长波槽和脊的经向度加大，暖脊向北伸展到很高的纬度，其两侧的冷槽向南伸到较低的纬度时，暖脊被冷空气包围，与南面的暖空气主体分离，出现孤立的暖区，从而形成闭合的高压区。它的出现和维持可阻碍西风气流和天气系统的东移，并常常引起西风气流的分支和绕流现象，故称为阻塞高压。阻高的建立，标志着纬向环流向经向环流的转变；它的持续，标志着经向环流处于强盛阶段；它的崩溃，标志着经向环流向纬向环流的转变。

阻高在 55~59° N 纬度带内出现得最多。阻高最常出现在北大西洋东北部、北太平洋东部的阿拉斯加地区。阻高在亚洲地区经常出现在乌拉尔山和鄂霍次克海地区，以 5~7 月出现得最多，维持时间最短为 3~5 天，平均为 8 天左右。其强度虽然不大，但对中国的天气影响很大。当其稳定时，中国长江中下游多连阴雨天气。当其减弱崩溃时，常引起中国的寒潮爆发。这里举在 500 hPa 温压场上的第一型的例子说明其形成过程（图 6.15）。它的形成过程分为以下三个阶段：

（1）**第一阶段**。在阻高生成区上游约 40 个经度处，有一条高空槽强烈发展，伴有强烈冷空气向南爆发［图 6.15（a）］。

（2）**第二阶段**。在高空槽下游、高压脊西部存在强烈暖平流。高压脊同时发展，在脊的下游，又有一条低槽发展［图 6.15（b）］。

（3）**第三阶段**。环流经向度继续发展，在第一阶段的冷空气向南爆发处，已建立了一条稳定低槽，并有切断低压；在其下游，高压脊发展成阻塞高压［图 6.15（c）］。

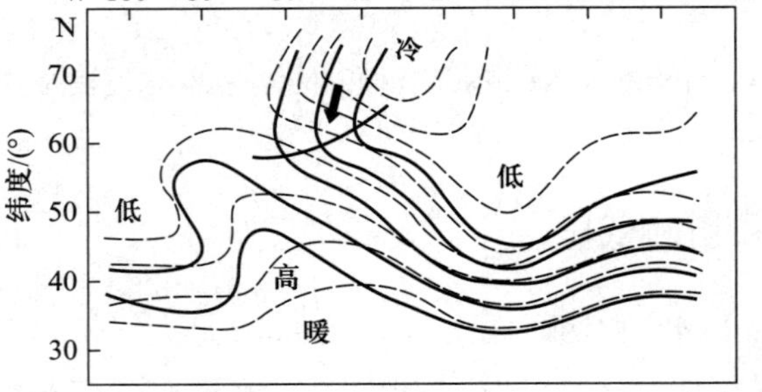

(a)

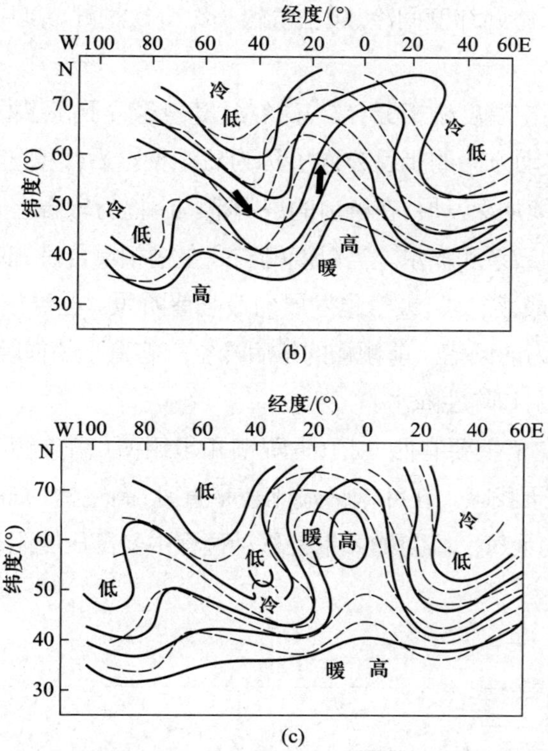

图 6.15　阻塞高压形势建立过程第一型示意图（朱乾根等，2007）

（a）第一阶段；（b）第二阶段；（c）第三阶段

2. 切断低压

切断低压是中、高纬度对流层大气中、上层的冷性低压。它的形成有两种形式。一种是与阻塞高压相伴生成的，即西风带长波槽不断加深、南伸，直至槽南端冷空气被暖空气包围，并与北方冷空气主体脱离而形成的闭合低压。它常常位于阻高的东南或西南侧，与阻高共同构成了大气环流中的阻塞形势［图 6.15（c）］。另一种是西风槽切断，不伴有阻塞高压。由于西风带长波槽前和槽内有明显的冷平流，槽后有较强的暖平流，因此利于槽、脊的发展。槽不断加深，逐渐形成闭合的冷低压中心。槽后高压脊也增强并向东延伸，与槽东北侧的暖空气逐渐连接起来，使槽内冷空气与北方的冷气主体脱离而孤立起来，继续发展加深便形成一个完全被暖空气包围的冷性涡旋，其北侧由于温度梯度大形成平直的高空锋区和强西风带。切断低压形成后，能维持 2~3 天或更长时间，它往往由于得不到冷空气继续补充而逐渐填塞、消失。

（四）低压槽和切变线

1. 高空低压槽

高空低压槽简称高空槽（upper trough），是活动在对流层中层西风带上的短波槽。它在一年四季都可能出现，以春季最为频繁。高空槽的波长为 1 000 多 km，它自西向东移动。高空槽前盛行暖温的西南气流，常成云致雨。高空槽后盛行干冷的西北气流，多晴冷天气。

一次高空槽活动反映了不同纬度间冷、暖空气的一次交换过程，给中、高纬地区造成阴雨和大风天气。

高空槽一般都有高空温度槽相配合，当高空温度槽落后于高空槽时，低压槽线随高度升高逐渐向冷区倾斜（移动方向的相反方向），称为后倾槽。后倾槽随着温度槽位置的前移，平流作用加强，槽将继续加深发展，在槽前的广阔范围内盛行辐合上升气流，如果水汽充沛，那么这里将产生稳定性云系和降水。当温度槽与高空槽相重合时，低压槽线垂直，称为垂直槽，这时高空槽发展到最盛阶段，天气也发展到最强盛阶段。当温度槽超前时，高空槽线随高度升高向前倾斜，称为前倾槽。前倾槽的槽后冷空气将置于槽前暖空气之上，导致低槽很快消失，产生不稳定云系和阵性降水。

活动于我国的高空槽主要有西北槽、青藏槽和印缅槽（南支槽）（图 6.16）。它们大多从上游移来，很少产生于我国。在纬向环流比较平直时，高空槽一条接一条地东移，易造成阴晴相间周期性变化的天气。高空槽如果在移动过程中受高压所阻碍，就将减速或停滞，可能造成持续性降水。

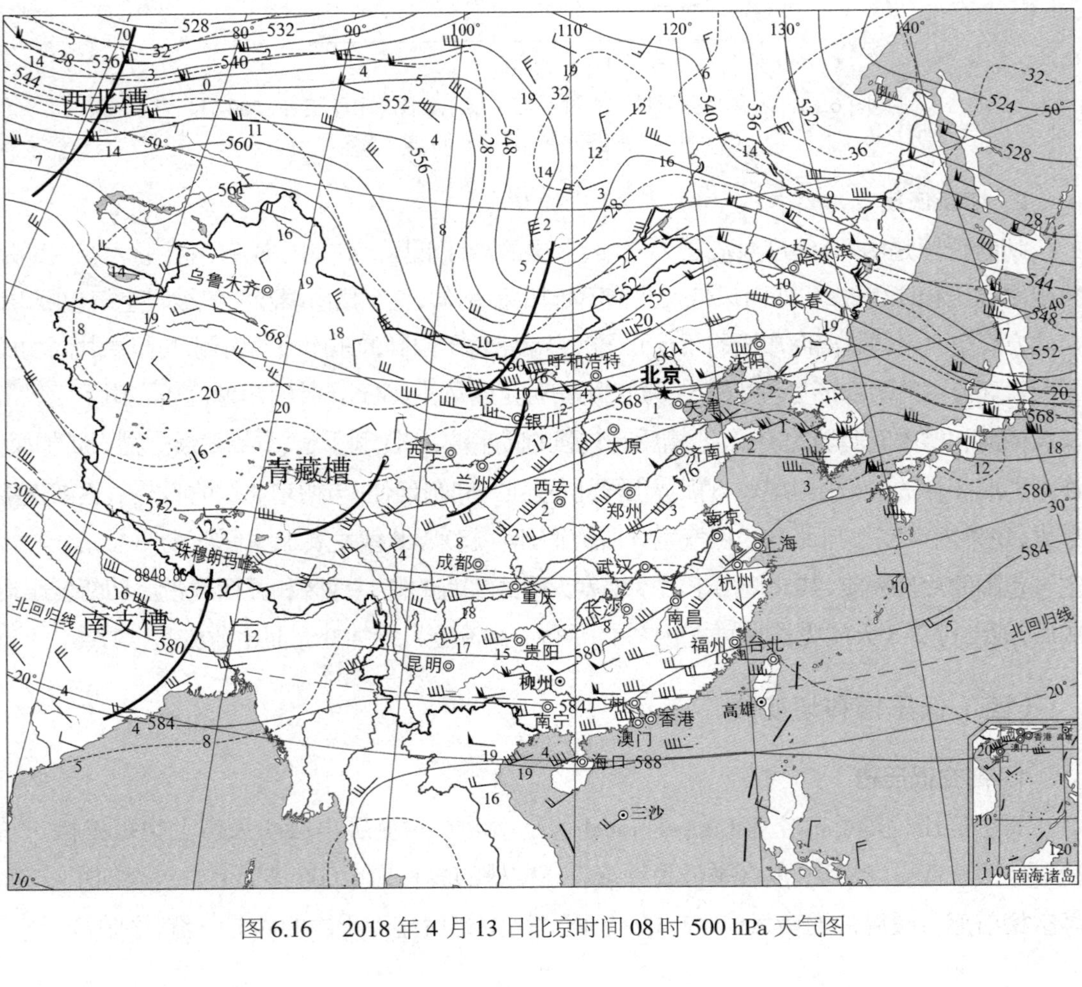

图 6.16　2018 年 4 月 13 日北京时间 08 时 500 hPa 天气图

2. 切变线

切变线是指水平风场中风向或风速分布的不连续线。切变线在地面和高空都可存在，但主要发生在 850 hPa 或 700 hPa 高空。切变线（shear line）两侧风向构成气旋式切变，但两侧的温度梯度却很小，这是切变线与锋的主要差别。根据切变线附近的风场形式，可大体将它划分为三种类型，见图 6.17。图 6.17 中（a）为冷锋式切变线，（b）为暖锋式切变线，（c）为准静止锋式切变线。

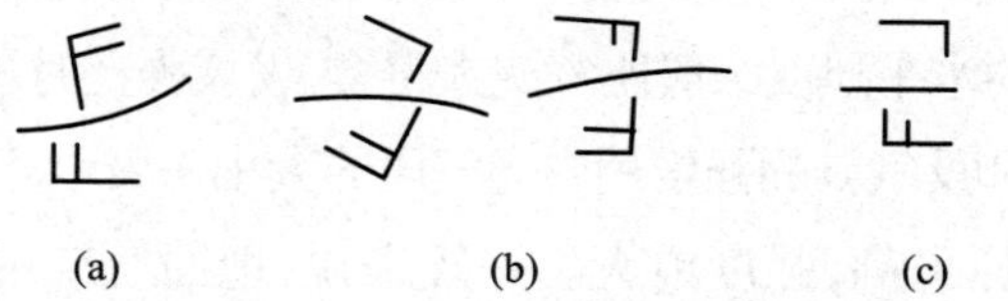

图 6.17　切变线的三种类型

（a）冷锋式切变线；（b）暖锋式切变线；（c）准静止锋式切变线

上述三种类型随着切变线两侧气流的强弱变化可以相互转化。切变线上的气流为气旋式环流，水平气流辐合明显，有利于发展上升气流，产生云雨天气。一般而言，冷锋式切变线以偏北风为主，水汽含量少，移动速度快，降水时间不长，降水量不大。暖锋式切变线上气旋式环流强，偏南风含有的水汽多，云层厚，降水时间较长，降水量较多，有时还形成雷阵雨和阵性大风。准静止锋式切变线上虽然风向切变很强，但是气流辐合较弱，云层相对较薄，降水时间较长，但降水量不大。

切变线在一年中各个季节都可能出现，但以冷、暖空气频繁活动的晚春、初夏为多。切变线是我国暖季重要的降水天气系统。

3. 低涡

低涡又称冷涡（cold vortex），是出现在中纬度中层大气中的一种强度较弱、范围较小的冷性低压。它在 700 hPa 等压面图上比较明显，有时在 500 hPa 等压面图上也有反映，500 hPa 等压面图常常只能给出一条，甚至给不出闭合等高线，只有风场上的气旋式环流。低涡水平尺度较小，一般只有几百千米。它存在和发展时，在地面图上可诱导出低压或使锋面气旋发展加强。低涡中有较强的辐合上升气流，可产生云雨天气，尤其东部和东南部上升气流最强，云雨天气更为严重。低涡经常出现在我国西北和西南地区，分别称为西北涡和西南涡，前者以夏半年多见，后者在一年四季都可以出现。低涡形成后大多在原地减弱、消失，只引起源地和附近地区的天气变化。而有的低涡随低压槽或高空引导气流东移，并不断得到加强和发展，使雨区扩大，降水增强，往往形成暴雨，成为影响江淮流域甚至华北地区的天气系统。

二、温带气旋与反气旋

气旋（反气旋）是占有三维空间的、在同一高度上中心气压低（高）于四周的大尺度涡旋。在北半球，气旋（反气旋）范围内的空气做逆（顺）时针旋转，在南半球则旋转方向相反。在气压场上，气旋又称为低气压，简称低压，反气旋又称为高气压，简称高压。

（一）概述

气旋和反气旋的大小以天气图上最外一条闭合等压线（海平面图）或等高线（等压面图）的范围来度量。气旋的水平尺度一般为 1 000 km，大者可达 2 000~3 000 km，小者只有 200~300 km。而反气旋的水平尺度一般比气旋大得多，发展强盛时可达数千千米，小的反气旋也可达数百千米。气旋和反气旋的强度用中心气压的大小来表示，气旋中心气压愈低，表示强度愈大；反气旋中心气压愈高，强度愈大。一般来说，地面气旋中心气压在 970~1 010 hPa 之间，发展强大的可低于 935 hPa，海洋上有的曾低到 920 hPa。地面反气旋中心气压一般为 1 020~1 030 hPa，发展强大的可达 1 079.1 hPa。

受地表摩擦力影响，地面气旋的气流从四周向中心辐合，在高空有气流辐散，因此气旋中盛行上升气流，常伴有云雨天气，是人们最关心的天气系统。地面反气旋的气流从中心向四周辐散，在高空则有气流辐合，因此反气旋中盛行下沉运动，天气大多晴好。这也说明，气旋和反气旋虽然表现为某一高度上的水平涡旋，但是它们实质上是占有三维空间的天气系统，强度和范围随高度发生变化。

气旋和反气旋（anticyclone）的分类有两种方法：一是根据它们形成和活动的主要区域分类，二是根据它们的热力结构分类。

（1）**气旋**。按地理分类，气旋可分为温带气旋和热带气旋。按热力结构分类，气旋可分为锋面气旋和无锋面气旋。

锋面气旋又称为温带气旋（extratropical cyclone）。因为有锋面存在，所以它的移动性比较强。

无锋面气旋又可进一步分为热带气旋和地方性气旋。热带气旋（tropical cyclone）是发生在热带洋面上强烈的气旋性涡旋，当其中心风力达到一定强度时，被称为台风或飓风，是低纬度地区的重要天气系统，也具有移动性强的特点。地方性气旋是由地形作用或地表加热作用产生的地形低压或热低压，基本上不移动。另外，在锋前也常常出现一种锋前热低压。

（2）**反气旋**。根据地理位置，反气旋可分为极地反气旋、温带反气旋和副热带反气旋。按热力结构分类，反气旋可分为冷性反气旋和暖性反气旋。

冷性反气旋主要指活动于中高纬度大陆近地面的反气旋，习惯上多称为冷高压。当其主体从北方或西北方扩散南下到一定的纬度时，多呈静止态势，气压场为冷高压或高压脊。冷性反气旋所经之处，伴有降温和大风天气。

暖性反气旋一般指出现在副热带地区的副热带高压，主要有太平洋副热带高压和大西洋副热带高压。副热带高压有季节性的南北方向位移和中、短期东西方向进退。

温带气旋和反气旋主要出现在中高纬度地区，往往与高空锋区相伴。它们的产生、发展和移动同高空天气系统有密切关系，是引起中高纬度地区天气变化的两个重要的天气系统。

（二）温带气旋

温带气旋是指具有锋面结构的气旋式涡旋系统，因而又称为“锋面气旋”。它主要活跃在中高纬度地区，多见于温带地区，是温带地区产生大范围云雨天气的主要天气系统。

1. 结构

锋面气旋的结构因形成条件和发展阶段不同具有很大的差异。发展成熟的锋面气旋具有相似的温度场、气压场和风场特征，以及对应的天气现象。发展成熟的锋面气旋是一个沿逆时针方向（北半球）旋转的涡旋，中心气压最低，自中心向气旋移动方向伸展出一条暖锋，向后方伸展出一条冷锋。冷、暖锋之间是暖空气，呈螺旋式上升趋势。冷、暖锋以北是冷空气，呈扇形展开下沉（图 6.18）。

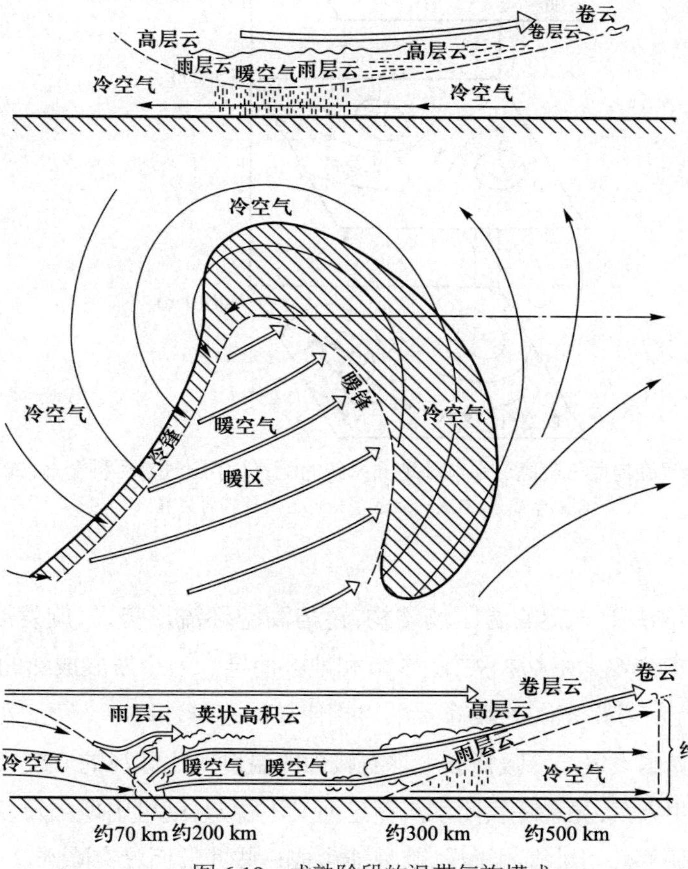

图 6.18　成熟阶段的温带气旋模式

点划线表示气旋运动方向；双线表示暖空气；实线表示冷空气内的流线。上图和下图分别表示气旋中心以北和以南（穿过暖区）剖面上的云系和空气运动状况，剖面的取向与气旋运动方向一致。

气旋发展是一个三维空间里的现象。根据热成风原理，在一定的温度场下，地转风场和气压场随高度的变化，展示了斜压系统的垂直结构。地面闭合的气旋和反气旋到了高空就逐渐变成了波状的低压槽和高压脊。图 6.19 是高层系统和地面系统配置的示意图。由

图 6.19 可见，地面闭合的低压和高压（气旋和反气旋），到了高空就逐渐转变为波动气流。

高空槽位于地面高低压之间的交界处的上空。在气旋中心区和前部，低空辐合，高空辐散，气流做上升运动。在反气旋中心区和后部，低空辐散，高空辐合，气流做下沉运动。由于气旋自低空到高空，是一半冷一半暖的不对称系统，因此由图 6.19 可见，高低空的低压和高压轴线随高度向冷空气一侧倾斜。

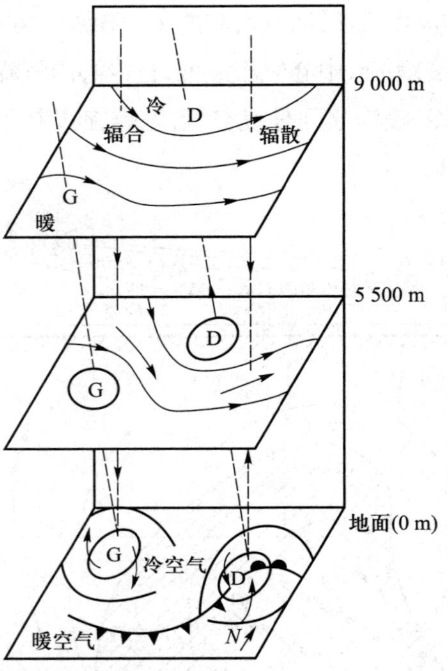

图 6.19　气旋与反气旋高层系统和地面系统的配置（中国气象百科全书，2016）
G 表示高压，D 表示低压。对此后文将不再注释

2. 天气

锋面天气不仅取决于气旋的温压场结构，还与高空环流形势、气旋发展阶段、水汽条件和大气稳定度等多个要素密切相关，随季节和地区而异。一个发展成熟的温带气旋模式（图 6.18）表明，气旋前方是宽阔的暖锋云系与相伴随的连续性降水天气；气旋后方是比较狭窄的冷锋云系和降水天气。冷暖锋面上均有较强的温度对比和风的气旋式切变。冷暖锋之间的中部是暖气团天气，如果暖气团水汽充足而又不稳定，就可出现层云、层积云，并降下毛毛雨，有时还可出现雾，如果气团干燥，就只能生成一些薄云而没有降水。

3. 产生和发展

如图 6.20 所示，高空温度场位相落后于气压场。虚线表示 500~1 000 hPa 两个等压面之间的等温线，实线表示 500 hPa 等高线，高、低汉字表示地面气旋和反气旋的中心。因为本书未涉及涡度方程，所以这里仅就气柱质量辐合辐散和高层冷暖平流与温带气旋发展的关系展开讨论。

1）斜压系统发展的物理过程

开始时，高空槽前地面为气旋，槽后地面为反气旋。平均冷温度舌落后于高空槽，在这种温压场配置下，槽前出现暖平流，槽后出现冷平流。根据质量守恒原理，低空辐合，高空辐散，因此必定存在上升运动。在此过程中，流场与气压场将达到新的平衡。这是因为一方面可使 500 hPa 流场向气压场调整，另一方面上升运动使气柱绝热膨胀冷却，按大气静力学原理，气柱厚度减小，高空等压面下降以适应改变了的流场，从而达到平衡。对地面来说，气流辐合补偿高空辐散使地面减压速度不致太快，以适应地面减压的气压场。由此可见，气旋的发展必定伴有上升运动的发展。上升运动及其低空辐合与高空辐散，使流场和气压场达到新的地转平衡。

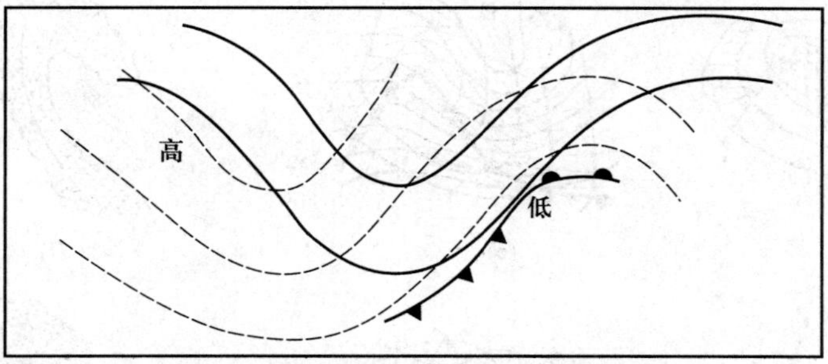

图 6.20　斜压系统发展的高空温压场配置

虚线表示 500~1 000 hPa 两个等压面之间的等温线；实线表示 500 hPa 等高线

由于地面为反气旋，因此高空槽后将有辐合产生。由于气压梯度力的作用，在高空辐合与低空辐散的配置下，必定存在下沉运动。下沉增温又使气柱增厚，高空等压面升高，使气压场与流场适应，达到新的地转平衡。地面辐散一方面补偿了高空的辐合，使地面气压增加速度不致过快，另一方面，辐散又会产生反气旋式流场，使流场与气压场相适应。由此，下沉运动是伴随反气旋发展而产生的，并是使气压场与流场适应必不可少的因子。

高空槽区下部为冷平流区，气柱冷却。按大气静力学原理，等压面厚度必定减小，高空等压面下降，高空槽加深。此时气压场与流场不相适应，在附加的气压梯度力的作用下，产生高空辐合气流。空气辐合及冷平流又使地面加压，这时气压场与流场也不适应，在附加气压梯度力的作用下，产生低空辐散气流。这就必然产生下沉运动，在这一过程中，流场与气压场也将达到新的地转平衡。这是因为高空辐合导致的下沉运动增温部分抵消了冷平流，使地面加压速度不致太快；另一方面低空辐散使流场与气压场相适应，达到新的地转平衡。

此外，在气旋发展的上升运动中，如果有充足的水汽，就将由水汽凝结释放潜热，部分抵消绝热膨胀冷却的作用，使气柱降温速度不致太快，高空减压变慢，因而使高空维持较强的辐散，低空减压增强，上升运动也增强，气旋可以更快地发展。

2）温带气旋的发展

每个锋面气旋的产生和发展过程因所处条件的不同而存在差别，但是气旋的演变阶段和各个阶段的主要特征又存在许多共同之处。一般将锋面气旋的生命周期分为四个阶段。下面介绍 A 类锋面气旋生命周期四个阶段的典型产生和发展特征（图 6.21）。

图 6.21　气旋发展的各阶段高空温压场、地面变压区和卫星云图

a、d、g、j 为地面变压区；b、e、h、k 为高空温压场；c、f、i、l 为卫星云图；
a、b、c 为波动阶段；d、e、f 为成熟阶段；g、h、i 为锢囚阶段；j、k、l 为消亡阶段

第一个阶段是波动阶段。图 6.21（a）是地面变压区，（b）是高空温压场，（c）是卫星云图。高空锋区呈波动式，温度场落后于高度场，气旋前部为暖平流，后部为冷平流。所以热力因子使地面气旋前部减压，后部加压，随着波动开始和发展，冷空气逐渐向暖空气方向侵袭，暖空气向冷空气方向伸展，地面气旋一面向前移动，一面加深。高空槽也因存在冷平流而加深。地面图上出现第一根闭合等压线。卫星云图上出现与高空槽相对应的逗点云系。

第二个阶段是成熟阶段。图 6.21(d、e、f)显示,高空温压场波动振幅加大,温度槽进一步接近高度槽,气旋中心气压进一步下降,高空槽已加深且出现闭合中心。出现系统性云系和降水。气压变化的热力和动力因子的配置与前一阶段相差不大。随着地面气旋发展,气旋上空的温度因上升运动而逐渐降低,这在气旋中心偏后地区最明显,因为这里存在冷平流,所以温度槽离气旋中心越来越近。此阶段高空槽因冷平流继续发展。在气旋后部(箭头处),有凹向中心的弧,预示将出现干舌。

第三个阶段是锢囚阶段。图 6.21(g、h、i)显示,高空槽进一步发展,出现闭合中心。高空冷中心与高度场的低压中心更加接近。地面气旋发展到最强阶段,开始锢囚。等高线与等温线的夹角已经减小,温度平流变小,热力因子造成的气压变化也减小。图中气压变化因子的配置状况说明,气旋已经发展到最深阶段而开始减弱,移动速度变得缓慢。这时,气旋低层已经基本上为冷空气所控制,只是各个部分的程度有所不同。但是高空温度对比仍然明显。此时摩擦影响已相对地增大。在卫星云图上,云系出现螺旋结构,锋面云带北侧出现一条从冷区伸向气旋中心的干舌,当干舌伸到气旋中心时,水汽供应被切断,气旋不再发展。

第四个阶段是消亡阶段。图 6.21(j、k、l)显示,高空温压场已近乎重合,成为一个深厚的冷低压。这时地面气旋也已变成一个冷低压,锋面已抵达气旋的外围,造成气压变化的热力因子迅速减弱,云雨随之减少,摩擦辐合作用使气旋填塞消亡。在卫星云图上,螺旋状云系消散,这里被称为凌乱的对流云区。

在温带气旋的整个生命周期中,如果有降水发生,气旋就将加速发展,降水愈强,凝结释放潜热愈多,气旋发展也愈快、愈强烈。温带气旋生命周期一般是 5 天左右,东亚地区的气旋,波动和成熟阶段较短,生命周期一般为 3 天左右。

2020 年 7 月 22—23 日,在黄淮地区形成了温带气旋导致的一次强降水天气过程。图 6.22 是 7 月 23 日北京时间 14 时地面天气图,这是一个发展成熟的典型温带气旋,山东自西向东出现大范围强降水天气过程。从 22 日截至 23 日 08 时,过程降水量最大为 245.6 mm,出现在日照站,黄岛、青岛两站日降水量突破本站 7 月历史极值,黄海海域出现 10 级以上的大风天气。

温带气旋,有的单独出现,有的则是在一条锋上产生 2 个、3 个或更多个形成家族并沿锋线顺次移动。当最前面的一个气旋已经锢囚时,其后跟着的是一个发展不成熟的气旋,再后面跟着的是初生气旋,这种在同一条锋上出现的气旋序列,称为气旋族。气旋族中每一个温带气旋都同高空长波槽前的一条短波槽相对应。

(三)温带反气旋

温带反气旋是指活动在中高纬度地区的反气旋。它们一般分为两类:一类是相对稳定的冷性反气旋;另一类是与锋面气旋相伴移动的反气旋,称为移动性反气旋。

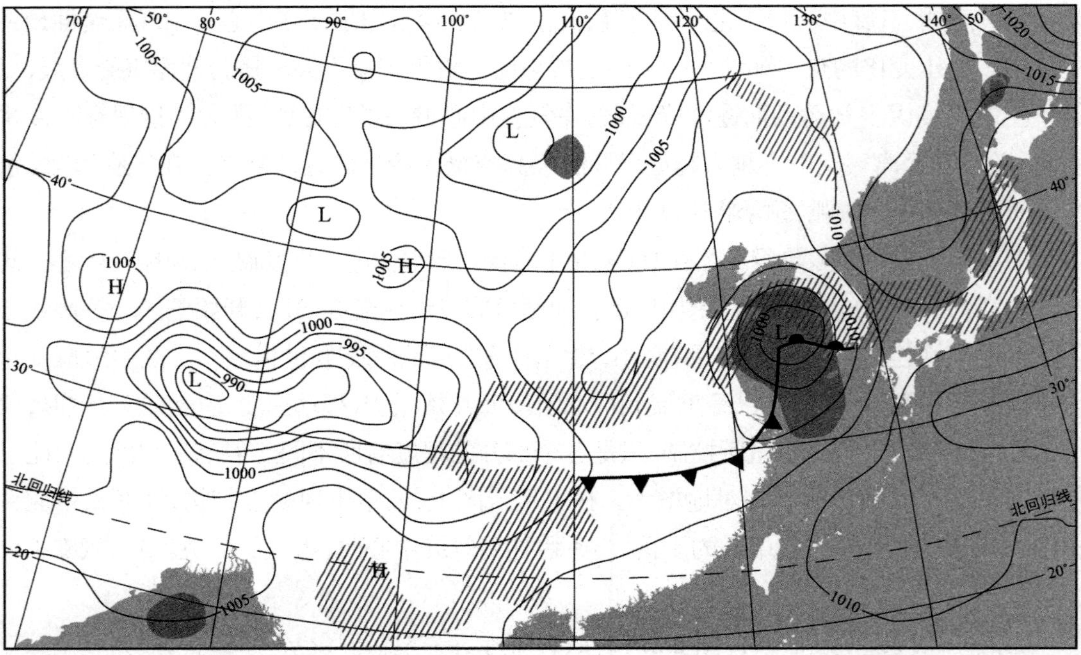

图 6.22　2020 年 7 月 23 日北京时间 14 时地面天气图，在黄淮地区发展形成的温带气旋

H 指高压；L 指低压；深色阴影代表雨区；斜线代表云区

1. 冷性反气旋和寒潮

冷性反气旋发生于极寒冷的中纬度和高纬度地区，是一种对称的准静止型冷高压，主要出现在冷空气源地，如北半球的格陵兰、加拿大、北极、西伯利亚和蒙古等地，以冬季最多见。其势力强大、影响范围广泛，往往给活动地区造成降温、大风和降水，是中高纬地区冬季最突出的天气过程。

冷性反气旋出现在近地面层内，由冷空气组成，势力十分强大，中心气压达 1 030~1 040 hPa，强时达 1 080 hPa。根据大气静力学原理，它随高度而减弱，到高空变为冷低压，因此冷高压是一种浅薄天气系统，平均厚度不到 3~4 km，在 700 hPa 等压面以上它的踪迹不清楚，在 500 hPa 等压面以上它就完全不存在了。冷性反气旋的水平范围很大，直径达数千千米，几乎可以和大陆、海洋的面积相比拟。

亚洲大陆面积广大，北部地区冬半年气温很低，南部又有青藏高原和东西走向的高大山脉阻挡冷空气南下，因而成为北半球冷性反气旋活动最为频繁、发展最为强大的地区。冷性反气旋在其发展、增强时期常常静止少动，但当高空形势改变时，会受高空气流引导而移动。当其南移时，就造成一次冷空气袭击，如果冷空气十分强大，如同寒冷潮流滚滚而来，就会给流经地区带来剧烈降温、霜冻、大风等等灾害性天气，这种大范围的强烈冷空气活动，称为寒潮（cold wave）。

按照中国的寒潮等级标准，根据日最低气温 24 h 内降幅和日最低气温，可将寒潮分为三个等级：寒潮、强寒潮和超强寒潮。寒潮是指日最低气温 24 h 内降幅大于、等于 8 ℃，或 48 h 内降幅大于、等于 10 ℃，或 72 h 内降幅大于、等于 12 ℃，同时日最低气温小于、等于 4 ℃的冷空气活动。强寒潮是指日最低气温 24 h 内降幅大于、等于 10 ℃，或 48 h 内降幅大于、等于 12 ℃，或 72 h 内降幅大于、等于 14 ℃，同时日最低气温小于、等于 2 ℃的冷空气活动。超强寒潮是指日最低气温 24 h 内降幅大于、等于 12 ℃，或 48 h 内降幅大于、等于 14 ℃，或 72 h 内降幅大于、等于 16 ℃，同时日最低气温小于、等于 0 ℃的冷空气活动。之前中国寒潮标准采用指标较多，且针对不同地区的标准不同，因此寒潮统计数量有所不同。

寒潮主要出现在 11 月—次年 4 月间，在秋末、冬初及冬末、春初较多，隆冬反而较少，这是寒潮的定义主要考虑降温幅度的缘故。春、秋季正是大型平均环流调整期间，冷暖空气更替频繁，因而冷空气活动次数较多，而冬季冷空气在我国大部分地区居于绝对优势地位，天气形势稳定，冷空气活动相对减少。夏季冷空气退居高纬度地区，我国很少受其侵袭。随着气候变暖，寒潮次数明显减少。

1）冷空气的源地和路径

冷空气的源地是指冷空气开始形成和聚集的地区。影响我国的冷空气主要有以下三个源地：一是新地岛以西的北冰洋洋面，经欧洲东部地区进入我国，约占 40%；二是新地岛以东的北冰洋洋面，经亚洲北部地区进入我国，约占 18%；三是冰岛以南的大西洋洋面，经欧洲中部或地中海、黑海、里海进入我国，约占 33%。来自这三个源地并影响我国的冷空气有 95% 都要经过西伯利亚中部 70° E~90° E，43° N~65° N 的区域，在那里聚集加强，因此将这个区域称为寒潮关键区（图 6.23）。

冷空气从关键区入侵我国主要有以下四条路径：一是西北路（中路），经蒙古到达我国河套平原附近南下，直达长江中下游及江南地区；二是东路，经蒙古到达我国华北北部；三是西路，经新疆、青海、青藏高原东南侧南下，影响我国西北、西南和江南广大地区；四是东

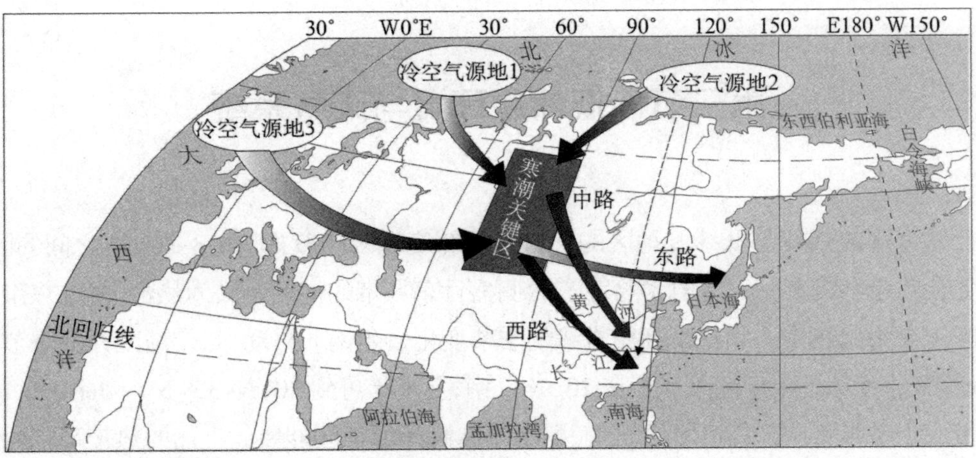

图 6.23　中国寒潮源地和路径示意图（转引自中国气象局气象宣传与科普中心）

路加西路，东路冷空气从河套平原东部南下，西路冷空气从青海东部南下，两股冷空气常在黄土高原东侧，黄河、长江之间汇合，合并后南下（图 6.23）。

2）寒潮天气系统

寒潮天气系统可以分为四类。

一是极涡。具体内容参见本节（二）极地涡旋。

二是极地高压。它的定义为 500 hPa 等压面图上存在完整的反气旋环流，不少于一根闭合等压线；单独的暖中心和位势高度场配合；暖性高压主体在 70° N 以北；高压维持 3 天以上。极地高压为深厚的暖性高压，是中高纬度阻塞高压进入极地而形成的，其建立过程与中高纬度阻高形势的建立过程相似。

三是寒潮地面高压。大多数寒潮地面高压属于热力不对称的系统，高压前部有强冷平流，后部有暖平流，中心区的温度平流趋于零，大多是热力和动力共同作用形成。

四是寒潮冷锋。在寒潮地面高压的前缘都有一条强度较强的冷锋作为寒潮的前缘，冷锋随高度向冷空气一侧倾斜，在高空有很强的上宽下窄的锋区，300 hPa 以下各等压面都有明显的冷槽和锋区。冷锋的移向与高压路径、锋前气压系统和地形有关，以及与锋后的高空气流（引导气流）有关。锋后气流经向度加大，有利于寒潮冷锋南下。

2. 移动性反气旋

移动性反气旋是形成于高空锋区下方与锋面气旋相伴出现的水平范围较小、强度不大的反气旋。它随同锋面气旋一起自西向东移动。当出现气旋族时，反气旋位于两个气旋之间，因此又被称为居间反气旋。移动反气旋的天气是：其东部（前部）具有冷锋天气特征，西部（后部）具有暖锋天气特征，中心区附近天气晴朗、风力不大。移动性反气旋发展强大时可转变成强大的冷性反气旋。

无论是冷性反气旋，还是移动性反气旋，当其向低纬度地区移动后，冷气团变性增暖，强度减弱，最后前缘锋面消失，并入副热带高压。

第三节　低纬度环流与天气系统

低纬度环流指位于低纬度地区的环流。低纬度地区一般指 30° S~30° N 之间的区域，其中包含热带和副热带。天气学将赤道两侧盛行东风带的地区定义为热带，将副热带高压活动区定义为副热带。副热带高压脊线随季节变化发生南北移动，热带地区亦随季节而变动。通常，北半球冬半年的东风带在 20° N 以南，夏半年可到 30° N~35° N。因此，天气学上的热带应于冬半年向低纬度地区退缩、夏半年向高纬度地区伸展。上述的热带跨越的地区面积广阔，约占全球面积的一半，其中海洋面积约占 3/4，是地球上热量的净收入区。热带地区净收入的热量是驱动全球大气环流的重要能量来源,高温蒸发的水汽是全球大气重要的水汽来源,大气低层经常处于高温、高湿和条件不稳定状态。位于我国西部的青藏高原,平均海拔在 4 500 m 左右,横跨 25° N~40° N,对东亚乃至全球的大气环流,具有巨大的影响。

活跃在低纬度地区的主要天气系统包括:副热带高压、热带辐合带和热带气旋。

一、副热带高压

副热带高压(subtropical high)是位于南北半球纬度为 20°~40°的副热带地区对流层中部的暖性高压系统。在南北半球副热带地区,经常维持着沿纬圈分布的气压场或位势高度场的相对高值带,即副热带高压带,简称副高。副高中心与各等高线曲率最大处的连线或零值纬向风等值线被称为副高脊线,其向极地一侧为西风带,向赤道一侧为东风带。副热带地区受高压控制,盛行下沉气流,是一条集中了全球绝大部分沙漠的干旱带。由于海陆分布的影响,副热带高压常断裂成若干个区域高压中心,呈椭圆形,长轴大致同纬圈平行。

(一)分布

副高主要位于大洋上,常年存在,随季节有强度和位置变化。北半球的副高分布在北太平洋西部和东部、北大西洋中部、北大西洋西部的墨西哥湾和北非等地。南半球的副高分布在南太平洋、南大西洋和南印度洋等地。其中北太平洋副高有时只有一个中心,有时会有多个中心,比较常见的分别在北太平洋西部和东部各有一个中心,分别称为西太平洋副高和东太平洋副高。北大西洋副高也会出现几个不同的中心,分别位于北大西洋中部、西部的墨西哥湾,以及北非等地。这些副高在对流层中、低层的 500 hPa 和 700 hPa 等压面图上表现得十分明显。

副高按其中心位置可分为陆地上和海洋上的高压。它们虽然同是副热带地区的暖性高压,但是在成因上与结构上不尽相同。北半球夏季在青藏高原和北美大陆对流层高层 200 hPa 等压面图上,会出现两个明显的高压,分别称为青藏高压和墨西哥高压,分别由青藏高原和北美大陆的热力作用形成。活动于大洋上空的副热带高压,在对流层中、下层最为明显,是哈得来环流与费雷尔环流南北气流在副热带地区水平辐合的动力作用所致。为了区分二者的差异,一般将大洋上的暖性高压称为副热带高压,将位于高原大陆对流层高层的暖性高压称为高原高压或大陆高压。

由于副高占据广大空间,且稳定少动,因此它不仅是大气环流的重要成员之一,而且是控制热带和副热带地区重要的大型天气系统。它的维持和活动对低纬度地区与中高纬度地区之间的水汽、热量、动量的输送和平衡起着重要的作用,对低纬度环流和天气变化具有重大影响。

（二）结构与天气

副高位于低纬度环流和中纬度环流的汇合带，主要由对流层中上层气流的辐合和聚积形成。副高结构复杂，在不同高度、不同季节及不同地区有所不同。从垂直剖面看，对流层中层以上的600 hPa等压面与100 hPa等压面之间以质量辐合为主，尤以200 hPa等压面附近质量辐合最突出。在对流层中层600 hPa等压面以下，气流质量辐散占优势。由于整层空气质量辐合大于辐散，因此副高控制区域有净质量堆积。

从垂直结构看，对流层中、下层的副高强度随高度升高而增强。但高压中心位置随高度向暖区偏移，因而高压中心与高温中心并不完全重合，高压中心轴线并非垂直。在夏季时，陆地增温显著，对流层中、下层的高压中心轴线随高度向陆地一侧倾斜（在北半球是北侧）；在冬季时，陆地冷却明显，对流层中、下层的高压中心轴线随高度向南倾斜。高压中心轴线的这种季节变化，反映了海陆热力差异的影响。但在对流层500 hPa等压面以上的上层，地表海陆热力差异的影响大为减弱，高压中心与暖中心基本重合，高压脊线也大体垂直。从水平方向看，随着季节更替，太阳直射点的南北移动，副高的位置和强度也发生明显的季节变化。无论是在南半球还是在北半球，从1月到7月，副高主体均向北和向西移动，强度增强；从7月到次年1月，副热带高压则向南和向东移动，强度减弱。一般认为哈得来环流在副高形成过程中起主要作用，1月南、北半球哈得来环流位置偏南、强度较强，而7月位置偏北、强度较弱。因此南半球副高位置和强度变化与哈得来环流位置和强度变化一致，而北半球副高位置与哈得来环流位置变化一致，但强度变化与之不同，说明北半球副高的形成过程除受哈得来环流影响外，还受其他因素的影响。

副高的北、西北部边缘气流因与西风带锋面、气旋和低槽等天气系统相交绥，上升运动强烈，水汽充沛，多阴雨天气。高压南侧是东风气流，晴朗少云，低层潮湿闷热，但当热带气旋、东风波等热带天气系统活动时，也可能产生大范围暴雨和中小尺度雷阵雨和大风天气。高压东部受北来冷气流的影响，有较强的下沉运动，绝热增温使低层形成较厚的逆温层，阻挡对流运动的发展和水分的垂直输送。逆温层以下空气潮湿，相对湿度达80%以上；而逆温层以上空气干燥，相对湿度在50%以下。因此受副热带高压长期控制的大陆西岸往往形成少云、干燥、多雾的干燥气候。

（三）西太平洋副高与我国天气的关系

分布于西太平洋的副高对我国的影响很大，下面主要介绍西太平洋副高的基本特征及其对我国天气和气候的影响。

1. 西太平洋副高的活动规律

西太平洋副高主体位于海洋上，其脊线向西可伸至我国沿海地区，在夏季可伸入我国大陆内部，冬季可在南海上空形成独立的南海高压。对我国天气和气候有直接影响的主要是伸向我国大陆内部的高压脊。通常所说的副高位置变动，实质是指伸向我国大陆内部的高压脊的变动。

西太平洋副热带高压的变动是指其强度和位置的变化，包括随季节发生的南北移动和强度变化，以及在此基础上的中短期活动，即在北进过程中有短暂的南退，在南退过程中也有短暂的北进，而且北进常与西伸结合，南退常与东缩结合。一年内的北进与南退过程并非均匀地进行，而是表现为稳定少变、跳跃和缓慢移动三种方式。

我国各地雨量分布极不均匀，虽然各地雨季起讫时间不一，但是的确有内在规律可循。例如东部地区重要降水带所导致的各地雨期，就是由主要的大范围雨带南北位移造成的，而这种大范围的雨带又与西太平洋副高脊线、青藏（南亚）高压、副热带西风急流，以及东亚季风的季节变化密切相关。我国东部地区的雨带，位置一般位于副高脊线以北 5~8 个纬距，走向大致与副高脊线平行，并随副高做季节性移动。图 6.24 展示了西太平洋副热带高压 5~10

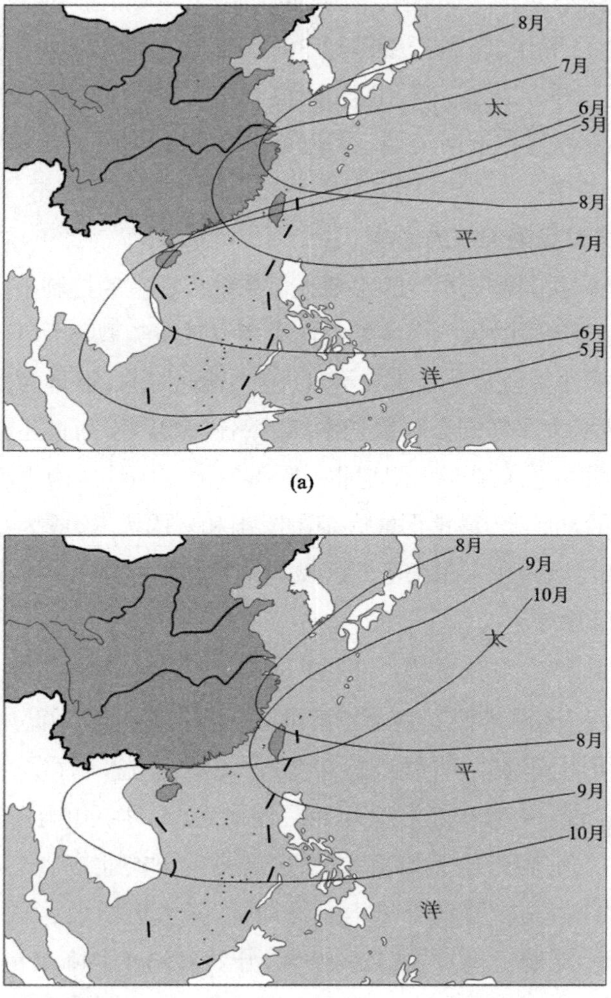

图 6.24 西太平洋副热带高压 5~8 月和 8~10 月 500 hPa 等压线月平均位置

（a）5~8 月；（b）8~10 月

月 500 hPa 等压线的月平均位置。

由于西太平洋副高从 3、4 月开始北移，到 8 月下旬位置最北，因此它成为影响我国夏季天气最大的天气系统。之所以说它影响最大，不仅在于受副热带高压中心及不同部位控制形成了不同的天气特征，还在于副热带高压通过与周围天气系统的相互作用形成了其他类型的天气。因而，西太平洋副高的位置、强度的变化对我国东部地区的雨季、旱涝，以及台风路径等产生了重大的影响。

每年 4 月至 6 月上旬副高脊线位于 20° N 以南，雨带停滞于华南，雨量迅速增大，为华南雨季的第一阶段，称为华南前汛期。6 月中旬至 7 月上旬，副高脊线稳定于 20° N~25° N，雨带位于长江中下游和淮河流域，使江淮流域进入梅雨期，这个时期称为江淮梅雨季节；7 月中旬副高脊线稳定于 25° N~30° N，雨带移动到黄河流域，而江淮流域处于副高控制下，进入伏旱期，天气酷热、少雨，如果副高强大，控制时间长久，就将造成严重干旱。7 月中旬到 8 月下旬，副高脊线跨过 30° N 到达最北时，雨带移动至华北、东北地区，形成华北和东北雨季。从 8 月下旬起，副高脊线开始南撤，降水带也随之南移。9 月中旬至 10 月上旬雨带停滞在淮河流域，雨量较小，这个时期称为淮河秋雨期。之后，全国的降水全面减弱。

2. 西太平洋副高对我国天气的影响

西太平洋副高是向我国输送水汽的重要天气系统。在它的控制下，将产生干旱、酷暑和无风天气。它还通过与周围的天气系统相互作用形成其他类型的天气。我国夏季降水的水汽来源，虽然主要依靠西南气流从孟加拉湾、印度洋输送过来，但是西太平洋副高的位置和强度关系着东南季风从太平洋向大陆输送水汽的路径和数量，而且还影响着西南气流输送水汽的状况。同时，西太平洋副高北侧是北上暖湿气流与中纬度南下冷干气流相交绥的地带，气旋和锋面系统活动频繁，常常形成大范围阴雨和暴雨天气，成为我国东部地区的重要雨带。雨带的移动和滞留形成了东部不同区域的季节性集中降水。

1）华南前汛期降水

每年 4 月至 6 月上旬，副高脊线位于 20° N 以南，该区域的广东、广西和福建等地进入华南前汛期。在此期间雨带控制整个华南地区，尤其是东南沿海一带的降水大幅增加。西太平洋副热带高压明显增强，脊线维持在 20° N 左右。这一时期的降水主要发生在副热带高压北侧的西风带。4 月初降水量开始缓慢增大，5 月中旬雨量迅速增大，进入华南前汛期盛期。5 月中旬前雨带位于华南北部，主要是南下的北方冷空气形成的锋面降水；之后受东亚季风的影响，雨带移动至华南沿海地区，降水量增大，雨主要降落于冷锋前部的暖区之中。据统计，汛期年均暴雨约达 19 场，开始时的 4 月降水量仅占全年的 12.4%，到了 6 月就可达到全年的 52.2%。暴雨持续时间愈久，降水强度愈大，广东暴雨的持续天数和强度在华南地区要高于广西和福建，尤以沿海地区最为显著，平均 2~4 天的暴雨量可达 800~1 000 mm。

2）江淮梅雨

6 月中旬至 7 月上旬，副高脊线稳定于 20° N~25° N，长江中下游和淮河流域（简称江淮流域）进入梅雨季节。这一时期正是江南梅子成熟季节，故称这一地区的连续性降水为“梅雨”。韩国、日本也存在梅雨现象，国际气象学界常将这一地区的夏季降水称为梅雨（plum rains）。随着西太平洋副热带高压西伸北跳，江淮梅雨期呈现典型的东亚夏季风环流型，越赤道气流强烈，副高西侧的水汽输送强盛。雨带中的暴雨分布不均匀，常有数个暴雨中心。形成这种降水的主要天气系统为江淮准静止锋即梅雨锋。梅雨锋具有一条数千千米长的横贯东亚和西太平洋地区的雨带。梅雨锋是季风气团和其他气团之间的锋面，锋区是位于夏季风北侧的假相当位温强梯度带，雨带随季风的进退而进退。梅雨锋持续时间长，暴雨面积广，造成的洪涝灾害范围一般比台风要大（中国气象百科全书，2016），但降水强度一般比台风带来的暴雨要小得多。梅雨结束以后，主要雨带北跃到黄河流域，江淮流域进入高温伏旱的盛夏季节。

据统计，江淮流域可出现两类梅雨：一是典型梅雨，即出现于 6 月中旬到 7 月上旬，出梅后就进入盛夏，持续约 20~24 天；二是早梅雨，5 月就入梅，平均持续约 15 天，出梅后雨带不是北跳而是南退，如果再次北跳就可能出现两段梅雨。

西太平洋副高季节性南北移动的异常现象，常会造成中国东部一些地区的干旱或洪涝灾害。例如 1954 年副高持久地稳定在 20° N~25° N，江淮流域梅雨持续时间长达 40 天之久，造成江淮流域几十年罕见的大洪水；1956 年，西太平洋副高脊线第一次北跳偏早，第二次北跳又偏晚，结果梅雨期较长，导致江淮流域雨量过多；1958 年副高脊线第一次北跳偏晚，第二次北跳偏早，形成了这一年的空梅，造成江淮流域干旱灾害；1959—1961 年梅雨期都很短，结果江淮流域连续 3 年严重干旱；据统计，1991 年的江淮梅雨从 5 月 19 日至 7 月 13 日，一共分为三个阶段的降水：第一阶段为早梅雨，大部地区降雨量为 50~150 mm，部分地区为 150~300 mm；第二阶段，总降雨量为 130~410 mm；第三阶段，总降雨量为 300~500 mm，部分地区为 500 ~ 800 mm。

3）华北与东北雨季

7 月中旬到 8 月下旬，副高脊线跨过 30° N，伴随副高的季节性北抬，索马里和 105° E 两支越赤道气流通过中国东部，将水汽北输到中高纬度地区，与副高西北侧的西南水汽输送叠加，维持着自华北到东北南部，直至朝鲜半岛和日本列岛的水汽输送带（王遵娅等，2008）。华北与东北雨季的降水特点与华南前汛期降水和江淮梅雨存在显著的差异，来自低纬度地区的水汽输送得更加畅通，有利于降水强度增大，强对流天气发生。

这一区域降水的第一个特点为降水强度大，持续时间短。由于该区域地处中纬度地区，冷暖空气的交绥形成了很强的暴雨，我国暴雨降水的极值多出自该地。如著名的河南林庄 75·8 特大暴雨（1975 年 8 月发生），创下了 24 小时降水 1 060 mm 的记录；且降水持续时间短，一般为 1~3 天，最多 10 天即告结束，雨过天晴，这是与华南前汛期降水和江淮梅雨连续性降水的不同之处。第二个特点是局地性强，时段集中。该地降水覆盖面积远小于华南前汛期降水和江淮梅雨，这种局地性大多体现在暴雨落区和地形的关系，如迎风面和山地的作用；华北的降雨时段多集中在7月下旬—8月上半月，东北多在7月中旬—8月中旬。第三个特点是年际变化大。这是夏季风不稳定的缘故。夏季风强的年份，雨带向北推进快，控制北方的时间长，东北、华北降水量较往年偏多。暴雨产生的年际差异性大，每次大暴雨的落区都不相同，这与华南前汛期降水和江淮梅雨的差异也非常明显。

（四）南亚高压

南亚高压又称青藏高压或亚洲季风高压，中心主要出现在青藏高原和伊朗高原上空，是夏季全球对流层上部最强大、最稳定和范围最大的高压系统，其对应对流层中上层的最暖中心，是一个暖性高压。夏季，南亚高压在600 hPa等压面以下为高原热低压控制，在500 hPa等压面是过渡层，在400 hPa等压面以上转为暖高压，在150~100 hPa等压面以上最强。100 hPa等压面的高压中心位置有明显的季节性位移，冬季位于菲律宾群岛附近，4月加强西扩到南海，5月抵达中南半岛，6月移至青藏高原。7—8月在高原发展到最强盛阶段，9月向东南方撤回到冬季原位。在7月北半球100 hPa等压面月平均图上，高压脊线位于30° N附近，其南侧是热带东风急流，北侧为副热带西风急流。显然其结构、性质和形成过程都与西太平洋副高有很大的差异。

南亚高压有独特的垂直环流，且高压控制区潮湿不稳定，对流系统活跃。图6.25（a）是沿90° E的7月经向环流，显示其在高原经度上的季风环流取代了哈得来环流；本应在青藏高原所在经度带的哈得来环流下沉支，反而被上升气流取代，形成了高原区的季风环流。另外，在高原内部500~200 hPa等压面高度上叠加了两个尺度较小的经向环流圈，为高原或高压中心上升气流，以及在高原南北两侧的下沉气流，这是由高原面加热形成的热力环流圈。在纬向方向上，青藏高原所在的35° N纬线方向的7月平均垂直环流形势表明［图6.25（b）］：高原区上升的气流到达175° W~155° W的太平洋区下沉，构成了高原与其东部海洋之间的热力直接环流。

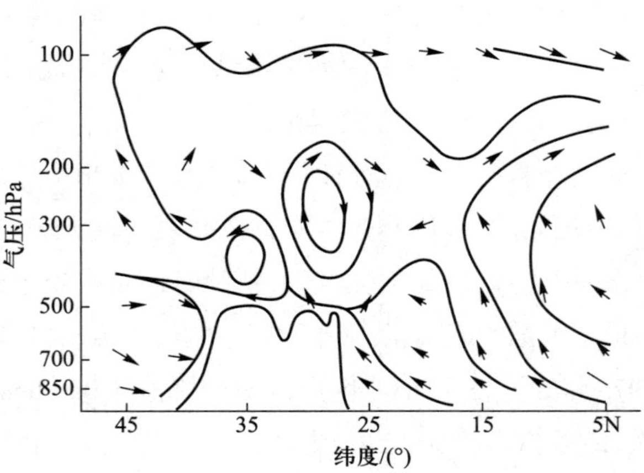

(a)

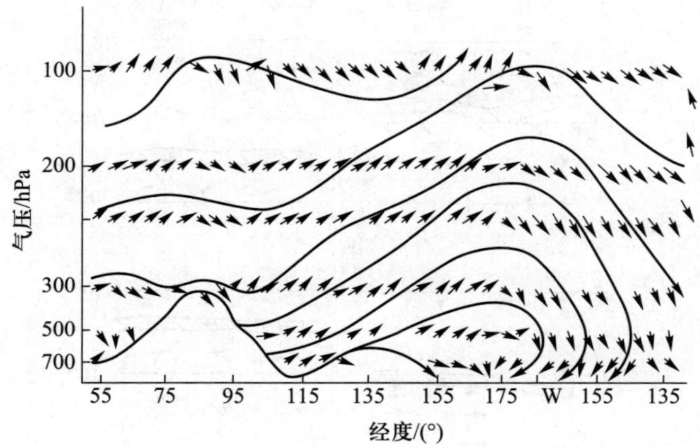

(b)

图 6.25　7 月沿 90° E 平均经圈环流和沿 35° N 平均纬圈环流的示意图(朱乾根等,2007)
(a)经圈环流;(b)纬圈环流

南亚高压脊线位置具有季节性变动的特点。冬半年脊线在 15° N 以南,4—5 月北移到 20° N 附近,5—6 月移动到 25° N 以北,7 月移动到 30° N 以北,到 8 月一直维持在这个纬度。9 月份开始南退至 25° N 附近,10 月份到达 20° N,到 11 月已到达海洋上空,退至 15° N 附近。南亚高压脊线的这种季节性变动与 500 hPa 西太平洋副高脊线的移动基本一致,但 100 hPa 南亚高压在 120° E 的脊线比 500 hPa 西太平洋副高脊线提前 10 天左右北跳,而且 100 hPa 高压脊线比 500 hPa 高压脊线偏北 4~6 个纬距,盛夏时偏北 6~7 个纬距,因此 100 hPa 南亚高压脊线的变动对我国东部地区主要雨带的变动具有预报指示意义。

二、热带辐合带

热带辐合带,亦称赤道辐合带,是出现在热带对流层低层,由南、北半球信风气流汇合形成的狭窄气流辐合带,是低纬度地区热量、水汽最集中的地区,是大气能量的源地,对大气环流起着极其重要的作用。它在海平面气压场上表现为低压槽。它是热带地区主要的、持久的大型天气系统,有时甚至沿纬线方向环绕地球一圈。它的移动和强弱变化对热带地区的长、中、短期天气变化影响极大。

热带辐合带按南、北半球信风气流的汇合方式分为两种类型:一种是季风辐合带,在北半球夏季,东北信风位置偏北,由东北信风(northeast trades)与南半球东南信风(southeast trades)越过赤道后形成的西南风相遇形成辐合带。季风辐合带内不仅有风向辐合,而且存在由西南季风导致的强烈的风速辐合,有利于大范围热带对流云团的产生,易发生如台风等强烈的热带天气系统[图 6.26(a)左图]。另一种是信风辐合带,是南、北半球信风直接交汇形成的辐合带[图 6.26(a)右图]。由于其辐合强度远小于季风辐合带,因此云带较窄、

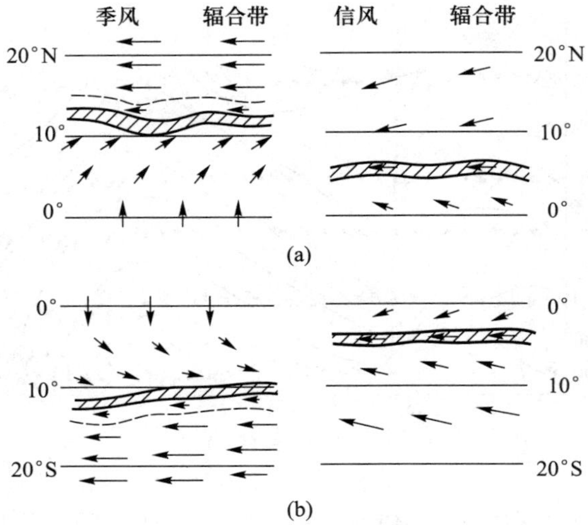

图 6.26　两种热带辐合带在北半球和南半球的模式图

（a）北半球；（b）南半球

较弱，较少发生像台风那样强烈的热带天气系统。季风辐合带主要位于东非、亚洲、澳大利亚等陆地上空，而信风辐合带主要位于东太平洋和大西洋，以及西非。

从垂直结构看，它们只存在于对流层中、下层。其中位于陆地上的季风辐合带轴线随高度向南或西南倾斜，因为赤道西风带在大多数情况下出现在 500 hPa 等压面以下。而位于海洋上的信风辐合带，由于相交汇的两支气流之间几乎没有温度和湿度的差异，以及临近赤道带地转作用的消失，因此辐合带在各高度上几乎都是重合的。

热带辐合带的位置随季节发生南北移动，具有以下特点：一是并非沿赤道对称，尤其是季风辐合带在北半球移动幅度较大，在南半球移动幅度较小；二是各地区移动幅度并不相等。信风辐合带移动幅度较小，而且一年中大部分时间位于北半球；季风辐合带位移较大，在北半球冬季时位于南半球，在夏季时移至北半球，而且有的年代 10 月份南、北半球各出现一个季风辐合带（双重热带辐合带），这种季节变化是同季风辐合带活动地区的海陆分布和地形特征密切相关的。以中南半岛经线方向的季风辐合带为例，它全年活动于 25° N 和 10° S 之间。它 7 月的平均位置在我国南海南部，8 月位于我国台湾省以南，9 月位于 20° N 左右的我国南海北部，10 月开始南退到 8~15° N，11 月在赤道和 5° N 之间，12 月已经移动至南半球的赤道至 10° S 之间。

三、东风波和热带云团

1. 东风波

在副热带高压南侧（北半球）对流层中、下层的东风气流里，常存在一个槽或气旋性曲率最大区，呈波状形式自东向西移动，因为这种波动出现并活动在东风气流里，所以被称为东风波。东风波的波长一般为 1 000~1 500 km，长者达 4 000~5 000 km，伸展的高度一般为 6~7 km，有的达对流层顶。最大强度出现在 700~500 hPa 等压面之间。周期为 3~7 天。移速为 20~25 km/h。

每个东风波（easterly wave）的结构都不同，其基本模式为：波槽呈南北向，槽前吹东北风，槽后吹东南风，气流沿波槽发生切变。由于东风风速随高度增加而减小，因此东风波两侧的辐合辐散在对流层低层较为明显，其分布是：在槽前有低层辐散下沉气流，湿层较薄，只生成一些小块积云或晴朗无云；槽后有低层辐合上升气流，大量水汽向上输送，湿层较厚，形成云雨。

西太平洋东风波大多产生于西太平洋东部地区，平均波长约为 2 000 km，移速为 25~30 km/h。由于西太平洋东部地区的低空为东风，高空常为西风，因此东风波轴线向东倾斜，云雨天气发生在槽后气流辐合上升区。当东风波移动到西太平洋西部和南海地区时，因为低空经常有赤道西风，5 km 以上才是东风，所以东风波向上可伸到对流层中、上层，在 400~200 hPa 等压面之间最清楚，而且东风风速随高度增大，其波轴逐渐向西倾斜，结果槽前气流辐合上升，湿层厚，多云雨天气；槽后气流辐散下沉，空气以下沉运动为主，湿层薄，多晴好天气。西太平洋西部的东风波往往影响到我国华南、长江中下游地区、韩国和日本，带来大雨和大风天气，发展较强的东风波可能出现闭合环流，使气压降低，中心风力增大和降水加强。东风波在适当条件下还可以发展成热带气旋。

2. 热带云团

从卫星云图上可以发现，热带地区存在大量深厚的由对流云组成的直径在 100~1 000 km 之间的云区，称为热带云团（tropical cloud cluster）。在天气图上很难分析出与热带云团相对应的天气系统，但东风波、热带气旋等天气系统大多是在热带云团基础上发展起来的。热带云团经过地区常常发生大风和暴雨。

热带云团根据其尺度、产生的地区分为三种类型：① 季风云团，因同西南季风活动相联系而得名，是地球上规模最大的云团。其南北宽达 10 个纬距，东西长达 2 000~4 000 km，主要发生在热带的印度洋和东南亚地带。冬季时季风云团位于 5° N~10° N，6 月中旬开始随季风向北推进，8 月份推进到 20° N~30° N。季风云团中常产生季风低压，有时可发展成孟加拉湾风暴，形成特大暴雨。② 普通云团，常发生在海洋上的热带辐合带中，水平尺度在 4 个纬距以上，常常是热带气旋、东风波等天气系统最初始的胚胎。这种云团对我国华南、华东等沿海地区具有较大影响，能形成暴雨天气。③ 小尺度云团（爆玉米花状云团），是由一些水平尺度为 50 km × 50 km 的积雨云群组成的，而每个积雨云群又由约 10 个积雨云单体组成，多发生在南美洲大陆的热带地区和我国西藏南部地区，有明显的日变化特征。

热带云团由水平尺度为 10~100 km、生命周期为数小时到一天的中对流云系和水平尺度为 4~10 km、生命周期为 30 min 到数小时的小对流云系组成。中、小对流云系在随盛行风移动的过程中，常常在上风侧形成，在下风侧消亡，不断新陈代谢，但在温度较高的海面上常保持不动，有时还发生云系积聚，出现暴雨。

四、热带气旋

（一）概况

热带气旋（tropical cyclone）是形成于热带海洋上、具有暖心结构、强烈的气旋性涡旋，其能量来自水汽凝结所释放的潜热。气象学上规定，中心附近最大风力达到 6 级（风速为 10.8 ~ 13.8 m/s）或以上的涡旋称为热带气旋。这是一个统称，西北太平洋中心附近最大风力达到 32.7 m/s 的热带气旋称作“台风”，大西洋和东北太平洋的这类气旋称作“飓风”，北印度洋的这类气旋称作“特强气旋性风暴”。热带气旋在北半球气流为逆时针方向旋转，在南半球为顺时针方向旋转，是具有很大破坏力的灾害性天气系统。同时，它也带来充沛雨水，有利于缓和或解除盛夏旱象，是热带地区最重要的天气系统。

1. 源地

热带气旋的发生区域称为热带气旋源地，大多位于南、北纬 5° ~20°之间海水温度较高的洋面上。由于该纬度带的大洋西部为暖洋流，东部为冷洋流，因此大洋西部发生热带气旋的数量远多于大洋东部。全球台风源地在北半球主要包括北太平洋西部和东部、北大西洋西部（包括加勒比海和墨西哥湾）、北印度洋（包括孟加拉湾和阿拉伯海），在南半球主要包括南太平洋西部、南印度洋西部和东部，而南大西洋和东南太平洋目前尚未发现过热带气旋生成。根据 1968—1989 年的统计数据（表 6.2），全球每年平均生成热带气旋 83 个，北半球多于南半球，分别占全球总数的 68.6% 和 31.4%，北太平洋西部海域则是热带气旋产生个数最多的地方，占全球总数的 30.7%。该区又存在三个相对集中的区域：菲律宾以东洋面、关岛附近洋面和南海中部。

表 6.2　1968—1989 年全球热带气旋（中心风速大于 17.2 m/s）活动情况（伍荣生，2002）

	北太平洋西部	北太平洋东部	北大西洋	北印度洋	南太平洋西部	南印度洋
总数 / 个	565	364	214	120	199	380
年平均 / 个	25.7	16.5	9.7	5.4	9.0	17.3
占全球百分比 /%	30.7	19.8	11.6	6.5	10.8	20.6
最多年数量 / 个	35	21	14	9	24	13
最少年数量 / 个	17	6	4	2	11	5

2. 发生的季节

热带气旋的生成具有明显的季节变化，平均而言，北半球除北印度洋的孟加拉湾和阿拉伯海外，大部分源地的热带气旋发生在 7—10 月，南半球主要发生在 1—3 月，其他季节显著减少。

如北太平洋西部热带气旋主要发生于7—10月,其中以9月发生的比例最高,同时全年都有热带气旋的活动。各源地不同年份之间热带气旋的发生次数及其季节变化都有很大的不同。

3. 范围与强度

热带气旋的水平尺度或范围通常以其最外围闭合等压线的直径度量,大多数台风的水平尺度在600~1 000 km,最大的达2 000 km,最小的仅100 km左右。其垂直方向伸展的高度可达12~16 km。台风强度以台风中心附近地面最大平均风速和台风中心海平面最低气压确定。对1973—2006年登陆我国的热带气旋的统计结果表明,各级热带气旋的中心气压主体变化于950~980 hPa之间,超强台风最低可达930 hPa。

热带气旋的强度具有很大差异,以下是中国与日本、美国联合台风预警中心和国家飓风中心等采用的飓风等级划分方案相对比,做出的对照表(表6.3)。下文将这6个等级的热带气旋统称为热带气旋。

表6.3 热带气旋等级分类对比

<table>
<tr><th rowspan="2">底层中心附近最大平均风速/($m\cdot s^{-1}$)</th><th colspan="3">西北太平洋</th><th>北大西洋和中、东太平洋</th></tr>
<tr><th>中国(CMA)(2分钟平均)</th><th>日本(RSMC, Tokyo)(10分钟平均)</th><th>美国(JTWC)(1分钟平均)</th><th>美国(CPHC, NHC)(1分钟平均)</th></tr>
<tr><td>10.8~17.1</td><td colspan="4">热带低压(TD, tropical depression)</td></tr>
<tr><td>17.2~24.4</td><td colspan="2">热带风暴(TS, tropical storm)</td><td colspan="2" rowspan="2">热带风暴</td></tr>
<tr><td>24.5~32.6</td><td colspan="2">强热带风暴(STS, severe tropical storm)</td></tr>
<tr><td>32.7~41.4</td><td>台风(TY, typhoon)</td><td>台风(km/h)
119~156</td><td rowspan="4">台风(km/h)
119~239</td><td>飓风风速(km/h)
119~153</td></tr>
<tr><td rowspan="2">41.5~50.9</td><td rowspan="2">强台风(STY, severe typhoon)</td><td rowspan="2">很强台风(very strong Typhoon)(km/h)
157~193</td><td>154~177</td></tr>
<tr><td>178~209</td></tr>
<tr><td rowspan="2">≥51.0</td><td rowspan="2">超强台风(SuperTY, supper typhoon)</td><td rowspan="2">剧烈台风(violent Typhoon)(km/h)
194</td><td>210~250</td></tr>
<tr><td>超强台风
(km/h)
241</td><td>>250</td></tr>
</table>

缩略词的含义:CMA:China Meteorological Administration,中国气象局;RSMC:Regional Specialized Meteorologicsl Center,日本区域气象中心;JTWC:Joint Typhoon Warning Center,联合台风预警中心;CPHC,Central Pacific Hurricane Center,Hawii,中太平洋飓风中心,夏威夷;NHC:National Hurricane Center,Miami,美国国家飓风中心,迈阿密;风速由knots per hour节(海里/小时)换算成千米/小时,有四舍五入误差;美国CPHC和NHC采用的是萨菲尔-辛普森飓风等级(Saffir-Simpson Hurricane Wind Scale)。

当热带气旋过境时,海平面图上围绕中心的等压线密集,水平气压梯度大,这是导致大风的根本原因。气旋中心的气压呈"漏斗"状陡降和陡升,变化十分剧烈。1956年8月

1 日一次强台风从浙江象山登陆经过石浦时，在 2.5 小时内，气压从 950 hPa 降低到 914.5 hPa，变压 35.5 hPa；又经过 2.33 小时，气压恢复到 950 hPa。

4. 生命周期

热带气旋从生成到消亡的生命周期平均为一周左右，短的只有 2~3 天，最长的可达一个月左右。如 1972 年影响我国的 7203 号台风生命周期达 26 天，1971 年大西洋的一个飓风生命周期达 30 天。不同季节的热带气旋生命周期有所不同，一般夏、秋两季生命周期较长，冬、春两季生命周期较短。

（二）结构与天气

1. 结构

热带气旋伴随的天气主要有暴雨（torrential rain）、大风（high wind）和风暴潮（storm surge）。一个发展比较成熟的热带气旋，水平方向由内而外依次为眼区、眼墙区、外包区和外围区。眼区位于热带气旋中心，是最显著的特征。眼区内为下沉气流，晴空无云。眼区常呈圆形，直径由几十到上百千米不等。

眼墙区位于眼区外侧的环状区，称为眼壁，是热带气旋中降水和风速最强的区域。由于该区域上升运动强烈，造成深厚积云对流，因此形成环状云壁，其宽度一般为 30~40 km。眼区与眼壁区统称为热带气旋的内核区。

外包区位于内核区外侧，虽然与内核区相比风速较小，但是风雨天气仍然较为强劲。热带气旋结构中的螺旋雨带主体出现于此区。

外围区位于外包区外侧。该区域内逆时针方向风速虽明显减小，但这里的风仍然具有明显的破坏力（图 6.27）。

图 6.27　2021 年 7 月 23 日北京时间 08 时，台风“烟花”的 FY-4A 可见光波段卫星云图

垂直方向分为流入层、中层和流出层。边界层内涡旋摩擦作用形成了边界层内的气流流入层。在边界层上部这种流入现象减弱。随着热带气旋的增强，边界层以上摩擦减小，切向风增大，这种流入现象逐渐减弱。

中层位于距地面 3~8 km 的高度。该层气流以切向分量为主，径向分量较小。

流出层位于热带气旋顶部、对流层顶之上。该层气流呈反气旋式向外流出，将气柱内的空气质量向外抽吸，导致气柱内气压急剧下降，造成热带气旋加强。流出层的抽吸作用还会造成底层流入气流向上的垂直运动加强，使内核区得到更多的凝结潜热释放，有利于热带气旋的加强。

2. 天气

发展成熟的热带气旋的云系及其降雨由内向外具有以下特征：① 眼区由于气流下沉，通常是晴朗无云的天气。如果下沉气流导致下沉逆温层形成，且低层水汽充沛，就会产生层积云和积云。② 眼区周围由高耸的直展云系组成，形成围绕眼区的同心圆状云带，直至对流层顶，好似一堵高耸的云墙。云墙下是热带气旋内天气最恶劣的区域。云墙内一般只有上升气流而无下沉气流。③ 云墙外围的云系呈螺旋状，构成螺旋云带（spiral cloud band）。内螺旋云带由数条积雨云或浓积云组成，直接卷入台风内部，并有降水形成。外螺旋云带由层积云或浓积云组成。

一般将热带气旋暴雨分为三种主要类型：一是热带气旋本身形成的降雨，并随气旋的移动而移动；二是热带气旋与其高纬度一侧的西风带系统，或低纬度一侧的其他热带系统相互作用形成的降水，或热带云团卷入热带气旋后部形成暴雨；三是登陆后的台风受地形影响，在迎风坡暖湿空气被迫抬升形成暴雨。

热带气旋风速很大，具有很强的阵性，瞬时极大风速和极小风速之差可达 30 m/s 以上。相对于气旋中心，风速的分布并非对称。5—9 月，北太平洋西部热带气旋移动方向的右侧与北太平洋高压相邻，气压梯度较大，风速也大。9 月以后，受大陆冷高压和北太平洋副热带高压的共同影响，热带气旋移动方向的东北和西北侧风速都比较大。热带气旋对海面的影响造成高潮和风浪，登陆时如果引起海水突然暴涨，就称为风暴潮，造成沿海地区洪灾和生命财产损失。

（三）形成条件

台风形成于热带洋面，而且都是由热带扰动发展而成的，但热带扰动并不一定都发展成热带气旋。热带扰动即使发展成热带气旋，达到的强度也不同，因此关于热带气旋的形成及其发展机制，至今尚无完善的结论。但人们根据大量的观测和研究，总结出了热带气旋形成和发展必备的 4 个基本条件，具体如下：

（1）广阔的高温洋面，海面水温在 26~27 ℃以上。这是形成热带气旋的能量来源或热力条件。因为暖海面蕴藏着较大的能量，海面蒸发旺盛，海气间强烈的湍流输送过程，使低层大气获得大量暖而湿的空气，所以形成大气层结的条件不稳定性。当低层湿空气块从低层抬升至自由对流高度后，气块就会加速上升，并伴随大量潜热的释放，形成比周围空气温度高的暖中心。因而广阔的高温洋面成为热带气旋形成、发展的必要条件。据统计，海面水温低于 26.5 ℃的洋面，一般不会有台风发生，而海面水温高于 29~30 ℃的洋面则极易发生台风。北太平洋西部的低纬洋面暖季（7—10 月）海面水温可达 30 ℃以上，水汽又充沛，因而成为全球台风发生最多的区域。

（2）初始的扰动，使条件不稳定大气积蓄的不稳定能量释放出来，转化为发展热带气旋的动能。因此，初始扰动是热带气旋形成、发展的启动机制。大气低层的初始扰动，使气流在摩擦作用下形成水平辐合，同时在科里奥利力作用下，产生上升运动，使气块抬升至自由对流高度，释放不稳定能量。热带辐合带、东风波都是气流辐合的系统，极易产生初始扰动，成为热带气旋形成、发展的有利流场。

（3）合适的科里奥利参数值，形成了一定的科里奥利力作用，使初始扰动产生的辐合气流能逐渐发展成强大的沿逆时针方向（北半球）旋转的水平涡旋，加强气旋性环流。如果没有科里奥利力的作用，或科里奥利力过小，达不到一定的数值，那么水平辐合气流可径直到达低压中心，发生空气堆积，中心填塞，致使气旋性涡旋强度减弱或不能形成。赤道处的信风辐合带，即使水平辐合很强，也无法形成热带气旋。因此，只有在距赤道 5 个纬距以外的地区，科里奥利参数 f 才能达到一定的数值，利于台风形成。

（4）对流层风速的垂直切变要小。风速垂直切变小，则上下层空气的相对运动小，可使水平范围不大的热带初始扰动中的积云和积雨云产生的凝结潜热集中在有限空间内，很快形成暖中心结构，保证了气压迅速降低，形成台风。如果对流层风速垂直切变很大，凝结潜热会被带离初始扰动区上空，平流出去。不利于暖心结构的形成和维持，因而不利于台风的形成和发展。

（四）移动

热带气旋移动的方向和速度取决于作用其上的各种力，包括外力和内力。外力是热带气旋所在的大尺度环流背景场中的气压梯度力，以及旋转地球上运动物体所受到的科里奥利力。内力包括涡旋内部因垂直运动、旋转运动及移动过程中所受科里奥利力等的合力。

观测资料表明，在环流背景场较强和比较稳定的情况下，热带气旋将沿着它所在气层的大型地转流场的平均方向移动，其移动速度是各层大型地转流场速率的平均值，这就是热带气旋移动的引导气流原理。按照这一原理，位于北半球副热带高压南侧或南半球副热带高压北侧东风带中的热带气旋向西移动，当热带气旋移至北半球副热带高压北侧，受西风带影响则转向东移动。如果大型环流背景场的气压梯度力较小，热带气旋范围较大，风速较强，内力就会起主要作用。对一个结构完全对称的热带气旋而言，其逆时针旋转（北半球）和垂直上升运动的结果是使气旋向西北方向移动。

根据全球近 150 年热带气旋路径图，在菲律宾附近的西太平洋，有许多强台风在那里生成并传播，形成于北太平洋和北大西洋的热带气旋在东风带的驱动下向西或西北方向移动，在副高引导气流的作用下转向东或东北方向移动。相比之下，加勒比海和墨西哥湾的热带气旋，强度稍弱；而有些靠近赤道的热带气旋尚处于初始发展阶段，强度更弱。在 5° N~5° S 之间的区域，即使有频繁的雷暴等扰动，但由于缺乏科里奥利力的“旋转”作用而无法发展成热带气旋。而形成于印度洋的热带气旋因不受副高影响，主要向西北方向移动。南半球形成于南太平洋和南印度洋的热带气旋也是在东风带的驱动下向西或西北方向移动，绕副高外缘转向南或西南方向移动。另一个明显的特征是东南太平洋和南大西洋没有热带气旋发生。在南美洲西部，秘鲁寒流沿着智利、秘鲁和厄瓜多尔的海岸蜿蜒向北，从南极地区带来了凉爽的海水。类似的情况也发生在受本格拉寒流影响的海区。

形成于西太平洋的热带气旋是登陆和影响中国的主要系统，以下主要分析影响中国的热带气旋移动路径（图 6.28）。

彩图 6·28
截至 2006 年的全球近 150 年热带气旋路径和强度

（1）**登陆类**。即登陆中国沿海各省级行政区的热带气旋。据 1949—2014 年的资料统计，平均每年约有 6.9 个热带气旋（仅包括登陆时风力达 8 级及以上强度）在中国沿海地区登陆，其中主要集中在广东、台湾、福建和海南等四省，占全部登陆频数的 83.6%。由于中国海岸线蜿蜒曲折、岛屿众多，因此台风有多次登陆的特点，尤其是登陆台湾岛后，穿过台湾海峡在福建等地二次甚至四次登陆（9012 号台风）。

（2）**西行类**。当西北太平洋高压脊呈东西走向，而且强大、稳定时，或西北太平洋副高不断增强西伸时，热带气旋从菲律宾以东洋面向西移动，进入中国南海，影响南部各省级行政区，对中国华南地区影响最大。

（3）**近海转向类**。即热带气旋在中国东部近海北上或转向东北方向移动，此类路径的热带气旋常给东南沿海地区带来严重影响，有时甚至影响东北地区。

（4）**其他类**。除上述路径外的其他路径。

热带气旋移动路径随季节有所不同。夏季多为西北路径，其他季节多为西移和转向路径。其中西移路径的纬度随季节有所变动：1—4 月多在 10° N 以南，5—6 月多在 10~15° N 之间，7—8 月多在 15~25° N 之间，9—10 月南移至 15~20° N 之间，11—12 月多在 10~15° N 之间。转向路径的转向点的纬度和经度也随季节发生变化：自冬至夏转向点从低纬度地区移向高纬度地区，盛夏达到最北，从夏至冬则移至低纬度地区。转向点的经向变化是 5—10 月向东移，11—12 月向西移。

台风移动的平均速度为 20~30 km/h，转向时移速较慢。此外，热带气旋在移动过程中有左右摆动或停滞、打转等情况，移速也较慢。转向后的热带气旋移速会加快。

世界气象组织（WMO）台风委员会的所有成员及环西北太平洋的 WMO 有关成员共同贡献了热带气旋命名表的名字，并经世界气象组织台风委员讨论通过。从 2000 年 1 月 1 日开始，台风起名全部源自命名表中的 140 个名字，按顺序命名，循环使用。对造成特别严重灾害的热带气旋，台风委员会成员可以申请将该热带气旋使用的名字从命名表中删去，此名字成为某个灾害特别严重的热带气旋的专有命名，也可以因为其他原因申请删除名字。每年的台风委员会届会将审议台风命名表，用新的命名代替已删去的命名。

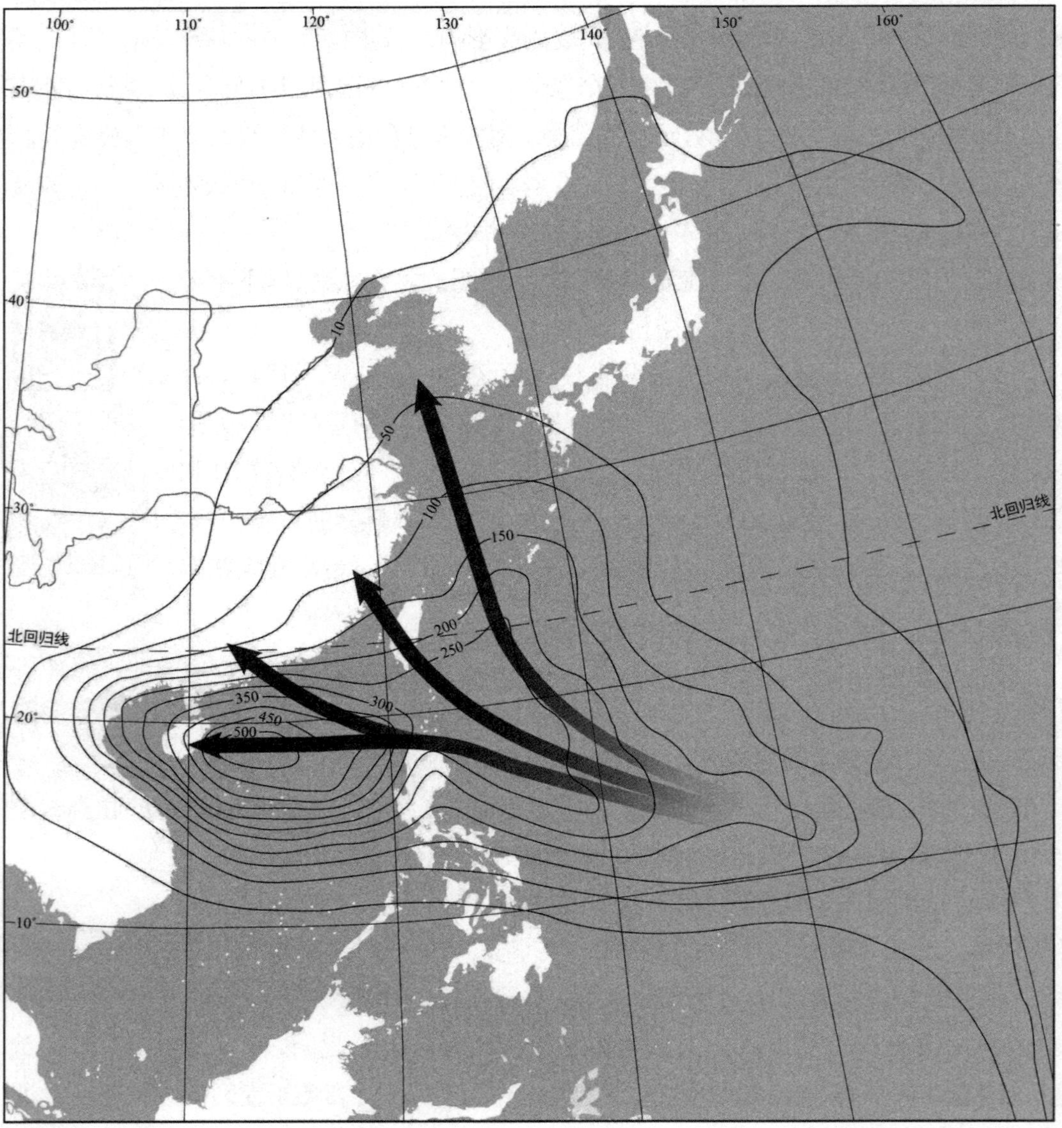

图 6.28　影响中国的台风路径示意图（中国气象百科全书，2016；中国气象局上海台风研究所，2017）
等值线表明台风在该地点的出现频数

第四节　对流性天气系统

在暖季，在大气层结处于不稳定状态、空中有充沛水汽、并有足够对流冲击力的条件下，大气中的对流运动得到强劲发展，其所形成的天气系统称为对流性天气系统（convective weather systems），如雷暴、龙卷、飑线、冰雹等。这些天气系统不仅水平尺度小、生命周期短，而且气象要素水平梯度很大、天气现象剧烈，具有很大的破坏力，往往是一种灾害性天气系统。

一、系统特征及其环流背景

前文介绍的天气系统属于天气尺度或大尺度（表6.1），对流性天气系统则属于中小尺度，其发生发展过程、热力和动力特征等与天气或大尺度系统具有明显差别。对流性天气系统一般具有以下三条基本特征（伍荣生，2002）：

（1）水平尺度小，生命周期短。对流性天气系统的水平空间尺度一般在 10^0~10^3 km 数量级，垂直尺度一般为10 km左右，可达对流层中上层。其生命周期往往与水平尺度对应：水平尺度越小，生命周期越短。一般水平尺度为 10^2~10^3 km，生命周期为1~5 d；水平尺度为 10^1~10^2 km，生命周期为3 h~1 d；水平尺度为 10^0~10^1 km，生命周期为1 h。

（2）气压要素水平梯度大，天气强烈。气压、温度等主要气象要素在水平方向的梯度往往较大。前文提到，大尺度系统水平气压梯度一般为0.009~0.03 hPa/km，而对流性天气系统水平气压梯度可以达到1~3 hPa/km，数量级相当于大尺度水平气压梯度的100~1 000倍。再如在一些强对流天气系统内，温度水平梯度可达到0.5 ℃/km。由于气象要素水平梯度大，因此天气现象具有突发、剧烈、局地等特点。

（3）非地转平衡与非静力平衡。前面介绍的大尺度天气系统的水平气压梯度力与科里奥利力平衡具有准地转特征，垂直气压梯度力与重力平衡具有静力平衡特征。然而在对流性天气系统中，水平气压梯度力与科里奥利力不平衡，加速度往往与科里奥利力和水平气压梯度力具有相同的数量级，空气运动往往为非地转平衡状态。垂直方向的气压梯度力与重力也不平衡，不满足静力平衡特征，形成强烈的天气现象。

以下介绍几种主要的对流性天气系统。

二、雷暴

雷暴（thunderstorm）是由旺盛积雨云所引起的伴有闪电、雷鸣和强阵雨的局地风暴。没有降水的闪电、雷鸣现象，称为干雷暴。当雷暴过境时，气象要素和天气现象会发生剧烈变化，如气压猛升，风速大增。瞬时风速一般为15~25 m/s，风速极大时甚至可达40 m/s。降水阵性强，形成暴雨。强烈的雷暴甚至带来冰雹、龙卷等严重灾害。通常把只伴有阵雨的雷暴称为一般雷暴，把伴有暴雨、大风、冰雹（hail）、龙卷（tornado）等严重灾害性天气现象之一者，称为强雷暴。

产生雷暴的积雨云称为雷暴云。一个雷暴云称为一个雷暴单体，水平尺度为十几千米。多个雷暴单体成群成带地聚集在一起称为雷暴群或雷暴带，水平尺度可达数百千米。雷暴通常由一个或几个雷暴单体组成。每个雷暴单体实质就是一个对流单元，经历了由发展、成熟到消失的对流云发展过程（详见第四章图 4.4），每个阶段持续十几分钟到半小时。

雷暴形成于层结强烈不稳定的大气中，在这种大气的低层，如果存在使低层空气抬升至一定高度的触发条件，就可产生对流云。这些触发机制包括：① 地表不均匀加热，受热后空气上升；② 地形的影响或边界层气流辐合；③ 高层气流辐散并伴有近地面气流辐合和空气抬升；④ 暖空气沿锋面抬升。

雷暴活动具有一定的地区性和季节性。据统计，低纬度地区雷暴出现的次数多于中纬度地区，中纬度地区又多于高纬度地区。这是由于低纬度地区终年高温、多雨，空气处于暖湿不稳定状态，容易形成雷暴。在中纬度地区夏半年，近地层大气增温、增湿，大气层结不稳定度增大，同时经常有天气系统活动，雷暴次数也较多。高纬度气温低、湿度小，大气比较稳定，雷暴很少出现。就同纬度地区来说，雷暴出现次数，一般是山地多于平原，内陆多于沿海。一年中雷暴出现最多的季节是夏季，春秋次之，冬季除暖湿地区外，极少出现雷暴。

雷暴的移动受地理条件的影响很大。雷暴在山区受山地阻挡，常沿山地走向移动，如果山地不高，发展强盛的雷暴就可越山地而过。在海岸、江河、湖泊地区，白天因水面温度较低，常有局部下沉气流产生，致使雷暴强度减弱甚至消失，而一些较弱雷暴往往不能越过水面而沿岸移动，但在夜间，雷暴可能增强。

1. 一般雷暴

一般雷暴出现的闪电、雷鸣、暴雨、阵风等天气现象与雷暴云的发展过程密切相关。当积雨云的云顶发展到 −20 ℃等温线以上高度时，云中会出现足够多的冰晶，导致云内产生起电现象，出现闪电和雷鸣现象。第一次雷鸣表明云顶已达到 −20 ℃等温线高度附近。一般云中放电强度及频繁程度与雷暴云的高度和强度有关，随着云顶增高，闪电和雷鸣现象愈加频繁。在雷暴云上升气流最强区域附近，会出现水滴累积区，当累积量超过上升气流的顶托能力时，就产生降雨。累积区的水倾盆而下造成阵雨或暴雨，持续时间为几分钟到数小时不等，视雷暴云的强弱及含水量多少而定。在积云阶段，地面风一般很弱，低空有向云区的辐合，促使上升气流发展。到雷暴云成熟阶段，云中产生的下沉气流冲到地面附近，向四周散开，形成阵风。一般来说，阵风发生前，风力较弱，风向不定。阵风发生时，风向多呈气旋式旋转，然后又呈反气旋式旋转（朱乾根等，2007）。

2. 强雷暴

强雷暴伴有大风、冰雹和龙卷等灾害性天气。这是因为其系统内的垂直气流强度比一般雷暴更强，而且发展到一定阶段时，会出现一个可以维持数小时、近乎稳定、较大较强、且高度组织化、不对称的垂直环流。按其结构特征，可将其分为超级单体风暴（supercell storm）和多单体风暴。

（1）**超级单体风暴**。超级单体风暴是具有单一特大垂直环流的强风暴云，一般不常出现。在其几小时的生命周期内，它一直维持很高的云顶高度，且升降幅度很小。云内垂直气流分为两部分：前部分为上升区，后部分为下沉区（图 6.29）。上升气流来自低空暖湿空气，因为属于气旋式流动，气流从风暴云柱右前下方流入，向风暴后方倾斜上升，按逆时针方向旋进。到高空后，一部分甚至穿过对流层顶，伸展到平流层下部，大部分在强垂直切变的影响下，沿高空风向从云柱前上方流出，形成云砧。这支斜升气流的上升速度一般为 10~30 m/s。风暴后部的下沉气流来自三种作用的综合：降水的拖曳作用、中层外围干冷空气的卷入和中层从云后部直接进入的云中干空气。云内水滴通过这些干空气时存在强烈的蒸发冷却效应，因而形成很冷的下沉气流。它们在近地面辐散，并在其前方与暖湿空气的交界处形成"阵风前沿线"。下沉气流迫使暖空气倾斜上升，一方面使其前方的对流不断发展，另一方面因为是倾斜的上升气流，雨滴或雹块等降水物降落时可以很快脱离上升气流，不至于削弱其上升气流的垂直动量，使强对流得以维持较长时间，形成较为稳定的风暴云。风暴的运动方向一般偏向于对流云中层（700 hPa 等压面上下）风的右侧。风暴右前方从云底到中层最强上升气流高度处，因为有强上升气流的持续流入，凝结的云滴来不及增长就被带走，形成只有小云滴、没有或少有大云滴的区域，甚至无云。这个部分在雷达照片上所呈现的是一个没有或弱的回波区[①]。因为其从风暴云右翼伸展至风暴云内，并在云中向上凸起一段距离，因此被称为穹隆区。穹隆区上部的下风方向所在区域为大水滴或冰雹的累积区，称为雹胚幡（图 6.29）。

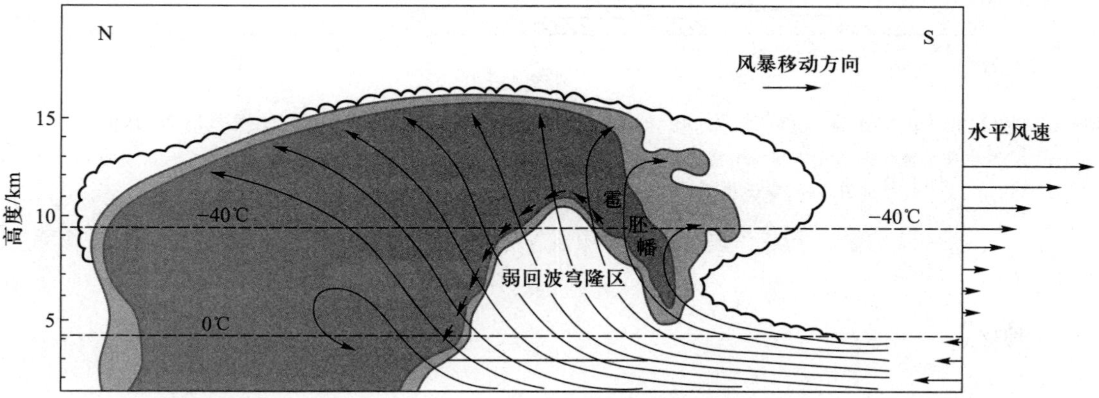

图 6.29　超级单体风暴垂直剖面示意图（中国大百科全书总编辑委员会，1987，Fankhauser，1976）
图中矢量线条为气流相对于雷暴的流线

（2）**多单体风暴**。这类风暴更为多见。它们由许多处于不同发展阶段的单体风暴组成。这些单体风暴不像一般雷暴中的许多单体那样随机发生和相互干扰，而是有组织地排列，不断在风暴复合体的右侧发生，在左侧消亡，使风暴整体偏向环境风的右侧移动。各不

---

① 雷达回波：雷达发射出的电磁波以光速在空中传播，遇到目标物后反射和散射，被雷达接收机接收，在雷达显示器上显示出各种回波的强弱。通过测量所接收到的目标回波信号与发射脉冲之间的时间间隔，可以计算目标物距离。含水物质对于雷达发射的电磁波除有一部分被吸收、损耗和散射外，其余都被反射产生有效的回波，而被气象雷达检测出来。反射回的信号强弱与目标含水量有关，含水量越高，回波信号越强，反之越弱。

同阶段的单体风暴前后发展的时间间隔约为十几分钟，每个单体的生命周期为几十分钟左右，于是通过单体的连续更替，多单体风暴可维持较长的时间。如图 6.30 所示，沿多单体风暴移动方向有 $n+1$，n，$n-1$，$n-2$ 共四个对流单体，它们处于不同的发展阶段：$n+1$ 是初生单体，n 是发展单体，$n-1$ 是成熟单体，$n-2$ 处于消亡阶段。虽然包含处于不同阶段的对流单体，但是整个风暴是一个整体，其前部存在一支上升气流，后部则存在一支下沉气流。

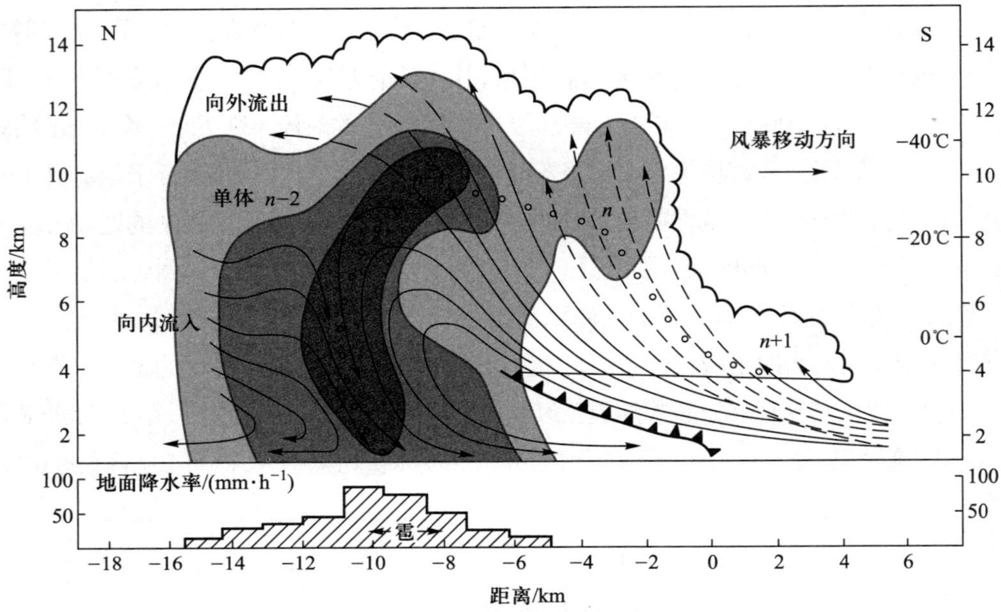

图 6.30　沿多单体风暴移动方向的铅直剖面示意图（中国大百科全书总编辑委员会，1987）

图中矢量线条表示气流相对于雷暴的流线，圆圈表示自云底云滴成长到落地云滴直径达 1.5 cm 雹粒所经过的路径，锯齿状粗实线表示冷锋，背景灰度逐渐增加表示雷达回波由强变弱

三、飑线

飑（biāo）线（squall line）是指排列成带状的雷暴群所构成的风向、风速突变的狭窄的强对流天气带。飑线过境时，风向突变、风速急增、气压骤升、气温剧降，同时伴有雷暴、暴雨，甚至冰雹、龙卷风等天气现象。因而飑线是一种具备很强的破坏力的严重灾害性天气。

飑线的宽度一般不大，有的不及一千米，有的到几千米，最宽可至几十千米。长度一般为几十千米到几百千米，一般为 150~300 km。垂直范围只有 3 km 左右。生命周期多为 4~10 小时，短的只有几十分钟。

人们通过气象雷达探测资料发现，飑线从形成到消失要经历三个发展阶段：① 形成阶段：多块孤立的对流单体组成的比较离散的回波带，水平尺度一般为 10~20 km。随着对流单体的发展和合并，尺度增大，对流单体顶高由 7~8 km 发展到 11~12 km，逐步形成带状，雷阵雨天气开始，地面风速加大。② 发展阶段：对流单体和雷暴群显著发展，雷暴带的长度和宽度均增加，长度可达几十千米，顶高达到 14~18 km 甚至更高。地面风速一般可超过 25 m/s，每小时雨量可达 40~60 mm，严重时可出现冰雹和龙卷风。③ 减弱阶段：飑线逐渐减弱，回波带宽度加大，结构逐渐变得松散，云顶高度下降，降水强度减少，风速减弱。

飑线产生于强烈的位势不稳定层结条件下。这种不稳定层结条件多由中层或高层冷平流叠加在低层暖湿气流之上所致。它同时也可能与高空急流有一定的联系，多发生于急流区或风的垂直切变较大的区域。飑线的移动方向和移动速度不仅和高空气流有关，还因其发展阶段不同而异。形成阶段的飑线移动方向基本和高空气流方向一致，移动速度较慢，一般为 30~40 km/h。发展阶段的飑线移动方向多偏于 500 hPa 或 700 hPa 等压面气流方向的右侧，移动速度一般为 40~80 km/h，快者可达到 80~120 km/h。减弱阶段的飑线移动速度较慢，一般为 30~40 km/h，移动方向与高空气流方向一致。飑线上对流单体的移动方向有时与飑线一致，有时偏向飑线移动反向的左侧，但交角小于 60°。

四、龙卷

龙卷是自雷暴积雨云底部伸出来并到达地面的漏斗状涡旋云柱。龙卷伸展到地面时引起的强烈旋风，称为龙卷风，是一种破坏力最强的小尺度天气系统。由于漏斗云内的气压很低，具有很强的吮吸作用，当漏斗云（funnel cloud）接触到陆地表面时，可摧毁建筑物、大树等，将大量沙尘和地表物质吸到空中，形成尘柱，称为陆龙卷。当漏斗云接触到海洋表面时，能吸起高大水柱，称之为水龙卷或海龙卷。海龙卷一般比陆龙卷弱，水平范围也较陆龙卷小。

龙卷的水平尺度很小，在近地层的直径一般为几米到几百米，平均约为 250 m。龙卷在空中的直径可达 3~4 km，甚至 10 km。垂直范围在 3~15 km 之间。生命周期为几分钟到几十分钟，移动距离一般为几百米到几千米，个别可达几十千米。龙卷是一种强烈旋转的小涡旋，中心气压很低，一般比同一高度的环境气压低几十百帕。强龙卷中心附近的地面气压可低至 400 hPa 以下，极端情况可低至 200 hPa。由于中心气压很低、水平气压梯度极大，因此风速和气流上升速度都很快。据估计，龙卷中心附近的风速达几十到一百米每秒，极端情况可达 150 m/s 以上。中心气压急剧降低导致水汽迅速凝结，形成漏斗状云柱。极强的风速和上升气流带来了巨大的破坏力。

龙卷的旋转方向在北半球主要是气旋式（逆时针方向）旋转，但也有少数成反气旋式（顺时针方向）旋转。虽然人们很早就知道龙卷生成在很强的热力不稳定的大气中，但是至今其生成机制仍无法准确地解释。根据天气资料的分析，龙卷出现在水平尺度为几十千米的中尺度气旋中，称为龙卷气旋。该气旋可延伸到相当高的高空，在地面龙卷出现之前半小时就已存在，多出现在强烈冷锋和飑线附近的强风暴中，在台风外围的强烈不稳定区有时也能见到。龙卷气旋中往往存在几个尺度更小的涡旋,称为龙卷涡旋。这些涡旋中会出现一个或几个可见的龙卷漏斗。龙卷漏斗中又存在更小的吸管涡旋,正是这种吸管涡旋具有强烈的破坏力(图 6.31)。漏斗状云体的轴线一般垂直于地表,当有风的垂直切变时,轴线也可能倾斜或折曲。龙卷通常单个出现,有时也成对出现。而成对龙卷的旋转方向往往相反,一个是气旋式,另一个是反气旋式。

图 6.31　2011 年摄影师米奇 - 多布罗涅在美国 North Dakota 州拍摄到的龙卷着陆过程

该龙卷被命名为“绳状龙卷风”

从世界范围来看,龙卷主要发生在中纬度(30° ~50°)地区。美国是龙卷出现次数最多的国家,平均每年出现 500 次左右。澳大利亚、日本次之。在我国也能见到龙卷,它们主要出现在华南、华东一带,南海和台湾海峡有时会出现水龙卷,多见于春季、夏初。龙卷的巨大破坏力由三部分构成:① 极大的风压摧毁沿途建筑物、大树;② 建筑物与龙卷间的巨大气压梯度力使建筑物由内向外爆炸;③ 上升气流极强将重量很大的物体卷入高空又抛至地面。由此可见,龙卷造成的不仅仅是风害,还有多种次生灾害。

本章小结

纬向环流和经向环流的转换,反映了中高纬度地区冷暖空气交绥和角逐的环流特点。由此可知,西风带长波的发生、发展和变化,对于中高纬度地区高空环流系统的形成和演变,有着极为重要的意义。本章首先引入了冷锋、暖锋、准静止锋和锢囚锋的三维空间特征、形成规律,以及天气学意义;剖析了极涡、阻塞高压和切断低压,以及高空槽和切变线等西风带大型波动的基本特点和一般天气过程。然后,通过分析斜压系统发展的高空温压场配置,解释了当高空槽前地面为气旋，槽后地面为反气旋，在温度槽落后于高空槽的配置下，温带气旋的发生发展机制。最后，重点讨论了副热带高压的移动和滞留对我国华南前汛期降水、江淮准静止锋降水，以及华北和东北雨带的影响；介绍了热带气旋和热带辐合带等低纬度主要天气系统，以及强对流天气的一般特征。显然，这些短期天气过程不仅在大气环流的制约下活动，而且深受海陆分布和地形特征的影响。在第八、九、十章的气候部分我们将看到，这些天气过程的长期行为决定了所在区域的气候特征。

习　题

1. 简述气团的定义、分类和性质。如果一个地区被认为是气团源地，那么需要满足哪些条件？我国陆地面积广大，为什么不是气团源地？影响我国东部地区的气团主要是哪些？

2. 根据图 6.32 判断锋面类型，并说明判断依据。

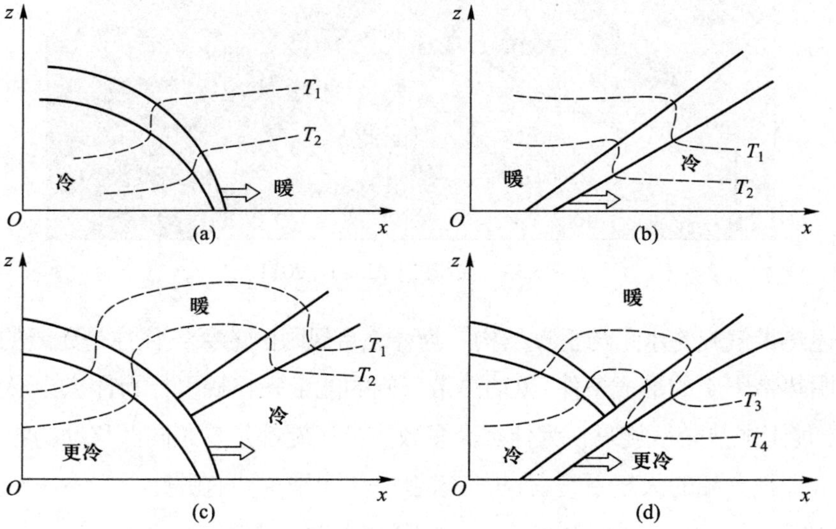

图 6.32　各类锋面结构（朱乾根等，2007）

3. 根据以下海平面天气图（图 6.33），说明随着锋面的邻近和过境，位于 P' 点的观察者看到的云的类型和天气状况。

4. 简述温带气旋的发生发展过程。为什么地面气旋的发展对应于高空槽前？为什么在高空气流辐散小于地面气流辐合时，低压会减弱？

5. 分析副热带高压对我国东部地区降水分布与变化的的影响。

6. 温带气旋和热带气旋分别代表什么样的天气特征？发生在哪些地区？比较它们在系统结构、天气特征和形成成因上的差别。

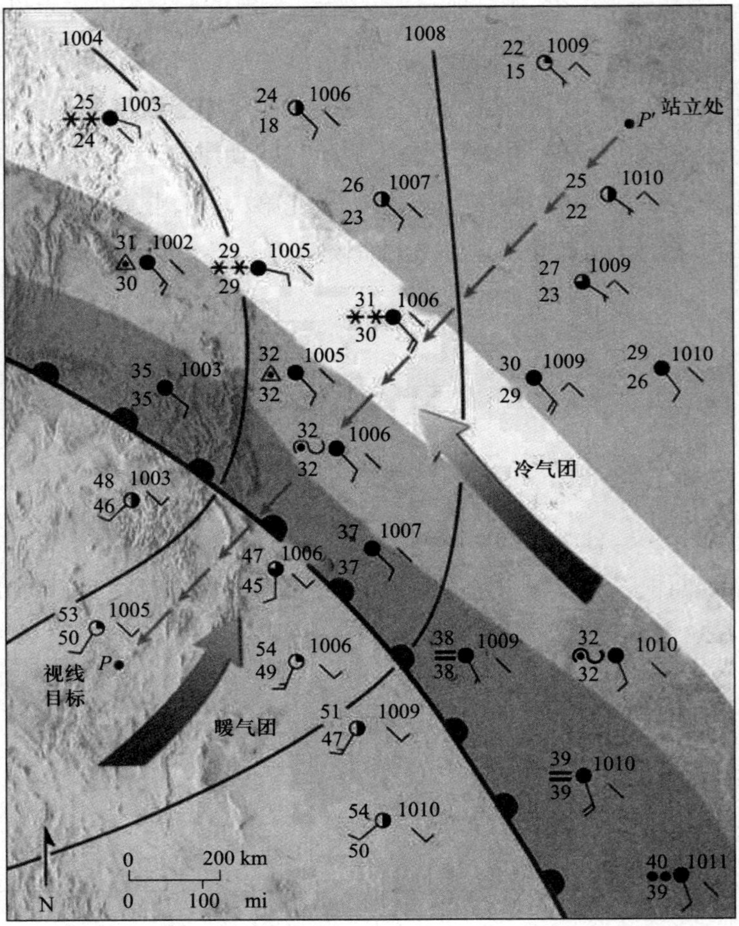

图 6.33　天气图（Ahrens，2011）

7. 简述热带气旋的水平与垂直结构。为什么台风眼区的天气往往是无云的晴天？

8. 说明热带气旋的形成条件，驱动热带气旋的能量来自哪里？为什么会形成如此大的风？陆地上能形成热带气旋吗？为什么大多数热带气旋都是自东向西移动的？

9. 结合课程介绍的天气系统，分析你家乡一年四季主要有哪些天气系统？分别带来什么样的天气？

主要参考文献

［1］王遵娅，丁一汇．中国雨季的气候学特征［J］．大气科学，2008，32（1）：1–13.

［2］吴国雄，丑纪范，刘屹岷，等．副热带高压形成和变异的动力学问题［M］．北京：科学出版社，2002.

[3] 伍荣生．现代天气学原理[M]. 北京：高等教育出版社，2002.

[4] 中国大百科全书总编辑委员会本卷编辑委员会，中国大百科全书出版社编辑部编．中国大百科全书(大气科学 海洋科学 水文科学)[M]. 北京：中国大百科全书出版社，1987.

[5]《中国气象百科全书》总编辑委员会．中国气象百科全书(气象科学基础卷)[M]. 北京：气象出版社，2016：164，203，213.

[6] 中国气象局国家气候中心．国家气候中心气候系统监测、诊断、预测、评估[EB/OL].

[7] 中国气象局上海台风研究所．西北太平洋热带气旋气候图集[M]. 北京：科学出版社，2017：104–113.

[8] 朱乾根，林锦瑞，寿绍文，等．天气学原理和方法[M]. 4 版．北京：气象出版社，2007.

[9] AHRENS C D. Meteorology today: an introduction to weather, climate, and the environment [M]. 9th ed. Belmont, CA, USA: Brooks/Cole, Cengage Learning, 2009.

[10] FANKHAUSER J C. Structure of an evolving hailstorm, Part Ⅱ: Thermodynamic structure and airflow in the near environment [J]. Monthly Weather Review, 1976, 104: 576–587.

[11] LUTGENS F K, TARBUCK E J. 气象学与生活[M]. 陈星，黄樱，译．北京：电子工业出版社，2016.

第七章　大气边界层

大气边界层（atmospheric boundary layer）可定义为直接受地面影响的那部分对流层，亦可称为行星边界层或摩擦层。大气边界层响应下垫面强迫的时间尺度为1小时或更短，其高度随时空变化而改变，幅度可达几百米到上千米。大气边界层与其他流体边界层不同，更多地受到大气层结、下垫面辐射强迫、摩擦力、地球自转和重力场的影响，明显地受到人类活动的干扰。大气边界层中许多气象要素的观测值与其他大气层次的观测结果大相径庭，且随地形而异。大气边界层与上层自由大气存在感热、潜热和动量的交换，使大气边界层成为气候系统中大气圈与各圈层耦合的重要界面，由此形成的大气边界层气候，以及相应的水文、土壤、景观生态特征，影响着地球自然环境分异的基本格局。

第一节　大气边界层基本特征

一、大气边界层的分层

大气边界层内无处不在的湍流和气象要素显著的日变化规律，是区别于大气层其他部分的最显著特征。湍流是一种风速大小和方向不断变化的小尺度、不规则的空气运动。湍流使大气中的动量、热量、水汽和污染物的水平和垂直运动交换明显增强，对光波、声波和电磁波在大气中的传播产生干扰。日出后，地面通过湍流交换，向上输送感热和潜热，渐次加热上层气温；入夜之后，地面冷却降温。当湍流运动活跃时，湍流输送导致高层大型温压场大气运动的动量向下传递，经过大气边界层到达地面，以补偿下垫面因摩擦损耗的动能，相应地产生了边界层内风的日变化。由图7.1可见，大气边界层呈现多层结构。根据湍流摩擦力、气压梯度力和科里奥利力在不同层次上的大小，可以将大气边界层分为以下三层：

（1）**黏性副层**。它是紧贴地面的薄层，该层分子黏性应力远大于湍流切应力，但典型厚度小于1 cm，可忽略不计。

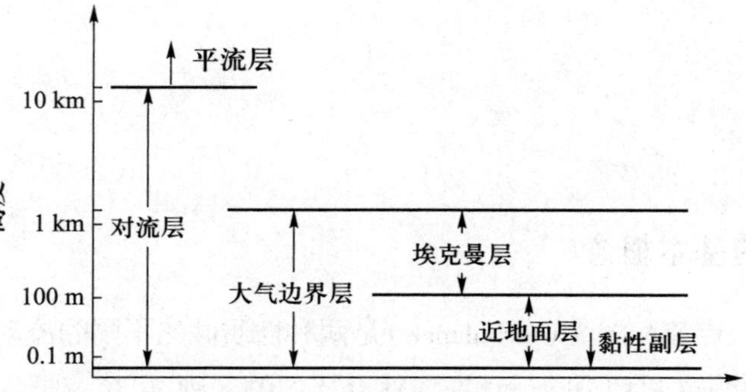

图 7.1　大气边界层分层示意图

（2）**近地面层**。该层从黏性副层到 50~100 m 的高度，其大气运动呈现明显的湍流性质。湍流通量随高度变化的变化率较小，可以假设湍流通量近似不变，故称为常通量层或常应力层。

（3）**埃克曼层**。它是从近地面层到大气边界层顶（1~1.5 km）的高度，这一层的特点是气压梯度力、科里奥利力和湍流摩擦力数量级相当，均不可忽略。大气边界层以上的大气层是自由大气。在大气边界层和自由大气之间还有一个过渡的夹卷层。在自由大气中，气压梯度力和科里奥利力达到平衡，大气运动符合地转风近似，下垫面的影响可忽略不计。

为了引入湍流的概念，可以用图 7.2 的观测数据来解释长波辐射和湍流输送对近地层大气的加热作用。根据上海市宝山国家基本气象站（经度为 121° 27′ E，纬度为 31° 24′ N）2019 年 5 月 22—25 日的百叶箱气温记录和微波辐射计反演的 850 hPa 等压面（对应 1.5 km 高空）气温值，图中 850 hPa 等压面的温度没有明显的日变化，而地表明显的温度周期性变化则反映了陆地大气边界层的关键特征之一。实际上大气边界层仅仅吸收了很少的太阳辐射，约 90% 的太阳辐射被下垫面所吸收。地表长波辐射对近地层空气的加热，直接影响着近地面气温的日变化，因此在边界层热量输送的过程中，湍流扮演了重要的角色。即在日出后的一段时间里，整个对流层都随地面加热产生湍流输送而发生变化，最后达到平衡，这个过程是始于本章一开始定义的 1 小时或更短的时间（Stull，2003）。

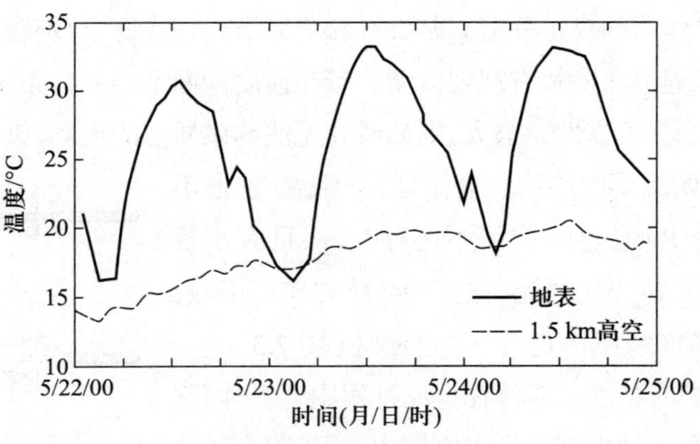

图 7.2　2019 年 5 月 22—25 日上海市宝山气象站（站号：58362）百叶箱逐时气温记录和相应的微波辐射计 850 hPa 等压面气温反演值（刘延安提供）

二、湍流

（一）湍流的基本概念

在流体运动中，层流和湍流（turbulance）是两种性质截然不同的流动状态，在一定条件下可以转化。为了说明这两种不同运动在流体介质中的区别，可用英国物理学家雷诺 1883 年首创的圆管水流实验加以解释（图 7.3）。雷诺把染料注入直径为 D 的直管中，染料微粒随管内的流体沿管道以平均流速 v 流动。当流速较小时，有颜色的细流保持为一条完整的直线，流体处于稳定的层流状态；随着流速增大，染色流线开始弯曲。当流速超过某一个临界值时，染色流线与周围无颜色的流体发生不规则的混合，染色流线不复存在。为了判别这种层流向湍流转换的临界值，雷诺引入了表述流体运动的惯性力（ρvr）与黏滞力（η）之比的雷诺数：

$$\frac{\text{惯性力}}{\text{黏滞力}}=\frac{\rho vr}{\eta}=Re \tag{7.1}$$

式中：ρ 为流体密度，v 为流速，r 为圆管半径，η 为流体的黏滞系数。

一般认为，雷诺数和流动状态存在如下的对应关系：

Re<1 200~2 000	层流
2 000 ≤ Re<2 300	不稳定
Re ≥ 2 300	湍流

可见，流体运动存在黏滞性和惯性的相互对立，黏滞性的物理意义是抵抗流体流动的剪切形变。这样，2 300 就是区分流体为层流或湍流的临界值（以 Recr 示之）。当然这个实验非常复杂，目前的临界值已从早期圆管水流实验的 2 300 提升到目前的 1.5×10^5（余志豪等，2004）。雷诺数 Re 是量纲一的量，雷诺数 Re 与临界值 Recr 的比较就可反映这两种力对流动起主导作用的对比程度。若染料和流体质点在截面上没有横向混合，则染料随流体各质点平行于管道内壁做有规则流动。若在速度剖面上染料分布呈抛物线状，则表明 Re<Recr，流动是层流；若惯性力很大，则黏滞力无法约束质点的运动，染料在截面上有横向混合，即染料随流体流动的路线出现波动，互相缠绕，很不规则，则表明 Re ≥ Recr，这时层流不再存在，一旦有小扰动，扰动就会增长而转变成湍流。这个 Re 被称作雷诺数，临界值 Recr 是层流向湍流转变的一个过渡区（图 7.3）。

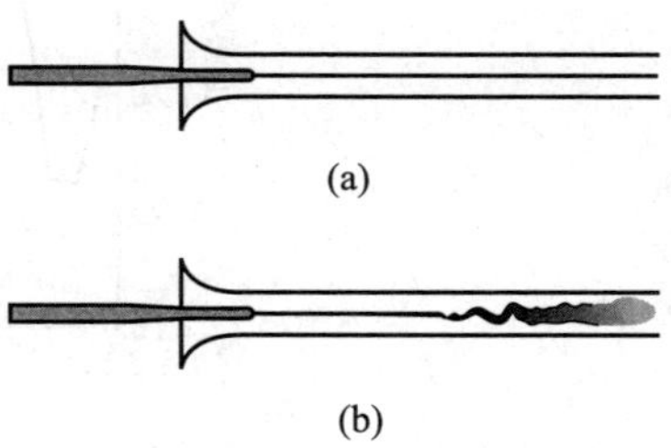

图 7.3　层流和湍流

（a）层流；（b）湍流

实际上，流体都有黏性。流体在运动过程中，由于内部存在动量交换，会在流体内部产生内摩擦力，用来阻止流体层之间的相对运动。而这个内摩擦力就被称为黏性力。一般把单位时间内通过单位面积上的动量流，视为作用在该面元上的应力；单位面积上的黏性力就被称为黏性应力；湍流切应力是与湍流动量输送相伴随的应力，是由湍流强度脉动引起的。

对地球大气边界层的空气运动，如果特征长度取离地面 1 m，水平速度取 0.1 m/s，$\nu=1.46\times10^{-5}\ m^2/s$，那么大气雷诺数可大于 6 000，因此大气边界层的流体运动完全是一种湍流运动（盛裴轩等，2013）。大气的气流是许多不同尺度运动的叠加，当气流中包含了许多不同尺度的无规则涡旋（湍涡）时，这种气流被称为湍流。单独的涡旋极易消失，被一连串不同的涡旋替代。

大气中的风可以分为平均风、波动和湍流三大类，其中任何一类都可独立存在，或者与另外两类同时存在于大气边界层中。这一层中的水分、热量、动量和污染物等物质在水平方向上的输送以平均风为主，在垂直方向上以湍流为主。通量是单位面积在单位时间内物理量的输送。边界层气象学的研究内容，往往涉及质量、热量、水汽和污染物等通量的输送。

观测结果表明，日出以后，在太阳短波辐射的作用下，当地表加热不均造成近地层大气不稳定时，浮力是驱动湍流的主要机制，因此其最大湍涡尺度往往可以达到大气边界层厚度的数量级，这种湍涡被称为热泡（thermal），即在发生对流的混合层中，因浮力而上升的大型气柱（Stull，2003）。热泡下部往往由尺度稍小的烟羽（plume）构成。湍流的能量是由大湍涡向小湍涡传递，最后通过分子黏性耗散成为热能。

常见的机械湍流，亦称强迫对流，可由风切变产生，这是湍流的第一类。在风力作用下，由于地面摩擦力引起的小尺度大气湍流，其强度随风速、地面粗糙程度或地形起伏特征及大气稳定度而变化；或者当气流在越过障碍物产生的垂直切变，超过某一临界值时，空气会产生小尺度波状起伏或涡旋，产生切变；此外，在气旋、高空槽、切变线及急流等天气系统附近（详见第六章），也常产生机械湍流。另一类是热力湍流，或称为自由对流。在边界层，热力湍流由暖空气热泡上升和冷空气下沉形成，例如在第四章第二节中，在浮力作用下，形成热泡的上升运动可导致热力对流云的形成；此外，出现在对流层中、高层的热力湍流的强度，一般可通过积状云的发展阶段来判断，大气越不稳定，热力湍流越强。

在边界层大气中，常见的是工厂烟囱排放的污染物，在湍流的影响下，烟流向下风向翻滚扩散（图 7.4）。

图 7.4　工厂烟囱排放的污染物在湍流的影响下向下风向翻滚扩散

为了说明自然界的湍流现象，这里试举一例。图 7.5 展示了由我国 FY-4A 静止气象卫星于 2019 年 1 月 21 日，所监测到的韩国济州岛以南海域上空的“卡门涡街”云。这一湍流现象首先由美籍匈牙利力学家冯·卡门（Theodore von Kármán，1881—1963）发现。他在此基础上创立了“卡门涡街”理论，即在一定条件下的定常来流绕过某些物体时，物体两侧会周期性地脱落出旋转方向相反、排列规则的双列线涡。开始时，这两列线涡分别保持自身的运动前进。在湍流的作用下，下游的两侧会产生两列非对称排列的涡旋，这两列涡旋相互交错排列，各个涡旋和对面两个涡旋的中间点对齐。它们互相干扰，互相吸引，而且干扰程度越来越大，形成非线性的涡街。卡门涡街的形成与雷诺数有关，雷诺数在某一数值范围时，脱落的涡旋有周期规律，但雷诺数大于某个数值，涡旋开始随机脱落，随着雷诺数增大，涡旋脱落的随机性也增大，最后形成湍流。

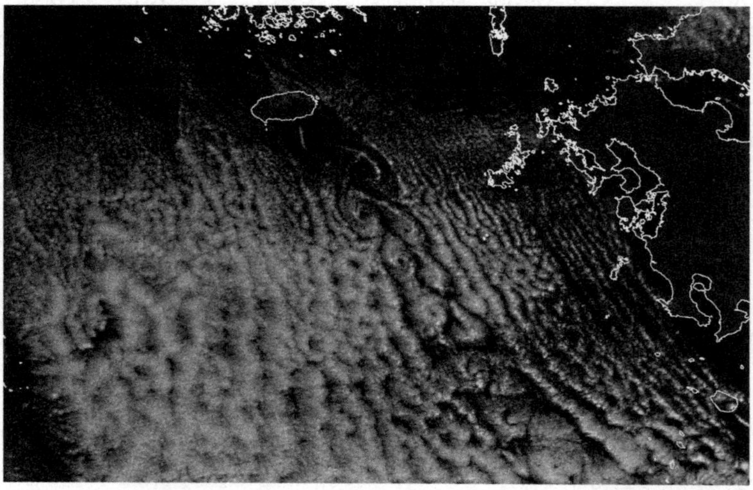

图 7.5　2019 年 1 月 21 日，FY-4A 静止气象卫星于北京时间 9：00—14：30 监测到在韩国济州岛附近的海域上空，形成了“卡门涡街”云（上海市气象局郭巍提供）

图 7.5 的卫星图像显示了冬季寒冷、干燥、无云的极地大陆气团入海后的变性过程（见第六章第一节）。这类云的发展反映了气团入海后，从相对温暖的海面获得热量和水汽，迅速改变了气团的物理属性，从无云天气呈现出积云顺风向平行排列的条状“云街”。特别是在济州岛下风方向，由于非对称排列旋涡气流的作用，因此形成了两列相互交错排列的云的涡旋。

（二）湍流的统计特征*

1. 雷诺平均

由于湍流运动，瞬时风速随时间的变化会变得极不规则，这是湍流的标志性特征。湍流流场的各种特征量是时间和空间的随机量，湍流的随机性导致难以描述湍流的确定性，但是其统计平均值是有规律的。因此，由观测得到的大量湍流数据要用统计学等方法进行研究和处理。雷诺首先提出了研究湍流运动的数学处理方法，他把湍流运动分解为平均和扰动两部分。任意变量都可以分解成平均量和湍流脉动量之和，即扰动部分可表示叠加在平均量上的湍流影响。把湍流运动视为两种运动的组合，例如风速 u 在 x 方向的分量在某一时段总的趋势记为平均值 $\overline{u}$，同时在此平均值附近有上下的脉动（u'）。对于某一瞬时速度 u，于是就有

$$u=\overline{u}+u' \tag{7.2}$$

其中

$$\overline{u}=\frac{1}{\Delta t}\int_{t-\frac{\Delta t}{2}}^{t+\frac{\Delta t}{2}}u\mathrm{d}t$$

式中：Δt 为以 t 时刻为中心取平均时所用的时间区间。

如图 7.6 所示，风速传感器记录的曲线图，代表了瞬时风速记录曲线的一般情况。为了使所取的平均值具有代表性，Δt 通常可取 1~2 分钟。风速传感器可提供这种平均值的观测资料。这一处理方法可用于因湍流运动而上下起伏的温度、湿度、污染物等其他气象和环境要素。

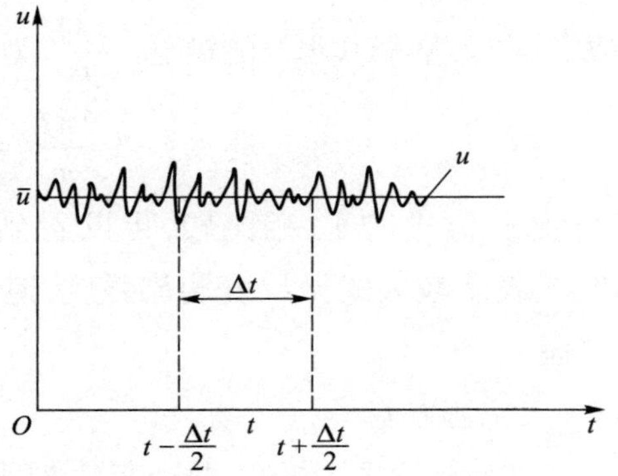

图 7.6　瞬时风速自记曲线

为了学习基础的湍流定量描述方法，假设 A 和 B 为时间变量，C 为常量，给出以下最常用的平均运算法则：

$$\overline{C}=C,\ (\overline{CA})=C\overline{A},\ \overline{(A+B)}=\overline{A}+\overline{B},\ (\overline{\overline{A}B})=\overline{A}\cdot\overline{B} \tag{7.3}$$

变量可以是大气边界层中的常用要素，例如：风矢量的三个分量 $\boldsymbol{u},\boldsymbol{v},\boldsymbol{w}$；虚位温 θ_v；比湿 q；作为常量的污染物浓度 C。

假设变量 $A=\overline{A}+a'$，$B=\overline{B}+b'$，则 $\overline{(A)}=\overline{\overline{A}+a'}=\overline{A}+\overline{a'}$，为使等式两边相等，必然有

$$\overline{a'}=0 \tag{7.4}$$

据此，可得出下列关系式：

$$\overline{(A\cdot B)}=\overline{(\overline{A}+a')(\overline{B}+b')}=\overline{A}\overline{B}+\overline{a'b'} \tag{7.5}$$

2. 湍流统计参数

在湍流统计参数中，如果它们都不随时间变化，那么这类湍流被认为是平稳或定常湍流；如果这些参数不随空间变化，那么这类湍流被称为均匀湍流，因此对两类湍流而言，一次足够长时间或一个足够大的空间，都被称为是接近总体平均的。如果任意点的湍流强度在各个方向一致，就称之为各向同性。以下的湍流统计参数的计算都用到了湍流定量描述的平均运算法则。

1）方差

方差（variance）σ_A^2 为一系列数据偏离其平均值的离散程度的统计量,其定义式为:

$$\sigma_A^2 = \frac{1}{N}\sum_{i=0}^{N-1}(A_i - \overline{A})^2 = \overline{a'^2} \tag{7.6}$$

σ_A^2 为有偏方差,是边界层观测样本离散程度的可靠统计量。当 N 很大时,$1/N \approx 1/(N-1)$,因此,边界层湍流研究中常用有偏方差的定义。在方差的定义式[式(7.6)]中,σ_A 为标准差。由此,风速的标准差可写为

$$\sigma_u = (\overline{u'^2})^{1/2}, \quad \sigma_v = (\overline{v'^2})^{1/2}, \quad \sigma_w = (\overline{w'^2})^{1/2} \tag{7.7}$$

同时,在物理学中,动能为 $KE=\frac{1}{2}mv^2$,其中 m 为质量,v 为速度。在气象学中常用 $\frac{KE}{m}$ 表示单位质量动能。湍流动能 TKE（turbulent kinetic energy）是对湍流强度的量度,涉及整个边界层动量、热量和水汽的输送。$\frac{TKE}{m}$ 为单位质量平均湍流动能,其定义式为:

$$\frac{TKE}{m} = \frac{1}{2}(\overline{u'^2} + \overline{v'^2} + \overline{w'^2}) \tag{7.8}$$

将上式与式(7.6)相比较,可以看到方差与单位质量平均湍流动能的关系。较大的 TKE 表示较大的微尺度湍流强度,速度方差中的三个分量分别代表对 TKE 标量的三类贡献。

2）协方差

由统计学理论可知,两个变量之间的协方差（covariance）的定义式为

$$\sigma_{A,B}^2 = \frac{1}{N}\sum_{i=0}^{N-1}(A_i - \overline{A})\cdot(B_i - \overline{B}) = \frac{1}{N}\sum_{i=0}^{N-1}a_i' b_i' = \overline{a' b'} \tag{7.9}$$

协方差表明了 A、B 两个变量之间的相关程度。在大气中,速度扰动常伴随一些标量值如温度、湿度、污染物浓度的扰动,例如在一个热力场的暖空气上升区（$+\theta'$, $+w'$）,周围是冷空气下沉区（$-\theta'$, $-w'$）,则有协方差 $\sigma_{A,B}^2=\overline{\theta' w'}$。在下一节中读者将看到,在湍流的统计参数中,协方差表示湍流通量的输送。

（三）湍流输送和通量

在边界层气象学中,湍流对物理量的输送是非常重要的大气运动。以下的例子可以说明协方差可以被解释为动量通量的输送。在第三章第四节,已经学习了大气稳定度的判断。这里用 $\frac{\partial\theta}{\partial z}<0$ 和 $\frac{\partial\theta}{\partial z}>0$ 讨论两种情况。如图 7.7（a）所示,在不稳定的环境大气中（多发生在白天）,考虑一个理想的湍涡环流:包括一个由底部向上运动到顶部的气块,同时由于补偿作用,另一个气块做下沉运动。且假设向上运动和向下运动的气块质量相等,气块位温守恒。

当上升气块（$+w'$）达到目的地时,其位温高于同一高度的环境温度。即与环境大气位温偏差为 $+\theta'$,平均运动涡动通量 $\overline{\theta' w'}>0$;而向下运动（$-w'$）气块最后的位温低于同一高

度的环境温度，为 $-\theta'$，因此平均运动涡动通量 $\overline{\theta' w'}>0$。因此对小湍涡的垂直混合过程而言，无论是上升还是下沉，它们都会产生一个正的平均运动涡动通量 $\overline{\theta' w'}>0$。

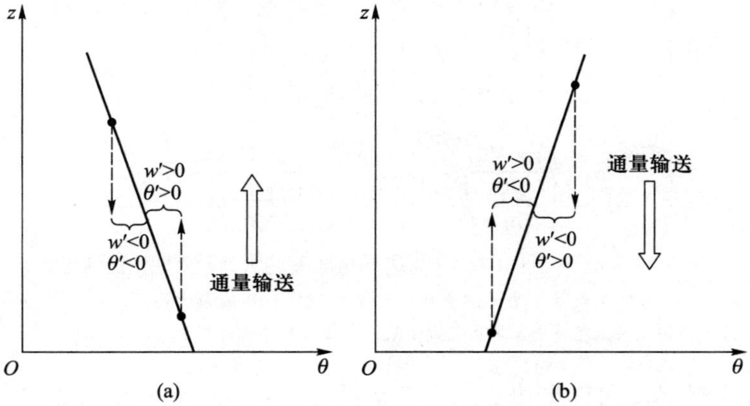

图 7.7　大气边界层理想状态下小湍涡的垂直混合过程

（a）静力不稳定条件下向上的净湍流热通量$\left(\frac{\partial \bar{\theta}}{\partial z}<0\right)$；（b）静力稳定条件下向下的净湍流热通量$\left(\frac{\partial \bar{\theta}}{\partial z}>0\right)$

而在静力稳定的环境大气中（多发生在夜间）［图 7.7（b）］。此时向上运动气块的最后位温比周围空气的低，则 $\overline{-w'\theta'}<0$；而向下运动气块的最后位温比周围空气的高，则 $\overline{-w'\theta'}<0$，这个结果意味着无论是上升还是下沉，热量都是向下输送的。

因此，协方差统计量可以描述湍流通量。在物理上，湍流切应力做功使湍流从平均运动取得动能，对湍流动能的基本特征起着决定性作用，代表了湍流动量输送。

由第三章的热力学第一定律可知，通量导致上下层的空气相互混合，热量也就随之得到交换，因此在没有外界热源的输入时，位温随时间的变化可以写成

$$\frac{\partial \bar{\theta}}{\partial t}=-\frac{\partial \overline{w'\theta'}}{\partial z}+\cdots \tag{7.10}$$

由此可见，湍流可以加热和冷却环境空气，与此类似的，它也能导致水汽、污染物甚至动能在近地层的输送（华莱士，2008），对局地的自然环境特征产生重要的影响。

三、边界层结构的演变

（一）边界层的厚度

在陆地和洋面上，边界层的一般特点是高压区比低压区厚度更薄（图 7.8）。通过前几章的学习，我们已经知道，伴随高气压的产生，会形成空气的下沉和气流的水平辐散，使边界层空气自高压区向外流向低压区。较薄的边界层往往出现在无云区内，如果有云，那么多数也是晴天积云或层积云。

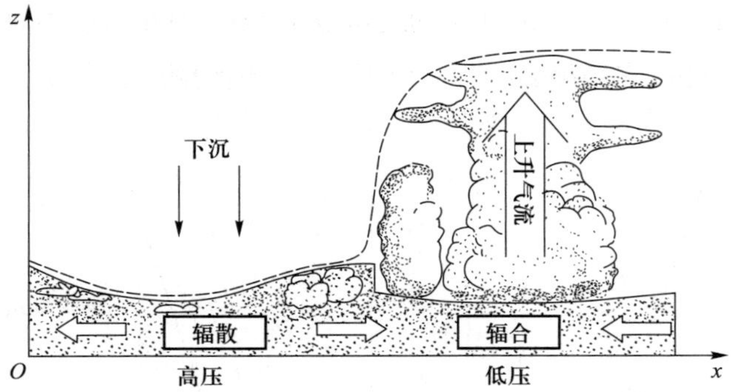

图 7.8　高压和低压中心之间边界层厚度的天气尺度变化示意图

虚线表示 1 小时内受地面影响的空气所达的最大高度。

实线包围的阴影区是大多数边界层气象学者的研究区域。

在低压区，上升运动可以把边界层空气从地面一直输送到整个对流层高度，这样就很难确定边界层的顶部位置。因此，在研究边界层时，常常把云底作为适宜界限。由图 7.8 可见，边界层气象学家所分析的区域，实际上低压区的厚度比可能会比高压区的厚度薄。

（二）边界层的结构

对陆地高压区边界层进行分析，可以发现其结构具有明显的日循环发展特征。它主要包括对流边界层、残留层（或剩余层）和稳定边界层；而边界层底部的近地层大约占了整个边界层 10% 的厚度，直到最贴近地面的黏性副层，在那里，分子输送超过湍流输送。可见边界层具有轮廓分明的“精细化”结构。这对于理解城市大气环境的演变规律是很有帮助的。

1. 对流边界层（混合层）

在白天小风晴朗天气条件下，太阳对下垫面的增热导致感热通量向上输送，这时，地面加热而触发的对流热泡就成了不稳定大气边界层湍流的原动力，其对流上升和下沉决定了边界层动力学的基本特征，因此不稳定大气边界层常称为对流边界层（convective boundary layer，CBL）或混合层（mixed layer，ML）[图 7.11（a）]。其结构有以下几个特征。

（1）**湍流驱动**。混合层的湍流通常是由对流引起的。对流来源之一是地面的感热通量输送导致暖空气上升，另一个是云顶辐射冷却引起的冷空气下沉；两者亦可同时出现。日出后，湍流混合层开始加厚，来自地面的暖空气热泡混合（图 7.9）。在静力不稳定条件下，

图 7.9　混合层中热泡的理想模型（Stull，1991）

当由烟囱排放的污染物部分进入热泡开始上升时，这时污染物就会呈现一种特有的圈状。烟流先在混合层中上下翻腾，之后才逐渐呈均匀分布。

（2）**湍流通量随高度呈线性变化**。日出后，近地面层存在明显的梯度变化，在湍流作用下，强烈的垂直混合作用使风速、位温和比湿等各种气象要素的梯度都变得很小，湍流通量随高度呈近似的线性变化。按照图 7.10 的分布特征，混合层从下往上可分为近地面超绝热层[①]、中层混合层，以及卷夹层三个副区，这三个层次相互关联，强烈地影响着混合层结构的发展。

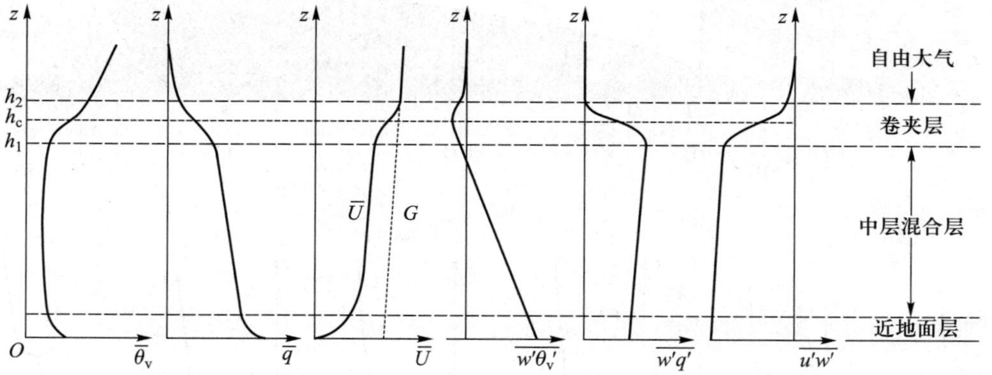

图 7.10　对流边界层（混合层）中气象要素和湍流通量的垂直廓线（转引自盛裴轩等，2013）

（3）**卷夹层的形成**。对流热泡尺度大，寿命长，携带的湍流能量大，促使边界层各要素属性趋向均匀分布。热泡在对流边界层顶的上升冲击，会引发自由大气空气团向下卷入边界层，形成卷夹层。卷夹层以上是无湍流或湍流很弱的自由大气。其中卷夹层顶部 h_2 为对流热泡所能达到的最高高度，其底部为水平面高度 h_1。h_c 为卷夹层的中间高度。

在边界层底部的近地面层（图 7.11），直接受到下垫面的影响。在实际情况下，近地面层的厚度变动很大。在地面粗糙度大的地方或层结不稳定时，近地面层会比较厚，甚至可达到 100~200 m；而在粗糙度小的地面或层结稳定的夜间，近地面层厚度可能很浅薄。在近地面层内，动量、热量和水汽乃至其他物质的湍流输送，在地表状态均匀，无剧烈天气变化的时候，垂直输送通量随高度近似不变，这是近地面层的一条重要性质。虽然近地面层中具有的常通量性质是一个近似假设，但是它的引入让大气边界层的研究变得比较简便。

2. 残留层

在日落前大约半小时，如果没有冷空气平流，热泡就不会再发展了，此时湍流在充分发展的混合层中开始衰减，由此形成的空气层，因为各种变量的初始平均状况和浓度，与现有混合层中已经衰减的状况和浓度相同，所以我们把这一空气层叫作残留（剩余）层（residual layer，RL。图 7.11a）。

残留层是中性层结，这一层产生的湍流在各个方向上的强度几乎相同。因此，排放到残留层中的污染物烟流会以相等速率向垂直方向和水平方向扩散。烟流呈圆锥形扩散（见第

① 超绝热层，指大气层中出现了气温垂直递减率大于干绝热递减率的温度层结。

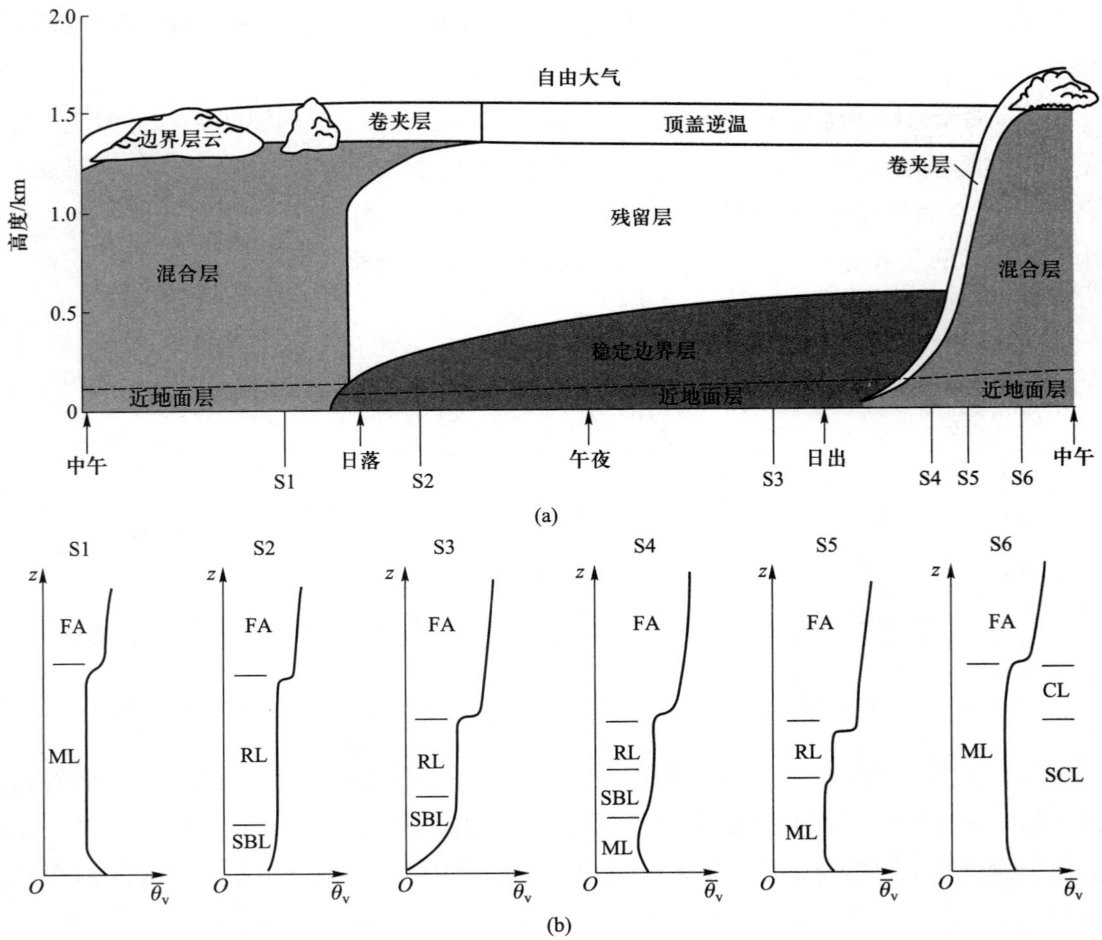

图 7.11　陆地高压区大气边界层结构的昼夜演变示意图（Stull，1990，转引自盛裴轩，2013）

（a）边界层结构的昼夜演变；（b）边界层结构昼夜演变的典型剖面平均虚位温廓线

S1~S6：表示边界层结构演变的各时间段；FA：自由大气；ML：混合层；

RL：残留层；SBL：稳定边界层；CL：云层；SCL：云层下的边界层。

三章 3.4.1 知识窗的图 3.14）。

残留层不直接和地面接触。夜间稳定层是通过改变残留层底部而增加厚度的。这样，残留层的残留部分不受与地面性质有关的残留输送的影响。

3. 稳定边界层

形成稳定边界层的原因较多，其中最常见的是夜间地表辐射冷却形成逆位温层结，即边界层内位温随高度增加而升高，就形成了稳定边界层（stable boundary layer，SBL）[图 7.11（a）]；若有暖平流流经冷的下垫面，则也能形成稳定边界层。在边界层中，湍流热交换自上向下输送热量。通常，稳定边界层的厚度为 100~500 m。

稳定边界层由于逆温层的作用，其浮力作用不仅无法为湍流补充动能，且湍流微团在垂直运动中因反抗重力做功而损失动能。因此湍流的热交换在一个弱的水平上维持，其他诸如辐射、平流和气层抬升等的作用，与湍流交换的影响相当。

在白天，混合层有一个确定的顶，而稳定边界层没有确定的顶。稳定边界层与上面的残留层平稳地混合在一起[图 7.11(a)]。因此，各种特征量在边界层顶没有明显的过渡特征，难以确定边界层顶部的位置。而稳定边界层的顶部被定义在其湍流强度只有地面湍流强度几分之一的那个高度上。

被排放到稳定边界层中的污染物，垂直方向的扩散受到抑制，垂直方向的扩散远小于水平方向的扩散。水平方向的扩散呈扇状扩散，谓之扇形展开(见第三章 3.4.1 知识窗的图 3.14)。

(三)边界层的日变化特征

我们可以发现，边界层结构具有显著的日变化特征以响应下垫面的加热和冷却过程，这表明和天气变化相联系的边界层，具有逐日乃至更长时间尺度的变化。例如，冷锋后暖地表上空的冷空气使边界层底部更加不稳定；云盖抑制了温度的日变化范围；反气旋促使生成夜间强逆温。冬季当天气多变时，白天日照较弱，边界层的日变化比其他季节更为复杂(华莱士，2008)。

在大气边界层中，浮力是驱动湍流的主要机制。暖空气上升是因为它们比周围的空气密度小，因此具有正的浮力(buoyancy force)。在第三章，本书引进了虚位温(virtual potential temperature)的概念。虚位温是在相同气压条件下，为了使干空气具有与湿空气相同的密度所必须具有的温度。显然，可以用虚位温的变化来代替密度的变化。

其优点在于只需要比较气团和周围空气虚位温的大小，就能判断该气团是上升还是下沉，因此，虚位温是研究上升气流一个普遍采用的变量(Stull，2003)。

为了说明边界层的昼夜演变的规律，图 7.11 给出了在陆地高压区无云小风条件下，三类大气边界层结构的演变过程和不同时段相应的虚位温廓线。

混合层中的湍流通常是由对流引起的。它主要来自两个方面，一个是地面的热量输送而导致的暖空气上升；另一个是云顶辐射冷却而出现的冷空气下沉。当顶部有冷层积云的混合层移过暖地表时，可同时出现气流上升或下沉。

在晴朗无云的日子，混合层发展主要始于日出后 30 分钟前后，地面长波辐射对空气的加热导致混合层随之加厚。在这种静力不稳定的态势下，混合层主要的发展过程为地面暖空气热泡的混合。由此产生的湍流有助于热量、水汽和动量在垂直方向上的充分混合，又可称之为对流边界层。如果湿度较大，当热泡顶部达到更高时，最高热泡就可抬升到凝结高度，产生晴天积云。

S1 给出了午后晚些时候的边界层虚位温廓线。此时混合层高度达到最大值，在紧靠地面有一个超绝热层，混合层顶部的稳定层对裹挟着污染物的上升热泡起着阻碍作用，抑制湍流的发展，进入混合层的卷夹作用就发生在这一层，所以叫作卷夹层。由此产生的湍流有助于热量、湿度和动量在垂直方向上均匀混合，如图 7.11 所示。虽然午后太阳辐射对地面的供热效应逐渐减弱，地面温度即将开始下降，但是仍保持对边界层的供热，因此混合层厚度基本上维持在中午时的高度。

日落前，地面受热逐渐停止，热泡不再发展，混合层中的湍流活动开始减弱，不稳定大气逐渐转为中性层结。日落后，地表因放出长波辐射，逐渐降温，与地面接触的残留层（RL）逐渐演变为稳定边界层（SBL），地表附近可形成逆温，S2 给出了稳定边界层发展初期的平均虚位温廓线。

入夜后，地面净辐射转变成为负值，下垫面冷却，导致大气边界层从下往上降温，并逐渐发展成为逆温层结的稳定大气边界层。稳定层结时湍涡在运动中要反抗重力做功，消耗动能，从而对湍流交换起到抑制作用，这就使得夜间稳定边界层的发展比白天混合层的发展要弱得多，厚度也小得多。随着夜色渐次加深，这一层大气层结稳定，风速减弱，可存在零星的微弱湍流。其上方仍保留着较大厚度的残留层。S3 给出了残留层厚度继续变薄，稳定边界层发展后期的平均虚位温廓线。

S4–S5–S6 是日出之后，混合层又重新开始发展的时段。S4 是日出后地表受热，混合层又开始发展，上方还留有稳定边界层和残留层；到 S5 时，随着热泡上升，稳定边界层消失，混合层开始加厚；而 S6 给出了次日上午的混合层平均虚位温分布情况，此时，如果边界层顶有云形成，那么原有的混合层上部为云层（CL），其下方为云层下的稳定边界层（SBL）（盛裴轩等，2013）。

7.1.1 知识窗

湍流动能谱

在大气中，气流包含了许多不同尺寸的无规则涡旋，谓之湍流。在大涡旋边缘可产生小涡旋，这些大尺度涡旋不断分裂成小尺度涡旋，在涡体的分裂破碎过程中将能量逐级转移给小涡旋，直至达到黏性耗散，该过程称为湍流串级。惯性湍流是切变湍流的一种特定形式，由更大的涡旋产生切变。所有尺度湍流运动的叠加可通过能谱量化。图 7.12 给出了不同尺度湍涡的能量占总的湍流动能的比重。

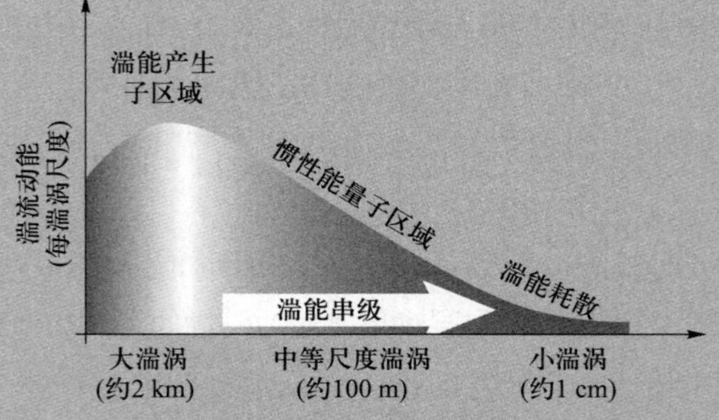

图 7.12　湍流动能谱

湍流动能（TKE）为曲线下总面积。TKE 由大尺度湍涡产生，由中尺度湍涡串级，由小尺度湍流的分子黏性耗散（Stull，2003）

湍流动能（TKE）是不守恒的，它通过分子黏性运动不断消散，转化为内能。尽管只有最小 1 mm 直径尺度的湍涡会消散能量，但是由于大湍涡向小湍涡的净输送过程，即能量串级过程，属于耗散运动，会影响所有尺度的湍流。湍流要想存在，必须由切变和浮力连续产生湍能，以弥补每个小湍涡的动能耗散。

湍流的产生是由于湍流对于大气的不稳定性具有一种自然的响应特性，即减少不稳定性。例如，晴朗的白天，地面加热低层空气，使其变为静力不稳定状态，相应气流产生热力环流，使暖空气上升、冷空气下沉直到新的平衡。一旦对流调整完成，气流就将静止，不稳定性呈中性，湍流结束。湍流能够在阳光普照的天气维持的原因在于连续的外力扰动（如太阳照射使地面加热），弥补由湍流造成的持续稳定。

相同的效应在强迫湍流中也发现。水平风中的垂直切变因为动力不稳定产生湍流，这种湍流混合了较快或较慢的气体，使风在速度和方向上趋于一致。一旦湍流混合减小了切变，湍流就会消失。在对流过程中，只要外力存在，如大尺度天气形势产生连续扰动，机械湍流就能维持。

第二节　近地面层与风廓线

一、近地面层的风廓线

大气近地面层，简称近地面层，是大气边界层最接近地球表面的部分。大气近地面层的厚度约为大气边界层高度的 1/10，一般为 50~100 m，可随大气边界层厚度的增加或减小而改变。在大气呈不稳定状态或地面粗糙度大时，近地面层厚度增大；在大气呈稳定状态或地面粗糙度小时，近地面层厚度变小。大气结构主要取决于垂直方向的湍流输送。近地面层有以下几个特征：

（1）大气近地面层是常通量层。由于大气近地面层中动量、热量和水汽垂直通量随高度的变化相对于通量本身较小，各种通量近似为常值，因此也称大气近地面层为常通量层。

（2）在大气近地面层中，各气象要素随高度的变化比边界层的中、上部要显著。

（3）在大气近地面层中，运动尺度较小，科里奥利力随高度的变化可略去不计，风向随高度几乎无变化。

因此，可以应用近地面层通量近似为常值的特点，求得中性层结下风速随高度的变化。设风速沿平均风方向，湍流切应力（湍流动量通量）τ 可以写成

$$\tau = -\rho_0 \overline{u'w'} \approx \text{常量} \tag{7.11}$$

湍流感热通量 Q_H 可以写成 $$Q_H=\rho_0 c_p \overline{w'\theta'}\approx 常量 \tag{7.12}$$

湍流潜热通量可以写成 $$Q_E=\rho L_v \overline{w'q'_H} \tag{7.13}$$

利用近地面层中，根据通量为常数的性质，求风随高度的变化。设 u 沿平均风方向，有

$$\tau/\rho_0=-\overline{u'w'}=u_*^2 \tag{7.14}$$

式中：ρ_0 为空气密度，$u_*=\sqrt{\dfrac{\tau}{\rho_0}}$ 是摩擦速度，为有速度量纲的非负常数。u_*^2 随高度变化，具有湍流切应力的性质。根据半经验的湍流扩散理论，类似于分子扩散运动，湍涡的混合作用将引起垂直方向动量输送，假设通量和梯度成正比，则有

$$u_*^2 = K_m \frac{\partial \overline{u}}{\partial z} \tag{7.15}$$

式中：K_m 为垂直湍流动量交换系数，单位是 $m^2\cdot s^{-1}$。K_m 与湍流强弱和不同尺度的湍流能量分配有关，因此它不是常数。由于空气微团越靠近地面越受地面影响，湍涡尺度应与离地面的高度 z 成正比，所以有

$$K_m=\kappa u_* z, \tag{7.16}$$

式中：κ 是卡曼常数，经过大气边界层的实验验证，该常数一般取值为 0.4。

将式（7.16）代入式（7.15），则有

$$\frac{\partial \overline{u}}{\partial z}=\frac{u_*}{\kappa z} \tag{7.17}$$

假设地面摩擦速度不随高度变化，对式（7.17）积分，并设 $z=z_0$，$\overline{u}=0$，则得到中性层结下风速随高度变化的形式，即对数风速廓线：

$$\frac{\overline{u}}{u_*}=\frac{1}{\kappa}\ln\frac{z}{z_0} \tag{7.18}$$

式中：z_0 是地表粗糙度，是对数风速廓线公式（7.16）平均风速 $\overline{u}=0$ 的高度（z_0）。

此式可以在（$\overline{u}$，$\ln z$）坐标上，在近中性层结下对观测的平均风速值进行线性拟合，$\overline{u}=0$ 的高度就是 z_0。只有用不同高度上的风速测量结果才能确定粗糙度长度，所以其全称为空气动力学粗糙度长度。从平原、森林、山区到城市中心，各种下垫面的 z_0 值变化很大。

在陆地上，经常有这样的情况，在许多人为或自然的粗糙单元，例如城市、森林和高秆农作物等地区的近地面层，这些粗糙的单元排列得十分密集，从空中俯视，其顶部看上去好像一个移位了的固体地面。由于这里的下垫面被抬高到这些物体顶部的高度，因此需要用 $z-d$ 替换原来的 z 值，有必要设置 d 值加以修正。这样，中性层结下风速随高度变化的形式就被改写成

$$\overline{u}=\frac{u_*}{\kappa}\ln\frac{z-d}{z_0} \tag{7.19}$$

式中的 d 被称为零平面位移，这里规定，在 $z=d+z_0$ 时，$\overline{u}=0$。需要用近中性层结的实测廓线通过 $\overline{u}$ 与 $\ln(z-d)$ 的线性关系的最佳拟合求得。

零平面位移的物理意义是：气流与下垫面作用的高度发生在这一高度上，粗糙度 z_0 就成了这一高度上的物理属性（盛裴轩等，1990）。

需要注意的是，以上是中性层结下风廓线的公式。在非中性层结下，风速、温度和湿度的垂直分布不同于中性层结下的廓线，第三章第四节对大气稳定度做了比较详细的叙述，可见大气稳定度对廓线存在影响。由莫宁－奥布霍夫（МОНИН–Обухов）相似理论的分析方法，可以建立近地面气象要素廓线规律的普遍表达式。限于篇幅，本节不做展开。

这里依据通量和梯度关系，由动量通量 $\overline{u'w'}$ 的表达式（7.14）和（7.15）可得到式（7.20）。同理，由感热通量 $\overline{w'\theta'}$ 和潜热通量 $L_v\,\overline{w'q_H'}$ 的表达式（7.12）和（7.13），以及式（7.14）和（7.15），可以得到

$$\overline{u'w'}=-K_m\frac{\partial\overline{u}}{\partial z}=-u_*^2 \tag{7.20}$$

$$\overline{w'\theta'}=-K_h\frac{\partial\overline{\theta}}{\partial z}=-u_*\theta_* \tag{7.21}$$

$$\overline{w'q_H'}=-K_q\frac{\partial\overline{q_H}}{\partial z}=-u_*q_{H*} \tag{7.22}$$

式中：K_h 和 K_q 是垂直湍流交换系数，分别对应感热和潜热。二者和 K_m 一样，不是常数，与湍流强弱和各个尺度的湍流能量分配有关，求解上式需要一套理论模式，读者可参考有关著作（Stull，2003；盛裴轩等，2013）。

二、下垫面的热量平衡

大气边界层的演变在很大程度上受到下垫面对近地面空气加热的影响，除了动量输送外，湍流在输送感热通量（sensible heat flux）和潜热通量（latent heat flux）的过程中，起了重要的作用。如图 7.13（a）所示，设想在某一地区有一个空气层，底部正好在地面（或海洋的波谷），它的顶部正好在地面树木或建筑物最高（或海洋的波峰）的顶部，该空气层与其上方的空气有湍流能量输送，辐射传输通过其顶部向下，分子能量向下输入土壤（或海洋），与通常的冠层相类似。因此在该层内，会存在许多复杂的物理过程，如植被、建筑物和动物的辐射交换，植被的蒸散过程，由湍流产生的感热通量和潜热通量输送，与覆盖其上边界层的湍流交换过程。

如果规定向上的通量为正，向下的通量为负，那么该层的热量平衡方程可写成：

$$-R_g=Q_H+Q_E-Q_G+\Delta Q_S \tag{7.23}$$

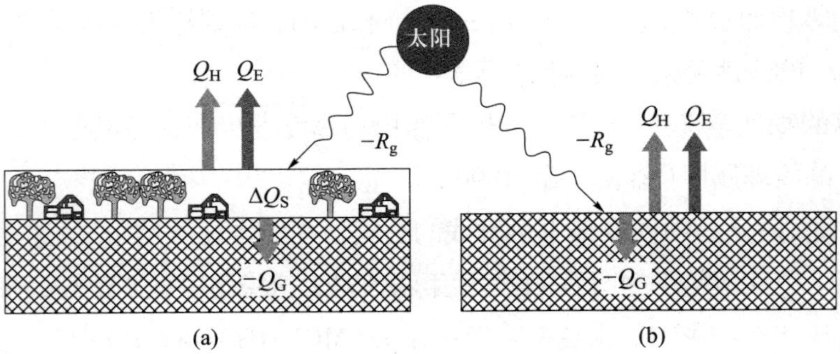

彩图 7.13
冠层热量平衡示意图

图 7.13　冠层热量平衡示意图（Stull，1991）

为保持前后文的符号统一，这里略做修改

而图 7.13（b）则可被认为是零厚度层的下垫面，不含有质量，因此没有热量储存，即 $\Delta Q_S=0$，这种情况适用于研究平坦陆面和无波浪的海面。其热量平衡方程为

$$-R_g=Q_H+Q_E-Q_G \tag{7.24}$$

在式（7.23）和式（7.24）中，$-R_g$ 为地面向上的净辐射；Q_H 和 Q_E 分别为离开该层顶部向上的感热通量和潜热通量；Q_G 为土壤深部向上进入该气层底部的热通量；ΔQ_S 为该层内能的存储或输入量（正值表示增暖和光合作用的化学储能）。这里，$-R_g$ 代表外部的强迫过程，其余为响应过程。

在晴朗的白天，陆地上热量平衡方程各项都是正值。因此时进入大气边界层的辐射大于向上释放出去的，故净辐射 $-R_g$ 为正值；因感热通量 Q_H 和潜热通量 Q_E 都是离开地面向上传输，故它们都为正值；因土壤热通量从地面往土壤深处传输，故 $-Q_G$ 为正值。

而到了夜间，陆地上热量平衡方程各项都是负值。净辐射为向上的长波辐射 $-R_g$ 为负；感热通量 Q_H 为向下的热通量，露和霜的形成使 Q_E 为向下的热通量，为负值；$-Q_G$ 为热量从土壤层往地面传输，也是负值。

以上仅是热量平衡方程各项在白天和黑夜的典型变化状况。图 7.14 是 1987 年 5 月在加拿大温哥华 Agassiz 地区（49° N），潮湿裸土地面的能量平衡日变化观测值。由图 7.14 可见，在晴朗的白天，地面热量平衡方程各项均为正值。Q_E、$-Q_G$ 和 Q_H 的贡献依次降低，$-R_g$ 获得的净辐射值被这三项的值抵消。由于灌溉的作用，土壤水分的蒸发使 Q_E 起着主导作用。如果水资源受到限制，那么 Q_E 的作用会下降，而 Q_H 的作用会上升。很明显，无论哪一种因素占主导地位，对流运动是白天从界面向外输送热量的主要方式。而到了夜晚，情况与白天完全相反。夜间的 $-R_g$ 由于长波辐射的能量损失，为一个负值，可以通过土壤的 Q_G 向上输送得到补充。事实上，尽管 Q_G 是一个重要的能量来源，但是若按小时计算，全天综合的净效应并不大。感热通量 Q_H 方向向下，露和霜的形成也使 Q_E 为向下。昼夜两类对流的本质区别在于白天混合层内自由对流发展，而夜间的对流则由于受大气温度层结的影响而被抑制。

然而，从全球的地 – 气系统看，整个系统的热量平衡处于定常状态，无论是大气还是土壤温度，它们的年平均值都是几乎不变的。

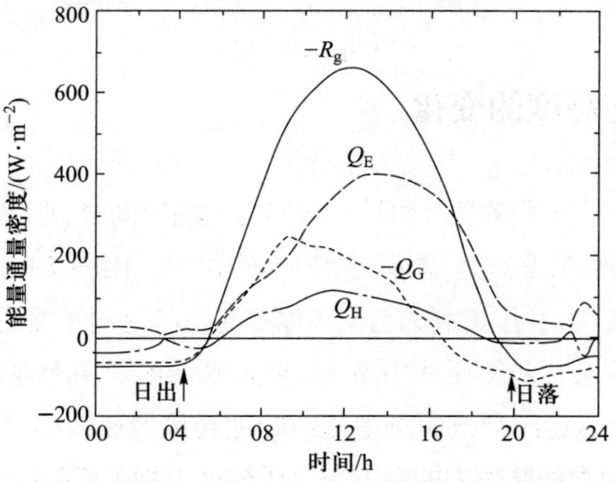

图 7.14　晴空下的加拿大温哥华 Agassiz 地区（49° N），潮湿裸土地面的热量平衡日变化（Oke，1987）

Q_H 为感热通量，Q_E 为潜热能量，Q_G 为土壤深部的热通量，R_g 为地面净辐射

在实际应用中，$-R_g$ 和 $-Q_E$ 可以用实测或相应的理论和经验公式推算得到。感热通量和潜热通量的估算存在一定的难度，基本的方法有湍流涡动通量相关法、经验计算方法和热量平衡收支计算方法。前两种方法限于观测条件和普适性，应用较少，这里仅对第三种方法做一些简单的介绍。

这里介绍一下热量平衡收支计算方法。利用热量收支平衡的原理，利用热量平衡方程（7.23）计算感热通量和潜热通量。定义鲍恩比（Bowen ratio）为感热通量和潜热通量的比值，用字母 B 表示。

$$B=\frac{Q_H}{Q_E} \tag{7.25}$$

把 B 代入式（7.23），可得

$$Q_H=\frac{B(R_g-Q_G-\Delta Q_S)}{1+B} \tag{7.26}$$

$$Q_E=\frac{B(R_g-Q_G-\Delta Q_S)}{1+B} \tag{7.27}$$

根据湍流感热通量、湍流潜热通量的定义式，式（7.25）可以写成

$$B=\frac{\rho c_p\overline{w'\theta'}}{\rho L_v\overline{w'q'_H}}=\frac{c_pK_h\dfrac{\partial\overline{\theta}}{\partial z}}{L_vK_q\dfrac{\partial\overline{q_H}}{\partial z}} \tag{7.28}$$

假设 $K_h=K_q$，且把上式的微分用差分代替，则

$$B=\frac{c_p\Delta\theta}{L_v\Delta q_H} \tag{7.29}$$

因此，获得两个不同高度的位温和比湿的观测值、相应的净辐射和地面热通量，就可得到感热通量和潜热通量。该方法的不足之处在于当昼夜交替时，$\Delta\theta$ 和 Δq_H 较小，相对误差较大。至于这个通量的计算和土壤热通量的观测方法，本书限于篇幅不再赘述。

三、埃克曼层风随高度的变化

在自由大气中,水平气压梯度力和科里奥利力达到平衡时,形成地转风,且风向与等压线平行。而在大气边界层,必须考虑湍流摩擦力的作用。由图 7.15 可知,埃克曼层中的空气运动是水平气压梯度力、科里奥利力与湍流摩擦力三者之间平衡的结果,因此风向会偏离等压线,且偏向低压,风会穿越等压线由高压区吹向低压区。由于地表摩擦力对大气运动起阻滞作用,使平衡风的风速比原气压场中相应的地转风风速要小,其科里奥利力也相应减小。减小后的科里奥利力和摩擦力的合力与气压梯度力相平衡时的风,斜穿等压线,从高压吹向低压。其风速大小与气压梯度力成正比,与地面摩擦系数成反比。

在等压线弯曲的气压场中,闭合的高压和低压中,由于地面摩擦力的作用,风速比气压场中应有的梯度风风速小,风斜穿等压线吹向低压区。因此低压中的气流是一面旋转,一面自外向中心辐合;高压中的气流则是一面旋转,一面自中心向外辐散(图 7.16)。

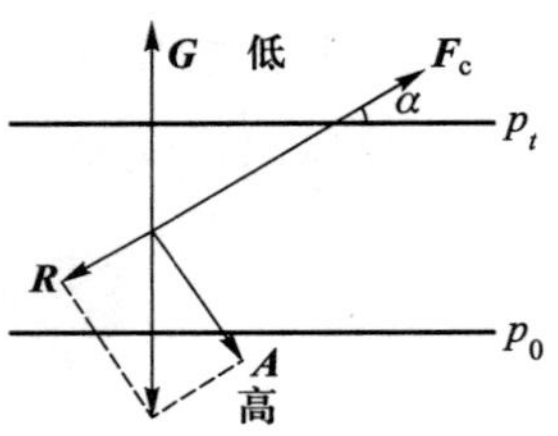

图 7.15　大气边界层三个力平衡时的风

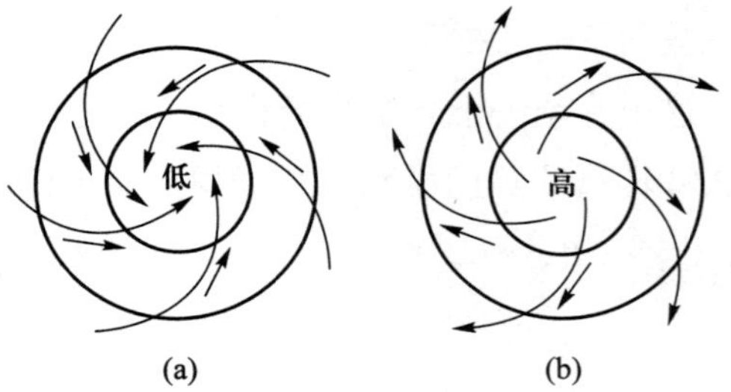

图 7.16　大气边界层中低压和高压的气流
(a) 低压;(b) 高压

图 7.17 给出了风速矢量端迹图,称为埃克曼螺线(Ekman spiral)。由该图可知,大气边界层随高度的增高,地表摩擦力不断减少,因此假设水平气压梯度力随高度的变化不变,风速将随高度逐渐增大,北半球风向随高度增高不断向右偏转,到摩擦层顶部风速接近于地转风,风向与等压线相平行。南半球风向随高度增高不断向左偏转,最终接近于地转风。根据理论计算和实测资料,在不考虑气压梯度力随高度改变时,北半球摩擦层中风在各高度的变化如图 7.17 所示,$\boldsymbol{V}_1$、$\boldsymbol{V}_2$、$\boldsymbol{V}_3$、…代表自地面到各个高度的风向、风速矢量,将各风矢量终点投影至平面连接起来得到平滑曲线。按此模式,风向随高度增加而向右旋转(北半球),风速随高度增加而增大,不同高度的风速矢量末端的连线为一条螺线。这就是风速矢量端迹图,被称为埃克曼螺线。这条矢量端

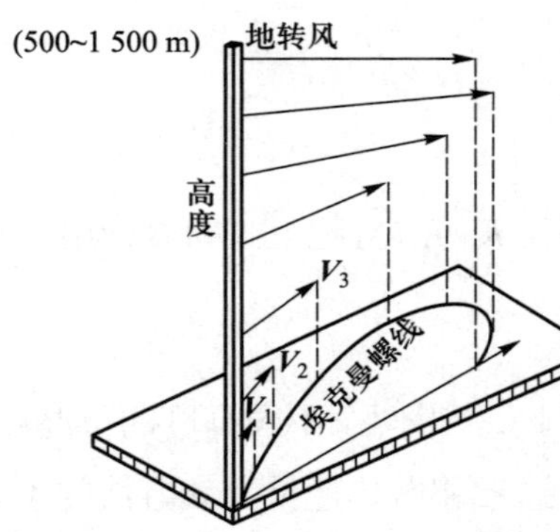

图 7.17　北半球埃克曼螺线示意图

迹图是1905年瑞典海洋学家埃克曼(Ekman)在研究海洋中的风生漂流和梯度流理论时发现的，故这一层又称为埃克曼层。严格来说，埃克曼层是指大气层结为中性，湍流动力黏滞系数为常数，大尺度运动处于气压梯度力、科里奥利力和湍流摩擦力三力平衡的状态，且水平气压梯度力不随高度变化，因而地转风不随高度变化的理想大气边界层。因而，埃克曼螺线是一种理想的风廓线，实际大气的情况要复杂得多，无法始终满足定常、水平均匀和正压的条件，实测的风廓线与埃克曼螺线是有偏差的。

由此可见，摩擦层中反映风场与气压场关系的白贝罗定律为：在北半球背风而立，高压在右后方，低压在左前方，南半球与之相反。因此空气会向低压中心辐合，并在低压区引起质量辐合的上升运动。可以证明，埃克曼层顶的垂直速度与该处地转风涡度(ζ_g)成正比，流场的涡度通过湍流摩擦作用在埃克曼层顶产生垂直运动，称为埃克曼抽吸或埃克曼泵(Ekman pumping)。其作用可以把近地面热能和水汽输送到自由大气中(图7.18)，因此可以认为，埃克曼抽吸是完成陆面与大气边界层乃至自由大气热量和水汽交换的重要物理机制。

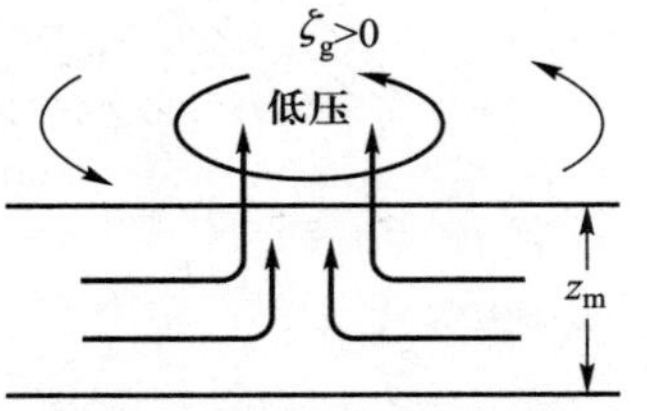

图7.18　埃克曼抽吸示意图

z_m为边界层高度

第三节　非均一下垫面的影响

在地球表面一般很难找到长宽为几十乃至上百千米平坦的均一下垫面。不同自然环境的复杂特性，往往带有局部地形和水热条件的烙印。大面积的水域和森林、起伏的地形和随季节而异的高秆作物农田，不同类型城市的建筑群落，这些非均一下垫面，都对大气边界层的结构产生了重要的影响。

一、山谷风和海陆风

(一)山谷风

山谷风(mountain-valley breeze)是指山地的山坡和谷地因昼夜热力差异而发展起来的山地局地环流。山区的地形复杂，区域环境流场和局地风向、风速差别很大。如图7.19(a)所示，在晴朗、小风的气象条件下，白天，受太阳辐射影响，山坡相对于同一高度的大气升温较快，山坡上的空气受热从谷地沿山坡爬升，形成谷风。同一高度的邻近大气因气温较低下沉至谷地，补偿谷地沿山坡上升的气流，形成热力环流。夜晚，山坡相对于同一高度的大气降温较快，山坡上的空气被冷却，沿山坡流向谷地，形成山风。下沉至谷地的空气辐合上升，形成热力环流[图 7.19（b）]。一般夏季时，白天的谷风比较明显。如果空气湿度大，就会在山顶形成云。冬季时，夜晚的山风比较明显。

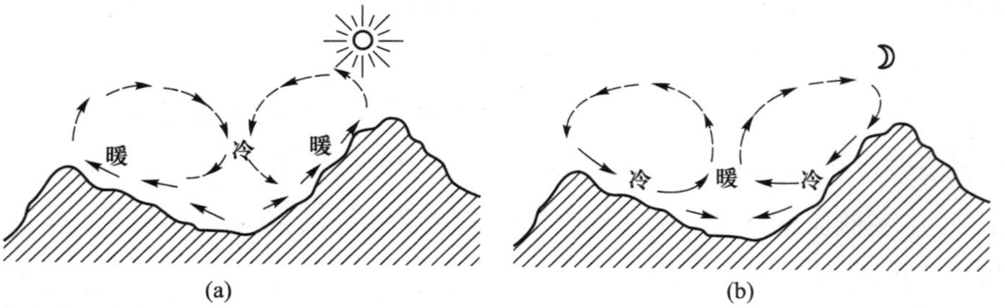

图 7.19　山谷风环流形成示意图

（a）谷风；（b）山风

（二）海陆风

在海洋和湖泊的大水域沿岸地区，在晴朗、小风的气象背景下，大气边界层内出现向岸风和离岸风的交替变化，谓之海陆风（sea-land breeze）。白天边界层下层的气流来自海面，称为海风，夜间风向相反则称为陆风；边界层上层的风向则和下层相反，并在一定的范围内有上升和下沉气流，呈现环流的形式。

白天，太阳辐射使陆面升温高于海面，沿海地区形成了一个约 0.05 ℃/km 的水平温度梯度。此时陆面空气密度低于海面空气密度，由大气静力学公式，陆面气压低于海面气压，典型的水平气压梯度约为 0.02 hPa/km，气压场和流场分布情况如图 7.20（a）所示。海风环流厚度可从开始的数百米发展到 1 km 以上，如主导风速较低并与海风方向一致，地面风速可从 1~2 m/s 逐渐增加到 3~5 m/s，并能推进至内陆几十千米甚至更远并可伴随较强的上升运动，上层的气流吹向海洋且风速略偏小，在离岸几十千米处则产生较弱的下沉气流。

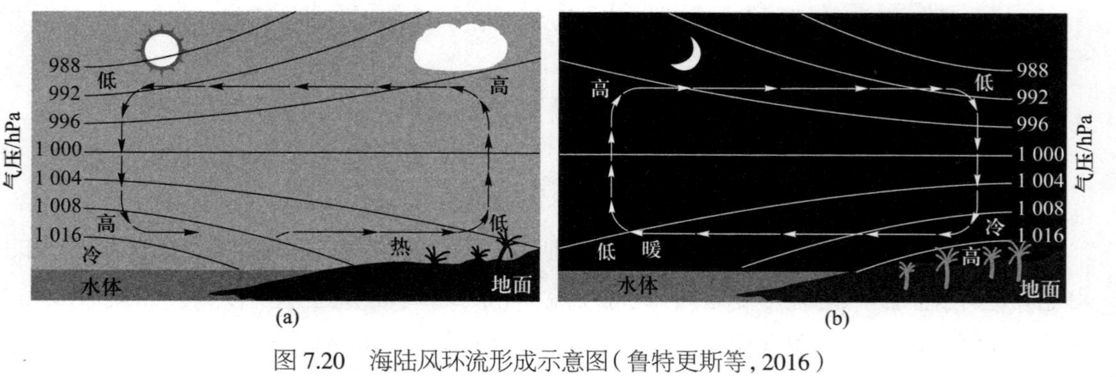

图 7.20　海陆风环流形成示意图（鲁特更斯等，2016）

（a）白天；（b）夜晚

夜晚，地表因释放长波辐射，降温快于海面，形成了与白天方向相反的温度梯度、气压梯度和热力环流。即地面风从陆地吹向海洋，形成陆风环流［图 7.20（b）］，高层则相反。海陆风转换的风速很小。

海风从海面向陆地推进的过程中，会遇到陆地上较热的空气层，如果前缘上升气流中水汽充足，就会沿推进线形成一列积云，如果空气对流不稳定，就易促发雷暴。

海、陆热力对比形成的温度梯度一般在午后最为强烈，因此海风往往在午后更为明显，但一般仅限于沿海地区，不会深入内陆太远。相比之下，夜晚的海陆热力对比状况一般不如白天强烈，因此陆风一般小于海风。

观测结果表明，当局地气流以海陆风为主时，这种风对陆地污染物的扩散具有重要影响。一方面，海风对沿海城市的污染大气有某种“净化”作用，另一方面，海陆风可能会对沿岸城市形成循环污染。例如，排入上层海风环流里的污染物可能随着低层海风重新返回陆地，而且在环流的循环作用下污染物浓度将不断增加；而在海陆风转换期间，原来被陆风带向海洋的污染物有可能又被海风带回陆地。这些因素可使大气低层的污染物浓度加大（周淑贞等，1994）。

二、城市热岛

由城市特殊的下垫面、密集的人口、发达的交通和高度集中的工业，所导致城市气温一般高于周围乡村的现象谓之城市热岛效应（urban heat island effect）。城市热岛效应是人地关系最明显的特征之一。一般取城区与郊区的代表性测站温度之差来定义热岛强度。以城市冠层热岛为例，在百万级人口的城市，平均热岛强度可达 3~4 ℃；而在千万级人口的城市，最大平均热岛强度可达 7 ℃左右甚至 10 ℃以上（Wang 等，2020）。如果对研究较多的热岛现象加以分类，那么它们大致可以分为：

（1）**城市地表热岛**。指市区户外大气与固体物质界面处的温度值与乡村大气与地面界面处温度值的差异，一般为市区不透水面与乡村可渗透面温度之差。

（2）**城市冠层热岛**。指市区下垫面到屋顶高度的空气层温度，与周围乡村对应高度空气层的气温之差。

（3）**城市边界层热岛**。指城市冠层顶部与城市大气边界层顶部之间的气温，与周围乡村大气边界层相同高度的温度之差。

上述三类热岛，前两类的局地性特征比较明显。相比之下，城市边界层热岛的形成可归结为以下 5 个因子：① 白天建筑楼群存储热能。这些能量在夜间通过长波辐射和湍流运动，向大气边界层输送。② 化石燃料燃烧、机动车和空调等排放人为热。③ 城市冠层中的暖空气进入城市边界层。④ 城市边界层中诸如黑碳气溶胶在白天能吸收太阳辐射而增温。⑤ 在夜间,城市边界层从上层大气的悬浮逆温层获得感热(中国气象百科全书,2016)。

城市热岛效应强度具有明显的周期性变化。就日变化而言,在晴朗、稳定、小风的气象条件下,城市热岛效应强度多是夜晚强、白昼午间弱,此外。城市热岛效应强度还因气象条件(如风速、云量、太阳直接辐射等)和人为因素(工业热排放、空调耗热量和车流量)的不同而出现明显的非周期性变化。

在同一城市内部,地面温度和空气温度因土地利用类型和下垫面性质不同而存在明显的差异。城市热岛效应所及的高度与城市规模、建筑物高度和天气条件有关,一般为200~300 m,有时在900 m甚至更高的高度仍有热岛现象存在。除了第六章分析的大气边界层一般特征,城市边界层有其自身的结构。图7.21是中尺度城市边界层典型城市流场特征。在静风、稳定的气象条件下,由于城市的温度高于周围乡村,城市气候的影响被限制在一个相对独立的“城市穹窿”中。城市较暖空气上升,至一定高度向四周辐散,在城市周围气流下沉后沿近地面向城市中心辐合,形成城市热岛环流。

(a)

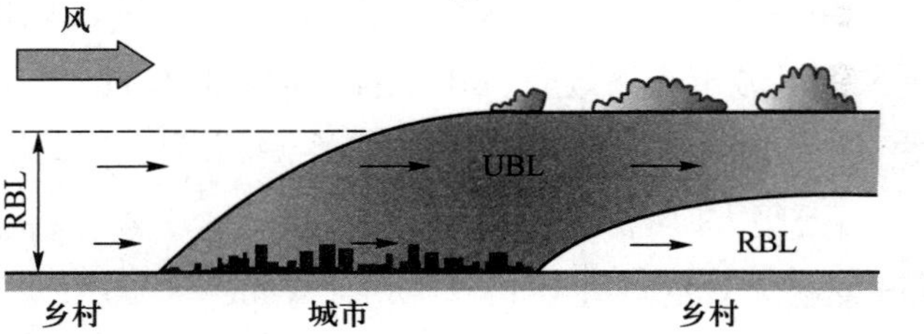

(b)

图7.21 中尺度城市边界层典型城市流场特征(Oke et al, 2020)

(a)区域背景场静风时的“城市穹窿”;(b)区域背景场小风时的城市边界层和下风向“尾羽流”

RBL指乡村边界层;UBL指城市边界层

当区域背景场为小风时,原城乡边界层将向下风向移动且充满整个大气边界层的内边界层;受城市影响的部分谓之城市边界层;在城乡交界处形成一个新的城乡边界层;在下风向形成可携带污染物的“烟流”(Oke et al, 2020)。当达到某一临界风速(因城市规模、气象条件和人为因素等而异)时,城市热岛效应不复存在(周淑贞等,1996)。

在局地尺度上,城市热岛效应可叠加在全球变暖的背景之上,加大了高温热浪、热岛现象的强度和发生频率,使城市人居环境恶化,直接影响了人体健康。

本章小结

本章首先引入了湍流的概念与方差、协方差对于湍流输送的意义；描述了陆地晴空下的热泡上升，对流增强，到不稳定边界层的形成加厚过程；通过刻画日落后残留层和稳定边界层的演变等日变化进程，解释了湍流对于热量、水汽和动量的垂直交换与混合的作用。其次，归纳出中性层结下近地面的对数风速廓线表达式、埃克曼螺线，以及地－气系统能量平衡方程各分量的物理过程。最后，为了进一步认识大气边界层对地球自然环境分异特征形成的作用，还介绍了不同下垫面上形成的山谷风、海陆风和城市热岛及其环流。正是由于这些不同下垫面边界上的输送，影响了最低层的大气，形成了复杂多变的边界层气候，影响了地球上相应的地理单元和景观生态特征，成就了地球自然环境分异的基本格局。因此，在大气圈与各圈层的相互作用中，大气边界层的输送过程不容忽视。

习　题

1. 试解释下列现象：

（1）边界层中经常出现空气污染现象；

（2）对流的混合层中空气温度日变化很小；

（3）边界层湍流在日食期间衰减；

（4）湍流动能转化为内能；

（5）热气球驾驶者在地面接近静风条件下起飞，但在距离地面一段距离后迅速移动；

（6）热气球驾驶者在早晨 6—7 时小风条件下起飞，但在 3~4 小时后由于风速增大很难起飞；

（7）太阳充足的日子，森林冠层下的主干区空气属于稳定层结；

（8）日出后残留层中的湍流循序衰减；

（9）强下沉运动不会给混合层顶部注入更多空气，相反使混合层变浅；

（10）混合层快速上升只会在夜间逆温消失后发生；

（11）锋面附近很难定义边界层；

（12）晴天的潜热和感热通量比阴天大；

（13）当其他条件相同时，夏天高山冰川和积雪在潮湿条件下比在干燥条件下更容易消融。

2. 试讨论海陆风和山谷风的成因。

3. 已知城市气温高于周围乡村的现象可定义为城市热岛效应，如果将遥感对地观测所得到的城市和郊区温度差也定义为城市热岛效应，那么试问这两种城市热岛效应是否一致，为什么？

4. 如果某城市近地面层存在污染物排放，那么请讨论在陆地高压的控制下，该城市大气边界层污染的昼夜演变规律。

5. 如果某城市夜间有热岛环流形成，且市区工厂有污染物排放，那么请根据你学到的气象学知识，分析在城市边界层污染形成的可能因子；并讨论污染工厂搬迁的具体设想。

主要参考文献

[1] 华莱士 J M，霍布斯 P V. 大气科学[M].2 版 . 何金海，王振会，银燕，等译 . 北京：科学出版社，2008：398.

[2] 鲁特更斯 F K，塔巴克 E J. 气象学与生活[M]. 陈星，黄樱，等译 . 12 版 . 北京：电子工业出版社，2016：155，156.

[3] 盛裴轩，毛节泰，李建国，等 . 大气物理学[M]. 2 版 . 北京：北京大学出版社，2013.

[4] 余志豪，苗曼倩，蒋全荣，等 . 流体力学[M]. 北京：气象出版社，2004：201–209.

[5]《中国气象百科全书》总编辑委员会 . 中国气象百科全书（气象科学基础卷）[M]. 北京：气象出版社，2016：317–319.

[6] 周淑贞，束炯 . 城市气候学[M]. 北京：气象出版社，1994：85，281.

[7] OKE T R. The surface energy budgets of urban areas[R]// Modeling the urban boundary layer. Boston：American Meteorology Society，1987：1–52.

[8] OKE T R，MILLS G，CHRISTEN A，et al. Urban Climates[M]. 苗世光，王雪梅，王成刚，等译 . 北京：气象出版社，2020：29，30.

[9] STULL R B. An introduction to boundary layer meteorology[M]. Dordrecht：Kluwer Academic Publishers，2003：1–2，7–9，264，461.

[10] WANG W，YAO X F，SHU J. Air advection induced differences between canopy and surface heat islands[J]. Science of the Total Environment，2020，725（2020）：138–140.

第八章　气候系统各圈层的相互作用

气候系统各圈层的相互作用，从不同的视角反映了气候的形成与变化。在这个系统自身的动力学作用和系统外部的强迫作用下，气候系统不断地随时间演变（包括渐变和突变），而且具有不同时空尺度的气候变化与变率。现在已经形成的比较一致的观点是，应该视气候系统为一个运动的整体加以研究，这是理解气候异常机理、应对全球变化、提高气候预测水平的重要途径。前几章已经介绍了大气圈和其他圈层相互作用的短期变化过程，从本章开始，将在更长的时间尺度上，研究圈层的集合行为和各圈层的相互作用。这些作用主要表现为海洋 - 大气相互作用、陆面（包括生物）- 大气相互作用，以及冰雪 - 大气的相互作用。

第一节　气候系统的时空尺度

天气与气候在时间尺度上具有显著的差异，因为天气反映大气的瞬时运动，所以在一定时段里大气的完整状态，可以表示为天气连续不断的变化；而气候是一定时间内“平均的天气状态”，因此气候略去了大气状态中逐日的扰动细节，可以反映一系列瞬时状态的统计特征量。大气是一个热力 - 动力系统，气候可视作气候系统的产物，在气候系统各圈层之间，甚至在圈层内的热力学和动力学属性都有很大的差异，因此气候系统的热力学状态和动力学状态具有时空的不均匀性；显然，气候系统及其变化所跨越的时空尺度也是很大的。

一、天气、气候与气候系统

天气与气候都是由大气波动产生的大气现象。这种波浪状振动的不同位相代表的大气现象各不相同，呈现晴雨冷热等交替出现的周期变化。两者的差别首先是数据的差别，其次是成因的差别。产生这种差别的原因是空间尺度与时间尺度的关系发生了改变。由于不同现象的能量来源有所不同，因此，气候就不仅是大气现象，而且是气候系统不同圈层物质与能量循环的产物。

（一）天气与气候

在第六章我们已经知道，天气是短时间（几天）内的大气运动及其现象的特征。观测结果表明，不论在高空还是在地面，天气系统的空间尺度越小，持续时间即时间尺度也越短，而其强度一般来说也越大（Ray，1986），空间尺度和时间尺度成正相关。在天气预报里，长波与短波是两种常见的大气波动，波长小于短波的有中尺度与小尺度的波动，还有波长达到1万千米以上的超长波。大气科学的研究和业务工作进入气候学的范围后需要使用统计资料，在气候图上也同样出现大尺度的槽、脊、高压、低压，如东亚大槽、副热带高压等。但是这些与天气图上的气压系统，存在根本性的不同：天气图上的气压系统都是具体的个体，而气候图反映的却是包含多个同样性质成员的群体。出现这种差别的关键是时空尺度的不同，天气主要关心大气瞬时的天气状态和个别天气系统的逐日演变，对每一个给定时刻大气的完整状态表示出天气连续不断的变化；而气候的不同之处在于略去了逐日的天气变化，以一系列瞬时状态的统计特征表示。

如果说，天气就是人们看到的具体的大气现象，那么气候则是一段时期内相继发生过的多次天气的综合，这就是经典的气候学描述。正如我们在前面几章里谈到的，在天气的范围里，动量、能量和质量守恒定律是研究天气变化的物理基础，大气的运行主要依靠自身内部的力量，描述运动规律的大气动力学模式是主要工具；而到了气候学研究中，虽然物理学基础基本相同，但是大气主要依靠外界能量的输入，冷源或者热源起到了重要的作用。而所谓气候系统就是包括大气、海洋、陆面、冰雪与生物圈在内的能量与物质交换系统。因此，由于能量来源的不同，气候就不只是单一的大气现象，而是气候系统不同圈层物质与能量循环的产物。这说明天气与气候的成因具有很大的差别，前者是大气内部的过程；后者却是大气同其他圈层相互作用的结果，这就是大气科学发展到今天，气候系统出现的必然性。

（二）经典气候学

气候是一个不断发展的概念。20世纪70年代之前的气候学，可被称为经典气候学。经典气候学的理论体系是基于大气圈的各种物理过程研究而建立的，其发展大致可分为两个阶段。第一阶段是从19世纪到20世纪之初，随着气象观测网的形成和气团学说、锋面理论和气旋模式初现，就有了德国的柯本气候分类。这一时期的气候学家认为太阳辐射、海陆分布和大气环流并列成为气候形成的三个因素。天气是大气的瞬时状态，气候是大气的平均状态，即气候学是研究各种气象要素的地理分布和年、日变化的学科，这种以“平均状态”作为气候的核心和本质，忽视了大气状态随时间和空间变化的特征，平滑了大气运动的瞬时状态与极端情况。但由于气象要素的平均状态是气候的一种基本属性，现在仍应用各种气象要素的平均值来描述一定时空状态下的气候特征，这一传统的气候定义仍被广泛采用。

第二阶段是从20世纪之初到20世纪70年代，气候学家们提出气候是天气的综合，即将天气视为短时间尺度的大气过程，气候为长时间尺度的大气过程。这个天气气候学的定义突出了气候是大气众多状态的一个统计集合的定义，涵盖了从气候的平均状态到极端状态的变化过程，统计气候学由此得到了长足的进步。因为这一阶段作为认识自然的重要工具，所以在当代气候研究中，天气气候学和统计气候学依然发挥着重要的作用。

由此可见，仅仅从经典气候学理解“气候”是不够的，这主要表现在三个方面：

（1）把30年的气象数据做气候平均是一个重要的概念。如果一个气象站有了连续30年的观测数据，那么可以得到一个气候的“标准值”，意味着是“不变的”。结果就排除了气候变化的概念。WMO（World Meteorological Organization）决定2011年以前用1971—2000年的数据做平均，从2011年开始用1981—2010年的数据做平均，以后每10年更新一次。这样既可以适应气候的变化，也能照顾到新的观测资料覆盖面的增加。

（2）通常人们认为只要一个气象站有了温、湿（降水量）、压（气压）的观测，就掌握了该站的基本气候特征。但如果只关注这3个要素，就限制了对该站气候的全面了解。例如，陆地测站雪盖的存在不仅取决于降水量，还与温度、风、云等要素存在密切的关系。又如，云的变化对温室效应的影响至今仍是全球气候变暖研究中一个未解决的问题。

（3）人们通常把影响气候形成的因子归纳为测站所在经纬度、海陆分布与大气环流，认为这三个因子分别决定了太阳辐射条件和气候大陆度。但是不同的地理位置大气环流条件不同，在中纬度地区或在热带，在大陆西岸或在大陆东岸，大气环流条件存在根本性的差异。除了这三个因子之外，还有一些如ENSO（El Nino-Southern Oscillation）、温室气体等不可忽略的因子，特别是ENSO的影响是当前短期气候预测的核心问题。由于大气中CO_2浓度增加，大气的温室效应加剧，气候变暖。这说明仅仅局限于从局地的因素来认识气候的形成是不够的。因此气候是全球气候系统各圈层之间相互作用的结果，而且这种相互作用是全球性的（王绍武，2011）。

（三）现代气候学

自20世纪70年代中期以来，WMO-ICSU（the international council of science unions，国际科学联合会）联席会议提出了“气候系统”概念，标志着现代气候学的诞生。从那时起到联合国政府间气候变化专门委员会（the intergovernmental panel on climate change，IPCC）于1990、1995、2001、2007和2015年先后发表5次评估报告，表明全球气候系统的概念逐渐取代了传统的气候概念，气候学已从一个局地的、仅关注底层大气特征的学科扩展到全球气候系统的研究领域。具体来说，大概有三个因素推动了经典气候研究向全球气候系统研究的发展演变。

（1）20世纪短期数值天气预报的巨大进展。人们开始研究逐日天气预报向中期延伸的可能性，并试做5天、10天乃至月平均环流长期数值预报。但是研究结果表明，为了提高预报水平，特别是为了延长预报时效，必须考虑下边界的影响，即海洋、陆面地形、冰雪和生态系统的影响。下一步研究也许还要考虑这些圈层特征的变化，这就要求建立海－气或地－气耦合模式。显然，只用单纯的大气模式来研究气候是不适宜的。

（2）20 世纪全球的气候异常。气候异常现象有的可持续一二十年，如西非干旱，有的仅持续一两年，如 1982—1983 年的厄尔尼诺事件，对农业、经济乃至社会造成了巨大的影响。但这些异常现象又不是大气本身所能完全解释的。研究结果表明，西非的干旱，除了与局地环境变化有关外，主要与南、北大西洋的海温异常分布有关。而厄尔尼诺事件本身就是海洋事件。粗略估计在 1982—1983 年的厄尔尼诺事件中世界范围里的总损失达到 200 亿美元以上。对气候形成的物理因子的认识，人们也不再限于太阳辐射、海陆分布和大气环流等传统观念，例如，海洋热盐环流（thermohaline circulation）对全球气候系统就具有十分重要的影响。显然从全球气候系统的层面来研究气候是非常重要的。

（3）20 世纪环境破坏对气候的影响。森林砍伐和大规模化石燃料的燃烧，已使大气温室气体迅速增加。很可能在 21 世纪中叶之前，大气中的温室气体浓度比工业革命之前增加一倍。气候变暖可加速全球水分循环，降水增加，区域性的旱涝灾害变得更为频繁。变暖的气候还可能融化冰川，导致海平面上升，威胁低地国家和沿海城市。显然，人类活动的影响已迫使我们突破局限于对大气一个分量的研究，而扩展到整个气候系统（王绍武，1994）。

二、系统演变的时空尺度

气候系统的热力学状态和动力学状态具有空间分布上的不均匀性，这种空间不均匀性导致不同圈层之间的估计空间尺度，在数量级上存在一个非常宽的范围。例如，不同圈层的空间尺度可从 10^{-6} m 延伸到 10^{7} m（李晓东，1997），几乎囊括从仅为几毫米尺度的大气小涡旋到地球的板块运动，直到地幔对流；在同一圈层内，大尺度的涡旋尺度达上千千米，而龙卷仅为几米到几百米；中国的海岸线大的弯曲有数千千米，小的弯曲仅有几厘米。

气候系统变化的空间不均匀性可以表现在各种尺度上。例如以近百年气候温度和降水量为表示参量的气候变化，并不是全球同步和均匀的，而是有着明显的半球性和区域性差异。根据《中国气候变化蓝皮书（2019）》，1951—2018 年，我国地表年平均气温呈显著上升的趋势，每 10 年升高 0.24 ℃。且我国升温速率的区域差异明显，北方地区升温速率明显大于南方地区，西部地区大于东部地区。降水量变化趋势的区域差异明显。1961—2018 年，中国年平均降水量呈微弱的增加趋势，青藏地区的降水量呈显著增多趋势，而西南地区的降水量在总体上呈弱的减少趋势；20 世纪初以来，华北、华南和西北地区年平均降水量波动上升，而东北和华东地区降水量年际波动幅度增大。更为普遍的是，不同时间尺度上的空间演变具有差异性特征。

有学者利用过去 2 000 年全球变化研究网络公布的最新数据，重建了过去 2 000 年全球典型暖期的温度异常空间格局，分析了历史典型百年尺度暖期与20世纪现代暖期、典型年代际尺度暖期与20世纪最后30年的气候空间模态。结果显示：在年代际尺度上，最后30年（1971—2000年）与中世纪最暖30年和小冰期最暖30年相比，最后30年全球大部分区域温度异常均明显偏高，说明全球增温在年代际尺度上更为显著。另外，北大西洋中高纬度地区海温在3个特征时段的变化并不与全球其他区域同步，在小冰期和中世纪暖期的平均温度都高于20世纪。在百年尺度上，全球大部分区域如亚欧大陆东部、北美大陆、东太平洋、南大西洋、印度洋、澳大利亚东部等，将20世纪温度与中世纪最暖的100年温度相比，并没有统计差异（史锋等，2014）。

对北半球夏季风时空演变过程的研究，有助于我们理解过去1 500年来，北半球夏季风降水在不同时间尺度上的变化特征与成因机制。首先，通过周期分析发现，北半球夏季风强度存在显著的年际、年代－多年代际和百年际的周期波动。然后，在不同的时间尺度上，北半球夏季风降水表现出不同的空间变化规律。例如，在年际尺度上，北半球夏季风降水在大部分印度半岛、孟加拉湾地区、西北太平洋季风区、北美季风区，以及北非季风区的表现较为一致；而在印度季风区的西南部和青藏高原的南部部分区域、北美季风区的南部，以及东亚季风区的北部则表现了与之相反的变化。在多年代际时间尺度上，北半球夏季风降水在热带季风区对其的响应较为显著且呈一致性变化。在百年尺度上，北半球夏季风区域降水特征则呈现一致性的变化（王志远等，2018）。

与空间尺度类似的是，气候系统及其变化在时间尺度上的差别非常大。在不同的圈层，从植物的季节性循环到地球和生命的起源，其时空尺度跨越9个数量级以上。甚至在同一圈层内的变化也很大，大气边界层内大气运动的时间尺度从几分钟到数小时都有，在自由大气里的运动的时间尺度可以是几天到几个月；相比大气圈，海洋表面混合层流场运动的时间尺度可以是数周到几年，而深层海水的时间尺度为几十到几千年，海冰的运动是数周到几十年。图8.1给出了在10^{-2}~10^{10}年的时间范围里，气候系统不同分量的特征时间尺度，此外还列出了在气候系统中产生扰动的外部过程的特征时间尺度。外部因子主要有地质因子、太阳活动、地球轨道要素、火山活动和人类活动等等。其中太阳活动因子覆盖了所有的时间范围；地球轨道参数变化的时间尺度在10^{0}~10^{5}年之间，这两个因素决定了到达地球大气上界的太阳辐射能；而火山喷发导致的平流层气溶胶浓度变化，可在10^{0}~10^{9}年的时间尺度上影响气候。人类活动的影响主要是通过增加温室气体影响气候系统的辐射传输。在图8.2中，与地球年龄相当的峰值相对方差与地壳构造运动和造山运动引起的冰川运动有关；有一个（200~500）百万年峰值的相对方差，大致与地质因子相对应；大气的温度谱中有几个峰值对应着严格的周期分量，峰值分别为10万年、4万年和2万年上下，大致与地球轨道要素的三个分量地球轨道偏心率、地轴岁差、黄赤交角或地轴倾斜相对应；相对方差100~400年的小幅上升大概和17世纪的小冰期对应；3~7天的峰值可能与中纬度天气扰动有关。整个气候系统是连续演变的，在时间维度上系统的某些部分领先，而另一些部分则滞后。气候可能受到同时或按顺序作用的几个过程的影响。由于地球系统的复杂性，以及不同的系统具有不同的响应时间，因此这里总是把最短响应时间的系统视为同一级的内部系统，于是所有其他分量均可被视作外部系统。例如，对于数小时到几个月的时间尺度，大气可以被看成气候系统的唯一内部分量，而其他分量可以作为边界条件和外部强迫因子。对于数月到几百年的时间尺度，气候内部系统必须包括大气和海洋，此外还需雪盖、海冰和生物圈。气候系统主要由太阳辐射和重力作用这两个外部强迫因子，来制约其全球行为，其中太阳辐射提供了驱动气候系统几乎所有的能量，因而被视为主要因子。

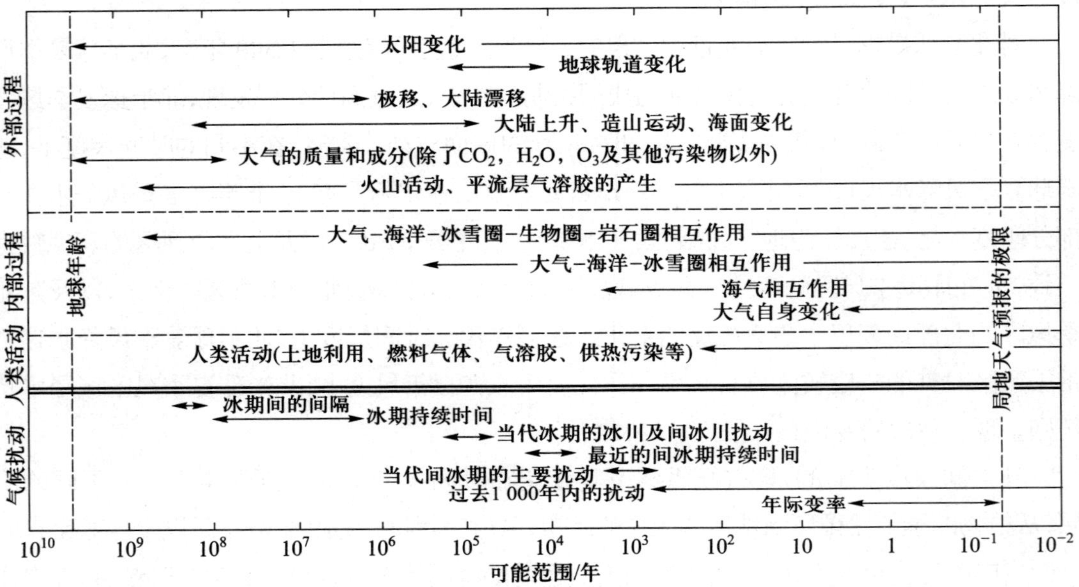

图 8.1　在 10^{-2}~10^{10} 年范围里，气候系统不同分量和某些外部强迫因子及气候扰动的特征时间尺度（Bergman 等，1981）

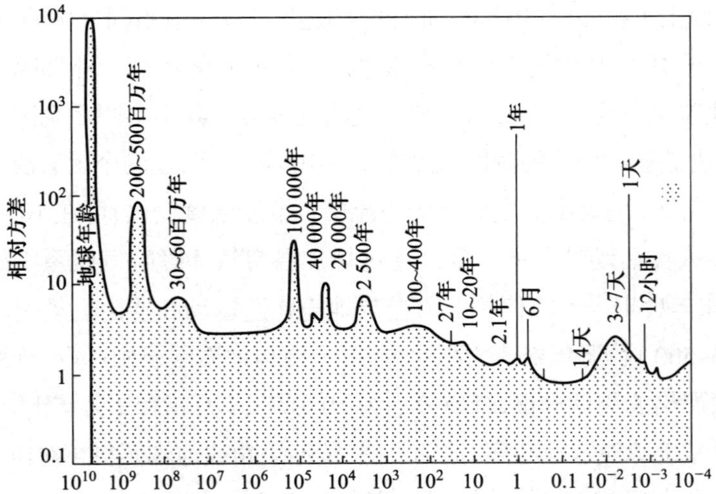

图 8.2　10^{-4}~10^{10} 年区间，大气的温度谱（佩索托等，1995，转引自李晓东，1997）

第二节　海洋 – 大气相互作用

海洋是全球气候系统的重要组成部分，其对大气运动和气候变化的影响，可归纳为以下四个方面：

（1）海洋对全球气候系统的热力平衡具有重要影响。地球表面面积的 70.8% 为海洋所覆盖，全球海洋吸收的太阳辐射，占进入地球大气层顶的总太阳辐射量的 70% 左右，其中的 85% 左右被贮存在海洋表层（混合层）中。这些被贮存的热量将以潜热、长波辐射和感热交换的形式被输送给大气，驱动大气的运动。因此，海洋热状况的变化，将对大气运动的能量供给产生重要影响。海洋环流在全球气候系统的能量输送和平衡中发挥着重要作用。在全球气候系统中，低纬度地区获得的净辐射能要多于高纬度地区，因此，为保持全球的能量平衡，必须有能量从低纬度地区向高纬度地区输送。直到 20 世纪 70 年代早期，人们还一直认为这种热量输送主要由大气过程来完成。近年来，随着科学技术的发展，目前人们估计的结果是海洋与大气大致各自承担一半。对于地球大气的热量平衡来讲，在中低纬度地区，主要由海洋环流把低纬度地区的多余热量向较高纬度地区输送，到了中纬度地区，通过海 – 气间的强烈热交换，把相当多的热量输送给大气，再由大气环流的特定形势和活动将能量向更高纬度的地区输送。因此，海洋对热量的经向输送的强度和位置变化，将对全球气候产生重要影响。

（2）海洋能够对全球水汽循环产生重要影响。海洋包容了全球几乎所有的液态水（97%），大气中的水汽含量只占总水量的 0.001%，陆地上的水含量也不到海洋水含量的 1/30，只是由于陆表水循环对人类活动特别是农业生产有着强烈的影响，因此过去人们关于水循环的讨论多集中在和陆面过程相联系的这一相当小的部分。据估计，全球蒸发的 86%、全球降水的 78% 是发生在海洋上的，海洋作为水分循环的主要区域，其蒸发和降水形势的微小变化，就足以引起相对较小的陆面水分循环的剧烈变化。例如，如果降到大西洋的雨水有不到 1% 的部分集中到北美洲，那么密西西比河的径流量将增加 1 倍。

（3）海洋对大气运动具有重要的调谐作用。海水具有巨大的热惯性，海水比空气和土壤的比热容要大得多，1 g 海水升温 1 ℃ 所需要的热量为 3.9 J，此热量可使同质量的土壤升温约 1.9 ℃，可使同质量的空气升温约 3.9 ℃。因此，海洋比陆地特别是比空气具有更大的热惯性，是巨大的热量存储器。同海洋的热力学和动力学惯性相联系，海洋的运动和变化具有明显的缓慢性和持续性。海洋的这两个特性，一方面使其具有较强的“记忆”能力，可以通过海 – 气相互作用，把大气的变化信息存储于海洋中，然后再对大气运动产生作用；另一方面，海洋的热惯性使得海洋状况的变化具有滞后效应。例如，海洋对太阳辐射季节变化的响应比陆地要滞后 1 个月左右，海面温度的变化滞后于太阳辐射季节变化约 6 周。另外，通过海 – 气相互作用，还可以使较高频率的大气变化频率降低，在净效果上，相当于大气中的较高频的变化转化为较低频的变化。

（4）海洋对温室效应具有缓解作用。海洋尤其是海洋环流，不仅降低了低纬度地区大气的热量增加幅度，使得高纬度地区大气变暖，降水量也发生相应的改变，而且由于海洋环流对热量的极向热输送所引起的大气环流的变化，还使得大气对某些因素变化的敏感性降低。例如，大气中 CO_2 含量增加所引起的温室效应，就因海洋的存在而被减弱。

综上所述，海洋对全球气候变化具有重要影响。尽管如此，人类对于海洋的认识，还只是刚刚开始，困扰的原因之一是海洋观测资料的欠缺。浩瀚的海洋广阔无垠，在海洋上建立固定的观测站是一项极度困难而又耗资巨大的事情。迄今为止，人们对海洋及海洋上的大气状况的了解，比起陆地上要少得多。卫星和其他遥感技术的发展，为改善海洋上的大气观测状况提供了十分有力的工具，但是，由于目前的卫星遥感技术尚不能测量所有我们感兴趣的海洋和大气参数；同时，现有遥感技术的测量结果还需要海洋上的直接测量结果来标定，因此海洋上的直接观测和实验研究是不可缺少的。近年来，国际科学界相继联合开展了一系列大型的海洋观测活动，其中比较有代表性的是热带海洋和全球大气研究计划（Tropical Ocean-Global Atmosphere，TOGA）和世界大洋环流实验（World Ocean Circulation Experiment，WOCE）。

TOGA 计划即热带海洋和全球大气研究计划，始于 1985 年，止于 1994 年 12 月，为期 10 年，由世界气候研究计划（World Climate Research Programme，WCRP）组织实施。其目的是对由耦合的热带海洋 – 全球大气系统驱动的年际气候变率进行研究，并把热带和副热带太平洋的厄尔尼诺及相关的南方涛动作为重点，以发展实用的季节和年际尺度预报。TOGA 计划的观测范围是 20° N~20° S 之间的热带海洋和全球大气，观测内容为热带海洋和全球大气的基本气象要素场，以及它们之间的通量。同时，该计划加强了对 ENSO 的特殊监测。TOGA 计划的一项重要成果是建立了由浮标组成的横贯整个热带太平洋的实时观测序列，从而为监测和预报 ENSO 奠定了基础。在 TOGA 计划开始实施不久，WCRP 为研究海洋过程对气候变化的影响，从 1989 年起开始实施为期 10 年的世界海洋环流观测实验（WOCE），该计划的目的是为预报气候变化的海洋模式的设计和检验提供全球海洋资料，获得全球海洋环流总输送的图像。可见，随着社会的发展和科学技术的进步，人类加强了海洋上观测实验活动和有关海 – 气相互作用过程的研究，人类对于海 – 气相互作用，特别是热带海洋与全球大气和气候变率关系的理解，有了很大的进步，揭露出许多重要的观测事实，为开展气候预测奠定了坚实基础。但是，由于海 – 气耦合系统的复杂性，我们目前的认识水平尚处于起步阶段，离正确预测海洋和大气的长期变化还有一定的距离，这要求我们继续深入开展观测和理论研究，以期早日揭开海 – 气相互作用与气候变化关系的神秘面纱。

一、海洋的热力效应

大气和海洋的原动力都来自太阳辐射，但海水的反照率比较小，吸收的太阳短波辐射能较多，而海面上空湿度一般较大，海洋上空的净长波辐射损失又不大，因此，海洋有比较大的净辐射收入，热带地区海洋面积比陆地大得多，因此热带海洋在热量贮存方面具有重要地位。图 8.3 给出了一年中到达大气层顶的太阳辐射能的纬向平均分布状况，黑暗区表示陆地区域所占的量值，阴影区是海洋区域所占的量值。显然，热带海洋可以得到比陆地区域多得多的能量。

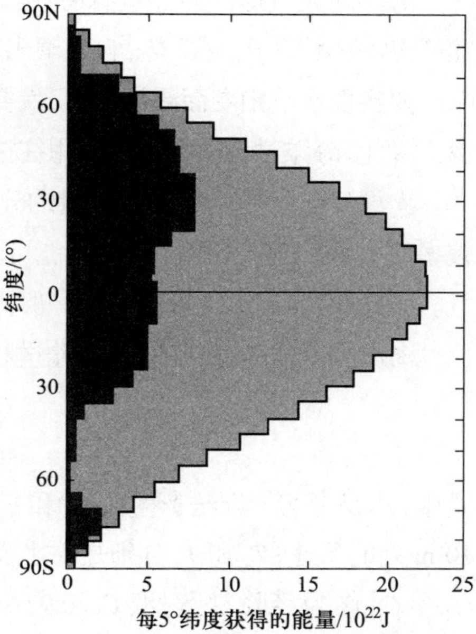

图 8.3　一年中到达大气层顶的太阳辐射能的纬向平均分布状况

黑暗区表示陆地区域所占的量值，阴影区表示海洋区域所占的量值

图 8.4 给出了多年平均的地球表面的年辐射平衡分布状况，其中一个极显著的特征是海洋（尤其在热带海洋）具备较大的辐射平衡值。因此海洋，特别是热带海洋，通过辐射过程，特别是对太阳短波辐射的吸收，在驱动地球大气系统的运动方面，起了极为重要的作用。一系列的分析研究已充分显示热带海洋热状况的改变对全球气候变化的重要影响。

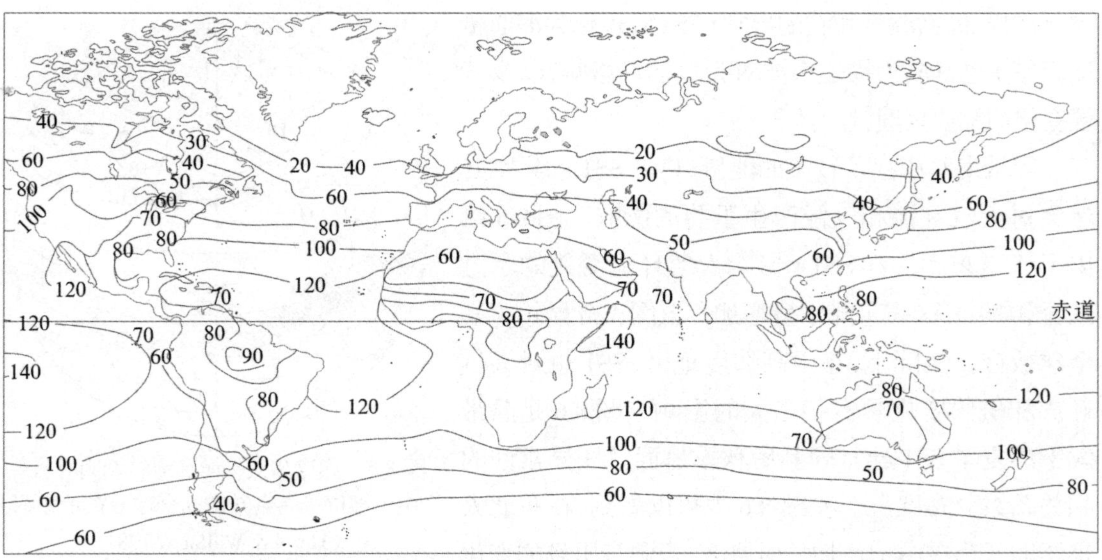

图 8.4　多年平均的地球表面年辐射平衡分布状况（单位：4 185 J · cm^{-2} · a^{-1}）（Budyko，1978）

研究结果表明，在海洋热状况改变对大气环流及气候的影响中有几个关键海区的作用尤为重要。其一是 El Niño 事件所处的赤道东太平洋海区；其二是海面温度最高的赤道西太平洋“暖池”区；其三是东北太平洋海区及北大西洋海区，这两处的热状况也被分别认为与北美和欧洲的天气气候变化有着明显的关系。

海洋向大气提供的热量有潜热和感热两种，但主要是通过蒸发过程提供潜热。既然是“潜”热，就不同于“感”热，它必须出现水汽的相变过程才能释放潜热，对大气运动产生影响。要实现水汽相变而释放潜热，就要求水汽辐合上升而凝结，相应的大气环流条件必不可少。因此，海洋对大气的加热作用往往并不直接发生在最大蒸发区的上空。

大洋环流既影响海洋热含量的分布，也影响海洋的热量输送过程。低纬度海洋获得了较多的太阳辐射能，通过大洋环流可将其中一部分输送到中高纬度海洋，然后再提供给大气。因此，海洋向大气提供热量一般更具有全球尺度特征。

海洋向大气的潜热通量 Q_E 输送和感热通量 Q_H 输送一般可写成：

$$Q_E = L_v C_E (q_o - q_a) U \tag{8.1}$$

$$Q_H = C_H (T_o - T_a) U \tag{8.2}$$

式中：L_v 是蒸发（凝结）潜热；q_o 和 q_a 分别是海水表面和大气中的饱和比湿；U 是距海面 10 m 处的风速；T_o 和 T_a 分别是海水表面和空气的温度；C_E 和 C_H 是交换函数。起初人们将 C_E 和 C_H 作为经验常数，取 $C_E=0.97 \times 10^{-3}$，$C_H=1.1 \times 10^{-3} \sim 1.6 \times 10^{-3}$。进一步的研究结果表明，将它们作为常数往往会带来较大的计算误差，所以后来研究者又提出了相应的参数化方案，其中考虑了分子压缩等因素的影响。

另外，上式饱和比湿 q_o 是海面温度（SST，sea surface temperature）的函数，因此，无论海洋向大气提供感热还是潜热都同 SST 有极为密切的关系。这样，海面温度和它的异常（SSTA，也称为海面温度距平）也就成为描述海洋对大气运动影响，以及气候变化的重要物理量。

热带海洋积存了较多的能量，热带 SST 的异常必然会对大气环流和气候产生重要的影响。图 8.5 给出了赤道东太平洋 SSTA 影响大气环流变化的示意图，图中阴影区表示降水量增加。该图充分显示了其全球效应。实际上，在中高纬度地区，SST 也对大气环流和气候变化具有相当大的影响。图 8.6 是温带太平洋夏季 SST 异常同其后秋季海面气压异常间的相关系数分布状况。在图 8.6 中可以看到，在东北太平洋地区存在一个负相关极值区，表明气压场的变化受到前期 SST 异常的重要影响。

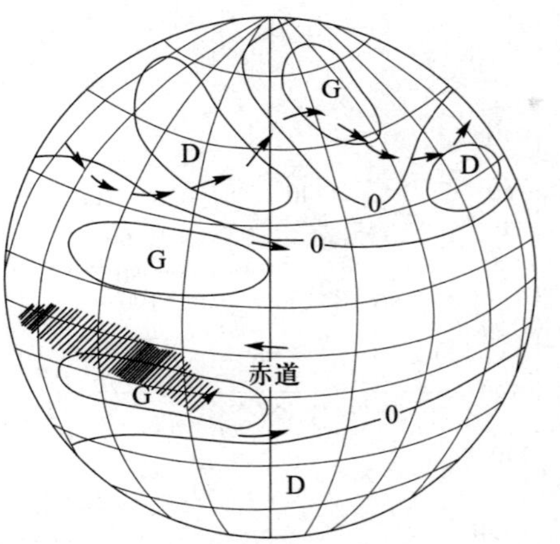

图 8.5　赤道东太平洋高海温期间对流层中上部位势高度异常的全球分布示意图（Horel & Wallace，1981）

G. 高压；D. 低压

箭头表示气流大致的运行方向

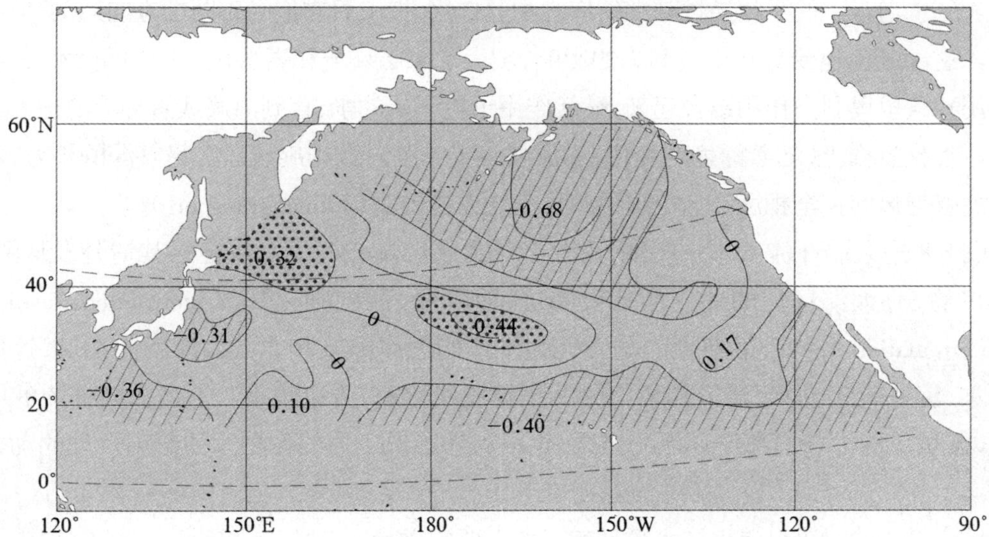

图 8.6　温带太平洋夏季 SST 异常与秋季海面气压异常间的相关系数分布状况（Namias & Cayan，1980）

二、海洋的风应力强迫

大洋环流的最大控制因素是表层风。当风稳定地吹过水体时，会在相同的方向拖曳表层水。然而，受科里奥利力影响，在深海地区，表层风海流流向偏离风向 45°，移动的水在北半球会偏向风向的右侧，在南半球会偏向风向的左侧。偏离的程度随水深的增加而增加，在某一深度处（称为摩擦深度，以前称为埃克曼深度），流向与表层风海流流向完全相反，流速降至表层风海流流速的 4% 左右，如图 8.7 所示。

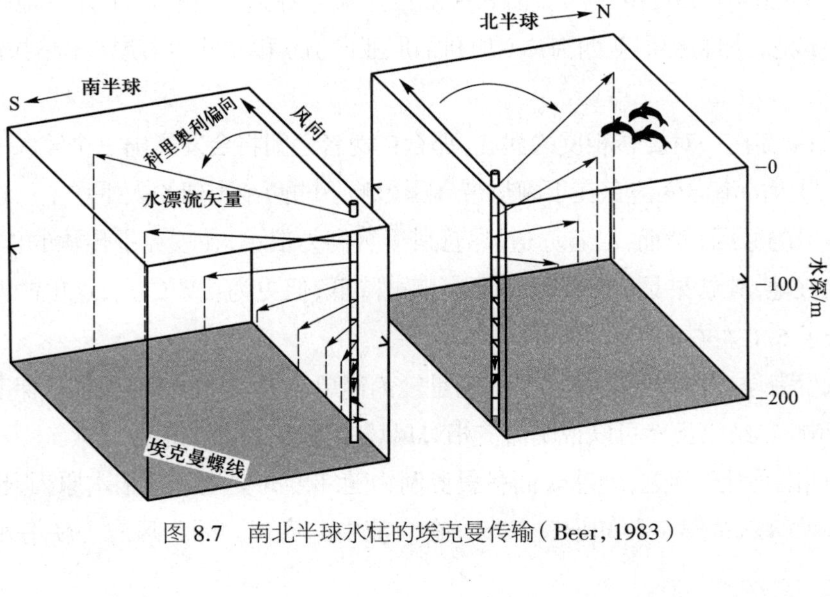

图 8.7　南北半球水柱的埃克曼传输（Beer，1983）

表层水与其下的水体通过黏性切应力相互作用，拖曳着它们向相同的方向运动，但速度较慢。这部分水也受到科里奥利力的影响，增大了深层环流和表层风之间的角度。黏性相互作用和科里奥利力作用结合起来，继续作用于更下层的水，直到海底或者环流的速度不再存在。在横剖面上，随着深度的变化，水流划出了一条对数螺旋线。在足够深的地方，水的流向能够与风向完全相反。这个现象就称为埃克曼传输（Ekman transport）。

图 8.8 是大洋环流基本形势图，南北半球太平洋环流的反向特征极其情楚。从图 8.8 中可以看出，大洋环流的另一个重要特征，即所谓“西向强化”（western intensification of ocean circulation）特征，最典型的是西北太平洋的近岸海区和北大西洋西部海域，这里流线密集，流速较大，而大洋的其余部分海区则流线稀疏，流速较小。上述大洋环流的主要特征，正是风应力强迫海洋环流的结果，也只有考虑风应力的作用才能给出合理的动力学解释。

埃克曼传输对于世界海洋水循环有三条主要的贡献：

第一，在半球内运动的海洋涡旋中，水流趋于流向涡旋的中心，升高了局部的海平面约 2 m。增加的水的重量导致了涡旋中心水的下沉，而深层的水在边缘上升，代替了流向中心的水。从逻辑上讲，涡旋中心的水在重力作用下趋于沿斜坡流向上升水流带；然而，科里奥利力影响了这种水流，使水流运动偏转垂直于这个梯度。这种相互作用的后果，使海洋中涡旋的中心抬高和相邻的槽趋于自我维持。

第二，平行于海岸的风导致表层水离岸，而深层水则向岸，如图 8.9 所示。较冷水流的涌升通常发生在海岸附近。位置靠近海岸的高压中心加剧了这个过程。风越强劲，形成上升流的时间越短，这个事件越剧烈。较冷水流的涌升可以产生一种近岸海面温度梯度，这是发展东海岸低压所需要的。当高压半永久性地停留在某一位置较长时间，例如在秘鲁海岸的东南太平洋，较冷水流的涌升就会因为埃克曼传输而成为半永久性的。沿惯常路径经过海洋上空的高压中心使得冷洋流沿着大陆西岸流向赤道。这样的上升流地区以南美西海岸（秘鲁洋流）、加利福尼亚西海岸（加利福尼亚洋流）和非洲西海岸（本格拉洋流）最为显著。

第三，如果存在一对旋转相反的涡旋，那么在两者之间将会发展出一个较深的上升水流带。世界上最大的海洋涡流存在于副热带高压影响下的两个半球的太平洋上。这些高压是形成东向信风的原因；然而，沿着赤道，尽管科里奥利力很小，在埃克曼传输的作用下，表层水趋于移向极地，其结果是沿赤道海平面高度被降低，但更为重要的是，这里的温度由于上升流而降低了 5 ℃左右。

关于风生海洋环流的上述埃克曼理论是较为简单的，尤其是忽略了气压梯度力和水压梯度力的影响，其结果虽然可以说明海流相对风场的偏转，但是局限性很大。

关于“西向强化”问题，地球表面科里奥利力随纬度的变化是其根本原因，也可认为是 β 效应（参见第六章第二节知识窗 6.2.1）在海流中的表现。因为风应力使海水产生涡度

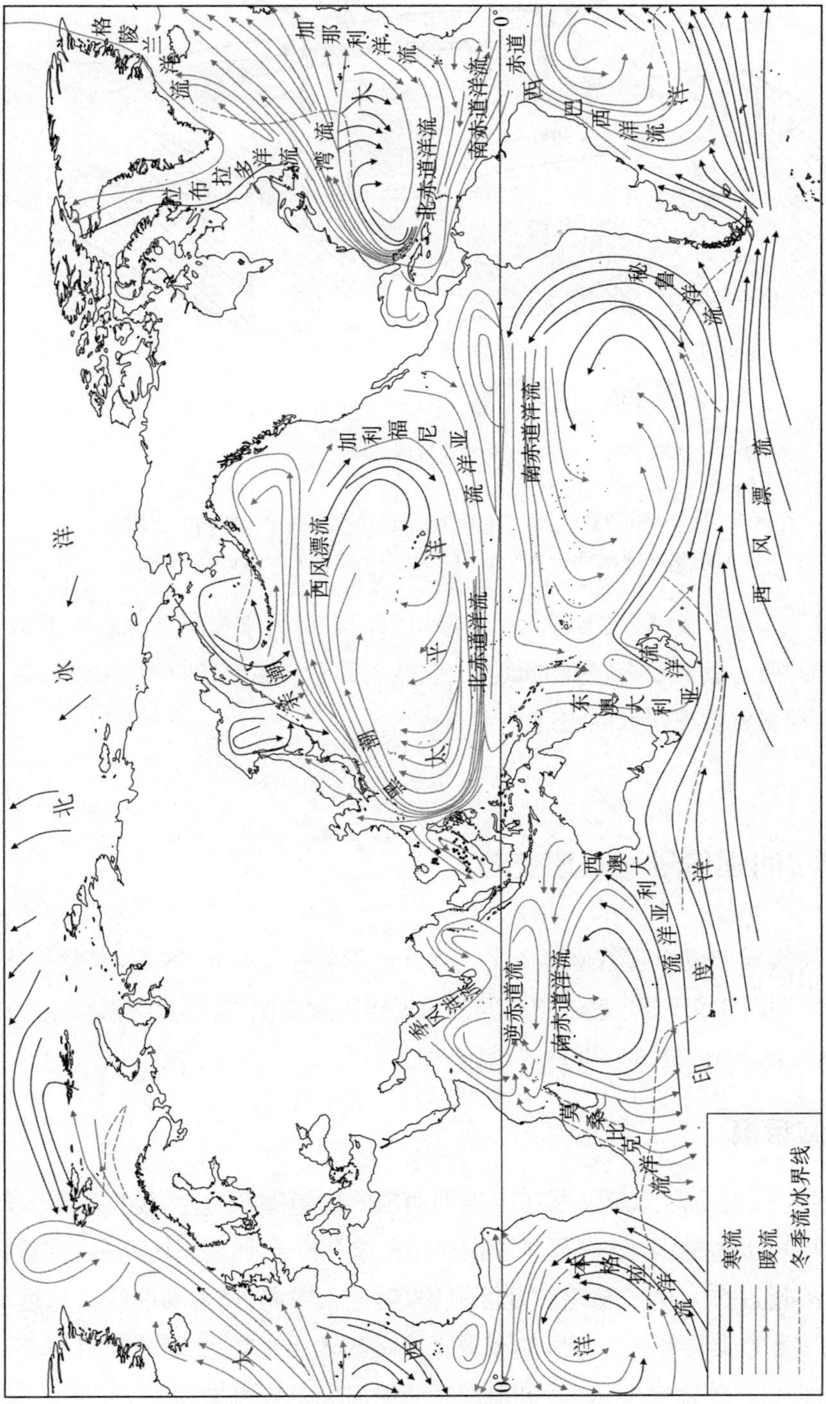

图 8.8　太平洋和大西洋环流形势图

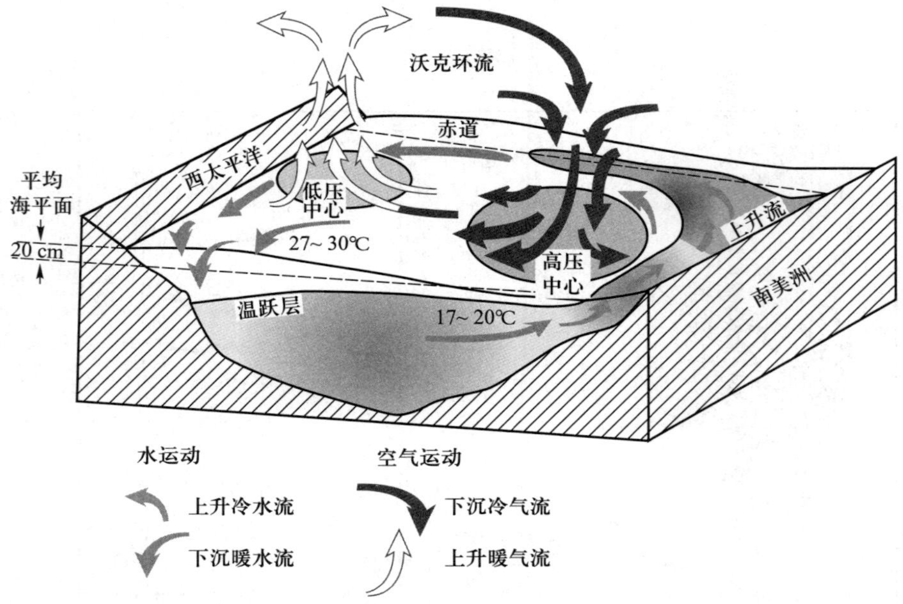

图 8.9　大气气压系统、海洋环流、海水温度和海平面之间的正反馈，
模拟南太平洋海洋—大气正常状况的示意图（Bryant E，2004）

（参见第五章第三节知识窗 5.3.1），因此它一般可以由摩擦力来抵消。当科氏参数f随纬度变化时，在大洋的西边就需要有较强的摩擦力以抵消那里的涡度切应力。因此，为了产生较强的摩擦力，在那里就要有较大的流速。

三、气候异常的强信号——ENSO

环流因子在气候形成中起着重要作用。当环流形势在某些年份出现异常变化时，就会直接影响某些时期内的天气和气候，出现异常。近年来频繁出现的厄尔尼诺 / 南方涛动（El Niño-Southern Oscillation，ENSO）就是一个显著的实例。

（一）正常情况

如图 8.10 所示，高压区全年停留在南美洲西部的赤道海洋上空，秘鲁海岸外的高压很强，由于冷海水和下沉空气反馈过程，高压被锁定在这个位置上。这个高压的纬度位置季节性地南北移动不超过 5°。空气从这个地区流出，越过太平洋，作为向西的信风返回西太平洋或印度次大陆上的受热地区。持续的东风把温暖的表层水吹过太平洋，堆积在菲律宾海的西太平洋暖池上。西太平洋和南美洲海岸之间的温度差异每增加 1 ℃，西太平洋的海平面就升高大约 1 cm。通常这个超高程可达 13~20 cm。向西的信风维持着这个状况，与此同时驱动两个半球赤道附近的表层流向西移动。埃克曼传输能够影响这些洋流，并且在赤道的一个狭窄地带导致冷水上涌。大气环流模式 GCMs 还不能完全准确地模拟赤道上这么急剧的温度梯度。这些大气和洋流系统非常稳定,超越气候年循环而存在。这种纬向热力环流也称为沃克环流,由英国气象学家吉尔伯特·沃克在 20 世纪 20 年代提出。

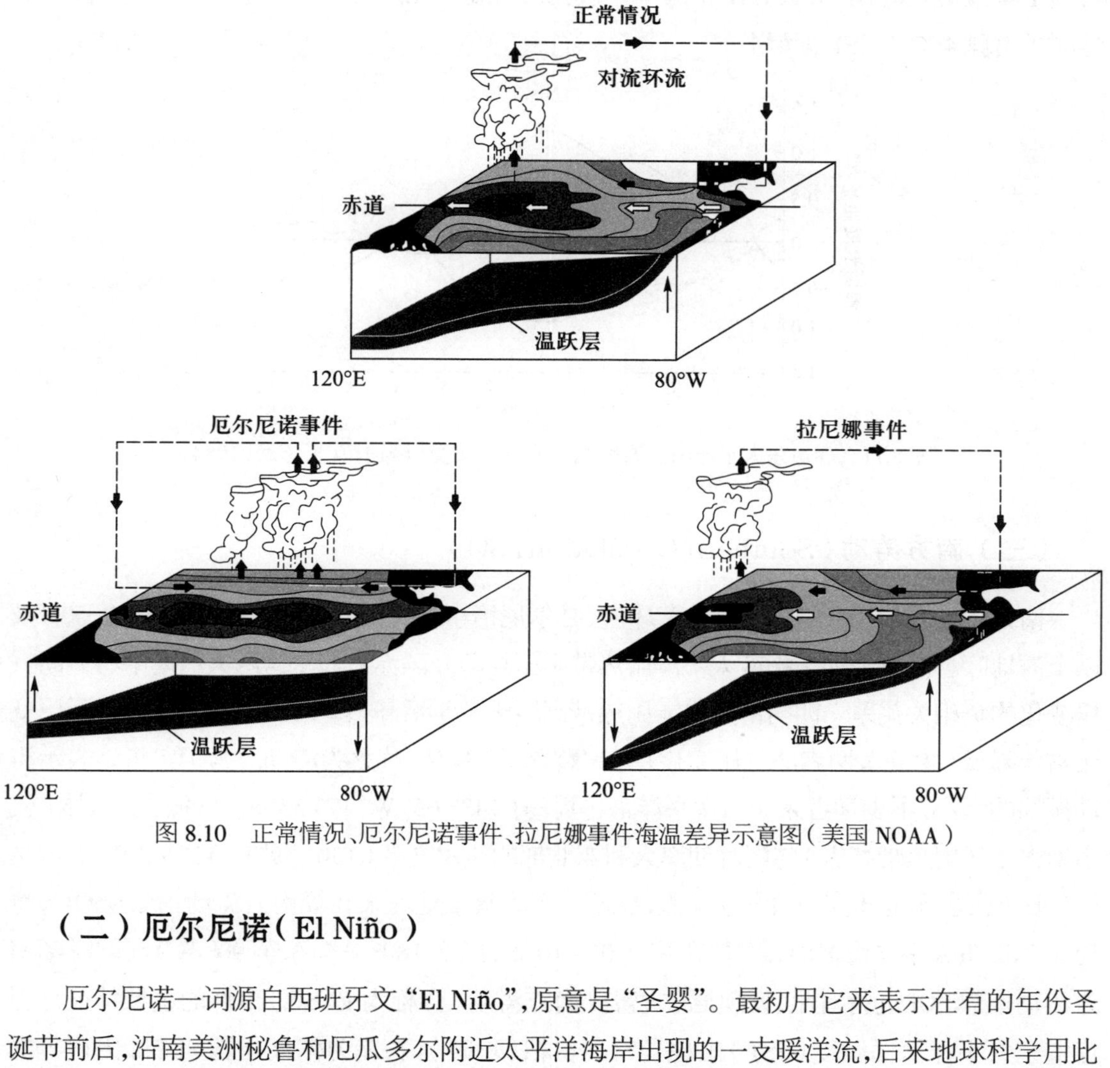

图 8.10 正常情况、厄尔尼诺事件、拉尼娜事件海温差异示意图(美国 NOAA)

(二)厄尔尼诺(El Niño)

厄尔尼诺一词源自西班牙文“El Niño”,原意是“圣婴”。最初用它来表示在有的年份圣诞节前后,沿南美洲秘鲁和厄瓜多尔附近太平洋海岸出现的一支暖洋流,后来地球科学用此词表示在南美洲西海岸(秘鲁和厄瓜多尔附近)延伸至赤道东太平洋向西至日界线(180°经线)附近的海面温度异常增暖现象。第一次直接记录厄尔尼诺事件是在 1795 年的圣诞节前后,秘鲁沿岸的海面温度持续异常升高,不仅给该地区各国的渔业生产带来严重损失,还造成洪水灾害,因此引起了人们的关注。后来的观测又发现,当厄尔尼诺事件出现时,不仅秘鲁沿岸海域,甚至整个赤道东太平洋海区的 SST 都持续异常升高。所以目前一般都用(0°~10° S,180° E~90° W)区域的平均海面温度来代表赤道东太平洋 SST。当赤道东太平洋 SST 持续出现较大的正距平时,即称发生了厄尔尼诺事件;当赤道东太平洋 SST 持续出现较强的负距平时,则称发生了反厄尔尼诺事件,又称拉尼娜(La Nina)事件。

图 8.11 给出了对应厄尔尼诺和拉尼娜情况下，赤道东太平洋 SST 距平的时间演变规律，其中，实线和虚线分别表示对厄尔尼诺事件和拉尼娜事件的合成曲线。对于厄尔尼诺事件，赤道东太平洋 SST 的激烈上升一般开始于春季，少数在夏、秋季，较大的正距平大约可持续 1 年或更长时间，最大 SST 正距平一般出现在 11—12 月间，平均达到 1 ℃以上，个别地区可出现 4 ℃的 SST 正距平。

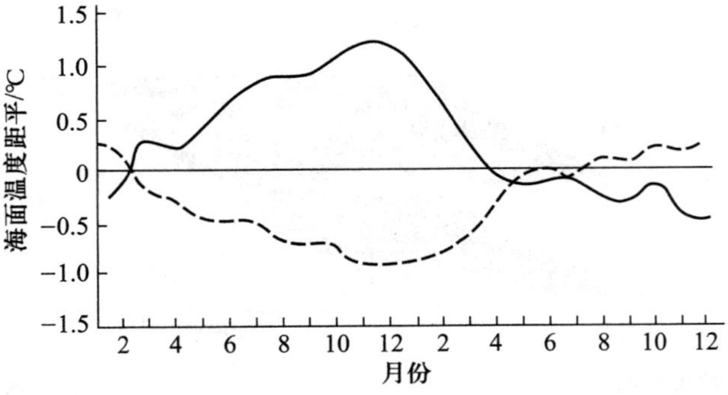

图 8.11　赤道东太平洋海面温度距平的时间演变（藏恒范、王绍武，1984）

（三）南方涛动（Southern Oscillation，SO）

南方涛动及有关的现象，如沃克环流、厄尔尼诺事件、拉尼娜事件等，影响了全球 60% 以上的地区。南方涛动是指南太平洋副热带高压与印度洋赤道低压这两大活动中心之间气压变化的负相关关系。即当南太平洋副热带高压比常年增高（降低）时，印度洋赤道低压就比常年降低（增高），两者的气压变化存在“跷跷板”现象，称之为涛动。为了定量地表示涛动振幅的大小，不少学者采用南太平洋塔希堤岛（143° 05′ W，17° 53′ S）的海平面气压（代表南太平洋副热带高压）与同时期澳大利亚北部的达尔文港（130° 59′ E，12° 20′ S）的海平面气压（代表印度洋赤道低压）差值，经过一定的数学处理来计算南方涛动指数（SOI），将历年赤道东太平洋海面温度（指在纬度 0° ~10° S，经度 180° E 向东至 90° W）与同时期南方涛动指数 SOI 进行对比，发现厄尔尼诺 / 南方涛动（合称为 ENSO）事件的主要特征是当赤道东太平洋海面温度（SST）出现异常高位相（增暖）时，南方涛动指数 SOI 却出现异常低位相（塔希堤岛海平面气压与达尔文港海平面气压差值减小）。图 8.12 给出 1851—1995 年的 SOI 变化曲线，当指数为正时，沃克环流盛行；当指数为负时，沃克环流减弱甚至倒转。在指数为负的时期，较高气压稳定在印度尼西亚 - 澳大利亚地区上空，此时较低气压在南美洲海岸温暖的水体上空发展。在热带，偏东信风减弱，甚至可能被西风气流所代替。西部的降水区转移到太平洋中心，东澳大利亚干旱代替了正常的或大的降水。这种正常的环流消失就是一个 ENSO 事件。这种状况可以解释 1982—1983 年的世界性大干旱，它影响了澳大利亚、印度尼西亚、印度和南非的大部分地区。全球相当一部分地区的变暖都是 ENSO 事件的典型表现。

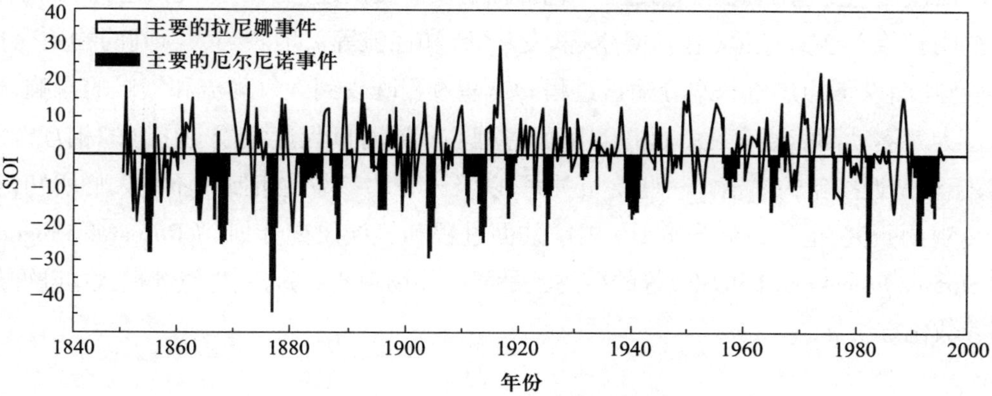

图 8.12　1851—1995 年南方涛动指数（Bryant E，2004）

（根据塔希提－达尔文港气压资料计算，按 1951—1980 年归一化并放大了 10 倍）

关于赤道东太平洋海面温度达到怎样的正距平，才算厄尔尼诺事件出现，目前尚无公认的统一标准，但大体上连续三个月 SST 正距平在 0.5 ℃以上或其季距平达到 0.5 ℃以上，即可认为出现一次厄尔尼诺事件。达到上述数值的负距平时，则称为反厄尔尼诺事件。

许多研究结果表明，赤道东太平洋海面温度异常事件同南方涛动之间有着非常好的负相关关系。当赤道东太平洋 SST 出现正（负）距平时，南方涛动指数往往是负（正）值，两者间的负相关系数在 −0.57 到 −0.75 之间，达到 99.9% 的置信水平。事实上，厄尔尼诺事件是指赤道东太平洋地区 SST 的持续异常增暖，可认为是一种海洋异常现象；而南方涛动是指印度洋地区和南太平洋地区气压的反向变化现象，是大尺度大气环流的异常现象。厄尔尼诺事件和南方涛动间的紧密关系，是大尺度海气相互作用（特别是热带大尺度海气相互作用）的突出反映。因此，ENSO 成为大尺度海气相互作用，以及气候变化问题研究的重要课题，受到国际地球科学界的广泛关注。

第三节　陆面－大气相互作用

陆地面积约为地球表面面积的 29%。同海洋一样，陆面（陆地表面的简称）也是气候系统的重要组成部分。地表状况的改变和气候变化直接影响人们的生存环境和各种活动，如农业生产和交通运输、城市化进程等。同时，人类活动所造成的陆地表面状况的改变也反过来影响局部地区甚至更大范围的气候变化。近年来一系列观测资料充分表明，大面积砍伐森林、在干旱区和半干旱区的大面积垦荒种植等，不断地破坏地球表面的生态平衡，造成了难以逆转的自然环境恶化，气候也随之变得更糟。发生在陆面的各种过程与气候的相互作用，逐渐成为重要的科学研究领域和研究热点。

陆面过程主要包括陆面热力过程（包括辐射及热交换过程）、动量交换过程（如摩擦及植被的阻挡等）、水文过程（包括降水、蒸发、蒸腾和径流等）、地表与大气间的物质交换过程，以及陆面以下的热量和水分输送过程。这些过程既受到大气环流和气候的影响，也反作用于大气运动和气候变化。而探讨陆面过程与不同时间尺度气候变化间的相互作用和影响，还只是近些年的事情。一些定量关系，以及过程的参数化机制尚不被人们所知，有待进一步观测研究，世界气候研究计划中“陆面过程和气候研究计划”（Research Program of Land Surface Processes，RPLSP）等的目的就是通过外场观测实验，完善气候模式中陆面热力过程参数化方法。

一、土壤温度和湿度

对于不同气候带和不同气候时段，土壤温度和湿度相应地都存在一定的分布特征，可以说土壤的温度和湿度是气候状态的属性之一。一些研究结果表明，土壤的温度和湿度对气候具有显著的反馈作用。土壤的热容量比空气大得多，土壤的热状况及其变化将对大气的陆面下边界条件起到重要作用，土壤湿度会改变地表的蒸发状况，从而影响地－气间的水分交换，以及大气的潜热释放。这些过程同大气运动相互影响，对气候变化产生一定的反馈效果。

在一般情况下，大气的总能量方程为：

$$\frac{\partial}{\partial t}\iiint\limits_{V}\overline{\rho E}\mathrm{d}V=\iint\limits_{\mathrm{T}}\overline{F}_{\mathrm{rad}}\mathrm{d}x\mathrm{d}y+\iint\limits_{\mathrm{S}}(-\overline{F}_{\mathrm{rad}}+\overline{F}_{\mathrm{SH}}+\overline{F}_{\mathrm{LH}})\mathrm{d}x\mathrm{d}y+\iint\limits_{\mathrm{S}}(p\boldsymbol{V}\cdot\boldsymbol{n})\mathrm{d}x\mathrm{d}y+\kappa \tag{8.3}$$

式中：V 表示体积；F_{rad}、F_{SH} 和 F_{LH} 分别是辐射、感热和潜热通量；积分号下的 T 和 S 分别表示在大气层顶和地面的积分；而 $F_{\mathrm{SH}}\approx-\rho K_{\mathrm{H}}\frac{\partial T}{\partial z}$，$F_{\mathrm{LH}}\approx-\rho LK_{\mathrm{w}}\frac{\partial q}{\partial z}$，$K_{\mathrm{H}}$ 和 K_{w} 分别是热量和水汽的垂直湍流交换系数；$\kappa=\iint\limits_{\mathrm{S}}\overline{\tau_0\cdot V_{\mathrm{h}}}\mathrm{d}x\mathrm{d}y$ 是通过下边界的动能输送通量，τ_0 是地表摩擦力，$V_{\mathrm{h}}=(u,v)$。

在不考虑地气间动力相互作用的情况下，上式可简化为：

$$\frac{\partial}{\partial t}\iiint\limits_{V}\overline{\rho E}\mathrm{d}V=\iint\limits_{\mathrm{T}}\overline{F}_{\mathrm{rad}}\mathrm{d}x\mathrm{d}y+\iint\limits_{\mathrm{S}}(-\overline{F}_{\mathrm{rad}}+\overline{F}_{\mathrm{SH}}+\overline{F}_{\mathrm{LH}})\mathrm{d}x\mathrm{d}y \tag{8.4}$$

式中：等号右边第一项表示在大气层顶的积分，那里感热通量 F_{SH} 和潜热通量 F_{LH} 都为 0，只存在辐射通量 F_{rad}；等号右边第二项是在地面的积分，其中地面的辐射通量已在前面讨论过，而地面的感热通量和潜热通量可分别写成：

$$F_{\mathrm{SH}}=\rho_{\mathrm{s}}c_{\mathrm{p}}C_{\mathrm{D}}|V_{\mathrm{s}}|(T_*-T_{\mathrm{s}}) \tag{8.5}$$

$$F_{\mathrm{LH}}=\rho_{\mathrm{s}}L_{\mathrm{v}}C_{\mathrm{D}}|V_{\mathrm{s}}|(q_*-q_{\mathrm{s}}) \tag{8.6}$$

式中：ρ_{s}、T_{s} 和 q_{s} 分别是地面空气的密度、温度和比湿；V_{s} 是地面风速；T_* 和 q_* 是表层土壤

的温度和比湿；c_p 是空气比定压热容；C_D 是空气传输系数；L_v 是蒸发潜热。

由式（8.5）和式（8.6）可以清楚地看到，土壤的温度变化可以直接影响地－气间的感热通量，土壤的湿度变化可以直接影响地气间的潜热通量；同时，T_* 和 q_* 的变化还会影响地气间的辐射通量。因此，土壤的温度和湿度变化将对大气运动的总能量，即对气候变化起到反馈作用。

（一）土壤温度

汤懋苍等（1986）在分析土壤的温度与降水量的关系时发现，深层土壤（深度为 0.8~3.2 m）的温度与相应地区或邻近地区的后期降水量存在统计相关性。如果土壤温度偏高，后期降水量就偏多，反之亦然。且较深层的土壤温度所反映的降水量的滞后时间较长，如冬季 0.8 m 深度处的地温异常同春季（3—5 月）的降水量的相关性较好，冬季 1.6 m 深度处的地温异常与汛期（4—9 月）的降水量的相关性较好。图 8.13 分别给出了 1977 年 12 月—1978 年 2 月中国 1.6 m 深度处地温距平分布，以及 1978 年 4—9 月中国降水量距平分布。该图标明了距平值最大值的等值线，并将这些等值线最大曲率处的连线作为轴线。从中可以看出，高地温距平轴［图 8.13（a）粗实线］与汛期多雨轴［图 8.13（b）粗实线］有相近的位置分布，低地温距平轴［图 8.13（a）粗虚线］与汛期少雨轴［图 8.13（b）粗虚线］也有相近的位置分布。

王万秋等（1991）开展了土壤温度异常的数值模拟实验，发现区域性的持续土壤温度异常可以对短期气候产生明显的影响。他利用 IAP-GCM 模式对 7 月份的情况进行了模拟，结果显示：如果该区域土壤的温度异常只在初始时刻存在，那么这种异常的影响只持续 1 天左右；如果该区域土壤的温度异常持续 1 个月，那么这种异常将会对大气环流和气候产生一定的影响。

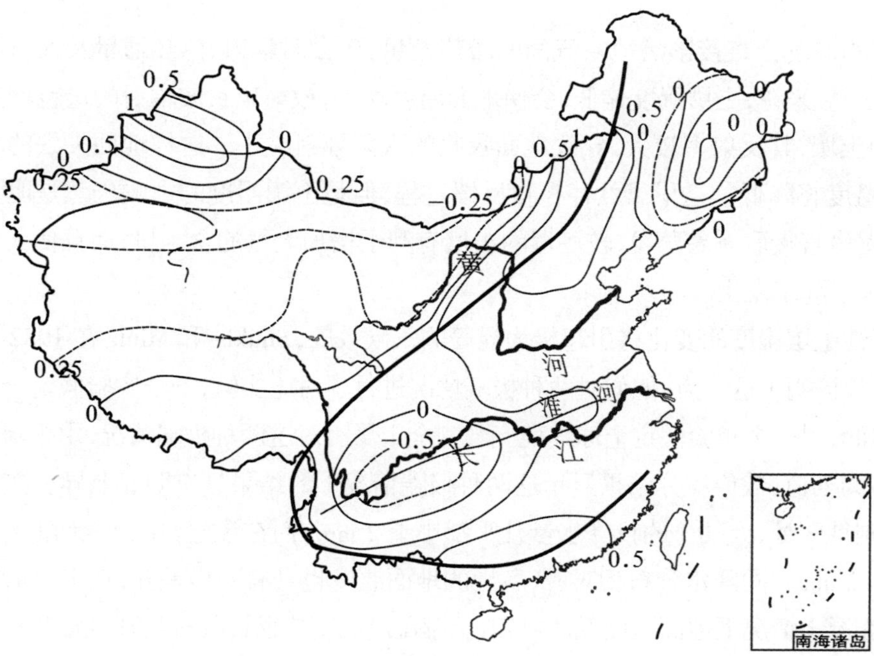

(a)

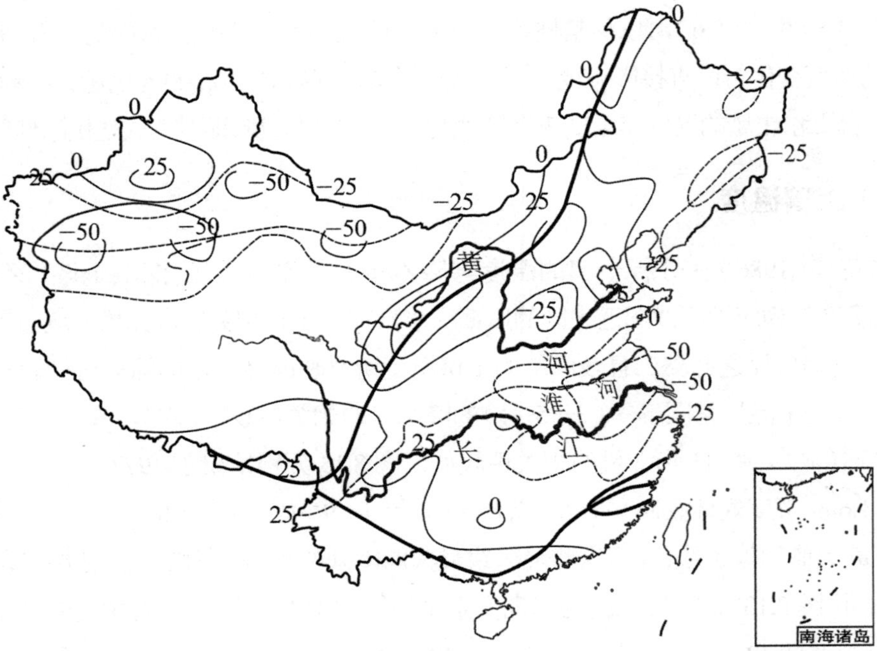

(b)

图 8.13　中国 1977 年冬季(12 月—次年 2 月)1.6 m 深处地温距平与次年 4—9 月降水量距平的分布(汤懋苍等, 1986)

(a)地温距平(单位: ℃);(b)降水量距平(单位: mm)

(二)土壤湿度

土壤的湿度会直接影响地–气间的潜热通量,还会对辐射、感热通量及大气稳定度造成影响。一般来说,土壤湿度偏低,会使地面温度增加,放射出长波辐射的量也增加;同时,比较干的土壤,其反射率较大,导致地面吸收的太阳辐射减小。这样地面失去的热量比较多,地面温度将降低。这里虽然存在自反馈过程,但是土壤湿度的影响仍然是明显的。另外,土壤湿度直接联系着蒸发,较潮湿的土壤有利于增加大气的含水量,而且使大气稳定度降低,有利于降水发生。

全球性土壤湿度的变化将引起极为显著的气候效应,Shukla 和 Mintz 在 1982 年通过数值模拟实验证明了这一点,他们对两种极端情况进行了对比实验,一个实验假定全球陆地土壤完全湿润,另一个实验假定全球陆地土壤完全干燥。对这两种极端情况,用相同日期的观测资料作为初值,数值积分结果显示这两种极端情况下的结果具有明显差异。在干土情况下,除个别地区处,大陆上的日降水量几乎都小于 2 mm;而在湿土情况下,大陆上的日降水量都大于 2 mm。同降水分布相对应,各地的地面温度也具有明显差异,在干土情况下地面温度高,在湿土情况下地面温度低。可知,土壤湿度的变化通过几种物理过程对气候变化产生影响。

在模拟实验中，假定土壤的湿度不随时间变化，或者说不包括其相互作用过程。事实上因降水和蒸发的改变，土壤湿度也会发生变化，可简单地用下面的公式来描述土壤湿度 W 的变化：

$$\frac{\partial W}{\partial t}=P-E \tag{8.7}$$

式中：P 为降水量，E 为蒸发量。

Rowntree 和 Bolton（1983）在考虑了土壤湿度存在相互作用的情况下，用 330 km 网格距中分辨率大气环流模式对欧洲有限区域湿度异常状况进行了数值模拟实验。实验中分别假定初始时刻大部分欧洲地区土壤湿度为 0 cm（干土）和 15 cm（湿土），前者比控制实验（湿度为 5 cm）干燥，后者比控制实验潮湿。实验结果表明：不仅在土壤湿度异常区域内具有明显的降水变化，而且在异常区域外的地区也出现了相当大的降水变化。同样，其他气象要素场（湿度、气压和空气比湿）也在相当大的空间范围出现了变化。可以说，局地区域的土壤湿度异常也会对大气环流和气候变化产生重要影响。

二、地表反照率（surface albedo）

地表反照率指地球表面对太阳辐射的反射能力。地表反照率直接影响地球表面能获得多少太阳辐射能，据计算，在其他条件均不变的条件下，地表反照率变化 1% 所造成的系统能量输入的改变几乎等效于太阳常数变化 1%，足见地表反照率及其精确测定的重要性。

气象学通常关心某一区域内或者某一下垫面特征的平均反照率，该区域的水平尺度可以达几百千米。这种区域往往可由几种特殊的地表组合而成，其中每一块具有各自反照率的变化特性，不同的下垫面，其反照率随辐射波长的变化也不一样。图 8.14 给出了不同太阳高度角下不同自然下垫面的光谱反照率，绝大多数地表（除雪之外）对紫外区的反照率只是对可见光区反照率的 1/3 到 1/2；而对近红外区的反照率要比对可见光区的反照率高 2~3 倍。

表 8.1 是不同种类土壤的反照率。土壤反照率与太阳高度角有关，而且与天空云量也有关。在一般情况下，太阳高度角越大，土壤反照率越小；天空云量越多，土壤反照率越小。两者相比，反照率随太阳高度角的增加而减小得更为明显。

不同地表状况的反照率具有很大的差异，如雪面反照率为 60%~90%，平整的耕地反照率为 15%~30%，有植被的地面反照率为 10%~20%。这种差异使得地表辐射平衡受到影响，从而影响气候变化。

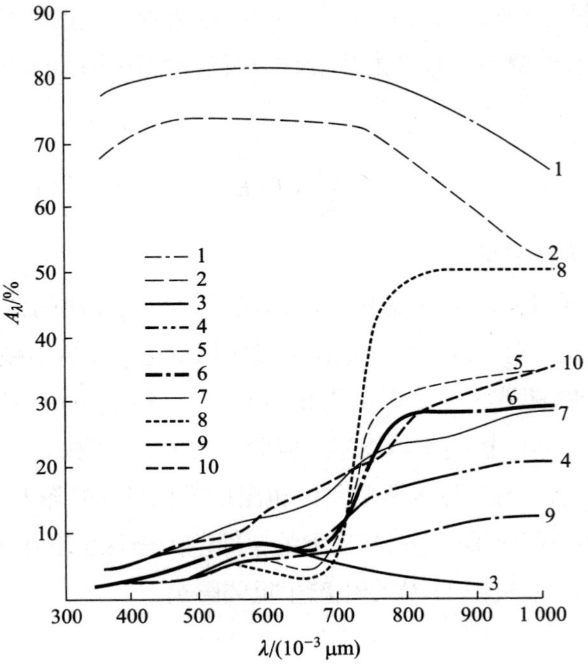

图 8.14　不同太阳高度角（ α ）下不同自然下垫面的光谱反照率（A_λ）（Kondratyev，1972）

1. 带冰盖的雪 $\alpha=38°$；2. 大粒湿雪 $\alpha=37°$；3. 湖泊水面 $\alpha=56°$；4. 雪融化后的土壤 $\alpha=24°\ 30'$；5. 青玉米 $\alpha=54°$；6. 高的绿玉米 $\alpha=56°$；7. 黄玉米 $\alpha=46°$；8. 苏丹草 $\alpha=52°$；9. 黑钙土 $\alpha=40°$；10. 谷物禾苗 $\alpha=35°$

表 8.1　土壤反照率（Kondratyev，1972）

土壤特征	平整的地面		翻耕过的地面	
	干	湿	干	湿
黑土、黑灰色	13%	8%	8%	4%
浅栗钙土、灰色	18%	10%	14%	6%
栗钙土、灰红色	20%	12%	15%	7%
沙土，灰色	25%	18%	20%	11%
白沙土	40%	20%	—	—
发蓝的黏土	23%	16%	—	—

Charney 在 1975 年提出了一种沙漠化的理论机制。他认为撒哈拉地区在哈得来环流下沉气流的背景下，本来就少雨，而过度放牧使地面反照率增大，导致这里比四周反射掉更多的太阳辐射；同时天空少云和地面温度高又造成更多的红外辐射，这样就致使该地区与周围相比是一个辐射热汇，净辐射小，为了维持热力平衡，该地区的空气必然被压缩下沉，从而加强了哈得来环流的下沉支。更强的下沉气流加剧了干旱，使植被进一步退化，造成土地沙漠化越来越严重。这是一种通过辐射过程而自发加剧其干旱化的自感反馈，也称为生

物－地球物理反馈过程。

需要指出的是，这里讨论了土壤温度、土壤湿度、地面反照率对大气环流和气候变化的重要影响。在这些影响过程中还存在地面反照率、土壤温度、土壤湿度三者之间的相互作用。地面反照率同土壤湿度之间存在较强的负反馈，土壤湿度与土壤温度之间也存在负反馈，地面反照率同土壤温度间存在弱的正反馈。大气环流和气候变化就在这些反馈机制之间进行，使得地面状况对气候的影响问题变得相当复杂。

三、地形与地面特征

陆地表面不仅分布形势很不规则，而且表面高度悬殊，最高山峰——珠穆朗玛峰海拔为 8 848 m（包含雪盖），最低洼地——死海沿岸海拔为 –392 m。根据陆地的海拔和起伏形势，可将陆地分为山地、高原、平原、丘陵和盆地等大的地貌类型，它们以不同规模错综分布在各大洲，构成崎岖复杂的下垫面。这些下垫面，又因沉积物、土壤、植被等的差异，具有不同的特性，使陆气相互作用的过程更为复杂。

（一）地形对气温的影响

地形与气温的关系十分复杂，大地形的宏观影响能对大范围内的气温分布和变化产生明显作用，局部地形的影响也能使短距离内的气温具有很大的差别。绵亘的高山山系和巨大的高原是气流运行的阻碍，它们对寒潮和热浪移动都有相当大的障壁作用，同时它们本身的辐射差额和热量平衡情况又具有独特性，因此它们对气温的影响是非常显著而广泛的。大地形对气候的影响主要体现在动力作用和热力作用两个方面，下面以我国青藏高原为例进行详细阐述。

1. 机械阻挡作用

青藏高原海拔高、面积大、矗立在 29° N~40° N 间，南北约跨越 10 个纬度，东西约跨越 35 个经度，平均海拔在 4 500 m 左右，有一系列的山峰海拔超过 7 000~8 000 m，占据对流层中低部，犹如大气海洋中的一个巨大岛屿，对于冬季层结稳定而厚度又不大的冷空气而言，是一个比较难以越过的障碍。从西伯利亚西部侵入我国的寒潮一般都是通过准噶尔盆地，经河西走廊、黄土高原而直接进入东部平原，这就导致我国东部热带、副热带地区的冬季气温远比受青藏高原屏障的印度半岛北部为低，屏障效应十分显著。

冬季西风气流遇到青藏高原的阻挡被迫分成两支，分别沿青藏高原绕行。从冬季北半球 700 hPa 等压面与 500 hPa 等压面月平均气温图（图略）上可以清楚地看出，在青藏高原北部冬季各月都是西北侧暖于东北侧，在青藏高原南部，则东南侧暖于西南侧，这显然是受到上述分支冷暖平流的影响。因西风在青藏高原西侧发生分支，于是青藏高原西北侧为暖平流，西南侧为冷平流，绕过青藏高原之后，气流辐合，东北侧为冷平流，东南侧为暖平流。

夏季青藏高原对南来暖湿气流的北上，也有一定的阻挡作用，不过暖湿气流一般具有不稳定层结条件，比冷空气易于爬越山地。从夏季月平均气温分布图上可以看出，在巴基斯坦北部和印度东北部阿萨姆两个地区总是有两个伸向西藏方向的暖舌，其中有一部分暖湿气流越过青藏高原南部的山口或河谷凹地，流入青藏高原南部，这是形成雅鲁藏布江谷地由东向西伸展的暖区的重要原因。

青藏高原的机械阻挡作用对气温的影响，不仅出现在对流层低层，并且波及对流层中层。根据我国浙江衢州与同一纬度印度德里各等压面上月平均气温的比较结果，可以看出在 500 hPa 及其以下各层的气温皆是浙江衢州低于印度德里，尤其是冬半年的差异更大。

2. 热力作用

将青藏高原地面的气温与同一高度的自由大气相比，冬季青藏高原气温偏低，夏季则偏高。对观测资料的分析结果表明，青藏高原地－气系统逐月向四周大气输送的热量如表 8.2 所示。从 10 月至次年 2 月是四周大气向青藏高原地－气系统提供热量，这时青藏高原是一个冷源，其强度以 12 月—次年 1 月为最大，向四周自由大气吸收 600 多 J/($cm^2 \cdot d$) 的热量。春夏季青藏高原是一个强大的热源，其强度以 6—7 月为最大，向四周大气提供 850 J/($cm^2 \cdot d$)以上的热量。就全年平均而论，青藏高原地－气系统是一个热源。冬季青藏高原的冷区偏于青藏高原的西部。夏季的暖区范围很广，整个对流层的温度都表现为青藏高原比四周高，再往高层暖区范围扩大，到了 100 hPa 等压面上，温度分布出现高纬度暖、低纬度冷的现象。

表 8.2　青藏高原地－气系统逐月向四周大气输送的热量(叶笃正等，1979)

月份	高原向大气输送的热量 /($J \cdot cm^{-2} \cdot d^{-1}$)	月份	高原向大气输送的热量 /($J \cdot cm^{-2} \cdot d^{-1}$)
1	−615.5	8	644.8
2	−368.4	9	422.9
3	184.2	10	−37.7
4	498.2	11	−410.3
5	757.8	12	−636.4
6	866.7	年平均	184.2
7	850.0		

从青藏高原的地面气温看来，它具有如下特点：

(1) 可将它看作地球的第三极地。青藏高原由于海拔高，因此气温特别低，它虽位于副热带、暖温带的纬度上，但在高原主体北部祁连山，以及巴颜喀拉山东部 1 月平均地面气温出现 −18~−16 ℃的闭合等温线，盛夏 7 月尚有大片地区平均气温 <8 ℃，冬夏皆比同纬度的东部平原平均气温低 18~20 ℃。

（2）气温日、年较差大。青藏高原上地面气温日较差比同一纬度的东部平原地区和四川盆地都大，比同一高度的自由大气更大。气温年较差亦比同一高度的自由大气大，但因地面高耸，故比同一纬度的东部平原稍小。

（3）气温季节变化急剧，春温高于秋温。青藏高原上春季升温强度大，特别是当积雪消融之后，雨季未到之前，青藏高原因受到强烈的太阳照射，增温甚快，秋季降温速度亦快，春温高于秋温，例如，青藏高原上的班戈 4—10 月气温差为 2.8 ℃，而汉口同时期气温差为 −1.4 ℃。

以上这些情况都说明青藏高原气温具有大陆性气候的特征。

中小地形对气温的影响也是相当复杂的。

首先，由于坡地方位不同，日照和辐射条件各异，因此各地的土壤温度和气温存在明显的差异。在我国，多数山地是南坡的温度高于北坡，古诗咏大庾岭的梅花，有“南枝向暖北枝寒，一样春风有两般”之句，就是山坡两侧气温殊异的极好写照。据庐山实测资料，南坡 1.5 m 高度的气温在 6—9 月与同一高度山顶相比，晴天平均高 2.1 ℃，多云天高 1.8 ℃，阴天高 1.5 ℃，雨天高 0.8 ℃，在有冷平流时可高 2.6~3.3 ℃；北坡的气温在 4—6 月与同一高度的山顶相比，晴天平均低 0.8 ℃，多云天低 0.6 ℃，阴天低 0.4 ℃。再以小地形南京方山（一个相对高差约为 190 m 的孤立山岗）为例，在冬季晴天，距坡地 1.5 m 高的日平均气温，南坡比北坡高 1 ℃左右，比东坡和西坡高 0.6~0.7 ℃，最高气温南坡比北坡约高 2 ℃，比东坡和西坡高 0.7~1.6 ℃，最低气温各方位之间的差异较小，最多不超过 0.7 ℃。

其次，地形凹凸和形态的不同，对气温也有明显的影响。在凸起地形如山顶，空气因与地面接触面积小，受到地面日间增热、夜间冷却的影响较小，又因风速较大，湍流交换强，再加上夜间地面附近的冷空气可以沿坡下沉，而交换来自由大气中较暖的空气，因此气温日较差、年较差皆较小；凹陷地形则相反，气流不通畅，湍流交换弱，又处于周围山坡的围绕之中，白天在强烈阳光下，地面温度急剧增高，影响下层气温，夜间地面散热快，又因冷气流的下沉，谷底和盆地底部特别寒冷，故气温日较差很大。

最后，在同样的地形条件下，由于海拔不同，山地气温有很大的差异，一般情况都是随着地方海拔的增大，气温下降。根据我国多数山区实测资料来看，大都是夏季温度直减率大，冬季直减率小，这与我国季风气候有关。冬季大陆偏北风盛行，海拔低的地方冬温不高，其气温随高度的递减率较小。夏季偏南风盛行，加之低层日射增温比较强烈，因此气温随海拔增加的递减率相较之下增大。但亦有部分地区因局部气候条件的特殊，山地气温随高度的递减率的季节变化有所不同。各山区在不同坡向不同高度阶段内，温度直减率亦有差异，情况比较复杂。

（二）地形对降水的影响

地形既能影响降水的形成，又能影响降水的分布和强度。一山之隔，山前山后往往干湿悬殊，使局地气候产生显著的差异。

迎风山地对降水的形成有促进作用，这主要是由于：

（1）原来空气层结是对流性不稳定或条件性不稳定的，风经过山地的机械阻挡作用，引起气流的抬升运动，空气达到凝结高度后，在上述层结条件下，能加速上升运动的继续发展，凝云致雨。

（2）当低压系统或锋面移到山地时，因地形的机械阻挡作用，使低压系统或锋面移动滞缓，故导致气旋雨或锋面雨雨时延长，强度增大。

（3）当气流进入谷地时，由于喇叭口效应，因此气流辐合上升，如果空气潮湿，层结条件又适宜，就会产生降水。

（4）在大陆性气候区，夏季由于山坡南北增温情况不同，或由于谷底与山坡增温比谷上空气增温快，会产生局部热力对流，形成对流雨或雷暴雨。

（5）气流经过崎岖不平的地形区域，因摩擦力的影响产生湍流上升运动，在其他条件适宜时，往往形成低层云或层积云，产生少量降水，如毛毛雨、小雨等。

总之，地形虽然对降水的形成具有一定的促进作用，但是如果气流很干燥，那么即使遇到山地出现抬升运动，也不能产生降水。而且气流在运行时遇到山地，是爬过去或者是绕山而过，还要视气流的方向与山脉的交角，以及空气的层结稳定度而异。若气流方向与山脉垂直则抬升的机会大，与山脉平行则以绕行为主。如果空气层结十分稳定，有抑制垂直运动的作用，就难以形成降水。

地形对降水分布的影响十分复杂，高大地形如青藏高原对亚洲降水分布的影响范围极广。研究结果表明：如果没有青藏高原存在，那么夏季的西南季风只能到达印度洋的南部，我国大部分地区都是偏西风和西北风，受下沉气流控制。因此大陆将是水汽很少的干燥气候，即使印度和缅甸，也不会有现在这样的充沛雨量。而青藏高原的存在，对大规模气流的影响，首先诱使热带西南季风向印度、缅甸侵袭，造成高原出现雨季，同时西南季风的一部分长驱深入，到达我国东部形成长江中下游雨区。如果没有青藏高原，那么我国西部的干旱将更为严重，东部也将属于干旱气候。在青藏高原隆起之前，大约距今 6 600 万年以前，从我国北方到长江流域都是广阔的干旱气候带，在喜马拉雅造山运动以后，距今 258 万年时，大规模的高原抬升运动发生后，才建立了亚洲的季风气候（图 8.15）。

地形对降水分布的影响还与坡向和高度存在密切关系。当海洋气流与山地坡向垂直或交角较大时，则迎风坡多成为“雨坡”区域，背风坡则成为“雨影”区域。如在夏季青藏高原南坡正当来自印度洋的西南季风的迎风坡，降水量特别丰沛，最著名的如印度的乞拉朋齐，其年平均降水量超过 11 000 mm，最多年降水量高达 26 461.2 mm，其中 7 月份的降水量就有 9 300 mm。西南季风到达青藏高原上空时，水分已经大大减少，因此青藏高原夏季降水量不大。例如地处喜马拉雅山脉主峰北麓的定日，海拔约为 4 300 m，年降水量仅为 318.5 mm，再跨过青藏高原，新疆南部地区的年降水量少于 100 mm。

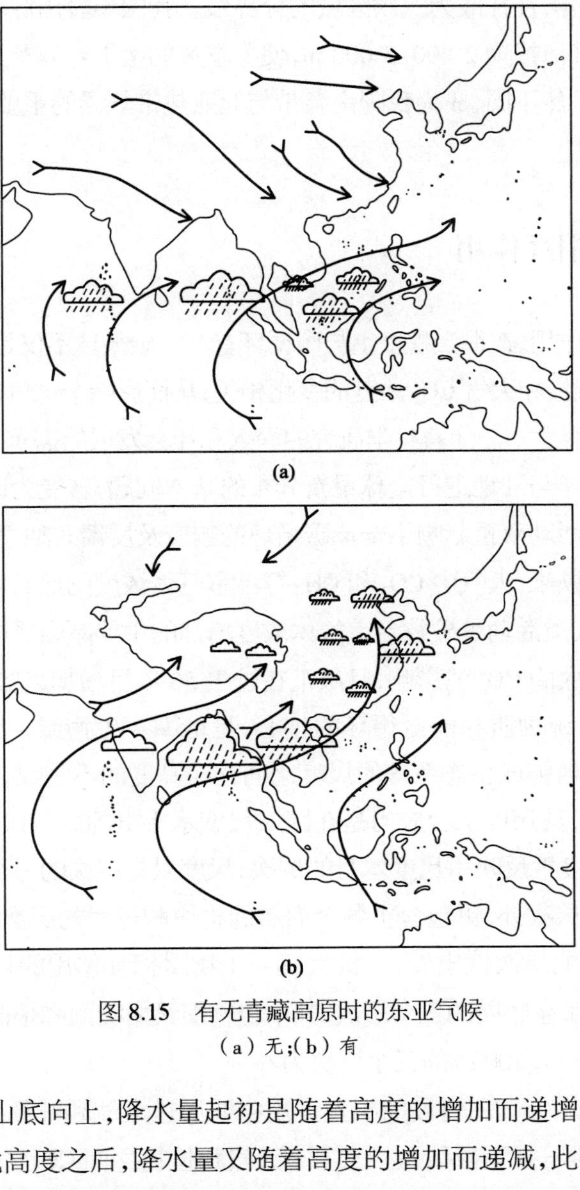

(a)

(b)

图 8.15　有无青藏高原时的东亚气候

（a）无；（b）有

在迎风山地，由山底向上，降水量起初是随着高度的增加而递增的，在某一特定高度，降水量最大。过了此高度之后，降水量又随着高度的增加而递减，此特定高度被称为最大降水量高度（*H*）。最大降水量高度随气候条件和地区而异，一般是气候愈潮湿，大气层结愈不稳定，最大降水量高度愈低。我国皖浙山地如黄山、天目山其最大降水量高度大致在 1 000 m。气候干燥的新疆山地，最大降水量高度则出现在 2 000~4 000 m 之间。青藏高原最大降水量高度从高原外围向内部逐渐增高。在几个主要水汽来向的迎风面最大降水量高度皆在 2 000 m 以下，其中喜马拉雅山脉西端和印度北部最大降水量高度仅在 1 500 m 上下。青藏高原内部因气候干燥，大部分地区最大降水量高度都在 5 000 m 上下。

综上所述，高大山脉不仅本身具有特别的气候特征，而且影响邻近地区的气候。有些山脉可以阻挡或改变气流的活动情况，使北来的寒潮不易南下，南来的暖流滞缓北上，又可使湿润气团的水分在迎风坡大量成为降水降落，背风坡则变得异常干燥。所以山脉两侧的气候可以出现极大的差异，往往成为气候区域的分界线。我国秦岭山脉就是一个很好的例子。秦岭山脉横亘东西，其海拔为 2 000~3 000 m，使冬季风的南下与夏季风的北上受到阻碍，使华北、华中地区气候截然不同，成为我国南温带与北亚热带气候的重要分界线。

四、生物 – 大气相互作用

生物 – 大气相互作用，在很大程度上与碳循环有关。碳循环不仅是生态系统对全球变化响应的综合表现，还直接和大气 CO_2 浓度的变化相关，从而影响全球气候的稳定，因而成为全球变化研究的重要内容之一。随着科学研究的深入和社会发展的需求，碳循环研究已逐渐从人类将 CO_2 排放到海洋与陆地进行全球重新分布的基本问题，转变为区域碳收支的确定，以及在气候变化与人类活动双重影响下全球碳循环的响应及反馈。独立的数据研究结果进一步明确了自工业革命以来，大气中 CO_2 和 CH_4 等温室气体浓度的显著增加，而化石燃料的燃烧、土地利用变化等人类活动是导致温室气体浓度增加的主要原因，陆地和海洋碳汇已经抵消了一半以上人为排放的 CO_2 的影响，且碳汇在过去 50 年呈增加趋势（IPCC，2013）。

碳循环是地球系统物质和能量循环的核心，是地圈 – 生物圈 – 大气圈相互作用的纽带。然而，大气运动、植被或生态系统的尺度之间存在高度的不一致，如果考虑生态系统变化对气候的反馈效应，其尺度至少应当是在区域尺度水平上的。气候系统是多层次的。层次与尺度不同。多尺度性反映了尺度本身的层次，尺度只是层次的一个方面。这里的层次，除了包括时空尺度的层次外，更包含了各个圈层的构成和过程的层次性。我们可以从生物圈的构成及相关过程的层次性出发，分析大气 – 生物圈相互作用的复杂性。自然环境、植物圈和其他生命构成了生物圈的三个层次，其中植物圈又由叶圈和根圈构成。这样，大气和生物圈相互作用（Pitman，2003）的三个层次为：

（1）**大气 – 叶圈**。大气和植被的相互作用主要通过大气和叶圈之间的气体交换过程来实现。这些气体交换过程包括：光合作用（大气和植物之间 CO_2 的交换）、呼吸作用（与光合作用反向的 CO_2 的交换）、蒸腾过程（大气和植物之间水汽的交换）。

（2）**大气 – 植物圈**。其相互作用表现在气候变化会自然地影响植被的重新分布，而植被分布的变化又会通过陆面过程反馈到气候系统内部。由此，陆面物理过程作为联系大气和植物圈（包括根圈在内）相互作用的纽带，实现了植被的光合作用、呼吸、分配、物候、凋落、死亡和分解过程。

（3）**大气 – 生物圈**。这是从生态系统的各种因子的相互作用来理解的。它包含了植被、土壤和大气。其中植被、土壤是碳、氮和其他营养元素的库，大气是 CO_2 库。这一层次主要考虑碳、氮等营养元素的生物地球化学循环及植被的净初级生产力。

图 8.16 就刻画了关键带小流域尺度碳循环的关键生物地球化学过程。这里的关键带

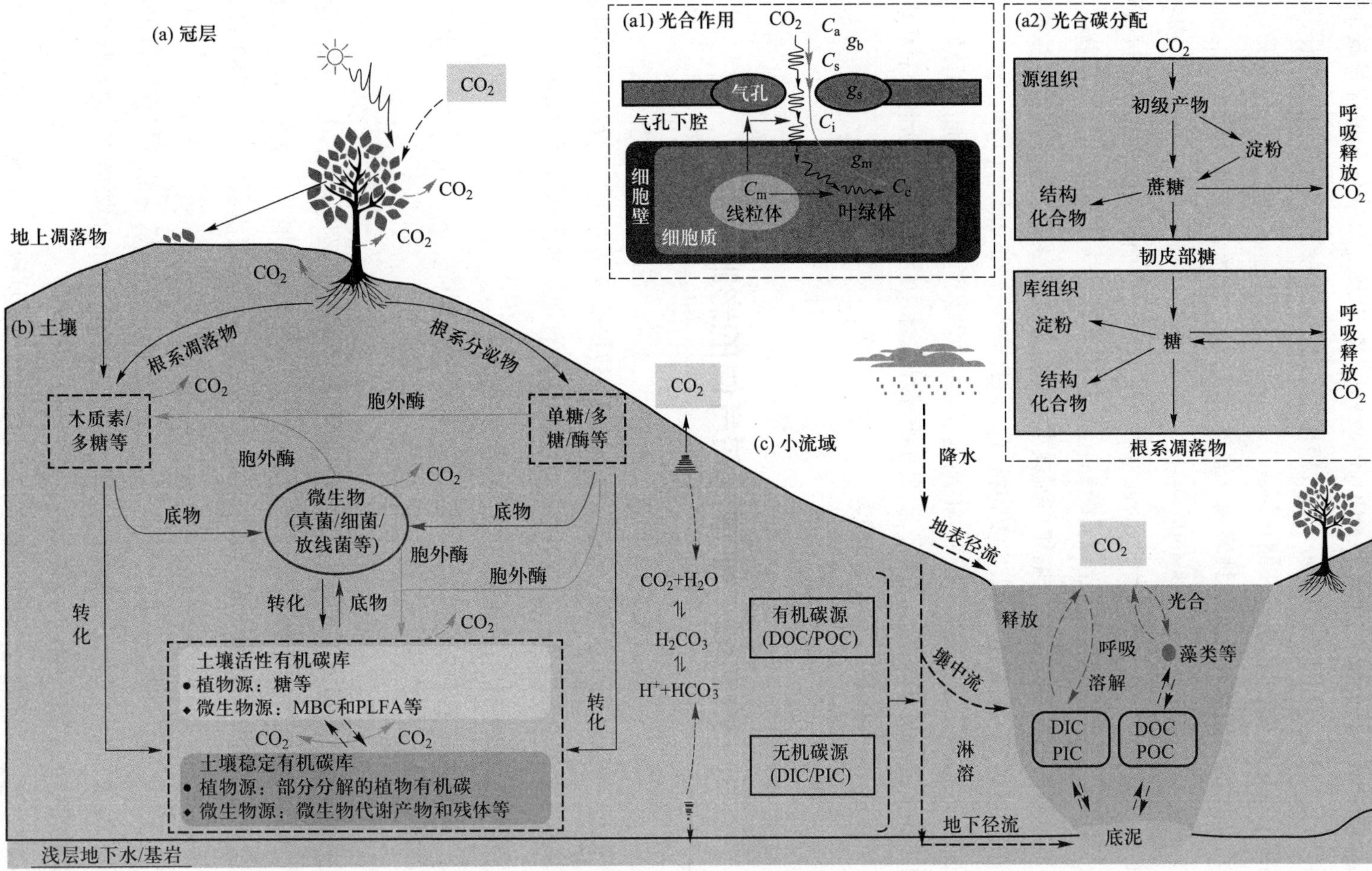

图 8.16 关键带小流域尺度碳循环的关键生物地球化学过程的示意图（温学发等，2019）

（a）植物光合 CO_2 供应和需求及光合碳分配过程；（b）土壤微生物及胞外酶对土壤碳库的分解与转化过程；（c）土壤和小流域水体有机碳和无机碳的迁移过程。C_a, C_s, C_i, C_c 和 C_m 分别表示冠层大气、穿过叶片边界层、通过气孔到达胞间、叶绿体羧化位点和线粒体内的 CO_2 浓度；g_b, g_s 和 g_m 分别表示边界层导度、气孔导度和叶肉导度。

(critical zone, CZ)是指地球浅层岩石－土壤－大气－水－生物及人类活动相互作用，为生命系统提供支撑资源的异质地球表层系统(Jordan, 2001)。这个过程包括了以下三个关键过程。

(1) **植物碳的固定与分配**。植物光合 CO_2 供应和需求，以及光合碳分配过程是碳生物地球化学循环的起始环节[图 8.16(a)]。光合作用是陆地生态系统碳循环的起始阶段，其形成的糖类用于维持植物呼吸、生长和储存等。

(2) **土壤碳库的分解和转化**。从地表到基岩的土壤微生物及胞外酶驱动的土壤有机碳库的分解与转化是碳生物地球化学循环的周转环节[图 8.16(b)]。植物通过地上凋落物、根系凋落物、根系分泌物向土壤中输入有机质，通过胞外酶的矿化过程和微生物的同化过程形成土壤有机质碳库。土壤微生物种群结构和酶活性的改变将改变土壤碳库的分解及蓄积。

(3) **小流域碳的迁移与平衡**。土壤和小流域水体有机和无机碳的迁移过程是碳生物地球化学循环的迁移环节[图 8.16(c)]，主要包括：① 以地表径流和碳淋溶(壤中流、地下径流)的途径进入流域水体；② 进入流域水体的碳在光合－呼吸、溶解－脱溶、底泥释放－沉积等过程的影响下随流域水体流出流域。土壤和小流域水体中的碳主要包括溶解有机碳、颗粒有机碳和颗粒无机碳(温学发等, 2019)。

第四节　冰雪圈对气候的影响

同海洋、陆面一样，冰雪圈也是大气运动的下边界，其状况及其变化都会对大气环流和气候产生极重要的影响，同时，大气环流和气候的变化也会对地表冰雪状况产生影响。

一、冰雪圈的全球分布

冰雪圈由地球表面大量的雪和冰构成。它包括格陵兰岛和南极地区范围很广的冰原、海冰，以及北美洲和西伯利亚的永冻带(冻土)及冰川等。冰雪圈是地球上最大的淡水储存库，据估计，全球水分的 2% 是冰冻的。这种固态水约占全球可利用淡水总质量的 80%，它按不同的比例分布在冰雪圈各分量间。

地球冰雪圈主要由大冰原、海冰、大陆冰川、雪盖和永冻带等组成，它的分布在空间和时间上都相当复杂，受到季节变化、纬度差异、南北半球差异、海陆分布的影响等，对其监测和获得定量、准确的数据比较困难。

冰原(ice field)可分为陆地冰体和海洋冰原。陆地冰体包括格陵兰冰原、山脉冰川，以及南极东部冰原的大部。南极西部的海洋性冰原由底部低于海平面的冰组成，一直延伸到罗斯海和威德尔海的两座最大的浮冰架处。南极大冰原的海拔在 4 000 m 以上，格陵兰大冰原的海拔约 3 000 m。格陵兰的冰如果全部融化，那么将使全球海平面平均升高 8 m，而南极东部冰的融化，将使海平面升高 65 m。冰川主要存在于各纬度的山脉区域。它们只占冰雪圈的非常小的部分。冰川范围差别很大，小的只有几十平方千米，大的如北极和南极冰川，达几万平方千米。中高纬冰川在经济上非常重要，它们储存着可观的冬雪，可提供不间断的径流供发电和灌溉之用。

冰盖（ice sheet）面积大约占全球陆地表面面积的 10.6% 和海洋表面面积的 6.7%。海冰的滞留期以月和年为时间尺度。冬季海冰布满整个北冰洋，以及格陵兰海、巴伦支海和鄂霍次克海的大部；夏季北方冰盖仅限于格陵兰大冰原和北冰洋的大浮冰。南极地区的海冰覆盖面积的季节变化比北极地区要大得多。冬季海冰分布可达到 60° S，而夏季只局限于 70° S 以南。与北极相比，靠近南极洲的海冰分布更对称、更集中。因为北极冰受到陆地的限制，所以南极冰盖的年际变化和区域变化比北极大。南极海冰最大范围出现在 7—10 月，最小范围出现在 2—3 月。北极海冰最大范围出现在 1—2 月，最小范围出现在 8—9 月。北极海冰的消亡慢，增长较快，而南极恰好相反。图 8.17 是全球南北极地区平均海冰面积的季节变化曲线，可以看出，北极的海冰面积在冬季最大，在夏季最小，而南极周围海冰面积的年变化幅度要大于北极附近的海冰面积，即季节变化和面积幅度变化均为南半球大于北半球；面积变化速度则表现为北极地区消融慢、增长快，而南极地区消融快、增长慢。这种差异主要是由海陆分布的差异决定的，因为北冰洋为近似封闭的海洋，与周围陆地的热量交换微弱；而南极周围海冰区为开放型，与周围广阔的、温度较高的中纬度海洋热量交换剧烈。

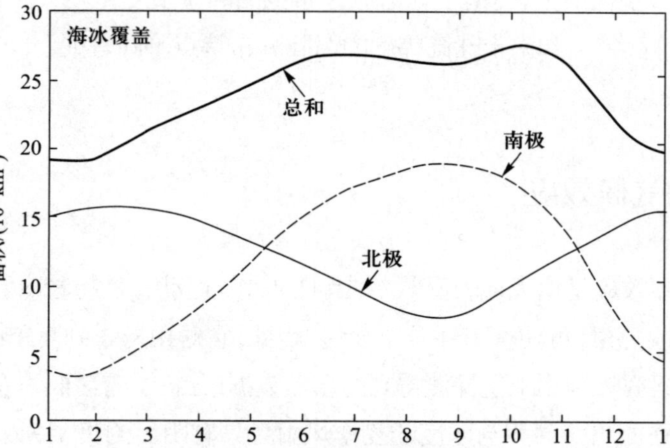

图 8.17　全球海冰的年变化（陈星等，2014）

雪盖（snow cover）是冰雪圈的另一个重要分量。在北半球冬季，雪大约覆盖着 50% 的陆面和 10% 的海洋，雪盖在北美和亚欧大陆上可以南伸至 50° N 以南的中纬度地区。冰雪圈还包括若干主要山脉的冰川系统，例如，阿拉斯加冰川系、阿尔卑斯冰川系等。雪盖有显著的年变化特征,其滞留时间以天和月计,比海冰短。北半球冰雪总覆盖面积的年变化振幅要比南半球大得多,全球冰雪总覆盖面积的年变化主要是由北半球大陆雪盖面积的年变化引起的。北半球雪盖面积的年变化远大于海冰面积的年变化。雪在中高纬度地区的水循环中发挥着主要作用,是径流和土壤湿度的主要水分来源,欧洲和北美广大地区的水分供应来自冰雪融水。

永冻带(permafrost)覆盖的区域范围广阔,总面积大约占地球陆面的15%~20%,主要位于北美及西伯利亚大陆的北极边缘。阿拉斯加、加拿大北部和亚洲东北部的大部分陆地是冰冻的。永冻带妨碍着地面水的运动,限制着植物的生长,并加速着地表径流。

冰和雪的性质和物理特征,以及冰雪圈与气候系统其他圈层的耦合,使得冰雪圈在地球气候中起着非常关键的作用。首先,由于具有较高的反射率和大的融解潜热这两个特性,冰雪圈扮演着大气和海洋的有效热汇的作用,全球冰雪分布的变化对行星尺度反射率有着重要的影响,从而进一步影响全球气候。其次,冰雪由于热传导率低,所以是良好的绝热体,能减少大气、海洋及陆地之间的热量交换。这种作用在海洋上尤为明显,海冰是冷的极地气团和冰下面相对暖的海洋之间的绝热层。再次,冰雪融化还能够吸收大量的热量。例如,南极洲在夏季是全球接受太阳辐射最多的大陆,但依然非常寒冷,其主要原因就在于南极洲大陆有98%的区域常年为冰雪覆盖。最后,海水结冰时析出的盐分能够增加海洋上层的盐度,而冰的融化致使表层海水盐度降低,从而影响海洋的层结稳定。高纬度海域海水的下沉,与南极底层水、北大西洋深层水的形成直接相关,海洋层结的改变,最终影响海洋环流结构。

图8.18(a—d)是从卫星遥感资料得出的南北半球冬夏两季的冰雪分布状况。从该图中可以看出,无论在哪个半球,冬季和夏季的冰雪覆盖面积都有很大的变化,特别是北半球雪被覆盖范围季节变化很大,而南半球海冰分布范围的季节变化较大。这种季节和南北半球的差异与北半球高纬度和南半球高纬度的海陆分布特点不同有关。

二、冰雪圈的气候效应

冰雪圈的主要效应是增大地表反照率,因而对大气运动总是起着冷源的作用,同时其在消融过程中要吸收热量,可使季节性升温变慢,因此,它对由冬季到夏季的季节转换有一定的延缓作用。有研究者利用卫星探测得到的雪盖数据,分析了雪盖面积变化对气候的影响,认为亚欧大陆冬季的雪盖面积与印度的夏季风雨量具有明显的负相关关系,中国学者也得到北半球冬半年的积雪面积与我国东北的夏季温度存在负相关、青藏高原冬半年积雪量对东亚大气环流具有明显的影响等结论。

海冰除了同雪盖一样通过地表反照率及蒸发和感热交换影响大气环流和气候之外,还具有其他的热力学作用。它是海洋的隔热层,可以抵制海洋和大气间的相互作用和能量交换,减小海水蒸发量;海冰在融化过程中产生的淡水可以减小海水的盐度,而海冰在(凝结)

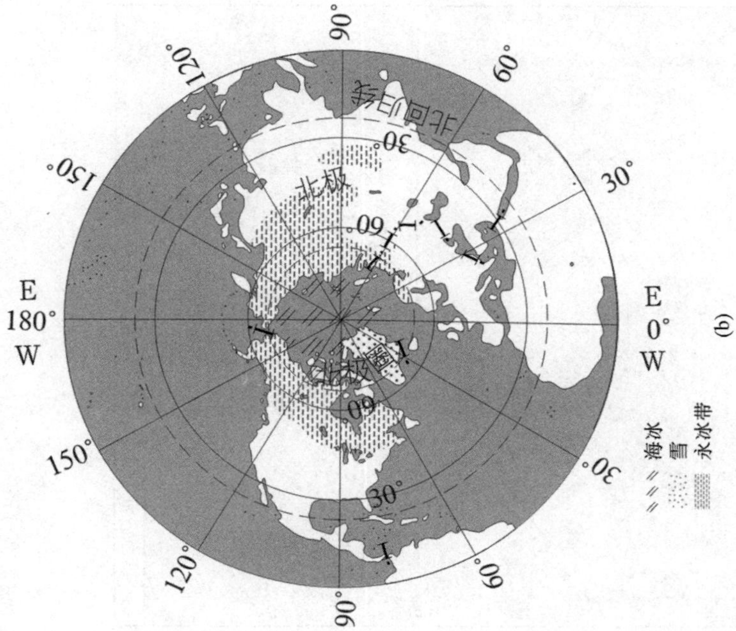

(b)

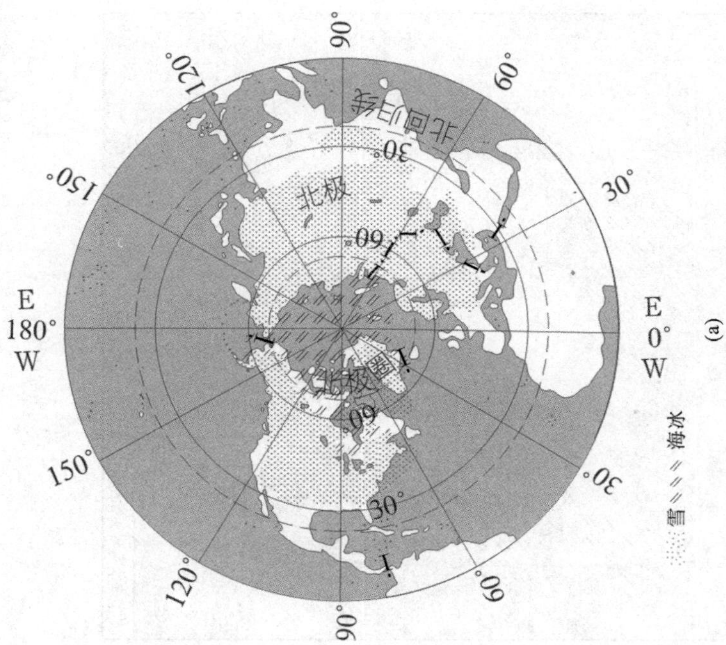

(a)

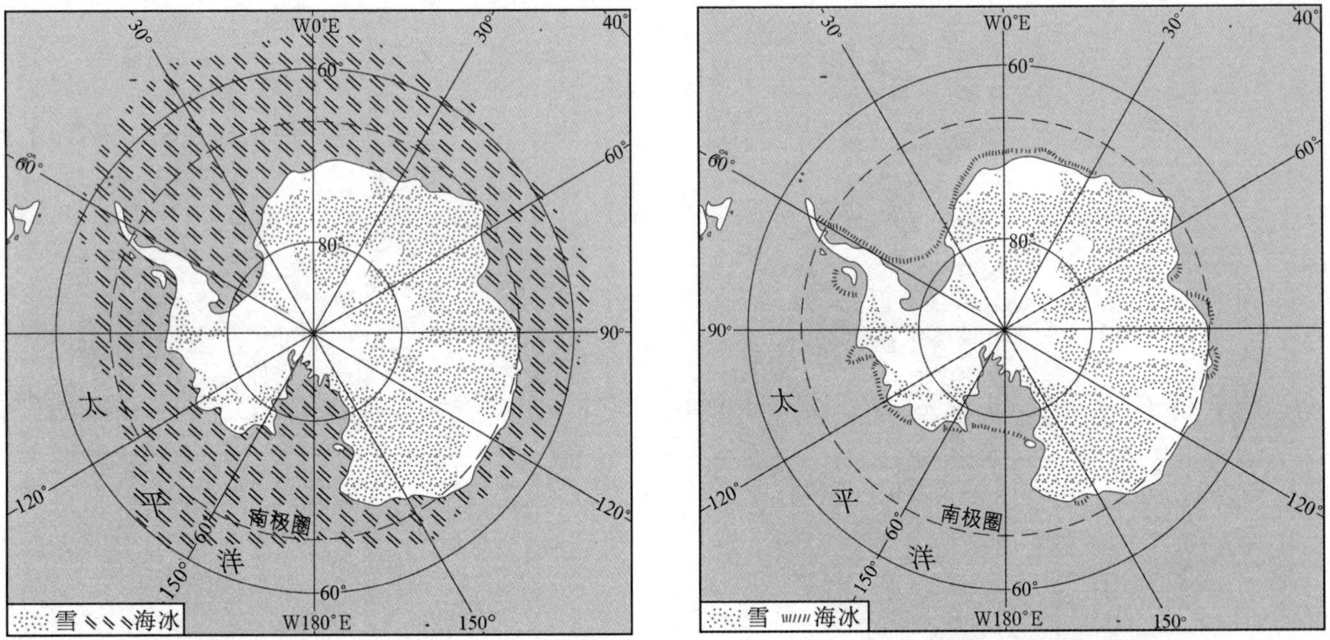

(c)　　　　(d)

图 8.18　全球高纬度地区冰雪分布

（a）北半球冬季；（b）北半球夏季；（c）南半球冬季；（d）南半球夏季

形成过程中可以增大海水的盐度。因此,海冰面积大小、形成与融化过程中引起的淡水释放和盐度变化对于气候变化具有十分重要的意义。图 8.19 是大气 - 海冰 - 海洋相互影响的示意图,其机制显然是复杂的,如何在数值模式中准确地描述这些过程,是一个正在研究的重要问题。

冰雪覆盖的区域由于反照率较大,反射掉大部分入射辐射从而改变了地表的辐射平衡,对大气的热力和动力过程都产生重要影响。一般而言,地面空气温度和高反照率冰雪覆盖间的相互作用可构成一种正反馈机制,即所谓冰雪—反照率反馈机制。当冰雪覆盖面积增大时,由于更多的辐射被反射掉,因此地面空气温度将会降低,这又造成冰雪面积的进一步扩大。

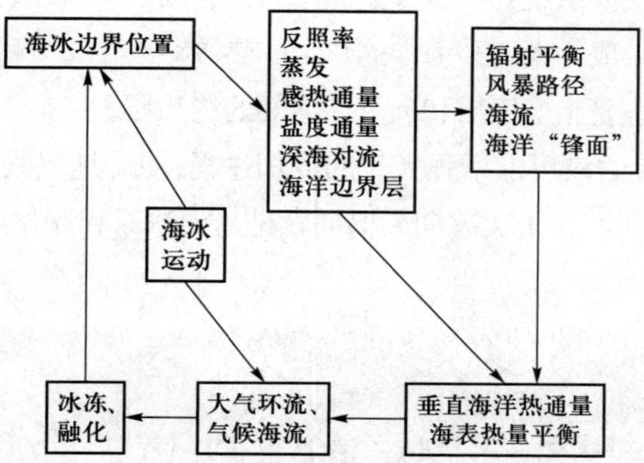

图 8.19　大气 - 海冰 - 海洋相互影响示意图(李崇银,2000)

由于地球上的主要冰雪覆盖区在两极和高纬度地区,因冰雪过程造成的气温下降也主要发生在高纬度及极地区域,因此在有较大冰雪面积的情况下,大气的经向温度梯度将增加,纬向西风亦将加强。运用大气环流模式研究冰雪覆盖影响的数值模拟实验表明,当南北两个半球的极区冰雪面积增加之后,全球平均的纬向平均动能将增大,而涡旋动能将明显减小;而且,季风环流也会被削弱(图 8.20)。

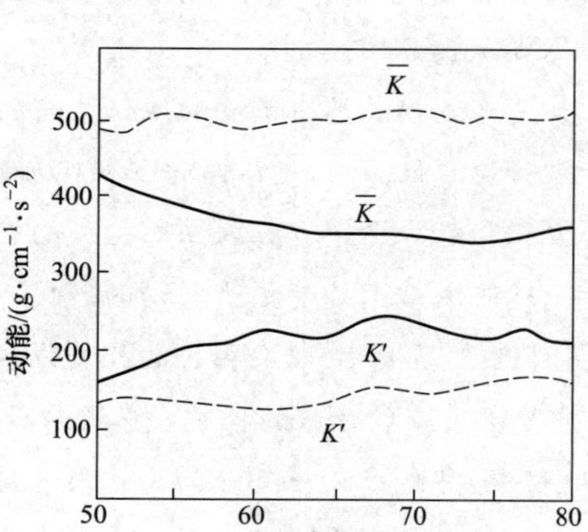

图 8.20　模拟的 7 月份全球平均纬向动能 $\overline{K}$ 和涡旋动能 K'（Williams, 1975）

实线为控制实验结果,虚线为增加雪盖后的实验结果

积雪异常的气候效应除了因其具有较大的反照率造成积雪区与无雪区的净辐射差很大，地面温度和气温也相差很大，从而影响基本风系的强度和位置之外，积雪融化后将使土壤湿度增大，蒸发量也加大，大气中的热量和水分平衡发生改变，而且积雪融化及其影响具有一定的持续性。积雪异常通过太阳辐射吸收的变化，以及积雪融化后土壤湿度的变化，其气候效应可持续数月之久，因此研究大气环流及气候的持续性异常时不能不考虑积雪的影响。

总之，从物理机制来看，冰雪圈与气候的相互关系主要表现在以下三个方面：

第一，冰雪圈可以影响气候系统的辐射。其高反射率可以使反射太阳辐射量增加，同时冰雪圈近似完全黑体，具有很强的长波辐射能力，可以放出更多的长波辐射。

第二，冰雪圈影响气候系统的热量收支。冰雪具有高融解潜热，其形成和融化过程可以吸收和放出大量的热量，成为大气和海洋的热汇和热源。

第三，冰雪圈同时也是土壤表层和大气层之间的绝热层。

冰雪圈的综合直接效应可以增强大气的冷却过程，使局地气候变冷；而间接影响表现在对气候系统的长期影响，如末次冰期最盛期就是与大冰原和冰川的长时间尺度的气候效应相联系的。

8.4.1 知识窗

大气环流模式

自20世纪50年代以来，开始出现被现代气候学研究广泛采用的三维动力学环流模式。现代气候模式自早期的大气环流模式（atmospheric general circulation model，AGCM）开始，得到了不断的发展和完善。这类气候模式详细考虑了气候系统的不同分量，对整个气候系统进行了更全面、合理的描述。其所关注的对象是大气、海洋、冰雪、陆地等气候系统各分量之间的相互作用。这类气候模式所涉及的物理过程尽可能地详尽，并且考虑了气候系统的三维特性，是目前最完善的模式，在气候变化研究领域和气候变化预测方面发挥了越来越大的作用。

在现代气候模式中，大气环流模式具有重要的地位。它的动力学框架是控制大气运动的能量守恒方程、水平动量方程、地面气压倾向方程（通过连续方程和静力平衡方程导出）、连续方程、状态方程和静力平衡方程联立所构成的绝热无摩擦的自由大气闭合方程组。同时，由于大气环流本质上是受热力驱动的，为了描述相关的热力过程，大气环流模式还必须包括另外几个预报量，以及相应的控制方程和边界条件。在这些预报量中最重要的是水汽，它受水汽连续方程的控制。水汽的凝结产生云和降水，同时释放凝结潜热。大气环流过程中，另外很大一部分加热作用来自大气对太阳辐射和地表热辐射的吸收和传输过程，以及大气和它的下垫面之间的感热和潜热交换。土壤温度和土壤湿度也是大气环流模式的预报量，它们受地面热量收支方程和水汽收支方程的控制；辐射传输方程则作为能量守恒方程的附加条件。此外，由于雪盖对地面反射率具有很大影响，因此大气环流模式预报量还包括了雪地积雪量，它受雪量收支方程的控制。除了预报量之外，大气环流模式还包括许多诊断量，这就是运用预报量按照某些关系式处理地表过程的简单计算方案。在后期的AGCM和现阶段的AGCM中，陆面过程的处理通常由陆面模式来完成，并为AGCM提供陆地上的下边界条件。

总之，大气环流模式方程组提供了描述大气运动的动力学框架，这是建立大气环流模式的基础。在具体设计模式时，为了求解过程的需要，通常还需要对方程进行必要的坐标变换和变形。经过几十年的研究发展，各种AGCM所用的模式方程组已经基本定型。但不同的模式，在控制方程的具体形式、计算格式的设计方面会存在一些差异。与此类似，海洋模式、海冰模式、陆面模式也是建立在反映各自演变特征的基本控制方程组基础上的。

大气环流模式还必须考虑诸如对大气运动具有重要影响的各种物理过程，包括地－气之间热量、水分、动量的湍流输送，大气内部干、湿（积云）对流及其伴随的热量、水分和动量输送，水汽凝结等相变过程，太阳辐射和地球辐射的传输过程，云及其与辐射的相互作用，降水、云的微物理过程，气溶胶、大气成分、大气化学，甚至包括下垫面的热量、水分有关的各种过程。由于受到模式空间分辨率的限制，AGCM不能直接描述那些空间尺度小于网格空间分辨率的过程（即次网格过程）。为了把这些次网格过程加入AGCM，人们在观测分析和理论研究基础上找到了一些半经验半理论关系，通过大气环流模式的大尺度变量来表示那些模式不能分辨的物理过程的影响，即所谓次网格过程“参数化”方案，或称物理过程参数化。

目前应用于气候研究的大气环流模式，其动力学框架部分的理论和数值技术在20世纪70年代基本成型，近年来动力学框架方面的研究进展主要集中在半拉格朗日方法的应用、参考大气的引入和一些高阶守恒格式的构造，以及为了适应大规模并行计算而开展的并行计算研究等方面。20世纪80年代以来，大气环流模式的最大发展是研制了适用于不同研究目的、复杂程度各异的物理过程参数化方案。

本章小结

在海气耦合系统中，海洋主要通过向大气输送热量，尤其是提供潜热，来影响大气运动；大气主要通过风应力向海洋提供动量，改变洋流及重新分配海洋的热量。如厄尔尼诺事件是指赤道东太平洋地区海面温度的持续异常增暖现象，可认为是一种海洋异常现象；而南方涛动是指印度洋地区和南太平洋地区气压的反向变化现象，是大尺度大气环流的异常,厄尔尼诺事件和南方涛动之间的紧密关系,是大尺度海气相互作用的突出反映。

陆面和大气圈的相互作用包括土壤和大气边界层的热传导、感热和潜热输送、摩擦和湍流产生的动量交换、地表和植被与大气边界层的水分交换等物理、动力、水文过程。其中生物与大气的相互作用,包含了植被、土壤、大气和人类活动等生态系统各种因子的作用。这些相互作用包含了多个层次。陆–气相互作用还应包括冰雪–大气、植被状态、高原特殊地形与大气的相互作用。陆面状况直接影响人类生存条件,人类活动又会改变陆面状况和生态环境,其相互作用直接影响气候变化。

习 题

1. 海洋是全球气候系统的重要组成部分,它在哪些方面对大气运动和气候变化产生影响?

2. 海洋热状况改变对大气环流及气候的影响有哪几个关键海区?

3. 何为"西向强化"特征?

4. 海洋中的埃克曼传输有哪些特征?它对世界海洋水循环的主要贡献体现在哪些方面?

5. 何为厄尔尼诺事件和拉尼娜事件?何为ENSO?它们有哪些基本特征?

6. 在陆面–大气相互作用中,陆面过程主要包括哪些地表热力过程?

7. 土壤温度和土壤湿度是如何对气候变化产生影响的?

8. 请搜集与整理各类不同下垫面的反照率,并讨论地表反照率在气候变化过程中的重要性。

9. 青藏高原的地面气温有哪些主要特点?概述青藏高原地形对大气环流及气候的作用。

10. 简述中小地形对局地气温、降水、风的主要影响。

11. 冰雪圈的气候效应在气候系统中非常重要,试综合说明。

主要参考文献

[1] 布赖恩特.气候过程和气候变化[M].刘东生,译.北京:科学出版社,2004.

[2] 陈星,马开玉.现代气候学基础[M].南京:南京大学出版社,2014.

［3］丁一汇，张锦，徐影，等．气候系统的演变及其预测［M］．北京：气象出版社，2003：2–6.

［4］符淙斌，叶笃正．低纬度涛动——全球热带的甚低频振荡现象［J］．大气科学，1989，13（3）：255–264.

［5］傅抱璞．小气候学［M］．北京：气象出版社，1994.

［6］李崇银．气候动力学引论［M］．2版．北京：气象出版社，2000.

［7］李晓东．气候物理学引论［M］．北京：气象出版社，1997：30，33.

［8］吕建华，季劲钧．大气－生物圈相互作用的层次性——兼对模式研究的述评［J］．地球科学进展，2020，15（4）：434–438.

［9］佩索托 J P，奥特 A H. 物理气候学［M］．吴国雄，刘辉，译．北京：气象出版社，1995：18，23.

［10］史锋，杨保，赵森，等．全球过去千年典型暖期温度空间格局重建［J］．第四纪研究，2014，34（6）：1125–1135.

［11］汤懋苍，尹建华．冬季地温分布与春夏降水相关的统计分析［J］．高原气象，1986（5）：40–52.

［12］王建．现代自然地理学［M］．2版．北京：高等教育出版社，2011.

［13］王绍武．气候系统引论［M］．北京：气象出版社，1994.

［14］王绍武，赵宗慈，龚道溢，等．现代气候学概论［M］．北京：气象出版社，2005.

［15］王绍武．全新世气候变化［M］．北京：气象出版社，2011.

［16］王万秋．土壤温湿异常对短期气候影响的数值模拟试验［J］．大气科学，1991，15（5）：115–123.

［17］温学发，张心昱，魏杰，等．地球关键带视角理解生态系统碳生物地球化学过程与机制［J］．地球科学进展，2019，34（5）：471–479.

［18］叶笃正，高由禧，等．青藏高原气象学［M］．北京：科学出版社，1979：9.

［19］叶笃正．当代气候研究［M］．北京：气象出版社，1991：212–217.

［20］藏恒范，王绍武．赤道东太平洋水温对低纬大气环流的影响［J］．海洋学报，1984，6：16–24.

［21］郑师中．气象学理论与应用［M］．2版．台北：合记图书出版社，2009.

［22］中国气候变化蓝皮书（2019）编委会．中国气候变化蓝皮书［R］．北京：中国气象局气候变化中心，2019.

［23］周淑贞，张如一，张超．气象学与气候学［M］．3版．北京：高等教育出版社，1997：200–225.

［24］朱抱真．青藏高原对我国气候的影响［M］//中国科学技术蓝皮书第5号．北京：科学技术文献出版社，1990：320–324.

[25] BEER T. Environmental oceanography: an introduction to the behaviour of coastal waters[M]. Oxford: Pergamon, 1983.

[26] BERGMAN K H, HECHT A D, SCHNEIDER S H. Climate models[J]. Physics today, 1981, 34(10): 44–51.

[27] BRYANT E A. Natural hazards[M]. Cambridge: Cambridge University Press, 1991.

[28] BUDYKO M I, BERLYAND T G, YEFIMOVA N A, et al. Strokina, teplovoy balans zemli[J]. Gidrometeoizdat, 1978: 1–41.

[29] CHARNEY J G, DRAZIN P G. Propagation of planetary-scale disturbances from the lower into the upper atmosphere[J]. Journal of Geophysical Research, 1961, 66: 83–109.

[30] HOREL J D, WALLACE J M. Planetary-scale atmospheric phenomena associated with the Southern Oscillation[J]. Monthly Weather Review, 1981, 109(4): 813–829.

[31] IPCC. Working Group I Contribution to the IPCC Fifth Assessment Report(AR5), climate change 2013: the physical science basis final draft underlying scientific technical assessment[R/OL].

[32] JORDAN T H, ASHLEY G M, BARTON M D. Basic research opportunities in Earth science[M]. Washington DC: National Academy Press, 2001.

[33] NAMIAS J, CAYAN D R. Large-scale air-sea interactions and short-period climatic fluctuations[J]. Science, 214: 868–876.

[34] PITMAN A J. Review: The evolution of, and revolution in, land surface schemes designed for climate models[J]. International Journal of Climatology, 2003, 23(5): 479–510.

[35] ROWNTREE P R, BOLTON J A. Simulation of the atmospheric response to soil moisture anomalies over Europe[J]. Quarterly Journal of the Royal Meteorological Society, 1983, 109: 501–526.

[36] SHUKLA J, MINTZ Y. Influence of land-surface environment on Earth climate[J]. Science, 1982, 21(5): 1498–1501.

[37] SOLOMON S, QIN D, MANNING M, et al. IPCC, 2007: summary for policymakers [M]. Cambridge: Cambridge University Press, 2007.

[38] TRENBERTH K E, FASULLO J T. Atlantic meridional transports computed from balancing Eeath's energy locally[J]. Geophysical Research Letters, 2017, 44: 1919–1927.

第九章 气候类型与分布

从前几章的学习我们已经知道，地球气候一直在变化，气候形成与气候系统各个圈层相互作用的过程密切相关，每种过程的时间和空间尺度可能很大，也可能很小。因此世界各地区的气候错综复杂，各具特点。但是从形成气候的主要因素和气候的基本特点来分析，可以舍其小异，取其大同，把世界气候分成若干个气候带和气候型。这样就可以使错综复杂的世界气候系统化，便于了解、比较与研究各地气候的主要特点和形成规律，有利于认识、开发和利用气候资源。

第一节 气候分类

气候分类（climate classification）是指根据气候成因和特征将世界气候按一定相似性标准划分类型的过程。气候分类方法与方案因划分目的或学科不同而存在差异。通常所指的气候带是大致与纬圈平行，环绕地球呈带状分布的气候分类单位，是地球上最大的气候区域单位。从低纬度到高纬度，气候带按一定的顺序分布。气候带的划分是由最基本的气候形成因素——太阳辐射这一条件决定的。古希腊学者亚里士多德就曾以南、北回归线和南、北极为分界线或点把地球气候划分为五个气候带，即：热带、北温带、南温带、北寒带、南寒带。这五个带称为天文气候带或地理气候带（图 9.1）。这种古老的气候带划分方法，只是根据太阳高度和昼夜长短来进行，所以也称为太阳气候带（solar zones of climate）。

热带（tropic）的特征是：在南北回归线之间，每年有两次太阳直射；赤道上一年两次的太阳直射，出现在春秋二分。回归线以外的地带，没有太阳直射。

温带（temperate zone）的特征是：南、北温带是五带中面积最广的纬度带，面积占地球总面积的 51.9%。南、北温带既无阳光直射，也无极昼和极夜，四季变化明显。

寒带（frigid zone）的特征是：一年中，在南北极圈（66.5°）各有一天的极昼和极夜：从南、北极圈分别到南极和北极，一方面夏季有极昼，冬季有极夜，另一方面太阳高度很低。寒带在地球五带中面积最小。

在实际气候带的划分中，从广义上说，温带大致包括亚热带和亚寒带；而亚热带

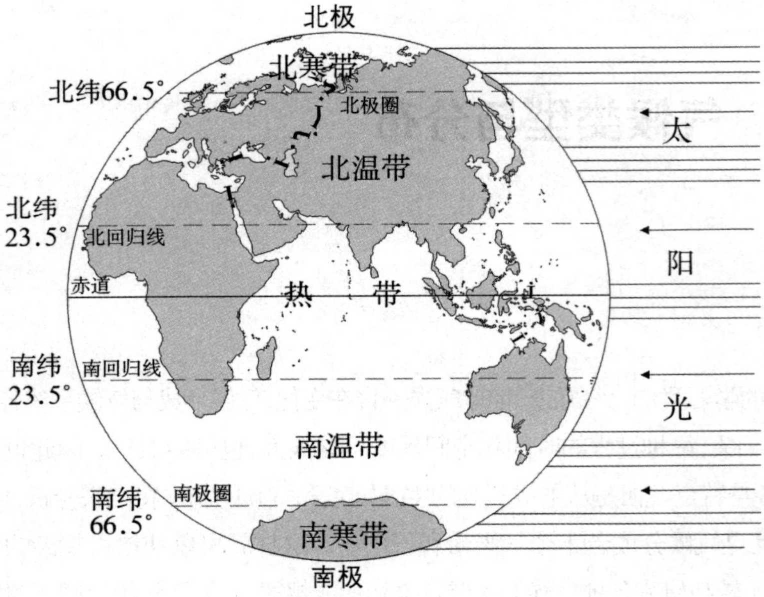

图 9.1　地球上的五带

（subtropics）又可称副热带，但这两者在使用上有所区别。亚热带一般用来说明气候类型，如季风气候。而副热带一般着眼于大气中的天气系统，如副热带高压。亚热带随着季风的变化而不断变化，而副热带经常受副热带高气压的控制。

亚热带一般位于温带靠近热带的地区（大致 23.5° N~40° N、23.5° S~40° S 附近）。亚热带的气候特点是其夏季与热带相似，但冬季明显比热带冷。最冷月均温在 0 ℃以上。

在气候分类中，应有几项主要气候要素作为分异指标。

气温分异：气温的分布主要受纬度、海陆、地形、海拔高度等因素的制约，其中纬度因素决定了气温的纬度地带性分异，而海陆、地形及海拔高度则成为气温非地带性分异的因素。

湿度和降水分异：海洋上空水汽充沛，湿度大，陆地上空相对缺乏，湿度较小。沿海地区，随着向陆地内部逐渐过渡，湿度逐渐减小。

因此，以气温和降水（湿度）两类指标，我们可以将气候分类的原则分为纬度地带性、湿度分带性和垂直带性三类。

（1）纬度地带性（latitudinal zonality）：气候形成的主导因素是太阳辐射在地表的加热不均，以及由此产生的全球气压带、风带的分布及季节移动，导致气候类型普遍具有沿纬度更替的趋向。

（2）干湿度分带性（humidity zonation）：海陆分布的不同，引起了海陆间气温、气压、风向、降水等气候要素随季节的变化，使得同一纬度带内产生了海洋性气候和大陆性气候的分异。

（3）垂直带性（vertical zonality）：高大山体本身在不同高度上，因为气温和降水组合不同，形成不同的水热特征，导致山地气候呈垂直方向的变化。

气候带与气候型的划分存在多种方法，概括起来可分为实验分类法和成因分类法两大类。实验分类法根据大量的观测记录，以某些气候要素的长期统计平均值及其季节变化，与自然界的植物分布、土壤水分平衡、水文及自然景观等现象相对照，划分气候带和气候型。柯本（W. P. Kppen）、桑斯威特（C. W. Thornthwaite）、沃耶伊柯夫（A. И. Воеков）和杜库洽夫（B. B. Докучаев）等的方案分别为这一大类的代表。成因分类法根据气候形成的辐射因子、环流因子和下垫面因子划分气候带和气候型。成因分类法一般是先从辐射因子和环流因子划分气候带；然后再就大陆东西岸位置、海陆影响、地形等因子与环流因子相结合确定气候型。这一派的学者很多，最著名的有阿里索夫（B. Л. Агисов）、弗隆（H. Flohn）、特尔真（W. H. Terjung）和斯查勒（A. N. Strahler）等。

确定气候带与气候型的界限是很不容易的。因为某一个气候带或某一种气候型是逐渐转变为另一个气候带或另一种气候型的，两者之间的分界是渐变的过渡带，不能截然划清。所以地图上画的气候界限是相对的气候过渡带，而不是绝对的界限，但这个界线还是必要的。

另外，必须指出，一地的气候是在不断变化的。各个气候带和气候型的特征，仅仅是其近代气候的平衡状态。围绕着平衡状态的扰动是客观存在的。必须注意其气候距平和气候异常，特别是大气环流的变化，在地区之间存在一定的“遥相关型”，如厄尔尼诺现象即其中的一例。目前这方面的研究在气候分类上的应用尚未成熟，但这是一个值得进一步探索的重要课题。

一、柯本气候分类法

柯本气候分类法是以气温和降水两个气候要素为基础，并参照自然植被的分布而确定的。他首先把全球气候分为 A、B、C、D、E 五个气候带，其中 A、C、D、E 为湿润气候，B 带为干旱气候，在各带之中又划分出若干气候型，如表 9.1 所示。

表 9.1　柯本气候分类法

气候带	特征	气候型	特征
A 热带	全年炎热，最冷月平均气温≥18 ℃	Af 热带雨林气候	全年多雨，最干月降水量≥60 mm
		Aw 热带疏林草原气候	一年中有干季和湿季，最干月降水量小于 60 mm 亦小于 $\left(100-\frac{r}{25}\right)$ mm
		Am 热带季风气候	受季风影响，一年中有一个特别多雨的雨季，最干月降水量 <60 mm 但大于 $\left(100-\frac{r}{25}\right)$ mm
B 干带	全年降水稀少，根据一年中降水的季节分配，分冬雨区、夏雨区和年雨区来确定干带的界限	Bs 草原气候	冬雨区[a] 年雨区[b] 夏雨区[c] $r<20t$　$r<20(t+7)$　$r<20(t+14)$
		Bw 沙漠气候	$r<10t$　$r<10(t+7)$　$r<10(t+14)$

续表

气候带	特征	气候型	特征
C 温暖带	最热月平均气温 >10 ℃，最冷月平均气温在 0~18 ℃之间	Cs 夏干温暖气候（又称地中海气候）	气候温暖，夏半年最干月降水量 <40 mm，小于冬季最多雨月降水量的 1/3
		Cw 冬干温暖气候	气候温暖，冬半年最干月降水量小于夏季最多雨月降水量的 1/10
		Cf 常湿温暖气候	气候温暖，全年降水分配均匀，不足上述比例者
D 冷温带	最热月平均气温在 10 ℃以上，最冷月平均气温在 0 ℃以下	Df 常湿冷温气候	冬长、低温，全年降水分配均匀
		Dw 冬干冷温气候	冬长、低温，夏季最多月降水量至少 10 倍于冬季最干月降水量
E 极地带	全年寒冷，最热月平均气温在 10 ℃以下	ET 苔原气候	最热月平均气温在 10 ℃以下，0 ℃以上，可生长少量的苔藓、地衣类植物
		EF 冰原气候	最热月平均气温在 0 ℃以下，终年冰雪不化

a 夏雨区指一年中占年降水总量≥ 70% 的降水，集中在夏季 6 个月（北半球 4—9 月）中降落者；
b 冬雨区指一年中占年降水量≥ 70% 的降水，集中在冬季 6 个月（北半球 10 月至次年 3 月）中降落者；
c 年雨区指降水全年分配均匀，不足上述比例者。
表中 r 为年降水量（mm），t 为年平均温度（℃）。因降雨量单位改用 mm，故相关公式略作改动。

表 9.1 列出了柯本所划分的几个主要气候带和气候型。为了再详细地区分气候副型，柯本又在上述主要气候类型符号后再加上第三个、第四个字母，这种符号有 20 余个，其中较重要的如表 9.2 所示。

表 9.2　柯本气候分类法的重要副型

符号	气候特征	说明
a	最热月平均气温高于 22 ℃	用于 C、D 两类
b	最热月平均气温低于 22 ℃，一年中至少有 4 个月气温 >10 ℃	用于 C、D 两类
c	最冷月平均气温 >–38 ℃，一年中有 1~4 个月气温 >10 ℃	用于 C、D 两类
d	最冷月平均气温≤ –38 ℃	用于 Dw，Df
h	炎热，年平均气温 >18 ℃	用于 B 类
k	寒冷，年平均气温≤ 18 ℃	用于 B 类
i	气温年较差 <5 ℃，年平均气温≤ 18 ℃	
n	多雾	
n′	少雾，湿度高而少雨，最热月平均气温≤ 24 ℃，相当凉爽	
n″	少雾，最热月气温在 24~28 ℃	
x	早夏多雨，晚冬少雨，晚夏晴朗，最热月平均气温 >22 ℃，或≤ 22 ℃但至少有 4 个月 >10 ℃	用于 C、D 两类
G	山地气候，海拔至少在 500 m	用于 C 类
H	高地气候，海拔至少在 2 500 m	用于 E 类

图 9.2 是假设的平坦、表面性质均匀的理想大陆上，柯本气候分类法中主要气候类型的分布图。图 9.3 是由柯本与盖格尔联合编制的分类系统里的世界气候分布图。

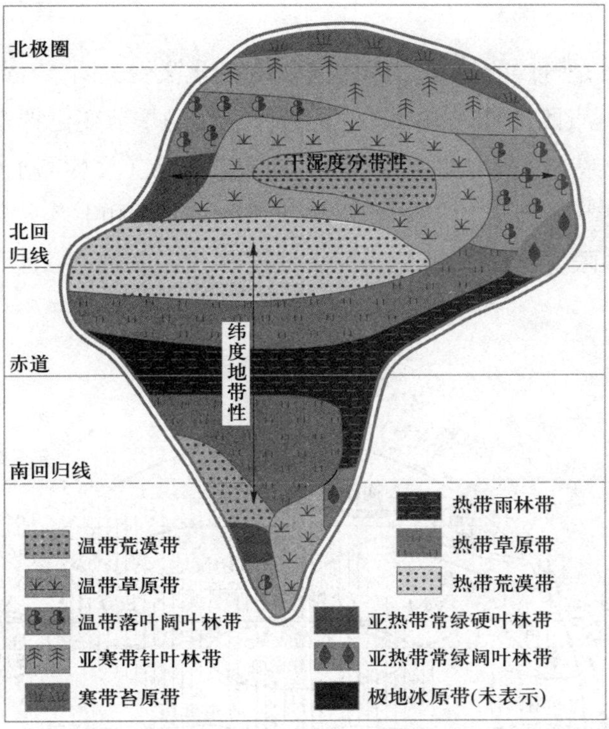

图 9.2　柯本气候分类法在平坦均匀的理想大陆上的分布示意图

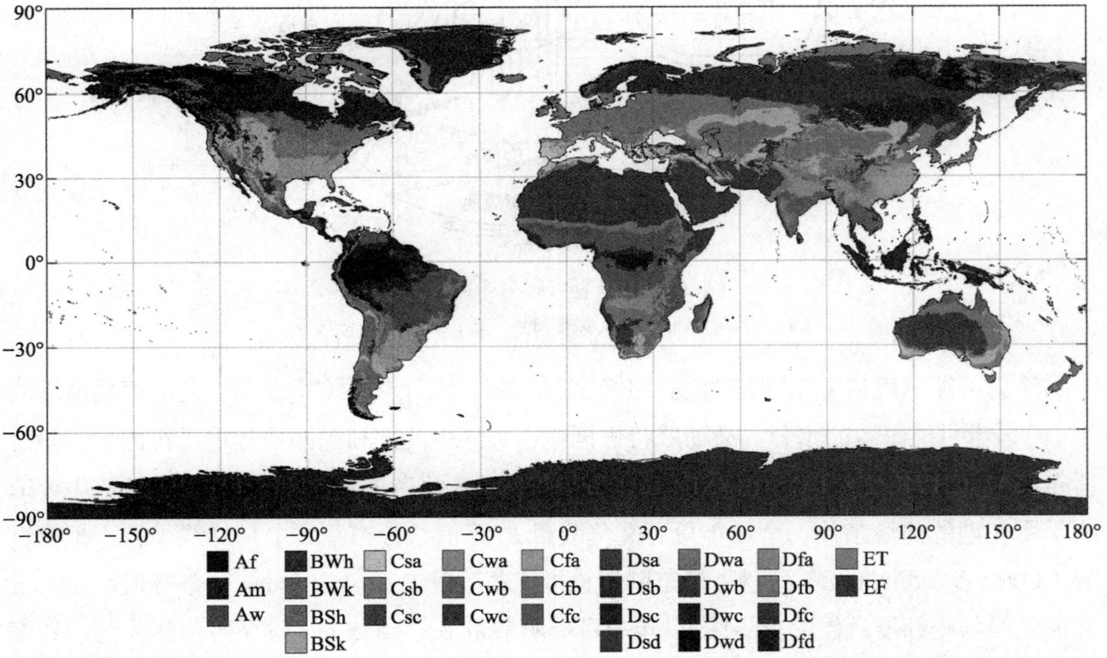

图 9.3　柯本 – 盖格尔联合编制的分类系统里的世界气候分布图（墨尔本大学制，2013）

二、斯查勒气候分类法

斯查勒认为天气是气候的基础，而天气特征和变化又受气团、锋面、气旋和反气旋所支配。因此他首先根据气团源地、分布、锋的位置和它们的季节变化把全球气候分为三大带（图 9.4），再按桑斯威特气候分类原则中计算可能蒸散量 E_p（又称需水量）和水分平衡的方法，用年总可能蒸散量 E_v、土壤年总缺水量 D、土壤储水量 S 和土壤多余水量 R 等项来确定气候带和气候型的界限，将全球气候分为三个气候带，13 个气候型和若干副型，将高地气候另列一类。

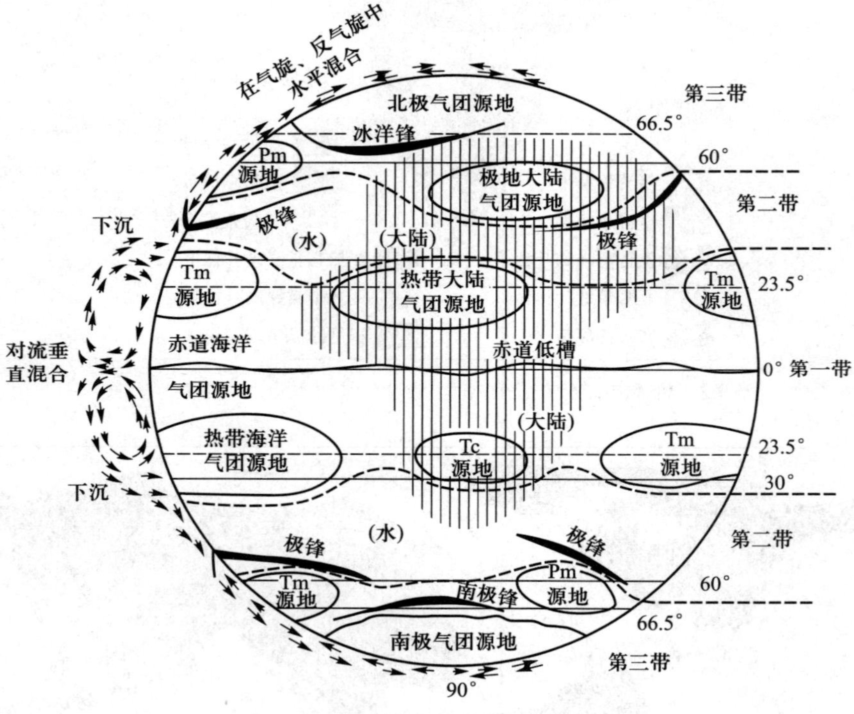

图 9.4　斯查勒气候分带简明图式

Pm. 极地海洋气团；Tm. 热带海洋气团；Tc. 热带大陆气团

年总可能蒸散量 E_p 是指在水分供应充足的条件下，下垫面（指有同等高度植物覆盖的地面）最大可能蒸散的水分。桑斯威特根据他在美国中西部和墨西哥等地进行灌溉实验时所得到的数据，确定 E_p 的大小与当地气温和日照时数两者关系最密切，也就是该值主要取决于所在地的热量条件。全球年总可能蒸散量 E_p 等值线分布基本上与纬线平行。根据世界 13 000 多个测站的测算资料，确定以年总可能蒸散量 E_p 为 1 300 mm 这条等值线作为低纬度气候与中纬度气候的分界线，以年总可能蒸散量 E_p 为 525 mm 这条等值线作为中纬度气候与高纬度气候的分界线。

要计算图 9.5 中的各项指标，必须具备的条件是：已知测站的纬度；已知测站逐月和年的平均气温（T，℃），及降水量（P，mm）；已知植物根层土壤最大持水量（mm）；依桑斯威特制定的有关表格，然后根据有关经验公式，即可得出。

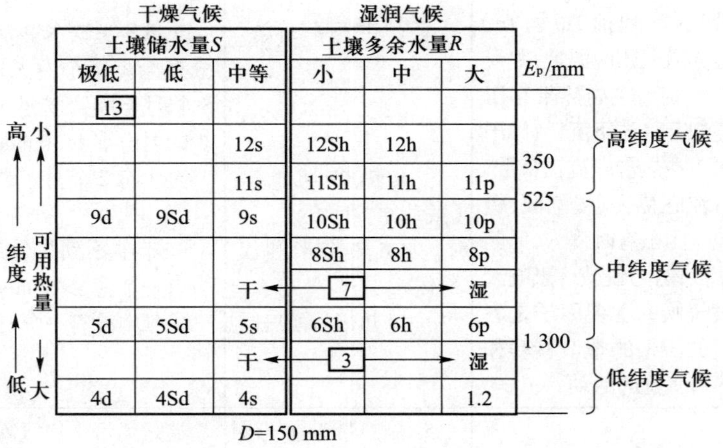

图 9.5　按年总可能蒸散量 E_p 和土壤干湿度划分的气候带和气候型

斯查勒在上述三大气候带内，再以土壤年总缺水量（D）150 mm 等值线作为干燥气候与湿润气候的分界线。凡 $D>150$ mm 者为湿润气候，$D \leqslant 150$ mm 者为干燥气候。有的地区一年中有的季节很潮湿，有的季节则非常干燥，则属于干湿季气候型。在湿润气候中，又因土壤多余水量（R）的不同将其分为三个副型。在干燥气候中依据土壤储水量（S）的多少将其再分为三个副型。其具体分类系统如表 9.3 所示。

表 9.3　斯查勒气候分类法

气候带	特征	气候型及其副型	特征
（一）低纬度气候带	年总可能蒸散量在 1 300 mm 以上。这里是热带气团（包括 Tm 和 Tc）与赤道气团的源地，并受其控制。在副热带高压控制区气流下沉，气候干燥。在热带气流辐合带，对流旺盛，气候潮湿，极地气团虽有时侵入，但已变性，势力锐减。影响天气气候的主要因子是赤道低压槽的季节移动和热带气旋的活动	1. 赤道潮湿气候	每个月的 $E_p>100$ mm，至少有 10 个月 $R>200$ mm
		2. 热带季风和信风气候	每个月的 $E_p>40$ mm，$R>200$ mm 的持续期有 6~9 个月，若超过 10 个月，则 $E_p \geqslant 100$ mm 的持续期至少连续 5 个月
		3. 热带干湿季气候	土壤年总缺水量 $D>200$ mm，土壤多余水量 $R>100$ mm，每个月的 $E_p>40$ mm，土壤储水量 $S>200$ mm 的持续期 5 个月，或 S 最小月份小于 30 mm

续表

气候带	特征	气候型及其副型	特征
（一）低纬度气候带	年总可能蒸散量在1 300 mm以上。这里是热带气团（包括Tm和Tc）与赤道气团的源地，并受其控制。在副热带高压控制区气流下沉，气候干燥。在热带气流辐合带，对流旺盛，气候潮湿，极地气团虽有时侵入，但已变性，势力锐减。影响天气气候的主要因子是赤道低压槽的季节移动和热带气旋的活动	4. 热带干旱气候 4s 热带半干旱（或草原）气候 4sd 热带半沙漠气候 4d 热带沙漠气候	土壤年总缺水量$D>150$ mm，没有水分多余。每个月$E_p>40$ mm。至多有5个月土壤储水量$S>200$ mm或者最少的月份小于30 mm 至少有2个月土壤储水量$S>60$ mm 一年中不到2个月$S>60$ mm，但至少有一个月$S>20$ mm 一年中没有一个月$S>20$ mm
（二）中纬度气候带	年总可能蒸散量介于525~1 300 mm之间。这是热带气团和极地气团交绥角逐的地带。极锋出现在此带，由西向东移动的温带气旋活动频繁。夏秋季节亦有热带气旋侵入。天气的非周期性变化和一年四季的变化都很明显	5. 副热带干旱气候 5s 副热带半干旱（或草原）气候 5sd 副热带半沙漠气候 5d 副热带沙谟气候	这是热带干旱气候向较高纬度方向的延伸，土壤年总缺水量$D \leqslant 150$ mm，没有水分盈余。有1个月可能蒸散量小于40 mm，但每个月都超过8 mm 至少有2个月土壤储水量$S>60$ mm 一年中不到2个月$S>60$ mm，但至少有1个月$S>20$ mm 一年中没有一个月$S>20$ mm
		6. 副热带湿润气候 6sh 半湿润副型 6h 湿润副型 6p 充分湿润型	土壤年总缺水量<150 mm，至少有1个月E_p小于40 mm但每个月都超过8 mm 当R=0时，D大于0，但小于150 mm，当$R \neq 0$时，$D>R$ R大于1 mm但小于600 mm，R恒大于D $R \geqslant 600$ mm
		7. 副热带地中海气候（或副热带夏干气候） 7sd 半沙漠副型 7s 半干旱副型 7sh 半湿润副型 7h 湿润副型	土壤年总缺水量$D>150$ mm，$R>0$，每个月$E_p>8$ mm，水分贮存指数（土壤储水量在一年内的相对较差）大于75%，或最热月的降水量与实际蒸散量之比小于40% 土壤储水量小于60 mm的时期不足2个月，至少有1个月大于20 mm 土壤储水量至少有2个月超过60 mm 土壤储水量为0~150 mm，$D>R$ 土壤水分盈余量>150 mm

续表

气候带	特征	气候型及其副型	特征
（二）中纬度气候带	年总可能蒸散量介于525~1 300 mm之间。这是热带气团和极地气团交绥角逐的地带。极锋出现在此带，由西向东移动的温带气旋活动频繁。夏秋季节亦有热带气旋侵入。天气的非周期性变化和一年四季的变化都很明显	8. 温带海洋性气候	土壤年总缺水量小于150 mm，年E_p大于800 mm，每个月可能蒸散量都超过8 mm
		8sh 半湿润副型	当R=0时，D大于0但小于150 mm，当$R\neq0$时，$D>R$
		8h 湿润副型	R大于1 mm，但小于600 mm，R恒大于D
		8p 充分湿润型	$R\geqslant600$ mm
		9. 温带干旱气候	土壤年总缺水量大于150 mm，没有水分盈余，可能蒸散量至少有1个月小于7 mm
		9s 半干旱副型	至少有2个月土壤储水量$S>60$ mm
		9sd 半沙漠副型	一年中不到2个月$S>60$ mm，但至少有1个月$S>20$ mm
		9d 沙漠副型	一年中没有1个月$S>20$ mm
		10. 温带湿润大陆性气候	土壤年总缺水量小于150 mm，没有水分盈余，可能蒸散量至少有1个月小于7 mm
		10sh 半湿润副型	当R=0时，D大于0，但小于150 mm，当$R\neq0$时，$D>R$
		10h 湿润副型	R大于1 mm，但小于600 mm，R恒大于D
		10p 充分湿润副型	$R\geqslant600$ mm
（三）高纬度气候带	年总可能蒸散量小于525 mm。此带盛行极地气团、冰洋气团和南极气团（南半球），且是这些气团的源地。在北半球极地海洋气团Pm与冰洋气团交绥，形成冰洋锋。在南半球极地海洋气团Pm与南极气团交绥形成南极锋。在这些锋带经过地区产生一定量的降水	11. 副极地大陆性气候	年总可能蒸散量介于350~522 mm之间，可能蒸散量等于零的时间至多持续7个月
		11s 干旱副型	土壤年总缺水量大于150 mm
		11sh 半湿润副型	当R=0时，D大于0. 但小于150 mm，当$R\neq0$时，$D>R$
		11h 湿润副型	R大于1 mm但小于600 mm，R恒大于D
		12. 苔原气候	年总可能蒸散量小于350 mm，连续8个月以上出现可能蒸散量等于零
		12s 干旱副型	土壤年总缺水量大于150 mm
		12sh 半湿润副型	当R=0时，D大于0，但小于150 mm，当$R\neq0$时，$D>R$
		12h 湿润副型	R大于1 mm，但小于600 mm，R恒大于D
		13. 冰原气候	全年各月的可能蒸散量都等于零

此外尚有高地气候一类。

三、关于气候分类的认识与讨论

在实际使用的过程中，柯本和斯查勒这两大气候分类法，各有优缺点。下面对这个问题进行归纳分析，并对后续的修正方案做一些介绍。

（一）柯本气候分类法

这种分类法的优点是系统分明，各气候类型有明确的气温或降水量界限，易于分辨；符号简单，便于应用，便于借助计算机进行自动分类和检索；所用的气温和降水量指标是经过大量实测资料的统计分析，结合自然植被而制定的，与自然景观森林、草原、沙漠、苔原等的对照比较符合；分类所依据的气温和降水资料是最基本的气候资料，易于获得，且来源广泛，记录时间长，有利于在全球范围内推广应用；各种气候特征用各级字母来代表，易于在图上表示，因此这种分类法曾被世界各国广泛采用，迄今未衰。但它的缺点主要表现在以下两个方面。

1. 关于干燥带的划分问题

柯本用年平均降水量与年平均温度的经验公式来计算干燥指标，这是十分牵强的，实际上气候的干燥程度与气温和降水的关系并不那么简单。再者，干燥气候并不能与 A、C、D、E 等四带相提并论，后者是按气温来分带的，大体上具有与纬线相平行的地带性，而干燥气候的形成有以下几种原因：① 有的是在副热带高压控制下，受下沉气流的影响（如副热带沙漠）；② 有的是因为处于信风带的背风面，受不到海风的影响（如热带沙漠）；③ 有的是处在冷洋流海岸，逆温现象严重（如热带大陆西岸沙漠）；④ 有的是地处内陆，终年受大陆气团控制（如温带沙漠）。这些干燥气候在 A、C、D 几个气候带内都可出现。各种干燥气候的干燥程度虽然相似，但是其昼夜长短、气温的年变化、日变化和其他天气条件并不相同，因它们各自所在的纬度带而异。因此，干燥气候只能作为 A、C、D 带内的一种气候型，并不能单独列为一个气候带。

2. 关于高度因素的问题

柯本在进行气候分类时只注意气温和降水量等数值的比较，忽视了高地气温、降水的垂直变化与水平纬度地带的差异。在柯本世界气候分类图上，除 A 类和 E 类气候完全适合纬度带原则外，其余的气候类型在很大程度上不是呈带状分布的。例如，我国黄河下游、长江流域部分地区、云贵高原和印度德干高原等地都属于 Cwa 类，这样就把温带、副热带和热带三个不同纬度带的季风气候混为一谈了，这显然是不合理的。

总之，柯本气候分类法的一个最大缺点是只注意气候要素数值的分析和气候表面特征的描述，忽视了气候的发生发展和形成过程。

（二）斯查勒气候分类与季风气候

斯查勒气候分类是一种动力气候分类法。斯查勒根据气团的源地和锋面的位置，以及它们的移动特点来划分气候带和气候型。这种分类法重视气候的形成因素，把高地气候（H）与低地气候区分开来，照顾了气候的纬度地带性，以及大陆东西岸和内陆的差异性。同时，又和土壤水分收支平衡结合起来，界限清晰，干燥气候与湿润气候的划分明确细致，在农业生产和农田水利建设上具有实用价值，是目前一种比较好的世界气候分类法。

但斯查勒气候法也有不足之处，这种方法对季风气候没有给予足够的重视。东亚、南亚和澳大利亚北部是世界季风气候特征最显著的区域，在应用动力方法进行世界气候分类时，季风这个因子是不容忽视的。斯查勒气候分类方案把我国的副热带季风气候、温带季风气候与北美东部的副热带湿润气候、温带大陆性湿润气候等同起来，同时又把我国南方的热带季风气候与非洲、南美洲的热带干湿季气候等同起来，这都是不妥当的。为了解决这个问题，我国学者周淑贞教授在斯查勒气候分类方案的基础上，提出了新的分类方案。

季风气候随纬度而异，可划分为以下 3 种类型：温带季风气候、副热带季风气候和热带季风气候。季风气候特征最显著的区域位于横贯亚洲、大洋洲和非洲的热带地区，以及位于副热带和温带的东亚。近年来的研究结果表明，南亚和东亚的季风最为典型，分别被称为南亚季风和东亚季风。二者既有区别，又有联系，它们共同构成了亚洲季风系统（Asian Monsoon）。李建平等（2005）采用标准化风场季节变率指标，利用 NCEP/NCAR 再分析（Reanalysis）资料[①] 计算 850 hPa 等压面气候平均风场（1968—1996 年），制作了全球季风的区域分布图。当指标值大于 0 时，表示冬、夏季风向差大于 90°，为季风区，否则为非季风区。用该指标得到的全球对流层低层季风区的地理分布与传统的亚洲、大洋洲和非洲热带季风区基本一致，且处于冬季和夏季热带辐合带位置之间的区域，反映了赤道辐合带的影响。这与 Trenberth 等（2000）通过全球风场分析，提出全球季风是“全球尺度上覆盖整个热带地区的大气翻转环流”的结论一致。副热带和温带季风区在东亚的分布与传统季风区一致，同时在其他地区也有分布。总之，从全球角度认识季风的分布、特征和成因，加深和扩展了传统季风的研究对象和范围（Ding 等，2015）。

（三）斯查勒 – 周淑贞气候分类方案

从地理学的角度来讲，世界气候分类应从发生学的观点出发，综合考虑气候形成的诸因子，包括太阳辐射、大气环流、海陆、洋流、地形及地表覆盖物（冰雪、土壤、植被）等；同时也应从生产实践的观点出发，根据各地气候的典型特征，舍小异，取大同，采取与人类生活和生

---

① NCEP /NCAR 再分析（Reanalysis）资料是美国国家环境预报中心（National Center for Enviornmental Prediction）和美国国家大气研究中心（National Center for Atmospheric Research）联合推出的气象要素数据产品，利用数据同化技术，系统地将各种类型与来源的观测资料（如地面、船舶、无线电探空、测风气球、飞机、卫星等观测数据）与短期数值天气预报产品进行重新融合和最优集成得到。

产建设密切相关的要素来进行分类。气候带与气候型的名称应以气候条件本身来确定。

基于上述原则，周淑贞以斯查勒气候分类方案为基础，加上季风因子，根据主控气团特征、地球辐射能收支状况和世界大气环流的形势，将除高地外的世界气候分为低纬度、中纬度和高纬度三大气候带。由于下垫面的高度，对于大气的热量、水分和运动状况的影响极大，因此必须划分低地气候与高地气候两大系统。同时她指出，高地气候亦因所处纬度带的不同而具有其所在纬度的“烙印”。例如，赤道高山气候的垂直分异就远较中、高纬度的高山复杂。

在各纬度带内，又因海陆物理性质的差异，特别是像亚洲、欧洲、非洲这样连成一体的世界最大的大陆，它和邻近的最大大洋太平洋之间的冬夏冷热源差异，以及行星风带的季节移动和大地形（如青藏高原）等的综合影响，形成了季风环流，从而产生了东亚、南亚和澳大利亚北岸等地的季风气候。就全球来讲，季风气候的面积相当大，因此，这一极其重要的气候形成因子和气候现象，在气候分类中必须明确提出。该分类方案所采用的季风气候的划分指标为：① 当地冬夏盛行风向具有明显的季节变化，其变移角度至少有 120°；② 随着冬夏季风的更替，存在明显的干湿季变化。必须具备上述两个条件，才能将某个气候类型划为季风气候。季风气候又因所在纬度不同而划分为热带、副热带和温带季风气候等类型。

周淑贞以斯查勒的动力气候分类法为基础，按照上述原则，加以适当修改，将全球气候分为三个纬度带 16 个气候型，另列高地气候一大类（图 9.6）（中国气象百科全书，2016）。

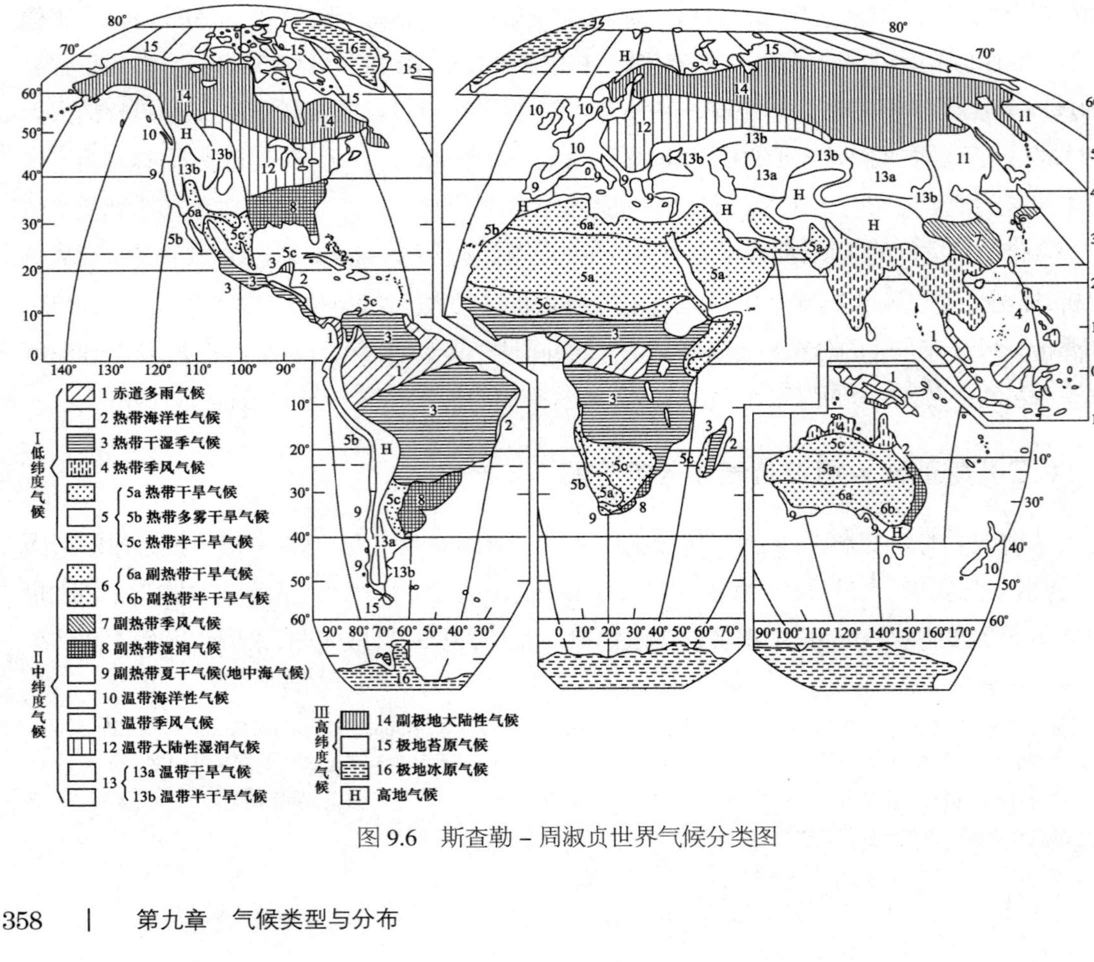

图 9.6　斯查勒－周淑贞世界气候分类图

第二节　世界气候分布规律

在地球上，比气候带次一级的气候单位是气候型。气候型是由自然地理环境的差异引起的，在地球上并不呈带状分布。在一个气候带内，根据气候的各种特征差异，可以将它划分为几种气候型。同样的气候型也可以分布在不同的气候带内。例如，海洋性气候就有温带海洋性气候和热带海洋性气候。沙漠气候分别分布在热带、副热带和温带。

气候型有很多种，大陆性气候和海洋性气候是两种最基本的气候型，其他气候型都可以从这两种类型演变而来。例如，海岸带气候型是大陆性气候与海洋性气候的过渡型；季风气候型是大陆性气候与海洋性气候的混合型；沙漠气候型是大陆性气候的极端情况；草原气候型是大陆性气候到沙漠气候的过渡情况；高原气候型和高山气候型虽然成因和特点都比较特殊，但是它的特点也可以从大陆性气候和海洋性气候的类比中得到。高原气候型和高山气候型合称为山地气候。

气候型的划分通常采用气温、降水量和其他要素的平均值及年变化特征作为指标。在资料缺乏的情况下，气候型的划分也使用自然地理资料，如洋流、地形地貌、土壤、水文和植被资料作为参考。各种气候型的基本特征如下：

（1）**大陆性气候型**。日温差大，春温高于秋温，降水少且分配不均，日照强，风小，非周期性变化。

（2）**海洋性气候型**。日温差小，秋温高于春温，降水多且分配均匀，日照强，风大。

（3）**海岸带气候型**。海岸带气象要素变化梯度大，呈过渡性气候特征。在海陆两种不同下垫面的共同影响下，既有海洋性又有大陆性的过渡型或混合型气候特征。风速、降水、温度、湿度等在海岸附近梯度明显加大，某些岸段又受具体地理环境的影响，也表现出明显的地方性气候特征。

（4）**季风气候型**（大陆性气候与海洋性气候的混合型）。冬冷干，夏湿热，冬天具有大陆性，夏天具有海洋性，在大陆东岸。

（5）**地中海气候型**。冬暖湿，夏热干，冬天具有海洋性，夏天具有大陆性，多分布在大陆西岸。

（6）**沙漠气候型**（大陆性气候的极端情况）。降水稀少，阳光强烈，日温差很大，气候干燥，成云致雨机会少，植被缺乏。

（7）**草原气候型**（大陆性气候到沙漠气候的过渡情况）。① 温带草原，冬寒夏暖，年降水量小于 450 mm；② 热带草原，夏湿热，冬暖干，年降水量在 200~750 mm 之间，降水只能满足草本植物生长需要，不能满足木本植物生长需要。

（8）**高原气候型**。冬天是冷源，夏天是热源，太阳辐射强，降水少，温差大，天气现象单调，属于大陆性气候。

（9）**高山气候型**。高山面积小，随高度升高，气温降低，气温垂直递减率为 6.5 ℃/km，降水多（特别在迎风坡），有效辐射大，风大，天气现象丰富，属于海洋性气候。

以下介绍低纬度、中纬度、高纬度三个气候带 16 个气候型，以及高地气候的主要气候特征。其中插图深色阴影区表示该气候的分布范围。

一、低纬度气候

低纬度的气候主要受赤道气团和热带气团所控制。全年地 – 气系统的辐射差额是大于零的，因此气温全年皆高，最冷月平均气温在 15 ℃ ~18 ℃以上。影响气候的主要环流系统有热带辐合带、沃克环流、信风、赤道西风、热带气旋和副热带高压，有的年份会出现厄尔尼诺现象。上述环流系统的季节移动，导致降水量的季节变化，在厄尔尼诺现象出现时，引起降水分布的明显异常，全年总可能蒸散量在 1 300 mm 以上。本带可分为五个气候型，其中热带干旱与半干旱气候型又可划分为三个亚型。

（一）赤道多雨气候

赤道多雨气候（equatorial rain forest climate）位于赤道及其两侧，约向南、向北伸展到 5°~10°纬度处，各地宽窄不一，主要分布在非洲刚果河流域、南美亚马孙河流域和亚洲与大洋洲之间的从苏门答腊岛到新几内亚岛（也称伊里安岛）一带，如图 9.7 所示。典型台站是秘鲁的伊基托斯（3.45° S，73° W）。这里全年正午太阳高度角都很大，因此长夏无冬，各月平均气温在 25 ℃ ~28 ℃之间，年平均气温在 26 ℃左右。绝对最高气温很少超过 38 ℃，绝

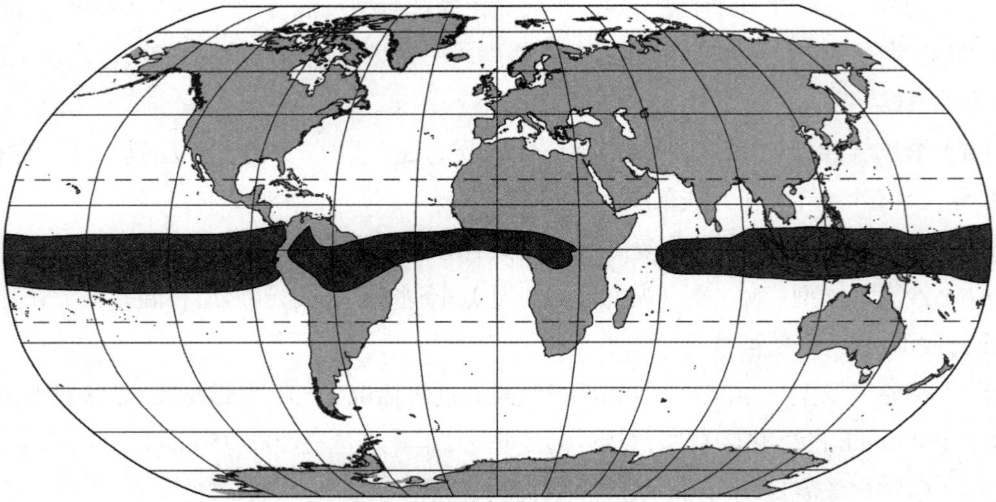

图 9.7　赤道多雨气候分布范围

对最低气温也极少在 18 ℃以下；气温年较差一般小于 3 ℃，日较差可达 6 ℃ ~12 ℃，全年多雨，无干季，年降水量在 2 000 mm 以上，降水最少月的月降水量在 60 mm 以上。全年皆在赤道气团控制下，风力微弱，以辐合上升气流为主，多雷阵雨，天气现象单调，降水量的年际变化很大。这与热带辐合带位置的变动有关，例如，亚洲的新加坡平均年降水量为 2 282 mm，年降水量在最湿年（4 031 mm）相当于最干年（831 mm）的近 5 倍。由于全年高温多雨，各月平均降水量皆大于可能蒸散量，因此土壤储水量皆达最大值（300 mm），适宜热带雨林生长。

（二）热带海洋性气候

热带海洋性气候（tropical marine climate）出现在南北纬 10° ~25° 信风带大陆东岸及热带海洋中的若干岛屿上，如加勒比海沿岸及诸岛、巴西高原东侧沿海地区、马达加斯加东岸、夏威夷群岛等。典型台站是古巴的哈瓦那（23.13° N，82.35° W）。这里属于迎风海岸，全年盛行热带海洋气团（Tm），气候具有海洋性，最热月平均气温在 28 ℃上下，最冷月平均气温在 18 ℃ ~25 ℃之间，气温年较差、日较差皆较小，如哈瓦那年较差仅为 5.6 ℃，年降水量在 1 000 mm 以上，降水一般以 5—10 月较为集中，无明显干季，除对流雨、热带气旋雨外，沿海迎风坡还多地形雨。

（三）热带干湿季气候

热带干湿季气候（tropical wet and dry climate）出现在纬度 5° ~15° 处，也有伸达 25° 纬度左右的，主要分布在上述纬度的中美洲、南美洲和非洲（图 9.8）。典型台站是几内亚的廷博（10.34° N，11.46° W）。这里当正午太阳高度角较小时，位于信风带下，受热带大陆气团控制，盛行下沉气流，为干季。当正午太阳高度角较大时，热带辐合带移来，有潮湿的辐合上升气流，为雨季。一年中至少有 1~2 个月为干季。湿季中蒸散量小于降水量。全年降水量在 750~1 600 mm 之间，降水变率很大。近年来非洲热带干湿季气候区出现严重干旱现象，全年高温，最冷月平均气温在 16 ℃以上，热季出现在干季之末，如廷博月平均最高气温出现在 3 月。

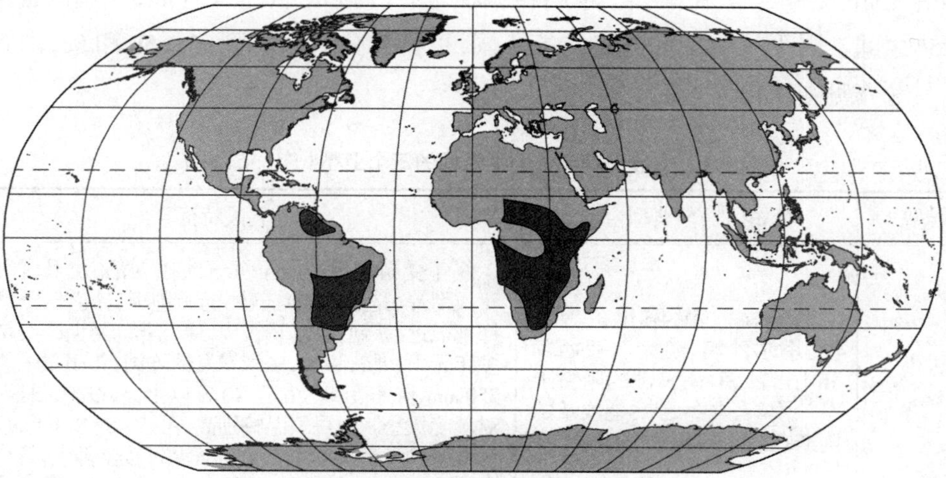

图 9.8　热带海洋干湿季气候分布范围

（四）热带季风气候

热带季风气候（tropical monsoon climate）出现在纬度10°到回归线附近的亚洲大陆东南部，如我国台湾岛南部、雷州半岛和海南岛；中南半岛；印度半岛大部；菲律宾；澳大利亚北部沿海等地（图9.9）。典型台站是印度的科钦（9.58° N，76.14° E）。这里热带季风发达，一年中风向的季节变化明显。在热带大陆气团（Tc）控制时，降水稀少。而当赤道海洋气团（E）控制时，降水丰沛，又有大量热带气旋雨，年降水量较多，一般为1 500~2 000 mm，集中在6~10月（北半球）。全年高温，年平均气温在20 ℃以上，年较差为3 ℃ ~10 ℃，春秋极短。

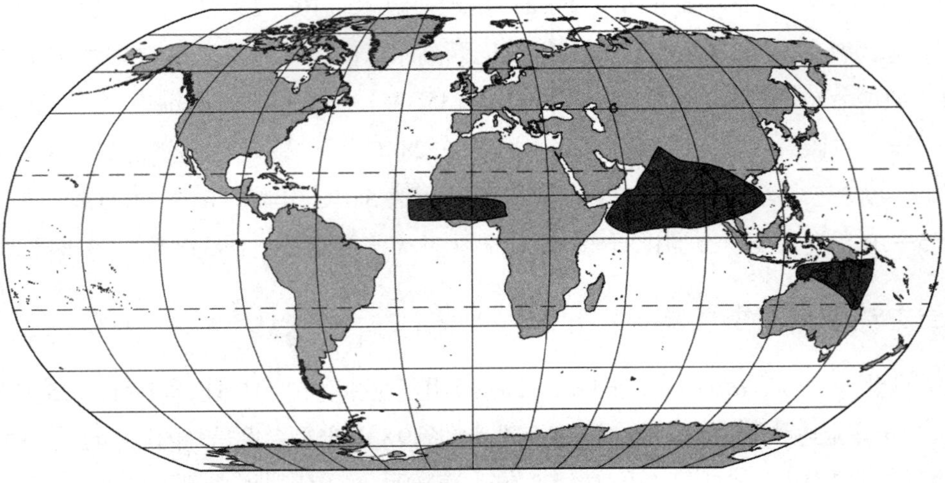

图9.9　热带季风气候分布范围

（五）热带干旱与半干旱气候型

热带干旱与半干旱气候（tropical arid and semi-arid climate）出现在副热带及信风带的大陆中心和大陆西岸，在南、北半球各约以回归线为中心向南北伸展，平均位置在纬度15° ~25°之间。因干旱程度和气候特征不同，可将其分三个亚型：5a、5b和5c，内容详见表9.4，其分布见图9.10。

表9.4　热带干旱与半干旱气候的三个亚型（5a、5b、5c）

气候型	分布区域与典型台站	气候特征
5a热带干旱气候	撒哈拉沙漠、阿拉伯大沙漠、塔尔沙漠、澳大利亚西部和中部沙漠、南美洲的阿特卡马沙漠等，典型台站是埃及的阿斯旺（24.7° N，32.58° E）	终年受副热带高压下沉气流控制，又处于信风带的背风海岸，是热带大陆气团的源地，离赤道低压槽和极锋都很远。因此降水量极少，像北非的阿斯旺经常连续多年无雨，偶有降水，多属暴发性阵雨，年雨量一般小于250 mm，降水变率大都在40 %以上，云量少，日照强，相对湿度极小。白昼气温特别高，可达48 ℃以上，夜间最低气温可降至7 ℃ ~12 ℃。气温日较差甚大，最热月平均气温为30 ℃ ~35 ℃，年较差为10 ℃ ~20 ℃

续表

气候型	分布区域与典型台站	气候特征
5b 热带西岸多雾干旱气候	热带大陆西岸、冷洋流经过的海滨地带，如北美加利福尼亚冷流沿岸、南美秘鲁冷流沿岸、北非加拉利冷流沿岸、南非本格拉冷流沿岸地带。纬度为10°~30°，典型台站是南非的诺洛斯港（29.12° S，16.51° E）	位于副热带高压下沉气流区，又受冷洋流影响，空气层结稳定，多雾而少雨，多低层云，常出现逆温，日照不强，相对湿度大，气温的年较差、日较差都小。但在厄尔尼诺现象出现年份，由于赤道暖水流来，空气层结不稳定，有上升气流因此多雨。例如南美洲秘鲁的卡亚俄常年降水量仅 30.5 mm，但在厄尔尼诺现象中却出现大雨，造成洪涝灾害
5c 热带半干旱气候	在热带干旱气候区的外缘，典型台站是马里的卡伊（14.28° N，11.31° W）	年降水量在 250~750 mm 之间。一年中有一个短暂的雨季，它出现在正午太阳高度角大的季节。如北非马里的卡伊，在 5—10 月因赤道低压槽北移，这里受到 Tm 气团和辐合上升气流的影响，有对流雨，其余大半年时间因受副热带高压下沉气流影响干燥无雨。气温的年较差、日较差都较大，降水的变率亦大

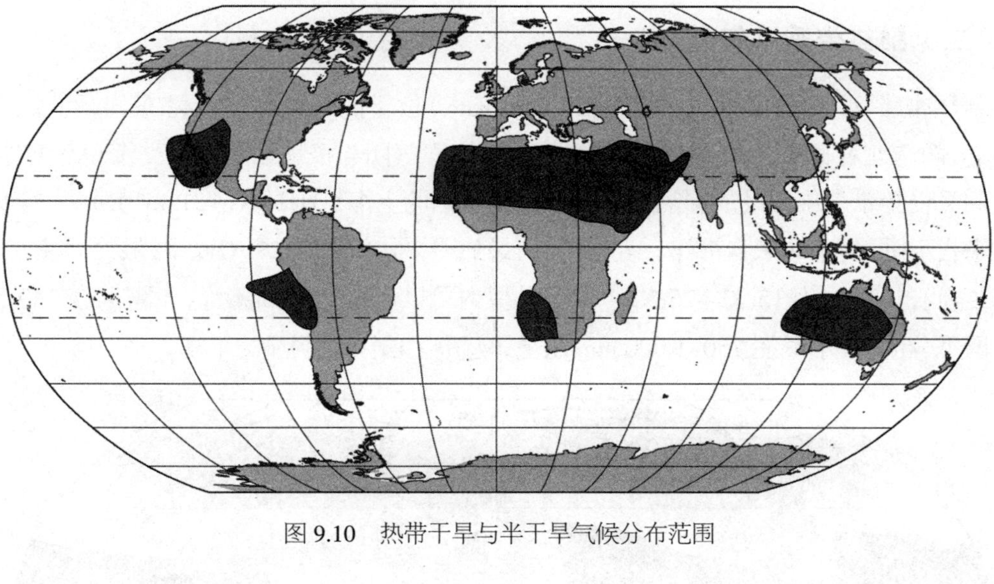

图 9.10　热带干旱与半干旱气候分布范围

二、中纬度气候

中纬度气候主要存在于热带气团和极地气团相互角逐的地带。该地带一年中辐射能收支差额的变化比较大，春、夏、秋、冬四季分明，最冷月的平均气温在 18 ℃以下，有 4~12 个月月平均气温在 10 ℃以上。全年可能蒸散量在 525~1 300 mm 之间，影响气候的主要环流系统有极锋、盛行西风、温带气旋和反气旋、副热带高压和热带气旋等。天气的非周期性变化和降水的季节变化都很显著。再加上北半球中纬度地带大陆面积较大，海陆的热力对比和高耸大地形的影响，使得本带气候更加错综复杂。本带共分为 8 个气候型。

（一）副热带干旱与半干旱气候

副热带干旱与半干旱气候（subtropical arid and semi-arid climate）位于热带，处在热带干旱气候向高纬度的一侧，南北纬 25° ~35° 的大陆西岸和内陆地区。它也是在副热带高压下沉气流和信风带背岸风的作用下形成的。因干旱程度不同可将它分为干旱 6a 与半干旱 6b 两个亚型。

6a 副热带干旱气候亦具有少云、少雨、日照强和夏季气温高等特征。如墨西哥的尤马（32.4° N，114.4° W）最热月平均最高温高达 33 ℃，但凉季气温比 5a 型低，气温年较差达 20 ℃以上。凉季有少量气旋雨，土壤蓄水量略大于 5a 型。

6b 副热带半干旱气候位于 6a 区外缘。夏季气温比 6a 型低，如北非利比亚的班加西（32.08° N，20.06° E）最热月平均气温为 26 ℃，冬季降水量比 6a 型稍多。

（二）副热带季风气候

副热带季风气候（subtropical monsoon climate）位于副热带亚欧大陆东岸，约以 30° N 为中心，向南北各伸展 5°（图 9.11）。它是热带海洋气团与极地大陆气团交绥角逐的地带，夏秋间又受热带气旋活动的影响。典型台站是中国的上海（31.2° N，121.43° E）。一年中冬季风来自大陆，夏季风来自海洋。夏热冬温，最热月平均气温在 22 ℃以上，最冷月在 0 ℃ ~15 ℃之间，年较差为 15 ℃ ~25 ℃。本气候型内可以出现短时间霜冻，无霜期在 240 天以上。四季分明，降水量在 750~1 000 mm 以上，夏雨较集中，无明显的干季。

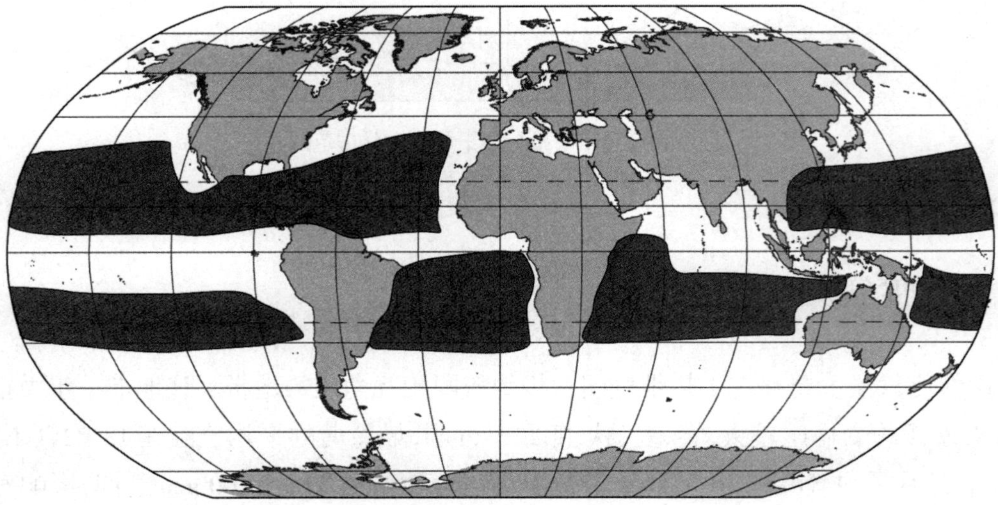

图 9.11　副热带季风气候分布范围

（三）副热带湿润气候

副热带湿润气候（subtropical humid climate）位于北美洲、南美洲、非洲和澳大利亚大陆副热带东岸。由于这种气候所处大陆的面积小，因此未形成季风气候。典型台站：美国的查尔斯顿（32.47° N，77.57° W）。这里冬夏温差比季风区小，一年之中降水分配比季风区均匀。

（四）副热带夏干气候（地中海气候）

副热带夏干气候（Mediterranean climate）位于副热带大陆西岸，纬度在 30° ~40°之间的地带，包括地中海沿岸、美国加利福尼亚州沿岸、南非和澳大利亚南端。这里受副热带高压季节性移动的影响，在夏季正位于副高中心范围之内或在其东缘，气流是下沉的，因此气候干燥少雨，日照强烈。冬季副高移向较低纬度，这里受极锋影响，锋面气旋活动频繁，带来大量降水。全年降水量在 300~1 000 mm 之间。冬季气温比较暖和，最冷月平均气温在 4~10 ℃之间。因夏季温度不同，可将本气候型分为两个亚型。

9a 凉夏型的特征是：贴近冷洋流沿岸，夏季凉爽多雾，少雨。最热月平均气温在 22 ℃以下，最冷月平均气温在 10 ℃以上。如美国的蒙特雷（36.35° N，121.52° W），气温年较差小，仅为 6.7 ℃。

9b 暖夏型的特征是：离海岸较远，夏季干热，最热月平均气温在 22 ℃以上，冬季温和湿润，年较差稍大。如意大利的那波利（40.51° N，14.26° E）年较差为 16 ℃。

（五）温带海洋性气候

温带海洋性气候（temperate marine climate）分布在温带大陆西岸，纬度在 40° N~60° N 之间，包括欧洲西部，阿拉斯加南部、加拿大的不列颠哥伦比亚省、美国华盛顿州和俄勒冈州、南美洲 40° S~60° S 西岸、澳大利亚的东南角（包括塔斯马尼亚岛）和新西兰等地（图 9.12）。这些地区终年盛行西风，受温带海洋气团控制，沿岸有暖洋流经过。冬暖夏凉，

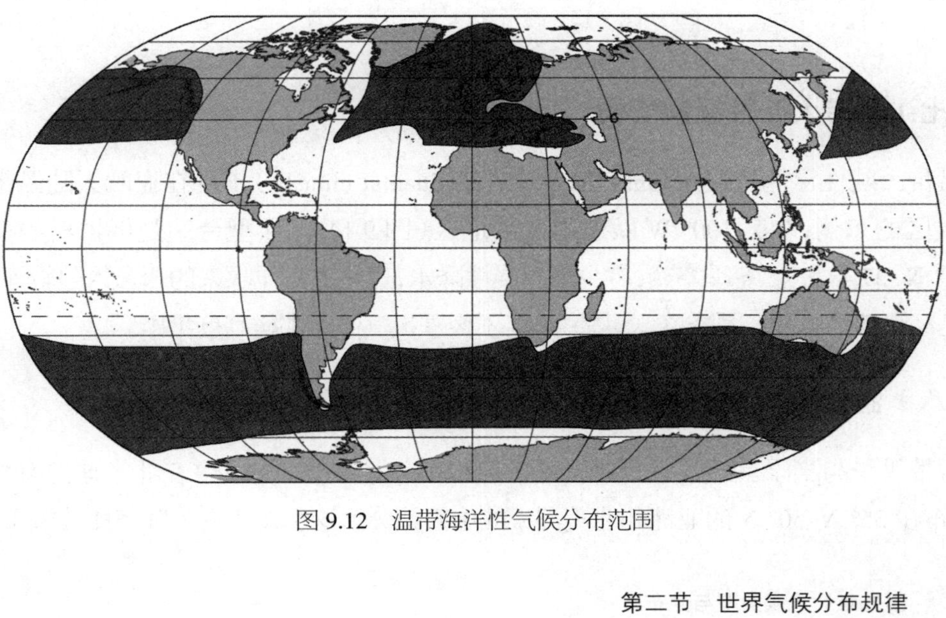

图 9.12　温带海洋性气候分布范围

最冷月气温在 0 ℃以上，如白俄罗斯的布列斯特（52.25° N，23.7° E）为 7.2 ℃，最热月在 22 ℃以下，气温年较差小，在 6 ℃ ~14 ℃之间。全年湿润多雨，冬季较多降水，年降水量在 750~1 000 mm 之间，在迎风山地年降水量可达 2 000 mm 以上。

（六）温带季风气候

温带季风气候（temperate monsoon climate）出现在亚欧大陆东岸纬度为 35° N~55° N 的地带（图 9.13），包括中国的华北和东北，朝鲜大部，日本北部及俄罗斯远东部分地区。典型台站是中国的北京（39.55° N，116.25° E）。冬季盛行偏北风，寒冷干燥，最冷月平均气温在 0 ℃以下，南北气温差别大。夏季盛行东南风，温暖湿润，最热月平均气温在 20 ℃以上，南北温差小。气温年较差比较大，全年降水量集中于夏季，降水分布为由南向北，由沿海向内陆减少。天气的非周期性变化显著，冬季在寒潮爆发时，气温在 24 小时内可下降 10 余 ℃甚至 20 余 ℃。

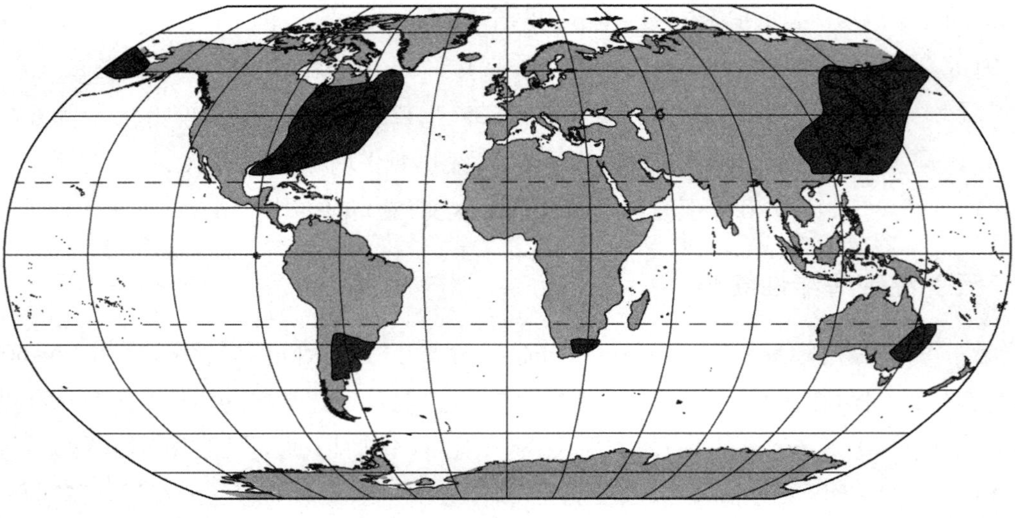

图 9.13　温带季风气候分布范围

（七）温带大陆性湿润气候

温带大陆性湿润气候（humid temperate continental climate）出现在亚欧大陆温带海洋性气候区的东侧，北美 100° W 以东的温带地区（图 9.14）。典型台站是俄罗斯的莫斯科（55.45° N，37.4° E）。冬季寒冷，有少量气旋性降水，这是由海洋吹来的西风入陆较深，海洋气团已经变性的缘故。夏季降水量较多，但不像季风气候区那样高度集中。

（八）温带干旱与半干旱气候

温带干旱与半干旱气候区（temperate arid and semi-arid climate）在北半球占有很大面积，分布在 35° N~50° N 的亚洲和北美洲大陆中心部分。这里终年在大陆气团控制下，因此

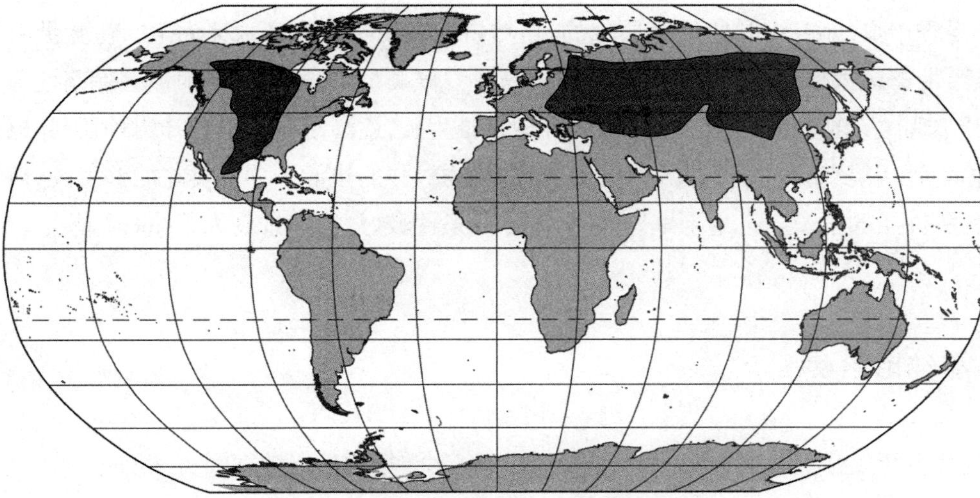

图 9.14 温带大陆性湿润气候分布范围

气候干燥。在南半球南美洲南端阿根廷的大西洋冷洋流沿岸，这里正处于西风带的雨影区域，又受到安第斯山脉屏峙，西风过山后下沉，具有焚风效应，因此全年少雨形成巴塔哥尼亚（位于南美洲阿根廷和智利两国）干旱气候区。本气候型因干旱程度不同又可分为两个亚型，如表 9.5 所示。

表 9.5 温带干旱与半干旱气候

气候型	分布区域与典型台站	气候特征
温带干旱气候、热夏型 $13a_1$	西南亚、中亚，中国内蒙古、新疆、甘肃等地，美国内华达州、犹他州和加利福尼亚州东南部，典型台站是中国的吐鲁番（42.97° N, 89.23° E）	年降水量小于 250 mm，年降水变率大于 40%，冬寒，有少量降雪，夏季酷热，如吐鲁番，6—8 月平均气温皆在 30 ℃以上，极端最高温曾达 48.9 ℃，有“火洲”之称，日照强烈，偶有对流性阵雨，气温年较差、日较差均甚大。春温升高快，秋温降低亦快，春温高于秋温，天气的非周期性变化显著
温带干旱气候、凉夏型 $13a_2$	南美阿根廷，典型台站是阿根廷的圣卡洛斯 - 德巴里洛切（41.3° S, 71.4° W）	年降水量稀少，一般小于 200 mm，因大陆面积小且濒临冷洋流沿岸，因此夏季气温不高，最热月平均气温小于 15 ℃，冬季最冷月平均气温在 0 ℃以上，气温的年较差和日较差均较小
温带半干旱气候，夏雨型 $13b_1$	在温带干旱气候区与温带季风气候区之间，典型台站是中国的赤峰（42.27° N, 118.49° E）	年降水量比温带干旱气候区稍多，如赤峰年降水量为 363.7 mm，雨量有 70% 集中于夏季 6—8 月三个月。气温是夏热冬寒，年较差仅次于温带干旱气候
温带半干旱气候，冬雨型 $13b_2$	在温带干旱气候与地中海气候之间，典型台站是伊朗的德黑兰（35.7° N, 51.45° E）	年降水量在 250 mm 以上，冬季受到气旋活动影响，雨雪集中在冬半年降落，如德黑兰 6—10 月几乎无雨，11 月至次年 4 月为雨季

中纬度的副热带季风气候和湿润气候的植被类型以常绿阔叶林为主。在地中海气候中，因夏季干燥，树叶多是坚硬革质化的，自然景观以硬叶常绿灌木林为主。在温带海洋性气候、温带季风气候和温带大陆性湿润气候三种气候类型区域中，自然植被在偏南地区以夏绿阔叶林为主，愈向北方因冬温愈低，阔叶树较难生长，逐渐混有大量针叶树种，因此植被类型被称为针阔混交林。在干旱气候区，只有耐旱力极强的小灌木和草类才能够生长，自然景观为各种性质的荒漠。在半干旱气候区，因水分条件较好，自然景观为草原（矮草）。

三、高纬度气候

高纬度气候带盛行极地气团和冰洋气团。在冰洋气团与极地气团交绥的冰洋锋上有气旋活动，气旋自西向东移进。这里地－气系统的辐射差额为负值，所以气温低，无真正的夏季。空气中水汽含量少，降水量小，但因蒸发弱，年总可能蒸散量小于 525 mm，又因存在冻土，排水不畅，所以这里的气候型没有干旱型。随着纬度的变化，高纬度气候可以分为以下三个气候型。

（一）副极地大陆性气候

副极地大陆性气候（sub-polar continental climate）分布在 50° N~65° N 之间的地区，包括亚欧大陆的斯堪的纳维亚半岛（南部除外），芬兰和俄罗斯大部，以及北美从阿拉斯加经加拿大到拉布拉多和纽芬兰的大部。年总可能蒸散量在 350 mm~525 mm 之间。这里冬季长而严寒，一年中至少有 9 个月为冬季。加拿大的弗米利恩堡（58.45° N，115.43° W）和俄罗斯的雅库茨克（62.0° N，129.7° E）一年中分别有 6~7 个月月平均气温在 0 ℃以下，月平均气温在 10 ℃以上的只有 3 个月，植物生长期一般只有 50~75 天。该气候型所在地区冬季黑夜时间长，正午太阳高度角小，在亚欧大陆中部和偏东地区又为冷高压中心，风小、云少、地面辐射冷却剧烈，大陆性最强，冬温极低。在西伯利亚的维尔霍扬斯克 1 月平均气温甚至低到 –50 ℃，而附近的绝对最低气温曾降至 –73 ℃，有世界“寒极”之称。夏季白昼时间长，7 月平均气温在 15 ℃以上，气温年较差大。全年降水量甚少，在东西伯利亚不超过 380 mm，在加拿大不超过 500 mm。降水集中于暖季降落，冬雪较少，但蒸发弱，融化慢，每年有 5~7 个月的积雪覆盖，积雪厚度在 600~700 mm 之间，土壤冻结现象严重。由于暖季温度适中（在 10 ℃以上），加上具有一定的降水量，适宜针叶林生长，因此本气候型又被称为雪林气候（boreal forest climate）。

（二）极地长寒气候（苔原气候）

极地长寒气候（tundra climate）在北半球分布在北美洲和亚欧大陆的北部边缘、格陵兰沿海地区的一部分和北冰洋中的若干岛屿中，在南半球则分布在马尔维纳斯群岛（英国称福克兰群岛）、南设得兰群岛和南奥克尼群岛等地（图 9.15）。年总可能蒸散量小于 350 mm。全年皆冬，一年中只有 1~4 个月月平均气温在 0~10 ℃以内。其纬度位置已接近或位于极圈以内，所以极昼、极夜现象已很明显。在极夜期间气温很低，但因邻近海洋，其气温比前述的副极地大陆性气候稍高，如乌佩纳维克位于格陵兰西岸，其最冷月平均气温为 −23.3 ℃。内陆地区比沿海地区更冷，最冷月平均气温一般可达 −30 ℃ ~−40 ℃。最热月平均气温在 1~5 ℃之间，在个别晴暖天气里，气温能升到 25 ℃，但在 7~8 月份，夜间气温仍可降到 0 ℃以下。

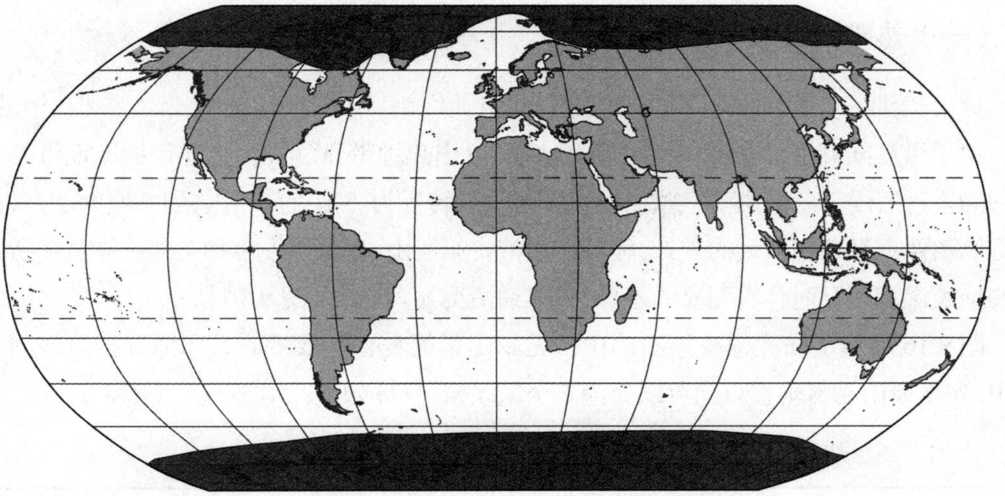

图 9.15　极地长寒气候（苔原气候）分布范围

在冰洋锋上有少量降水，但这里因为气温低，空气的比湿很小，一般年降水量在 200~300 mm 之间。在内陆地区年降水量不足 200 mm，降水大多为干雪，在暖季为雨或湿雪。由于风速大，这里常形成雪雾，能见度不佳，地面积雪面积不大。这里冬季严寒程度虽稍逊于副极地大陆性气候，但因最热月平均气温低于 10 ℃，冻土层接近地表，暖季水分不能下渗，引起土壤表层停滞积水，土温更加降低，限制了乔木的生长，自然植被只有苔藓、地衣及小灌木等，构成了苔原景观。因此这种气候型又被称为苔原气候。

（三）极地冰原气候

极地冰原气候（polar ice sheet climate）出现在格陵兰、南极洲大陆和北冰洋的若干岛屿上。这里是冰洋气团和南极气团的源地，全年严寒，各月平均气温皆在 0 ℃以下，具有全球最低的年平均气温。北极地区年平均气温约为 −22.3 ℃，南极洲大陆为 −35 ℃ ~−28.9 ℃。一年中有长时期的极昼、极夜现象。全年降水量小于 250 mm，降水皆为干雪，不会融化，长期累积形成很厚的冰原。长年大风，寒风夹雪，能见度恶劣。

四、高山气候

在高山地带随着高度的增加，空气愈来愈稀薄，空气成分中的二氧化碳、水汽、微尘和污染物质等逐渐减少，气压降低，风力增大，日照增强，气温降低。在一定坡向、一定高度范围内，降水量随高度而加大，过了最大降水带之后，降水又随高度而减小。上述诸要素的垂直变化导致高山气候具有明显的垂直带性，这种垂直带性又因高山所在地的纬度和区域气候条件而有所不同，这里举例加以说明。

（一）热带高山气候举例

拉丁美洲的安第斯山脉纵贯大陆西岸，自北而南，中经赤道，在热带占有相当大的面积。由于温度随高度而递减，从山麓到山顶可分出热地带、暖地带、冷地带和冻地带等几个不同的垂直气候带。又由于气候由赤道多雨气候转变为热带荒漠气候，因纬度的增高，在山麓湿润条件上又存在很大的差异，因此在热带安第斯山，垂直气候带和自然植被又随所在纬度的地表湿润状况而具有明显的差异，其详细情况如表 9.6 及图 9.16 所示。

图 9.16 展示了在赤道安第斯山由山麓到山顶的垂直气候带的具体情况。由该图可以看出，安第斯山沿着垂直方向可以分为 6 个气候带，具体如下：

表 9.6　安第斯山不同湿润条件下的垂直气候带及其植物分布

湿润月数	热地带	暖地带	冷地带	冻地带
12 11 10	热带常绿林与半落叶林的过渡性地带	热带山地森林	热带高地雾林	常绿高地
9 8 7	热带湿润草原（森林与草地）	热带湿润谷地植物（森林与草地）	热带湿润山地植物（湿润山地灌丛）	湿润高地
6 5	热带干草原（森林与草地）	热带干谷地植物（森林与草原）	热带干山地植物（干山地灌丛）	干燥高地
4 3	热带有刺草原（森林与草地）	热带有刺谷地植物（森林与草地）	热带有刺山地植物（有刺山地灌丛）	有刺植物高地
2 1	热带半荒漠	热带谷地半荒漠		
0	热带荒漠	热带谷地荒漠	山地荒漠	荒漠高地

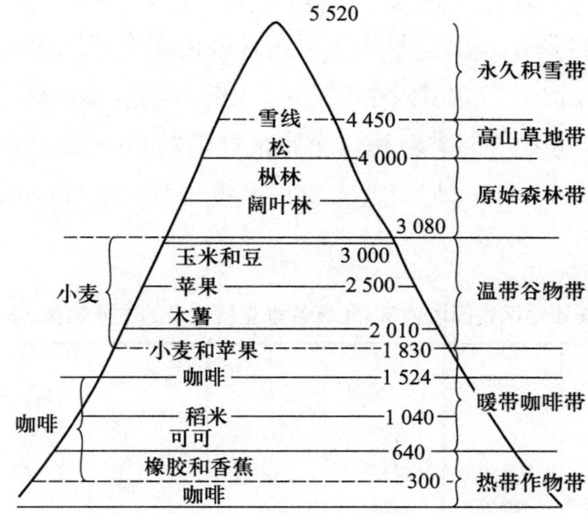

图 9.16 安第斯山（赤道区）垂直气候带

图中数值为海拔，单位为 m

（1）**热带作物带**（tropical crop belt）。自地面向上约至 640 m 海拔，年平均气温为 24~28 ℃，降水丰沛，全年湿润，自然植被为热带雨林，农作物有橡胶、香蕉、咖啡和可可等。

（2）**暖带咖啡带**（warm coffee belt）。海拔由 640 m 向上至 1 830~2 000 m，年平均气温为 18~24 ℃，盛产咖啡、稻米、茶、棉花、玉米等作物，以咖啡种植面积为最广。

（3）**温带谷物带**（temperate grain zone）。由暖带咖啡带向上至海拔 3 000~3 500 m 范围内，年平均气温为 12~18 ℃。农作物有小麦、大麦、苹果和木薯等，但以小麦为主。畜牧业也很发达。

（4）**原始森林带**（primeval forest belt）。由温带谷物带向上约至海拔 4 000 m 处，自然植被由阔叶林逐渐变为针叶林。

（5）**高山草地带**（alpine meadow）。约处在海拔 4 000 m 以上，雪线以下，森林已不能生长，自然植被为高山草地。

（6）**永久积雪带**（permanent snow belt）。海拔 4 450 m 以上为雪线，由此向上为永久积雪带。

（二）副热带高山气候举例

副热带高山气候可以世界第一高峰——珠穆朗玛峰（Mount Qomolangma，简称珠峰）地区为代表来说明其特征。珠峰地区的地理范围为 27° 18′ N~29° 00′ N，85° 06′ E~80° 20′ E，珠峰海拔为 8 848.86 m（含雪盖），整个山体占据对流层 1/3~1/2 的高度。这里太阳辐射强，白昼升温快，夜间地面辐射失热快，气温迅速下降。与同纬度低地相比，其气温日较差大，年较差小。山脉南北两翼气候具有明显的差别，南翼处于暖湿气流的迎风面，降水丰沛，为湿润与半湿润的高山峡谷区。北翼高原湖盆区处于喜马拉雅山的背风侧，气候比较干燥。

南翼和北翼垂直气候带的分异又显然不同，如表 9.7 所示。各垂直气候带的气候和自然植被的分布状况如图 9.17 所示。由这些图表可见珠峰南翼在我国境内由下向上从 1 600 余米的山地副热带至高山冰雪带共有六个垂直气候带。完整的珠峰南坡应延伸到中国国境外的山麓地带，那里分布着热带季雨林。北翼相对高差比南翼小，只有三个垂直气候带，其降水量以山麓 4 000~5 000 m 处为最少，雪线高度平均为 6 000 m，比南翼高（因降水量较小）。

表 9.7　珠峰地区我国境内南、北翼各垂直气候带的主要热量、水分状况①

地区	垂直气候带	海拔 /m	无霜期 / 天	6—9 月平均气温 /℃	最热月平均气温 /℃	日均温 ≥5 ℃持续期间的积温 /℃	最冷月平均气温 /℃	月均温 <0 ℃的月数	年降水量 /mm
南翼湿润、半湿润高山峡谷区	山地副热带	1 600~2 500	>250	15.0~19.0	16.0~20.0	3 400~5 400	5.0~10.0	—	2 000~3 000（约 1 000）
	山地暖温带	2 500~3 100	150~250	13.0~15.0	14.0~16.0	2 100~3 400	0.0~5.0	0~1	2 000~2 500
	山地寒温带	3 100~3 900	90~150	9.0~13.0	10.0~14.0	1 100~2 100	−5.0~0.0	1~5	500~1 500
	亚高山寒带	3 900~4 700	<90	5.0~9.0	6.0~10.0	300~1 100	−10.0~−5.0	5~7	350~600
	高山寒冻带	4 700~5 500	—	1.0~5.0	2.0~6.0	<300	−16.0~−10.0	7~8	400~700
	高山冰雪带	5 500 以上	—	<1.0	<2.0	—	<−16.0	>8	≤700
北翼半干旱高原湖盆区	高原寒冷带	4 000~5 000	40~120	5.0~12.0	6.0~13.0	2 000~400	−16.0~−5.0	5~7	200~300（400）
	高山寒冻带	5 000~6 000	<40	2.0~−5.0	0.0~6.0	<400	−22.0~−16.0	>7	300~600（700）
	高山冰雪带	6 000 以上	—	<−2.0	<0.0（1.0~−2.0）	—	<−22.0	—	≤600（700）

① 由于区域差异，各垂直气候带的界线高度有变化，热量水分状况也有带间交错。本表所列仅代表各带的主要指标。

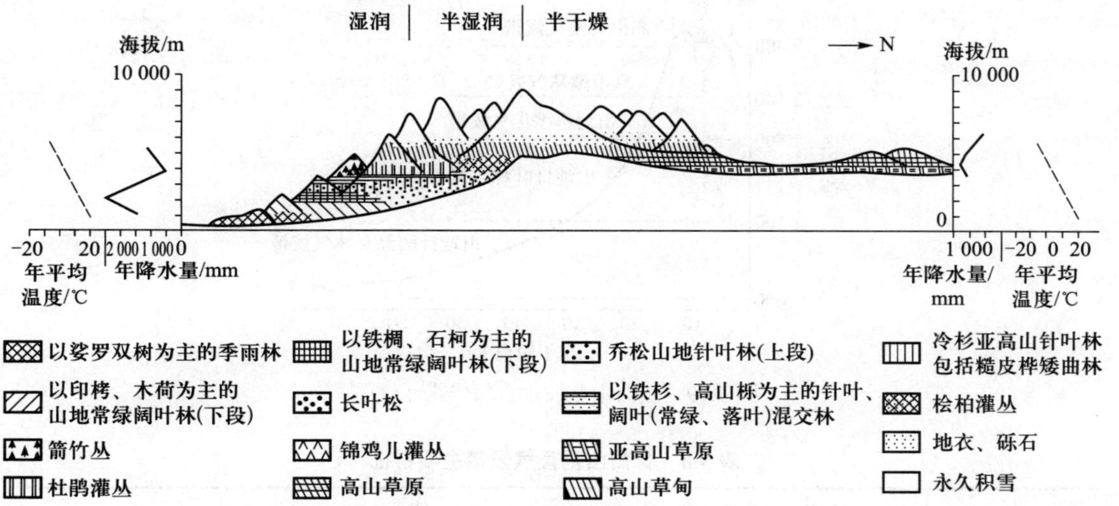

图 9.17　珠穆朗玛峰地区气候和自然植被垂直分布图

（三）温带内陆干旱区高山气候举例

温带内陆干旱区的山地垂直气候带别具一格，如美国西南部从大峡谷（Grand Canyon）到圣弗朗西斯科峰（San Francisco Peak）可分为五个垂直气候带，如图 9.18 所示。其特点是降水量随高度而增加，由山足的中纬度干旱带（沙漠）逐渐变为中纬度半干旱带（草原），亚寒带（针叶林），再转变为高山苔原带和高山积雪带。其森林上限高度（约在 3 405 m）和雪线高度（3 750 m 左右）均比前述两例低。

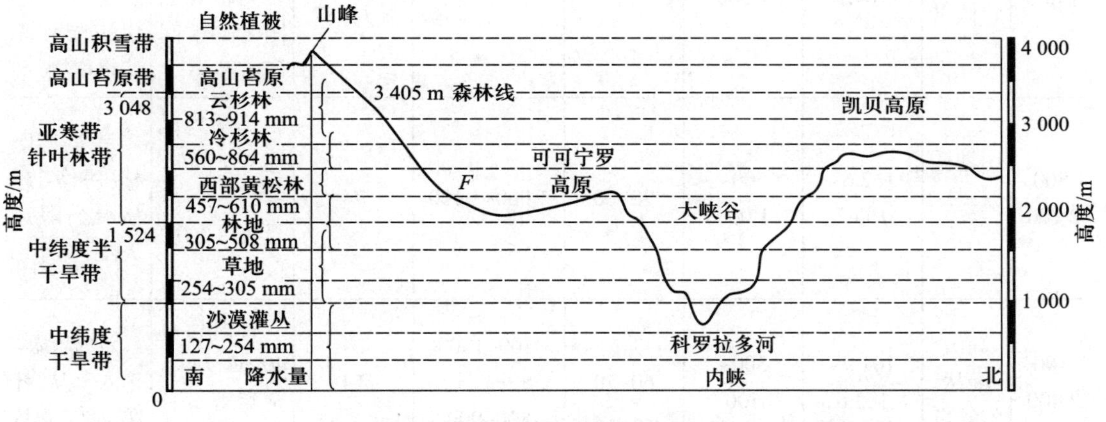

图 9.18　美国西南部大峡谷—圣弗兰西斯科峰垂直气候带和自然带

（四）温带季风区山地气候举例

温带季风气候区山地可以长白山为例。长白山的主峰高达 2 700 m，自下而上可分为五个垂直气候带，如图 9.19 和表 9.8 所示。

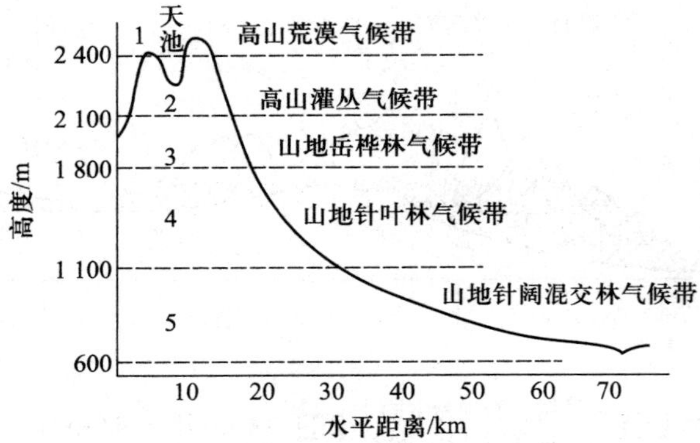

图 9.19　长白山北坡垂直气候带示意图

表 9.8　长白山垂直气候带主要特征

海拔 / m	垂直气候带	太阳辐射总量 / （$W \cdot m^{-2}$）	≥ 10 ℃积温 /℃	无霜期 /d	年降水量 / mm	相对湿度 /%	其他气候特征	自然植被及栽培作物
600~1 100	山地针阔混交林气候带	164.5~165.9	>1 500	100~120	700~800。6—9 月：600	71~72	年平均风速 <3.9 m/s，雾日为 38~90 d	针阔混交林，早熟玉米、大豆、马铃薯、向日葵及各种蔬菜
1 100~1 800	山地针叶林气候带	163.2~164.5	1 000~1 500	80~100	800~1 000	73。4月：64~65。8 月：87	西北带林高树密，有 95% 的太阳辐射被林冠阻挡，林间气流静稳	山地针叶林，地面阴冷潮湿，生长地衣藓类，除小块田园外无栽培作物
1 800~2 100	山地岳桦林气候带	162.6~163.2	500~1 000	70~80	1 000~1 100	74	年平均风速 6~8 m/s，≥ 8 级大风日数达 200 d 以上	岳桦 – 杜鹃林、岳桦 – 越橘林。因风大枝干矮小
2 100~2 400	高山灌丛气候带	161.9~162.6	300~500	60~70	1 100~1300。6—9 月：800~900	74	各月均有 40 m/s 大风，全年雾日有 200~250 d	笃斯越橘 – 地衣群丛、杜鹃 – 地衣群丛
>2 400	高山荒漠气候带	160.6~161.9	<200	<60	1407。冬雨占 10%	74。4 月：68。8 月：85 以上	天气多变，飘云就降雨，雨雾难分，平均积雪深 2 m	仙女木群落，高山罂粟、长白虎耳草等呈小撮分布

（五）山地气候中的“暖带”和“冷湖”

山地气候与地形起伏凹凸的关系至为密切。在周围有山坡围绕的山谷或盆地中，由于风速小和湍流交换弱，当地表辐射强烈时，周围山坡上的冷空气因密度大都沿坡面向谷底注泻（这种下沉动力增温作用远比地表辐射冷却作用小），并在谷底沉积继续辐射冷却，因此谷底气温最低，形成所谓“冷湖”。而在冷空气沉积的顶部坡地上，由于风速较大，湍流交换较强，换来自由大气中较暖的空气，因此气温相对较高，形成所谓“暖带”。在暖带向上向下气温皆是垂直递减的。暖带的高度因不同山地、不同坡度、不同季节和天气条件而异，如武夷山西北面，1 月平均最低气温和年极端最低气温在 300 m 高度处皆出现逆温，在东南面这一现象则不明显（图 9.20）。在太行山南侧暖带比较明显，其高度在 200~300 m 之间。奥地利的奥茨山谷其山坡暖带位置夏季约在谷底以上 350 m 高度处，冬季则在谷底以上 700 m 高度处。德国大法尔肯塞山暖带高度在无云天气下，高出谷底 300 m 左右，在阴天和有大风的天气下，暖带则会消失。

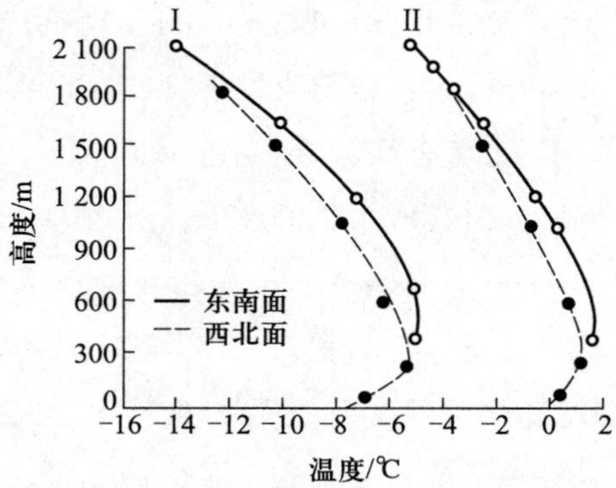

图 9.20　武夷山最低气温随高度的变化

其中，I 为极端最低气温；II 为 1 月份平均最低气温

在暖带中霜害最轻，生长季长，作物发育最早。在暖带以下，特别是在冷湖中，初霜时间最早，终霜时间最晚，作物受冻害机会最多，霜冻灾害最为严重。像河南伏牛山南坡 250~400 m 高度处为暖带所在位置，那里有常绿灌丛，柑橘生长良好，而在低凹地中相同品种的柑橘受到的四、五级冻害在总的天气灾害事件的比例高达 50%~85%。在山地垂直气候带的分布上，了解暖带和冷湖的存在，对于农林牧业的生产布局至关重要。

综上所述，高地气候的垂直气候带具有以下几个特征：

（1）山地垂直气候带的分异因所在地的纬度和山地本身的高差而异。在低纬度山地，山麓为赤道或热带气候，随着海拔的增加，地表热量和水分条件逐渐变化，直到雪线以上，可划分的垂直气候带数目较多，如图 9.16 和图 9.17 所示。如果山地高差较小，气候垂直带的分异也就相应减少，如珠峰北翼即是如此。在高纬度极地，山麓已经长年积雪，所以那里山地气候垂直分异就不显著了。

（2）山地垂直气候带具有所在地大气候类型的“烙印”。例如，赤道山地从山麓到山顶都具有全年季节变化不明显的特征。珠峰和长白山都具有季风气候特色，各高度的降水量在一年中分配很不均匀，皆是冬干夏湿。

（3）湿润气候区山地垂直气候的分异，主要以热量条件的垂直差异为决定性因素。而干旱、半干旱气候区山地垂直气候的分异，与热量和湿润状况都存在密切关系（图 9.18 和表 9.7 珠峰北翼）。这种地区的干燥度都是山麓大，随着海拔的增高，干燥度逐渐减小。

（4）同一山地还因坡向、坡度及地形起伏、凹凸、显隐等局地条件不同，气候的垂直变化各不相同，山坡暖带，山谷冷湖即其一例。山地气候确有“十里不同天”之变。

（5）山地的垂直气候带与随纬度而异的水平气候带在成因和特征上都有所不同，不能把两者等同起来。

9.2.1 知识窗

气候指数

气候指数（climatic index）指由两个或两个以上的气候要素组成的表示某种气候特征的量，它包括干燥指数、湿润指数、季风指数和大陆度等，主要用于气候分类与区划。

（1）干燥指数（aridity index）。又称干燥度，是表示一个地区干湿程度的指标。降水代表水分收入，蒸发代表水分支出，年潜在蒸发散量与降水量之比称为干燥指数，其倒数为湿润指数。干燥指数是全球变化研究中经常涉及的气候指标之一，尤其是气候变化和干旱化、荒漠化等研究。1994 年在巴黎通过的《联合国关于在发生严重干旱和荒漠化的国家特别是在非洲防治荒漠化的公约》中，关于荒漠化潜在发生范围——干旱、半干旱和亚湿润干旱区的界定就基于干燥指数（湿润指数）。若干燥指数大于 1，表示降水量小于蒸发散，则气候干旱；反之为气候湿润。由于表示水分支出（特别是表示蒸发散）的形式不同，因此有多种表示干燥指数的方法。

（2）湿润指数（humidity index）。是表示气候湿润程度的指标，又称湿润度、湿润系数。湿润指数用地面水分的收入量与支出量的比值表示。比值越大，表示气候越湿润；比值越小，表示气候越干燥。大陆性气候地区湿润指数小，海洋性气候地区湿润指数大。湿润指数能够比较客观地反映某一地区的水热平衡状况，广泛应用于气候干湿状况评价、生态环境变化等研究。湿润指数分为干旱、半干旱、干半湿润、湿半湿润、湿润、潮湿、过湿等 7 个等级。

（3）季风指数（monsoon index）。是表示季风强弱和季风稳定程度的量。它有不同的表示方式。1962 年，高由禧以 1 月和 7 月的同风向与反风向最大频率差之和来表示季风的稳定程度；并以冬夏盛行风向之间的转换角度（季风角）表示其明显程度。1992 年曾庆存等人用下式

$$\delta_{m,n}^{*}=\frac{\left\|\overline{\boldsymbol{V}}_1-\overline{\boldsymbol{V}}_{m,n}\right\|}{\left\|\overline{\boldsymbol{V}}\right\|}-2 \qquad (9.2.1)$$

来计算季节变化和年际变化，称之为动态标准化变率指数（或季风指数）。其中 $\overline{\boldsymbol{V}}_1$ 是 1 月气候平均风矢量，$\overline{\boldsymbol{V}}_{m,n}$ 是某年（n）某月（m）的月平均风矢量，$\overline{\boldsymbol{V}}$ 是 1 月和 7 月气候平均风矢量的平均，即 $\overline{\boldsymbol{V}}=(\overline{\boldsymbol{V}}_1+\overline{\boldsymbol{V}}_7)/2$。

（4）大陆度（continentality）。是表示某地气候受大陆影响的程度。由于海洋和大陆热力性质不同，因此它们对大气运动的影响也不同。大陆度大，即受大陆的影响大。1888 年，波兰 W. 戈尔琴斯基首先提出以气温相对变幅为基础表示大陆度。其后，许多学者提出了各自表示大陆度的方法，主要有温度法、气团法等。最常见的大陆度是以气温年较差为基础的。此外，还有以降水和太阳辐射所对应的温度效应表示的大陆度，或综合几种气象要素表示的大陆度。

本章小结

气候分类（climatic classification）是将全球气候按某种气候标准划分为若干不同的气候型，借以比较各地气候的特征。同一类型的气候，其热量、水分、风力、风向等因子特征基本相同。气候分类法有很多，我国气候学家竺可桢、涂长望、卢鋈（wù）、周淑贞等也提出过几种气候分类法。气候分类方案可在经济规划、农业生产规划时作为参考资料，还可以作为各种应用气候区划方案的分类指标。

气候区划（climatic regionalization）是气候分类原理在各个行业中的应用。它是按气候特征的相似和差异程度，以一定的指标，对某一地区范围所进行的气候区域划分。气候区划指标有两类：一类是气候指标；另一类是其他自然因子的指标，如地貌类型、地势高度、土壤类型、植被类型等。

习　题

1. 依据温度和降水两类指标，可以将气候分为哪几类？它们各有什么基本特征？

2. 柯本气候分类法的基本原理是什么？试描述平坦、表面均匀的理想大陆上，柯本气候类型的分布。

3. 斯查勒气候分类法的基本原理是什么？与柯本气候分类法比较，它们各有哪些优势和不足？

4. 简述各种气候型的基本特征和划分指标。

5. 高山气候具有明显的纬度地带性和垂直地带性，讨论其气候带分布的基本特征。

主要参考文献

[1] 傅抱璞. 山地气候[M]. 北京: 科学出版社, 1983: 120.

[2] 李建平, 曾庆存. 一个新的季风指数及其年际变化和与雨量的关系[J]. 气候与环境研究, 2005, 10(3): 351–365.

[3] 柳艳菊, 丁一汇. 亚洲夏季风爆发的基本气候特征分析[J]. 气象学报, 2007, 65(4): 511–526.

[4] 丘宝剑. 农业气候区划及其方法[M]. 北京: 科学出版社, 1987.

[5] 杨美华. 长白山的气候特征及北坡垂直气候带[A]. 长白山地理系统论文集(1956—1981), 长春: 东北师范大学地理系, 1981.

[6] 曾庆存, 李建平. 南北两半球大气的相互作用和季风的本质[J]. 大气科学, 2002, 26: 433–448.

[7] 中国科学院西藏科学考察队. 珠穆朗玛峰地区科学考察报告(1966—1968), 自然地理[M]. 北京: 科学出版社, 1975.

[8] 中国科学院自然区划工作委员会. 中国气候区划(初稿)[M]. 北京: 科学出版社, 1959.

[9]《中国气象百科全书》总编辑委员会. 中国气象百科全书(气象科学基础卷)[M]. 北京: 气象出版社, 2016: 218–220, 223–230.

[10] 中央气象局. 中华人民共和国气候图集[M]. 北京: 地图出版社, 1979.

[11] 周淑贞, 张如一, 张超. 气象学与气候学[M]. 3 版. 北京: 高等教育出版社, 1997: 200–225.

[12] DING Y H, LIU Y J, SONG Y F, et al. From MONEX to the global monsoon: a review of monsoon system research[J]. Advances in Atmospheric Sciences, 2015, 1: 10–31.

[13] TRENBERTH K E, STEPANIAK D P, CARON J M. The global monsoon as seen through the divergent atmospheric circulation[J]. Journal of Climate, 2000, 13(22): 3969–3993.

[14] WANG B, LIN H. Rainy season of the Asian-Pacific summer monsoon[J]. Journal of Climate, 2002, 15: 306–396.

第十章　气候变化

气候总是在不断地变化。无论从哪个尺度看，地球自形成之日起，其表面状况都一直处于冷暖交替、干湿变化的过程中。气候过去的变化在地球上留下了痕迹，并影响着所有生命形式的进化，它是我们社会经济发展过程的一个缩影。目前气候变化（climatic change）已经成为人类活动对全球环境影响的重要部分，人们逐渐认识到地球气候变化受到多种复杂物理过程的制约，在气候系统的框架下，各种不同过程相互联系，从而形成千变万化的气候状态。研究地球气候变化的历史，弄清现代气候变化的趋势，这在一方面具有重大的理论意义，在另一方面更为我们按照气候演变规律，采取适当措施及早预防和抗御异常气候灾害，合理地利用气候资源，改造气候条件提供了科学依据。因此可以说，它的实用价值变得愈来愈明确。

第一节　气候变化基本概念

一、气候变化的特点

经典气候学发展到现代气候学经历了相当长的阶段，前半个阶段一般称为传统气候学。传统气候学把某个地区气候的形成因子概括为太阳辐射平衡和热量平衡、大气环流和地理因素，在阐明气候和生态（主要是植被）的关系时采用气候带的概念。这些理论观点和概念至今仍然有用，但需要深化和创新。

传统气候学主要用气象要素的统计平均来认识气候和描述气候。气候是天气（大气圈行为）的统计特征。一个地区的气候是指某种统计的平衡状态。它用温、湿、压、风、降水、蒸发、日照等气候因子在较长时段的样本所取得的统计平均值、极差、方差和高阶矩来描述（或定义）。依据这个定义，气候被当作静态的。传统气候学的任务是描述某个地区的气候特点。正如联合国政府间气候变化专门委员会（IPCC）在 2007 年报告中所指出的：狭义上的气候通常被定义为天气的平均状态，严格地表述为“在某一段时间内气候要素的平均值和变率的统计描述”，WMO（世界气象组织）规定这“某一段时间”的长度为 30 年。

然而气候研究不仅仅是要对已经发生和正在发生的气候事件进行归纳和统计，更为重要的是研究地球大气变化的、运动的特点，研究气候形成和变化的原因，预测某个地区或者全球范围内的各种时间尺度的气候变化，即围绕平衡态的扰动或者对平衡态的偏差（距平）进行研究。因此，现代气候学定义为在太阳辐射作用下，地球表层内部各子系统之间，在较长时段内相互联系、相互作用所达到的一种平衡状态。气候系统概念的引入是气候学研究进入一个新阶段的重要标志。因此，气候的形成和变化不仅是大气圈内部状态和行为的反映，以及海陆分布、地形（地貌）、地面特征、冰雪覆盖等对大气圈的“单向”影响，而是整个气候系统中各圈层之间相互联系、相互作用所组成的复杂系统的总体行为。现代气候学把气候看成动态的，不断变化的。它的主要任务就是研究气候变化。现代气候学在概念上不再像过去一样被作为气象学或地理学的一个分支学科，而是大气科学、海洋学、地球物理学、地球化学、地理学、地质学、冰川学、天文学、生物学以至软科学、社会科学等多学科相互渗透共同研究的交叉科学。

二、气候变化与气候变率（climatic change and climatic variability）

地球气候虽是不断变化的，但也是基本稳定的。地球每经历一次寒冷的冰期之后就会出现一次温暖的间冰期，经历一段干燥少雨的时期之后就会出现一段湿润多雨的时期。这种不断变化又相对稳定的特点就是地球气候变化的基本特点，即地球气候系统的稳定性。这种变化特点的形成是由太阳辐射强迫和地球表面特征决定的，同时地球的自转决定了地球表面的重力加速度和大气层的准水平、准地转的特征，进而形成了地球大气特有的运动特征和既相对稳定又有变化的大气环流背景。气候状态（气候态）反应了这种气候变化相对稳定的过程，它是指某一较长时段气候系统各属性的平均统计特征，而天气是指某一瞬时或某一短时间内大气中气象要素和天气现象的综合。

气候状态（climatic state）这个定义的可取之处在于：① 它指出气候的物质基础是气候系统，而不仅仅是大气，它和天气系统是有区别的；② 气候是一个历史的概念，它和特定的时间阶段相联系，而不存在绝对的气候概念。在此基础上，我们来理解气候变化就方便多了。

所谓气候变化是指由多种气候要素（如气温、降水、气压等）所表示的气候状态在较长时间内统计特征的变化，具有多时间尺度性、阶段性和突变性。

（一）气候变化的多时间尺度性

我们可以粗略地把气候变化按时间尺度分为六类，即：① 短期气候变化，其时间尺度为月、季、年；② 中期气候变化，其时间尺度为几年（年际变化）；③ 长期气候变化，其时间尺度为几十年（年代际变化）；④ 超长期气候变化，其时间尺度为几百年（世纪际变化）；⑤ 历史时期气候变化，其时间尺度为千年；⑥ 地质时期气候变化，其时间尺度为万年或者更长。

由于历史资料记载不过几百年，因此对气候变化研究也就主要集中在前四个时间尺度，尤其是前三个时间尺度。但是为了深入认识气候演变规律，探索气候变化的原因，有必要探究历史时期和地质时期的气候变化问题。

（二）气候变化的阶段性

气候变化的阶段性和气候变化的时间尺度是紧密相连的，不同时间尺度的气候变化也就具有不同的阶段性。气候变化的阶段性体现了气候的振荡特征，这种振荡特征不像正弦曲线一样具有固定的周期，它也不是总在某一均值附近振荡，而是存在一定的趋势，并且对于某些气候要素（如气温）而言，其趋势性十分显著。

（三）气候变化的突变性

气候突变（abrupt climate change）也是气候变化的重要特征。尤其是从一个气候平衡态跃迁到另一个气候平衡态时，气候往往发生较为快速的剧烈变化，即突变。

气候变化是指气候平均状态和离差（距平）两者中的一个或两个一起出现了统计意义上显著的变化。离差值越大，表明气候变化的幅度越大，即气候状态的不稳定性增加，气候变化的敏感性也增大。简单地说它实际上表示了能持续相当长一段时期的气候状态的改变或变迁，如由偏冷的状态转为偏暖的状态或少暴雨状态变为多暴雨状态，故有人也称之为气候变迁（climatic vicissitude）。它可以由自然的原因引起，也可以由人类活动的原因造成（《联合国气候变化框架公约》的定义），也可以由自然与人类活动的原因共同引起（IPCC 的定义）。

气候变化的原因可能是自然的内部进程，或是外部强迫，或者是人为地持续对大气组成成分和土地利用的改变。《联合国气候变化框架公约》（United Nations Framework Convention on Climate Change，UNFCCC）第一款中，将“气候变化”定义为：“经过相当长一段时间的观察，在自然气候变化之外由人类活动直接或间接地改变全球大气组成所导致的气候改变。”UNFCCC 因此将因人类活动而改变大气组成的“气候变化”与归因于自然原因的“气候变率”区分开来。

气候变率指所有时空尺度上气候平均状态或其他统计量（如标准差、极端事件发生频率）的变化或变异，也可理解为在一个长期气候变化趋势或平均状态上叠加的各种时间尺度的气候脉动或距平变化。它有年代际、年际、年、季、季节内的变化与高频变化，有局地尺度、区域尺度、大陆尺度和全球尺度。气候变率经常导致一段时间内天气与气候的异常。它可以由大气内部的变率（大气动力学因素）引起，也可以由自然和人类活动产生的外强迫引起。

气候变率和气候变化的差别主要是语义上的：如果所关注的变化发生在某一特定时段

（如 20 世纪），那么称其为该时段内的气候变率；如果涉及两个连续时代（如 20 世纪上半叶与下半叶）的差异（气候平均状态）的变化，那么称其为从一个时代到下一个时代的气候变化，如冰期与间冰期。气候变化一般指全球尺度上平均天气状况的长期变化。IPCC 确认，气候变化的总体趋势是全球平均地表温度逐渐增加。而在任何特定的一天、一个月或一年，天气变化发生在区域和局地尺度上。这种气候变率可能以自然灾害的形式呈现，如洪水、干旱、寒潮和热浪、气旋和风暴，且这类极端事件与气候变化有关。IPCC 预测，由于全球地表温度的增加，一些极端天气和气候事件将变得愈发频繁或愈发强烈。虽然任何单一极端事件都不能作为气候变化的信号，但是随着时间的推移，它可能成为因气候变化引起气候变率增加形态的一部分。图 10.1 是一组典型的温度观测数据，其中图 10.1（a）是气候没有发生任何根本性变化的气候变率；图 10.1（b）是在一段观测期，气候变化与温度呈线性下降 4 ℃的气候变率组合；图 10.1（c）是气候变化与一个周期温度变化为 3 ℃的气候变化组合；图 10.1（d）是在一段观测期，气候变率与气温突降 4 ℃的气候变化组合，变化前后的平均温度始终保持恒定，它代表了在观察期内气候的一次性变化和所有变化。该图显示了气候变化的形成，即当气候发生变化时，变率水平保持恒定。

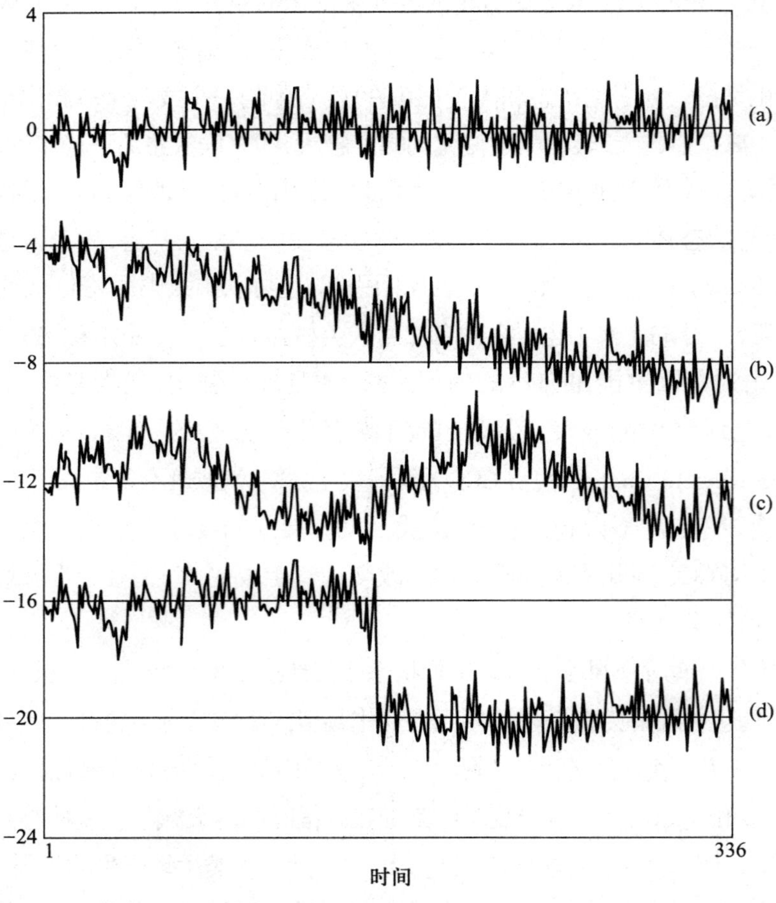

图 10.1　通过一组典型的温度观测数据说明气候变率与气候变化的定义（Burroughs, 2001）

图 10.2 也显示了气候变率的变化，对比图 10.1 可以说明气候变率增加和气候变化的组合。其中：图 10.2（a）是在一定观测期内，气候变率为原来的两倍而气候没有出现任何根本的变化；图 10.2（b）是在一定观测期内，两倍的气候变率与温度呈线性下降 4 ℃的组合；图 10.2（c）是气温突然下降 4 ℃之前的气候变率组合，显示气温突然下降 4 ℃之后气候变率变为原来的 2 倍，且气温降低前后的平均温度保持恒定。这里与图 10.1（c）的周期性变化不同，这种情况下不断变化的气候变率的性质可能更为复杂。

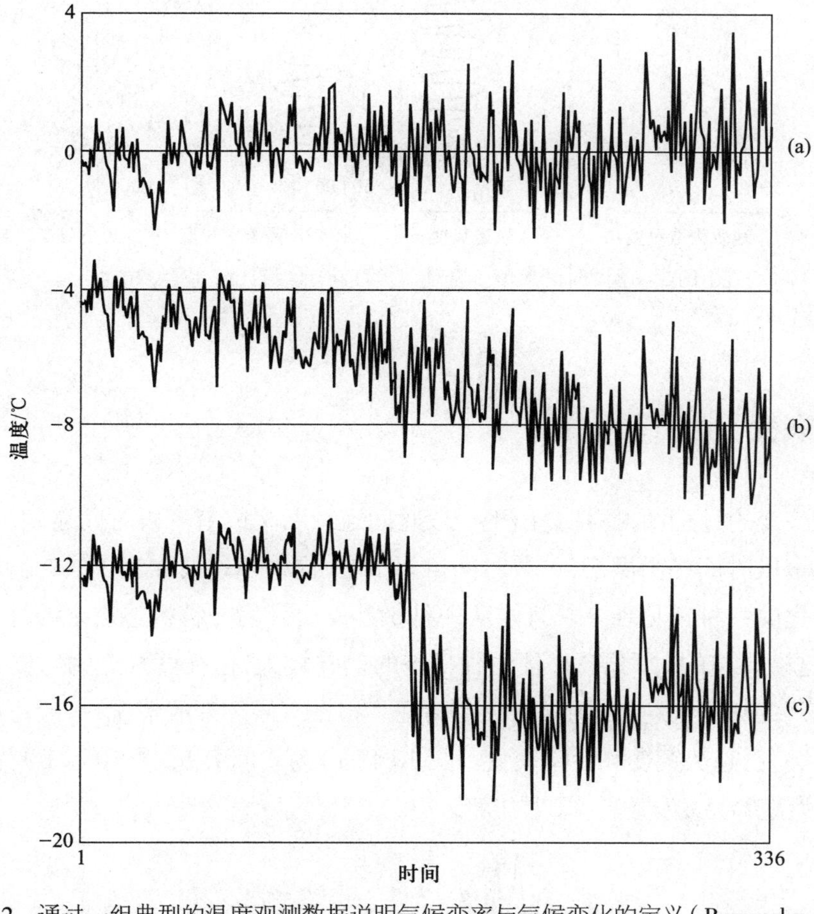

图 10.2　通过一组典型的温度观测数据说明气候变率与气候变化的定义（Burroughs，2001）

对于大多数的气候变率而言，一个最基本的解释是气候变率是一种短期波动，气候变化则是一种长期变化。而如何鉴别短期与长期的过程，则需要我们明确时间尺度的概念。

图 10.3 反映了地球 3 亿年以来不同时间尺度上的全球温度变化曲线，在不同的时间尺度下，其温度振幅有着明显的差异，在地质构造和轨道尺度，其温度振幅范围达到 10 ℃左右，而在末次冰期和千年尺度，温度振幅是 3 ℃，历史时期温度振幅降到 1 ℃左右。

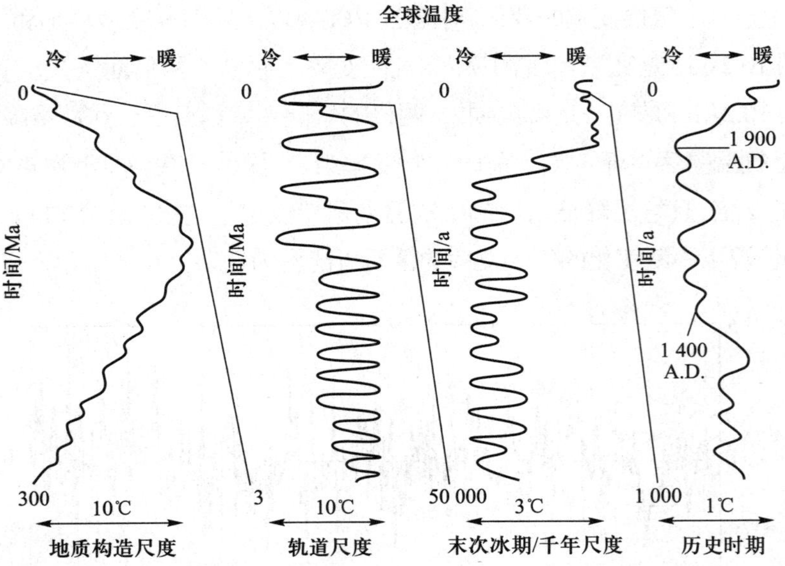

图 10.3　不同时间尺度上全球温度变化示意图（陈星等，2014）

三、气候突变*

在气候演变的过程中，往往会出现一段时间连续温暖或者一段时间连续寒冷，降水也往往会出现一段时间多雨洪涝，一段时间少雨干旱，这种现象被称为气候的持续性。持续性是气候变化的一种常见现象。气候从一种状态发展到另一种状态需要经过一段时间的调整，如果这种调整的时间很短，且两种状态的差异较大，往往就称之为气候突变。冰期和间冰期之间的转换，就具有明显的突变特征。根据气候突变的情况，一般可以把气候突变分为均值突变、趋势突变和变率突变。图 10.4（a）为均值突变，图 10.4（b）为趋势突变，图 10.4（c）为变率突变（振幅、周期的突变）。

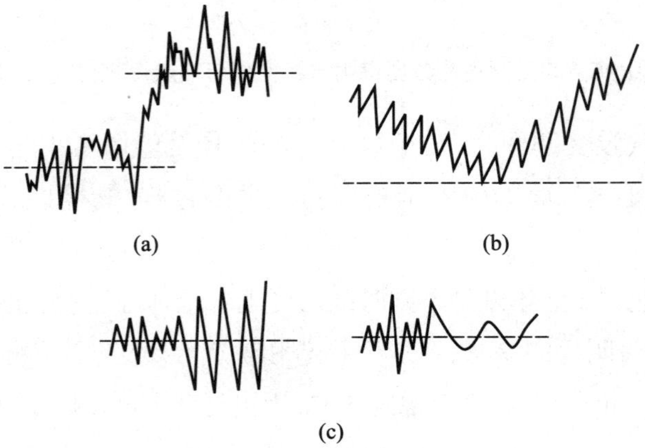

图 10.4　气候突变的三种类型

从一个气候基本状态（以某一平均值表示）向另一个气候基本状态的急剧变化，就是均值突变。这类突变相对较多，影响也较大。

两个气候状态（阶段）的平均值并无明显差异，但其变率有极明显的不同，这样两类气候状态间的急剧变化，称为变率突变。变率突变包括两种情况，其一是振幅具有明显差异的突变；其二是频率具有明显差异的突变。

两个气候阶段有完全相反的变化趋势，例如，某个气候阶段温度一致持续下降，其后一个气候阶段的温度一致持续上升，这样两个气候阶段的急剧转变，称为趋势突变。

因为气候系统存在多（稳定）模态，所以气候的变化常常表现为突变。如何检验历史上的气候突变，引起了气候演变统计分析工作者的重视。这里介绍两种方法。

Mann—Kendall 检验（M-K 方法）是一种检验序列是否存在突变的常用方法，其优点在于避开了序列分布的假定，不需要样本遵从一定分布，也不受少数异常值干扰，计算较为简便。M-K 检验通过比较序列所有的成对（X_i, X_j）来获取信息。其原假设为序列（$X_1, X_2, \cdots, X_n$）是 n 个独立同分布的随机变量，备选假设为对于 $i, j<n$ 且 $i\neq j$，X_i 和 X_j 的分布不相同。M-K 检验的统计量 S 可由下式给出：

$$S=\sum_{i=1}^{n-1}\sum_{j=i+1}^{n}\operatorname{sgn}(X_j-X_i) \tag{10.1}$$

式中 X_i 和 X_j 分别为序列第 i 个和第 j 个时间点的数值，$\operatorname{sgn}(\theta)$ 为符号函数，可定义为

$$\operatorname{sgn}(\theta)=\begin{cases}1 & (\theta>0)\\ 0 & (\theta\leqslant 0)\end{cases} \tag{10.2}$$

统计量 S 实际上是所有对偶（X_i, X_j）中满足后者大于前者的对偶个数。在时间序列随机独立的条件下，定义统计量

$$Z=\frac{S-E(S)}{\sqrt{\operatorname{var}(S)}} \tag{10.3}$$

遵从标准正态分布。其中 $E(S)$，$\operatorname{var}(S)$ 是累计数 S_k（$k=1, 2, \cdots, n$）的均值和方差，在原序列相互独立条件下具有连续分布时，它们可由下式计算

$$E(S)=\frac{n(n+1)}{4} \tag{10.4}$$

$$\operatorname{var}(S)=\frac{n(n-1)(2n+5)}{72} \tag{10.5}$$

进一步计算序列正向和反向的对偶 Z 统计量序列，画于同一张图上。如果两个曲线的交点落在某一显著水平的接受域内，说明序列既无正向又无反向的显著变化趋势，就认为该点（时刻）可能存在趋势变化的突变。

黄玉霞等人（2005）对西北地区大气水汽输送特征及气候转型开展了研究，利用 M-K 方法判断出西风带区年降水及夏季、冬季降水在增加过程中存在突变现象，其发生突变的具体时间为年降水为 1990 年、夏季和冬季降水均为 1987 年；高原区仅冬季降水在 20 世纪 60

年代后有降水增多过程中的突变现象，季风区仅秋季降水存在降水减少过程中的突变现象。

另一种方法就是利用小波变换的多分辨、多尺度特征对气候变化趋势进行诊断分析。林振山等人（1999）利用小波变换的方法对中国近500年旱涝等级资料进行了分析，发现在不同气候层次上，旱涝变化的特征有所差异，各层次上气候系统的动力行为具有不同的特征，不同层次间突变点的变化往往表现为层次升高时部分奇异点（突变点）退化为平常点，而层次降低时，又会发生平常点进化为奇异点的现象（图10.5）。所以他们提出，在判断和预测气候变化的趋势时，必须建立在具体气候层次上，因为这样才有意义。

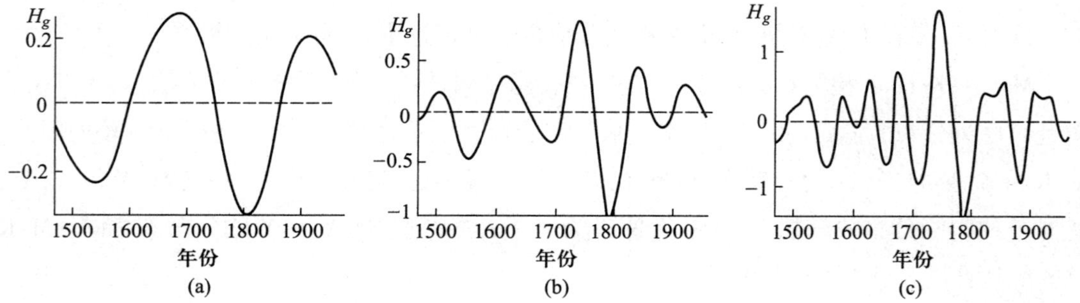

图10.5　北京近500年旱涝等级资料小波分析（林振山，1999）

（a）120a时间尺度（a=64）；（b）60a时间尺度（a=32）；（c）30a时间尺度（a=16）

纵轴因变量H_g指旱涝等级资料距平值经小波变换后的结果。下标g指原等级序列资料$g(t)$。

总的来讲，在分析气候序列突变方面，目前还没有很好的算法。有时我们可能在状态子空间上或某一截面上画出序列轨迹，可能得到吸引子性状变化的直观图像，但这只是一种经验性的作法。

我们对于气候突变的认识也应该建立在时间尺度上，在不同的时间尺度范围内，原来的突变点有可能退化为平常点，原来的平常点也可能转换为突变点。因此，离开时间尺度讨论气候突变是没有意义的。

第二节　长期气候变化

20世纪70年代末以来的全球变暖无疑是当前国内外广泛关注的热点问题，而且大部分科学家都同意这种增暖的气候变化趋势的主要原因，是人类活动产生的温室气体排放增加导致温室效应加剧所产生的结果。这就意味着人类至少在可预见的未来都要面临气候变暖这个事实。所以，目前一般谈及气候变化，主要是指现代的气候变暖。但是，温室气体排放的加剧毕竟只是近一个世纪的事情，在漫长的气候变化过程中，自然原因同样不可忽视。

一、气候代用资料简介

目前，人类利用大量现代仪器来观测和研究气候，通过全球气候环境观测网可以得到即时的各地气候变化状况。但是这种现代观测记录仅有一百多年的历史，为了了解更长时期的地球气候环境变化规律，人们就利用一些自然信号和人文资料，通过一系列反演过程去获得历史时期甚至地质年代的气候和环境信息，这些资料通常被称为气候代用资料，如历史文献记录、冰芯、湖泊及黄土地层沉积物、树木年轮、石笋等。

历史文献记录是以文字记载的环境指示因子，这些文字资料常常直接或间接地记述当时的气候和环境。一些编年史、地方志也经常将一些气候异常现象当作大事记录下来。研究人员对这些文字资料进行综合分析，就可以得到某一历史时期的一系列气候环境代用资料。如竺可桢先生曾利用历史文献推断出我国东部近 5 000 年来的温度变化情况。在气候学家和历史学家的共同努力下，基于对大量历史文献的综合分析，研究人员已获得我国东部 500 多年间，以及个别地区几千年来的旱涝变迁记录。

冰芯是极地大陆和高海拔冰雪覆盖区不断积累、消融的动态平衡过程中缓慢堆积而形成的一种特殊沉积物。冰层中的稳定同位素及其他化学成分，以及成冰过程中被封存在冰中的少量空气，都可以通过专门的实验手段提取出来，并成为重建过去气候和大气成分变化的基础资料。冰芯资料的主要特点是分辨率高、信息量大、保真性强、时间序列长、洁净度高，等等。此外，冰川经常覆盖的地方会留下冰川的特殊“烙印”，叫作冰碛。研究人员对冰碛进行测年分析后，就可判断古代的雪线位置。气候越温暖的地区，雪线的海拔也越高，这些地区的冰川进退或雪线升降等变化情况就成为分析当地温度变化历史情况的代用资料。

沉积物是从大气或水体中自然沉降到固体地球表面并堆积起来的物质。在稳定的沉积环境中，新的沉积物总是叠加在旧有沉积物之上，年复一年可形成相当厚的物质层。沉积物在形成过程中必定受到环境条件的影响和制约，其物理成分和化学特性往往反映了当时的气候及环境状况。比如，人们发现草木丰盛期形成的沉积物具有较多的植物孢子或花粉，干旱期形成的沉积物则往往积聚了较多的碳酸钙成分。我国黄土高原的黄土沉积物粒径与沉降过程中的风场强度有关，风力强时堆积的沉积物粒径较粗，风力弱时粒径较细的颗粒便沉积下来，因此，根据沉积物粒径的变化情况，可以推断当时的风速等气候因素。此外，较高的磁化率一般对应着黄土沉积物中所夹的古土壤层，表明沉积期间的气候较为温暖湿润、适于多种生物繁衍和土壤发育。不同地区的沉积特性与气候环境的关系可以是大不相同的，正是这种关系的紧密程度决定了有关代用资料的可靠程度。沉积物记录的来源十分丰富，世界各地均可采集到可用于恢复数百年甚至百万年时间尺度古气候或古环境的沉积物样本。湖泊沉积物是古气候研究重要的代用资料，其中记录气候变化的气候指标有十几种，如孢子或花粉、碳和氧同位素、分子化合物、碳酸钙含量、有机碳含量、藻类、沉积物粒径、矿物组合、磁化率等。湖泊水位稳定一段时期后也会留下相应的湖岸线痕迹，根据古湖岸线的痕迹可以分析相应历史时期的湖泊水位变化情况。根据以大气降水为主要补给来源的湖泊的水位变化情况，可以推断当时的大气降水状况；对于以冰川融水为主要补给来源的湖泊，可依据其历史水位推断该地区当时的气候冷暖状况。

在温带与寒温带地区，树木和灌木每年通常有一个明显的生长季，在其树干次生木质部的横截面上每年都会新形成一个轮圈，称为生长轮或树轮。如果每年的气温、降水量等气候条件存在差异，就会导致当年形成的树轮在宽窄、密度等方面呈现相应的变化。所以，树轮的宽度、密度、稳定同位素等各种数据资料能够反映当年局部地区或一定空间尺度内的气候环境条件。树轮资料具有定年准确、连续性强、分辨率高、易于获取复本、可靠性高等特点。

石笋具有分布广、时间跨度大、生长机制对环境敏感、沉积剖面完整、微层明显、组分构造有序和时间分辨率高等特点，且能保存系统、连续的气候信息。与历史文献记录和树木年轮相比，石笋微层具有低频信息的优势；与冰芯相比，石笋微层不会因压实作用而使年层合并。

二、地质时期的气候变化

1. 总体特征

地质时期的气候变化，是指 10 000 年以上时间尺度的气候变化。地质时期气候变化的幅度很大，在 1 亿年以上的时间尺度的大冰期与大间冰期的交替变化中，全球平均温度的变幅超过 10 ℃。

地质时期的气候研究了大冰期和大间冰期的反复过程，已经确定了从埃迪卡拉纪（即震旦纪）开始至今发生的 3 次大冰期和 2 次大间冰期的时间：

（1）埃迪卡拉纪大冰期：距今 6 亿年。

（2）寒武 – 石炭纪大间冰期：距今 6 亿—3.6 亿年。

（3）石炭 – 二叠纪大冰期：距今 3.6 亿—2.5 亿年。

（4）三叠 – 新近纪大间冰期：距今 2.5 亿—258 万年。

（5）第四纪大冰期：距今 258 万年至现在。

地质年代的气候以温暖为主，但在几个特定的时期也出现了冰川。大冰期和大间冰期交替出现，但仍存在相对的冷暖和干湿的差别。二者之间的变温幅度约为 10 ℃，大冰期地球陆地的年平均气温为 3~7 ℃，地球陆地的冰雪面积占陆地总面积的 20%~30%，远远超过当前 11% 的比例。北半球 50° N 以北均为冰雪覆盖。大间冰期变温幅度为 8~12 ℃,地球明显增暖,两极无冰。

表 10.1 列出了三次大冰期,即埃迪卡拉纪大冰期、石炭–二叠纪大冰期和第四纪大冰期。这三个大冰期都具有全球性的意义,发生的时间也比较确定。在埃迪卡拉纪以前,大冰期多次反复出现,其出现时间目前尚有不同意见。在大冰期之间是比较温暖的大间冰期。图 10.6 给出了 6 亿年以来全球地表温度的变化趋势,从图中可以看出,在 5 000 万年尺度上,地球表面无疑是在变冷的。

表 10.1　地球古气候史地质年代表

<table>
<tr><th colspan="4">地质年代</th><th colspan="2" rowspan="2">地壳运动与地质概况</th><th colspan="2" rowspan="2">气候概况</th></tr>
<tr><th>代</th><th>纪</th><th>符号</th><th>起始年距今年龄 / Ma</th></tr>
<tr><td rowspan="3">新生代</td><td>第四纪</td><td>O</td><td>2.58</td><td rowspan="3">喜马拉雅运动(新阿尔卑斯运动)</td><td>地壳缓慢的升降运动</td><td colspan="2">为第四纪大冰期。氧气含量达现代水平。气温开始下降</td></tr>
<tr><td>新近纪</td><td>R</td><td>23.03</td><td rowspan="11">喜马拉雅造山运动主要时期
煤形成
火山运动
海侵
燕山运动主要时期(造山运动强烈)
中国、欧洲、北美出现红色、紫色土层
海洋继续增加容积
大火山作用
阳新统和乐平统造山运动
陆相或海相沉积
海西运动开始
海相沉积
大规模的造山运动
地层运动平静
海侵海退交替
地层运动平静
多海相沉积</td><td rowspan="5">大间冰期气候</td><td>东亚大陆趋于湿润</td></tr>
<tr><td>古近纪</td><td>E</td><td>66</td><td rowspan="4">世界气候均匀变暖
表现为热带气候
干燥气候继续发展
湿热气候
氧气含量随气候波动速率增加
气候炎热,氧化作用强烈</td></tr>
<tr><td rowspan="3">中生代</td><td>白垩纪</td><td>K</td><td>145</td><td rowspan="3">燕山运动(旧称阿尔卑斯运动)</td></tr>
<tr><td>侏罗纪</td><td>J</td><td>201</td></tr>
<tr><td>三叠纪</td><td>T</td><td>252</td></tr>
<tr><td rowspan="6">古生代</td><td>二叠纪</td><td>P</td><td>299</td><td rowspan="2">海西运动</td><td rowspan="2">大冰期气候</td><td rowspan="2">世界性的寒冷、湿润气候
广布冰盖,尤其是南半球
CO_2 含量急剧下降</td></tr>
<tr><td>石炭纪</td><td>C</td><td>359</td></tr>
<tr><td>泥盆纪</td><td>D</td><td>419</td><td rowspan="4">加里东运动</td><td rowspan="4">大间冰期气候</td><td rowspan="4">气候带呈明显的分区
气候更趋暖化
气候增暖且干湿气候带分异明显,形成亚欧大陆三个明显的气候带</td></tr>
<tr><td>志留纪</td><td>S</td><td>444</td></tr>
<tr><td>奥陶纪</td><td>O</td><td>485</td></tr>
<tr><td>寒武纪</td><td>∈</td><td>541</td></tr>
</table>

续表

<table>
<tr><th colspan="4">地质年代</th><th colspan="2" rowspan="2">地壳运动与地质概况</th><th rowspan="2">气候概况</th></tr>
<tr><th>代</th><th>纪</th><th>符号</th><th>起始年距今年龄 / Ma</th></tr>
<tr><td rowspan="2">元古代</td><td>埃迪卡拉纪</td><td>Z</td><td rowspan="4">1 000
1 200
1 500
2 000
3 000
3 300
4 000</td><td rowspan="4">吕梁运动
五台运动
劳伦运动</td><td rowspan="3">主要岩层为沉积岩
上贝克白云地层（加利福尼亚）
燧石藻地层（安大略）
无花果树地层
地壳岩石、海洋形成
地壳分化</td><td rowspan="3">大冰期气候
氧气含量达现代水平的 3%~10%
氧气含量达现代水平的 1%
氧化大气出现
元古代大冰期气候
太古代大冰期气候</td></tr>
<tr><td rowspan="2">主要根据南非古老地层划分的地质年代和地质运动</td><td rowspan="2"></td></tr>
<tr><td>太古代</td></tr>
<tr><td colspan="2">地球初期发展阶段</td><td></td><td colspan="2">地球形成</td></tr>
</table>

据国际地层委员会公报，2022

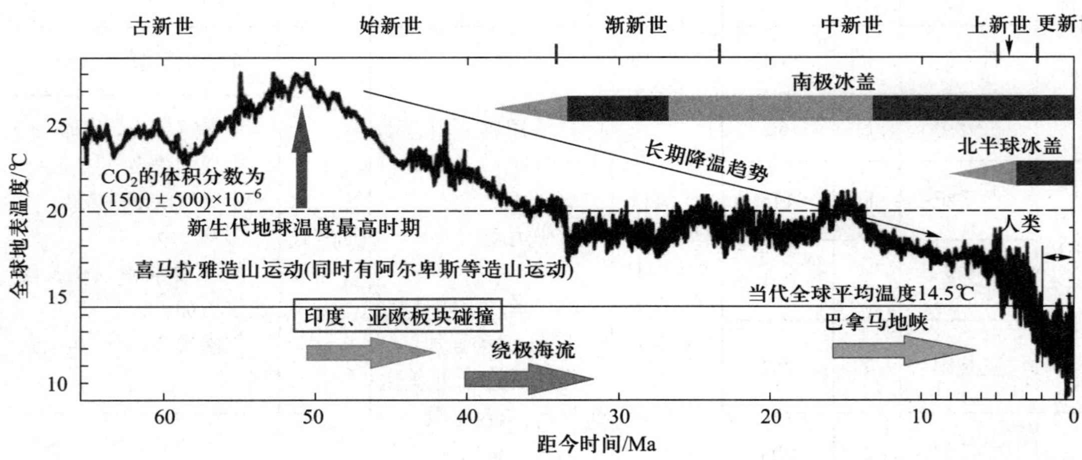

图 10.6　6 600 万年来全球地表温度的变化趋势（美国 NASA）

2. 地球在新生代的自然面貌和气候特征

（1）**古新世**（Paleocene Epoch）：约距今 6 600 万年—5 600 万年，是古近纪 3 个世中的第一个世。该时期最大的特点是动物群中古老种类或土著类型占很大优势，与其后的动物群有着明显的区别。

（2）**始新世**（Eocene Epoch）：约距今 5 600 万年—3 390 万年，是古近纪 3 个世中的第二个世。始新世常被划分成早期、中期和晚期。始新世早期最令人注意的是，原始的哺乳动物开始出现。始新世结束于一个被称作 Grande Coupure 的生物大灭绝事件（extinction event），此事件可能与一或数颗大火流星（bolide）撞击西伯利亚及当今的契沙比克湾（Chesapeake Bay）相关。

（3）**渐新世**（Oligocene Epoch）：大约开始于 3 390 万年前，终止于 2 303 万年前，是古近纪 3 个世中的第三个世。词源来自希腊文字 oligos（“少”和“新”之意），即表示在始新世爆发式的进化之后，这个时期哺乳动物种类的增加并不明显。古近纪时期全球气温持续下降的趋势在渐新世被打断，在 40 万年之间气温急剧下降 8.2 ℃之后进入了一段长达 700 万年的气温平稳震荡期。这段平稳震荡期从 3 250 万年前开始，至 2 550 万年前结束。渐新世的气候变迁包括全球冰量的增加、海平面的下降（降幅达 55 m，从 3 570 万年前至 3 350 万年前）和气温的平稳变化。之后，在 2 800 万年前至 2 600 万年前之间，随着 La Garita Caldera 超级火山的爆发，这段气温平稳震荡期随之结束。不过，渐新世和中新世更替期间的气候仍然比较稳定。海洋持续变冷，特别是在南极洲附近。

（4）**中新世**（Miocene Epoch）：大约开始于 2 303 万年前，终止于 533 万年前，是新近纪的第一个世。地球在从渐新世演进到中新世再到上新世的过程中进入了一连串的冰河时期。中新世的边界并不能依靠一个单个的地理事件来划分，而是由从更温暖的渐新世到更冷的上新世之间的多个不同区域事件组成的。中新世的动植物已经相当程度地现代化了。哺乳动物和鸟类的地位已经确立下来，鲸、海豹和海藻也开始扩张到其他地区。中新世是喜马拉雅山脉隆起的主要时期，这导致了亚洲季风模式的改变，同时也影响了北半球的冰川作用。

（5）**上新世**（Pliocene Epoch）：从 533 万年前开始，到 258.0 万年前结束，是新近纪的第二个世。上新世时气候开始变冷变干，四季比此前的中新世分明，有点像今天的气候。上新世开始前后南极洲开始被冰雪覆盖，中纬度地区的冰川在上新世末期前也已发展，北冰洋的冰层形成。在上新世末期，南极洲已经终年被冰雪覆盖。海洋依然相当温暖，但其水温在不断下降。在北冰洋的冰盖形成之后，气候变得干燥，北大西洋上的浅寒流加剧。

（6）**更新世**（Pleistocene Epoch）：从 258.0 万年前到 11 700 年前，又称为冰川世，是第四纪的第一个世。更新世是地球上气候发生剧烈变化的时代。北半球的高、中纬度地区，以及低纬度地区的一些高山，在这一时期出现过大规模的冰川活动。冰川的前进和退缩，形成了寒冷的冰期和温暖的间冰期的多次交替，并导致海平面的大幅度升降、气候带的转移和动荡、植物的迁徙或灭绝。这些事件对早期人类文化的发展产生过巨大的影响。因此，许多学者主张采用冰期序列作为更新世分期的主要标准。最近的 5 000 万年以来，地球在变冷。中生代的两极没有冰盖，但是现在的南极、北极存在大范围的冰盖。这是喜马拉雅—扎格罗斯—阿尔卑斯造山带崛起的后果。山脉崛起造成大量的新鲜岩石露出地表参与风化过程，这个过程会吸收二氧化碳，逐渐降低大气温室气体的含量，导致全球降温。

从图 10.7 可以看出，最近的 533 万年来，地球还是在变冷。延续上述过程，青藏高原甚至在最近的 300 万年里加速隆升。最近的 50 万年来，地球温度在“冷”的范围里时冷时热。这是米兰科维奇旋回控制地球接受太阳辐射量周期变化的结果。

（7）**全新世**（Holocene Epoch）：从 11 700 年前直到现今。全球气温总体上开始转暖，下文将对此详细阐述。

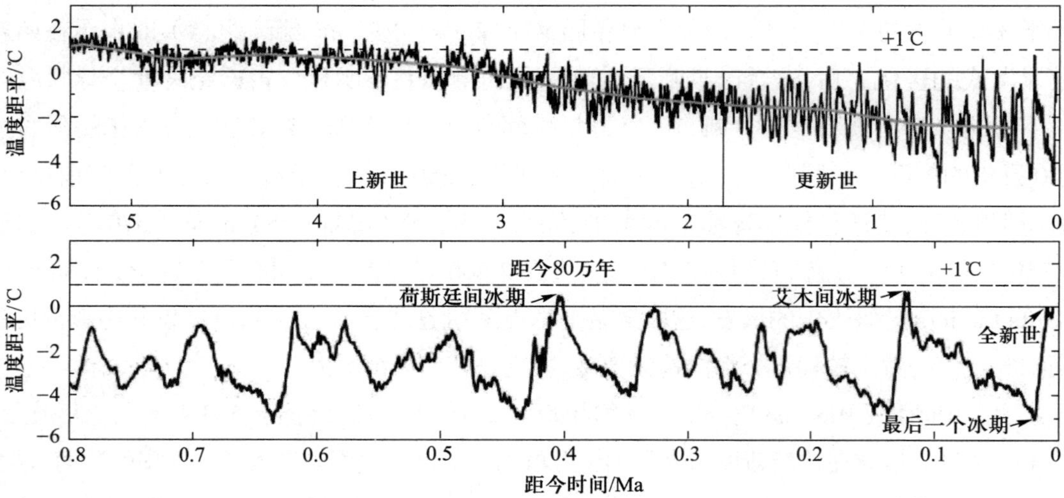

图 10.7　最近 533 万年来全球温度变化趋势（相对于全新世峰值温度）（美国 NASA）

三、历史时期的气候变化

历史时期的气候一般指的是从第四纪大冰期中的大理（武木）亚冰期的最近一次副冰期之后的 1 万年前至有仪器观测资料的“冰后期”气候。这里所称的历史时期大致等同于全新世时期。历史时期气候变化的基本特征为：初期转暖，中期达到最暖，后期又转凉。历史时期的温度变化过程大致可以分为 3 个阶段：全球温度不稳定升温的新温暖期（中全新世以前）、维持稳定高温的大温暖期（中全新世）和不稳定降温的晚温暖期（中全新世以后）。该时期全球温度变幅在 2 ℃范围内（图 10.8）。

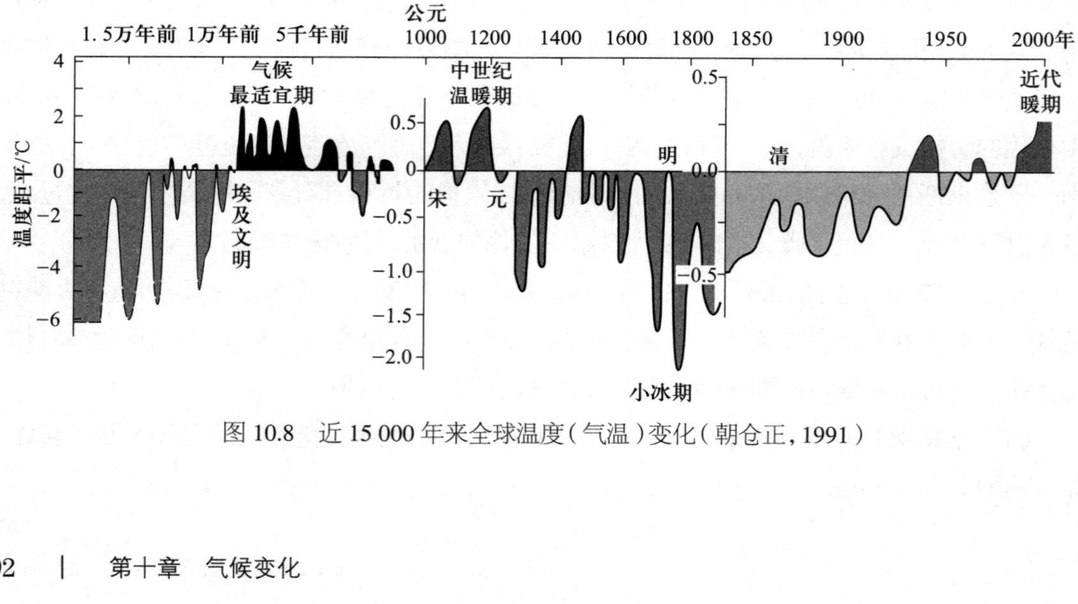

图 10.8　近 15 000 年来全球温度（气温）变化（朝仓正，1991）

虽然历史时期气候基本上是回暖状态，但是期间普遍存在从百年到千年时间尺度的气候变化。O. Leistol 根据 10 000 年来的挪威雪线高度，将冰后期以来的气候划分为四个寒冷期，具体情况如下：

（1）第一寒冷期发生于距今约 9 000—8 000 年，公元前 6300 年左右为主要寒冷期，此时正处于武木亚冰期最近一次副冰期的残余阶段。

（2）第二寒冷期发生于距今约 7 000—3 500 年的气候温暖时期中间的一次相对短暂的气候寒冷期，主要寒冷期时段位于公元前 3400 年前后。

（3）第三寒冷期发生于距今约 3 000—1 900 年，主要寒冷时段位于公元前 830 年前后，此后寒冷期又称为新冰期。

（4）第四寒冷期发生于距今约 1 900—1 500 年，主要寒冷时段位于公元 1725 年前后，欧洲称这次寒冷期为小冰期。

在每两次寒冷期之间为相对温暖期，具体来讲：① 第一温暖期发生在距今 7 000 年前后；② 第二温暖期主要发生在距今 4 000 年前后；③ 第三温暖期发生在距今 1 100—700 年之间。由于前两次温暖期之间的第二寒冷期降温幅度较小，因此这两次温暖期又往往统一称为“气候最适时期”或者“高温期”，也就是全新世的大温暖期。第三温暖期通常被称为“第二次气候最适期”。一般认为气候最适宜期发生在距今 8 000—3 000 年。

中国近 10 000 年以来冰后期历史时期的气候可划分为三次寒冷期和两次温暖期：潟湖寒冷期（距今 10 000 年—8 000 年）、仰韶温暖期（距今 8 000 年—3 000 年）、周汉寒冷期（公元前 1000 年—公元 600 年）、普兰店温暖期（公元 600—1300 年）和现代小冰期（公元 1300—公元 1900 年）。现代小冰期是冰后期以来比较明显的一次气候振动，在北半球和中国的气候变化资料中都有普遍反映。

四、近现代气候变化

（一）近 1 000 年来的气候变化

近 1 000 年来的气候变化属于历史时期的气候变化，但由于近 1 000 年来的气候变化具有重要的意义，因此有必要将其从历史时期的气候变化之中单独列出来。早在 20 世纪 70 年代已经有人指出千年尺度气候变率的重要性。在 20 世纪 90 年代所获得的更长的高分辨资料如格陵兰冰芯进一步证实了这种气候振荡的重要性。2004 年世界气候研究计划（WCRP）“气候变率与可预报性研究”（Climatic Variability and Predictability Programme, CLIVAR）与国际地圈 - 生物圈计划（International Geosphere-Biosphere Programme, IGBP）的“过去全球变化”（Past Global Changes, PAGES）会议将过去 1 000 年来气候变化研究确定为之后五年的两个重点研究领域之一，因为这是认识近 100 年气候变化机制的关键。

近 1 000 年来的气候变化包括两个重要时期，即中世纪暖期（公元 900—1300 年）和小冰期（公元 1550—1850 年）。小冰期是现代小冰期里的一个更加细分的阶段。中世纪暖期全球气温可能与 20 世纪后期相当，小冰期则要比它们低 1 ℃左右，这两个时期均发生在工业革命（于公元 1760—1765 年发端）之前。因此，中世纪暖期和小冰期的出现应该主要是自然原因导致的。研究这两个时期气候变化及形成机制，无疑对判断当前气候变暖中人类活动的影响具有重要意义，因此它们也是气候变化研究的热门问题。

对中世纪暖期气温的评估十分重要，这可能是近 1 000 年来唯一可以与 20 世纪暖期相比较的一段时期。但此次增暖的区域差异较大，一些地区没有明显证据，因此很难定量地判断中世纪暖期的强度。一般认为中世纪可能也是近 1 000 年来一个相对温暖的时期，但是这种温暖现象可能并没有在同一段时间覆盖全球。因此，在中世纪时，无论是北半球还是全球，它们变暖的强度都不如 20 世纪。不过 20 世纪变暖并不是从 20 世纪初就很激烈，最强变暖过程发生在 20 世纪最后的 30 年。这是我们在评估 20 世纪气候变暖的时候需要注意的。对于中国是否存在中世纪暖期目前还存在争议。

在广义上讲，小冰期是指公元 1300—1900 年，主要在 1550—1850 年，是中全新世以来最受关注的几百年时间尺度的全球性相对寒冷的气候事件。小冰期地球平均降温幅度约为 0.5 ℃，北半球中纬度地区比现在冷 1 ℃左右，高纬度地区比现在可能冷 1.5~2.0 ℃。大陆高山冰川大范围发展，高纬度海域的浮冰也明显增加。关于小冰期的气象资料，欧洲最为齐备，可以确定欧洲大部分地区都经历了数百年的寒冷异常的气候，许多资料也显示小冰期是全球性现象。中国也存在小冰期。这一时期可能是中国近 2 000 年最为寒冷的时期。根据学者们的研究，15 世纪末 16 世纪初、17 世纪，以及 19 世纪为中国的寒冷期，并且小冰期极盛期中国年平均气温比现在低 1 ℃。

（二）近 100 年来的气候变化

近 100 年来的气候变化与人们的生活息息相关，因此也是人们关心的重点。一般而言的气候变化，大多数指的是近 100 年来的全球气候变化。当前人类正处于气候温暖的全新世中，在可以预见的未来地球不大可能进入下一次冰期。但是，有一个与过去几百年乃至几千年或更长时期不同的是，人类活动逐渐显著起来，这带来了很大的不确定性和极大的争议。因为 19 世纪中期可能处于小冰期中的最后一个冷期，所以从那时开始的增温可能包含自然因素在内。争议较少的是 20 世纪的气候变暖，特别是 20 世纪后 20 年的变暖。目前大多数学者认为 20 世纪的变暖确实可能和人类活动的影响即温室效应的加剧有关，因此，研究近 100 年来的气候变化，中心问题就是对气候变暖的评估及归因分析。

由 IPCC 给出的公元 1850—2005 年全球气候年平均气温序列可以看出，近 100 年来全球气温变化最突出的特征是全球平均气温显著上升，但是增暖的过程具有波动性。20 世纪的气候变暖主要集中在两个时期：公元1910—1940年（主要在公元1920—1930年）和最后30年至今。但是变暖的趋势存在显著的区域性，其中北半球的变暖趋势比南半球更加显著，陆地的增暖趋势比海洋更加显著。但有的地区增暖现象不是很明显甚至变冷，例如南极洲大陆（图10.9）。

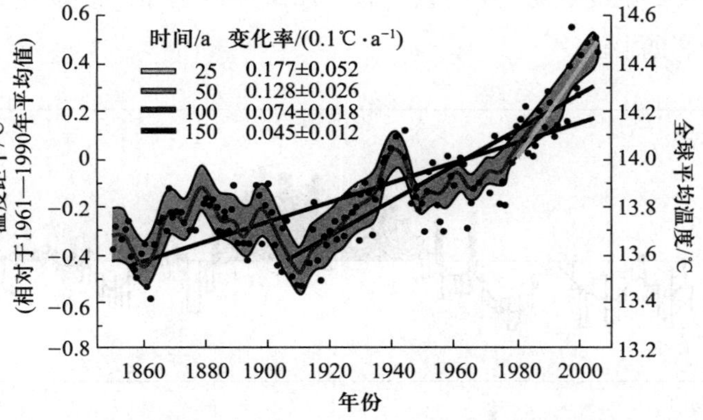

图10.9 仪器观测时期以来全球气候年平均温度的变化趋势

近100年来的全球降水变化虽然存在时空分布的不均匀性，北半球中高纬度大陆地区降水量明显增加，北美洲部分地区降水量呈减少趋势。但是总体而言全球降水量还是存在一定上升趋势的，并且存在显著的年代际变化：从20世纪初到20世纪中叶整体呈现增长趋势，自20世纪中叶到20世纪80年代是一个相对多雨的时期，到了20世纪90年代早期呈现下降趋势，在21世纪初期又开始回升（图10.10）。

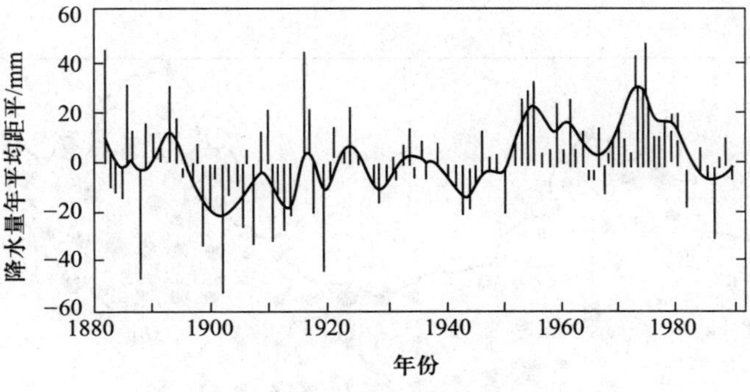

图10.10 全球平均陆地降水量年平均距平

根据众多学者的研究成果，20世纪中国的气温变暖特征与北半球的气候变化具有很大的一致性。20世纪中国年平均气温增加幅度略高于全球，而年降水量变化趋势不是很显著，就东部平均而言，近100年来降水量没有上升或下降趋势，而是以20~30年的年代际变率为主（图10.11）。

图10.12给出近50年中国年平均气温及年降水量变化趋势。其中图10.12（a）表明，近50年气温上升幅度最大的地区是东北、内蒙古、新疆北部及青海。总的来讲，西部地区上

升幅度大于东部。长江流域及东南地区升温不明显。图 10.12（b）给出年降水量变化趋势。显然，其最主要的特点就是华北年降水量减少，以及西部 100° E 以西地区年降水量普遍增加。进一步分析表明西部年降水量的增加与降水频率（降水量 >0.1 mm 日数）的增加有关，而华北则雨日显著减少。这说明降水量的变化主要与降水频率的变化有关。当然，这里只是给出近 50 年气候变化的趋势，并不意味着今后继续或者不继续以这种速率变化，也不能直接说明气候变化的原因。

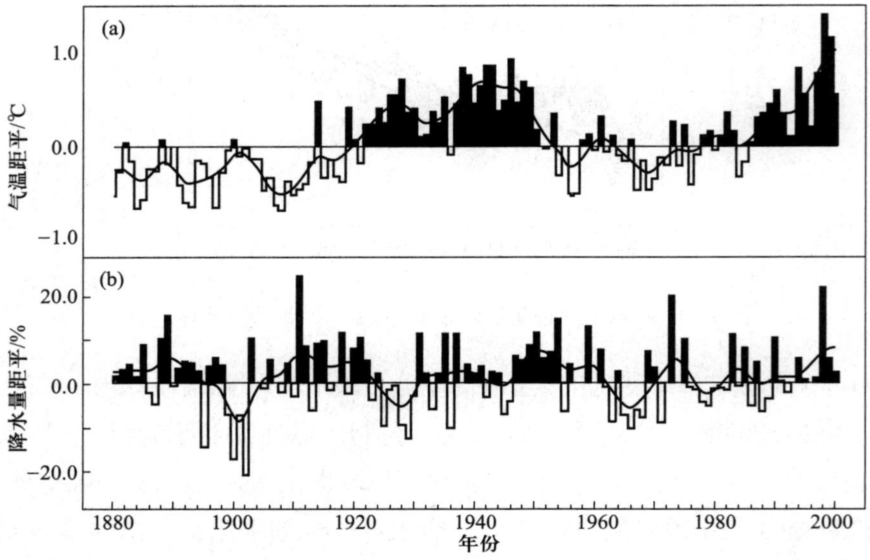

图 10.11　近 100 年来中国平均气温及中国东部年降水量对 1961—1990 年平均值的距平

（a）中国平均气温（℃）；（b）中国东部年降水量（%）

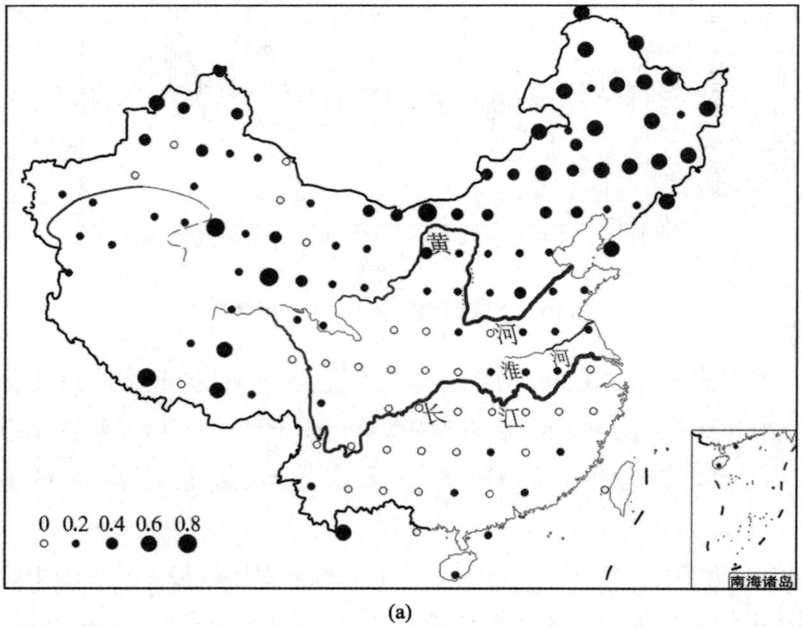

(a)

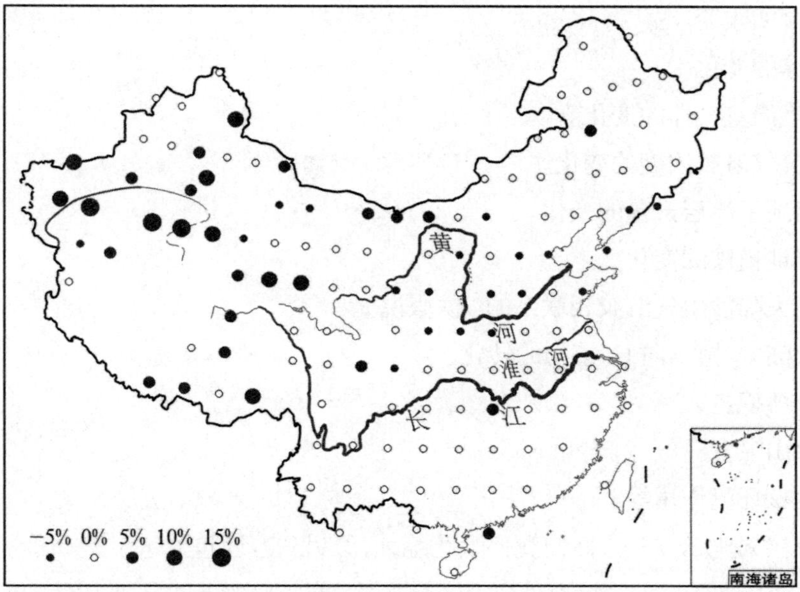

(b)

图 10.12　中国公元 1951—2000 年年平均气温变化趋势及年降水量变化趋势

(a) 年平均气温变化趋势(0.1 ℃/a);(b) 年降水量变化趋势(0.1%/a)

第三节　气候变化的自然原因

在由年到冰期甚至地球年龄的各种时间尺度上,气候存在连续不断的变化。气候变化的特性可以用两种基本模态来表示:一种是强迫变化,这是气候系统对外部强迫的响应;另一种是自由变化,由内部不稳定性和反馈过程所致,这种变化可以导致气候系统不同分量之间的非线性相互作用。

由此可见,气候变化由各种外界因子和内部因子共同作用而引起。能够影响气候系统的变化但不受气候系统本身影响的因素,称为外部因子,即所谓的气候变化的外因;而那些与系统内部不同物理过程中的相互作用有关的变化称为气候变化的内因。当然这两类的界限并不是很清晰。

目前,关于全球气候变化原因的学说有很多,大致可以将它们归纳为以下 16 种:

(1) 太阳辐射的变化。

(2) 宇宙沙尘浓度的变化。

(3) 地球轨道的变化。

(4) 大陆漂移。

(5) 山地隆升对大气环流和环境的影响。

（6）洋流的改变。

（7）海冰的变化。

（8）大气温室气体的变化。

（9）大气气溶胶浓度的变化。

（10）极地平流层云量的变化。

（11）极地植被的变化。

（12）同大陆沙尘气溶胶相联系的“铁假说”。

（13）大陆 C_3 植物向 C_4 植物的转化。

（14）天体撞击。

（15）火山喷发。

（16）地核环流作用等。

这些学说（或假说）一方面使我们眼花缭乱，但另一方面也显示了这一科学命题的复杂性，因此气候变化成为目前全球变化研究中最受关注的科学难题并不是偶然的。但气候变化的原因十分复杂，到目前为止还没有哪一种学说或观点能够给我们一幅清晰的气候变化图像，因为气候变化实际上是多因子共同作用、多尺度重叠、人类活动和自然因素混杂的过程。

一、构造尺度气候变化的原因

目前，关于构造尺度气候变化的原因，大多数科学家倾向于海陆的构造运动，包括板块的漂移、海道的开启与闭合及山地的隆升。它们对气候的影响具有不可逆性，决定着地球系统的气候格局。在整个新生代期间，气候一直趋向于变冷，并可识别出一系列快速的降温事件，而这些降温均与现代海陆演化的发展阶段相联系，地球的构造运动可能是造成这种超长时间尺度气候变化的原始驱动力。从 20 世纪 80 年代末以来，山地隆升和温室气体含量增加被认为是晚新生代以来气候变化最主要的两个因素。不过，有时候地球构造运动不是孤立地对气候起作用，而是与其他过程叠加在一起来影响气候。

在最长的时间尺度上，高纬度地区的陆地是大陆漂移最明显的结果，当其面积增加时，极地地区很容易形成冰盖。在 3.3 亿年前至 2.5 亿年前的石炭纪 – 二叠纪冰期，泛大陆形成。地球上所有的陆地聚在一起形成了现在的南极洲和印度板块，它们从赤道延伸到南极，在高纬度地区形成冰川中心。另外，北半球高纬度地区海洋大面积地变成陆地是在 300 万年前左右，这使得它容易形成冰盖。大陆漂移的另一个后果是大约 5 000 万年前印度次大陆与亚欧大陆相撞形成喜马拉雅山和青藏高原。这个过程是渐变的，成为中新世气候开始变化的主导因素。大约在同一时间，北美洲和南美洲西部山脉隆起，进一步改变了全球大气环流模式。

二、轨道尺度气候变化的原因

轨道尺度气候变化是叠加在构造尺度上的一种幅度相对较小的气候波动，因而表现出明显的准周期性。关于轨道尺度气候变化的原因有许多种观点：

第一，影响最大的当属米兰科维奇理论。他认为太阳辐射的变化驱动了 100 ka、41 ka 和 23 ka 的地球轨道周期，从而引起全球气候的变化，这条理论比较成功地解释了北半球冰盖的进退机制，但被认为主要局限于上新世及第四纪的北半球。

第二，还有一种比较盛行的观点认为，行星间宇宙沙尘的 100 ka 周期很可能控制了第四纪冰期—间冰期的更替。

第三，大气成分的改变，特别是温室气体（CO_2 等）也被认为是气候变化的主要原因。与当前关注温室气体排放的背景相反，人们很容易忽视在整个地球历史中这些气体的含量是如何改变的。自寒武纪开始，CO_2 在大气中的浓度大规模改变，这种改变的规模是一些科学工作者争论的主题。生物循环周期里的氧气由植物光合作用产生，通过有机物氧化消耗形成 CO_2，另外，植物光合作用的过程对 CO_2 的消耗是这个循环过程的另一部分。在数千万年尺度上，大气中 CO_2 浓度的变化是受两个过程控制的，一是由火山爆发进入大气的物质，二是暴露的硅酸盐岩石的风化作用消耗了 CO_2。这两个过程与板块构造学说相联系。与植物生命力水平变化结合起来，这些过程导致了地质时间尺度上大气 CO_2 浓度的显著变化。寒武纪前 CO_2 浓度的变化有着极大的不确定性并可能是目前浓度的 5 倍至几百倍。但这些变化对气候非常重要，它们可能是地球温度相对稳定的核心因素。

第四，火山爆发给大气注入大量的尘埃，其中的 SO_2 进入大气层上层并转变为气溶胶。在大气层里没有明显垂直运动的 15~30 km 高度带（即平流层），这些微粒物能遍布整个地球并停留数年。火山灰像高层大气中的面纱一样吸收和反射太阳辐射，使得到达地球表面的太阳辐射减少，加热了平流层而冷却了对流层，能长时间对地面产生净冷却效应，人们一般称之为“阳伞效应”（umbrella effect）。

据历史记载，1815 年 4 月初泰博拉（Tambora）火山（8.25° S，118.0° E）爆发时，半径 500 km 范围内有三天不见天日，各方面估计喷出的固体物质可达 100~300 km^3。大量浓烟云长期环绕平流层漂浮，显著减弱了太阳辐射，欧美各国在 1816 年普遍出现了“无夏之年”。据 Bryson（1977）估计，当年整个北半球中纬度气温平均比常年偏低 1 ℃左右；英格兰夏季气温偏低 3 ℃；加拿大 6 月即开始下雪。再从我国华东沿海各省级行政区近 500 年的历史气候资料中可见，在 1817 年六月廿九日（公历 8 月 11 日）赣北彭泽地区（29.9° N，116.0° E）见雪，木棉多被冻伤。皖南东至县（30.1° N，117.0° E）在同年七月二日（公历 8 月

14 日）降雨雪，平地雪深寸许。在我国中部，夏季有两处以上府、州地方志出现霜雪记载的这类严重冷夏年份在 1500—1865 年间竟有 35 年。这说明“六月雪”是确有其事的，它们绝大多数出现在大规模火山爆发后的两年间。

火山爆发呈现周期性的变化。历史上寒冷时期往往同火山爆发次数多、强度大的活跃时期有关。Baldwin 等（1976）指出，火山活动的加强可能是小冰期以至最近一次大冰期出现的重要原因。Bray（1977）则指出，过去 200 万年间几乎每次冰期的建立和急剧变冷都和大规模火山爆发有关。例如，在 1912 年以前的 150 年里，北半球火山爆发较频繁，所以气候相对地比较寒冷。1912 年以后至 20 世纪 40 年代北半球火山活动很少，大气浑浊度减小，地球表面可以吸收更多的太阳辐射，因此气温增高，形成一个温暖时期。

大气中存在一些微量气体和痕量气体，这些成分在大气中总的浓度虽然很小，但是它们对地－气系统的辐射能量收支和能量平衡起着极重要的作用。这些成分浓度的变化必然会对地球气候系统造成明显扰动，引起全球气候的变化。研究结果表明，上述大气成分的浓度一直在变化。引起这种变化的原因有自然的发展过程，也有人类活动的影响。这种变化有数千年甚至更长时间尺度的变化，也有几年到几十年就明显表现出来的变化。人类活动可能是造成几年到几十年时间尺度变化的主要原因。由于全球大气的环流运动，工业排放的气体很容易在全球范围内输送。人类活动造成的局地或区域范围的地表生态系统的变化也会改变全球大气的组成，因为大气的许多化学组分大都来自地表生物源。

第五，在轨道尺度上解释气候变化原因的另外一个较为流行的假说就是“热盐环流”（thermohaline circulation，THC）。“热盐环流”假说同冰盖假说在目前有进一步融合的趋势，并同 CO_2 浓度上升引起全球变暖紧密联系在一起。热盐环流的概念是 20 世纪 90 年代提出的，它是影响气候变化与变率的重要机制。在全球大洋中，位于表层风生流之下的较深层洋流，是由在重力作用下高纬度稠密水团的下沉和低纬度较轻水团的上升驱动的，其水输送量约占全球大洋的 90%；因为海水的密度主要由温度和盐度决定，所以这种由密度梯度力驱动的洋流，被称为热盐流。热盐流和表层风生流是一个相互联系的整体，它们共同构成了闭合环流。当代大洋热盐环流以大西洋输送带环流最为典型和重要。它主要由冷水系北大西洋深层水的南向溢流和暖水系的表层北向海流共同组成。

热盐环流的重要性在于，它和大气中著名的哈得来环流、费雷尔环流和极地环流等一起，构成了对维持全球气候系统的能量平衡至关重要的经向环流体系。众所周知，对于全球气候系统而言，热带存在辐射盈余，极地则存在辐射亏损，为保持整个系统的能量平衡，在低纬度地区与高纬度地区之间，必须存在强烈的经向能量输送。以前人们认为，这种输送作用主要通过大气过程来实现。现在的研究结果表明，海洋的极向热量输送约占海－气耦合系统中极向热量输送总量的 50%。在北半球，它把低纬度地区的热量输送到高纬度地区，在 50° N 附近（那里的海洋西边界流最强）通过强烈的海－气热量交换，把大量的热量输送给大气，再由大气把能量输送到更高纬度的地区。海洋经向热量输送强度的变化，对全球气候产生重要影响。

在大西洋地区，这种海洋环流输送的热量非常大，例如，在西北欧和冰岛之间，输入的热量与该地区在海表接受的太阳辐射相近。这也是北欧地区冬季比同纬度的西伯利亚温度高的主要原因。有些科学家估计，一旦这种海洋环流停止，北欧的温度就将比现在低 10 ℃左右。

由于全球持续增暖，极地的冰川大面积融化，气候变暖又使中高纬度地区降水增加，这将使该地区的海水盐度下降，当达到脱盐点的时候，就不存在盐度和密度差，热盐环流就失去了在高纬度地区的下沉支，环流中断，大洋环流失去了对气候的调节功能。低纬度地区的热量不能输送到高纬度地区，北半球气温将骤降，进入新的冰期。虽然目前科学家们认为热盐环流在未来 100 年不会中断，但是现在已经观测到由于极地冰川的融化，高纬度地区降水的增加，热盐环流正在减弱。在 IPCC 发布的报告中，9 个海洋模式对热盐环流做了未来 100 年的预测，大部分模式都显示热盐环流会越来越弱。这种潜在的威胁越来越大。如果人类继续超负荷地开发地球资源，加剧这种增暖的温室效应，那么热盐环流的停止必将提前到来，那时就是全人类的灾难。

然而，轨道尺度上气候变化的原因还存在许多令人费解的地方。如长序列的 CO_2 浓度曲线目前仍没有得到。同时，目前能够监测的、短期的 CO_2 浓度尽管与观测的温度吻合得非常好，但大气 CO_2 浓度与气候的关系因最近温度上升的幅度远低于科学家根据 CO_2 浓度上升所预测的温度而受到挑战，这些因素也使科学家在研究 CO_2– 气候的变化机制时面临一定的困惑。

三、亚轨道尺度气候变化的原因

亚轨道尺度上的气候变化包括了几十年到万年的长周期变化。在 20 世纪 90 年代以前，人们认为气候在此时间尺度内基本保持稳定，但海因里希（Heinrich）事件的发现，使人们认识到气候系统存在不稳定性，打破了人们习惯于气候变化需要上千年以上时间尺度这一传统观念，气候变化具有突变性的观念也开始被广泛接受，关于气候突变发生的时间尺度已经由 1 000 年缩小到 10 年之内。但亚轨道尺度气候快速变化的成因机制目前仍不清楚，现行占据主导地位的仍是大西洋热盐环流的解释。最近又出现了几个新的观点：有人认为产生 ENSO 现象的赤道地区海洋和大气系统才是气候突变的触发、放大和快速传播的主要地区；也有人认为气候变化来自太阳变化的声音也不容忽视，如太阳黑子（sunspot）等。

太阳变化主要体现在太阳黑子的变化上，因为它对太阳和气候变化之间的关系起到了核心作用。自公元 1750 年以来，人类就开始监测太阳黑子的活动。太阳黑子的平均数和它们的平均面积在一段时间内会发生波动，平均周期约为 11.2 年（图 10.13）。

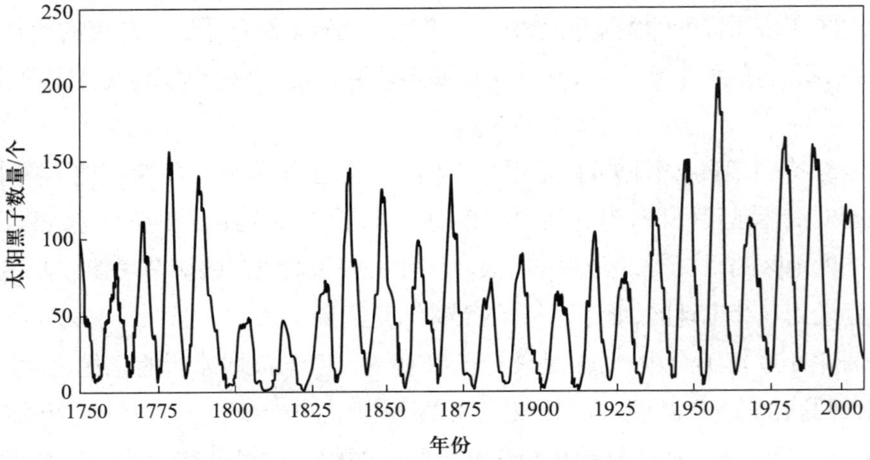

图 10.13　公元 1750—2000 年太阳黑子数量的月际变化（13 个月平滑数据显示 1 年或更长的波动）（NOAA）

当太阳黑子出现在太阳北半球和南半球远离太阳赤道近 35 个纬度的地区时，一个波动周期就开始。随着波动周期的发展，在太阳的低纬度地区，老的黑子消失，众多新的黑子出现（图 10.14）。当一个波动周期结束时，黑子数量会减少并且集中在从太阳赤道起约 5 个纬度的地区。这种波动周期并不一定下降到零的最低标准，因为一个周期在低纬度地区消亡前，一个新的周期又将从高纬度地区开始。这种重叠可超过两年。

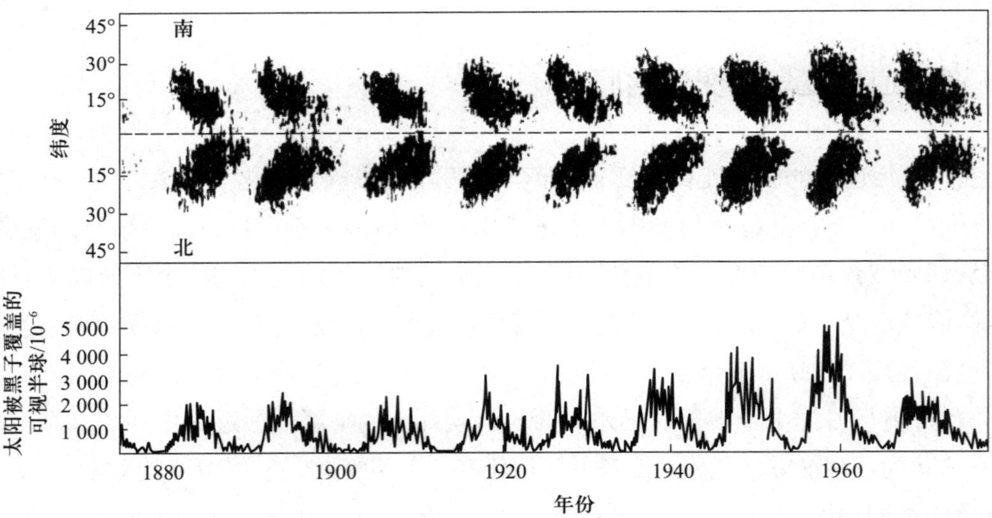

图 10.14　公元 1875—1975 年对太阳黑子数量的观测结果

结合蒙德尔蝴蝶图，可见太阳黑子随着日光仪高度和它们的每个半球太阳黑子周期的通常运动分布（Giovanelli，1984）

据最新研究成果，太阳常数可能在1%~2%的范围内变化。模拟实验证明，若太阳常数增加2%，则地面气温可能上升3 ℃，但若减少2%，则地面气温可能下降4.3 ℃。我国近500年来的寒冷时期正好处于太阳活动的低水平阶段，其中三次冷期对应着太阳活动的不活跃期。如第一次冷期（公元1470—1520年）对应着公元1460—1550年的斯波勒极小期；第二次冷期（公元1650—1700年）对应着公元1645—1715年的蒙德尔极小期；第三次冷期（公元1840—1890年）较弱，也对应着19世纪后半期的一次较弱的太阳活动期。而在中世纪太阳活动极大期间（公元1100—1250）正值我国宋代、辽代、金代的温暖时期，说明我国近1 000年来的气候变化与太阳活动的周期变化也有一定的联系。

第四节　人类活动对气候变化的影响

目前全球的气候变化已经在其自然变化的基础上明显叠加了人类活动的贡献，特别是近100年来的全球气候变暖可能是在自然变化趋冷的背景下由人类活动的显著影响而出现的反自然的变化趋势。气候变暖的主要原因，被普遍归结为人类过度向大气排放CO_2及其他温室气体。Thomas研究了近1 000年的温度变化，认为在工业革命以前气候由太阳辐射和火山爆发等自然因子所控制，而工业革命以后，人类排放的温室气体是主要的原因。结合南极42万年的温度和CO_2浓度曲线来看，人类对现代的全球气候变化负有十分重要的责任。人类通过工业排放、土地利用与土地覆盖变化等改变全球地表反照率和生物地球化学循环过程，进而改变大气的成分和地表能量交换过程，最终对全球气候产生广泛而深刻的影响。值得注意的是，人类活动引起的气候变化与自然变化的最大不同是它的变化趋势是非周期循环和单调发展的，其累积效应是不可低估的。

一、温室气体和气溶胶效应

第二章第三节已对温室效应和温室气体做了较多的介绍，这里再进一步论述。1997年于日本京都召开的联合国气候变化纲要公约第三次缔约国大会中所通过的《京都议定书》，提出针对六种温室气体进行削减，分别为：二氧化碳（CO_2）、甲烷（CH_4）、氧化亚氮（N_2O）、氢氟碳化物（HFCs）、全氟碳化物（PFCs）及六氟化硫（SF_6）。其中后三类气体在工业革命之前的大气中基本不存在，但是工业革命之后大气中能够检测到这些气体，而且浓度明显增加，它们造成温室效应的能力最强。但对全球升温的贡献百分比来说，二氧化碳由于含量较多，所占的比例也最大，约为25%。

大气中的二氧化碳（CO_2）是植物光合作用合成糖类的原料，它的增加可以增加光合产物，对农业生产有利。同时，它又是具有温室效应的气体，对地球热量平衡具有重要影响，因此它的增加又通过影响气候变化而影响农业。在没有减排控制的情况下，二氧化碳浓度有逐年增加的趋势。大气中二氧化碳增加的另一个主要原因是采伐树木作为燃料。森林原是大气碳循环中的一个主要的“汇”，每平方米面积的森林可以同化 1~2 kg 的二氧化碳。砍伐森林则把原本是二氧化碳的“汇”变成了又一个向大气排放二氧化碳的“源”。据联合国粮食及农业组织（Food and Agriculture Organization of the United Nations，FAO）1982 年估计，20 世纪 70 年代末期全球每年约采伐木材 24 亿立方米，其中约有一半作为柴燃烧掉，由此造成的二氧化碳质量分数增加量每年可达 0.4×10^{-6} 左右。根据以上综合分析，如果按照现在二氧化碳等温室气体浓度的增加幅度，那么到 21 世纪 30 年代，二氧化碳和其他温室气体增加的总效应将相当于工业革命以前二氧化碳浓度加倍的水平，可引起全球气温上升 1.5~4.5 ℃，超过人类历史上发生过的升温幅度。由于气温升高，两极冰盖的面积可能缩小，融化的雪水可使海平面上升 20~140 cm，对海岸城市会造成严重的直接影响。

甲烷分子是天然气的主要成分，是一种洁净的能源气体，同时也是大气中一种重要的温室气体。

近几年发现，自 20 世纪 80 年代到 2020 年，大气中的甲烷水平正以创记录的速度增加。现在人们已经知道，在短期影响方面，甲烷是比二氧化碳更具温室效应的气体，其影响气候变暖的潜力是等量二氧化碳的 80 倍。甲烷的来源既有人为的也有自然的。最新研究结果表明，除了我们已知的由于人类活动导致的化石燃料燃烧外，包括河流、湖泊、红树林和稻田等水生生态系统的甲烷排放量也是不容忽视的，当然这些排放也可能受到了人类的活动的影响。

但是，在全球广袤的海域，甲烷的释放具有极高的不确定性。2019 年 10 月 8 日，国际著名期刊《自然·通讯》（Nature·Communications）在线发表了 Thomas Weber(托马斯·韦伯) 等人的最新研究成果，将全球海洋甲烷排放通量的不确定范围缩小至 6~12Tg/a（$1T=10^{12}$），并且指出近岸浅水区域是全球甲烷排放通量及不确定度的主要来源（Weber，2019）。

另一项针对美国大西洋和太平洋沿岸甲烷来源的研究表明，温带和热带海洋中的海底气体水合物目前可能并不是大气中甲烷排放的较大来源。水合物的稳定性取决于压强和温度。在寒冷的北极水域，水合物存在于相对较浅的环境中；然而，在较温暖的温带和热带地区，水合物通常储存在于较深水域的沉积物中。随着海底变暖，水合物的稳定性最终会被破坏，将甲烷释放到上覆的水域，并有可能释放到空气中。尽管目前释放的甲烷气体大部分被北极上覆海水稀释和氧化，甲烷气体在这一海域的逃逸是肯定的。但在温带和热带水域，从水合物中逃逸的甲烷是否能够到达空气中仍不清楚。

因此，了解水合物对气候变化的反应是一个值得高度关注的问题。气候变暖有一些“已知的知识”，比如温室气体的强迫辐射，以及包括甲烷水合物的直接风险等许多已知的未知因素。甲烷水合物对气候变暖的潜在反应包括令人不安的“未知的未知数”，对于其中有些问题，我们的意识和理解力都很有限，还有很长的路要走（Nisbet，2022）。

氧化亚氮在大气层中的存在寿命是150年左右。尽管它在对流层中是化学惰性的，但是可以利用太阳辐射的光解作用在平流层中将其中的90%分解，剩下的10%可以和活跃的原子氧反应而消耗掉。即使如此，大气层中的N_2O仍以每年0.5~3 Tg的速度递增。

氢氟碳化物（HFCs）、全氟碳化物（PFCs）相关用途包括冰箱空调冷媒、灭火剂、气胶、清洗溶剂、发泡剂等；而六氟化硫（SF_6）则用于绝缘气体、灭火剂等。这三类管制温室气体于制造及使用阶段均可能泄露到地球大气中。

二、土地利用变化与气候

土地是一种关键资源，给人类提供粮食、水、纤维、木材和其他多种生态系统服务，是人类赖以生存的源泉和基础，在气候系统中起着重要作用。由于人口增长和土地使用方式改变，土地正面临着巨大压力，气候变化和极端天气则增加了这种压力。人类已经利用了地球上的大部分土地资源，直接影响全球无冰地表的面积超过70%。工业革命以来，地球陆地表面温度上升幅度几乎是全球平均表面温度上升幅度的两倍，而土壤固碳能力正随着温度的升高而降低。气候变化会影响陆地的森林和植被覆盖率、农田的产量、草地的生产力，以及湿地等生态系统的健康程度。受气候变化影响，降水强度增加、洪水泛滥、干旱频发、高温不断、海平面上升、冻土融化，这些都可加剧土地退化。报告显示，从1961年至2013年，全球干旱区土地受旱面积每年增加1%以上。在过去几十年中，全球不少地区沙尘暴的频率和强度都有所增加，对人类健康产生了负面影响。

最近几十年来的气候变化已经导致气候带偏移，一些寒冷区域的温度升高，导致气候带逐渐向纬度更高的地区推移。由于生态系统演替的速度慢于气候变化，再加上极端气候事件增加，最后对这些区域的生态系统产生扰动，对生物多样性和生态系统造成威胁。

此外，过度放牧、乱砍滥伐等人类活动使得一些地区土地荒漠化，而气候变化致使很多地区荒漠化和土地退化情况加重，治理起来变得更加困难。气候变化威胁粮食安全，据统计，当前大约1/4的地球无冰陆地表面在经受不同形式的土地退化。土地退化导致其生产力下降，从而降低土壤吸收碳的能力，并且改变地面的太阳辐射反照率。这将加剧气候变化，而气候变化反过来又会以许多不同的方式加剧土地退化，形成恶性循环。

农业、林业和其他土地利用方式所排放的温室气体占人类排放温室气体总量的23%，而土地和自然植被吸收二氧化碳的数量大约相当于人类燃烧化石燃料和工业排放二氧化碳数量的1/3。荒漠化和退化的土地由于植被和土壤有机质减少，储藏碳的能力降低，碳排放的趋势增加，影响碳收支平衡，加剧气候变化。气候变化和荒漠化、土地退化引发的粮食安全问题是广受全球关注的议题之一。对全球、区域和各个国家而言，土地的总面积是相对固定的。如果大片土地由于荒漠化、土地退化而无法耕种、放牧，势必会使余下的可用农田、草场承受更大的压力，给粮食安全带来影响，导致粮食产量难以满足日益增长的人口需求。

2019 年 8 月联合国政府间气候变化专门委员会（IPCC）在日内瓦发布《气候变化与土地特别报告》，进一步指出气候变化正在威胁粮食安全，加剧了荒漠化、土地退化过程。土地利用会加剧气候变化，该报告呼吁各国以可持续发展的方式利用土地，走可持续土地管理之路。可持续土地管理，包括可持续森林管理，可以预防和减少土地退化，保持土地生产力，有时甚至可以扭转气候变化给土地带来的不利影响趋势。同时，该报告呼吁各国改善土地利用方式，减少过度消费和粮食浪费，避免毁坏和焚烧森林，并采取综合措施减少与土地相关的温室气体排放。以可持续发展的方式利用土地，有助于人类应对气候变化，防范相关风险。

10.4.1 知识窗

京都议定书

《京都议定书》（*Kyoto protocol*）是《联合国气候变化框架公约》（UNFCCC）的补充条款。《京都议定书》于 1997 年 12 月在日本京都由联合国气候变化框架公约参加国第三次会议制定，目标是“将大气中的温室气体含量稳定在一个适当的水平，进而防止剧烈的气候改变对人类造成伤害”。《京都议定书》遵循 UNFCCC“共同但有区别的责任”原则，要求作为温室气体排放大户的发达国家采取具体措施限制温室气体的排放，而发展中国家不承担有法律约束力的温室气体控制义务。联合国政府间气候变化专门委员会（IPCC）预计从 1990 年到 2100 年全球气温将升高 1.4~5.8 ℃。评估结果显示，《京都议定书》如果能被完全地执行，那么到 2050 年之前仅可以把气温的升幅减少 0.02~0.28 ℃，因此，许多人质疑《京都议定书》的价值，认为其标准定得太低根本不足以应对未来的严重危机。而支持者们指出《京都议定书》只是第一步，为了达到 UNFCCC 的目标今后还要继续修改完善，直到达到要求为止。

2005 年 2 月 16 日，《京都议定书》正式生效。这是人类历史上首次以法规的形式限制温室气体排放。发达国家从 2005 年开始承担减少碳排放量的义务，而发展中国家则从 2012 年开始承担减排义务。为了促进各国完成温室气体减排目标，《京都议定书》允许采取以下四种减排方式：

（1）两个发达国家之间可以进行排放额度买卖的“排放权交易”，即难以完成削减任务的国家，可以花钱从超额完成任务的国家买进超出的额度。

（2）以“净排放量”计算温室气体排放量，即从本国实际排放量中扣除森林所吸收的二氧化碳的数量。

（3）可以采用绿色开发机制，促使发达国家和发展中国家共同减排温室气体。

（4）可以采用“集团方式”，即欧盟内部的许多国家可以视为一个整体，采取有的国家削减、有的国家增加的方法，在总体上完成减排任务。

10.4.2 知识窗

巴 黎 协 定

《巴黎协定》（*Paris agreement*）是2015年12月12日在巴黎气候变化大会上通过，2016年4月22日在纽约签署的气候变化协定。这是继《京都议定书》后第二份有法律约束力的气候协议，为2020年后全球应对气候变化行动做出安排。《巴黎协定》的长期目标是将全球平均气温较工业革命以前时期的上升幅度控制在2 ℃以内，并努力将温度上升幅度限制在1.5 ℃以内，明确了全球共同追求的“硬指标”。只有全球尽快实现温室气体排放达到峰值，21世纪下半叶实现温室气体净零排放，才能降低气候变化给地球带来的生态风险，以及给人类带来的生存危机。该协定将世界所有国家都纳入了呵护地球生态确保人类发展的命运共同体当中，在联合国气候变化框架下，在《京都议定书》《巴厘路线图》等一系列成果基础上，按照共同但有区别的责任原则、公平原则和各自能力原则，进一步加强《联合国气候变化框架公约》的全面、有效和持续实施。该协定推动各方以“自主贡献”的方式参与全球应对气候变化行动，积极向绿色可持续的增长方式转型；促进发达国家继续带头减排并加强对发展中国家提供财力支持；通过市场和非市场双重手段，进行国际间合作，推动所有缔约方共同履行减排贡献。在资本市场上，全球投资未来将进一步向绿色能源、低碳经济、环境治理等领域倾斜。

整个气候变化的全球治理体系是建立在《联合国气候变化框架公约》《京都议定书》和《巴黎协定》基础上的。《京都议定书》设定从2008年到2012年为第一承诺期，从2012年到2020年为第二承诺期，后续就是《巴黎协定》来继续推动应对气候变化的国际进程。《巴黎协定》更多的不是采取一种绝对的准则来判定谁减排多少，而是以一种自下而上的方式，一种激励的方式，推动每个国家做出更多的减排努力。而且从总体发展来看，以前的气候大会更多地强调气候变化是责任分担（burden sharing）的问题，随着各种绿色技术和绿色产业的发展，它们更多地转化成机会分享（opportunity sharing）的问题，即越早进入绿色产业，未来经济发展越有可持续性，全球竞争力也会更强，由此更好地解决这种全球性的挑战。

本章小结

在地球漫长历史中，冰期和间冰期交替出现，地球气候冷暖更替。从 2.4 Ma 前开始，全球的温度每 40~100 ka 就有一次幅度达 4~10 ℃的变化。导致这种气候变化的因素可分为四类：地－气系统以外的因素、地质因素、陆－海－气系统的内在因素和随机性因素。其中，地－气系统以外的因素一般具有周期性，但它们不能独自解释冰期与间冰期的温度差，如太阳黑子周期等；地质因素能够解释更新世盛行的寒冷气候，但不能解释气候波动的周期性；陆－海－气系统是复杂的，如果与外界强迫循环联系起来，就可以通过正、负反馈机制很好地解释冰期强度和时间选择。要补充的是，即使与外界强迫源周期联系起来，气候变化在很大程度上也具有随机性。自工业革命以来，人类活动的强迫效应逐渐显现，特别是大量温室气体排放到大气中破坏了太阳辐射和地气系统长波辐射之间的平衡，从而导致全球增暖。同时，气候的变化也对人类的生存及生活产生了重大影响。

习　题

1. 与传统气候学相比，简述现代气候学的研究内容及其特点。
2. 气候变化按时间尺度可划分为哪几类？
3. 何谓气候变化？它和气候变率在概念上有什么区别？
4. 何谓气候突变？如何理解时空尺度在这些气候概念上的重要性？
5. 气候演变经历了哪些时期？简述各时期气候变化过程的基本特征。
6. 思考与分析影响气候变暖与气候变冷都有哪些可能的机制？
7. 导致全球气候变化的因素有很多，试综合分析影响现代气候变化的主要原因。
8. 简述温室气体和气溶胶的气候效应。
9. 气候变暖会对人类造成哪些影响？
10. 气候变化是自然过程和人类活动综合作用造成的，讨论我们该如何有效地保护人类赖以生存的地球。

主要参考文献

［1］丁一汇．气候变化［M］．北京：气象出版社，2010.

［2］葛全胜，王芳，陈泮勤，等．全球变化研究进展和趋势［J］．地球科学进展，2007，04：417–427.

［3］廖启龙．地球科学概论［M］．3版．北京：气象出版社，2007.

［4］廖启龙，江志红，陈海山，等．现代气候学［M］．北京：气象出版社，2010.

［5］秦大河．气候变化科学与人类可持续发展［J］．地理科学进展，2014，07：874–883.

［6］沈永平，王国亚．IPCC第一工作组第五次评估报告对全球气候变化认知的最新科学要点［J］．冰川冻土，2013，05：1068–1076.

［7］叶笃正，符淙斌，董文杰，等．全球变化科学领域的若干研究进展［J］．大气科学，2003，04：435–450.

［8］叶笃正，曾庆存，郭裕富．当代气候研究［M］．北京：气象出版社，1991.

［9］张晓华，高云，祁悦，等．IPCC第五次评估报告第一工作组主要结论对《联合国气候变化框架公约》进程的影响分析［J］．气候变化研究进展，2014，01：14–19.

［10］张志强，孙成权．全球变化研究十年新进展［J］．科学通报，1999，05：464–477.

［11］JACZEWSKI A，BRZOSKA B，WIBIG J. Comparison of temperature indices for three IPCCSRES scenarios based on RegCM simulations for Poland in 2011–2030 period［J］. Meteorologische Zeitschrift，2014，24（1）：99–106.

［12］IPCC. Summary for policymakers of climate change 2007：the physical science basis. Contribution of working group I to the fourth assessment report of the intergovernment panel on climate change［M］. Cambridge：Cambridge University Press，2007.

附　录

（一）本书常用的物理学常量

1. 2022 年推荐值

物理量	符号	数值
真空光速	c	$2.997\,9\times10^{8}\ \mathrm{m\cdot s^{-1}}$
玻尔兹曼常量	k	$1.380\,7\times10^{-23}\ \mathrm{J\cdot K^{-1}}$
普朗克常量	h	$6.626\,1\times10^{-34}\ \mathrm{J\cdot s}$
斯特藩－玻尔兹曼常量	σ	$5.670\,4\times10^{-8}\ \mathrm{W\cdot m^{-2}\cdot K^{-4}}$
阿伏伽德罗常量	N_A	$6.022\,1\times10^{23}\ \mathrm{mol}$
普适气体常量	R	$8.314\,5\ \mathrm{J\cdot mol^{-1}\cdot K^{-1}}$
声速（1 atm，288.15 K）	v	$340.294\ \mathrm{m\cdot s^{-1}}$

2. 几个保留单位

物理量	符号	数值
标准大气压	atm	101 325 Pa
毫米汞柱	mmHg	133.322 4 Pa
海里	n mile	1 852 m

（二）关于太阳和地球的一些数据

物理量	数值
太阳常数	$1\,366\pm3\ \mathrm{W\cdot m^{-2}}$
太阳光球半径	$6.96\times10^{5}\ \mathrm{km}$
平均日地距离	$1.496\times10^{8}\ \mathrm{km}$

续表

物理量	数值
近地点日地距离	1.471×10^8 km
远地点日地距离	1.521×10^8 km
平均地球半径	6 370.949 km
赤道地球半径	6 378.077 km
极地地球半径	6 356.577 km
重力加速度的标准值	$9.806\ 65\ m \cdot s^{-2}$

（三）关于大气和水的一些数据

物理量	数值
空气密度（1 atm，273.15 K）	$1.293\ kg \cdot m^{-3}$
空气密度（1 atm，288.15 K）	$1.225\ kg \cdot m^{-3}$
空气摩尔质量（1 atm，273.15 K）	$28.981\ g \cdot mol^{-1}$
空气摩尔质量（1 atm，288.15 K）	$28.965\ g \cdot mol^{-1}$
液水密度（273.15 K）	$1.000 \times 10^3\ kg \cdot m^{-3}$
冰的密度	$0.917 \times 10^3\ kg \cdot m^{-3}$
液水比热容	$4\ 218\ J \cdot kg^{-1} \cdot K^{-1}$
冰的比热容	$2\ 106\ J \cdot kg^{-1} \cdot K^{-1}$
干空气比气体常数	$287.06\ J \cdot kg^{-1} \cdot K^{-1}$